ERPÉTOLOGIE

GÉNÉRALE

ou

HISTOIRE NATURELLE

COMPLÈTE

DES REPTILES.

TOME SECOND.

PARIS. — IMPRIMERIE D'AMÉDÉE SAINTIN , RUE SAINT-JACQUES, 38.

ERPÉTOLOGIE

GÉNÉRALE

OU

HISTOIRE NATURELLE

COMPLÈTE

DES REPTILES,

Par A. M. C. DUMÉRIL,

MEMBRE DE L'INSTITUT, PROFESSEUR A LA FACULTÉ DE MÉDECINE,
PROFESSEUR ET ADMINISTRATEUR DU MUSÉUM D'HISTOIRE NATURELLE, ETC.

ET PAR G. BIBRON,

AIDE NATURALISTE AU MUSÉUM D'HISTOIRE NATURELLE.

TOME SECOND.

CONTENANT L'HISTOIRE DE TOUTES LES ESPÈCES DE L'ORDRE DES TORTUES
OU CHÉLONIENS,
ET LES GÉNÉRALITÉS DE CELUI DES LÉZARDS OU SAURIENS.

OUVRAGE ACCOMPAGNÉ DE PLANCHES.

PARIS

LIBRAIRIE ENCYCLOPÉDIQUE DE RORET,

RUE HAUTEFEUILLE, N° 10 BIS.

—

1835

AVERTISSEMENT.

CE second volume renferme la description détaillée et méthodique de toutes les espèces de Tortues réunies maintenant par les naturalistes sous le nom de Chéloniens. Il comprend aussi la classification des Reptiles Sauriens en familles naturelles, avec l'exposé des connaissances acquises sur l'organisation, les mœurs et l'histoire écrite de ces animaux, qu'on désigne généralement sous le nom de Lézards.

Nous répétons avec une sorte de vanité nationale qu'aucun ouvrage de Zoologie descriptive ne pouvait être publié sous l'influence de circonstances plus avantageuses. Appelé depuis plus de trente ans à diriger les collections qui nous étaient confiées, nous avons eu le bonheur de les voir s'accroître, se développer dans toutes leurs séries, et s'augmenter à un tel point que dans l'ordre des Chéloniens en particulier, où d'abord nous aurions pu compter à peine une quinzaine d'espèces parmi celles qui étaient inscrites sur les registres de la science, nous avons aujourd'hui, dans cette année 1835, constaté sur nos catalogues l'existence de plus de cent espèces parfaitement distinctes et bien conservées, sans compter les exemplaires doubles et les variétés d'âge et de sexe; car la totalité se compose de deux cent quatre-vingts individus. Nous avons l'espérance que la suite de cet ouvrage offrira de semblables résultats pour les trois autres ordres de la même classe des Reptiles.

Nous saisissons l'occasion que nous offre la publication de ce volume pour proclamer les services que nous ont rendus, par leurs communications généreuses et par leur savante correspondance, plusieurs naturalistes distingués de l'Angleterre, de l'Allemagne, de l'Italie et de la Hollande, et nous en témoignons notre reconnaissance à MM. Bell, Bennett, Clifft et Gray de Londres; Boïé de Kiel, frère du célèbre voyageur mort à Java; Charles Bonaparte, prince de Musignano, à Rome, et Schlegel, l'un des conservateurs du musée des Pays-Bas, à Leyde.

Nous nous plaisons aussi à remercier publiquement M. Roret, notre libraire, des sacrifices généreux qu'il s'est imposés, en faisant donner à cette Histoire des Reptiles plus de perfection pour l'exécution typographique et celle des douze planches nouvelles qui accompagnent ce volume. Quoique réduites au format in-8°, les figures expriment nettement et sous divers aspects les caractères des espèces rapportées aux vingt-deux genres de l'ordre des Chéloniens.

Tous les dessins sont originaux; ils ont été exécutés d'après nature et sur les objets mêmes par un peintre habile et bon observateur, qu'il suffira de nommer aux naturalistes pour inspirer leur confiance : cet artiste est M. Prêtre, qui a bien voulu répondre de l'exactitude des gravures. Elles sont en effet très soignées.

Au Muséum d'Histoire naturelle, le 6 mai 1835.

HISTOIRE NATURELLE

DES

REPTILES.

SUITE

DU

LIVRE TROISIÈME.

DE L'ORDRE DES TORTUES OU CHÉLONIENS.

CHAPITRE IV.

FAMILLE DES CHERSITES OU TORTUES TERRESTRES.

Nous commençons l'histoire particulière des familles et des genres de Tortues, par l'étude des espèces
dont les pattes sont courtes, dont les doigts sont à
peine distincts, parce que nous verrons successivement ces principaux organes du mouvement prendre
un autre mode de développement dans les familles
suivantes. Nous serons ainsi conduits naturellement
vers les espèces de Lézards, voisines des Crocodiles,
qui s'en rapprochent le plus par les mœurs, la con-

REPTILES, II.   1

formation générale et par leur séjour habituel dans les eaux des lacs, des fleuves et des mers.

Ce groupe des Chersites n'est pas lui-même parfaitement limité, car quelques espèces des genres inscrits par nous dans la famille suivante, celle des Élodites, semblent former un passage naturel entre les Tortues terrestres et celles des marais. Telles sont la Cistude de la Caroline et l'Émyde de Muhlenberg, qui sont bien réellement des Paludines à doigts distincts, quoiqu'elles n'aient que des membranes très courtes et les pattes peu palmées.

Voici les caractères principaux qui distinguent, au premier aspect, la famille des Chersites ou Tortues de terre, des trois autres divisions qui constituent l'ensemble de l'ordre des Chéloniens et dont elle réunit en effet tout les attributs principaux que nous répétons ici. Savoir : *le corps court, ovale, bombé, couvert d'une carapace et d'un plastron; quatre pattes; point de dents*. Mais la distinction principale peut être énoncée par cette simple note tirée de la conformation des membres et qui indique parfaitement le genre de vie : *des pattes en moignon*. Ce qui rappellera que les pattes sont courtes, informes, quoique à peu près d'égale longueur, à doigts peu distincts, presque égaux, immobiles, réunis par une peau épaisse et confondus en une sorte de masse tronquée, calleuse au pourtour, et en dehors de laquelle on distingue seulement des étuis de corne, sortes de sabots qui, pour la plupart, correspondent aux dernières phalanges qu'ils emboîtent, et par suite que ces animaux vivent uniquement sur la terre et jamais dans les eaux.

Mais à ce caractère essentiel des pattes tronquées en moignon arrondi, on pourrait en ajouter plusieurs autres, moins généraux ou moins constans, que nous exposerons en détail dans l'examen que nous allons faire de cette famille et que nous résumerons à la fin de ce chapitre avant de présenter l'histoire et la description particulière des quatre genres et des espèces que nous avons cru devoir y inscrire.

Il faut cependant établir de suite que les trois autres groupes du même ordre des Chéloniens en diffèrent par la forme des pattes, comme nous venons de le dire, et que les espèces ainsi réunies en familles ne peuvent être confondues, à cause des particularités suivantes, que nous allons rappeler à la mémoire de l'observateur naturaliste.

1° Les Tortues marines ou Thalassites ont la partie .moyenne du corps ou la carapace très déprimée, et leurs deux paires de pattes, inégales en longueur, sont aplaties, en forme de rames ou de nageoires solides, parce que leurs doigts sont toujours confondus et à peine distincts les uns des autres dans ces sortes de palettes. 2° Les espèces qui habitent les terrains marécageux et qui constituent la famille des Paludines ou Élodites, ont les doigts séparés, ou plutôt mobiles isolément, garnis d'ongles crochus, le plus souvent palmés ou réunis à leur base par des membranes, à peu près comme dans nos canards ; mais la transition des trois familles est pour ainsi dire insensible, d'une part, entre les espèces du genre Cistude, et de l'autre, entre les Chélydes et toutes les espèces que l'on a appelées d'abord Tortues molles. 3° Celles-ci, en effet, qui vivent dans les grands fleuves, et qu'on a nommées à cause de cela Fluviales ou Potamites, ont aussi des doigts dont les phalanges sont palmées ou liées entre elles par des membranes; elles ont des ongles pointus, au nombre de trois seule-

1.

ment à chaque patte; leur bec acéré et tranchant sur les
bords est constamment muni en dehors de replis de la
peau qui simulent des lèvres et qui n'ont été jusqu'ici
observés que sur les espèces de cette famille. D'ailleurs,
leur carapace osseuse est, comme on le sait, recouverte d'une peau coriace dont les bords chez la plupart
restent flexibles et flottans sur les côtés du corps.

Enfin nous devons rappeler, comme un caractère
naturel et accessoire, que toutes les espèces de ces
trois familles peuvent vivre dans l'eau et y nager avec
facilité, ce qui est presque impossible aux Chersites, à
cause de la conformation de leurs pattes (1).

Cette famille des Chersites correspond à peu près à
celle qui avait été proposée par BELL (2), et adoptée
par M. GRAY (3), sous le nom de *Testudinés*. WA-.
GLER (4) avait aussi indiqué la même coupe, et il en

---

(1) Nous avons retrouvé dans Gesner, *Hist. anim.*, lib. 4, édition
de Francfort de 1620, à la page 928, un aperçu de cette même
division, et un corollaire que nous allons copier ici pour montrer
jusqu'à quel point nos divisions se rencontrent avec celles de cet
auteur.

COROLLARIUM DE TESTUDINIBUS IN GENERE.

	terrestris.		
Testudo aut est	aquatica, aut in	mari	Testudo marina, Χελώνη θαλασσία.
			mus marinus, μῦς θαλάττιος.
		aquâ dulci	puriorâ, ut lacubus, amnibus.
			cœnosâ, ut paludibus.

(2) *Voyez* tome 1 de cet ouvrage, page 419, note 1.
(3) *Ibidem*, page 269, notes 1 et 2.
(4) *Ibidem*, page 287.

avait fait la tribu des *Tylopodes*. Nous aurions conservé l'une ou l'autre de ces dénominations, si nous
n'avions eu quelques raisons de préférer celle que nous
proposons. Ce n'est pas dans le ridicule désir d'innover
et de prendre une sorte de suprématie dans la science,
en y introduisant ces nouvelles expressions. Nous n'a-
vons jamais mis une grande importance à la création de
ces mots par lesquels nous cherchions à exprimer brièvement quelques idées particulières. Tout en nous sou-
mettant aux règles grammaticales, nous nous sommes
efforcés de conserver de l'harmonie et de la concor-
dance dans les termes, avec l'espoir de les rendre plus
faciles à prononcer et à les livrer à la mémoire. Nous
avons cru nécessaire de nous assujettir à une sorte
d'analogie et de régularité dans les noms, propriétés
d'expressions que nous avons regretté de ne pas reconnaître dans les désignations dont nous venons de
parler. En effet, BELL, après avoir employé l'expression
de *Testudinés (Testudinata)* pour désigner l'ordre entier des Chéloniens, qu'il subdivise en Digités et en
Pinnés, emploie d'abord le terme de *Testudinidés*
pour indiquer la famille dont nous nous occupons,
puis les noms d'*Émydés*, de *Trionychidés*, qu'il fait
dériver, comme on le voit, de l'un des genres que ces
groupes réunissent ; il en est de même des *Sphargidés*
et des *Chélonidés*. Telle est encore à peu près la nomenclature adoptée par M. FITZINGER (1). Enfin pour
désigner chacune de ses tribus, WAGLER compose de
mots grecs les noms qu'il propose ; ils sont au nombre
de trois : les *Oiacopodes* (pattes en rames) ; les *Stéga-*

_____

(1) *Voyez* tome 1 de cet ouvrage, page 278.

nopodes (pattes palmées) et les *Tylopodes* (pattes calleuses), qui par le fait, et en d'autres termes, sont les
trois sous-genres du *Systema naturæ* de Linné (1).

Nos divisions étant différentes pour le nombre des
familles et pour les caractères que nous leur assignons,
il devenait nécessaire de les désigner par des mots
propres à les indiquer ; quant à ceux que nous étions
forcés d'employer, nous avons fait en sorte qu'ils pus-
sent tout à la fois servir à dénoter le genre de vie, les
habitudes des espèces que ces familles réunissent, car
les formes et l'organisation sont toujours d'accord avec
les mœurs des animaux.

Cette première famille des Chersites ne comprend
que quatre genres, comme la tribu correspondante de
BELL et de WAGLER. Nous sommes parfaitement d'accord avec ces auteurs pour ce qui concerne les genres
Testudo, *Pyxis* et *Cinixys* ; mais nous différons d'o-
pinion d'abord avec M. GRAY, à l'égard de son genre
Chersina, établi d'après ce caractère, trop peu important, de n'avoir que onze plaques sternales, au lieu de
douze. La Tortue anguleuse, qui lui sert de type, est
génériquement semblable aux autres, sauf cette différence indiquée et qui pourrait être regardée comme
tout-à-fait spécifique.

Si nous n'adoptons pas non plus le genre *Chersus*
de WAGLER, c'est qu'il ne lui assigne qu'un seul caractère tiré de la mobilité de la partie postérieure du
plastron : on ne peut l'apercevoir véritablement qu'autant que la Tortue est encore vivante, car après la mort,

---

(1) *Voyez* tome 1 de cet ouvrage, page 287.

le ligament qui unit la pièce mobile du sternum à celle qui est fixe, se dessèche, et il devient impossible de constater cette particularité. En outre on rencontre parmi les Tortues proprement dites, quelques espèces dont les femelles, à l'époque de la ponte, ont aussi cette même portion du sternum légèrement mobile, ainsi que nous nous en sommes assurés plusieurs fois. Nous laissons donc avec les Tortues, l'espèce que SCHOEPF avait nommée Bordée *(Marginata)*, que WAGLER indique comme le type de son genre *Chersus* et qu'il dit avoir figurée sous le n° 25 de ses planches lithographiées, où nous ne l'avons pas trouvée.

Le quatrième genre, celui que nous avons particulièrement introduit dans cette famille, que nous appelons *Homopode (Homopus)*, exprime et fait connaître par son nom une circonstance, une disposition tout-à-fait unique; c'est que le nombre de ses doigts est absolument le même aux pattes antérieures qu'aux postérieures; on n'y distingue, en effet, que quatre ongles. La Tortue Aréolée, figurée par SCHOEPF, planche 25, lui sert de type et semble faire véritablement la transition de cette famille à celle des Paludines, parce que les doigts de ces espèces commencent à devenir légèrement distincts les uns des autres.

Maintenant que nous avons exposé les motifs principaux qui ont engagé les derniers naturalistes à rétablir, d'après les indications d'Aristote suivies par Linné, ce groupe des Tortues terrestres, nous allons indiquer ce qui est général dans la conformation, l'organisation et les mœurs de cette famille des Chersites.

Nous ferons d'abord remarquer que presque toutes

les espèces de cette famille ont la partie moyenne ou principale du corps couverte d'une *carapace* très bombée, quelquefois plus haute que large, sous laquelle peuvent se retirer la tête, les pattes et la queue. Chez quelques unes cependant, la convexité s'abaisse et se déprime de manière à ce que cette partie du corps se rapproche de la forme des Élodites, qui ont le bouclier plus large que haut. Le pourtour de la carapace est presque régulièrement ovale dans la Tortue grecque ; quelquefois il est beaucoup plus large en arrière qu'en devant, c'est le cas de la Tortue de Perrault. Nous ne connaissons pas d'espèces chez lesquelles la carapace soit plus large en avant, comme cela a lieu chez toutes les Thalassites. Quelquefois la boîte osseuse est allongée, presque de même largeur à ses deux extrémités, arrondie sur les côtés comme sur le dos, et présentant ainsi de droite à gauche une sorte de portion de cylindre aplati ou coupé inférieurement dans le sens de sa longueur. Telle est la Tortue Charbonnière (*Carbonaria*), de Spix.

Il est des espèces qui ont une carapace presque hémisphérique. Nous donnerons pour exemple la Tortue Coui (*Radiata*), de Shaw ; de même que parmi celles qui ont le dos légèrement abaissé, nous citerons la Tortue Polyphème et la *Cinixys* de Home.

Chez le plus grand nombre des Chersites, le pourtour marginal, ou les bords de la carapace, dont la hauteur est sujette à varier, s'inclinent plus ou moins pour aller rejoindre et recevoir le plastron. Dans quelques cas, ce bord est presque horizontal postérieurement; telle est la Tortue Bordée, dont Wagler avait fait le genre *Chersus.*

Il arrive souvent que ce bord libre se relève au dessus des régions qui correspondent au cou et aux pattes ; c'est ce qu'on voit dans la Tortue de Vosmaer. Tantôt le pourtour de la carapace est parfaitement uni dans toute son étendue, comme dans la Tortue Polyphème ; tantôt, au contraire, il offre non seulement une large échancrure en V au dessus du cou, telle est la partie antérieure de la carapace dans la Tortue Panthère ; ce bord a parfois des dentelures au dessus des bras, des cuisses et de la queue ; ou bien il forme une arête saillante sur chacun des flancs, et se relevant du côté du dos, il produit au point de sa jonction au plastron, une sorte de sillon ou de gouttière, comme on le voit dans l'Aréolée, espèce que nous avons inscrite dans le genre Homopode.

A l'exception des deux espèces du genre *Cinixys*, toutes les Chersites ont le bouclier supérieur formé de pièces osseuses tellement engrenées par leurs sutures, qu'elles ne sont susceptibles d'aucune sorte de mouvement, et qu'elles présentent en général la voûte la plus résistante, la plus solide. Dans les deux premières espèces que nous venons de citer, la portion postérieure de la carapace n'est pas unie à l'antérieure par une charnière mobile dont les pièces seraient retenues par des ligamens élastiques, il n'y a là qu'une lame osseuse et flexible qui permet au battant postérieur de se mouvoir en s'abaissant ou en se soulevant avec force, pour s'appliquer contre le plastron.

Le *sternum*, ou le plastron des Chersites offre aussi plusieurs particularités remarquables ; les pièces qui le composent forment un tout solide dont la partie plate ou inférieure se nomme le corps, garni latéra-

lement de portions qui se relèvent vers la carapace,
pour s'y articuler par symphyse ; c'est ce qu'on a
nommé les ailes, lesquelles forment avec les pièces
moyennes et principales un angle plus ou moins
ouvert. Le plus souvent, le corps du plastron est plat
ou à peu près sur un même plan. Quelquefois, au
contraire, il offre une concavité qu'on avait cru être
le signe distinctif des mâles ; mais comme on a reconnu depuis que des individus femelles, dans lesquels on a trouvé des œufs, avaient le plastron concave, on est porté à penser que cette conformation
n'est qu'une simple variété individuelle, qui paraît
indépendante de l'un ou de l'autre sexe.

Il y a plusieurs Chersites chez lesquelles le plastron est doué de mobilité, soit dans ses pièces antérieures, soit dans la région postérieure. Le genre *Pyxis*,
de BELL, que nous avons adopté, est dans le premier
cas ; celui que WAGLER avait proposé sous le nom de
Chersus nous offrirait la seconde disposition. Nous
avons déja dit que nous n'avions pas cru devoir séparer cette espèce, désignée sous le nom de Bordée,
du genre Tortue où elle avait été inscrite ; d'abord,
parce que cette mobilité, qui en ferait le caractère
essentiel, est bien peu sensible, puisqu'il n'y a pas
de véritable charnière ligamenteuse, comme dans les
Pyxis et les Cinixys ; ensuite on a dit qu'on avait
rencontré, parmi les Tortues proprement dites, des
individus femelles qui, à l'époque où elles pondent,
n'ont pas cette portion postérieure du sternum tellement soudée à l'antérieure qu'elle ne puisse un peu
s'écarter de la carapace et offrir un léger mouvement.
Il résulte de là que la mobilité de la portion posté-

rieure du sternum, chez les Tortues Moresque et Bordée, ne peut véritablement être considérée comme un véritable caractère de genre.

Le plastron est rarement aussi long que la carapace; il arrive cependant qu'il la dépasse quelquefois en avant; son extrémité est alors rétrécie et anguleuse, comme chez les espèces de Tortues qu'on a nommées Polyphème et Anguleuse : le plus souvent il est tronqué, ou échancré antérieurement comme postérieurement.

Parmi les Chéloniens, la famille des Chersites est celle dont la boîte osseuse est composée de pièces qui offrent le plus d'épaisseur et le plus de poids relatif, même après la dessication. Nous pourrions citer en exemple les Tortues Marquetée et Charbonnière, toutefois lorsqu'elles sont parvenues au plus haut terme de leur développement. Il est bon aussi de remarquer que toutes les parties de ce coffre osseux des Tortues terrestres sont complètement solidifiées avant que l'animal soit parvenu à l'état adulte; ce qui n'est pas de même chez certaines Élodites en particulier, et ce qui n'arrive jamais ni aux Potamites ni aux Thalassites. Il n'est pas moins remarquable que parmi les Tortues terrestres, ce sont justement celles dont la taille est la plus considérable qui offrent le moins d'épaisseur et de matière pesante; ainsi la Tortue Éléphantine, la Géante (*Elephantina*, *Gigas*), sont proportionnellement moins lourdes que les autres espèces dont le volume est souvent moitié moins considérable que le leur.

Quoique la carapace des Chersites soit toujours bombée, la voûte qu'elle produit n'est pas constamment uniforme ou également élevée. Chez plusieurs espèces, on observe sur sa convexité des protubérances qui sont simplement arrondies, comme chez la Tortue de Daudin ; mais il arrive aussi que chacune de ces éminences offre autant de pans ou de faces anguleuses ou arrondies, que les plaques écailleuses sous lesquelles elles se trouvent. C'est ce qu'on peut observer dans la Tortue géométrique, dont l'intérieur de la carapace présente les mêmes enfoncemens que les reliefs saillans de la convexité. De tous les Chéloniens, les Chersites sont pour ainsi dire les seules espèces sur la carapace desquelles on remarque cette disposition ; car, à l'exception de la Chélyde Matamata, chez les Élodites et les Thalassites, ce sont plutôt des carènes que des protubérances ; et d'un autre côté, la carapace des Chersites n'est jamais carénée.

Les Chersites ont constamment treize plaques cornées sur le disque de la carapace. Le nombre de celles du pourtour varie de vingt-trois à vingt-cinq, et on en compte au sternum le plus souvent douze, quelquefois onze seulement. Ces plaques écailleuses ne sont jamais placées en recouvrement ou imbriquées les unes sur les autres, comme on l'observe chez quelques Élodites et surtout dans les espèces de Chéloniens qu'on a nommées Caret ou Tuilée, qui appartiennent à la famille des Thalassites.

Ces lames cornées sont polygones, et chacune d'elles en particulier, quant au nombre des côtés qui la composent, ne présente que de très légères différences, ainsi qu'on peut s'en assurer par le tableau que nous faisons placer ici en note (1). Mais il n'en est pas de même pour l'étendue relative, qui varie au contraire beaucoup ; aussi aurons-nous le soin de l'indiquer exactement dans nos descriptions.

Jamais les plaques de la carapace ne sont parfaitement unies ou lisses à la surface dans les Chersites, comme on l'observe dans beaucoup d'Élodites et chez presque toutes les Tortues de mer. Si cela arrive quel-

---

(1) TABLEAU *du nombre de pans ou de côtés que présentent sur leurs bords les plaques cornées qui recouvrent la boîte osseuse des Chersites.*

NOMS DES PLAQUES. (*Voyez* tome I, page 394.)	Première.	Seconde.	Troisième.	Quatrième.	Cinquième.
Nuchale............	4				
Margino-antérieures....	4 ou 5				
Margino-brachiales.....	4	4			
Margino-fémorales.....	4	4	4		
Sus-caudale	4				
Vertébrales..........	5 ou 6	6	6	6	6
Costales............	6, 7, 8	6 ou 7	7 ou 8	6 ou 7	
Axillaires...........	3, 4, 5				
Inguinales..........	3, 4, 5				
Collaires...........	4 ou 5				
Humérales..........	4				
Pectorales..........	5, 6, 7				
Abdominales.........	6 ou 7				
Fémorales..........	4 ou 5				
Anales.............	4				

Voyez aussi, pour les figures, pl. 11, les carapaces B et E.

quefois chez les terrestres, ce n'est que sur des individus très âgés où la surface s'est trouvée polie ou usée
par le frottement. On remarque toujours sur la superficie de chacune de ces plaques un espace plus ou moins
étendu, légèrement enfoncé, granuleux ou rugueux,
dont la forme est constamment la même que celle de la
plaque sur laquelle elle se trouve, c'est-à-dire que
cette partie rugueuse présente le même nombre de
côtés : c'est ce qu'on appelle l'*aréole*.

Chez les jeunes individus, cette aréole occupe presque toute la surface de la plaque ; elle se rétrécit d'autant plus, ou semble d'autant moins étendue, que la
Tortue prend plus d'âge. Car il serait peut-être plus
exact de dire que c'est au dehors des lignes qui circonscrivent cette aréole, que la plaque qui la supporte
prend son accroissement ; de sorte que celle-là ne
paraît plus petite que relativement à l'étendue de la
plaque entière.

Cet élargissement des plaques se fait pour les vertébrales d'une manière à peu près uniforme sur tous les
côtés, il en résulte que l'aréole occupe presque toujours
le centre ; tandis que pour les costales, l'accroissement
s'opère davantage du côté des plaques du pourtour
que dans le sens du dos ; c'est du moins ce qu'indique
la position de l'aréole plus ou moins rapprochée du
bord supérieur de la plaque. A l'égard des lames cornées marginales, elles s'élargissent un peu en avant,
beaucoup du côté des costales ; mais pas du tout en
dehors ni en arrière de l'aréole, puisqu'elle est située
en bas et en arrière ou dans l'angle postéro-inférieur
de la plaque. Il en est à peu près de même pour les
plaques cornées du plastron, sur lesquelles on observe
l'aréole vers l'angle postéro-externe ou en dehors et en

arrière. **Les stries ou les traces linéaires enfoncées,** qu'on remarque à la surface des plaques, semblent indiquer le nombre de couches de substance cornée qui a servi à l'accroissement ou à l'élargissement de la plaque. On les nomme *stries concentriques* : ces lignes sont surtout très apparentes et restent long-temps distinctes chez les Chersites ; elles ne s'effacent même que dans les individus qui sont fort avancés en âge. Quand cela arrive, on peut remarquer que l'aréole a disparu en même temps que les stries concentriques, qui sont anguleuses comme les bords des plaques.

Après avoir indiqué les principales particularités que présente l'ensemble de la carapace des Chersites, nous allons faire connaître les modifications que les autres parties peuvent nous offrir, et examiner successivement la conformation de leur tête et de ses organes, ainsi que celle du cou, des membres et de la queue.

Chez presque toutes les espèces, la *tête* est à peu près, proportionnellement, de la même grosseur. En général, elle est courte, épaisse, à quatre pans, quelquefois tout-à-fait plane en dessus comme en dessous ; ou bien légèrement bombée sur le front et déclive en avant. Sa hauteur verticale est de devant en arrière généralement égale à la largeur de la moitié postérieure, dont la forme est carrée. Mais à partir des yeux jusqu'au museau, qui est coupé brusquement, elle se rétrécit de manière que, vue en dessus, sa portion antérieure offre une figure triangulaire.

Les ouvertures externes des narines sont situées à l'extrémité du museau, immédiatement au dessus du bord médian de l'étui corné de la mâchoire supérieure,

lequel se relevant de chaque côté de la membrane qui
recouvre les cartilages du nez, présente par conséquent une échancrure qui se trouve remplie par ceux-
ci. Dans une tête dépouillée de ses parties molles, les
narines paraissent ainsi avoir une ouverture commune
quatre fois plus grande que dans les individus vivans.
Ces ouvertures nasales se trouvent alors rapprochées
l'une de l'autre, percées directement dans l'axe de la
longueur de la tête et toujours parfaitement arrondies.
Ce caractère, au reste, est commun à tous les Chéloniens; car il n'en est pas qui aient comme les Sauriens (les Crocodiles exceptés) et les Ophidiens, les
narines ouvertes latéralement ou seulement séparées
par un assez grand intervalle, ainsi que cela a lieu
dans les Batraciens.

Toutes les Chersites ont les *yeux* placés de côté et
à fleur de tête; ils sont toujours situés plus près du
museau que de l'occiput, et environ d'un tiers plus
rapprochés de l'extrémité antérieure. Il est rare que
le diamètre de l'orbite ne présente pas la même dimension que l'espace compris entre son bord intérieur et celui de la mandibule. Les paupières sont
fendues obliquement de manière que l'angle antérieur est à peu près à la même hauteur que les narines,
tandis que le postérieur est un peu plus élevé. La paupière inférieure, qui est plus haute et plus mobile que
la supérieure, s'avance aussi un peu moins qu'elle au
dessus de l'œil. Cette disposition permet aux Chersites
d'apercevoir plus aisément les objets qui sont à terre
que ceux qui sont placés au dessus d'elles. Le bord
de ces paupières est arrondi et lisse. Nous n'avons
rien au reste à ajouter à ce que nous avons dit sur
l'œil des Chéloniens, à la page 400 du tome précédent,

si ce n'est que dans tous les individus que nous avons examinés vivans, mais qui, à la vérité, n'étaient pas des espèces nocturnes, nous avons constamment observé une pupille arrondie et non verticale et linéaire.

La membrane du *tympan* est toujours apparente, circulaire et assez large, ce qui n'existe plus dans les espèces éminemment aquatiques des trois autres familles de cet ordre des Chéloniens.

Les Chersites ont le dessus de la langue évidemment papilleux. Cet organe est épais; il remplit la concavité de la mâchoire inférieure dont il prend la forme aiguë en avant : souvent son épaisseur est considérable.

Jamais on ne voit chez les Tortues terrestres, de barbillons aux mâchoires, ni d'appendices cutanés mobiles sur les côtés du cou, comme chez plusieurs Élodites Pleurodères.

Le dessus de la tête des Chersites est garni de plaques cornées, depuis le bout du museau jusques un peu en arrière des yeux. Ceci est notable, car chez les Élodites, il n'y a que quelques genres qui ont des plaques sur la tête, et les Thalassites en ont sur toute la surface du crâne et des joues.

Ces plaques, qui, suivant la place qu'elles occupent, ont reçu des noms particuliers, varient pour le nombre et la forme d'espèce à espèce, comme nous allons le faire connaître (1).

___

(1) Les plaques cornées qui recouvrent les os de la tête de la plupart des Chéloniens, mais surtout des Chersites et des Thalassites, ont été nommées plaques céphaliques. On les distingue d'après les régions qu'elles occupent; ainsi on les appelle rostrales, nasales, fronto-nasales, frontales, antorbitaires ou lacrymales, sus-orbitaires

Les étuis de corne qui enveloppent les os des mâchoires sont très solides, simplement tranchans, ou plus ou moins denticulés. Celui de la mâchoire supérieure ou de la mandibule est toujours plus haut que celui de l'os maxillaire proprement dit. Très souvent sur le bord antérieur du premier il existe deux ou trois dents très marquées; quelquefois ce même étui de corne supérieur se termine en crochet aigu, sous-courbé, en sorte qu'il ressemble tout-à-fait au bec de certains perroquets; tel est celui des individus du genre Homopode. Chez beaucoup d'espèces, la surface interne de l'enveloppe cornée supérieure est marquée d'une rainure qui suit la courbure du bord de la mâchoire inférieure qu'elle est destinée à recevoir. On remarque encore là des lignes enfoncées et saillantes, qui correspondent, en sens inverse, à celles dont est marqué le bord externe du tranchant de la mâchoire. Une particularité notable de la conformation de ces mâchoires, c'est qu'elles sont parfaitement emboîtées, et qu'elles ne peuvent agir que dans le même sens, comme des lames de ciseaux qui n'avancent ni ne reculent. On voit sur tout le bord libre de la mâchoire inférieure une double rainure qui se trouve ainsi présenter deux lignes saillantes et tranchantes; l'une en dehors, qui dans l'état de rapprochement se trouve cachée par le bord externe de la supérieure, et une autre interne reçue dans une seconde rainure correspondante du palais, de sorte qu'il y a sous cette voûte osseuse un

---

ou surcilières, inter-orbitaires, post-orbitaires, pariétales, temporales ou mastoïdiennes, syncipitales, occipitales. Celles de la ligne moyenne sont ordinairement impaires et régulièrement symétriques.

encadrement de trois lignes saillantes denticulées, dont les courbes sont les mêmes que celles de la mâchoire inférieure, et deux rainures qui reçoivent les lignes tranchantes de cette même mâchoire.

Le *cou* et la tête peuvent constamment rentrer en entier sous la carapace. Mais dans cette sorte de ré-ditraction, qui s'opère presque toujours dans la ligne directe de la hauteur et non de droite à gauche, le cou se raccourcit par le mouvement en bascule des vertè-bres les unes sur les autres, comme nous l'avons déja indiqué. Cependant la peau qui recouvre les muscles du cou ne suit pas tout-à-fait ces mouvemens ; elle est mobile ou non adhérente aux parois sous-jacentes, et à l'aide du muscle peaucier dont elle est garnie en dessous, elle forme des plis circulaires qui se ramas-sent, se rapprochent, et forment ainsi une gaîne au milieu de laquelle la tête se trouve placée, lorsque l'animal dans le danger vient à la faire rentrer dans la carapace. La surface de la peau du cou est constam-ment munie de tubercules ou de grains d'épiderme plus solides, souvent colorés, qui en protégent le tissu en se rapprochant les uns des autres.

Nous avons déja dit que l'un des caractères des Chersites était d'avoir les *pattes* ou les membres anté-rieurs et postérieurs de longueur égale, ou à peu près. Les bras et les avant-bras, lorsque la patte est étendue, sont dans une position telle, qu'ils paraissent compri-més d'avant en arrière. Leur mode d'articulation s'op-pose à ce qu'ils puissent s'allonger sur le même plan ; ils sont toujours courbés en arrière, même lorsqu'ils sont le plus étendus, ce qui tient d'une part à ce que l'os unique du bras est lui-même fortement cintré en de-hors, et d'autre part à ce que l'articulation par laquelle

2.

il s'unit à ceux de l'avant-bras, ne permet pas à ceux-ci de s'avancer assez pour se mettre sur une même ligne droite.

La partie qui représente la main est également confondue avec l'avant-bras; cependant à l'endroit qui correspond au carpe ou poignet, il existe un léger pli de la peau qui indique qu'il peut s'y opérer un petit mouvement, mais qui n'est guère indépendant du reste de la patte. La paume est calleuse, quelquefois coupée obliquement, elle représente ainsi un moignon tronqué, semblable en petit au pied de l'Éléphant. Lorsque les Chersites marchent, ou plutôt quand elles se traînent lentement, leur main est tournée obliquement en dehors; car jamais elle ne pose complètement sur le sol : c'est sur les ongles que ces tortues trouvent leur point d'appui.

Toutes les espèces, à l'exception de celles du genre Homopode, ont cinq ongles en devant, qui représentent les phalanges des doigts. Elles en ont également cinq en arrière; cependant ici le cinquième n'est le plus souvent qu'une sorte de rudiment, car il reste caché sous la peau, et il ne porte pas d'ongle ou de petit sabot. Comme nous le disions d'abord, les Homopodes n'ont que quatre doigts pourvus d'ongles, aux mains et aux pieds, ainsi que l'indique leur nom.

Si les doigts de devant et ceux de derrière ne sont pas du tout distincts ou séparés chez les Chersites, c'est à peu près la même chose que chez les Thalassites, qui ont en outre leurs phalanges aplaties en nageoires; tandis qu'elles sont courtes et informes chez les Tortues terrestres.

Les *ongles* sont tantôt allongés, presque droits et tranchans ou pointus; tantôt ils sont courts, obtus, et ressemblent en petit aux véritables sabots de quelques Mammifères Pachydermes.

Les tégumens de la face antérieure des bras et du dessus du poignet sont en général recouverts d'écailles ou de tubercules cornés beaucoup plus développés que ceux qui se voient à la face externe de ces mêmes bras et sur la plus grande partie des cuisses. Tantôt ces écailles sont simplement plates, arrondies ou polygones, placées ou non en recouvrement les unes sur les autres, et cela chez les individus qui atteignent la plus grande taille, comme dans les espèces de Tortues que l'on a nommées Éléphantine et Géante; tantôt elles présentent de très gros tubercules cornés, qui, suivant les espèces, varient pour la forme et pour le nombre. Le plus souvent, à la vérité, ils sont coniques, entuilés, pointus, et même ils descendent quelquefois jusque sur les ongles avec lesquels ils ont assez de ressemblance pour qu'on puisse les confondre avec eux, car ils en ont la couleur et la forme. La Tortue sillonnée (*Testudo sulcata*) nous offre ces tubercules développés au plus haut degré.

Les pattes postérieures présentent à peu près la même disposition quant à la peau qui les recouvre. Un grand nombre de Chersites portent à la partie supérieure et postérieure de la cuisse, non loin de la base de la queue, soit un simple tubercule corné, soit un groupe de petites proéminences ou verrues coniques et pointues, analogues à celles des bras pour la forme et le volume. Le talon ou la partie postérieure du tarse est garni dans quelques espèces de sortes d'ergots ou d'éperons aplatis, qui souvent sont plus longs que les ongles eux-mêmes, avec lesquels ils ont aussi beaucoup de rapport pour la forme.

Lorsque les Chersites étendent complètement les membres postérieurs, elles peuvent les allonger à peu près dans une direction droite : la peau qui les recouvre est généralement lâche, molle, peu adhérente aux muscles; ce qu'on observe aussi, mais à un degré moindre, pour les tégumens des parties antérieures. Quant à la forme du pied postérieur, elle participe encore plus de celle de l'Éléphant. Ici lorsque la Tortue marche, la plante du pied est dirigée en arrière, et elle ne pose pas plus sur le sol que la paume de la patte antérieure ; elle ne s'accroche sur le terrain que par les sabots ou les ongles dont est garni le bord externe de sa circonférence.

La *queue*, qui est munie d'écailles tuberculeuses, placées dans l'épaisseur de la peau, varie beaucoup pour la longueur et la forme. A peine dépasse-t-elle quelquefois la carapace ; tandis que dans d'autres espèces elle atteint presque jusqu'à l'extrémité des pattes postérieures. C'est cependant le cas le plus rare : généralement cette queue est très courte et conique ; elle est toujours grosse ou large à sa base : c'est en dessous de cette région que se trouve placé l'orifice du cloaque, qui livre passage aux divers produits des excrétions et aux organes génitaux. Ce cloaque se continue sous le reste de la queue pour pénétrer dans l'abdomen. Cette queue n'est jamais déprimée, ni comprimée latéralement. Dans quelques Tortues terrestres, la queue se termine par une sorte d'ergot ou d'étui de corne qui enveloppe la dernière vertèbre, comme on l'observe chez la Tortue grecque, qui l'a pointu. Dans la Tortue éléphantine, on voit encore cet étui de corne; mais il est court, obtus, et il n'enveloppe pas toute l'extrémité libre de la queue. Suivant WA-

GLER, la Tortue grecque se servirait de la queue comme
d'un cinquième pied sur lequel elle s'appuierait, surtout lorsqu'elle se débarrasse par des évacuations naturelles.

Après avoir ainsi exposé les modifications que présentent les Chersites dans leur conformation extérieure, qui est constamment en rapport avec la nature
de leurs mouvemens et de leurs sensations, il nous
reste peu de développemens à donner sur les autres
parties de leur organisation que nous avons d'ailleurs
fait connaître avec détails dans le second chapitre du
livre troisième de cet ouvrage. Nous y avons indiqué
les particularités que présentent chacune de leurs fonctions ; il nous suffira donc de parler ici de leur ponte,
de leur genre de vie et de la répartition des espèces
dans les diverses parties du monde ou de leur distribution géographique. Nous rappellerons enfin les principaux caractères comparés qui ont servi à la répartition des espèces dans les quatre genres qui composent
cette famille, et dont chacun d'eux deviendra le sujet
d'un paragraphe particulier.

Les femelles sont en général plus grosses que les
mâles, et ceux-ci ont le plus souvent la queue épaisse à la
base et, relativement à l'autre sexe, un peu plus longue.
Le sillon qui forme leur cloaque est plus allongé, et
les lèvres, surtout à l'époque de la fécondation, en sont
comme tuméfiées. On croit que les sexes restent
unis ou rapprochés pendant plusieurs jours; mais les
mâles ne paraissent pas rester constamment avec les
femelles, quoique certaines espèces se trouvent réunies dans les mêmes lieux comme en une sorte de
famille. La femelle garde les œufs pendant assez long-
temps dans les oviductes, où ils sont tous à la fois en-

duits à l'extérieur de la coque calcaire, pour être pondus à peu près dans le même temps.

Généralement ces œufs sont sphériques, presque régulièrement semblables à des billes ; la coque en est assez solide et non flexible comme dans les Serpens. Quelques espèces, parmi ces Tortues terrestres, pondent cependant des œufs de forme allongée et presque cylindrique, attendu qu'ils n'offrent jamais, comme ceux des oiseaux, un bout plus gros que l'autre.

La forme des petites Tortues, au moment où elles sortent de la coque, est loin de faire présumer celle qu'elles prendront en grandissant ; car, même dans les espèces dont la carapace est fort allongée, celle de ces jeunes individus est presque hémisphérique et toujours unie. Jamais la moindre trace des protubérances qui distinguent certaines espèces ne s'aperçoit à la surface de la carapace des jeunes sujets , ce en quoi les Chersites diffèrent encore des Élodites et des Thalassites, dont beaucoup d'espèces naissent avec des carènes qui ne disparaissent que lorsque l'animal a acquis une certaine taille. Nous citerons comme exemples l'Émyde Géographique parmi les Élodites et la Chélonée Caouanne parmi les Thalassites. Chez les jeunes individus qui sortent de l'œuf, on remarque au centre du sternum une sorte de fontanelle ou de partie membraneuse qui est la trace de l'ombilic ou du point par lequel le jaune de l'œuf a été absorbé pour servir à la nourriture de l'embryon. De même que les jeunes oiseaux, les Tortues portent en naissant à l'extrémité de leur bec une protubérance, ou plutôt une pointe cornée, qui leur sert à briser la coquille de l'œuf qui les renferme.

Quant au genre de vie des Chersites, nous dirons

que quoiqu'elles n'aillent jamais à l'eau, c'est souvent dans son voisinage qu'on les rencontre. Elles vivent dans les bois ou dans des lieux bien fournis d'herbes; elles se creusent, peu profondément, dans le sol, des sortes de terriers où, dans les climats tempérés, elles s'engourdissent durant la saison froide. C'est aussi dans un trou qu'elles déposent leurs œufs, dont elles ne prennent pas plus de soin que des petits qui en proviennent.

Elles se nourrissent de mollusques terrestres et principalement de végétaux. Celles que nous avons eu occasion de voir, ou de conserver vivantes, préféraient les feuilles de salade à toute sorte de nourriture. Elles déchiraient ces feuilles plutôt qu'elles ne les coupaient, et pour cela elles les retenaient avec leurs pattes de devant qu'elles appuyaient sur le sol, et lorsqu'elles en avaient saisi une portion avec leurs mâchoires, elles la séparaient du reste de la feuille en retirant brusquement la tête en arrière. Nous avons vu dans le Jardin Botanique de Toulon une grande Tortue des Indes, qui préférait pour sa nourriture une sorte de courge ou de calebasse dont l'amertume était extrême, ainsi que nous nous en sommes assurés après avoir vu l'animal en manger avec avidité.

Les espèces de la famille des Tortues terrestres sont répandues sur presque toutes les parties du globe; jusqu'ici cependant il n'est point parvenu à notre connaissance que quelque Chersite ait été observée en Australasie. En Europe, nous ne possédons que trois espèces du genre Tortue, ce sont la Grecque, la Bordée et la Moresque; l'une est répandue dans presque toutes nos régions méridionales, l'autre est fort commune en Grèce, et la troisième vit sur les bords de la mer Caspienne.

L'Afrique, en y comprenant quelques unes de ses îles, produit neuf espèces de Tortues de terre, parmi lesquelles se trouvent celles qui constituent le genre *Homopode*, et qui paraît être propre à cette région. De ces espèces, six n'ont encore été rencontrées que sur le continent Africain ; trois l'ont été également à Madagascar, et cette île semble en nourrir une qui lui serait particulière.

Celle que l'on a pendant long-temps confondue avec la Tortue Grecque, et à laquelle nous donnerons le nom de Moresque, ne paraît pas s'enfoncer dans l'intérieur des terres qui bordent la Méditerranée ; il n'est même pas constant qu'on l'ait trouvée plus loin que l'Égypte : elle est d'ailleurs très commune sur toute l'étendue des côtes Barbaresques. Cette espèce est la seule Chersite étrangère qui existe aussi en Europe. Car il est bien évident pour nous que l'espèce de Tortue que Pallas s'était procurée aux environs de la mer Caspienne et qu'il nomme *Ibera* (Espagnole), doit être rapportée à la Tortue Moresque (*Mauritanica*), comme nous le prouverons par la suite, à son article.

On ne peut véritablement pas établir d'une manière bien précise le nombre des espèces de Chersites que nourrit l'Asie. Car l'habitation de plusieurs, que l'on a dites être originaires des Indes orientales, ou qui ont été déposées comme telles dans quelques collections, et citées ensuite comme provenant de ces pays, n'est rien moins que régulièrement constatée. De ce nombre sont les Tortues Géante, de Daudin, de Vosmaer et celle que nous nommerons

Peltaste ou à bouclier léger. Réunies aux espèces que nous savons positivement venir des Indes ou de leur Archipel, ces Chersites sont jusqu'ici au nombre de six, dont cinq Tortues proprement dites, et de plus le type et la seule espèce encore connue aujourd'hui du genre Pyxis.

Les deux Amériques continentales n'en produisent que trois races. Le genre Cinixys, qui comprend trois espèces, n'a encore été recueilli qu'à Démerari et à la Guadeloupe, et un nombre semblable se trouve en Californie et dans les îles de Galapagos. C'est un fait digne de remarque que ces trois dernières espèces ont beaucoup plus de rapports avec quelques Tortues indiennes qu'avec celles du continent Américain. Celles-ci ont toujours une carapace extrêmement pesante et agréablement colorée ; tandis que les Tortues de Californie et des îles de Galapagos, comme la Tortue de Perrault en particulier, sont au contraire d'une teinte noire et d'une légèreté relative très remarquable.

Nous ne savons pas si nous devons considérer comme appartenant vraiment à l'Amérique, la Tortue que M. d'Orbigny a, nous assure-t-il, trouvée en Patagonie ; Tortue qui n'offre pas la plus légère différence avec la Sillonnée, qui est une espèce essentiellement africaine. Ceci a d'autant plus lieu de nous surprendre, que nous ne connaissons pas dans tout le règne animal, et particulièrement parmi les Vertébrés, une seule espèce qui se trouve à la fois en Afrique et en Amérique. Jusqu'à ce qu'une autre preuve soit venue confirmer ce fait, nous serons portés à croire que la Tortue de M. d'Orbigny a été apportée d'Afrique en Patagonie.

Au reste, nous donnons ici en note un tableau de la

distribution géographique des Chersites, qui indique en même temps le nombre des espèces que renferme chaque genre de cette famille dans les diverses parties du monde (1).

Le principal caractère des Tortues terrestres est, pour ainsi dire, inscrit dans la forme particulière et insolite de leurs membres qui ne peuvent servir qu'au soulèvement, au soutien de leur corps ou au transport lent, vacillant et très pénible de leur lourde carapace. Tout au plus l'animal peut-il employer ses pattes tantôt à les appuyer sur les substances qu'il déchire à l'aide de ses mâchoires, tantôt à creuser le terrain pour y déposer ses œufs ou pour s'y enfouir dans quelque cavité peu profonde, quand il ne peut profiter des terriers pratiqués par certains Mammifères dont l'organisation se prête davantage à ce genre d'industrie. Les extrémités libres des membres qui correspondent aux mains et aux pieds sont surtout remarquables par leur difformité apparente. En effet elles sont tronquées, et ressemblent à des pieds-bots; on n'y distingue aucun doigt libre, et les os qui les constituent sont réduits à de simples rudimens, garnis d'étuis de

(1) GENRES.	ASIE.	EUROPE.	AFRIQUE. aux deux.	AMÉRIQUE. aux deux.		Total.
TORTUE..............	5....	3....	4...7	4?..6.		... 21
PYXIS..............	1....					1
CINIXYS............				3.....		3
HOMOPODE..........			2.............			2
Total pour chaque région.	6....	3.......	9.......	9.....		27

corne; ceux-ci ne sont que des crocs ou des grappins avec lesquels la Tortue fait en sorte de s'accrocher sur les corps fixes et consistans pour y trouver un point d'appui sur lequel se transportent alors tous les efforts musculaires. Ceux-ci deviendraient nuls, si la résistance cédait au mouvement que l'animal veut lui imprimer et dont il profite pour se porter en avant.

Une seconde particularité caractéristique de ces Tortues terrestres peut être reconnue dans la conformation de leur carapace, comparée à celle des autres espèces du même ordre, c'est sa grande convexité ou l'excès de sa hauteur, même relativement à sa largeur, qui est en général beaucoup moins étendue que dans les autres familles.

En troisième ligne, nous rappellerons le caractère tiré de la disposition des mâchoires cornées qui sont toujours à nu; ce qui sépare les Chersites des espèces de la famille des Potamites qui ont des sortes de lèvres ou des replis de la peau destinés à s'appliquer sur le bec; dont la carapace est d'ailleurs ordinairement molle et flexible sur les bords, et dont le disque n'est jamais protégé que par de la peau et non par des lames cornées.

La membrane du tympan correspond à l'ouverture extérieure de l'oreille; elle se dessine toujours sur le cadre osseux du canal auditif qui la soutient; c'est encore une quatrième différence notable propre à distinguer les espèces éminemment terrestres d'avec celles qui restent constamment dans l'eau, comme dans les deux familles qui ne quittent guère les fleuves et les mers.

Enfin d'autres caractères tirés de la position des yeux, de la forme et de l'étendue de leurs paupières et de la surface de la langue, serviront **encore** à séparer la famille des Chersites des trois autres qui ont été rangées dans le même ordre ; nous avons fait connaître ces particularités distinctives avec assez de détails à la page 356 du précédent volume, pour que nous ne jugions pas nécessaire de les rappeler ici.

Ainsi, en résumé, les Tortues terrestres rangées dans la famille des CHERSITES ont reçu de nous ce dernier nom, tiré du mot grec χερσαῖος, qui signifie naissant ou demeurant sur les terrains secs et incultes. C'est le terme par lequel Aristote désignait les animaux terrestres et en particulier les espèces de Tortues qui ne vivent pas dans l'eau douce ou dans la mer, qui craignent même cet élément ; car si elles y tombaient, il leur serait impossible de se raccrocher sur les bords, et elles y seraient nécessairement submergées. Au reste, tous les auteurs, jusques et y compris Linné, les ont ainsi réunies sous le nom de *Testudo*.

FITZINGER (1) place le genre unique de nos Chersites dans l'ordre des Testudinés, et dans la seconde famille qu'il nomme Testudinoïdes.

RITGEN dans sa Classification des Reptiles a placé ces Tortues dans l'ordre des Sterrichrotes, ou à corps solide, à carapace ; et dans la section des Terrestres, qu'il a nommées les Podo, ou Cherso-chélones (2).

Enfin, WAGLER dans ces derniers temps (3), dans son Traité de la Classe des Reptiles, proposait d'établir au premier rang des huit ordres qu'il désigne celui des

---

(1) *Voyez* tome ɪ du présent ouvrage, pages 278 et 282.
(2) *Voyez*, comme dessus, pages 283 et 284.
(3) *Voyez* pages 287 et 288.

Tortues, dans lequel il n'inscrit qu'une famille sous le nom d'Hédræoglosses ou à langue fixée dans la concavité de la mâchoire. De la famille des Chersites il a fait une troisième tribu, sous le nom de Tylopodes, et il y a introduit quatre genres, dont deux, d'après le docteur BELL, ceux de *Cinixys* et de *Pyxis* que nous adoptons, et celui de *Chersus* que nous n'avons pas cru devoir admettre, comme nous l'avons déja dit.

Dans le tableau synoptique de la division des Reptiles Chéloniens, que nous avons inséré à la page 365 du volume précédent, nous avons indiqué comment, d'après l'observation du nombre des doigts, les Chersites se séparaient en deux séries, dont l'une, qui ne comprend qu'un genre que nous avons nommé *Homopode*, n'a seulement que quatre doigts, ou quatre ongles bien distincts aux pattes antérieures comme aux postérieures ; tandis qu'il y en a cinq aux pieds de devant dans les trois autres genres. Parmi ceux-ci, les *Pyxis* ont pour caractère essentiel la mobilité dont sont douées les pièces antérieures du plastron, qui sont au contraire fixées et solides dans les deux autres genres. Ceux-ci sont faciles à distinguer l'un de l'autre, parce que les *Cinixys* ont la carapace formée de deux portions, dont la postérieure est mobile sur le plastron ; circonstance de conformation qui ne se retrouve pas dans les espèces du genre *Tortue* qui ont tous, comme les autres Chéloniens, les os du disque de la carapace soudés fermement pour constituer une seule pièce voûtée en forme de bouclier solide.

Les quatre genres qui composent cette famille ont entre eux, comme nous l'avons vu, la plus grande analogie, et tous diffèrent cependant de ceux que l'on a rapportés aux trois autres divisions du même ordre.

Ainsi dans l'exposition que nous avons faite du tableau synoptique de l'ordre (1), nous disions que les Tortues marines avaient aussi les doigts confondus sous les tégumens des pattes qui, au lieu d'être arrondies en moignon, étaient au contraire aplaties en palette, pour prendre la forme et les usages des rames et des nageoires; mais en outre ces espèce sont les membres inégaux en longueur, les antérieurs étant souvent de moitié plus étendus que les postérieurs. Un dernier caractère relatif est dans leur carapace arrondie et surbaissée au lieu d'être en voûte très convexe.

D'autres notes non moins précises et caractéristiques suffiraient pour établir une distinction réelle entre les Chersites et la famille des Tortues fluviales ou Potamites. D'abord celles-ci n'ont jamais la carapace convexe, et cette portion principale de leur tronc est constamment couverte et bordée d'une peau molle, sans aucune écaille ou lame cornée. Ensuite leurs pattes offrent un caractère remarquable; c'est qu'aucune espèce n'a réellement plus de trois ongles à chacune des pattes, tandis que le moindre nombre des ongles chez les espèces terrestres, est de quatre. Enfin toutes les Tortues qui vivent uniquement sur la terre ont le bec ou les mâchoires cornées et à nu, tandis que les Fluviales ont des replis de la peau qui viennent les recouvrir comme des sortes de lèvres.

En dernier lieu, les Élodites ou les espèces qui vivent dans les marais, qui peuvent aller dans l'eau et y nager, forment véritablement un passage entre les

_____

(1) Tome i, page 364.

deux groupes que nous étudions. Ici, il n'y a réellement que les organes du mouvement et les habitudes qu'ils entraînent qui puissent servir à la détermination. En effet, les Chersites ont les pattes courtes, peu mobiles, arrondies en moignons informes et tronqués dans leur extrémité libre, qui paraît ainsi contrefaite; tandis que dans les Élodites, les pieds sont bien conformés pour leur double usage; car ils servent également à la marche sur la terre et au nager ou à la progression au milieu des eaux, parce que les doigts, qui sont allongés et bien apparens, sont cependant unis entre eux, surtout à la base, par une membrane natatoire qui leur donne la forme que l'on a nommée palmée. En outre, la carapace des Élodites est plus déprimée, et très souvent elle atteint en largeur jusqu'à trois fois l'étendue qu'elle pourrait avoir en hauteur.

On conçoit que les mœurs et les habitudes des Tortues doivent être en rapport avec la conformation des pattes et la structure des autres parties dont nous venons de faire connaître les modifications. Ainsi lorsque les doigts ne sont pas garnis d'ongles crochus, tranchans ou pointus, et surtout quand les pattes ne sont pas composées de pièces très mobiles les unes sur les autres, on peut supposer d'avance que ces espèces se nourriront plus particulièrement de matières qui ne pourront guère les fuir ou résister à leur destruction. C'est en effet le cas des Chersites et des Thalassites, qui trouvent leur principale alimentation dans les matières végétales; tandis que les Élodites et les Potamites recherchent essentiellement pour leur nourriture des substances animales, le plus souvent même celles qui sont vivantes, et qui tantôt sont

REPTILES, II.   5

protégées par des enveloppes solides et tantôt font de grands efforts pour se défendre, afin de conserver leur existence.

Les autres fonctions offrent trop peu de différences pour que nous croyions nécessaire de les rappeler ici, les ayant d'ailleurs exposées dans les généralités par lesquelles nous avons fait précéder l'histoire de cette famille. Nous nous contenterons donc de présenter un second moyen pour parvenir à la détermination des genres, afin d'arriver au seul but que nous avons desiré faire atteindre, en traçant le tableau synoptique des genres et des familles de l'ordre des Chéloniens (1). Notre intention est d'en rédiger de semblables qui conduiront à la distinction des espèces dans chacun des genres, quand le nombre de celles-ci sera assez considérable pour offrir quelques difficultés. Le genre Tortue sera seul dans ce cas pour cette première famille.

PREMIÈRE FAMILLE. — TORTUES TERRESTRES OU CHERSITES.

CARACTÈRES : *Chéloniens à carapace très bombée; à membres courts, égaux; à pattes en moignons arrondis, calleux, à doigts non distincts, onguiculés.*

A carapace	mobile en arrière, où elle est comme articulée . . . . 4. CINIXYS.
	immobile; à ongles des pattes antérieures — quatre seulement. . . . . 2. HOMOPODE.
	cinq : devant du plastron — mobile . . . 5. PYXIS.
	— non mobile. 1. TORTUE.

---

(1) *Voyez* tome ɪ de cet ouvrage, page 364.

Ier GENRE : TORTUE — *TESTUDO* (Brongniart).

CARACTÈRES : Pattes à cinq doigts, les postérieures à quatre ongles seulement ; carapace d'une seule pièce ; sternum non mobile antérieurement.

Par la simple énumération de ces caractéres, on voit que le genre Tortue diffère des trois autres qui sont compris dans la même famille, savoir : des Homopodes, qui n'ont que quatre doigts à chaque patte ; des Cinixys, dont la carapace est formée de deux pièces mobiles, et enfin des Pyxis, dont la partie antérieure du plastron forme une sorte de battant articulé.

Sous le nom de Tortues proprement dites, nous réunissons ceux des Chéloniens terrestres qui ont été le mieux et le plus anciennement connus et distingués par les naturalistes. Comme ce genre renferme beaucoup d'espèces, nous l'avons subdivisé en trois sections dont nous aurions pu former autant de genres différens à l'exemple de quelques auteurs. Nous avons trouvé cet arrangement trop artificiel, et nous ne l'avons pas adopté. Il ne suffit pas, en effet, selon nous, pour établir un genre, de rapprocher des espèces dans lesquelles on aura reconnu une plaque de plus ou de moins au sternum, ou une mobilité à peine sensible dans la partie postérieure de ce plastron ; car, à l'aide de cette simple note, des espèces, d'ailleurs très voisines sous un grand nombre de rapports plus importans, se trouveraient placées bien loin les unes des autres, dans des genres très différens, et par conséquent avec des espèces dont elles auraient été forcément rapprochées. Nous citerons pour exemple la Tortue Grecque, dont le sternum n'est pas mobile dans sa partie postérieure, et qui se rapproche excessivement de la Tortue Moresque qui est douée de cette mobilité. D'après ce caractère, quelques auteurs auraient pu placer cette

5.

dernière espèce dans un genre particulier, puisque les autres ont le plastron composé de pièces intimement unies entre elles. Et si nous comparions cette même Tortue Grecque, qui a douze plaques au sternum, avec l'Anguleuse, qui n'en a que onze, nous pourrions encore reconnaître que cette différence, tout au plus spécifique, est bien moins notable que celle qui existe entre la Tortue Anguleuse et celle de Vosmaer, qui n'a cependant sur son plastron que ce même nombre de plaques cornées.

Nos trois sections, ou sous-genres, sont établies sur les bases suivantes :

1° Les Tortues à portion postérieure du plastron mobile; elles correspondent aux genres *Chersus* de Wagler, *Testudo* de la plupart des auteurs, et *Chersina* de Gray.

2° Les Tortues dont le plastron est solide dans toutes ses parties, ou d'une seule pièce recouverte de douze plaques.

3° Les Tortues qui ont également le sternum immobile, mais revêtu de onze plaques cornées.

C'est dans cet ordre que nous allons ranger les espèces, en rapprochant, autant que possible, celles qui ont entre elles le plus d'analogie, soit par la forme de leur carapace, soit par la nature et la disposition de leurs tégumens, et même de leur mode de coloration.

Le premier sous-genre comprend les deux espèces qui sont aujourd'hui les plus communes et qui, par conséquent, étant mieux connues, pourront servir de moyens de comparaison. En outre, comme la Tortue Moresque et la Tortue Grecque ont réellement entre elles les plus grands rapports, elles lient naturellement les deux premiers sous-genres ; comme la Tortue de Perrault, qui termine le second, unit ce groupe avec les quatre espèces qui forment la troisième section, à la tête de laquelle nous avons placé la Tortue Anguleuse, comme on pourra s'en faire une idée exacte en consultant le tableau suivant, qui n'a pu entrer dans le format, mais que nous présentons sur une feuille séparée qui sera annexée à cette page.

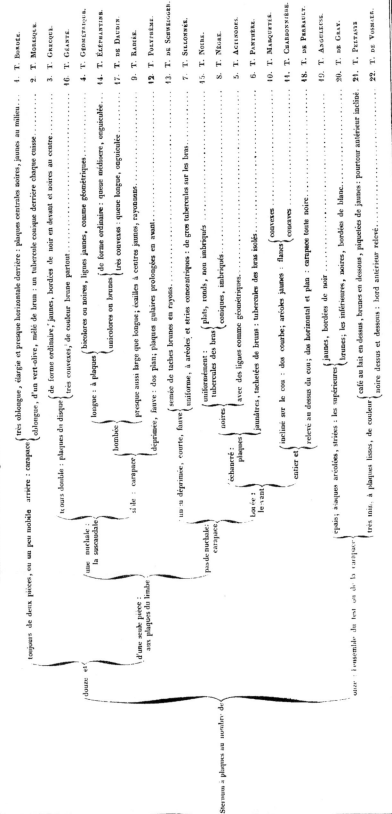

TABLEAU SYNOPTIQUE DES ESPÈCES DU GENRE TORTUE.

Sternum à plaques au nombre de

douze et

toujours de deux pièces, ou un peu mobile arrière : carapace
- très oblongue, élargie et presque horizontale derrière : plaques centrales noires, jaunes au milieu ..... **1. T. BORDÉE.**
- oblongue, d'un vert-olive, mêlé de brun : un tubercule conique derrière chaque cuisse ..... **2. T. MORESQUE.**

tt ours double : plaques du disque
- de forme ordinaire ; jaunes, bordées de noir en devant et noires au centre ..... **3. T. GRECQUE.**
- très convexes ; de couleur brune partout ..... **16. T. GÉANTE.**

une nuchale : la suscaudale — longue : à plaques
- bicolores ou noires, lignes jaunes, comme géométriques ..... **4. T. GÉOMÉTRIQUE.**
- unicolores ou brunes — de forme ordinaire : queue médiocre, onguiculée ..... **14. T. ÉLÉPHANTINE.**
- très convexes : queue longue, onguiculée ..... **17. T. DE DAUDIN.**

d'une seule pièce aux plaques du limbe

si le : carapace — bombée
- presque aussi large que longue ; écaille à centres jaunes, rayonnans ..... **9. T. RADIÉE.**
- déprimée, fauve : dos plan ; plaques gulaires prolongées en avant ..... **12. T. POLYPHÈME.**

Pas de nuchale : carapace

un peu déprimée, courte, fauve ; semée de taches brunes en rayons ..... **13. T. DE SCHWEIGGER.**
- uniforme, à aréoles et stries concentriques : de gros tubercules sur les bras ..... **7. T. SILLONNÉE.**

uniformément : tubercules des bras
- plats, ronds, non imbriqués ..... **15. T. NOIRE.**
- coniques, imbriqués ..... **8. T. NÈGRE.**

échancré : plaques — noires
- avec des lignes comme géométriques ..... **5. T. ACTINODES.**
- jaunâtres, tachetées de bruns : tubercules des bras isolés ..... **6. T. PANTHÈRE.**

bordée : plaques — incliné sur le cou : dos courbe ; aréoles jaunes : flancs
- convexes ..... **10. T. MARQUETÉE.**
- concaves ..... **11. T. CHARBONNIÈRE.**
- relevé au dessus du cou ; dos horizontal et plan : carapace toute noire ..... **18. T. DE PERRAULT.**

entier et levant

épais ; aréoles aréolées, striées : les supérieures
- jaunes, bordées de noir ..... **19. T. ANGULEUSE.**
- brunes ; les inférieures, noires, bordées de blanc ..... **20. T. DE GRAY.**

très mi... à plaques lisses, de couleur
- café au lait en dessus, brunes en dessous, piquetées de jaunes : pourtour antérieur incliné ..... **21. T. PELTASTE.**
- noire dessus et dessous : bord antérieur relevé ..... **22. T. DE VOSMAER.**

onze : l'ensemble du test ou de la carapace

REPTILES. II.

(En regard de la page 36.)

Ier SOUS-GENRE. — TORTUES à sternum mobile en arrière.

1. LA TORTUE BORDÉE. *Testudo marginata* Schœpf.

CARACTÈRES. Carapace de forme ovale-oblongue, bombée, à bord postérieur très dilaté, (adulte) presque horizontal; u^e plaque nuchale, la suscaudale simple; celles du disque et la moitié antérieure de celles du pourtour, d'un noir brun; le centre des unes et la seconde moitié des autres, jaunâtres. Le dessous du corps de la même couleur, avec une large tache triangulaire noire sur six ou huit des lames sternales. Plastron mobile derrière.

SYNONYMIE, χελώνη χερσαία. Arist. Hist. anim. lib. 2, cap. 17.

Testudo terrestris. Plin. Hist. mund. lib. 2, cap. 4.

Testudo terrestris. Jonst. Hist. nat. Quad. tom. 1, tab. 80, fig. 2.

Testudo terrestris. Ruisch, Theat. anim. tom. 2, tab. 261, fig. G.

Testudo terrestris. Scheuchzer, Phys. Sac., tom. 2, tab. 261.

Testudo nemoralis. Aldrov. Quadr. digit. Ovip. fig. G, pag. 706 707.

Pfuhl-Schildkrote. Meyer, Zeitvert., tom. 2, tab. 61-63.

Testudo campanulata. Walb. Chel. pag. 124.

La Grecque. Lacépède, Quad. Ovip., tom. 1, pag. 142, pl. 8.

La Grecque. Bonnater. Encycl. méth., pl. 5, fig. 4.

Testudo marginata. Schœpff., pag. 52, tab. 11-12.

Testudo marginata. Becsht. Uebers. der naturg. Lacép. tom. 1, pag. 215.

Testudo marginata. Shaw. Gener. zool., tom. 3, pag. 17.

Testudo marginata. Daud. tom. 2, pag. 155.

Testudo marginata. Schweig. Prodr. arch. Konisb., tom. 1, pag. 323 et 445.

Testudo graja. Herm. Obs. zoolog., pag. 219.

Chersine marginata. Merr. amph. pag. 31.

Chersus marginatus. Wagl. Syst. amph. pag. 138.

Testudo marginata. Gray. Synops. Rept. part. 1, pag. 21.

Testudo marginata. Zoolog. de la Morée, pl. 2, fig. 2.

DESCRIPTION.

Formes. Ce qui distingue en particulier la Tortue Bordée de celles de ses congénères dont elle se rapproche le plus par l'ensemble de ses caractères, c'est la largeur proportionnellement plus grande que chez aucune d'elles, de la portion postérieure du pourtour de sa carapace, ainsi que la position presque, ou quelquefois même tout-à-fait horizontale de cette même partie marginale du bouclier supérieur. La boîte osseuse de cette espèce est assez allongée, puisque sa hauteur, qui est presque égale à **sa** largeur, se trouve contenue deux fois dans sa longueur. Le contour offre la figure d'un ovale oblong qui s'infléchit légèrement en dedans, du côté qui regarde le cou, et sur la région des flancs, tandis qu'il s'élargit au contraire un peu au dessus des membres postérieurs. Le disque est également bombé dans toutes ses parties : dans son sens longitudinal, il forme, avec la région du pourtour située au dessus du cou, laquelle, ainsi que celle qui correspond aux bras, offre une pente oblique en dehors, une courbe assez ouverte, dont l'extrémité antérieure est moins cintrée que la postérieure. Sur les côtés du corps, la portion marginale de la carapace est complètement verticale. En arrière, elle présente des dentelures qui sont d'autant plus profondes que l'animal est plus âgé.

La plaque nuchale est longue, étroite, rectangulaire, avec son extrémité antérieure, libre. Celles entre lesquelles elle se trouve placée sont à cinq pans inégaux : le plus petit est fixé à la première costale ; celui qui tient à la nuchale est un peu moins étroit, son étendue formant environ la moitié de celle de chacun des trois autres. Les plaques margino-brachiales sont trapézoïdes, et toutes celles qui les suivent, jusqu'à la première margino-fémorale exclusivement, rectangulaires. Celle-ci se montre aussi sous la figure d'un trapèze. Le bord libre de la plaque suscaudale est presque du double plus étendu que les trois autres. Ni la lame cornée qui commence la rangée vertébrale, ni celle qui la termine ne sont, comme les médianes de cette même rangée, plus larges que longues. Le bord vertébral et les deux costaux de la première sont égaux, et d'un quart plus longs que les antérieurs, lesquels forment un angle obtus, dont le sommet est tronqué et soudé à la plaque de la nuque.

Les quatre faces latérales de la seconde plaque dorsale n'ont pas plus d'étendue l'une que l'autre ; la longueur de chacune d'elles est contenue deux fois environ dans celle du bord postérieur, qui est de moitié plus élargi que celui de devant. La quatrième plaque de la ligne du dos offre absolument les mêmes proportions que la seconde ; mais son grand côté est celui qui est le plus rapproché de la tête : la troisième ne diffère de celles auxquelles elle est jointe devant et derrière, que parce que ses deux bords vertébraux présentent entre eux la même largeur. La dernière plaque dorsale, quant à sa figure, ressemble à la suscaudale, seulement elle est plus développée.

La dernière costale est moins grande que celles qui la précèdent, et, de même que la seconde et la troisième, un peu plus haute que large et quadrangulaire. La première de ces plaques a aussi quatre côtés dont un, l'inférieur ou marginal, est le plus étendu et en quart de cercle ; la largeur de celui d'en haut équivaut aux deux tiers de la hauteur antérieure de la plaque, et a un peu moins de la moitié de celle de son bord postérieur. Toutes les plaques de la carapace, sans exception, ont leurs aréoles lisses, et leur contour profondément strié.

En avant, le sternum s'avance aussi loin que la carapace, mais derrière, il ne dépasse pas l'extrémité du disque de celle-ci. Les ailes en sont peu relevées ; le plastron des femelles est tout-à-fait plat, mais chez les mâles il est légèrement concave. Sa portion libre, du côté des bras, est un peu plus courte que celle qui lui correspond du côté des cuisses. Celle-ci n'est point comme l'antérieure solidement fixée à la pièce moyenne du plastron, elle y est simplement retenue par un fort ligament élastique qui ne lui permet en aucune manière de s'ouvrir en dehors, comme on l'observe pour cette même partie dans les Cistudes, parmi les Elodites, et, pour la portion antérieure, chez les Pyxis, parmi les Chersites. L'animal a seulement la faculté de rapprocher de sa carapace, sans cependant qu'elle y touche, cette pièce postérieure du sternum, en sorte que la mobilité, comme on le conçoit aisément, en est très bornée. C'est en particulier cette légère modification dans la conformation du sternum de cette espèce qui a donné lieu à Wagler d'établir son genre *Chersus*, que nous n'avons pas cru devoir conserver, ainsi que nous l'avons annoncé précédemment. Cette portion postérieure du plastron, qui laisse de chaque côté, entre elle et la carapace, un espace équivalent à la largeur du pourtour, est une surface quadrilatérale dont le bord caudal offre une échancrure que l'on ne peut mieux comparer qu'à la figure d'un **V**, dont les branches seraient cintrées en dehors. Antérieurement, la partie libre du sternum a ses côtés arrondis et son extrémité fort étroite et tronquée. Des douze lames écailleuses qui le recouvrent, les abdominales sont les plus grandes et les seules à peu près carrées. Les collaires sont triangulaires et les plus petites ; les brachiales ont quatre côtés inégaux, ainsi que celles qui les suivent, mais la largeur de celles-ci l'emporte de beaucoup sur leur longueur. Les quatre dernières représentent des trapèzes. Aucune de ces plaques n'est marquée de stries concentriques, au moins bien apparentes.

La Tortue Bordée a les mâchoires fortes, tranchantes et légèrement dentelées sur les côtés. Ses plaques céphaliques supérieures sont au nombre de quatre : deux nasales, petites, rectangulaires, situées latéralement entre l'extrémité du museau et l'angle antérieur de l'œil ; une fronto-nasale à sept côtés, qui occupe toute la surface de la tête en avant des yeux ; enfin, derrière elle, une frontale pentagone, par laquelle le vertex est couvert presque en entier. Chacune des joues porte une plaque mastoïdienne polygone assez développée, et immédiatement au dessus du tympan est placée celle qu'à cause de cela l'on nomme tympanale : elle est oblongue et à quatre ou cinq côtés.

La face antérieure des bras de cette Tortue, c'est-à-dire depuis le coude jusqu'à la naissance des ongles, est toute entière revêtue de tubercules aplatis, épais, imbriqués, dont le bord inférieur est arrondi. Nous en avons toujours compté de seize à vingt chez tous les individus que nous avons été à même d'examiner. Sur la face opposée, immédiatement au dessus du poignet, il y en a aussi une rangée transversale de cinq ou six. Extérieurement, la partie supérieure de ces membres de devant est garnie de scutelles imbriquées ; mais derrière, la peau est simplement nue ou tuberculeuse, comme celle qui enveloppe le cou, la queue et la plus grande partie des membres postérieurs, à l'exception toutefois de la paume et de la plante des pieds, qui sont protégées par de fortes écailles calleuses. Les talons sont armés de cinq ou six gros tubercules cornés, mais il n'en existe aucun sur la face postérieure des cuisses.

La queue est grosse, courte, conique, dépassant à peine la carapace. Elle se compose de vingt-quatre vertèbres, et ne porte point d'ongle à son extrémité.

COLORATION. La tête, le dessus du cou et de la queue, ainsi que la face externe des pieds de derrière, sont d'un noir foncé. Une bande de la même couleur règne sur le côté interne des bras, depuis le coude jusqu'à l'origine des ongles, d'où elle s'étend en devant sur les tubercules qui avoisinent ceux-ci. Une teinte, d'un gris verdâtre est répandue sur les grosses écailles brachiales ; mais la partie supérieure des membres qui les supportent offre, en dessus comme en dessous, de même que la région caudale inférieure, le haut des cuisses et la peau du cou en dessous, une couleur orangée pâle, nuancée çà et là de noir brun. Les ongles des pieds de devant sont gris sale, et ceux des pieds postérieurs, brunâtres.

La couleur noire est celle qui domine sur la carapace ; et les belles taches jaunes qui colorent chacune des aréoles des plaques du disque la font ressortir encore davantage. Néanmoins, on remarque quelquefois que cette couleur jaune, qui varie de ton et d'éclat, car tantôt elle offre une belle teinte dorée, tantôt au contraire elle est extrêmement pâle, envahit presque toute la plaque, en sorte qu'il n'y a plus que le pourtour de celle-ci qui soit brun ou noir. Dans ce cas, il arrive à peu près la même chose aux lames marginales qui, au lieu d'offrir deux taches triangulaires, l'une jaune, l'autre noire, à peu près de la même étendue, n'ont plus que leur bord antérieur de cette dernière couleur.

Quant au plastron, la plus grande partie de sa surface est, de même que le dessous du pourtour, d'un jaune sale. Quelquefois huit, quelquefois six seulement des plaques qui le recouvrent sont marquées chacune d'une large tache noire, laquelle, le plus souvent, prend la figure d'un triangle.

DIMENSIONS. La Tortue Bordée, dont la taille est bien au dessous de celle de la plupart des Chersites exotiques, se trouve cependant être la plus grande des trois espèces qui vivent en Europe. Les dimensions suivantes sont celles d'un exemplaire de notre collection, le plus grand que nous ayons encore vu.

LONGUEUR TOTALE (en ligne droite) 49" 8"'.

Tête Long. 4" 5"' ; haut. 2" 5"' ; larg. antér. 1" 1"', postér. 5"'.
Cou. Long. 7", *Memb. antér.* Long. 10"5"'. *Memb. postér.* Long.

10". *Carapace.* Long. (en dessus) 52"; haut. 5"2"'; larg. (en dessus) au milieu, 29". *Sternum.* Long. antér. 5" 2"', moy. 11"5"', postér. 7"; larg. antér. 5"2"', moy. 12"2"', postér. 7". *Queue.* Long. 6"3"'.

Jeune age. Chez les très jeunes Tortues Bordées, le limbe en arrière ne présente pas plus de largeur que dans le reste de son étendue. Ce n'est qu'au fur et à mesure que l'animal grandit que cette partie prend plus d'accroissement que les autres. Du reste, la forme générale du corps, celle des lames cornées qui enveloppent le test et celle des écailles qui garnissent les membres, est la même que dans les adultes. C'est plutôt sous le rapport du système de coloration que les jeunes sujets diffèrent de ceux qui sont plus âgés. Ainsi, les plaques supérieures de la boîte osseuse sont d'un jaune verdâtre, les discoïdales bordées de brun sur les côtés et en avant, les marginales en arrière seulement.

Patrie et moeurs. La connaissance de cette Tortue, comme espèce européenne, ne date véritablement que de l'époque encore récente à laquelle fut fait, au muséum d'Histoire naturelle, l'envoi des riches collections erpétologiques, recueillies en Morée par MM. les naturalistes de la Commission scientifique dont M. Bory de Saint-Vincent était le chef. Jusque là on ne l'avait encore reçue que de l'Égypte et des côtes de Barbarie, où, à ce qu'il paraît, elle est beaucoup moins commune que l'espèce que nous avons nommée Moresque. Le Muséum, outre les nombreux exemplaires de la Tortue Bordée, dans ses différens âges, qui lui ont été rapportés de Morée par les membres de la Commission, en possède un dont M. A. Lefebvre lui a fait présent à son retour d'Égypte, et quelques autres qu'il a reçus d'Alger, depuis que nous sommes en possession de ce pays.

Observations. L'opinion admise jusqu'ici que la Tortue Grecque est celle qu'Aristote entendait particulièrement désigner par le nom de Tortue terrestre (χελώνη χερσαία) se trouve naturellement détruite par cela même que cette espèce n'est pas, ainsi qu'on le croyait, la seule Chersite que produise la Grèce, puisque la Tortue Bordée y est pour le moins aussi répandue qu'elle.

Il est, suivant nous, plus raisonnable de croire que ces deux espèces furent confondues sous le nom de χελώνη χερσαία; attendu que rien, ni dans les écrits du philosophe grec, ni dans ceux de plusieurs autres auteurs anciens, n'indique qu'on ait, de leur temps, distingué deux sortes de Tortues de terre, si ce n'est toutefois un certain passage de la description de la Grèce par Pausanias, où il est dit que les forêts de chênes de l'Arcadie nourrissent des Tortues, de la carapace desquelles il serait possible de fabriquer des lyres aussi grandes que celles que l'on fait avec les Tortues des Indes.

Or, pour peu que ce récit, comme beaucoup de ceux de Pausanias, soit exagéré, on pourrait se laisser aller à croire que cet auteur a voulu parler de la Tortue Bordée dont la taille, quoique bien éloignée de celle à laquelle atteignent certaines Tortues indiennes, est néanmoins toujours un peu plus considérable que celle de sa congénère de Grèce.

La première figure, bien grossière, il est vrai, mais pourtant reconnaissable, qui ait été publiée de la Tortue Bordée, est celle que Jonston a représentée dans son histoire des Quadrupèdes, figure qui se trouve reproduite dans le *Theatrum Animalium* de Ruisch, et aussi, mais réduite, dans la Physique sacrée de Scheuchzer. Ce n'est ensuite que seize ans plus tard qu'il en parut une autre faite d'après nature, portant le nom de Tortue de marais, dans un ouvrage allemand, intitulé *Histoire naturelle des Animaux*, par Meyer (1), laquelle fut suivie de la description que donna Walbaum de la Tortue Bordée, sous le nom de *Testudo campanulata* dans sa Chélonographie.

Il est bon de remarquer que ces deux derniers ouvrages sont ceux dans lesquels cette espèce se trouve indiquée pour la première fois par un nom qui la distingue de la Tortue Grecque; car dans les livres que nous avons cités auparavant, elle porte encore celui de Tortue terrestre, que Ray et quelques autres appliquaient aussi à la Tortue Grecque, ce qui prouve assez que les auteurs de la fin du seizième siècle et du commencement du dix-septième ne savaient pas plus qu'Aristote et Pline établir de distinction entre les deux Chersites les plus communes en Europe. Au reste il pouvait fort bien en être ainsi à cette époque, puisque assez long-temps encore après, Lacépède lui-même commit la même

_____

(1) Ce livre, d'ailleurs peu important, a été omis dans la liste que nous avons donnée des auteurs d'erpétologie, et figurera dans celle que nous donnerons comme supplémentaire à la fin de l'ouvrage.

faute en décrivant et faisant représenter, dans son ouvrage des Quadrupèdes ovipares, une Tortue Bordée pour la Tortue Grecque de Linné. Mais l'ouvrage de Schœpf, malheureusement inachevé, parut, et alors se trouvèrent établis d'une manière précise les caractères spécifiques de ces deux Tortues, à l'une desquelles, celle qui fait le sujet de cet article, ce naturaliste assigna le nom de Tortue Bordée, qu'elle a toujours conservé depuis.

2. LA TORTUE MORESQUE. *Testudo Mauritanica.* (Nob.)

CARACTÈRES. Carapace de forme ovale, bombée; olivâtre, tachée de brun sur les plaques du disque; les marginales postérieures, très inclinées : une plaque nuchale, la sus-caudale simple; un gros tubercule conique à chaque cuisse; sternum mobile derrière; queue courte, inonguiculée.

SYNONYMIE. *Tortue de terre d'Afrique.* Edw. Glan. part. 4, pl. 204.

Testudo zohalfa. Forsk. Descrip. anim. pag. 12.

Testudo pusilla. Shaw. Gen. zool. tom. 5, pag. 53.

Testudo ibera. Pall. zoog. Ross. tom. pag.

Testudo græca. Var. g. Daud. tom. 2, pag. 230.

Testudo ibera. Eschwald. Zool. spec. Ross. et Polon. tom. 3, pag.

Testudo græca. Var. B. Gray. Synops. Rept. part. 13.

DESCRIPTION.

FORMES. La boîte osseuse de la Tortue Moresque est d'un tiers plus longue qu'elle n'est large ; c'est au moins ce que l'on observe dans le plus grand nombre des cas ; car il arrive bien aussi quelquefois que l'on rencontre des individus, parmi ceux en particulier qui n'ont point encore acquis tout leur développement, chez lesquels la carapace est proportionnellement un peu plus courte. La ligne qui circonscrit celle-ci horizontalement forme un ovale, dont l'extrémité antérieure rentre en dedans du disque, de manière à offrir au dessus du cou une large, mais très peu profonde échancrure triangulaire. Les côtés de cet ovale ou, si l'on veut, ceux de la carapace, à partir de la première margino-latérale jusqu'à la pénultième, sont parfaitement droits; mais de ce dernier point à la plaque suscaudale, le limbe décrit une courbe très marquée. Sur les flancs, le pourtour est perpendiculaire; en devant, il présente un plan uni, incliné obliquement en dehors; postérieurement, la pente est plus rapide, et si la plaque uropygiale est bien évidemment convexe, la surface des deux dernières margino-fémorales est certainement un tant soit peu concave. Le profil de la carapace est une ligne courbe, plus ouverte du côté de la tête que du côté de la queue. La convexité du disque est à peu près la même dans toutes les parties de celui-ci.

L'extrémité antérieure de la nuchale est libre et plus étroite que celle qui lui est opposée. Sa longueur totale est le double de sa largeur postérieure. A l'exception des margino-collaires, qui ont cinq côtés, des margino-brachiales et de la suscaudale, auxquelles l'on en compte quatre inégaux, toutes les autres plaques du limbe sont rectangulaires et appliquées là de telle sorte que ce sont leurs deux faces les moins étendues qui sont tournées, l'une du côté du disque, l'autre du côté du sternum. Nous ferons aussi remarquer que toutes ces plaques sont légèrement penchées en arrière, et que celles qui recouvrent la carapace en général sont profondément striées. Quant aux aréoles, elles sont petites, peut-être un peu convexes sur les plaques vertébrales, très faiblement déprimées au contraire sur les costales, du bord supérieur desquelles elles sont fort rapprochées.

La pièce inférieure de la boîte osseuse, ou le plastron, a presque autant de longueur que le bouclier supérieur; c'est-à-dire que son extrémité collaire, qui est fort étroite, tronquée ou faiblement échancrée, ne se laisse point dépasser par celle de la carapace, tandis que postérieurement, c'est le contraire. Mais néanmoins, l'intervalle qui existe entre le bord échancré en V du sternum et le dessous du pourtour est peu considérable, par la raison que celui-ci se recourbe vers la queue.

Dans cette espèce, nous n'avons point observé que le plastron fût moins plan chez les mâles que dans les femelles; mais ici comme dans la Tortue Bordée, sa portion libre postérieure est moins courte que l'antérieure et attachée à la pièce moyenne par un ligament élastique qui fait l'office de charnière. Les portions latérales du sternum, celles par lesquelles il est fixé à la carapace, n'ont proportionnellement pas plus de hauteur que les mêmes parties chez la Tortue que nous venons de nommer. Les lames sternales n'offrent non plus aucune différence quant à leur nombre et à leur forme. Les plaques axillaires sont assez épaisses, triangulaires comme les inguinales, mais un peu moins développées qu'elles.

Les étuis de corne qui enveloppent les mâchoires de la Tortue Moresque n'ont aucune dentelure; ils sont simplement tranchans; ni l'un ni l'autre n'ont leur extrémité terminée en pointe. Le bord antérieur de celui d'en haut est au contraire assez élargi. Il y a aussi une très grande ressemblance entre les plaques céphaliques de cette espèce et celles de la précédente. On en compte de même quatre supérieures, dont une, la frontale, qui est la plus grande de toutes, occupe le vertex : il est difficile de dire si elle est circulaire ou polygone. Celle qui la précède, ou la fronto-nasale, est pyriforme ; son bord le plus étroit est dirigé du côté du nez, jusqu'au bout duquel il s'étend. Les nasales sont beaucoup plus petites, triangulaires, placées sur les côtés du museau, entre son extrémité et le bord antérieur de l'œil. La peau qui recouvre l'orbite est elle-même garnie de trois rangées longitudinales d'écailles tuberculeuses convexes, au nombre de cinq ou six pour chacune. La plaque mastoïdienne est moins développée que celle de la Tortue Bordée ; elle est de figure ovale et elle est située tout-à-fait en arrière du maxillaire supérieur. La tympanale, qui est oblongue, occupe immédiatement au dessus de l'oreille tout l'espace compris entre l'œil et le bord postérieur de la tête.

Les pieds de devant sont garnis antérieurement, depuis le coude jusqu'aux ongles, de seize ou dix-huit grosses écailles tuberculeuses, aplaties, imbriquées, dont l'extrémité libre n'est point arrondie, comme on l'observe dans la Tortue Bordée, mais se termine en pointe mousse, en sorte que l'on peut dire de ces tubercules squammeux qu'ils sont triangulaires. Ceux, au nombre de cinq ou six, qui sont implantés dans la peau de chaque talon, et les trois ou quatre que l'on voit sur la face interne des pieds antérieurs, au dessus de l'articulation de la main avec l'avant-bras, leur ressemblent entièrement. Mais de chaque côté de l'anus, sur la face postérieure de la cuisse, il en existe un autre pour le moins aussi développé, qui a la forme d'un cône à base fort élargie, et dont le sommet, assez pointu, s'incline du côté de la queue, de manière que cette espèce d'ergot ressemble, pour la figure, à ces coquilles univalves que l'on nomme Calyptrées. La présence de ces tubercules en particulier, la brièveté de la queue qui est privée d'ongle, et la simplicité de la plaque uropygiale, sont autant de caractères qui doivent empêcher que l'on ne confonde, ainsi qu'on l'a fait jusqu'à présent, la Tortue Moresque avec la Tortue Grecque. Les parties des membres postérieurs dont nous n'avons point encore parlé, aussi bien que la queue, le haut et la face interne des bras, sont enveloppés d'une peau mince, extrêmement lâche, et toute entière couverte de petites écailles convexes et polygones. Les ongles sont longs, assez étroits et mousses. Le squelette de cette espèce n'a que quinze ou seize vertèbres caudales.

COLORATION. Le fond de la couleur de la Tortue Moresque offre une teinte olivâtre, ce qui peut encore servir à la distinguer de la Tortue Grecque, chez laquelle il est au contraire d'un jaune vert. Tantôt les plaques du disque de la première ont, avec une bande noirâtre, qui couvre leur pourtour en devant et sur les côtés seulement, leur aréole de la couleur de cette même bande, et de plus le reste de leur surface semé de petites taches irrégulières, également noirâtres. Mais parfois les aréoles seules sont noires et les autres parties de la carapace uniformément olivâtres, tandis que celle de certains individus ne montre que des taches rares avec ou sans bandes à la base des lames qui la recouvrent. Chacune des plaques du plastron porte une large tache noire ayant à peu près la figure de cette même plaque dont le fond de la couleur est olivâtre comme celui de la carapace.

La face interne des bras, le dessus des pieds de derrière, celui du cou, la queue et les régions qui avoisinent celle-ci sont d'un gris brun qui prend une teinte plus claire sur les cuisses et sur le cou, en dessous, et sur les bras, en avant. Un noir foncé colore les mâchoires, les tubercules brachiaux et les ongles. L'iris de l'œil est brun.

DIMENSIONS. Les dimensions qui vont suivre sont celles d'un individu que nous avons tout lieu de croire complètement adulte.

LONGUEUR TOTALE, 26". *Tête.* Long. 4"; haut. 2'" 1"; larg. antér. 1", postér. 2" 5'". *Cou.* Long. 6". *Memb. antér.* Long. 10". *Memb. postér.* Long. 11". *Carapace.* Long. (en dessus) 25" 5'"; haut 10"..

larg. (en dessus) au milieu 24". *Sternum*, **Long. antér. 4"**,
moy. 9', 5"', postér. 5" 5"', larg. antér. 5" 2"', moy. 13"3"',
postér. 4". *Queue*. Long. 5"2"'.

JEUNE AGE. Le contour de la carapace des jeunes individus de
cette espèce est presque circulaire; ils portent déja derrière
chaque cuisse ce tubercule conique que nous avons dit exister
chez les adultes. Leur plaque nuchale est plus large et représente un triangle isocèle à sommet tronqué. La pointe de la
mâchoire inférieure offre trois petites dents bien marquées qui
s'effacent avec l'âge, car l'on n'en voit déja plus que le rudiment chez ceux même dont la taille est peu considérable.

A l'égard de la coloration, c'est le même vert olivâtre, mais
moins foncé, qui se trouve répandu sur la carapace dont
chacune des plaques porte une bordure brune qui est incomplète en arrière. De plus, chaque lame vertébrale est marquée
de deux points noirs placés, l'un à droite, l'autre à gauche de
sa ligne médiane et longitudinale. Les costales n'en ont qu'un
seul qui occupe le milieu de la ligne de leur tiers inférieur. Il
n'y a que les bords du sternum qui soient blanchâtres, le reste
de sa surface est d'un noir profond.

PATRIE ET MŒURS. Si nous avons cru pouvoir attribuer à cette
Tortue le nom spécifique de Moresque, ce n'est pas que la partie de l'Afrique appelée anciennement Mauritanie soit le seul
pays qu'elle habite, puisqu'on la rencontre aussi sur les côtes oc-
cidentales de la mer Caspienne, mais parce qu'elle y est excessivement commune. Les environs d'Alger, en particulier, la nourrissent en très grand nombre, et c'est de là que sont envoyées
toutes celles qui se vendent depuis quelques années chez les marchands de comestibles de Paris, non pour servir au même usage
que celui que l'on fait en Angleterre des Tortues de mer, de la
chair desquelles on prépare des soupes, dites *à la Tortue*, qui
sont fort recherchées de certaines personnes; mais bien pour
être placées, comme simple objet de curiosité, dans des jardins
où elles ne causent pas le moindre dégât, pourvu qu'on ait le
soin de leur fournir de temps en temps, pour nourriture, soit
quelques racines, soit des feuilles de salade qu'elles paraissent
préférer à toute autre espèce de végétaux. Nous n'affirmons
pas que cette Tortue soit tout-à-fait étrangère à l'Europe méridionale; mais ce que nous pouvons assurer, c'est qu'elle n'a
jamais été adressée au Muséum ni de Grèce, où la Bordée et

la Grecque sont très communes, ni d'Italie ou bien des îles de Sicile et de Sardaigne, qui produisent abondamment la dernière.

M. Ménestriés, en envoyant de Moscou au cabinet d'Histoire naturelle un des exemplaires de la Tortue Moresque qu'il avait recueillis pendant le cours de son voyage au Caucase, nous a mandé que cette espèce était très commune dans les jardins fruitiers aux environs de Bakou, ville située sur les bords de la mer Caspienne, dans la presqu'île d'Abahéran.

Observations. C'est en comparant avec les individus qui nous viennent de Barbarie, celui de M. Ménestriés auquel convient parfaitement la description de la *Testudo Ibera* de Pallas, observée à peu près dans les mêmes lieux par ce naturaliste, qu'il nous a été facile de reconnaître que cette espèce devait être rapportée à notre Tortue Moresque, dont il existe, dans les Glanures d'Edwards, une assez bonne figure citée à tort par la plupart des erpétologistes comme représentant une Tortue Grecque. Shaw, qui est le seul parmi ceux du dix-huitième siècle qui ne soit point de cette opinion, en émet une autre qui n'est pas plus conforme à la vérité, attendu qu'il considère la Tortue de terre d'Afrique d'Edwards, comme la *Testudo pusilla* de Linné, qui est la Tortue Anguleuse. Quant à la septième variété de la Tortue grecque de Daudin et à la variété β de la même espèce indiquée par M. Gray, elles doivent l'une et l'autre être réunies à la Tortue Moresque, dont les caractères qui les distinguent de la Grecque sont si faciles à saisir, que nous ne concevons pas comment ils ont pu jusqu'à présent échapper à l'observation des chélonographes.

IIe SOUS-GENRE. — TORTUES à sternum immobile, garni de douze plaques.

3. LA TORTUE GRECQUE. *Testudo græca* Linn.

CARACTÈRES. Carapace bombée, de forme ovale, entière, un peu plus large derrière que devant; une plaque nuchale, la suscaudale double, très inclinée ou quelquefois même recourbée vers la queue; celle-ci longue, onguiculée.

REPTILES, II. 4

Synonymie. Χελώνη χερσαῖα. Arist. Hist. anim. lib. 2, cap. 17.

Testudo terrestris. Plin. Hist. mund. , lib. 52, cap. 4.

Testudo terrestris. Gesn. Quadr. ovip. pl. 107.

Testudo terrestris. Ray. Synops. quadr. pag. 245.

Testudo major terrestris, americana, Mydas dicta. Séb. tom. 1 , pag. 127, tab. 80, fig. 1.

Landschildkrote. Meyer. Zeitvert. tom. 1, tab. 28 , fig. 12.

Testudo vulgaris. Klein. Quadr. disposit. pag. 97.

Testudo mydas. Klein. Dispos. animal. quadr. pag. 253.

Testudo græca. Linn. Syst. édit. 12, pag. 552.

Testudo græca. Knorr. Delic. natur. tom. 2, pag. 103, tab. 52, fig. 1.

Testuggine di terra. Cetti. Anf. Pesc. Sard. tom. 3, pag. 7.

Testudo geometrica. Brunn. Spol. mar. Adriat. pag. 92.

Testudo terrestris. Gualt. Charl. exercit.

Testudo græca. Schneid. Schildk. pag. 348.

Testudo græca. Gmel. Syst. natur. pag. 1043.

Testudo Hermanni. Schneid. pag. 348.

Testudo Hermanni. Gmel. Loc. cit. pag. 1041.

Testudo græca. Beschst. Uebers. der Naturg. Lacép. tom. 1 , pag. 220.

Testudo græca. Daud. tom. 3, pag. 26.

Testudo græca. Schœpf. Hist. Test. pag. 58, tab. 8 et 9.

Testudo græca. Shaw. Gener. zool. tom. 3, pag. 9, tab. 1.

Testudo græca. Latr. Hist. Rept. tom. 1, pl. 65, tab. 2 , fig. 2.

Testudo græca. Daud. Hist. Rept. tom. 2, pag. 218, exclus. var. 7 (Test. mauritanica.)

Testudo græca. Bosc. Nouv. dict. d'Hist. nat. tom. 54 , pag. 268.

Testudo græca. Schweigg. Prodr. Arch. Konisb. tom. 1 , pag. 223 et 446.

Chersine græca. Merr. Amph. pag. 57.

Testudo græca. Flem. Phil. of. zool. tom. 2, pag. 268.

Testudo græca. Risso. Hist. nat. Eur. mer. tom. 3, pag. 85.

Testudo græca. Fitz. Verz. Mus. Wien. pag. 44.

Testudo græca. Faun. Fr. Rept. tab. 1.

Testudo græca. Cloquet. Dict. Sc. nat. tom. 55, pag. 3.

Testudo græca. Cuv. Reg. anim. tom. 2, pag. 9.

Testudo græca. Charl. Bonaparte , Osserv. second. édit. Cuv.

pag. 151. exclus. synon. Testudo terrestris Aldrov. Jonst. ; la
Grecque, Lacép. (Testudo marginata.)

Testudo græca. Gray. Synops. Rept. pag. 15 exclus. Var. B.
(Test. mauritanica.)

Testudo græca. Griffith. Trans. anim. Kingd. tom. 9, pag. 57.

Testudo græca. Schinz. Natur. Rept. fasc. 1 pag. 58, tab. 1.

DESCRIPTION.

Formes. Il est peu d'espèces parmi les Chersites dont la forme
de la boîte osseuse soit aussi variable que celle de la Tortue
Grecque. Cependant il est vrai de dire que, dans le plus grand
nombre des cas, le contour de la carapace offre une figure ovale,
un peu plus élargie derrière que devant ; que le centre est
assez bombé et que la partie postérieure du pourtour descend
presque verticalement vers les cuisses et la queue, ainsi qu'on
le remarque toujours pour la portion du limbe qui va se joindre
au plastron. Le plus généralement aussi les plaques cornées qui
revêtent le test osseux sont lisses. Cependant quelquefois elles
portent des stries concentriques, et celles de ces plaques en particulier, qui recouvrent le disque, présentent une légère élévation dans leurs aréoles. On rencontre des Tortues Grecques
dont la carapace est proportionnellement moins allongée et
beaucoup plus convexe que celle dont nous venons de parler, ce qui par conséquent la rend à peu près hémisphérique ;
chez d'autres, le bouclier supérieur, sans offrir plus de longueur
ni plus de convexité qu'à l'ordinaire, a ses côtés antérieurs
d'une largeur moindre que les postérieurs, et presque toujours
alors la portion du limbe qui supporte les plaques suscaudales ou uropygiales, se recourbe plus ou moins vers la queue;
tandis que celle qui se trouve cachée par les lames margino-
fémorales s'infléchit dans le sens opposé. On trouve encore,
mais moins fréquemment, des individus dont les plaques vertébrales sont fortement relevées en bosses, et il arrive quelquefois
que la région marginale antérieure, au lieu d'être assez inclinée
en dehors, comme cela a lieu le plus souvent, n'offre simplement qu'une pente oblique à droite et à gauche de la plaque
nuchale, laquelle étant placée d'une manière horizontale, fait
que la partie collaire du pourtour est légèrement tectiforme.

Le nombre des plaques marginales de la Tortue Grecque est

4.

constamment de vingt-cinq, savoir: une nuchale courte, ne dépassant pas le bord de la carapace ; deux suscaudales à quatre pans chacune, et onze paires latérales, comme chez toutes les Chersites sans exception. Le plus grand côté des margino-collaires, qui sont pentagones, est toujours celui par lequel elles tiennent aux lames du limbe qui les suivent immédiatement, mais le plus petit se trouve être tantôt le costal, tantôt le nuchal. Les deux autres sont ordinairement de même largeur. Les margino-brachiales ont la figure d'un triangle isocèle dont le sommet serait tronqué. La première margino-latérale, et la dernière, margino-fémorale, sont tétragones et équilatérales quand elles ne sont point rectangulaires. La plus grande étendue de ces plaques est dans le sens de leur hauteur, et elles sont légèrement couchées en arrière, comme toutes celles qui sont placées entre elles deux. Les deux suscaudales réunies forment un quadrilatère dont la largeur supérieure pourrait être contenue deux fois dans l'inférieure et chacun des bords latéraux deux fois et demie. La face postérieure de la première plaque vertébrale est égale à chacune de ses deux antérieures, lesquelles forment un angle obtus dont le sommet s'avance entre les deux margino-collaires. Ses pans latéraux sont un peu plus longs. Les trois autres lames dorsales qui viennent après celle-ci sont hexagones, plus larges que longues, particulièrement la médiane ; la seconde a son bord antérieur un peu moins large que le postérieur, ce qui est le contraire pour la quatrième ; mais toutes trois offrent chacune latéralement un angle très ouvert. Quant à la dernière plaque vertébrale, qui est un peu plus développée que toutes celles de sa rangée, si ce n'était son bord inférieur légèrement cintré, elle ressemblerait parfaitement à un triangle isocèle dont le sommet serait coupé. Bien qu'à quatre côtés, la première costale affecte une forme triangulaire ; son bord marginal suit la même courbe que le pourtour, c'est-à-dire qu'il décrit environ un quart de cercle. Sa face supérieure, qui est la plus petite, forme un angle droit avec la postérieure, qui est la plus étendue après celle d'en bas, et un angle obtus avec celle qui unit la plaque à la première lame vertébrale. Les deux lames costales du milieu sont rectangulaires, et la quatrième est à peu près carrée.

Le sternum en arrière n'atteint pas tout-à-fait l'extrémité de la carapace, mais antérieurement il est aussi long qu'elle, et présente une très légère échancrure. Celle de son extrémité postérieure est au contraire assez profonde et triangulaire ; ses deux portions libres sont à peu près d'égale longueur ; mais l'une, l'antérieure, est de moitié ou d'un grand tiers moins large que l'autre. La courbure des parties latérales du plastron vers la carapace est peu marquée, et leur longueur équivaut environ à celle des deux extrémités libres réunies. La surface du sternum est plane chez les femelles, et légèrement concave dans les individus de l'autre sexe. La figure de chacune des deux plaques gulaires est celle d'un triangle rectangle, et leur réunion produit celle d'un triangle équilatéral. Les brachiales ont quatre côtés, l'externe courbe, l'antérieur oblique de dehors en dedans, et le postérieur sinueux allant en montant du côté des bras. Les lames pectorales ressemblent à des triangles isocèles fort allongés, tronqués à leur sommet, avec deux angles arrondis à leur base. Les abdominales sont quadrilatérales, à bord postérieur cintré en avant vers le tiers externe de leur largeur. C'est encore un triangle isocèle coupé par le haut que représente chacune des fémorales, mais elles sont moins étroites que les pectorales, et leur côté externe est fortement cintré. Tantôt les dernières plaques sternales sont carrées, tantôt rectangulaires. Les inguinales et celles qui leur correspondent en devant offrent en général peu de développement ; leur figure est celle d'un triangle.

La tête de la Tortue Grecque a la forme ordinaire de celle des autres Chersites ; elle est garnie supérieurement d'une grande plaque fronto-nasale pentagone, derrière laquelle se trouve une frontale polygone non moins développée ; et, comme chez les deux espèces précédentes, les nasales occupent les parties latérales du museau : elles sont oblongues de même que les tympanales, mais beaucoup plus petites. La mastoïdienne est ovale ; les mâchoires sont simples et le dessus de la tête, en arrière, couvert de petites écailles polygones aplaties. La face antérieure des bras de cette espèce est loin d'être protégée par des tubercules squammeux, aussi forts que ceux qui revêtent les mêmes parties chez les Tortues Moresque et Bordée. Il en existe bien quelques uns qui sont plus gros et plus solides que les autres écailles, mais c'est seulement sur le bord ou le tranchant externe du bras. On en voit aussi, comme d'ailleurs cela a lieu dans toutes les Tortues terrestres, une rangée transversale au dessus de l'endroit où devrait exister le poignet, puis quelques autres aux talons et deux sur la ligne du coude en dedans. Le reste de la peau des membres, excepté toutefois celle des pieds de devant en dehors où les écailles sont plates et imbriquées, est couvert, comme à l'ordinaire, de petits tubercules convexes, soit ronds, soit polygones, placés les uns à côté des autres. Sur la queue et le derrière des cuisses, ces tégumens sont un peu plus élargis, mais chacune de celles-ci ne porte point, comme on le voit dans la Tortue Moresque, un gros tubercule conique.

Les ongles sont oblongs, mousses et présentent un peu plus de longueur aux pieds de derrière qu'aux pieds de devant.

La queue, à laquelle on compte vingt-cinq vertèbres, est par conséquent plus longue que celle de l'espèce que nous venons de citer, qui n'en possède que quinze. Elle en diffère encore par la présence à sa pointe d'un ongle qui est souvent assez long, courbé inférieurement, convexe en dessus et plat en dessous. On peut même dire qu'il constitue à lui seul l'extrémité grêle de la queue; car devant lui, celle-ci est presque aussi large qu'à sa base.

COLORATION. Sous le rapport de la coloration la Tortue Grecque est certainement aussi très différente de la Tortue Moresque; et cela devient surtout bien évident chez les individus vivans, dont une partie des plaques de la carapace, le dessous de son pourtour, les ailes et la ligne médiane du sternum, offrent une couleur d'un jaune vert. Quant au reste de la surface du plastron, c'est du noir qui le colore. Ce même noir, aussi foncé, se représente en dessus sous la forme de taches triangulaires souvent fort larges sur les plaques marginales, et sous celle de taches oblongues sur le centre des vertébrales. On le voit encore former un large ruban autour de ces mêmes plaques, moins toutefois leur bord postérieur qui reste constamment jaune; puis il couvre une partie du bord supérieur et l'antérieur tout entier des costales; enfin il forme sur chaque aréole de celles-ci une tache à laquelle vient souvent se réunir une bande de la même couleur, qui occupe au dessous d'elle le milieu longitudinal de la plaque. A l'exception d'un gris brun que l'on remarque sur le bout du museau, sur la face interne des bras et la supérieure des pieds de derrière, c'est une teinte verdâtre qui règne sur toute la tête, le cou, les membres et la queue, dont l'extrémité de l'enveloppe cornée cependant est noire. Les ongles eux-mêmes sont verdâtres. L'iris de l'œil est brun, environné d'un cercle très étroit, blanchâtre.

DIMENSIONS. Il ne paraît pas que la Tortue Grecque atteigne à plus de vingt-huit centimètres de longueur totale ; car aucun des nombreux individus appartenant à son espèce qui nous ont passé sous les yeux ne nous ont offert une taille plus considérable. Nous donnons ici la mesure des principales parties d'un individu de cette dimension.

Longueur totale, 28". *Tête.* Long. 5" 5"' ; haut. 2" ; larg. antér. 6"', postér. 2" 5"'. *Cou.* Long. 6" 5"'. *Memb. antér.* Long. 10" 5"'. *Memb. postér.* Long. 12". *Carapace.* Long. (en dessus) 22" 5"' ; haut. 9" ; larg. (en dessus) au milieu 23" 5"'. *Sternum.* Long. antér. 4", moy. 8" 6"', postér. 4" 5"' ; larg. antér. 3" 3"', moy. 12" 5"', postér. 4" 2"'. *Queue.* Long. 6".

JEUNE AGE. Entre le système de coloration des jeunes et des vieilles Tortues Grecques, il existe des différences notables. En effet, le fond de la couleur de la partie supérieure du test des premières est d'un jaune beaucoup moins clair que celui des secondes, et les taches noires qu'on y remarque ne sont pas non plus disposées de la même manière. Chaque écaille en porte une qui est ovale ou arrondie : elle est sur les vertébrales au milieu et tout près du bord antérieur de la plaque, et sur les costales, également près du bord antérieur, mais vers le tiers inférieur de leur hauteur. Les taches limbaires sont plus dilatées que les autres et placées sur la ligne qui conduit directement de l'angle antéro-supérieur à l'angle postéro-inférieur d'une plaque. Le sternum présente une teinte jaunâtre, avec une couleur d'un noir profond qui occupe une surface ovale sur les plaques humérales, une carrée sur les abdominales, et une triangulaire sur les anales.

PATRIE ET MOEURS. La patrie de la Tortue Grecque paraît être circonscrite à une portion de l'Europe méridionale, c'est-à-dire à la Grèce, à l'Italie et aux principales îles de la Méditerranée. On assure qu'elle se trouve également en Espagne et en Portugal, mais nous n'avons jamais vu d'individus originaires de l'un ou de l'autre de ces pays. Aujourd'hui elle existe aussi dans le midi de la France, où elle a été importée d'Italie. Ce qui a fait croire que cette espèce habitait tout autour du bassin de la Méditerranée, c'est qu'on la considérait comme ne différant point de celle des côtes de Barbarie, ou la Moresque, qui, de son côté, ne semble pas fréquenter les mêmes parages que la Tortue Grecque. Partout où l'on observe celle-ci, on l'y rencontre abondamment, et les endroits qu'elle recherche de préférence sont les terrains sablonneux et boisés.

Les Tortues Grecques se nourrissent d'herbes, de racines, de limaces et de lombrics; elles passent l'hiver engourdies, dans des trous qu'elles se creusent elles-mêmes, quelquefois à plus de deux pieds de profondeur, et d'où elles ne sortent que vers le mois de mai. Comme la plupart des Reptiles, elles aiment à se réchauffer aux rayons du soleil. Nous nous rappelons qu'en Sicile, où ces animaux sont très communs, c'était toujours à l'époque la plus chaude de la journée que, sur le bord des chemins, nous en rencontrions dont la carapace avait acquis un degré de chaleur tel, qu'à peine pouvions-nous endurer la main sur ce test. Nous avons quelquefois vu deux mâles se disputer la possession d'une femelle avec un acharnement incroyable : ils se mordaient, plus particulièrement au cou, cherchant à se renverser sur le dos, et la lutte ne se terminait effectivement que lorsque l'un des deux combattans se trouvait vaincu de cette manière.

Les femelles pondent vers le milieu de l'été, dans un petit creux, toujours bien exposé au soleil, de quatre à douze œufs blancs, sphériques, de la grosseur de petites noix, qu'elles recouvrent de terre, mais dont elles ne prennent pas plus de soin que des petits qui en sortent au commencement de l'automne. En Sicile, en Italie, on vend sur les marchés des Tortues Grecques, dont la chair est moins estimée que le bouillon que l'on en fait.

Observations. Nous répéterons ici ce que nous avons déjà dit à l'article de la Tortue Bordée, que nous ne sommes nullement de l'avis des naturalistes qui pensent que la Tortue Grecque est positivement celle qu'Aristote désignait par le nom de (χελώνη χερσαῖα), car il est bien certain que les anciens confondaient les deux espèces sous le nom commun de Tortue terrestre.

Le livre de Conrad Gesner, sur les Quadrupèdes ovipares, est le premier dans lequel on trouve la représentation fidèle de la carapace de la véritable **Tortue Grecque**, laquelle fut

gravée tout entière, long-temps après, par Séba et par Meyer,
mais moins bien à beaucoup près. On cite aussi comme synonyme de cette espèce, la Tortue de terre commune de Ray;
mais la description qu'il en donne est, suivant nous, trop incomplète pour que l'on puisse décider si elle se rapporte plutôt
à la Tortue Grecque qu'à la Tortue Bordée. Quant aux figures
désignées encore par le nom de Tortues terrestres, dans l'ouvrage d'Aldrovande et celui de Jonston, il est évident qu'elles
appartiennent à cette dernière espèce; mais celle que Knorr a
fait graver dans ses Délices de la nature, représente le jeune
âge de l'autre, et l'on voit bien clairement, par les descriptions
que Brünnich et Schneider ont publiées d'une Tortue, l'un sous
le nom de *Testudo geometrica*, l'autre sous celui de *Testudo Hermanni*, que tous deux avaient également sous les yeux une
Tortue Grecque.

On peut dire, à l'égard de M. Lacepède, qu'il est arrivé à
peu près le contraire; car, sauf quelques détails sur les mœurs
de cette espèce, qu'il a racontés d'après Cetti, l'article dans
lequel l'auteur des Quadrupèdes ovipares croit faire l'histoire de cette Tortue, y est complètement étranger, attendu
que sa description et la figure qui l'accompagne sont celles
d'une Tortue Bordée, et qu'il cite comme n'étant qu'une simple variété de la Grecque, produite par le climat, ou des espèces exotiques, qui en sont parfaitement distinctes. Parmi elles
se trouve en particulier celle qu'il appelle la Tortue Grecque
de la côte de Coromandel, laquelle doit être certainement
rapportée à l'une ou à l'autre de ces grandes Tortues confondues, jusqu'à ce jour, sous le nom de Tortues de l'Inde; mais
qu'il décrit d'une manière trop vague pour que nous ayons
pu reconnaître l'individu même dont il parle, parmi ceux de
la collection.

4. LA TORTUE GÉOMÉTRIQUE. *Testudo geometrica* Linn.

CARACTÈRES. Test ovale, convexe; plaques du disque bombées, noires avec des lignes jaunes formant diverses figures
géométriques; aréoles déprimées; une plaque nuchale linéaire,
la suscaudale simple.

SYNONYMIE. *Testudo picta vel stellata.* Mus. Worm. pag. 346.
Testudo jabuti aut sabuti nigricantibus et flavescentibus figuris

geometricis. Piso. de Ind. utriusq. nat. lib. 3, pag. 105, fig. 1.

Testudo tessellata minor. Ray. Synops. quad. pag. 259.

Testudo minor amboinensis. Séba. tom. 1 , tab. 80, fig. 8.

Testudo picta vel stellata? Linn. Amænit. acad. tom. 1 , pag. 554, n° 24. Exclus. synon. Grew. (Test. radiata.)

Testudo Brasiliensibus Jabuti dicta. Klein. quad. disposit. pag. 97. Exclus. synon. Séb. tab. 80 , fig. 5 (Test. actinodes.)

Gesternte Schildkrote. Gottwald, Schildk. tab. k , fig. 15-16.

Testudo geometrica. Linn. Syst. nat. pag. 553. Exclus. Synon. Test. tessellata major Grew. (Test. radiata), Test. alt. Brasiliensis. Séba, tab. 80 , fig. 5 (Test. actinodes.)

Testudo geometrica. Knorr. Delic. nat. tom. pag. 127, tab. 52, fig. 5.

Testudo geometrica. Schneid. Schildk. pag. 553.

Testudo geometrica. Gmel. Syst. nat. pag. 1044. Exclus. Synon. Test. geometrica. Brünn. (Test. græca), Test. tessellata major Grew. (Test. radiata), Test. alt. Brasil. Séba , tab. 80 , fig. 3 , (Test. actinodes.)

Testudo geometrica. Schœpf. pag. 119 , tab. 10. Excl. Testudo geometrica. Shaw, Gener. zool. tom. 3, pag. 20 (non la fig. qui est celle de l'Actinode, copiée de Lacépède.) Test. tessellata major Madag. Grew. (radiata), Test. alt. Brasil. Séb. tab. 80, fig. 5 (Actinodes), Hecate Brown (tabulata), geometrica. Lacép. et Bonnat. Encycl. méth. (Actinodes.)

Testudo geometrica. Lat. Hist. Rept. tom. 1 , pag. 80 , tab. 2 , fig. 2.

Testudo geometrica. Daud. Hist. rept. tom. 2, pag. 260, pl. 25 , fig. 1. Exclus. Var. (Test. actinodes) et synon. Test. tessellata major Grew. (Test. radiata), Test. alter. brasil. Séb. tab. 80 , fig. 5 ; la Géométrique de Lacépède et de Daubenton (Actinodes.)

Testudo luteola. Daud. tom. 2 , pag. 277, pl. 25, fig. 3.

Testudo geometrica. Bosc. Nouv. Dict. tom. 54 , pag. 269

Testudo geometrica. Schw. Prod. arch. Konisb. tom. 1 , pag. 525 et 454. Exclus. synon. Seb. tab. 80, fig. 3. (Actinodes).

Testudo testa gibb. tessell. Brunnich. (græca), Test. geomet. Shaw, Lacép. et Bonnat. (Actinodes.)

Chersine geometrica. Merr. amph. pag. 52. Exclus. synon. Test. geometrica. Lacép. (Test. actinodes.)

Testudo tentoria. Bell. Zool. journ. tom. 3, pag. 419, et Monog. Test. fig. sans n°.

Testudo geometrica. Bell. Monog. Test. fig. sans n°.

Testudo geometrica. Cuv. Rég. anim. tom. 2, pag. 9.

Testudo geometrica. Less. Catal. rept. Coll. Lamarre-Piquot, Bull. univ. tom. 25, pag. 419.

Testudo geometrica. Gray. Synops. rept. pag. 12.

Testudo geometrica. Var. B. Id.

Testudo geometrica. Griff. anim. Kingd. tom. 9, pag. 10.

Testudo geometrica. Schinz. natur. Rept. pag. 59, tab. 2.

DESCRIPTION.

FORMES. La carapace de la Tortue Géométrique est fortement bombée. La circonférence en est ovale-oblongue, présentant antérieurement une échancrure triangulaire assez ouverte. Sur les côtés, elle est plutôt très faiblement cintrée en dehors que tout-à-fait droite ; et, derrière, elle est arrondie. La courbe du dos, à partir de la troisième vertébrale jusqu'au bord postérieur de la suscaudale, est très convexe ou en quart de cercle, tandis que c'est pour ainsi dire par une pente oblique qu'elle se rend du côté opposé. Transversalement, elle forme un demi-cercle dont la courbure est un peu forcée. La surface du disque n'est point égale, comme chez beaucoup de Tortues ; elle se relève au contraire en autant de bosses qu'on lui compte de plaques ; et ces bosses, dont la hauteur varie depuis cinq jusqu'à huit ou neuf millimètres, pour celles en particulier qui occupent la ligne moyenne du dos, peuvent être considérées en général comme une fois plus hautes que les latérales ; ces bosses, disons-nous, ne sont point toujours non plus simplement convexes, comme cela se voit dans les Tortues de Schœpf et Géante, ou bien quelquefois dans la Tortue Grecque ; mais chacune d'elles a presque constamment autant de côtés qu'en offre la plaque qui la recouvre. Ce sont donc des protubérances polygones et à la fois coniques, pour peu qu'elles soient élevées, car leur sommet se rétrécit d'autant plus qu'il s'éloigne de leur base ; et, dans certains cas, il arrive à ce sommet d'être légèrement incliné en arrière.

C'est seulement derrière la tête, où il est un peu plus étroit à cause de l'échancrure triangulaire, qu'on voit le limbe de la carapace offrir une hauteur égale dans toute sa circonférence. Il n'y a non plus qu'au dessus du cou et des bras qu'il soit incliné obliquement en dehors, car partout ailleurs il est vertical. Là seulement encore, son bord externe est droit, et non légèrement relevé ou roulé sur lui-même. Du côté du dos, les lames cornées qui le recouvrent sont au nombre de vingt-quatre, parmi lesquelles on compte une suscaudale simple et une nuchale linéaire dont l'extrémité antérieure n'est point soudée aux margino-collaires. Celles-ci sont pentagones, ou, pour parler plus exactement, représentent un triangle dont le sommet est dirigé en dehors, et la base composée de trois petits côtés qui tiennent, l'un à la nuchale, et les autres à la vertébrale antérieure et aux premières costales. Les deux paires qui viennent après, ou les margino-brachiales, sont quadrangulaires oblongues, avec leur bord costal plus étroit que l'externe. Celui-ci est cintré, et a son angle postérieur plus avancé en dehors que l'antérieur de la plaque suivante, ce qui produit sur cette partie du pourtour des dentelures, à la vérité peu profondes, comme il en existe d'ailleurs au dessus des cuisses. La quatrième paire de plaques marginales est carrée, de même que les deux qui la suivent ; mais celles-ci sont un peu plus développées, et leur face costale offre un angle extrêmement ouvert. La figure des deux dernières margino-fémorales est celle d'un rectangle ; les deux premières sont subrectangulaires, et la dernière, qui est un peu plus développée qu'elles, a quatre côtés égaux. La suscaudale, dont le bord externe est arqué et une fois plus étendu que chacun des trois internes, a sa surface légèrement convexe.

C'est par un angle obtus que la première plaque vertébrale, qui est pentagone, s'unit à celles du pourtour qui lui correspondent, et ses trois autres côtés sont droits, égaux entre eux, et de moitié plus grands que les antérieurs. La seconde écaille de la même rangée, la quatrième et surtout la troisième ont plus d'étendue dans leur sens transversal que dans la ligne longitudinale, et toutes trois sont hexagones ; celle du milieu avec ses bords antérieurs et postérieurs égaux, la seconde et la quatrième ayant, l'une, celui qui tient à la première vertébrale, l'autre, celui qui l'unit à la dernière, plus étroits que les côtés par lesquels elles se joignent à la troisième plaque de la rangée du dos. La cinquième vertébrale est à quatre pans, le supérieur droit est d'un quart moins large que n'est haut chacun des latéraux qui sont obliques, et l'inférieur simplement arqué ou présentant deux angles très obtus, mais toujours du double plus étendus que celui qui lui est opposé.

La première costale représente un triangle à sommet tronqué et à base curviligne en dehors. La seconde et la troisième seraient rectangulaires, si un de leurs petits côtés, celui par lequel elles tiennent aux lames vertébrales, ne formait point un angle qui, du reste, est excessivement ouvert. La dernière de ces plaques qui correspondent aux côtes est trapézoïdale.

Un des caractères spécifiques de la Tortue Géométrique, et un de ceux en particulier qui empêchent qu'on ne la confonde avec l'Actinode, dont elle est si voisine à tant d'égards, réside dans la dépression ou le léger enfoncement que présentent les aréoles non seulement du disque de la carapace; mais encore du pourtour. Elles sont souvent très finement granuleuses et quelquefois coupées longitudinalement par une petite arête tranchante dans la première moitié, arrondie dans la seconde, surtout pour les vertébrales en particulier. Ces aréoles sont en outre toujours situées, celles de la ligne du dos, sur le milieu de la plaque, et celles des rangées latérales, tout près de leur bord supérieur.

Nous ne connaissons guère parmi tous les Chéloniens Terrestres que la Tortue Géométrique et l'Actinode, qui offrent des stries concentriques aussi régulières et aussi rapprochées les unes des autres que les leurs. Chez certains individus de la Géométrique en particulier il semble que ces stries soient le résultat d'un travail fait au burin. Mais le sternum de cette dernière espèce, quant à sa forme générale et aux proportions relatives de ses parties, diffère bien peu de celui de la Tortue Grecque. Il est en effet aussi long que la carapace, et les ailes en sont peu relevées. La moitié de la largeur de celles-ci équivaut à la longueur de chacune des deux portions libres du sternum qui, de même que celui de la Tortue que nous venons de nommer, offre postérieurement une large échancrure en V ; mais en devant, il est un tant soit peu relevé du côté du cou, et l'extrémité en est triangulairement échancrée. La figure des plaques qui le revêtent est absolument la même que chez la Tortue Grecque, à l'exception toutefois de celles que l'on nomme les gulaires, lesquelles ne sont point parfaitement triangulaires, ni complètement enclavées entre les brachiales, qu'elles dépassent au contraire d'un tiers de leur longueur environ.

La tête de la Tortue Géométrique est faiblement bombée antérieurement. On y remarque treize différentes plaques écailleuses que nous déterminons de la manière suivante : d'abord la rostrale qui est la plus petite de toutes, semi-circulaire, et située immédiatement au dessus des narines ; puis de chaque côté du museau la nasale antérieure qui est triangulaire, et la nasale postérieure qui est carrée. Au dessus de cette même rostrale se voient les susnasales qui sont rhomboïdales, et derrière elles, les fronto-nasales pentagones, entre lesquelles se trouve située la frontale, dont la figure est celle d'un rectangle placé longitudinalement. Ensuite viennent deux frontales postérieures, également à cinq côtés ; et une occipitale pentagone, oblongue, que nous nommons ainsi, bien qu'elle soit éloignée de l'occiput, puisqu'elle dépasse à peine la ligne qui coupe transversalement les yeux, parce qu'elle nous paraît bien évidemment être analogue à celle, soit simple, soit double, qui couvre l'occiput dans les espèces de Chéloniens, où les plaques céphaliques antérieures sont plus dilatées que chez la Tortue Géométrique et chez plusieurs autres. Le reste du dessus de la tête, ainsi que ses côtés, sont garnis de petites plaques polygones qui ne semblent même pas être disposées d'une manière fort régulière. Cependant, au dessus de l'oreille, il en existe une un peu plus grande que les autres, qui peut être considérée comme le rudiment d'une tympanale.

Les mâchoires sont fortement dentelées, particulièrement la supérieure qui se termine en bec pointu, de chaque côté duquel on remarque une autre dent presque aussi forte que celle du milieu.

Ce sont des tubercules granuleux, extrêmement fins, qui forment les tégumens de la peau du cou ; les membres antérieurs, sur leur face externe, portent des écailles imbriquées, plates, à bord libre, irrégulièrement arrondi, au milieu desquelles s'en montrent çà et là quelques autres plus grosses, également déprimées, mais triangulaires et pointues. On en voit de semblables à ces dernières aux poignets et aux talons. La peau des autres parties des membres et de la queue est comme chez le commun des Chersites ; bien qu'elle se compose de vingt-une vertèbres, la queue est très courte, conique, épaisse à sa base, pointue à son extrémité, laquelle n'est point garnie d'ongle.

COLORATION. La Tortue Géométrique a la partie supérieure de son test d'un beau noir d'ébène, et de chacune des aréoles, qui sont ordinairement jaunes, partent des rayons divergens de la même couleur, au nombre de huit et même de douze pour les lames du disque, et de deux ou trois seulement pour celles du pourtour; en sorte que les rayons d'une plaque étant contigus avec ceux des plaques qui l'avoisinent, il en résulte diverses figures géométriques qui ont valu à cette Chersite le nom spécifique qu'elle porte. En dessous, c'est le plus ordinairement le jaune qui domine; c'est-à-dire que les rayons sont tellement dilatés en largeur qu'ils se confondent entre eux et ne laissent plus alors qu'un peu de brun marron qui forme le fond de la couleur de la partie inférieure du corps. Toutefois, il arrive aussi que les aréoles seules sont jaunâtres, tandis que le reste de la surface de la plaque présente un brun foncé sur lequel apparaissent à peine quelques rayons d'un jaune pâle; c'est en particulier le cas de l'une des variétés à protubérances fort élevées appartenant à cette espèce dont M. Bell a fait sa *Testudo tentoria.*

La tête et le dessus du cou sont bruns; inférieurement cette couleur est plus claire et uniforme, au lieu qu'en dessus elle est longitudinalement parcourue par des bandes jaunes et flexueuses. On voit une tache arrondie, de la même couleur, au devant de chaque œil, et une autre oblongue au dessous et un peu en avant du tympan. La mâchoire inférieure est également jaune.

Sur les membres se trouve répandue une teinte jaunâtre à laquelle se mêlent quelques taches brunes. La base des ongles est de cette dernière couleur, et leur extrémité d'un jaune sale.

DIMENSIONS. La Tortue Géométrique est de toutes ses congénères, et après les Homopodes Aréolés et Marqués, celle de toutes les Chersites qui conserve la plus petite taille. Rarement, en effet, sa longueur totale, en ligne droite, dépasse vingt centimètres. Nous donnons ici les proportions d'un individu, vraisemblablement adulte, qui a été rapporté de Madagascar au muséum national par MM. Quoy et Gaimard.

LONGUEUR TOTALE 15". *Tête.* Long. 2" 2'''; haut. 1" 2'''; larg. antér., 6''', postér. 1" 6'''. *Cou.* Long. 3" 7'''. *Memb. antér.*

Long. 5". *Memb. postér.* Long. 6".*Carapace.* Long. (en dessus) 16" 5'" ; haut. 7" 4'" ; larg. (en dessus), au milieu 15" 4'". *Sternum.* Long. antér. 3" 1'" , moy. 4" 8'", postér. 3" 2'". *Queue.* Long. 1" 5'".

JEUNE AGE. Il existe dans la collection deux jeunes Tortues Géométriques qui proviennent des récoltes faites en commun par Péron et Lesueur au cap de Bonne-Espérance. Leur carapace , dont la longueur est de 6" 2'", la largeur de 7" et la hauteur de 2" 3'", offre une convexité très marquée et égale dans tous les points de sa surface, excepté à l'endroit de la première plaque vertébrale, sur la ligne moyenne et longitudinale de laquelle on remarque un léger renflement. Toutes les plaques sont finement chagrinées, avec leurs bords saillans et lisses ; mais quelques unes , par leur figure, diffèrent aussi de leurs analogues chez les individus adultes. Ainsi , la nuchale, au lieu d'être longitudinalement linéaire, est rectangulaire ou carrée ; la première vertébrale a le sommet de l'angle qu'elle forme en devant, tronqué, et le bord externe de la suscaudale est échancré et très ouvert.

Mais ce qu'il importe de bien faire connaître, c'est le système de coloration de ces jeunes sujets, qu'autrement on serait tenté de considérer comme appartenant à une autre espèce, tant, sous ce rapport, ils diffèrent des animaux qui les ont produits. Le brun et le jaune se trouvant répandus sur la carapace, à peu près en même quantité, on ne peut véritablement pas dire que ce soit plutôt l'un que l'autre qui forme le fond de la couleur. En admettant que ce soit le jaune, on voit que le brun est distribué par larges taches oblongues sur chacune de toutes les sutures des plaques marginales ; qu'il en représente d'ovales sur celles des costales et des deux dernières vertébrales, et de rhomboïdales sur les points de jonction des trois premières lames du dos entre elles. Ce jaune colore aussi les plaques de la nuque et le bord antérieur et les latéraux de la lame dorsale à laquelle celle-ci est unie ; puis il reparaît sous la figure d'une petite tache triangulaire ou irrégulièrement arrondie, non seulement sur les extrémités latérales des trois lames dorsales du milieu ; mais aussi sur chacun des bords verticaux des costales. Enfin il couvre presque tout le sternum, puisque les plaques gulaires et une portion en croissant des brachiales, ainsi que l'extrémité des anales, sont les seules parties du dessous de la boîte osseuse qui soient colorées en jaune. On remarque de plus, deux points de couleur marron, fort rapprochés l'un de l'autre, sur le centre de la première plaque dorsale; deux autres plus écartés sur chacune des suivantes, et un seul sur chaque lame cornée latérale.

PATRIE ET MOEURS. La Tortue Géométrique, dont aucune des particularités relatives à sa manière de vivre ne nous est connue, se trouve au cap de Bonne-Espérance et dans l'île de Madagascar. Feu Delalande et MM. Quoy et Gaimard l'ont rapportée au Muséum de ces deux pays.

OBSERVATIONS. Il n'est pas bien certain que la description de la *Testudo picta vel stellata* de Wormius, celle de la *Testudo tessellatami nor* de Ray et la figure du *Jaboti* de Pison, que tous les Erpétologistes rapportent à la Tortue Géométrique, y appartiennent réellement; car ces descriptions et cette figure sont loin d'être assez précises pour qu'il ne soit pas permis de soupçonner qu'elles aient pu être faites d'après la Tortue Actinode, si voisine, à tant d'égards, de la Géométrique. C'est assez nouvellement qu'il a été reconnu par M. Bell qu'on l'avait toujours, avant lui, confondue avec elle. Ce doute ne doit pas exister relativement à la *Testudo Amboinensis minor* de Séba ni aux figures de Knorr et de Gottwald, chez lesquelles l'indication d'une plaque de la nuque, qui est un des principaux caractères distinctifs de la Tortue Géométrique, suffirait seule pour témoigner que c'est bien cette espèce que les auteurs ont eu l'intention de représenter.

La synonymie que donne Schœpf de la Tortue Géométrique est fautive en ce qu'il y range d'une part, la Tortue Hécate de Brown ou la Tortue Marquetée, et d'une autre, à l'exemple de Linné et de Gmelin, la *Testudo tessellata major* de Grew et la *Testudo terrestris altera Brasiliensis* de Séba, qui doivent être considérées, l'une comme la Tortue Radiée, l'autre, comme la Tortue Actinode. C'est en particulier cette dernière espèce que M. de Lacépède a décrite et fait graver dans son ouvrage, à l'article de la Tortue Géométrique, la prenant réellement pour telle, quoiqu'il n'en ait pas au contraire dit un mot. Ceci est cause que Shaw, qui a copié la figure de Lacépède, a joint à la description qu'il donne de la vraie Tortue Géométrique le portrait d'une Tortue Actinode.

Les erreurs synonymiques de Schœpf furent en partie reproduites par Daudin, qui ne s'aperçut pas que la *Testudo tessellata major* de Grew, rapportée par lui à la Tortue Géométrique, était positivement la même que celle que, dans un autre endroit de son livre, il faisait connaître sous le nom de Tortue Coui. Le même auteur avait aussi fait un double emploi de la Tortue Géométrique en élevant au rang d'espèce une simple variété jaune, qu'il nomme à cause de cela *Testudo luteola*. Quelque temps après, Schweigger releva cette erreur, mais il en commit une autre en regardant comme identique avec la Tortue Géométrique, celle de Brunnich, qui est bien certainement une Tortue Grecque. Du reste, Schweigger, comme ses prédécesseurs, confond la Tortue Géométrique avec la Tortue Actinode, que Daudin avait déja véritablement signalée comme une variété à vingt-trois plaques marginales. Nous avons d'autant plus de raison de nous ranger à l'avis de M. Gray, qui ne considère la *Testudo tentoria* de M. Bell que comme une variété de la Tortue Géométrique à plaques plus élevées, que notre collection du Muséum d'histoire naturelle renferme un individu de cette espèce qui tient le milieu; pour la hauteur de ses tubercules discoïdaux, entre les Tortues Géométriques ordinaires et la carapace dont M. Bell s'est servi pour établir sa nouvelle espèce : carapace que nous avons nous-mêmes eu l'avantage d'observer dans le cabinet de ce savant erpétologiste.

5. LA TORTUE ACTINODE. *Testudo Actinodes*. Bell.

CARACTÈRES. Test ovale, allongé, convexe, échancré antérieurement; plaques du disque ordinairement bombées, noires avec des bandes jaunes formant diverses figures géométriques; point de nuchale, la suscaudale simple.

SYNONYMIE. *Testudo terrestris Brasiliensis.* Séba. tom. 1, tab. 80, fig. 3.

La Géométrique. Lacép. Quad. Ovip., tom. 1, pag. 155, pl. 9.

La Géométrique. Bonnat. Encycl. méth., pl. 6, fig. 1.

Testudo geometrica. Shaw. Gener. zool. tom. 5, pl. 2, fig. 1.

Testudo geometrica. Var. 1. Daud. Hist. Rept. tom. 2, pag. 265.

Testudo actinodes. Bell. Zool. journ. tom. 3, pl. 419, tab. suppl. 23 et monog. Testud. pl. non numérotée.

Testudo stellata. Gray. Synops. Rept. pag. 12, tab. 3, fig. 1.

Kontou-mani-amé (en langue malabare).

Jeune age. *Testudo terrestris Ceilonica, elegans minor.* Séba tom. 1, tab. 79, fig. 3.

Testudo elegans. Schœpf. pag. 111, tab. 25.

Testudo elegans. Shaw. Gener. Zool. , tom. 3, pag. 49, tab. 6, fig. 2. (cop. Seb.)

Testudo elegans. Daud., tom. 2, pag. 266, tab. 25, fig. 2, (cop. Schœpf.)

Testudo elegans (d'après Séba). Schweigg. Prodr. Arch. Konisb. tom. 1, pag. 325 et 454.

Testudo stellata. Schweig. loc. cit. pag. 525, spec. 13.

Chersine elegans. Merr. Tent. syst. amph. pag. 33.

DESCRIPTION.

Formes. Cette espèce, bien que fort voisine de la précédente, surtout par son système de coloration, qui, à très peu de chose près, est absolument le même, s'en distingue cependant par plusieurs caractères non moins importans que faciles à saisir. Ainsi la forme ovale du pourtour de sa carapace est plus oblongue. En devant, ce même pourtour se trouve être comme dans la Tortue Géométrique, profondément échancré en V; mais d'une part, la ligne qu'il suit le long de chaque flanc n'offre pas la moindre convexité en dehors, étant tout-à-fait droite; et d'une autre, la courbe qu'il décrit postérieurement est assez forcée latéralement pour que cette partie de la boîte osseuse paraisse plutôt un peu allongée qu'arrondie. On s'aperçoit aisément que la courbure, considérée de profil, est à peu près égale dans toute son étendue et non beaucoup plus arquée derrière que devant, ainsi qu'on l'observe dans la Tortue Géométrique; de même que chez cette Tortue la coupe transversale et moyenne de la carapace représente assez exactement un demi-cercle. Les plaques centrales ne sont point toujours relevées en bosses; car parmi les individus de la Tortue Actinode qui font partie de notre musée, l'un des trois que l'on peut regarder comme étant adultes, montre à peine la trace des protubérances qui surmontent la surface du disque des deux autres, chez lesquels, d'ailleurs, ces saillies sont proportionnellement beaucoup moins développées que sur certaines carapaces de Tortues Géométriques qui appartiennent à la même collection. Au reste, il paraît qu'il en est de la carapace de la Tortue Actinode,

5.

comme de celle de la Géométrique ; c'est-à-dire que les saillies formées par les lames vertébrales et costales varient de hauteur ; car la figure que M. Bell a donnée de l'Actinode dans son magnifique ouvrage sur les Tortues, la représente avec des protubérances dorsales aussi élevées à proportion que celles de la plupart des Géométriques. En outre le pourtour de la carapace de la Tortue Actinode ne laisse point voir de plaque nuchale, comme celui de ces dernières, ce qui réduit à vingt-trois le nombre des lames marginales. Cette portion circulaire du bouclier supérieur, excepté sur les flancs, où elle est verticale, offre dans tout le reste de sa circonférence une pente oblique en dehors, sans qu'aucune partie de son bord soit relevée ou légèrement roulée sur elle-même. De plus, elle présente en arrière trois dentelures formées par les margino-fémorales, et dont la profondeur varie suivant les individus. Quant à la figure, les plaques du disque et du pourtour ne diffèrent en rien de celles qui recouvrent les mêmes parties de la boîte osseuse de la Géométrique, à l'exception cependant de la suscaudale qui est pentagone, et près de deux fois plus large que chacune des marginales qui la touchent. Les bords marginaux sont contenus deux fois dans son côté supérieur : tous trois sont droits ; les deux externes obliques en dedans, forment un angle obtus dont le sommet s'arrondit quelquefois, en sorte que ces deux bords n'en forment plus qu'un seul, qui est convexe. La position de l'aréole est aussi la même que dans la Tortue Géométrique, seulement elle est un peu plus dilatée ; et au lieu d'être légèrement enfoncée, elle est plutôt faiblement convexe. Les stries concentriques ne sont pas tracées non plus moins régulièrement.

Faire la description du sternum de cette espèce, sous le rapport de sa forme et de celle de ses plaques, ce serait répéter celle que nous avons donnée du plastron de la Tortue Géométrique, auquel il ressemble en tous points, si ce n'est par la manière dont les couleurs s'y trouvent distribuées, ainsi que nous le dirons bientôt.

L'Actinode a aussi le front légèrement bombé, comme l'espèce que nous venons de nommer ; et autant qu'on peut en juger d'après des individus dont la peau de la tête est desséchée, les plaques suscraniennes paraissent être en même nombre et offrir la même figure que celles de la Tortue Géométrique, avec cette différence cependant que la plaque occipitale est plus dilatée, et par conséquent plus rapprochée de l'occiput. Mais de chaque côté et en arrière de la tête de l'Actinode, on remarque une plaque tympanale bien développée, dont il n'existe que le rudiment chez l'espèce avec laquelle elle a tant de ressemblance.

L'une et l'autre mâchoires, latéralement, sont dentelées; et en devant, la supérieure porte trois dents, dont la médiane est la plus aiguë et la moins élargie. Ce qui est assez remarquable, c'est de trouver dans les tégumens des membres de la Tortue Actinode et de la Tortue Géométrique des différences tout-à-fait analogues à celles qui nous ont été offertes par les Tortues Grecque et Mauritanique, deux espèces aussi voisines l'une de l'autre que le sont celles que nous venons de nommer précédemment. En effet, le devant des bras de la Chersite qui fait le sujet de cet article est, comme dans la Tortue Mauritanique, garni de grosses écailles tuberculeuses, égales, aplaties, triangulaires; tandis que, si l'on se le rappelle, il n'y en a chez la Géométrique que quelques unes éparses au milieu d'autres plus petites. Les poignets et les talons en ont, comme à l'ordinaire, qui sont bien développées; et sur la face postérieure des cuisses qui sont nues ou à peu près dans la Grecque et la Géométrique, il existe, non pas un seul turbercule conique, ainsi que la Tortue Mauritanique nous en fournit un exemple, mais bien cinq ou six réunis en groupe et de différentes grosseurs.

Aux pieds de devant, il y a des ongles courts et épais; aux pieds de derrière, ils sont allongés et courbés. La queue, quoique assez courte, est néanmoins plus longue que celle de la Géométrique. La carapace s'en trouve dépassée par le tiers ou le quart postérieur environ; nous ignorons de combien de vertèbres cette queue se compose.

COLORATION. La tête, les membres, en un mot, toutes les parties extérieures de l'animal, autres que son coffre osseux, sont d'un jaune pâle, marbré de brun sur le crâne et le dessus du cou. Il n'existe pas, dans tout l'ordre des Chéloniens, deux autres espèces qui, sous le rapport du mode de coloration de la carapace, se ressemblent autant que la Tortue Géométrique et la Tortue Actinode. Le test de celle-ci est effectivement, comme celui de la première, d'un noir foncé d'où se détachent aussi huit ou neuf raies jaunes, à la vérité peut-être un peu plus larges, qui se dirigent, en divergeant du centre ou du milieu de l'aréole, également jaune de chaque plaque, à la circonférence. Le sternum ou plutôt les plaques qui le recouvrent sont, comme celles du bouclier supérieur, rayées de jaune sur un fond brun noirâtre; mais en général les rayons offrent plus de largeur, et sont surtout très distincts les uns des autres, ce qui différencie encore l'Actinode de la Géométrique, chez laquelle ils sont peu prononcés.

DIMENSIONS. Les notes laissées par M. Leschenault, auquel le Muséum doit de posséder plusieurs individus de différens âges de la Tortue Actinode, nous ont appris qu'elle atteignait rarement au delà de vingt-deux à vingt-trois centimètres de longueur totale. C'est environ la taille de notre Tortue Grecque; mais elle est un peu au dessus de celle de la Géométrique. Voici d'ailleurs les différentes proportions du plus grand des cinq exemplaires que nous possédons :

Tête. Long. 5" 6'"; haut. 2" 1'"; larg. antér. 1" 1'", postér. 5". *Cou.* Long. 4". *Carapace.* Long. (en dessus) 24" 6'"; haut. 9" 5'"; larg. (en dessus), au milieu 23" 5'". *Sternum.* Long. antér. 4", moy. 9", postér. 4" 8'"; larg. antér. 2" 5'", moy. 12", postér. 4". *Memb. antér.* Long. 8" 5'". *Memb. postér.* 9". *Queue.* Long. 4" 5'".

JEUNE AGE. Dans son très jeune âge, la Tortue Actinode, comme la Tortue Géométrique et la plupart des autres Chéloniens, est très différente de ce qu'elle sera plus tard. Cependant on remarque déja sur ses bras et derrière ses cuisses, les tubercules squammeux qui sont un des principaux caractères de son espèce. Sa boîte osseuse est hémisphérique et également convexe dans toutes ses parties. Les aréoles, qui sont granuleuses et d'un marron vif, occupent presque toute la surface des plaques, dont le pourtour est strié et d'un brun foncé. La première vertébrale est marquée de quatre bandes jaunes formant deux angles obtus réunis par leur sommet au centre même de la plaque. C'est une raie transversale de la même couleur, fort élargie et bifurquée à ses deux extrémités que l'on voit sur les autres lames de la rangée du dos, ainsi que sur les deux costales du milieu. Les quatrièmes plaques latérales offrent une tache jaune dont la figure est celle d'un V retourné; et la première costale présente trois angles obtus, formés par trois raies également jaunes réunies au centre de l'aréole par l'une de leurs extrémités. Les plaques marginales et les sternales sont aussi presque entièrement de cette dernière couleur, attendu qu'elles n'ont que leur bord antérieur qui soit coloré en brun noirâtre. Les dimensions des deux jeunes individus qui ont servi à la description qu'on vient de lire sont les suivantes :

Tête. Long. 1" 5'''; haut. 6'''; larg. devant 4''', derrière 6'''. *Cou.* Long. 11'''. *Bras.* Long. 2" 4'''. *Pieds.* Long. 2" 5'''. *Carapace.* Long. 7" 5'''; larg. 8". *Sternum.* Long. 4''' 5'''; larg. 4". *Queue.* Long. 6'''.

PATRIE ET MOEURS. Nous ne savons rien sur les mœurs de cette espèce, si ce n'est, suivant M. Leschenault, qu'aux environs de Pondichéry, où elle est assez rare, elle vit dans les lieux couverts de broussailles. M. Bell indique la Tortue Actinode comme vivant aussi dans l'île de Madagascar; mais nous craignons qu'il ait été induit en erreur. Sa seule patrie, suivant nous, est dans les Indes orientales.

Grâce à la description détaillée et aux excellentes figures que M. Bell a publiées de cette Tortue, les naturalistes ont été mis à même, depuis quelques années, de reconnaître qu'elle était spécifiquement différente de la Géométrique, avec laquelle on l'avait confondue auparavant.

Lacépède surtout en fournit une preuve évidente, car c'est la Tortue Actinode elle-même qu'il a décrite et fait représenter dans son ouvrage, au lieu de la Tortue Géométrique.

Il existe aussi une autre figure, parfaitement distincte de celle de la Géométrique, qui est sur la même planche dans l'ouvrage de Séba, lequel en renferme une troisième représentant le jeune âge de la Tortue Actinode : c'est celle qui porte le nom de *Testudo terrestris Ceilonica, elegans, minor*, et que Schœpf a cru, avec raison, identique avec celle qu'il appelle à cause de cela *Testudo elegans*. Elle diffère bien un peu, il est vrai, de celle de Séba, sous le rapport de la grandeur des taches de sa carapace, mais elle n'en est pas moins la même, quoique Schweigger prétende le contraire, et qu'il ait inscrit dans son prodrome la Tortue de Séba sous le nom de *Testudo elegans*, et celle de Schœpf sous celui de *Stellata*.

6. LA TORTUE PANTHÈRE. *Testudo Pardalis.* Bell.

CARACTÈRES. Carapace bombée, échancrée antérieurement, jaunâtre, tachetée de noir; point d'écaille nuchale; la suscaudale simple; des tubercules fémoraux.

Synonymie. *Testudo Pardalis.* Bell. Zool. Journ. tom. 3, pag. 421, tab. supplém., 25.

Testudo Pardalis. Bell. Monog. Test. fig. non numérotée.

Testudo Pardalis. Gray. Synops. Rept. pag. 12.

Jeune age. Testudo.......? Gottw. Schildk. tab. K, fig. 15.

Testudo biguttata. Cuv. Reg. anim. tom. 2, pag. 10.

DESCRIPTION.

Formes. La partie supérieure de la boîte osseuse de cette espèce offre en devant une profonde échancrure en V; et sa courbure dans le sens transversal est plus arquée que dans le sens longitudinal. La portion de son limbe, que recouvrent les écailles margino-collaires, suit une simple pente oblique du côté de la tête; mais celle qui supporte les premières margino-brachiales s'incline latéralement en dehors, en même temps qu'elle est aussi très légèrement penchée en dedans. Sur les côtés et en arrière du corps, ce pourtour est perpendiculaire; et au dessus des cuisses, où son bord terminal est largement dentelé, il présente un plan presque horizontal, quand il ne forme pas la gouttière. Les plaques margino-collaires, bien qu'elles soient pentagones, représentent chacune un triangle isocèle, obliquement tronqué. Les margino-brachiales ressemblent à des trapèzes; les premières margino-fémorales à des quadrilatères équilatéraux, et toutes les écailles qui les suivent sont quadrilatérales oblongues jusqu'à la suscaudale exclusivement. Celle-ci se compose de cinq côtés, et sa surface est couverte de stries disposées de telle manière qu'elle paraît divisée en trois portions triangulaires : une médiane convexe, deux latérales concaves. Les cinq lames cornées de la rangée du dos, excepté celle du milieu, dont la largeur est plus considérable que la longueur, ont leur diamètre longitudinal à peu près aussi étendu que le transversal : la première est pentagonale, ayant son bord postérieur assez arqué, avec un angle très obtus par lequel elle s'articule avec le pourtour; la seconde et la troisième sont hexagones, de même que la quatrième et la cinquième; mais celles-ci sont rétrécies, l'une en arrière, l'autre en avant. L'écaille costale antérieure représente une figure triangulaire à base curviligne et à sommet tronqué. Les quatre qu'elle précède sont tétragones et plus hautes que larges. Les stries concentriques sont en général assez marquées, mais d'une manière beaucoup moins régulière que dans les deux espèces précédentes. Les aréoles costales sont planes et situées vers la partie supérieure des plaques; au lieu que les vertébrales, qui se relèvent en bosses, occupent le centre même des écailles, si ce n'est toutefois la première, qui se trouve placée fort près du bord postérieur.

Le plastron offre presque autant d'étendue en longueur que la carapace : l'extrémité antérieure est échancrée en V et la postérieure en croissant. Quant aux plaques qui le recouvrent, elles ont absolument la même forme que celles de la Tortue Actinode.

La tête est forte, garnie antérieurement de deux plaques fronto-nasales oblongues, entre lesquelles on voit une frontale triangulaire : nous ne pouvons rien dire des autres plaques qui ordinairement précèdent celles-ci, attendu qu'aucun des individus que nous possédons n'a le museau bien conservé; mais tous montrent bien évidemment une mastoïdienne assez développée et une tympanale qui l'est davantage.

Les membres antérieurs se terminent par des espèces de sabots courts et aplatis; les postérieurs, par des ongles longs et recourbés; et au milieu des squamelles imbriquées qui revêtent la face antérieure des bras sont jetés çà et là une douzaine de gros tubercules triangulaires et déprimés. Il y en a trois autres entièrement semblables au dessus du poignet, en arrière; et deux beaucoup plus grands, coniques et pointus, sur la partie postérieure des cuisses. La queue, à laquelle on compte vingt-cinq vertèbres, est courte et inonguiculée.

COLORATION. La carapace est d'un jaune verdâtre, semé de nombreuses taches noires irrégulières : le sternum en offre de semblables, seulement elles sont plus espacées; et le fond qui les supporte est d'un jaune plus clair. A la couleur brune qui règne sur la tête, le cou et les membres, se mêlent quelques teintes jaunâtres.

DIMENSIONS. Cette espèce, pour la taille et la grosseur, est bien supérieure à celles que nous avons fait connaître jusqu'ici. Nous considérons comme adulte l'individu dont les dimensions vont suivre :

LONGUEUR TOTALE 30". *Tête.* Long. 6" 8'''; haut. 5" 7'''; larg. antér. 1" 6''', postér. 4" 7'''. *Cou.* Long. 11". *Memb. antér.* Long.

15''. *Memb. postér.* Long. 15'' 5'''. *Carapace.* Long. (en dessus) 53''; haut. 25''; larg. (en dessus) au milieu 51''. *Sternum.* Long. antér. 8'' 5''', moy. 18'' 5''', postér. 10''; larg. antér. 4'' 8''', moy. 27'' 5''', postér. 8'' 4'''. *Queue.* Long. 7''.

JEUNE AGE. La forme de la carapace de cette espèce, dans son jeune âge, est presque hémisphérique et de couleur fauve. Les plaques supérieures portent deux bordures noires, entre lesquelles il en existe une troisième d'une teinte blanchâtre; les écailles vertébrales, en particulier, sont longitudinalement coupées par une bande d'un gris clair, de chaque côté de laquelle on voit deux gros points noirs. Les écailles sternales sont toutes bordées de cette dernière couleur, et le reste de leur surface est jaunâtre, sali de brun sur les abdominales. Les œufs de la Tortue Panthère, dont la coquille est dure, rugueuse et d'un beau blanc, sont presque sphériques et de la grosseur d'une bille de billard.

PATRIE ET MOEURS. N'ayant encore reçu jusqu'à présent cette espèce que de l'Afrique australe, nous ignorons si, comme la Tortue Géométrique, elle habite aussi l'île de Madagascar, ou bien si, de même que la Tortue Sillonnée, elle vit également dans les environs du cap de Bonne-Espérance et sur les bords du Sénégal. C'est dans le pays des Cafres, non loin de la rivière des Éléphans, que feu Delalande a recueilli les individus dont il a enrichi nos collections.

OBSERVATIONS. Aucun auteur, avant M. Bell, n'avait parlé de cette Tortue, dont il a d'abord donné la figure et la description dans le troisième volume du Journal Zoologique de Londres, et en second lieu, dans sa belle Monographie des Chéloniens. Mais c'est M. Gray qui a reconnu le premier que l'espèce inscrite par Cuvier, sous le nom de BIPONCTUÉE, dans la seconde édition du Règne Animal, n'était qu'une jeune Tortue Panthère, à laquelle il ne faut nullement rapporter, ainsi que paraît le croire M. Bell, la *Testudo terrestris Ceilonica, elegans minor,* de Séba, qui est bien certainement une jeune Tortue Actinode.

7. LA TORTUE SILLONNÉE. *Testudo Sulcata.* Miller.

(*Voyez* pl. 13, fig. 1.)

CARACTÈRES. Test fauve, ovale, court, convexe, déprimé, profondément strié, dentelé devant et derrière : point de plaque

nuchale ; la suscaudale simple ; bras hérissés de tubercules coniques.

SYNONYMIE. *Testudo sulcata.* Mill. on Var. Subj. tab. 26 A. B. C.

Testudo calcarata. Schneid. Verm. zool. Abhandl. pag. 315 (cop.
fig. Mill.).

Testudo calcarata. Bechst. Uebers. der naturg. Lacép. tom. 1,
pag. 546 (cop. fig. Schneid.).

Testudo calcarata. Schneid. Schildk. 2. Beyt. pag. 25.

Testudo sulcata. Gmel. Syst. natur. pag. 1045.

Testudo sulcata. Shaw. Gener. zool. tom. 3, pag. 59.

Testudo sulcata. Daud. Hist. Rept. tom. 2, pag. 515.

Testudo sulcata. Schweigg. Prodr. arch. Konisb. tom. 2, pag. 323
et 452.

Chersine calcarata. Merr. Tent. Syst. amph. pag. 32, Exclus.
Synon. *Test. tessellata major.* Grew. pag. 36 (Test. radiata).

Testudo radiata. Var. B. Senegalensis. Gray. Synops. Rept. p. 11,
et *Test. sulcata.* Gray, loc. cit. addit. et correct. p. 68.

DESCRIPTION.

FORMES. Ce qui distingue au premier aspect cette espèce de
toutes celles du genre auquel elle appartient, c'est autant sa
couleur à peu près uniforme d'un fauve brun clair, que les nombreux et très gros tubercules squammeux qui garnissent tout le
devant de ses bras. La carapace, bien que convexe, est déprimée ; son contour représente un ovale court et assez régulier,
quand il n'est pas un peu plus élargi au dessus des cuisses que
vers la région des membres antérieurs. La ligne du profil du dos
commence par monter obliquement du bord antérieur du pourtour au bord postérieur de la première aréole vertébrale ; puis cette
ligne devient tout-à-coup horizontale jusqu'à l'antépénultième
plaque de la rangée du milieu, d'où elle se rend par un plan, soit
simplement incliné, soit légèrement convexe à l'extrémité de la
plaque suscaudale.

Dans cette Tortue, le limbe de la carapace est une fois plus haut
le long des flancs et au dessus de la queue, qu'il n'est large en
devant, où le bord terminal est garni de festons qui sont faiblement relevés sur eux-mêmes. La portion de ce même pourtour,
sous laquelle se retirent les pieds de derrière, offre une inclinaison oblique en dehors et trois dentelures assez profondes. Comme

chez la Tortue Panthère, on ne compte point de plaques nuchales parmi les marginales, et la suscaudale est simple. La
forme de celle-ci, en particulier, est aussi la même que dans l'espèce que nous venons de nommer; c'est-à-dire qu'une portion
triangulaire de sa surface est convexe, tandis que les deux autres,
également triangulaires, et qui sont l'une à droite, l'autre à gauche de celle-ci, présentent une légère convexité. Les margino-collaires et celles qui les suivent ont quatre côtés inégaux; les secondes margino-brachiales et les troisièmes margino-fémorales sont
carrées, et les autres écailles du limbe, rectangulaires. Les plaques
de la carapace, aussi bien que celles du sternum, offrent des lignes encadrantes plus larges et plus profondes que dans aucune
autre espèce. Les aréoles, dont la surface est parfaitement unie,
sont assez petites, relativement à la largeur des lames cornées au
centre desquelles elles se trouvent situées dans les vertébrales,
et tout près du bord supérieur dans les costales. Ces dernières
plaques sont carrées, si ce n'est cependant l'antérieure qui représente un triangle isocèle à base curviligne et à sommet tronqué. On ne trouve rien dans la forme des plaques vertébrales de
la Tortue Sillonnée qui les différencie de celles de la Tortue Panthère; mais la seconde, la troisième et la moitié postérieure de
la quatrième plaque, au lieu d'être convexes, comme cela a lieu
chez le plus grand nombre des espèces, offrent une surface tout-
à-fait horizontale qui occasione, en particulier, cette dépression de la carapace que nous avons déja signalée.

Le plastron, du côté de la tête, dépasse tant soit peu le
bouclier supérieur; mais en arrière, il n'est pas plus long,
et les parties latérales ou les ailes en sont proportionnellement plus longues et plus relevées que chez les espèces précédentes.

Les plaques gulaires ont la figure d'un carré dont le bord externe est triangulairement échancré; elles forment l'extrémité
antérieure du plastron, qui est une fois plus étroite que la
postérieure, dont l'échancrure triangulaire est aussi beaucoup
plus profonde.

Plus des deux tiers de la longueur de ces mêmes plaques
de la première paire se trouvent enclavées entre les brachiales
qui, si elles étaient coupées transversalement et immédiatement
au dessous des gulaires, laisseraient attachée de chaque côté de
celles-ci une portion triangulaire, ce qui leur donnerait alors la

figure d'un trapèze. Les plaques pectorales sont neuf fois plus
étendues dans le sens transversal de l'animal qu'elles ne le sont
dans son sens longitudinal, mais cela n'a lieu que jusqu'où commencent les ailes du sternum; elles s'étalent en effet sur ces ailes
de manière à couvrir une surface plus grande que celle que présentent les premières plaques sternales. Les abdominales sont à
peu près carrées; les fémorales rectangulaires, et les anales représentent chacune un triangle.

La Tortue Sillonnée a le front convexe, le museau obtus et les
mâchoires extrêmement fortes. Leurs dentelures latérales sont
profondes, et les trois dents que l'on voit sur le bord antérieur
de la mandibule sont plus marquées que chez aucune autre
Chersite connue.

On trouve une assez grande analogie de nombre et de figure
entre les plaques céphaliques supérieures de cette espèce, et celles
de la Tortue Panthère; car, de même que chez cette dernière,
il y en a huit qui couvrent la partie antérieure de la tête. Ce sont
d'abord et tout-à-fait à l'extrémité du museau, une très petite
rostrale et deux nasales qui sont seulement un peu plus développées, et situées, comme à l'ordinaire, entre le bord antérieur de
l'orbite et le bout du nez, néanmoins assez haut; attendu que
l'étui de corne qui enveloppe l'os de la mâchoire supérieure de
la Tortue Sillonnée présente proportionnellement plus de hauteur que dans les espèces que nous avons jusqu'à présent fait
connaître. Puis, au dessus des nasales, se trouvent immédiatement placées les plaques fronto-nasales, qui sont fort grandes
et oblongues; enfin, derrière elles, et au milieu, se montrent
une frontale triangulaire ayant un de ses angles dirigé en
avant, et, de chaque côté, une susorbitale dont la forme varie
suivant les individus.

Jusqu'ici, les espèces que nous avons observées ne nous ont
offert qu'une ou deux et au plus trois plaques mastoïdiennes; mais
dans la Tortue Sillonnée nous en comptons six, toutes pentagones et à peu près de même grandeur. La tympanale commence
immédiatement derrière l'œil et se continue jusqu'au niveau du
bord postérieur de la membrane qui lui a donné son nom. Le
dessus de la tête, en arrière des yeux, et les parties de la mâchoire inférieure qui ne sont point revêtues de substance cornée, portent des écailles polygones, épaisses, mais néanmoins
aplaties.

Les membres antérieurs, ainsi que nous l'avons déja dit plus haut, ont leur surface externe toute entière hérissée de tubercules : les uns énormes, tout-à-fait coniques ou triangulaires, mais la plupart pointus; les autres un peu moins développés, mais de même forme et placés entre les premiers : chaque bras en supporte au moins soixante. Il y en a d'autres implantés aux environs du poignet, sur les talons, et sur la peau des fesses qui sont proportionnellement aussi forts : les fémoraux, en particulier, et surtout trois d'entre eux de chaque côté, les autres présentant plus ou moins de grosseur, sont allongés et courbés de dedans en dehors, en sorte qu'ils ressemblent véritablement aux ergots de certains gallinacés.

Les ongles des pieds de devant sont un peu plus larges que ceux des pattes postérieures; mais les uns et les autres sont larges, épais et par conséquent fort robustes.

La queue n'offre rien de particulier; c'est-à-dire que, semblable à celle de presque toutes les Chersites, elle se compose de vingt-cinq vertèbres; elle est grosse, courte, conique et inonguiculée : cependant nous devons ajouter que la peau qui l'enveloppe est très rugueuse.

COLORATION. Excepté quelques espèces dont la carapace est complètement brune ou noire, nous n'en connaissons aucune chez laquelle le système de coloration soit aussi simple que celui de la Tortue Sillonnée. En effet, toutes ses parties sont d'un fauve clair, peut-être un peu plus foncé qu'ailleurs, sur le crâne, les membres postérieurs, et le pourtour des plaques de la carapace.

DIMENSIONS. La Tortue Sillonnée est la plus grande des Tortues africaines aujourd'hui connues; car sa taille, sans être beaucoup plus considérable que celle de la Tortue Panthère, est cependant un peu plus forte, ainsi qu'on peut s'en assurer par les proportions suivantes :

LONGUEUR TOTALE, 60". *Tête.* Long. 7" 8'''; haut. 5"; larg. antér. 2" 2'''; postér. 6' 3'''. *Cou.* Long. 12". *Memb. antér.* Long. 18". *Memb. postér.* Long. 18". *Carapace.* Long. (en dessus) au milieu 54"; haut. 20"; larg. (en dessus) au milieu 50". *Sternum.* Long. antér. 12" 5'''. Moy. 21"; postér. 15" 7'''. Larg. antér. 5". Moy. 57" 5'''; postér. 9". *Queue.* Long 6".

AGE MOYEN. Nous n'avons point encore vu de très jeunes sujets appartenant à cette espèce; mais le Muséum national doit à

M. d'Orbigny d'en posséder un individu que l'on peut considérer comme n'ayant encore que la moitié de la taille à laquelle il aurait pu arriver; car la longueur de sa carapace n'est
que de 26'', la hauteur de 14'', et la largeur de 25'' 5'''. Les
seules différences qu'il présente avec les individus adultes dont
nous venons de donner la description, consistent principalement
dans l'horizontalité un peu moins marquée des plaques dorsales, et dans la présence d'un petit bord tranchant le long
des flancs, qui sont au contraire arrondis chez les autres. Au
reste, suivant M. Gray, cette crête existe aussi dans deux exemplaires que renferme le musée de Francfort, et qui, d'après les
dimensions qu'en donne cet auteur, ont environ la même taille
que les nôtres. En sorte que cette petite saillie latérale ne doit
nullement être considérée comme un caractère particulier à l'âge
non adulte de cette espèce, mais bien comme une simple différence
individuelle. Les autres caractères par lesquels la plus petite de
nos Tortues Sillonnées diffère encore de celles qui sont adultes,
résident d'une part dans sa plaque suscaudale, dont toute la
surface est convexe, et d'une autre, dans le moins de hauteur
relative de ses écailles gulaires, qui sont trapézoïdales, et dont
le bord externe se roule sur lui-même en dehors, ou forme ce
que l'on peut appeler une espèce de bourrelet. Quant à la coloration, les plaques ont leur centre d'un fauve beaucoup plus
foncé; mais, ainsi que chez les grands individus, on aperçoit sur leur pourtour une teinte brunâtre. En résumé, ces différences, soit qu'elles tiennent à l'âge ou qu'elles soient individuelles, sont bien peu considérables, comparées à celles que
présentent entre eux les individus d'un grand nombre d'autres
espèces de Chéloniens. C'est ce que nous avions besoin de faire
connaître, afin que l'on ne s'étonnât point de l'identité spécifique qui existe entre une Tortue originaire d'Amérique, et
d'autres qui sont bien certainement africaines.

PATRIE ET MŒURS. Ce fait doit effectivement paraître extraor-
dinaire, attendu que la classe entière des reptiles n'en fournit
pas un autre exemple. Nous avouons même que pour y
croire, nous avons besoin qu'il nous soit attesté par une personne aussi recommandable que l'est M. d'Orbigny, qui a lui-
même recueilli en Patagonie, où l'espèce est fort commune,
selon lui, la jeune Tortue Sillonnée dont nous avons parlé

tout à l'heure : nos autres exemplaires viennent d'Afrique à
n'en point douter. Deux faisaient partie des riches récoltes
zoologiques faites au cap de Bonne-Espérance par feu de
Lalande, et le troisième a été envoyé du Sénégal au Muséum
d'histoire naturelle par une des personnes attachées à l'admi-
nistration de cette colonie. Nous savons d'ailleurs que M. Ruppel a aussi trouvé cette espèce en Abyssinie, et notamment les
deux individus que nous avons déja cités et qui sont déposés
dans le musée de Francfort.

OBSERVATIONS. Depuis Miller, qui le premier a fait connaître la Tortue Sillonnée, aucune figure ni aucune description
originale autre que la sienne n'en avait été faite, lorsqu'en 1818
on peignit pour la collection des vélins du Muséum un des deux
individus rapportés vivans par de Lalande, et lorsqu'en 1851,
M. Gray, reconnaissant l'erreur qu'il avait commise en citant
dans son Synopsis, comme simple variété de la *Testudo Radiata*,
un des individus de notre collection, décrivit avec quelques détails ceux du Musée de Francfort dans les additions et corrections mises à la fin de ce même *Synopsis Reptilium*.

Toutefois, ainsi que l'auteur de ce livre se plaît à l'avouer
lui-même, c'est à M. Ruppel qu'appartient tout entier le mérite
d'avoir reconnu que les deux Tortues, recueillies par lui en
Afrique, se rapportaient exactement à la description de la
Testudo sulcata de Shaw, et par conséquent à la figure de Miller,
d'après laquelle celle-ci a été gravée.

Schneider qui, ainsi que tous les autres erpétologistes postérieurs à Miller, n'a parlé de la *Tortue Sillonnée* que d'après cet
auteur, ou, ce qui revient au même, d'après Shaw, a changé son
nom en celui de *Testudo calcarata*, qui fut d'abord adopté par
Bechstein, dans sa traduction allemande de l'Histoire des quadrupèdes ovipares de Lacépède, et vingt ans plus tard par Merrem,
qui cite fort à tort comme synonyme de la *Chersine calcarata*, la
Testudo tessellata major de Grew, laquelle n'est autre que la *Testudo radiata* de Shaw.

8. LA TORTUE NÈGRE. *Testudo Nigrita.* Nob.

CARACTÈRES. Carapace noire, ovale, convexe, échancrée antérieurement, dentelée sur les bords; test sans plaque nuchale, la

suscaudale simple. Sternum échancré triangulairement en arrière, à ailes longues. Écailles antéro-brachiales imbriquées,
coniques.

Synonymie. *Testudo indica*. Aut.

Testudo indica Junior. Gray. Synop. Rept. pag. 9.

DESCRIPTION.

Formes. On ne peut véritablement placer ailleurs qu'au-
près de la Tortue Sillonnée cette espèce qui lui ressemble par la
forme de sa carapace, bien qu'elle soit plus convexe, et par ses
écailles antéro-brachiales, qui, moins grosses, il est vrai, sont
également coniques et imbriquées. Cependant on l'avait confondue jusqu'ici, probablement à cause de sa couleur noire, avec
notre Tortue Éléphantine, dont elle se distingue suffisamment, à part d'autres caractères que nous ferons connaître tout-
à-l'heure, par l'absence des plaques de la nuque et la forme
conique des écailles brachiales, qui sont toujours plates, arrondies et non imbriquées chez cette dernière et chez les espèces
qui lui ressemblent le plus.

L'ovale que décrit le contour de la carapace est court et par
conséquent assez large; il est convexe devant et derrière, droit
ou très peu courbé sur les côtés du corps, et rentré en dedans
entre la quatrième et la cinquième plaque margino-latérale.
Bien qu'au dessus du cou, des bras et des cuisses, le limbe
soit incliné obliquement, tandis qu'il est presque perpendiculaire sur les côtés et à l'extrémité postérieure du corps, les
margino-collaires et les trois margino-latérales antérieures
offrent cependant une surface légèrement convexe, et les
écailles margino-fémorales constituent par leur concavité une
sorte de gouttière dont l'inclinaison est dirigée du côté de la
plaque suscaudale, qui est convexe. Le long des flancs, il règne
une petite arête saillante, ce que l'on observe tout au plus chez
les jeunes Tortues de l'Inde, dont les côtés du corps, dans les
individus adultes, sont toujours arrondis. Outre l'échancrure
en V, pratiquée au-dessus du cou, il existe sur toute l'étendue des bords libres de la carapace, d'ailleurs minces et tranchans, des dentelures triangulaires plus ou moins profondes.
Les plaques du bouclier supérieur, quant au nombre des

REPTILES, II. 6

côtés dont elles se composent, n'ont rien qui les distingue
de celles de la Tortue Sillonnée. Au contraire, elles ont avec
celles-ci une autre ressemblance par les nombreuses et fortes stries
concentriques dont leur surface est marquée. Toutefois, il est
bon de faire observer que ces impressions linéaires ne se montrent point chez tous les individus. Nous avons été à même
d'en voir quelques uns dans la collection de M. Bell, dont les
lames cornées étaient presque lisses. Les aréoles, lorsqu'elles
existent, car il arrive aussi qu'elles disparaissent comme les
lignes concentriques, sont peu élargies. Celles de la ligne du dos
sont situées au centre des plaques; et les costales, un peu plus
rapprochées du bord supérieur. Mais presque toujours les lames discoïdales sont relevées en bosses, aux endroits ordinairement occupés par les aréoles, telles sont les vertébrales, et parmi
elles surtout la dernière.

Les prolongemens latéraux sont grands, et pour le moins
aussi recourbés que ceux de la Tortue Sillonnée. Le plastron
lui-même est large et rétréci à ses deux extrémités qui sont, la
postérieure, profondément échancrée en V, et l'antérieure,
presque obtuse et arrondie, attendu que ses deux angles sont repliés en dessous. Cette partie antérieure du plastron est fort
épaisse; la postérieure, au contraire, mince et tranchante sur
les bords. Les premières plaques sternales sont petites, triangulaires, et toutes les autres, à l'exception des abdominales, qui
offrent une sorte de protubérance près de leur bord externe,
ressemblent à celles de l'espèce précédente.

Les axillaires et les inguinales sont très développées, et affectent une forme rectangulaire. Le front, qui est convexe, soutient
deux plaques pentagones, oblongues; et des écailles aplaties,
polygones, inégales, revêtent le dessus et les côtés de la tête.
Les mâchoires sont dentelées. La face antérieure de l'avant-bras
se trouve garnie, dans toute sa hauteur, d'écailles cornées, coniques, placées en recouvrement les unes au-dessus des autres. Il
y en a quelques unes qui bordent celles-ci à droite et à gauche,
mais elles sont petites, arrondies et déprimées. Le bord postérieur de la plante des pieds porte aussi, comme le devant des
bras, des écailles calleuses; les ongles sont forts, moins longs
aux pieds antérieurs qu'à ceux de derrière, et la queue est
courte et inonguiculée.

COLORATION. La carapace est toute entière d'un noir d'ébène, mais c'est plutôt un brun noirâtre qui règne sur les autres parties du corps.

DIMENSIONS. Les dimensions que nous donnons ici sont celles d'une boîte osseuse qui fait partie de la riche collection du musée des chirurgiens de Londres. Nous croyons que l'animal auquel elle a appartenu était adulte.

Carapace. Long. (en dessus) 56" 5''', larg. (en dessus) au milieu 39", haut. 31". *Sternum.* Long. 47" 5''', larg. antér. 7". Moy. 45" 5''', postér. 9".

JEUNE AGE. La carapace des jeunes Tortues Nègres n'offre pas un noir moins foncé que celle des adultes. Sa forme est aussi la même, mais les os qui la composent sont extrêmement minces, et les dentelures de ses bords sont moins nettement coupées. Ainsi qu'on l'observe chez toutes les jeunes Chersites, les aréoles sont fort étendues et granuleuses.

PATRIE ET MOEURS. *Observations.* Nous possédions déjà depuis long-temps dans la collection du Muséum d'histoire naturelle, la carapace d'une jeune Tortue, que nous ne savions à quelle espèce rapporter, lorsque nous fûmes assez heureux pour en trouver dans le musée du collége des chirurgiens de Londres, une autre ayant bien certainement appartenu à un animal adulte. C'est celle-ci en particulier qui a servi à notre description complétée à l'aide d'un dessin fait d'après nature, qui nous a été communiqué par M. Bell.

9. LA TORTUE RAYONNÉE. *Testudo Radiata.* Shaw.

CARACTÈRES. Carapace hémisphérique, à plaques simples, noires, portant sur le centre une large tache jaune qui s'étend en rayons sur le reste de leur surface; écaille suscaudale unique; la nuchale courte et large.

SYNONYMIE. *Testudo tessellata major.* Grew. Mus. reg. pag. 57, tab. 3, fig. 2.

Testudo Madagascariensis. Commers. M. S.

Testudo coui. Daud. Hist. Rept. tom. 2, pag. 274, tab. 26.

Testudo radiata. Shaw. Gener. zool., tom. 3, pag. 22, tab. 2.

Testudo radiata. Schweig. Prod. Arch. Konisb., tom. 1, pag. 326 et 456.

6.

Testudo radiata. Gray. Synops. Rept., pag. 14.
Testudo radiata. Bell. Monog. Testudin., fig. **sans nᵒ.**

DESCRIPTION.

Formes. La forme hémisphérique du test osseux de la Tortue
Rayonnée suffirait seule pour la faire distinguer de toutes ses congénères, si elle ne présentait d'ailleurs d'autres caractères spécifiques non moins faciles à saisir. Quelquefois le pourtour de la
carapace n'est que faiblement crénelé antérieurement et de
chaque côté de la plaque postérieure; mais le plus souvent, il
l'est fortement. Parfois aussi ces mêmes parties du limbe offrent une simple inclinaison en dehors, tandis que dans le
plus grand nombre des cas, leur bord se relève surtout au
dessus des cuisses, de manière à rendre leur face supérieure
concave. Mais chez tous les individus, le cercle marginal du
bouclier supérieur est perpendiculaire sur les côtés et en arrière du corps.

Quant au disque, les plaques qui le recouvrent ne présentent
guère d'autres convexités que celles bien peu marquées qu'on
voit à l'endroit des aréoles. Toutefois on observe que la moitié
inférieure de la dernière plaque vertébrale est toujours légèrement convexe, au lieu que sa portion supérieure est presque
plane. La figure des plaques centrales n'offre rien de particulier.
Des cinq plaques qui composent la rangée du dos, c'est la première
qui est la moins étendue; elle a deux angles droits postérieurement, et ses deux faces antérieures en forment un autre très
obtus dont le sommet est coupé pour s'unir à la plaque nuchale, qui est rectangulaire. Les trois vertébrales du milieu sont
hexagones, et comme d'ordinaire, plus larges que longues, au
lieu que la dernière, également à six pans, offre environ le
même développement dans son sens longitudinal que dans son
sens transversal. Aucun des angles de cette plaque n'est droit;
ses deux plus petits côtés, qui pourraient être contenus deux
fois dans les plus grands, ou les costaux, sont ceux qui tiennent
aux margino-fémorales; le supérieur ou le vertébral, et l'inférieur ou le suscaudal ne sont pas plus larges l'un que l'autre.
Les plaques qui commencent les deux rangées costales et celles
qui les terminent, ont un peu moins de hauteur que leurs inter-

médiaires; la dernière représente un trapèze, et la première un triangle à sommet tronqué obliquement en dedans, et à base curviligne. Les deux autres seraient rectangulaires, sans l'angle fort obtus par lequel elles se joignent aux plaques vertébrales.

Les lames cornées, supportées par le limbe, ont beaucoup plus de hauteur le long des flancs que dans le reste de la circonférence. La première paire est pentagone, les deux suivantes sont trapézoïdales, et toutes les autres jusqu'à la suscaudale inclusivement sont carrées oblongues. Pourtant, elles présentent entre elles, cette différence que la largeur des quatre dernières margino-latérales équivaut à la moitié de leur hauteur, au lieu que pour les autres, cette dernière dimension n'est que d'un tiers ou d'un quart plus considérable que la première. La suscaudale est très convexe, mais quelquefois elle ne l'est, comme celle de la Tortue Sillonnée et de la Tortue Panthère, que dans sa partie moyenne seulement, tandis qu'elle est légèrement concave à droite et à gauche. Cette plaque impaire, ici quadrilatérale, a son bord libre très arqué et une fois plus étendu que celui qui lui est opposé; ses faces latérales sont obliques en dehors, et la hauteur de chacune d'elles ne forme pas tout-à-fait la moitié de la largeur du bord supérieur.

Le plus souvent les aréoles sont lisses, et la surface des plaques dans les individus adultes est plus striée; mais chez ceux qui n'ont encore atteint qu'une petite taille, elles sont fort apparentes, et tracées presque aussi régulièrement que celles des Tortues Géométrique et Actinode.

Nous sommes certains que les femelles seules ont le sternum parfaitement plat; celui des mâles est au contraire profondément et largement concave: mais dans l'un et l'autre sexe, il présente en arrière une grande échancrure semi-lunaire; et, en devant, il se prolonge quelquefois un peu au delà de la carapace. De ce côté, l'extrémité en est fort étroite, mais néanmoins échancrée en V. Les parties latérales ou les ailes en sont courtes et peu relevées. La hauteur de l'ouverture qui donne passage aux membres antérieurs et à la tête est peu considérable, puisqu'elle égale tout au plus le tiers de la longueur de la portion moyenne du sternum. Les écailles gulaires sont placées presque complètement en dehors de celles qui viennent immédiatement après elles, au lieu d'être enchâssés entre elles deux, comme cela se voit le plus communément; leur figure est rhomboïdale.

Les lames brachiales sont pentagones, les abdominales et les fémorales carrées. D'abord étroites, les pectorales s'élargissent insensiblement, à mesure qu'elles se rapprochent du bord de la carapace, de telle manière que leur longueur est trois fois plus considérable que celle qu'elles ont sur la ligne médiane du sternum. Les dernières plaques du sternum ou les anales, considérées séparément, sont rhomboïdales. Cependant il arrive que dans les individus âgés, quelques uns de ces angles s'étant arrondis, les plaques représentent une figure semi-lunaire et de forme convexe; car alors presque toujours aussi, l'extrémité postérieure du plastron est renflée.

Les mâchoires de la Tortue Radiée sont fortes et garnies de dentelures, la supérieure est, comme chez le commun des Chersites, tridentée en devant, et l'inférieure terminée en pointe recourbée vers le haut. Les deux plaques fronto-nasales sont les seules, parmi les plaques céphaliques supérieures, qui paraissent conserver le même développement relatif et la même figure, c'est-à-dire celle d'un pentagone oblong; car les plaques qui les précèdent et celles qui les suivent, varient autant par le nombre que par la forme. Il existe une grande tympanale et de petites mastoïdiennes, de la figure desquelles nous ne pouvons pas nous rendre exactement compte sur nos individus empaillés.

La peau des bras est revêtue, dans la plus grande étendue de leur face externe, d'écailles à peu près égales, les unes polygones, les autres arrondies et à peine imbriquées; mais au milieu d'elles il s'en montre quelques unes qui sont trois ou quatre fois plus dilatées, et assez généralement placées de la manière suivante : trois ou quatre sur une même ligne verticale au dessus du second doigt interne; une, presque toujours la plus grosse de toutes, un peu plus haut et en dedans de celle qui commence la rangée que nous venons d'indiquer, et huit ou douze autres, suivant les individus, réparties sur le bord et le tranchant externe du bras.

L'articulation du poignet porte aussi deux ou trois de ces tubercules squammeux, et les talons cinq ou six, parmi lesquels il s'en trouve un fort gros, celui qui est situé le plus en arrière. Mais on n'en voit pas la moindre trace sur la face postérieure des cuisses, lesquelles sont, ainsi que la queue et les pieds, munies d'écailles polygones, non entuilées.

La queue, à son extrémité, est recouverte de quelques

écailles plus grandes que les autres, et qui semblent lui tenir lieu de l'ongle que l'on voit dans plusieurs autres espèces. Elle se compose de vingt-quatre ou de vingt-cinq vertèbres. Les ongles sont également courts aux quatre pieds.

Coloration. D'un noir profond sur le crâne et le dessus du cou, la Tortue Radiée porte encore une large bande de cette couleur sur la face latérale externe de ses membres postérieurs, et une tache également noire, environnée d'autres beaucoup plus petites aux environs et en dehors du coude. C'est un jaune pâle qui règne sur toutes les autres régions qui ne font point partie de la boîte osseuse ; il faut pourtant en excepter l'extrémité caudale et les quatre ongles des pieds de derrière, sur lesquels se montre de nouveau la couleur du dessus de la tête, et qui est aussi celle de la plus grande partie de la surface de la carapace. On rencontre des Tortues Radiées dont les plaques du disque sont marquées chacune d'une tache jaune qui est beaucoup plus large que l'aréole. C'est en particulier le cas des vieux individus, chez lesquels aussi les raies de la couleur de cette tache, ne sont pas, quand elles existent toutefois, ni si nettement, ni si régulièrement peintes que dans les sujets moins âgés. Chez ceux-ci les aréoles seules sont colorées en jaune ; et de leurs bords partent des rayons divergens, dont le nombre et la largeur ne sont point les mêmes pour toutes les plaques. Ainsi la première vertébrale n'en offre presque jamais en avant ; c'est seulement de chacun de ses angles postérieurs qu'il en naît un, fort large, ou qui se divise en plusieurs plus étroits. Sur les trois plaques suivantes ce sont les parties latérales des aréoles qui produisent ces rayons jaunes, lesquels fort souvent se bifurquent à leur extrémité. On en compte un à chacun des quatre angles de la cinquième aréole dorsale. Il y en a deux, ordinairement simples et toujours divergens, qui se dirigent du côté de la tête ; et les deux autres, qui sont souvent divisés et quelquefois même subdivisés, se rendent au pourtour marginal. Enfin le plus souvent les plaques costales ne laissent voir de ces rayons que sur leur portion inférieure. Il s'étale là quatre à six de ces rayons plus ou moins élargis, mais qui se dilatent toujours davantage à mesure qu'ils s'éloignent du bord de l'aréole qui leur a donné naissance. Il est pourtant aussi des individus dont la moitié inférieure des plaques costales offre trois ou quatre de ces lignes assez larges, qui ressemblent ordinairement à celles des plaques margino-latérales auxquelles elles sont contiguës.

Les deux raies jaunes que présente la plaque suscaudale forment un angle aigu dont le sommet est dirigé du côté du disque.

Le jaune et le noir sont aussi les deux seules couleurs qui soient répandues sur le plastron. Le jaune y forme, de chaque côté, quatre grandes taches triangulaires, placées à la suite l'une de l'autre, et dont un des angles touche à la ligne moyenne du sternum : la première tache est justement placée sur la suture des plaques brachiales et des pectorales ; la seconde, qui est plus grande que celle-ci et moins régulière, en tant que sa base est anguleuse, se trouve située entre les aréoles pectorales et les aréoles abdominales ; la troisième est encore plus étendue, et se trouve limitée en devant par l'aréole abdominale, et en arrière par l'aréole fémorale ; enfin la quatrième est la plus petite, et couvre presque entièrement la plaque anale. De cette disposition, il résulte tout naturellement qu'il existe sur le milieu du sternum autant de figures triangulaires jaunes que les côtés en portent de noires ; mais si celles-ci sont unicolores, celles-là ne sont point uniformément jaunes, attendu que toutes sont plus ou moins marquées de raies divergentes étroites qui partent de leurs sommets.

Dimensions. Nous donnons ici les différentes proportions d'un grand individu femelle, qui fait partie de la collection.

Longueur totale, 48" 5'". *Tête*. Long. 5" 5'" ; haut. 4" ; larg. antér. 8'", postér. 4" 5'". *Cou*. Long. 7". *Memb. antér*. Long. 17". *Membr. postér*. 17". *Carapace*. Long. (en dessus) 58"5'" ; haut. 25" ; larg. (en dessus) au milieu, 62". *Sternum*. Long. antér. 10", moy. 21" 5'", postér. 9" ; larg. antér. 5" 5'", moy. 50", postér. 8" 5'". *Queue*. Long. 7".

Patrie et moeurs. La Tortue Rayonnée n'habite pas, comme les Tortues Géométrique et Anguleuse, la partie australe du continent Africain, ainsi que Madagascar ; mais elle est exclusivement propre à cette île, d'où on l'apporte souvent au cap de Bonne-Espérance et à Bourbon. C'est en particulier de ce dernier pays que M. Leschenault et M. le baron Milius ont envoyé vivantes celles qui figurent aujourd'hui dans notre Musée.

Pendant le temps que ces animaux ont vécu à la ménagerie, nous n'avons rien remarqué dans leurs habitudes qui les distinguât des Chersites en général. Nous avons eu occasion d'observer encore un individu d'une très grande dimension, cette année même, chez un marchand de comestibles à Paris.

OBSERVATIONS. C'est dans le *Museum regalis societatis* de Grew que l'on trouve décrite et représentée pour la première fois, sous le nom de *Testudo testellata major*, la carapace de cette espèce que Merrem a bien mal à propos rapportée à sa *Testudo calcarata* ou la *Testudo sulcata* de Miller et de nous-mêmes. Daudin, qui ne connaissait point, à ce qu'il paraît, l'ouvrage du premier des auteurs que nous venons de citer, la décrivit dans le sien comme nouvelle, en lui donnant le nom de *Tortue Couï*, auquel nous avons préféré l'épithète plus caractéristique de *Rayonnée*, sous laquelle, à peu près à la même époque, Shaw inscrivait cette Tortue dans sa Zoologie générale. Nous devons aussi, à l'exemple de M. Bell, faire remarquer que M. Gray, dans son *Synopsis Reptilium*, signale cette espèce comme étant privée de plaque de la nuque; tandis que tous les exemplaires que nous avons été à même d'observer, nous en ont offert une au contraire fort développée.

10. LA TORTUE MARQUETÉE. *Testudo Tabulata*. Walbaum.

CARACTÈRES. Test ovale-oblong, un peu déprimé; point de plaque nuchale; la suscaudale simple, bombée; celle du disque brune, avec une tache jaunâtre au milieu; les écailles antéro-brachiales, imbriquées, épaisses, arrondies; queue courte.

SYNONYMIE. *Testudo terrestris Brasiliensis*. Séba. 1, tab. 80, fig. 2. Exclus. syn. test. Cagado de terra Margrav (Test. geometrica).

Testudo Mydas. Fermin. Hist. Holl. équin., pag. 5.

Testudo Jaboti. Klein. Disposit. anim. exclus. synonym. Test. Cagado de terra. Marg. (geometrica).

Testudo terrestris squammis aureis tessellata. Gaut. Obs. sur l'hist. nat., tom. 1, pag. 158, pl. C.

Hicatee. Brown. Hist. Jam., n° 5.

Testudo tabulata. Walbaum, pag. 70 et 122, exclus. synonym. Test. lutaria. Lin. (Cistuda vulgaris).

Testudo tessellata. Schneid. Schrifft. der Berl. gessells naturf. Fr. 4 r. B. d. 3 s. St. pag. 262.

Testudo terrestris Surinamensis? Stedman. Voy. à Surinam Trad. franç., tom. 2, pag. 357.

Testudo tabulata. Schœpf. Tab. 12, fig. 2 et tab. 15, pag. 56, exclus. synon. Cagado de terra Lusitanis dicta Marcg. (Test. geometrica), et Test. terrest. americana. Kil. Stobœus. (Test. carbonaria).

Testudo tabulata. Donnd. zool. Beyt., tom. 3, pag. 31.

Testudo tabulata. Bechst. Uebers. der naturg. Lacep., tom. 1, pag. 347.

Testudo tabulata. Shaw. Gener. zool., tom. 5, pag. 41, tab. 8 (cop. Séba).

Testudo græca. Hermann, Obs. zool. Édit. Hammer, pag. 219.

Testudo tabulata. Schweig. Prod. arch. Konisb. tom. 1, pag. 522 et 444 exclus. Synon. Test. terrest. americana. Kil. Stobœus. La Tortue à marqueterie. Latr. Test. tabulata. Daud. (Test. carbonaria), Test. tabulata. et Var. africana (Test. Graii).

Chersine tessellata. Merr. Syst. Amph., pag. 31, exclus. Synon. Gmel. S. N. L. tom. 1, pag. 1045, n° 53. Test. tabulata. Daud. (Test. carbonaria).

Testudo Hercules. Spix., pag. 20, tab. 14.

Testudo sculpta. Spix., pag. 21, tab. 15.

Testudo tabulata. Prinz. Neuw. Beitr., tom. 1, pag. 51, et Reise nach Braz., tom. 2, pag. 119.

Testudo tabulata. Fitz. Verzeich, pag. 44.

Testudo tabulata. Holberton, Zool. journ., tom. 4, pag. 325.

Chersine tabulata. Gravenhorst. Delic. mus. zool. Vratilav.

Testudo tabulata. Bell, Monog. Test. exclus. synon. Test. sulcata. Mill. (Test. sulcata), Test. polyphemus. Daud. Gopher. Bartr. carolina, Lec. (Test polyphemus), et Cagado Spix. (Test. carbonaria).

Testudo tabulata. Gray. Synops. Rept., pag. 18. exclus. synon. Test. lutaria. Gmel. (Cist. vulgaris), Cagado. Spix. (Test. carbonaria).

Testudo tabulata. Griffith. Anim. Kingd., tom. 9, pag. 65.

Testudo tabulata. Vélins du Mus. Rept., n° 6.

Très jeune age. *Testudo denticulata.* Linn. Syst. nat., pag. 550.

Testudo denticulata. Schneid. Schiltr., pag. 360.

Testudo denticulata. Gmel. Syst. nat., pag. 1043. exclus. Var. B. (Test. signata).

La dentelée. Lacép. Quad. ovip., tom. 1, pag. 165.

La dentelée. Bonnat. Erpét., pag. 24.

Testudo denticulata. Bechst. Lacép., tom. 1. pag. 241.

Testudo tabulata. Schœpf, pag. 62, tab. 14 et
Testudo denticulata, pag. 119, tab. 28, fig. 1.

Testudo denticulata. Donndorf, zool. Beyt; tom. 5, pag. 25. Exclus. Var. B. (Test signata.)

La Tortue dentelée. Latr. Hist. Rept., tom. 1, pag. 139.

Testudo denticulata. Daud., tom. 2, pag. 303.

Testudo denticulata. Schweig. Prod. arch. Konisb., tom. 1, pag. 524 et 452.

Testudo tabulata, *Var. f. Cayennensis*. Schweig. loc. cit., pag. 522.

Chersine denticulata. Merr. Syst. amph., pag. 32.

Testudo tabulata. Wagler. Syst. amph. pag. 138, tab. 6, fig. 10.

Spargis mercurialis. Schinz. Naturg. and abbild, tab. 8, fig. 1. (Cop. Schœpf.)

DESCRIPTION.

Formes. La boîte osseuse de cette espèce est remarquablement épaisse, allongée, ovale, un peu plus large derrière que devant; et, bien que sa partie supérieure soit convexe, sa surface entre la première et la quatrième plaque vertébrale, est presque plane. Antérieurement, le pourtour n'est ni échancré, ni penché sur le cou : c'est-à-dire que les plaques marginocollaires sont placées presque horizontalement, tandis que les deux paires suivantes, en même temps qu'elles offrent une pente rapide à droite et à gauche, s'inclinent aussi en dehors. Le circuit de la carapace n'a qu'une simple inclinaison oblique au dessus des cuisses, mais sur les côtés et à l'extrémité postérieure du corps, il est tout-à-fait perpendiculaire. Le bord terminal en est uni; en devant il décrit un demi-cercle, et sur les flancs il suit une ligne droite ou légèrement convexe, laquelle se courbe beaucoup en passant sur les pieds de derrière, où elle s'infléchit verticalement entre les deux premières paires de plaques margino-fémorales. Elle reprend ensuite une plus grande convexité verticale sous la dernière plaque du pourtour, sans pour cela cesser d'être arquée horizontalement. La ligne du profil de la carapace monte obliquement du bord du limbe, au dernier tiers de la première plaque vertébrale, où elle devient horizontale jusqu'à l'aréole de la quatrième écaille du dos ; de là, elle descend vers la queue, en suivant d'abord un plan simplement incliné, puis en se courbant sur une grande partie de la dernière plaque vertébrale, à l'extrémité de laquelle elle devient légèrement onduleuse. Le disque de la carapace est comprimé à l'endroit qui correspond aux épaules, et un peu bombé sous la troisième lame costale ; après quoi, il diminue insensiblement de largeur jusqu'à la pénultième plaque dorsale, dont la surface est convexe.

Toutes les lames cornées qui revêtent la boîte osseuse sont parfaitement lisses. Les margino-collaires sont tétragones, d'un tiers plus larges que longues, avec leur angle vertébro-costal tronqué, leur côté vertébral un peu arqué en dedans, et celui par lequel elles sont jointes l'une à l'autre, moitié moins étendu que le bord qui lui est opposé. La margino-brachiale antérieure est à peu près carrée, et celle qui la suit trapézoïdale. C'est à des rectangles que ressemblent la première et la pénultième plaques margino-latérales, desquelles les trois autres ne différeraient point si la dernière n'était pas un peu plus étroite du côté du disque qu'inférieurement, et si la seconde et la troisième, d'ailleurs plus grandes, surtout celle-ci, n'avaient point un petit angle obtus sur leur face centrale. Les trois écailles margino-fémorales sont carrées. La suscaudale a également quatre côtés ; mais le supérieur, qui est comme ondulé, a un tiers moins d'étendue que l'externe qui est arqué en dehors ; au lieu que les latéraux le sont en dedans.

Des cinq plaques qui composent la rangée vertébrale, la première est la plus petite et la seule qui ne soit point à six pans ; on lui en compte quatre seulement, dont un, l'antérieur, est en forme d'arc. La longueur de cette même plaque, au milieu, se trouve contenue une fois et un quart dans sa largeur. Héxagones transverses, les deux plaques suivantes ont leurs bords vertébraux deux fois plus grands que chacun de leurs quatre côtés costaux ; l'avant-dernière écaille du dos n'est pas tout-à-fait moitié moins large derrière que devant. Les bords latéraux les plus rapprochés de la tête ne sont pas aussi longs que les postérieurs, et pourraient être contenus, chacun séparément, deux fois dans la largeur antérieure de la plaque. La dernière vertébrale est aussi étroite en haut qu'en bas, mais vers son tiers inférieur elle s'élargit à droite et à gauche en formant un angle aigu. La première des lames cornées que l'on nomme costales représente un triangle à sommet tronqué et à base curviligne; les deux qui viennent après elles sont carrées, oblongues, ayant leur côté supérieur onduleux; la quatrième a ses quatre côtés égaux.

En avant, le plastron égale la carapace en longueur, mais en arrière, où il est échancré en V très ouvert, il laisse entre lui et le pourtour un espace qui équivaut à la moitié de la largeur de son échancrure. Ses deux portions libres ont chacune la même étendue, c'est-à-dire une fois et demie la longueur de la partie moyenne du sternum. La portion postérieure, dont la figure est celle d'un triangle isocèle coupé dans son tiers supérieur, a, de même que la pièce centrale du plastron, ses bords arrondis et plus épais que le reste de la surface; antérieurement, ils sont au contraire tranchans, et le plastron, qui se relève un peu du côté du cou, ressemble à un triangle équilatéral dont deux côtés seraient curvilignes, et un des angles tronqué.

Les plaques gulaires sont petites, tétragones, plus étroites devant que derrière de même que les brachiales, avec lesquelles elles s'unissent par une suture courbe; mais celles-ci sont beaucoup plus grandes, et ont à l'extrémité externe de leur bord postérieur un angle aigu à sommet arrondi, lequel est reçu dans une entaille triangulaire des plaques pectorales. Les lames sternales composant la troisième paire, sont, comme à l'ordinaire, à quatre pans, et deux fois plus larges en dehors qu'en dedans. Les abdominales sont carrées, les fémorales trapézoïdes, et les dernières ou les anales fort épaisses et rhomboïdales, dépassant de chaque côté, d'un cinquième de leur longueur, les plaques qui les précèdent. L'axillaire est médiocre, mais l'inguinale est fort grande, triangulaire, avec son sommet arrondi.

L'intervalle qui existe entre le bouclier supérieur et le plastron est très étroit, puisqu'il équivaut à peine au tiers de la longueur des ailes sternales.

Les mâchoires sont fortes et dentelées, l'inférieure est recourbée en pointe anguleuse, et la supérieure porte en avant trois dents plus grosses que les autres. Les plaques qui recouvrent la tête sont: deux grandes fronto-nasales, quadrilatérales oblongues; une frontale panduriforme très développée; quatre ou cinq petites susorbitales et deux tympanales triangulaires. On compte sur la face antérieure des bras environ quarante gros tubercules cornés, aplatis, épais, imbriqués, à bord li-

bre arrondi et tranchant, parmi lesquels il en existe un beaucoup plus fort que les autres qui occupe l'angle interne du
coude. Il y en a trois ou quatre un peu moins développés qui
forment une ligne transversale sous le poignet; la face postérieure des cuisses en porte aussi une vingtaine qui sont juxta-
posés, arrondis ou polygones, et placés de telle manière que
ce sont les plus petits qui entourent les plus grands. Ceux qui
garnissent les talons sont également déprimés et très élargis;
les ongles sont assez courts, mais robustes et épais.

La queue est très courte, conique, tuberculeuse et inonguiculée.

COLORATION. La partie supérieure du test osseux est presque
toute entière d'un brun clair, puisqu'il n'y a véritablement
que le centre des plaques du disque et le bord inférieur de
celles du limbe qui soient d'une couleur jaunâtre formant des
taches si pâles qu'on les aperçoit difficilement sur les costales.
Cette même couleur jaunâtre règne sur le bord interne du
pourtour aussi bien que sur les écailles sternales, qui sont largement bordées de noirâtre.

C'est également une teinte brune qui se trouve répandue sur
le cou, les membres et la queue; mais les tubercules brachiaux,
les mâchoires, le dessus de la tête et les côtés sont d'un jaune
pâle.

Telles sont la forme et la coloration d'un individu qu'à sa
grande taille et au poli de ses écailles, on doit croire parfaitement adulte.

DIMENSIONS. *Longueur totale*, 84". *Tête.* Long. 10"; haut. 6",
larg. antér. 5", postér. 6" 5'". *Cou.* Long. 15". *Memb. antér.* Long.
26". *Memb. postér.* Long. 25". *Carapace.* Long. (en dessus) 77";
haut. 24"; larg. (en dessus) au milieu 56". *Sternum.* Long. antér.
16" 5'", moy. 26", postér. 16", larg. antér. 4", moy. 57", postér.
13". *Queue.* Long. 8".

JEUNE AGE. Quand elles sont très jeunes, les Tortues Marquetées ont tout le tour de leur carapace, qui est d'ailleurs proportionnellement moins longue et moins déprimée que celle des
adultes, garni de petites épines inégales qui, à ce qu'il semble,
disparaissent plutôt chez certains individus que chez d'autres.
Leur pourtour au dessus du cou est légèrement arqué en dedans, et le bord inférieur de leur écaille suscaudale cintré de
même, au lieu de l'être en dehors. On observe aussi que la face

antérieure de la première plaque vertébrale n'est point curviligne, mais qu'elle forme un angle très obtus, et que les lames
cornées sont entièrement granuleuses, à l'exception de quelques stries concentriques qui existent sur leurs bords.

Le sternum, loin de s'avancer en pointe du côté de la tête,
est tronqué et dentelé en scie. Ces jeunes Tortues sont fauves,
en dessus comme en dessous, avec le pourtour des plaques
de la carapace d'une teinte brune, et des bandes étroites de la
même couleur sur le bord des écailles sternales. C'est en particulier d'après un individu dans cet état, qu'il a été fait de la
Tortue Marquetée une espèce sous le nom de Denticulée.

Ces jeunes sujets en grandissant, commencent par perdre
leurs épines, et leur bord terminal devient comme festonné.
Un peu plus tard, les aréoles se rétrécissent et prennent une
teinte jaunâtre; les stries concentriques augmentent et brunis-
sent, et l'extrémité postérieure du sternum offre une échancrure en V. Après cela, elles grossissent pendant long-temps
encore (car ces observations sont faites sur une série composée de onze individus, ayant depuis neuf jusqu'à quarante-cinq
centimètres de longueur), sans que l'on remarque d'autres
différence qu'une forme plus allongée dans la carapace, ainsi
qu'un aplatissement du dos plus marqué. Ce n'est que chez les
individus dont la longueur dépasse soixante centimètres environ, que l'extrémité antérieure du plastron commence à se rétrécir en s'allongeant, que les bords du limbe deviennent unis;
que les stries concentriques s'effacent, et que la couleur brune
envahit petit à petit la surface des plaques de la carapace, de
manière à ne laisser à la place de l'aréole, qui disparaît aussi,
qu'une petite tache d'un jaune excessivement pâle.

PATRIE ET MOEURS. La Tortue Marquetée habite l'Amérique
méridionale et les grandes îles des Antilles. La plupart de celles
que nous possédons, ou pour mieux dire tous nos jeunes sujets, ont été envoyés de Cayenne par feu Richard, par M. Martin, MM. Leschenault et Doumère, et le baron Milius. L'un
des deux individus adultes qui font partie de la collection, celui
en particulier qui a servi à notre description, est sans origine
connue; l'autre est dû à M. le général Lardenois, qui l'a adressé
de la Guadeloupe au Muséum d'histoire naturelle.

On sait d'ailleurs que M. Spix et le prince Maximilien de Neuwied, ont trouvé la Tortue Marquetée au Brésil, où on la

nomme *Jaboti* ou *Jabuti*. Le premier de ces voyageurs dit qu'il
l'a rencontrée dans les forêts, sur les bords du fleuve des Ama-
zones.

OBSERVATIONS. Les auteurs qui jusqu'à présent ont parlé de
la Tortue Marquetée, ne paraissent pas en avoir connu l'âge
adulte, mais seulement des individus nouvellement éclos,
ou des sujets qui, en apparence assez âgés, étaient pourtant loin
encore d'avoir tout leur développement ; puisque les plus gros,
ceux qu'ont décrits Spix d'une part, et M. Bell de l'autre,
n'avaient environ que la moitié du volume du grand exemplaire de notre Musée, c'est-à-dire de quarante à quarante-cinq
centimètres de longueur totale.

La première, et nous pouvons même dire la seule figure reconnaissable qui ait été faite de la Tortue Marquetée, avant la
publication de l'ouvrage de Schœpf, est celle que l'on trouve
dans celui de Séba, et qui plus tard a été copiée par Shaw
pour sa zoologie générale. Quant à des détails descriptifs sur
cette espèce, les seuls aussi de quelque importance qui existent avant la même époque, sont ceux que Walbaum et Schneider ont consignés, l'un dans sa Chélonographie, l'autre dans le
quatrième volume des Écrits des curieux de la nature de Berlin ; car, après ces deux naturalistes, ce n'est plus que dans les
relations de quelques voyageurs, ou d'après eux qu'il est question de cette Tortue, et quelquefois en termes si vagues, qu'à
peine peut-on distinguer si c'est véritablement plutôt à elle qu'à
la Tortue Charbonnière, qui lui ressemble infiniment, que se
rapportent les descriptions de ces auteurs. Mais Schœpf l'a fait
beaucoup mieux connaître ; puisqu'il en a donné deux figures qui
la représentent dans son jeune âge, et qu'il en a décrit très exactement et représenté de trois manières différentes une carapace
de vingt-huit centimètres de longueur que lui avait communi-
quée le professeur Hermann de Strasbourg, lequel l'avait lui-
même décrite sous le nom de *Testudo græca* dans ses Observa
tions zoologiques, qui, comme on le sait, ne furent publiées
qu'après sa mort, par Hammer, et postérieurement aussi à l'histoire des Tortues de Schœpf. En poursuivant ainsi par ordre
de date, dans les livres d'erpétologie, l'examen des passages qui
ont trait à cette espèce, sans toutefois nous occuper pour le
moment de ceux qui ont rapport à son état de jeunesse, on voit
que ni Beschtein, ni Shaw, encore moins Donndorff, n'ont rien

dit d'ailleurs que ce que l'on trouve dans Schœpf; et que La-treille et Daudin, tout en rapportant ce qu'ont écrit de plus particulier sur elle les auteurs précédens, donnent bien évi-demment, au lieu de la description de la Tortue à Marqueterie, comme ils l'appellent, celle de la Tortue Charbonnière; et le second, notamment, d'après une carapace qu'il avait observée dans le cabinet de **M.** Palissot de Beauvois. A l'égard de Schweig-ger, nous ferons remarquer que la boîte osseuse qu'il a vue dans notre Musée, et décrite dans son prodrome comme une simple variété Africaine de la Tortue Marquetée, appartient bien certainement à une espèce différente que nous ferons con-naître plus tard sous le nom de Tortue de Gray. Il a commis d'ailleurs la même faute que Daudin en regardant la *Testudo ta-bulata* de cet auteur, comme spécifiquement la même que celle de Schœpf ou de Walbaum. Vient ensuite Merrem qui n'adopte point pour cette espèce la qualification de *Tabulata,* ainsi qu'on l'avait généralement fait avant lui, mais celle de *Tessellata* qu'elle avait reçue de Schneider.

Une des plus graves erreurs qu'ait commises Spix dans l'his-toire de ses Tortues du Brésil, est de ne s'être point aperçu qu'il décrivait et représentait, comme deux espèces nouvelles, deux âges différens de la Tortue Marquetée : l'une d'après un individu de quarante centimètres de longueur qu'il désigne par le nom de *Testudo Hercules;* l'autre qu'il appelle *Testudo Sculpta,* et dont le modèle était long de vingt-neuf centimètres.

A propos de cette histoire des Tortues du Brésil, nous devons mentionner que M. Kaup, qui en a fait une critique, regarde, et c'est du reste aussi l'opinion de Wagler, comme n'étant qu'une variété de couleur de la Tortue Marquetée, la *Testudo Carbonaria* du voyageur Bavarois. Nous nous rangerions volon-tiers à l'avis de ces deux savans erpétologistes, si nous ne nous étions aperçu que chez les individus, en assez grand nom-bre, de l'une et de l'autre de ces deux espèces qui font partie de nos collections, la couleur brune, la forme droite ou légèrement convexe des deux côtés du corps, ainsi qu'une plaque fronto-nasale double et des tubercules brachiaux et fémoraux, larges et épais, n'étaient pas des caractères constans pour les uns; tandis que la couleur noire foncée, un rétrécissement de la carapace à l'endroit des flancs, une moindre épaisseur dans les écailles bra-

REPTILES, II.   7

chiales et fémorales, enfin une plaque fronto-nasale simple, étaient au contraire les signes distinctifs des autres.

Les ouvrages du prince de Neuwied fournissent aussi des descriptions exactes et des figures soignées de la Tortue Marquetée; mais, en fait de figures, les plus remarquables par leur belle exécution et qu'on doit plus particulièrement citer, sont celles qui font partie des premiers cahiers publiés de la Monographie des Tortues de M. Bell. Toutefois, nous devons relever quelques erreurs qui se sont glissées dans la Synonymie que donne de cette espèce l'habile chélonographe Anglais, erreurs qu'il n'aurait certainement pas commises, s'il avait eu comme nous entre les mains des objets de comparaison. Ainsi, il regarde comme devant être rapportées à la Tortue Marquetée, la *Testudo Sulcata* de Miller et la Tortue Polyphème de Daudin, qui en sont l'une et l'autre si différentes. Quant à la *Cagado* de Spix, qu'il considère aussi comme une Tortue Marquetée, nous croyons plutôt que c'est une Charbonnière, à en juger par sa couleur foncée et par l'étroitesse de sa carapace à l'endroit des flancs. A cet égard, M. Gray partage l'opinion de son compatriote M. Bell. D'un autre côté, nous pouvons assurer que la *Testudo Gigantea* de Schweigger n'a pas la moindre ressemblance avec la *Testudo Hercules* de Spix, ou ce qui est la même chose, avec la Tortue Marquetée, ainsi que Wagler soupçonne que cela pourrait être, d'après, dit-il, le souvenir qui lui reste de la physionomie de l'individu du Musée de Paris, type de l'espèce, et sur lequel il avoue cependant avoir oublié de rédiger ses notes.

C'est M. Bell qui a le premier reconnu que la *Testudo Denticulata* de Linné, et par conséquent que celle de Schœpf, n'était qu'une jeune Tortue Marquetée nouvellement sortie de l'œuf, puisque la description de l'une et la figure de l'autre ont été faites d'après le même individu, celui du cabinet de Degéer. Wagler a effectivement depuis ce temps confirmé cette identité en faisant représenter dans l'atlas de son ouvrage une très jeune Tortue Marquetée, qui ressemble exactement à la figure de la *Testudo Denticulata* de Schœpf.

11. **LA TORTUE CHARBONNIÈRE.** *Testudo carbonaria* Spix.

CARACTÈRES. Carapace ovale-oblongue, bombée, plane sur le dos, comprimée à l'endroit des flancs ; point de plaque nuchale, la suscaudale simple ; écailles du disque noires avec une tache jaune.

SYNONYMIE. *Testudo terrestris Americana.* Kil. Stobœus in act. litt. et scient. Suec. 1730, pag. 59. Excl. Synon. Margg. (Test, geometrica.)

Testudo testa ovali gibba : scutellis disci medio flavis, etc. Gmel. Syst. natur. tom. 5, pag. 1045, n° 33.

La Tortue à marqueterie. Latr. tom. 1, pag. 85.

Testudo tabulata. Daud. tom. 1, pag. 242. Excl. Synon. Margg. (Test. geometrica), Séba, Gautier, Schneider, Walbaum, Schœpf. (Test. tabulata.)

Testudo carbonaria. Spix. tab. 16.

Testudo cagado. Spix. tab. 17.

Testudo carbonaria. Fizt. Verzeich. pag. 44.

Testudo carbonaria. Bell. Mon. Test. fig. sans n°.

Var. B. truncata. Bell. Monog. Test. fig. sans n°.

Testudo Boiei. Wagler, Icones et descript. tab. 13.

Testudo Hercules. Gray. Synops. Rept. part. 1, pag. 9.

Testudo carbonaria. Vél. Mus. d'Hist. nat. Rept. n° 7.

DESCRIPTION.

FORMES. Il n'existe peut-être pas parmi les Chersites, deux espèces qui aient entre elles autant de ressemblances que là Tortue Marquetée et la Tortue Charbonnière. La forme générale de leur boîte osseuse et la figure de chacune des plaques qui les recouvrent sont les mêmes ; mais chez la *Testudo carbonaria,* le dos, au lieu d'être simplement déprimé, est fort souvent un peu concave, et la carapace à l'endroit des flancs est constamment plus ou moins contractée, quelquefois même assez pour que cette région du bouclier supérieur soit d'un cinquième plus étroite que l'une ou l'autre de ses extrémités On remarque que la plaque suscaudale est d'autant plus courbée vers le sternum que les côtés du corps sont plus resserrés. Généralement, le disque de la carapace sous la première plaque costale de chaque côté

7.

est bombé, tandis que les mêmes parties dans la Tortue Marquetée sont toujours fort aplaties. On distingue en outre la Tortue Charbonnière de la *Testudo tabulata*, parce que ses écailles
antéro-brachiales, aussi bien que celles qui garnissent la face postérieure des cuisses, sont assez minces, et en ce que ses plaques
céphaliques supérieures sont différentes. Ainsi, dans l'espèce qui
fait le sujet de cet article, la fronto-nasale est constamment simple,
assez large, mais moins cependant que la frontale qui vient
après elle; à l'extrémité du museau on voit une petite plaque
rostrale, de chaque côté de laquelle il existe une nasale oblongue, peu développée. Le reste de la tête en dessus est couvert
de petites écailles polygones. La queue est peut-être aussi un
peu plus longue que celle de la Tortue Marquetée dont nous
n'avons point vu le squelette; mais celui de la Charbonnière
nous a offert vingt-cinq vertèbres caudales.

COLORATION. On trouve encore moyen de distinguer ces deux
espèces si voisines l'une de l'autre, en comparant leur système
de coloration. Effectivement, chez la Tortue Marquetée la carapace est brune avec des taches d'un jaune pâle, couleur
qui est aussi celle des tégumens squammeux qui revêtent la
face externe des pattes de devant, au lieu que dans la Tortue
Charbonnière une grande partie de ces mêmes tégumens, ceux
des talons et de la queue sont d'un beau *rouge carmin*, ainsi
que la plaque tympanale et quelques-unes des petites écailles qui
se trouvent sur les côtés de la mâchoire inférieure. Quant à la
carapace, c'est un noir profond qui règne sur la plus grande
partie de la surface de ses lames cornées dont les aréoles sont
petites, quadrangulaires et colorées en jaune vif. Du reste, les
membres et le col offrent une teinte ardoisée; les plaques suscraniennes, une couleur orangée jaune, ainsi que les bords du
sternum, lequel porte une large tache noire polygone, qui
en occupe quelquefois le centre, et d'autres fois au contraire
presque toute l'étendue.

DIMENSIONS. La Tortue Charbonnière acquiert à peu près
les mêmes dimensions que la Tortue Marquetée. Les mesures
suivantes sont celles d'un individu du sexe féminin, donné au
Muséum par M. Labarraque, pharmacien à Paris, qui l'avait
reçu vivant du Brésil.

LONGUEUR TOTALE 68". *Tête.* Long, 7" 5"', haut. 4" 5"', larg.
antér, 2" 7"', postér, 5", *Cou.* Long. 11". *Memb. antér.* Long. 23".

Memb. postér. Long. 16". *Carapace.* Long. (en dessus) 66"; haut. 25"; larg. (en dessus), au milieu 61". *Sternum.* Long. antér. 11", moy. 21" 5'", postér. 11" 5'", larg. antér. 3" 6'", moy. 25", post. 10" 5'". *Queue.* Long. 9".

Proportions d'une carapace à flancs contractés : Long. 49" 5'", larg. (en dessus), au milieu 38" 5'", (en dessous), devant 21" 5'", au milieu 16" 5'", derrière 22".

Jeune age. Nous n'avons jamais vu de très jeunes Tortues Charbonnières, c'est-à-dire d'individus nouvellement éclos; en sorte que nous ignorons si les bords de leur carapace sont dentelés, ou plutôt garnis d'épines comme ceux des petites Tortues Marquetées; mais il y a une si grande analogie entre ces deux espèces, que nous sommes porté à le croire. Nous devons faire observer que cette grande compression des parties latérales de la boîte osseuse, chez certains individus de la Tortue Charbonnière, n'est nullement un des caractères des adultes, ainsi que le pense M. Bell, car ceux de nos exemplaires qui offrent cette particularité, n'ont guère que la moitié de la taille à laquelle ils auraient dû parvenir.

Variété. Cette espèce donne une variété, ou plutôt elle est sujette à une maladie qui rend sa carapace inégale et raboteuse. Ces inégalités sont produites par la concavité en dedans, et la convexité en dehors de chacune des parties de la carapace, qui soutient une plaque de corne, de façon que les écailles du disque ont absolument la même forme que celles des Tortues Géométrique et Actinode, c'est-à-dire qu'elles représentent des tubercules polygones à sommet tronqué. M. Bell possède une de ces Tortues Charbonnières à plaques de la carapace relevées en bosse, qu'il a fait représenter dans une des planches de sa Monographie des Chéloniens. Il en existe maintenant une autre dans la collection du Muséum et on la doit à M. Dorbigny. Celle-ci n'a que vingt-quatre centimètres de longueur totale, au lieu que la carapace seule de l'exemplaire de M. Bell est longue de plus de trente centimètres.

Patrie et moeurs. La Tortue Charbonnière habite les mêmes contrées que la Tortue Marquetée; elle est surtout très commune au Brésil; on la trouve aussi à Cayenne, à la Jamaïque, et M. Dorbigny en a rapporté du Chili plusieurs beaux exemplaires, qui sont aujourd'hui exposés dans les galeries du Muséum d'histoire naturelle. Ses habitudes ressemblent à celles de l'espèce précédente; mais ses œufs, suivant M. Bell, sont plus petits et à peu près sphériques.

OBSERVATIONS. Il est bien évident que c'est à cette espèce et non à la Tortue Marquetée, que se rapporte la description donnée par Kilian Stobœus d'une Tortue qu'il nomme *Testudo terrestris Americana*, description d'où a été extraite celle de Gmelin (Testudo...., pag. 1045, n° 33), et que Latreille et Daudin, chacun de son côté, ont mal à propos reproduite en partie, comme étant celle de la *Testudo tabulata* de Walbaum et de Schœpf. Nos deux auteurs français se sont également trompés, en croyant avec Stobœus, que le *Cagado de terra* de Marggraw pouvait appartenir à l'espèce que nous venons de décrire. Ce Cagado n'est ni une Tortue Charbonnière, ni une Tortue Marquetée; mais c'est la *Testudo geometrica* ou la *Testudo actinodes*. Wagler qui, ainsi que nous l'avons dit dans l'article précédent, prétend qu'on ne doit point faire une espèce particulière de la Tortue que Spix a appelée Charbonnière, a d'un autre côté représenté dans l'atlas de son système des amphibies, puis dans se *Icones et descriptiones amphibiorum*, une Tortue à laquelle il a donné le nom de Boié qui, suivant nous, ne diffère nullement de la *Testudo carbonaria*.

12. LA TORTUE POLYPHÈME. *Testudo Polyphemus*. Daudin.

CARACTÈRES. Test ovale, court, entier, très déprimé, d'un fauve mêlé de brun ; une plaque nuchale, la suscaudale simple.

SYNONYMIE. *La Tortue gopher*. Bartr. Voy. dans les part. sud de l'Amér. sept.. Trad. franç., tom. 1, pag. 55, 514, 515, 516.

La Tortue gopher. Bosc. Nouv. dict. d'hist. natur., tom 22, pag. 269.

Testudo polyphemus. Daud., tom. 1, pag 256.

Testudo polyphemus. Bechst. Uebers. der naturg. Lacép., tom. 1, pag. 567.

Emys polyphemus. Schweigg. Prodr. arch. Konisb., tom. 1, pag. 317 et 442.

Testudo polyphemus. Say. Journ. Acad. natur. sc. phil., tom. 4, pag. 207.

Testudo polyphemus. Harl. Amer. Herpet., pag. 71.

Testudo depressa. Cuv. Règ. anim., tom. 2, pag. 10.

Testudo depressa. Guér. Icon. Rég. anim. Rept. pl. 1, fig. 1.

Testudo Carolina. Leconte , Ann. lyc. natur. Hist. N. Y., tom. 5, pag. 97. Exclus. synon. Test. tabulata. Schœpf. (Testudo tabulata.)

Testudo polyphemus. Ch. Luc. Bonap. Osservaz. second. Ediz. Règ. anim. Cuv., pag. 152. Exclus. synon. Test. tabulata. Schœpf. Test. tessellata? Merr. (Test. tabulata.)

Testudo polyphemus. Gray, synops. Rept., pag. 11, spéc. 5.

Gopher et Mungófa des Anglo-américains.

DESCRIPTION.

FORMES. Cette espèce est de toutes les Tortues , proprement dites et aujourd'hui connues , celle dont la boîte osseuse est la plus déprimée. Cette boîte en effet, a une fois moins de hauteur que de largeur, et celle-ci n'est que d'un cinquième environ moins considérable que la longueur , aussi son contour horizontal offre-t-il la figure d'un ovale assez court.

Le limbe de la carapace fort étroit antérieurement, augmente sensiblement de largeur à mesure qu'il s'éloigne de la plaque nuchale, de manière qu'arrivé vers la ligne moyenne et transversale du corps, il est trois fois plus large que derrière le cou ; puis il va en diminuant jusqu'au bord de la suscaudale , où son étendue est moitié moindre que celle de la troisième plaque margino-latérale, et celle-ci n'est que d'un tiers plus haute que la lame impaire postérieure. Quant à l'inclinaison présentée par le limbe , elle est peu considérable pour la portion qui regarde la tête et les membres antérieurs ; on dirait même qu'à cet endroit, le pourtour est un peu en gouttière. Sur les flancs, il est presque perpendiculaire et sa pente , au dessus des cuisses et de la queue, est très rapide ; tous les bords en sont unis. La ligne qu'il suit de chaque côté du corps commence par décrire un quart de cercle ; puis, à partir du bord antérieur de la seconde plaque margino-latérale, elle devient à peu près droite ou légèrement oblique en dehors jusqu'à l'extrémité de la plaque suivante où elle s'infléchit un peu en dedans pour former immédiatement après, d'abord une assez grande courbure en passant sur les cuisses, puis une plus petite au dessus de la queue. La région du dos qui est recouverte par la seconde et la troisième plaques vertébrales, par le dernier quart de la première, et la moitié antérieure de la quatrième est parfaitement plane; mais le reste de la surface du disque va rejoindre le pourtour en se courbant légèrement.

La lame cornée qui, sur le disque, commence la rangée du milieu est pentagone; elle offre en devant un angle obtus à sommet arrondi. Les quatre autres ont toutes six côtés : le pan antérieur de la seconde et le postérieur de la quatrième, sont l'un d'un quart, l'autre d'un tiers moins étendus que celui qui les unit, chacun séparément, à la troisième plaque vertébrale. La pénultième écaille dorsale a sa face vertébrale convexe, son bord postérieur concave; et elle forme à droite et à gauche un angle aigu dont l'extrémité ou la pointe est tronquée.

La plaque costale qui tient à celle-ci est quadrangulaire et un peu moins haute en arrière qu'en avant; les deux précédentes sont pentagones, et la plaque la plus rapprochée de la tête représente un triangle à base curviligne et à sommet tronqué. L'écaille de la nuque est un rectangle plus long que large; la première écaille margino-brachiale offre un autre rectangle plus large que long, et c'est sous la figure d'un trapèze que se montrent chacune des margino-collaires, des secondes margino-brachiales et des margino-latérales antérieures. Ces dernières en particulier, ont leur côté supérieur légèrement anguleux, comme on le remarque pour les troisièmes margino-latérales; mais cette paire de plaques, de même que celle qui la précède et les trois paires qui la suivent est rectangulaire, plus haute que large et un peu penchée en arrière. Les deux dernières paires d'écailles limbaires seraient l'une et l'autre carrées, si la pénultième n'était point coupée à son angle vertébral postérieur. La plaque suscaudale est tétragone, ayant deux fois plus d'étendue en largeur qu'elle n'a réellement de hauteur sur l'un ou l'autre de ses bords latéraux qui sont droits, au lieu que le bord supérieur et le bord externe sont arqués, l'un du côté de la tête, l'autre du côté de la queue.

Le plastron dépasse tant soit peu le bord antérieur de la carapace, mais il ne l'atteint pas en arrière où il est moins étroit qu'en avant et où il offre une profonde échancrure en V renversé. Les bords libres en sont tranchans, les parties latérales ou les ailes, assez longues et un peu relevées; mais le reste de sa surface présente un plan uniforme, légèrement redressé antérieurement vers le cou; la figure des deux plaques gulaires réunies est celle d'un losange, dont deux côtés sont enclavés dans les plaques brachiales, et dont l'angle formé par les deux autres est coupé à son extrémité. On compte quatre côtés aux écailles sternales qui composent la seconde paire; le bord antérieur qui a plus de largeur que les autres, est oblique de dedans en dehors; l'externe au contraire, oblique de dehors en dedans et le postérieur comme sinueux, avec son extrémité interne moins rapprochée du bout du plastron que celle qui touche le bord de celui-ci. Les plaques pectorales sont pentagones, beaucoup plus larges que longues; celles qui terminent le sternum ou les anales sont rhomboïdales; les abdominales, carrées; les fémorales, à quatre pans inégaux, ayant leurs angles externes arrondis. Toutes ces lames cornées supérieures et inférieures sont parfaitement lisses, ce qui tient, on n'en peut douter, à l'état adulte de l'exemplaire qui sert à notre description.

La tête est courte, épaisse, garnie en dessus et antérieurement de petites plaques, en nombre plus considérable que celui que l'on observe habituellement chez les Chersites. Ainsi, il y a d'abord sur le museau, deux rangées semi-circulaires placées l'une au dessus de l'autre, et composées la première de huit écailles, la seconde de six seulement. En outre il y a deux autres paires plus grandes et superposées, qui nous paraissent être les analogues des nasales antérieures et des nasales postérieures chez quelques autres espèces; car immédiatement au dessus d'elles, on remarque deux fronto-nasales de forme rhomboïdale, derrière lesquelles se trouve une frontale polygone qui ne dépasse pas le niveau du bord postérieur de l'orbite. Des écailles plates, petites, égales et à plusieurs pans, couvrent la région occipitale et les joues. Il y a de plus deux plaques tympanales qui ont, l'une la figure d'un triangle équilatéral, l'autre celle d'un losange à angles obtus.

L'enveloppe cornée de la mâchoire supérieure, qui d'ordinaire n'est composée que d'une seule pièce, aussi bien que celle de l'inférieure, semble être ici, autant toutefois que nous pouvons en juger d'après des individus dont la bouche est un peu endommagée, divisée en trois parties, deux latérales et une moyenne antérieure fortement bidentée. Les mâchoires se composent d'ailleurs comme chez la plupart des Chersites, celle d'en bas de deux bords tranchans finement dentelés, et celle d'en haut de trois également garnis de dentelures.

Les membres antérieurs sont fortement comprimés d'avant

en arrière, et les ongles qui les terminent sont courts, robustes et très élargis.

La face externe des bras est garnie sur les deux tiers de sa hauteur de tubercules squammeux, arrondis ou polygones non imbriqués, parmi lesquels on en remarque deux plus larges et plus épais que les autres, qui sont implantés sur l'angle interne du coude. Le poignet en arrière ne porte point d'écailles calleuses, comme cela s'observe chez beaucoup de Tortues terrestres; mais on en voit deux qui, déprimées et adhérentes à la peau par toute leur surface inférieure, sont placées l'une au dessus de l'autre, assez près du bord externe de la partie postérieure de l'avant-bras. Les pattes de derrière ont la forme ordinaire; les ongles en sont longs, forts, mais moins aplatis que les antérieurs. Quant aux talons, ils sont protégés ainsi que les fesses, par de grosses écailles cornées et convexes. La queue est extrêmement courte et inonguiculée.

Coloration. Un brun jaunâtre, quelquefois marqué de taches irrégulières plus foncées, est la seule teinte que l'on aperçoive sur le bouclier supérieur de la Tortue Polyphème. En dessous, un jaune pâle colore le plastron ; et, sur les membres, les seules écailles tuberculeuses qui y existent ; car le reste de ces parties, ainsi que le col et la tête, notamment celle-ci, offrent une couleur brune ou plutôt noirâtre.

Dimensions. Les naturalistes Américains, qui ont pu souvent observer cette espèce dans les lieux mêmes qu'elle habite, nous apprennent que la longueur de la carapace des individus considérés comme adultes, est de treize à quatorze pouces suivant la mesure anglaise. Voici les principales proportions d'un exemplaire de notre musée, dont la boîte osseuse n'est point au dessous de cette dimension.

Longueur totale 43". *Tête.* Long. 5" 4''' ; haut. 4" ; larg. antér. 2" 2''', postér. 5". *Cou.* Long. 7" 5'''. *Memb. antér.* Long. 13". *Memb. postér.* Long. 10". *Carapace.* Haut. 12" 6''', long. (en dessus) 57", larg. (en dessus) au milieu 39". *Sternum.* Long. antér. 9", moy. 16" 5''', postér. 8" ; larg. antér. 3" 5''', moy. 21" 5''', postér. 6". *Queue.* Long. 5" 5'''.

Jeune age. La forme générale de la boîte osseuse des jeunes Tortues Polyphèmes ne diffère en rien de celle des adultes ; mais si l'on examine cette boîte en détail, on remarque de suite que les flancs portent une arète tranchante ; que les bords libres de son limbe sont dentelés ; que ses écailles en dessus comme en dessous, ont leurs aréoles légèrement saillantes ; enfin, que le reste de leur surface est régulièrement et fortement strié. Pour ce qui est de la coloration, on voit que le pourtour des plaques de la carapace est noirâtre et leur centre fauve, quelquefois même taché de brun. Le sternum offre une couleur jaune.

PATRIE ET MOEURS. Cette espèce est la seule Chersite que produise l'Amérique septentrionale, qu'elle habite depuis les Florides jusqu'à la rivière Savannah, au nord de laquelle on ne la rencontre plus. Les Tortues Polyphèmes ne se nourrissent que de végétaux. Les lieux qu'elles fréquentent de préférence sont les forêts de pins ; pourtant elles les quittent quelquefois pour venir dans la campagne où elles causent de grands dégâts, particulièrement dans les champs de pommes de terre. Elles ne sortent que pendant la nuit, et le jour elles restent enfermées dans des trous très profonds qu'elles creusent elles-mêmes. Quoiqu'elles soient de fort petite taille, leur force est prodigieuse ; on assure qu'elles marchent aisément ayant un homme sur le dos, et qu'elles peuvent même porter un poids de six cents livres. Leur chair est à ce qu'il paraît d'un excellent goût.

OBSERVATIONS. C'est à tort, suivant nous, que quelques auteurs ont cru reconnaître dans cette espèce la *Testudo Carolina* de Linné. Comment en effet pouvoir se persuader que ce soit justement celle de toutes les Tortues dont la carapace est la plus déprimée que l'auteur du *Systema Naturœ* ait eu l'intention de caractériser par cette phrase : *Testudo pedibus digitatis testa gibba*, etc.? Si ensuite l'on consulte Gronovius dont Linné cite une des descriptions, comme se rapportant à la *Testudo Carolina*, on s'aperçoit aussitôt que cette phrase doit plutôt s'appliquer à quatre ou cinq autres espèces différentes de Tortues qu'à celle dite Polyphème, dont toutes les parties du limbe sont arquées en dehors ; tandis que la Tortue dont a parlé Gronovius avait le bord de sa carapace échancré. (*Scutum antice lunulato excisum*).

Nous pensons donc qu'il n'est nullement question de la Tortue Polyphème dans aucune des éditions du Système de la Nature, pas même dans celle dont Gmelin est l'éditeur, car celui-ci à l'article de la *Testudo Carolina*, reproduit en entier la description de Gronovius, dont Linné n'avait cité que la phrase principale, dans la douzième édition du *Système*.

La connaissance de la Tortue Polyphème n'est véritablement acquise à la science que depuis que M. Leconte l'a décrite dans les Annales du Lycée de New-York ; car Bartram, auquel on en doit la découverte, n'en avait donné qu'une description très incomplète. Toutefois Daudin l'inscrivit dans son histoire des reptiles, et attribua à la Tortue qui en était le sujet, le nom de Polyphème, qui a été adopté par la plupart des erpétologistes.

Il faut que M. Leconte et M. le prince de Musignano, n'aient jamais eu l'occasion d'observer en nature la Tortue Marquetée, pour qu'ils aient pu croire que la figure de Schœpf qui représente cette espèce, soit celle d'une jeune Tortue Polyphème ; cette gravure de la *Testudo tabulata* de l'ouvrage de Schœpf, est au contraire une des meilleures que nous connaissions.

15. LA TORTUE DE SCHWEIGGER. *Testudo Schweiggeri*. Gray.

CARACTÈRES. Test court, ovale, légèrement déprimé, fauve, semé de taches brunes disposées comme en rayons sur les plaques ; point de nuchale ; la suscaudale simple.

SYNONYMIE. *Testudo Schweiggeri*. Gray. Synops. Rept. part. 1, pag. 10, Spec. 4.

DESCRIPTION.

FORMES. La boîte osseuse, la seule partie que nous connaissions de cette espèce, a beaucoup d'analogie par sa forme avec celle de la Tortue Polyphème : elle est courte, ovale, légèrement déprimée et à peu près de même largeur à ses deux extrémités. Le pourtour, assez étroit, est incliné obliquement au dessus du cou et des bras, un peu plus à l'endroit des cuisses, et tout-à-fait perpendiculaire sur les côtés et en arrière du corps. Toutes les plaques marginales, qui ne sont pas soudées à celles du sternum, ayant leur bord externe légèrement arqué, rendent celui du limbe comme festonné ou dentelé. Celui-ci offre d'ailleurs, derrière la tête, une échancrure en V très ouvert. Les écailles margino-brachiales sont rectangulaires ; les margino-collaires pentagones, ayant leur côté vertébral beaucoup plus large que les autres. Toutes celles qui les suivent sont quadrangulaires à peu près équilatérales, excepté la suscaudale dont le diamètre transversal est deux fois plus considérable que le vertical. La plaque qui commence la rangée du dos est pentagone et articulée au pourtour par un angle fort obtus. Les deux suivantes se composent de six pans, ainsi que la quatrième dont le bord postérieur est de moitié moins grand que l'antérieur. La dernière plaque dorsale est aussi hexagone, avec quatre de ses côtés une fois plus larges que ceux qui l'unissent aux dernières margino-fémorales. La position de la seconde et de la troisième écailles vertébrales est presque horizontale, à cause de la dépression du dos; c'est-à-dire que ces plaques sont extrêmement peu arquées en travers : la première s'incline brusquement en avant, dans les trois quarts de sa longueur; et la cinquième ainsi que les deux tiers postérieurs de la quatrième, suivent la courbure de la partie postérieure du disque.

Les trois écailles costales antérieures sont appliquées sur les os qui les soutiennent, de manière à offrir un plan légèrement incliné : la première et les deux dernières laissent voir, l'une sur le milieu de son tiers inférieur, les autres, tout près de leur bord antérieur, un sillon ou une sorte de gouttière verticale, peu profonde, qui se trouve être double sur la seconde plaque de la même rangée. Les stries concentriques qui existent sur le bouclier supérieur sont peu marquées ; mais il y a des aréoles très apparentes, quoique petites, qui occupent le centre même des plaques discoïdales.

Un peu relevé du côté du cou et plan dans le reste de sa longueur, le sternum est échancré triangulairement à ses deux bouts, mais moins profondément en avant qu'en arrière où il est au contraire plus élargi que de l'autre côté. Il ressemble d'ailleurs à celui de la Tortue Polyphème.

COLORATION. La couleur de la carapace est d'un roux fauve doré, presque uniforme sur la moitié postérieure ; mais semé sur l'autre de petites taches brunes, alongées et disposées en rayons qui s'élargissent et deviennent plus nombreuses à mesure qu'elles se rapprochent du bord terminal du bouclier supérieur.

Le sternum est rayonné de brun, sur un fond jaune extrêmement pâle.

DIMENSIONS. *Carapace.* Larg. (en dessus) 23"; long. 22"; haut. 9" 7'". *Sternum.* Long. 21"; larg. moy. 15" 3'".

PATRIE ET MOEURS...?

Observations. La description qui précède est celle d'une carapace que nous avons vue à Londres, dans la collection du collège des chirurgiens de cette ville, et que M. Gray a fait connaître, il y a déjà plusieurs années, dans son Synopsis, sous le nom par lequel nous la désignons nous-mêmes.

14. LA TORTUE ÉLÉPHANTINE. *Testudo Elephantina.* Nob.

CARACTÈRES. Carapace brune, ovale, entière, convexe, à plaques tantôt striées, tantôt tout-à-fait lisses; le plus souvent une petite plaque nuchale; la suscaudale simple ou accidentellement double; ailes sterno-costales courtes; écailles antéro-brachiales plates, arrondies, non imbriquées; queue médiocre et inonguiculée.

SYNONYMIE. *Testudo Indica.* Dekay. Jour. acad. nat. sc. Phil.

Testudo Indica. Gray, Synops. Rept., part. 1, pag. 9, n° 1. Exclus. synon. Testudo indica. Perrault, Gmelin, Schœpf. (Testudo Perraultii), Testudo indica. Vosmaer, Schœpf, Shaw. (Testudo Vosmæri), Testudo elephantopus, Harlan. Testudo Californica. Quoy, Testudo nigra. Quoy et Gaimard (Testudo nigra), Testudo indica. Vary (Testudo gigantea).

DESCRIPTION.

FORMES. Il suffit de comparer un moment la Tortue Éléphantine avec les cinq autres espèces qui jusqu'ici ont généralement été confondues sous le nom de Tortues de l'Inde, pour s'apercevoir de suite qu'elle en est très différente. D'abord, ses plaques discoïdales ne sont point relevées en bosses comme celles de la Tortue Géante; puis sa carapace est brune, et non d'un noir d'ébène, ainsi qu'on l'observe chez la Tortue Noire et la Tortue Nègre, qui d'ailleurs sont constamment privées de plaque nuchale et qui manquent d'ongle à la queue; ensuite elle se distingue aisément des Tortues de Perrault et de Vosmaer, parce qu'elle n'est ni déprimée comme l'une, ni contractée comme l'autre, et que l'ouverture antérieure de la boîte osseuse

est loin d'être aussi considérable en hauteur que celle de ces
deux dernières espèces.

D'une figure ovale, plus ou moins oblongue dans son contour, la carapace de la Tortue Éléphantine est toujours extrêmement bombée. Antérieurement, le pourtour n'est jamais
échancré, et sur les flancs où il a beaucoup plus de hauteur
que dans tout le reste de son étendue, sa position est verticale;
mais au dessus du cou et des bras, il continue la pente oblique
du disque ou bien il se relève dans le sens opposé. Par derrière,
ce n'est pas tout-à-fait la même chose; car les régions fémorale
et caudale ne se réfléchissent jamais du côté du dos, mais s'inclinent au contraire le plus souvent en dehors, et quelquefois
même la région qui couvre la queue se recourbe en dessous.

Le limbe est garni en général de vingt-quatre écailles; car
ce n'est que bien rarement qu'il lui arrive de manquer de nuchale, cette plaque est toujours fort petite et à peu près carrée.
Parfois on rencontre des individus dont la suscaudale est double, mais ceci ne doit être attribué qu'à un accident et ce qui
le prouve, c'est que les deux portions n'en sont jamais égales.
Les margino-collaires sont pentagones, oblongues, ayant leur
bord externe curviligne et celui de la nuque plus étroit que le
marginal. La première margino-brachiale a la figure d'un carré
long; celle qui vient ensuite se compose aussi de quatre pans,
mais elle est plus courte et son bord postérieur est un peu couché en avant. Les quatre suivantes sont rectangulaires, deux
au moins, car celles du milieu qui sont les plus grandes, portent
chacune sur leur bord supérieur, l'une en avant, l'autre en arrière, un petit angle très obtus. La cinquième margino-latérale
est à quatre côtés, avec son angle postéro-supérieur droit et
l'antéro-inférieur aigu.

Les deux premières plaques margino-fémorales sont tantôt
carrées, tantôt rectangulaires; mais celles qui constituent la
dernière paire sont quadrilatérales avec leur angle supéro-an-
térieur droit, et le postéro-supérieur obtus. La plaque uropygiale, tétragone, a plus de largeur qu'elle n'a de hauteur au milieu, et son bord externe est fortement arqué en dehors. La
première vertébrale offre cinq côtés qui forment deux angles
droits en arrière, et trois obtus en avant; la seconde et la troisième sont hexagones de même que les deux dernières; mais le

bord antérieur de la quatrième est plus étroit que le postérieur, et les six angles de la cinquième sont obtus.

Les deux écailles qui commencent les deux rangées latérales sont tétragones, subtriangulaires; les deux médianes pentagones oblongues, et la plus rapprochée de la queue présente quatre faces à peu près égales, seulement la supérieure est un peu penchée en arrière.

Il existe au milieu et assez près du bord postérieur de la première vertébrale une protubérance de forme triangulaire, de chaque côté de laquelle part un sillon qui va aboutir à l'angle latéro-antérieur de la plaque. Les deux suivantes ont leur centre légèrement bosselé, et l'avant-dernière offre un ressaut transversal très marqué. Il est pourtant des individus chez lesquels on n'aperçoit aucune de ces protubérances et dont les plaques sont même parfaitement unies; mais le plus souvent, les écailles supérieures sont creusées de sillons concentriques, tantôt sur toute leur surface, tantôt sur leur pourtour seulement.

Le sternum est épais, principalement sur ses bords, et le centre en est toujours un peu enfoncé. Les prolongemens latéraux en sont étroits et peu relevés, ce qui peut encore servir à distinguer la Tortue Éléphantine de la Tortue Nègre et de la Tortue Noire, dont les parties sterno-costales sont au contraire très larges et fort recourbées. L'extrémité postérieure de ce plastron est moins étroite, mais plus profondément échancrée que l'antérieure.

Les plaques sternales de la première paire ne sont point enclavées entre celles qui composent la seconde; mais les unes et les autres sont quadrangulaires, celles-là presque équilatérales, celles-ci avec leur bord externe oblique. Les six plaques suivantes, les plus grandes de toutes, sont tétragones; les anales sont rhomboïdales; et les axillaires et les inguinales, triangulaires. Le front forme avec la mâchoire supérieure une ligne courbe. Immédiatement au dessus des narines, il existe deux petites nasales à quatre côtés inégaux, puis deux très longues fronto-nasales qui s'articulent en arrière avec une frontale, et de chaque côté avec une supra-orbitale. On voit bien une écaille tympanale, mais point de mastoïdienne. Les étuis de corne qui enveloppent les mâchoires sont dentelés. Le supérieur est assez élargi antérieurement et porte sur sa face externe une arête verticale arrondie.

Les membres sont extrêmement forts, et les ongles qui les terminent courts, épais, obtus à leur extrémité, ressemblant en un mot, à ceux de certaines espèces de mammifères Pachydermes. La peau de la face externe des avant-bras est revêtue d'écailles arrondies, plates, la plupart égales et toutes adhérentes par leur surface inférieure. Comme cela a presque toujours lieu, le dessous du poignet supporte aussi trois ou quatre de ces écailles absolument semblables aux antérieures. Les tégumens squammeux des pieds postérieurs sont plus élargis sous la plante et au talon qu'ailleurs. Sur le derrière des cuisses, on voit une assez grande surface couverte d'écailles légèrement convexes ou comme tuberculeuses. La queue est ordinairement fort peu alongée, et l'ongle qui en enveloppe l'extrémité est court, large, plat et arrondi.

Coloration. Rien de plus simple que la coloration de cette espèce, dont toutes les parties du corps offrent un brun noirâtre, seulement un peu plus foncé au centre des plaques, à l'extrémité des membres et sur les mâchoires.

Dimensions. La Tortue Éléphantine est une des plus grandes Chersites que l'on connaisse. Les mesures suivantes sont celles d'un exemplaire de notre musée.

Longueur totale 132". *Tête*. Long. 15"; haut. 9" 5"'; larg. antér. 4", postér. 10'". *Cou*. Long. 27". *Memb. antér.* Long. 43" 5"'. *Memb. postér.* Long. 51". *Carapace*. Long. (en dessus) 114"; haut. 45"; larg. (en dessus) au milieu 125". *Sternum*. Long. antér. 24", moy. 37", postér. 14"; larg. antér. 13", moy. 5", postér. 17" 5"'. *Queue*. Long. 22".

Variété. Il y a des individus de la Tortue Éléphantine qui ont les plaques de la carapace fortement relevées en bosses coniques et tronquées à leur sommet. La collection de la société zoologique de Londres, en particulier, en renferme un qui est dans ce cas : sa carapace mesurée en dessus, a quarante centimètres de longueur et à peu près la même étendue en largeur.

Jeune age. Les jeunes Tortues Éléphantines depuis vingt jusqu'à soixante centimètres de longueur, que nous avons été à même d'examiner, nous ont toutes offert des plaques entièrement couvertes de sillons concentriques assez profonds. Ces sillons ont cela de remarquable que les lignes saillantes qui les séparent sont au moins du double plus larges, et que leur surface est plane et unie. Quant aux aréoles, elles disparaissent de bien bonne heure; car il existe dans la collection des individus de très petite taille, sur les écailles desquels on n'en voit déjà plus la moindre trace. On peut dire qu'elles sont en général étroites et situées au centre même des lames cornées. Ces jeunes Tortues ressemblent d'ailleurs aux individus adultes de leur espèce, à cela près que les bords libres de leur boîte osseuse sont moins épais, et que l'échancrure triangulaire de l'extrémité postérieure de leur sternum est plus grande.

Nous soupçonnons appartenir à la Tortue Éléphantine, une très jeune Chersite de treize centimètres de longueur, qui a été rapportée des îles Séchelles et donnée au Muséum d'histoire naturelle par M. Dussumier. Pourtant, le bord antérieur de sa carapace est légèrement infléchi en dedans, et elle offre proportionnellement moins de convexité que celle de tous nos exemplaires appartenant positivement à la Tortue Éléphantine. Les écailles brachiales sont aussi plus étroites et les plaques céphaliques nous paraissent également présenter quelques différences. Quoi qu'il en soit, nous la rangeons provisoirement avec cette espèce, à laquelle elle ressemble plus qu'à aucune autre de celles que nous connaissions. La surface entière de ses plaques est occupée par des aréoles saillantes, granuleuses, et tout son corps est d'une couleur marron.

Patrie. La Tortue Éléphantine n'est point originaire des Indes Orientales comme on l'a cru jusqu'ici, mais elle habite la plupart des îles qui sont situées dans le canal de Mosambique, telle que Anjouan, Aldebra, les Comores, d'où on l'apporte fréquemment à Bourbon et à Maurice. C'est effectivement de ces deux îles qu'ont presque toujours été transportés en Angleterre et en France les individus de cette espèce qui figurent aujourd'hui dans les Musées de ces deux pays. Le nôtre en particulier, en renferme un très grand, qui a été envoyé autrefois de l'île de France par M. Mathieu, et les six ou sept autres que nous possédons ont été recueillis soit à l'île Bourbon, soit à Anjouan même par M. Dussumier.

Observations. Ainsi qu'on a déjà pu s'en apercevoir au commencement de cet article, nous sommes loin de partager l'opinion de M. Gray, qui ne considère que comme de simples variétés de sa Tortue de l'Inde, notre Tortue Éléphantine, les *Testudo Indica*, *Perraultii* et *Vosmaeri* de Schœpf, la Tortue Géante de Schweigger, la Tortue Noire de Quoy et Gaimard ou la *Testudo Elephantopus* de Harlan, et une autre que nous avons appelée Nègre, car ces dernières sont pour nous autant d'espèces particulières.

15. LA TORTUE NOIRE. *Testudo Nigra.* Quoy et Gaimard.

CARACTÈRES. Carapace noire, ovale, élargie, un peu déprimée, échancrée antérieurement ; point de plaque de la nuque ; la sus-caudale simple ; queue courte, inonguiculée.

SYNONYMIE. *Testudo nigra.* Quoy et Gaimard, Voy. aut. du Monde (capit. Freycinet). Zoolog. pag. 172, pl. 40.

Testudo elephantopus. Harl. Journ. acad. natur. St. Phil. tom. 5, pag. 284, tab. 9.

Testudo indica Var. Gray. Synops. Rept. part. 1, pag. 9.

PULLUS. *La Ronde.* Lacép. Quad. Ovip. tom. 1, pag. 126, pl. 5. Exclus. Synon. Test. orbicularis. Linn. Test. Europœa. Schneid. (Cistudo vulgaris.)

La Ronde. Bonat. Encycl. Méth. Rept. pl. 4, fig. 4.

Testudo orbicularis. Bescht. Uebers. Lacép. tom. 1, pag. 154.

Testudo rotunda. Latr. Hist. Rept. tom. 1, pag. 107.

Testudo Europœa Var. Shaw. Gener. Zoolog. tom. 3, pag. 32, tab. 5, fig. 1. (Cop. Lacép.)

Testudo flav. Pullus. Daud. Hist. Rept. tom. 2, pag. 3.

Testudo rotunda. Schweigg. Prodr. arch. Konisb. tom. 1, pag. 324, 361, 453.

Chersine rotunda. Merr. Amph. pag. 32.

DESCRIPTION.

FORMES. La figure ovalaire du contour de la boîte osseuse de la Tortue Noire est proportionnellement plus courte et le profil de son dos, sensiblement moins arqué que chez les espèces précédentes ; ce qui fait que la carapace n'a pas beaucoup plus de longueur que de largeur, et qu'elle est tant soit peu déprimée.

Le limbe, qui est environ une fois plus haut sur les côtés du corps qu'en avant et en arrière, se trouve placé au dessus du cou d'une manière horizontale, sinon très peu penché à droite et à gauche de celui-ci ; tandis que sous les quatre plaques margino-brachiales, tout en étant assez incliné latéralement en dehors,

8.

il se relève plus ou moins vers le dos. En arrière, la partie de ce pourtour qui couvre les cuisses forme au dessus d'elles comme une sorte de voûte, et celle sous laquelle se retire la queue est plus ou moins abaissée. Le disque est assez également bombé dans toutes ses parties; aussi la ligne qui le circonscrit horizontalement représente-t-elle un ovale régulier et non comprimé en arrière de manière à rendre cette extrémité anguleuse, comme cela existe chez la Tortue Géante et chez la Tortue de Perrault.

Toutes les lames discoïdales ont un point de leur surface plus ou moins protubérant. Pour la première et la dernière de celles qui constituent la rangée du milieu, ainsi que pour toutes les costales, c'est assez près du bord supérieur que se trouve située cette convexité qui est circulaire; tandis que sur les autres vertébrales, où elle est élargie en travers, c'est sur le milieu même de la plaque qu'elle est placée. La première dorsale, chez cette espèce de Tortue, ainsi que nous le remarquerons dans la plupart de celles qui vont suivre, a son diamètre transversal d'un tiers plus grand que le longitudinal : elle est pentagone avec ses deux bords latéraux légèrement obliques en dehors et son angle antérieur fort obtus. La seconde et la troisième sont hexagonales et à peu près deux fois aussi larges que longues; les deux dernières ont également six pans; mais l'étendue du bord postérieur de la quatrième est une fois moindre que celle du pan antérieur, et les deux côtés margino-limbaires de la cinquième n'ont que la moitié de la largeur de ses autres bords. Les plaques costales ressemblent à celles de l'espèce précédente. Il n'y a jamais d'écaille nuchale, et le pourtour à l'endroit où elle devrait exister, est échancré en V. La suscaudale est simple et rectangulaire : les margino-collaires se composent de cinq côtés, parmi lesquels le latéral interne et le costal sont fort petits relativement aux autres, puisqu'ils se trouvent contenus chacun cinq fois, soit dans le bord vertébral, soit dans le bord externe. La largeur de celui-ci est le double de celle du côté qui s'articule avec la première plaque margino-brachiale. La seconde de ce nom représente un quadrilatère dont le bord externe est un peu plus grand que les trois autres séparément. La troisième paire des plaques marginales est à quatre pans; leur angle postéro-interne est fort ouvert, l'antérieur externe droit et les deux autres aigus; mais le postérieur est plus alongé que l'autre, et le som-

met en est arrondi. La figure de la première margino-latérale
est celle d'un losange ; les deux margino-latérales suivantes sont
plus hautes que larges, quadrilatérales ou plutôt pentagones ; car
leur bord supérieur forme un petit angle obtus , chez l'une en
avant, chez l'autre en arrière. C'est un rectangle que représente
la quatrième plaque margino-latérale. Quant à la cinquième ,
elle a six côtés, plus de hauteur que de largeur, son angle postéro-supérieur droit et l'inféro-antérieur aigu. Toutes les margino-fémorales sont carrées , la première et la seconde ayant
leur angle antéro-costal tronqué.

Antérieurement, le sternum égale la carapace en longueur ;
et en arrière , la différence pour l'étendue dépend du plus ou
moins de courbure que prend le disque vers la queue. De ce
côté, les deux pointes qui terminent le sternum sont arrondies,
à cause de l'échancrure triangulaire qu'on y remarque, et
l'extrémité opposée est obtuse et fort épaisse ainsi que la postérieure. L'espace existant entre les bords antérieurs de la carapace et ceux du plastron est déjà considérable, mais pas encore
autant que chez les espèces que nous avons placées à la fin du
genre Tortue. La hauteur de cette ouverture qui est destinée au
passage des bras et de la tête équivaut à un peu plus de la moitié de la longueur de la portion moyenne du sternum : celui-ci
a ses parties latérales ou ailes médiocrement longues et assez
relevées. Quant à la figure des plaques qui le recouvrent, il
nous suffira de dire que les gulaires sont triangulaires, ayant
leur côté externe convexe, et que les abdominales seraient carrées, si leur bord postérieur, vers son tiers externe, ne formait
un angle obtus ; toutes les autres ressemblent exactement à
celles des trois espèces précédentes. Les axillaires sont longues ,
étroites, semi-circulaires en dehors, fixées par un grand côté
aux plaques pectorales ; par un autre moins étendu à la dernière
margino-brachiale et à la première margino-latérale ; enfin,
par un très petit, à la seconde paire de plaques sternales. Les
inguinales représentent deux triangles.

Aucune des lames cornées de l'individu de cette espèce que
nous avons maintenant sous les yeux n'offre la moindre trace
de stries concentriques.

Le front de la Tortue Noire est moins convexe que celui de
la Tortue Éléphantine. Leurs mâchoires se ressemblent exactement. Mais en comparant leurs plaques céphaliques on trouve

que dans la Tortue Noire, les nasales polygones, sont plus dilatées que celles de la Tortue Éléphantine; tandis que les
fronto-nasales le sont au contraire beaucoup moins, et sont environ une fois plus courtes. La frontale n'est pas très élargie;
à sa droite et à sa gauche on aperçoit trois ou quatre susorbitales oblongues; on voit également une tympanale, mais point
de mastoïdienne.

La face antérieure des pieds de devant de même que celle des
Tortues Éléphantine et Géante, est garnie de tubercules squammeux fort développés, aplatis, polygones ou arrondis et pour la
plupart non imbriqués. Mais parmi ces écailles qui diminuent de
largeur à mesure qu'elles s'avancent du dehors au dedans de la
surface du bras, il ne s'en trouve qu'une seule qui soit du
double plus forte et plus large que les plus grandes. Elle est
située en dedans de la ligne de l'articulation de l'humérus avec
l'avant-bras et sa présence peut servir de caractère spécifique
à la Tortue qui fait le sujet de cette dernière description; car
nous n'avons rien remarqué d'analogue chez celles de ses congénères dont elle se rapproche le plus. Quant aux autres parties
des membres antérieurs et aux pieds de derrière tout entiers,
nous les avons trouvés semblables à ceux des deux espèces précédentes. Il n'en est pas de même pour la queue dont la dimension est proportionnellement beaucoup plus courte, et qui,
d'ailleurs, n'a jamais son extrémité garnie de cette large écaille
cornée que l'on a comparée à un ongle.

COLORATION. C'est une couleur brune qui règne sur la tête,
sur le cou et sur les membres, elle est même assez foncée; mais la
boîte osseuse toute entière et les ongles sont d'un noir profond.

DIMENSIONS. Nous ignorons si la Tortue Noire devient aussi
grande que les Tortues Géante et Éléphantine avec lesquelles elle
a tant d'analogie; car elle ne nous est encore connue que par
deux individus déposés l'un et l'autre dans notre Musée,
et dont le plus gros n'a que la moitié environ du volume de
celui des grands exemplaires des deux espèces que nous venons
de citer. Voici d'ailleurs ses principales dimensions :

LONGUEUR TOTALE. 84". *Tête.* Long. 10"; haut. 5" 6'''; larg.
antér. 2" 5''', postér. 7" 5'''. *Cou.* Long. 17" 5'''. *Memb. antér.*
Long. 24". *Memb. postér.* Long. 23''. *Carapace.* Long. (en dessus)
71"; haut. 28"; larg. (en dessus) au milieu 86". *Sternum.* Long.
antér. 12", Moy. 28", postér. 9" 5'''. *Queue.* Long. 8".

Jeune age. L'individu d'après lequel MM. Quoy et Gaimard ont établi cette espèce est un des deux que nous possédons. Il est évidemment encore assez jeune, ce que nous indique d'une part sa petite taille, puisque sa longueur totale n'est que de 34", et d'une autre, la présence sur ses lames cornées d'aréoles et de stries concentriques bien prononcées. Nous avons en outre trouvé entre lui et l'exemplaire décrit précédemment quelques autres légères différences qui ne doivent être également attribuées qu'à son état de jeunesse : elles consistent simplement en ce que les parties libres du pourtour sont un peu festonnées et que l'échancrure triangulaire du sternum, dont les bords sont tranchans au lieu d'être arrondis, est aussi plus profonde.

Nous rapportons provisoirement à la Tortue Noire, comme étant celle parmi toutes les Tortues proprement dites aujourd'hui connues, avec laquelle elle ait plus de ressemblance, la Tortue Ronde, espèce que M. Lacépède a établie d'après deux très jeunes sujets qui font encore partie de la collection du Muséum d'histoire naturelle. Ce qui nous porte à penser ainsi, c'est que ces deux petites Tortues, sous le rapport du nombre et de la figure des plaques encore sans consistance qui enveloppent leur corps, ressemblent exactement à la Tortue Noire. Le sternum annonce également qu'il aurait pris plus tard la forme de celui des individus adultes de cette espèce, et nous n'avons pas même été sans trouver une très grande analogie entre les plaques céphaliques de ces Tortues Rondes et celles des Tortues Noires : mais nous n'osons pas malgré cela nous prononcer sur leur identité spécifique; parce que chez ces Tortues Rondes le bord antérieur du limbe n'est point échancré, et que les écailles brachiales qui paraissent tant soit peu imbriquées, sont proportionnellement plus dilatées que celles des Tortues Noires. Mais la queue est relativement aussi courte chez les unes que chez les autres. La longueur de ces deux jeunes Tortues, au ventre desquelles pend encore le cordon ombilical, est de huit centimètres : leur couleur en dessus se montre d'un fauve piqueté, plutôt que tacheté de roussâtre.

Patrie et moeurs. L'origine du plus grand de nos deux exemplaires de la Tortue Noire ne nous est pas plus connue que celle des deux Tortues Rondes de Lacépède; mais MM. Quoy et Gaimard nous apprennent que l'individu qui est figuré dans l'atlas de leur voyage a été donné vivant, aux îles Sandwich, à M. Freycinet, par un capitaine Américain qui l'avait rapporté de Californie. Si nous ne nous trompons point dans le rapprochement que nous faisons de la Tortue à pieds d'Éléphant et de la Tortue Noire, cette espèce aurait aussi pour patrie les îles des Gallapagos; car c'est de là que provient l'exemplaire que M. Harlan a fait connaître sous le nom de *Testudo Elephantopus*.

Observations. Nous ne pouvons effectivement pas croire que ces deux Tortues ne soient point spécifiquement les mêmes; attendu que la description de M. Harlan convient parfaitement à nos individus de la Tortue Noire, à cela près que la carapace y est dite d'un noir plombé, au lieu que chez les nôtres cette partie du corps est de la couleur de l'ébène; mais les principaux caractères qui distinguent la Tortue Noire de ses congénères qui lui ressemblent le plus s'y trouvent exactement indiqués. C'est, d'une part, la brièveté de la queue, jointe à l'absence complète d'ongle à son extrémité; d'une autre part, le manque de plaque de la nuque et la présence, à l'angle intérieur du coude, d'une écaille isolée qui surpasse en grosseur tous les autres écussons des tégumens brachiaux.

A l'égard des deux petites Tortues que nous supposons appartenir à la Tortue Noire, il y a déjà long-temps que Schweigger a relevé la grave erreur qu'avait commise Lacépède en les considérant comme de jeunes individus de la *Testudo orbicularis* de Linné, espèce qui n'appartient pas même à leur famille, puisque c'est la Cistude d'Europe.

16. LA TORTUE GÉANTE. *Testudo Gigantea.* Schweigger.

CARACTÈRES. Carapace brune, ovale, oblongue, bombée, à plaques lisses; celles du disque très convexes; une écaille nuchale; la suscaudale double.

SYNONYMIE. *Testudo gigantea.* Schweigg. Prodr. arch. Konisb., tom. 1, pag. 327 et 362.

Testudo indica Var. V. Gray, Synops. Rept. part. 1, pag. 9.

DESCRIPTION.

FORMES. Ce qui distingue principalement la Tortue Géante de la Tortue Éléphantine, dont elle est plus voisine que d'aucune autre, c'est d'abord la forme beaucoup plus alongée de

sa carapace dont le disque est aussi triangulairement plus comprimé en arrière ; puis la grande convexité de ses plaques discoïdales ; ensuite le profil de son dos, lequel ne commence à se
courber que vers le dernier quart de la première écaille vertébrale, car dans le reste de son étendue il est presque perpendiculaire ou très peu couché en arrière. La portion supérieure de
cette même plaque forme une surface triangulaire, placée d'une
manière à peu près horizontale, et l'autre portion qui est la plus
grande, a sa ligne transversale anguleuse plutôt que simplement arquée.

Le contour de la boîte osseuse représente un ovale oblong,
qui est d'un quart moins large en avant qu'en arrière.

Le disque de la carapace est très convexe et fortement relevé
en bosse sous la plupart des plaques qu'il supporte. Ainsi,
pour la seconde et la troisième vertébrale, c'est sur leur centre
même qu'existe cette bosse qui se continue par une pente douce
et légèrement cintrée jusqu'aux bords de l'écaille. On remarque la même disposition pour le tiers antérieur de la quatrième
lame dorsale, dont les deux autres tiers de la surface sont convexes, comme l'est entièrement la dernière vertébrale.

La première et la seconde plaques costales sont très fortement
bombées, mais l'une sur son milieu seulement, l'autre dans sa
moitié supérieure ; la troisième de ces plaques l'est peut-être un
peu moins, mais également dans toutes ses parties, et la surface
de la quatrième est plane. Quant au nombre de côtés que présentent les écailles latérales, sur les bords desquelles on n'a-
perçoit que quelques stries concentriques, il est exactement le
même que celui que nous a offert l'espèce précédente, la
Tortue Éléphantine.

Le bord du pourtour de chaque côté du cou suit jusqu'aux
deux premiers tiers de la plaque margino-collaire une ligne
droite horizontale, puis il se courbe pour joindre la première
margino-latérale, et gagne en suivant une direction parfaitement
droite, le tiers postérieur de la cinquième plaque margino-
latérale où il devient convexe jusqu'au dessus de la queue. Ce
même pourtour à droite et à gauche de l'écaille nuchale, à
partir du dernier tiers de la margino-collaire, dont les deux
autres tiers offrent en avant une pente très peu marquée, s'incline fortement de chaque côté du cou, en même temps qu'il
est aussi un peu penché en dehors. Mais le long des flancs, on voit

que les quatre plaques margino-latérales antérieures, sont appliquées verticalement sur les os de la carapace. La dernière tient
déjà de la forme cintrée de haut en bas que présente la première plaque margino-fémorale, et la seconde, qui est un peu
convexe d'avant en arrière, a une pente oblique très marquée.
La portion limbaire postérieure est presque perpendiculaire,
et de même que celle qui couvre les bras, une fois plus haute
que la partie antérieure, qui l'est trois fois moins que chacune
des régions latérales. On compte vingt-cinq plaques marginales,
savoir : onze paires latérales, deux suscaudales et une nuchale
triangulaire très peu dilatée. Les margino-collaires ont six pans;
le plus petit, celui par lequel elles sont réunies, a huit fois
moins d'étendue que les faces vertébrale et externe, chacune
séparément; il est contenu quatre fois dans le bord costal,
cinq dans le latéral, et il n'est que moitié moins grand que le
côté qui touche a la plaque de la nuque.

La première lame margino-collaire a près de deux fois plus de
longueur que de largeur; son angle interne antérieur est droit,
et l'inféro-postérieur aigu à sommet arrondi. La seconde plaque
du même nom présente aussi quatre angles dont deux, l'antéro-supérieur et le postéro-externe, sont très aigus, surtout
le dernier, dont le sommet est arrondi. Les deux premières
margino-latérales sont rectangulaires, un peu penchées en
avant; les deux qui viennent ensuite leur ressemblent, si ce
n'est que l'une est droite et l'autre couchée en arrière.

La cinquième plaque margino-limbaire est quadrilatérale,
ayant un angle droit derrière et en haut, et un autre au contraire
très aigu en avant et en bas. La première et la seconde margino-
fémorales sont carrées, et la troisième, qui est plus large que
haute, a quatre côtés dont le supérieur porte un petit angle
près de sa suture marginale antérieure. La plaque suscaudale
qui est double, a son bord externe arqué et une fois plus large
que le supérieur, et la hauteur de ses faces limbaires équivaut
à la largeur vertébrale de l'une ou de l'autre des deux portions
qui composent cette écaille.

Quant aux autres parties du corps, elles ressemblent entièrement à celles qui leur sont analogues chez la Tortue Eléphantine.

COLORATION. La coloration est aussi la même, si ce n'est

pourtant que la teinte brune des plaques est un peu plus claire sur leurs bords.

DIMENSIONS. La Tortue Géante est pour le moins aussi grande que la Tortue Eléphantine. Voici les principales proportions de l'individu de notre Musée, le seul de cette espèce que nous ayons encore été dans le cas d'observer.

LONGUEUR TOTALE 155". *Tête.* Long. 11"; haut. 10"; larg. antér. 3", postér. 10" 5'''. *Cou.* Long. 52" 5'''. *Memb. antér.* Long. 46". *Memb. postér.* Long. 32". *Carapace.* Long. (en dessus) 150"; haut. 49"; larg. (en dessus), au milieu 97" 5'''. *Sternum.* Long. antér. 25", moy. 40" 5''', postér. 18"; larg. antér. 12" 5''', moy. 63" 8''', postér. 19" 5'''. *Queue* Long. 19" 5'''.

PATRIE. Nous ignorons quelle est la patrie de cette espèce de Chersite.

Observations. Schweigger est jusqu'ici le seul auteur qui en ait donné la description.

17. LA TORTUE DE DAUDIN. *Testudo Daudinii.* Nob.

CARACTÈRES. Carapace brune, ovale, oblongue, déprimée, à bords libres, festonnés; une plaque nuchale très petite; la suscaudale double; queue très longue, inonguiculée.

SYNONYMIE..

DESCRIPTION.

FORMES. La boîte osseuse de cette Tortue est fort alongée et assez aplatie, ou en d'autres termes, le diamètre vertical en est deux fois moins considérable que le longitudinal, lequel pourrait servir à mesurer une fois et deux tiers la largeur du ventre. Si l'extrémité antérieure n'en était point un peu abaissée, la ligne du profil du dos serait tout-à-fait horizontale, à partir du bord externe de l'écaille de la nuque jusqu'à la seconde moitié de la quatrième vertébrale, où elle s'incline fortement dans le reste de son étendue. Le contour du disque est un cercle oblong dont l'extrémité antérieure est fort étroite, et la postérieure élargie et obtusangle. Antérieurement, le pourtour qui par rapport au disque est un peu relevé d'avant en arrière, offre une pente très rapide à droite et à gauche du cou. Sous les deux dernières margino-fémorales, il est penché vers la plaque impaire postérieure, dont le bord externe n'est pas aussi verticalement recourbé que celui des deux plaques entre lesquelles elle se trouve placée. Toute la portion libre du limbe est échancrée en festons. La plaque vertébrale antérieure est à la fois un peu inclinée du côté du cou, et transversalement tectiforme dans les quatre premiers cinquièmes de sa longueur, mais sa partie postérieure est renversée en arrière. Les deux plaques suivantes et la moitié antérieure de la quatrième, quoique convexes, comme la plupart de celles qui recouvrent le disque, sont cependant placées d'une manière horizontale, tandis que la seconde moitié de la quatrième plaque dorsale et la cinquième toute entière penchent vers la queue. La première écaille de la rangée du dos n'a que cinq côtés qui forment deux angles droits en arrière et trois obtus en avant, dont le médian touche par son sommet à la plaque de la nuque. Le bord antérieur et le postérieur de la seconde et de la troisième plaque vertébrale ont la même étendue, mais le côté postérieur de la quatrième est une fois moins large que celui qui lui est parallèle.

Le diamètre transversal de ces plaques est du double de leur longueur. Il n'en est pas de même pour la cinquième et dernière plaque du dos, dont la plus grande largeur est égale à son étendue longitudinale; elle est hexagone subtriangulaire.

Les quatre plaques costales ont à peu près la même hauteur, ce que l'on voit rarement, attendu que la dernière est très souvent plus courte que les autres. Elle ressemble d'ailleurs pour la forme, ainsi que les deux qui la précèdent, aux mêmes plaques des trois espèces que nous avons décrites précédemment.

La première écaille des rangées latérales est quadrangulaire, articulée au pourtour par une grande face curviligne, et ayant deux angles droits en arrière, et un autre excessivement ouvert en haut.

La nuchale est extrêmement petite et triangulaire. Toutes les plaques marginales qui ne sont point soudées au plastron ont leur bord externe fort arqué; les margino-collaires sont quadrilatérales et très épaisses en dehors. Si on les coupait dans le sens transversal du corps, directement en face de la suture qui unit la première plaque vertébrale à la première costale, leur portion la plus rapprochée du cou aurait la figure d'un triangle isocèle, et celle qui en est la plus éloignée ressemble-

rait à un quadilatère rectangle. La margino-brachiale antérieure
représente un tétragone oblong, dont le bord marginal postérieur est penché en avant; la seconde est rhomboïdale. Les
premières écailles margino-latérales sont également à quatre
pans, avec leur deux angles supérieurs droits et l'inféro-postérieur très aigu. Les cinquièmes leur ressemblent, si ce n'est
que c'est leur angle inféro-antérieur qui est aigu et l'inféro-
postérieur droit. Les trois autres plaques margino-latérales qui
sont intermédiaires à celles-ci, représentent des quadrilatères
plus hauts que larges; celle du milieu a son bord supérieur
anguleux; la plus rapprochée de la tête, son côté antérieur
penché en avant; et l'autre, sa face postérieure couchée en arrière. Les deux premières margino-fémorales sont carrées; la
troisième est pentagone, beaucoup plus large que longue, à
bord suscaudal curviligne et est articulée à la troisième plaque
costale par son plus petit côté. Les bords latéraux de la plaque
uropygiale, qui est tétragone et deux fois plus large que longue,
sont arqués en dedans, et son côté libre l'est en dehors. Aucune
strie concentrique, ni la moindre trace d'aréoles ne se laissent
voir sur les écailles du test.

L'ouverture antérieure de la boîte osseuse destinée au passage
des bras et du cou est fort grande, puisque sa hauteur équivaut aux deux tiers environ de la longueur de la partie moyenne
du sternum.

Celui-ci dont les bords libres sont épais, arrondis, et à peine
échancrés à leur extrémité, s'avance en avant aussi loin que la
carapace; mais en arrière il laisse un très grand espace semi-
lunaire. Les écailles qui recouvrent ce plastron ressemblent
tout-à-fait à celles de la Tortue Noire.

Les lames cornées de la boîte osseuse, étant les seules parties
extérieures qui ait été conservées d'un individu appartenant à
cette espèce, dont le squelette est déposé dans les galeries d'a-
natomie comparée; c'est à elles seules que se bornera aussi notre
description, car cette Tortue que nous avons dédiée à Daudin,
ne nous est pas autrement connue. Toutefois, nous donnerons
plus bas d'après le squelette, les proportions des principales
parties du corps.

COLORATION. En dessus comme en dessous, c'est un brun
foncé qui règne sur le centre des plaques dont le pourtour offre
une teinte plus claire.

DIMENSIONS. *Longueur totale.* 109". *Tête.* Long. 4" ; haut. 5" 5'" ; larg. antér. 5", postér. 8". *Cou.* Long. 46". *Memb. antér.* Long. 42". *Memb. postér.* Long. 38". *Carapace.* Long. (en dessus) 99" 5'" ; haut. 47" ; larg. antér. (en dessus), au milieu 95". *Sternum.* Long. antér. 15", moy. 32", postér. 19" ; larg. antér. 16", moy. 42", postér. 16" 5'". *Queue.* Long. 46".

PATRIE. Cette Tortue est originaire des Indes Orientales.

Observations?

18. LA TORTUE DE PERRAULT. *Testudo Perraultii.* Nob.

CARACTÈRES. Carapace noire, ovale, oblongue, à bords antérieurs relevés et festonnés, à disque tout-à-fait plan en dessus, comprimé triangulairement derrière ; point de plaque nuchale ; la suscaudale simple, très élargie ; la dernière de la rangée vertébrale bombée ; queue longue, onguiculéee.

SYNONYMIE. *La Tortue des Indes.* Perrault, même acad. sc. 1666—1669, tom. 3, part. 2, pag. 172, pl. 58.

La Tortue des Indes, Rec. de pl. sur les sc. et les arts libér., tom. 6, pl. 25, fig. 1.

Testudo indica. Schneid. Schildk. pag. 355.

Testudo ind ca. Gmel. Syst. nat., tom.   pag. 1045.

Testudo indica Perraultii. Schœpf, Hist. test., pag. 101, tab. 22.

Testudo indica Perraultii. Shaw , Gener. zool., tom. 3, pag. 25, tab. 3, fig. 1.

Testudo indica. Latr. Hist. rept., tom. 1, pag. 90.

Testudo indica. Daud. Hist. rept., tom. 2 , pag. 280.

Testudo indica Perraultii. Schweigg. Prod. arch. Konisb., tom. 1, pag. 527 et 457.

Tortue indienne. Bosc. Nouv. dict. d'hist. natur., tom. 35, pag. 269.

Chersine retusa. Merr. amph., pag. 29. Fitz, Verzeich. zool. mus. Wien, pag. 44.

Testudo indica. Cuv. Reg. anim., séc. édit. tom. 2, pag. 9.

Testudo indica. Gray, Synops. rept., part. 1, pag. 9.

Testudo indica. Griffith. Anim. Kingd., tom. 9, pag. 63.

Testudo Perraultii. Collect. vel. mus. Rept., n° 8.

DESCRIPTION.

Formes. Le test osseux de cette espèce est proportionnellement plus alongé et plus déprimé que celui de la Tortue de Schœpf. Chez la Tortue de Perrault, le dessus de la carapace à partir du bord antérieur et médian du pourtour, jusque vers le second tiers de la dernière plaque dorsale est tout-à-fait plan, sauf une légère protubérance que l'on remarque sur le centre de la pénultième lame vertébrale. Il s'ensuit que la ligne moyenne et longitudinale du dos, au lieu d'avoir comme chez la Tortue de Schœpf son extrémité antérieure un peu abaissée, l'a plutôt légèrement relevée, et que sa direction pour arriver au second tiers de la dernière écaille vertébrale est parfaitement horizontale, excepté à l'endroit où la quatrième lame cornée du dos est protubérante. Du reste, la figure ovalaire du contour du disque, ne diffère guère de celle qui présente la même portion chez la Tortue de Schœpf, que parce qu'elle est un peu plus oblongue; car elle se termine de même en pointe obtuse en avant et en angle également obtus du côté de la queue.

A l'égard du pourtour, sa portion cachée par les trois premières paires de plaques est de même que dans l'autre espèce, un peu relevée vers le disque, et offre à gauche et à droite du cou une pente fort rapide. Ce limbe est vertical sur les flancs, incliné obliquement en dehors sous toutes les écailles libres en arrière des plaques margino-latérales, avec cette différence toutefois, que sa région fémorale est tant soit peu concave; tandis que la suscaudale est transversalement convexe. En descendant de chaque côté du cou, il se rétrécit de manière à être une fois plus étroit sous la seconde margino-brachiale que sous le milieu de la première collaire; puis il se rélargit sur les côtés du corps pour diminuer encore de largeur au niveau de l'extrémité postérieure de l'articulation sterno-costale; enfin son étendue de dedans en dehors augmente encore en s'avançant vers la plaque qui couvre la queue, où il est à peu de chose près, aussi large qu'il est haut le long des parties latérales du corps. Les bords libres antérieurs du pourtour sont les seuls qui soient festonnés.

La ligne qui circonscrit horizontalement la carapace d'abord faiblement arquée, en même temps qu'elle est inclinée à droite et à gauche du cou, prend tout-à-coup une convexité horizontale à l'extrémité des flancs qu'elle a suivie dans une direction parfaitement droite, ce qui fait que l'ensemble du bord libre postérieur forme un véritable demi-cercle.

La plaque qui commence la rangée vertébrale et les trois qui la suivent ont à peu près la même étendue et plus de largeur que de longueur. La première est quadrilatérale, à angle antérieur obtus et à angles postérieurs presque droits. Les trois autres sont hexagones, et il n'y a que la dernière d'entre elles qui ait son bord postérieur plus étroit que celui qui lui est opposé. On compte à la cinquième quatre côtés, dont un est cintré comme le bord du pourtour, sur lequel il est articulé; l'antérieur, qui est droit, a une fois et demie moins de largeur que lui, tandis que les latéraux qui sont légèrement arqués en dedans, n'ont qu'un tiers de plus en étendue.

Les lames cornées qui correspondent aux côtés ressemblent à celles qui revêtent les mêmes parties dans la Tortue de Schœpf.

La portion triangulaire de la surface, ou mieux la moitié antérieure de la première plaque vertébrale présente une légère convexité; mais le reste de son étendue, ainsi que celle tout entière des deux plaques qui marchent après elles, est parfaitement plane, de même que l'espace qui n'est pas occupé par la protubérance qui surmonte le centre de la quatrième. Le premier tiers de la dernière écaille du dos se trouve aussi placé horizontalement, mais les deux autres, en même temps qu'ils se rendent à la suscaudale par une pente rapide, se courbent à droite et à gauche, de telle sorte que leur milieu longitudinal paraît presque semi-cylindrique. La moitié verticale antérieure de la paire de plaques costales la plus rapprochée de la tête, est un peu comprimée ou légèrement concave; la seconde au contraire, aussi bien que la surface complète des deux suivantes, présente une certaine convexité. Quant à la dernière paire, c'est elle qui concoure avec la vertébrale postérieure, à former l'angle dont elles forment pour ainsi dire les côtés, et qui termine en arrière la figure ovalaire du contour du disque.

La Tortue de Perrault manque de plaque à la nuque, et celle qui est située au dessus de sa queue est simple. Cette plaque impaire postérieure, les trois premières paires marginales et la neuvième sont plus larges que hautes; c'est absolument le cou-

traire pour toutes les autres, à l'exception des dernières margino-fémorales, qui sont carrées. Les margino-collaires représentent
chacune un triangle isocèle sinueux. Les margino-brachiales
sont toutes deux rectangulaires, mais l'une n'a qu'un angle obtus sur son bord supérieur ; tandis que l'autre en a deux très
ouverts. La dernière margino-latérale ressemble à la première ;
si ce n'est que c'est en arrière et en haut que se trouve son
angle droit, et inférieurement et en avant qu'on voit son angle
aigu. C'est sous la figure d'un quadrilatère à angle antéro-supérieur tronqué que se montre la première margino-fémorale.

Toutes les lames cornées marginales et centrales sont parfaitement unies, c'est-à-dire qu'elles n'ont ni aréoles ni stries concentriques. Le plastron ne nous est pas connu ; la carapace
que nous venons de décrire est même la seule partie de cet
animal que possède le Muséum d'histoire naturelle. Mais nous
savons par la description de Perrault et par un dessin assez
grossier qui fait partie de la collection des vélins du même établissement, que cette Tortue a une très longue queue, terminée, de même que celle des Tortues Géante et Éléphantine,
par un ongle élargi. Cette figure indique également que les
avant-bras portent sur leur face externe des tégumens squammeux, plats, arrondis et assez dilatés, semblables en un mot à
ceux que l'on observe sur les membres antérieurs des deux
plus grosses espèces de Tortues connues, la Géante et l'Éléphantine.

Coloration. La carapace de notre Musée est toute entière
d'un noir profond.

Dimensions. *Carapace.* Long. (en dessus) 81" 5'" ; haut. 24",
larg. (en dessus), au milieu 76".

Patrie. Cette Tortue, suivant Perrault, est originaire des Indes Orientales.

Observations. Nous avons eu sous les yeux la carapace même
qui a servi au dessin de Perrault, car les trous dont elle avait été
percée se retrouvent positivement dans les mêmes plaques que
celles qui sont indiquées dans la figure citée. Mais cette carapace, qui était passée du cabinet de l'Académie des sciences
dans celui du Muséum d'histoire naturelle, a depuis été égarée.
Nous présumons qu'à une époque où l'on pouvait croire que toutes ces grandes Tortues appartenaient à la même espèce, la carapace dont nous parlons aura été donnée comme un objet double.

REPTILES, II. 9

III· SOUS-GENRE. — TORTUES à sternum immobile, garni de onze plaques seulement.

19. LA TORTUE ANGULEUSE. *Testudo Angulata*. Nob.

CARACTÈRES. Test ovale, oblong, très convexe en arrière, échancré antérieurement; une plaque nuchale; la suscaudale simple; écailles du disque jaunâtres, bordées de noir; sternum étroit en avant, plus long que la carapace, recouvert de onze plaques.

SYNONYMIE. *Testudo pusilla*. Linn. syst. not. pag. 553, spec. 14, exclus. synom. Test. virginea grew. (Cist. carolina). Test. worm. mus. pag. 313. (Homop. areolatus) Test. Edw. av. tab. 204. (Test. mauritanica).

Testudo.... Knorr. Delic. nat., tom. 3, tab. 52, fig. 2.

Testudo pusilla. Gmel. syst. nat.

Testudo angulata. Dumér. Mus. Paris.

Testudo angulata. Schweigg. Prod. arch. Konisb., t. 1, p. 321, 443.

Testudo Bellii. Gray, Spicileg. zool., tab. 3, fig. 4.

Chersina angulata. Gray, Synops. Rept., pag. 15, tab. 1, exclus. synon. Test. africana. Herm. (Test. mauritanica), Test. tabulata africana. Schweigg. (Test. Graii.)

Testudo angulata. Bell. Monog. Testud., fig. sans n°.

DESCRIPTION.

FORMES. La carapace de cette espèce de Tortue est ovale-oblongue et très convexe en arrière, très légèrement comprimée de droite à gauche, vers la région qui correspond aux épaules; en sorte que l'on peut dire de la partie antérieure du bouclier, qu'elle est un peu tectiforme. La convexité du profil de ce même bouclier supérieur est aussi beaucoup plus prononcée postérieurement qu'à partir de la seconde plaque vertébrale jusqu'à l'extrémité de celle de la nuque; car entre ces deux points, ce profil offre une pente oblique à peine cintrée. La ligne que suit le pourtour de chaque côté du cou, est d'abord très convexe jusqu'en arrière de la troisième plaque marginale;

ensuite elle devient droite ou très faiblement onduleuse, pour
gagner le niveau de l'extrémité postérieure de la portion
moyenne du sternum, d'où elle se rend à la suscaudale en décrivant un quart de cercle. Le pourtour est complètement vertical sur les côtés et à l'extrémité postérieure du corps; mais il
est fort incliné au dessus des pieds de derrière. Le long de chaque flanc, il règne une petite arête tranchante qui semble être
la continuation du bord libre des autres parties du limbe. La
surface du disque est égale; c'est-à-dire qu'aucune des plaques
qui le recouvrent n'offre de convexité qui lui soit particulière.
Celles de ces plaques qui composent la rangée moyenne ou vertébrale, sont toutes à peu près de même grandeur. La première a cinq côtés égaux : les antérieurs forment à eux deux
un angle aigu, dont la pointe touche à la nuchale et est tantôt
tronquée, tantôt bifurquée; et de chaque côté avec les latéraux, un angle obtus à sommet arrondi. Les deux autres angles
de cette plaque sont droits. Les trois écailles suivantes sont
hexagones; plus larges que longues. La cinquième est à cinq
côtés, dont un, le supérieur, est moitié plus étroit que chacun
des trois autres. Les lames cornées des deux rangées latérales
ne sont guère plus développées que les dorsales. C'est un triangle
à sommet tronqué et à base curviligne que représente l'écaille
latérale la plus rapprochée de la tête, mais la dernière est trapézoïde, et les deux intermédiaires sont rectangulaires avec
leur côté vertébral anguleux. Toutes les aréoles discoïdales occupent le centre des plaques, et toutes aussi, à l'exception de
la première vertébrale, qui est longitudinalement coupée par
une arête arrondie, sont légèrement déprimées. Les plaques
centrales, de même que les marginales, ont leur surface marquée
de stries concentriques fort régulières et assez rapprochées les
unes des autres.

La figure des écailles du limbe est peu variée. Elles sont à peu
près carrées, à l'exception de la nuchale, de la suscaudale et
des six qui composent les trois premières paires. La nuchale
est fort étroite et libre antérieurement; les margino-brachiales sont trapézoïdes, et les collaires, pentagones, ayant leur
bord nuchal et le costal trois fois moins grands que l'externe ou
que le vertébral, et quatre fois plus petits que le marginal. La
plaque uropygiale, qui est très bombée et légèrement recourbée
vers la queue, a quatre côtés dont un, l'externe, est convexe

et aussi grand que les trois autres réunis. On remarque que la portion du pourtour qui supporte cette plaque et les deux paires qui la précèdent à droite et à gauche, offre une plus grande épaisseur que celle des autres parties du cercle marginal.

Le sternum ne laisse en arrière d'autre passage pour la queue que l'échancrure en V pratiquée à son extrémité; car les deux pointes de celle-ci touchent presque à la carapace. Les bords latéraux de cette portion libre postérieure du plastron sont aussi très élargis, en sorte qu'il n'existe entre eux et le pourtour que la distance absolument nécessaire pour que la rentrée des pieds puisse s'opérer. C'est au reste la même chose en avant, quoique de ce côté le sternum soit d'ailleurs plus étroit que cela ne se voit ordinairement, puisqu'il est triangulaire. Mais les ailes n'en étant que très peu relevées, et lui-même au contraire l'étant assez antérieurement, il s'ensuit que l'espace qui reste entre la voûte et le plancher de la boîte osseuse est très peu considérable; à tel point que l'animal ne pourrait porter ses bras en dehors, s'il ne les tournait de manière que ce soit leur côté le moins large qui se présente à cette issue. L'intervalle qui existe pour la sortie de la tête n'équivaut pas au tiers de la longueur de la portion moyenne du sternum, et l'intervalle nécessaire pour le passage des bras, fait environ le cinquième de cette même longueur. La Tortue Anguleuse est du petit nombre de celles qui, parmi les Chersites, ne possèdent que onze plaques sternales, les deux antérieures étant réunies en une seule. La lame gulaire, dont une moitié est libre et l'autre enclavée dans les brachiales, est en losange avec son angle antérieur tronqué. Les stries qui en couvrent la surface forment des angles qui sont emboîtés les uns dans les autres, et dont la pointe est dirigée en arrière. C'est aussi une sorte de losange, de forme irrégulière que représente chaque plaque brachiale. Les pectorales sont fort étroites à l'endroit où elles se soudent entre elles; mais elles s'élargissent insensiblement à mesure qu'elles se rapprochent du bord de la carapace. Les plaques abdominales sont carrées, avec leur angle antérieur externe arrondi. Celles qui avoisinent les cuisses ressemblent assez à des trapèzes; et l'on peut dire des dernières, qu'elles sont rhomboïdes. Les plaques axillaires sont un peu moins dilatées que les inguinales.

Le front de la Tortue Anguleuse est large et convexe; il se trouve caché par une paire de plaques qui sont les fronto-

nasales, sous lesquelles il y a de chaque côté une petite nasale
et en arrière une frontale qui couvre le sommet de la tête, et
qui est tantôt simple, tantôt divisée en plusieurs parties. Il
existe cinq ou six petites plaques mastoïdiennes, qui sont les
unes pentagones, les autres rectangulaires ou carrées; la figure
de l'écaille tympanale n'est pas non plus régulière. Les mâchoires sont fortes, finement denticulées. La supérieure a en avant
les trois dents peu apparentes que l'on remarque sur presque
toutes les espèces.

Les bras sont plus comprimés que chez aucune autre Tortue,
et leur tranchant externe est garni d'une douzaine de tubercules
squammeux lancéolés. On en aperçoit aussi quatre, mais plus dilatés, sous le poignet, et deux autres, sur leur face antérieure près
du coude. Les pattes de devant sont d'ailleurs recouvertes en
dessus d'écailles à peine imbriquées; et du côté opposé, leur peau,
comme celle des pieds de derrière, porte de petits tubercules polygones à surface légèrement convexe. La queue offre des tégumens à peu près semblables, et son extrémité est onguiculée.
Cette espèce manque de tubercules fémoraux.

Les ongles n'ont point cette brièveté qui caractérise presque toutes les Chersites; ils sont, au contraire, assez grêles et
de même longueur aux quatre pieds.

Coloration. La tête, ou plutôt une partie de la tête est noire;
car les plaques qui la recouvrent en dessus et celles qui garnissent les joues sont, aussi bien que les mâchoires, d'un jaune peu
foncé. Les membres, particulièrement les postérieurs, sont
bruns; mais les antérieurs n'ont tout au plus que leur face interne
de cette couleur, l'externe présentant un jaune verdâtre. Toutes
les plaques de la carapace, sans exception, sont jaunes; et
celles du disque portent une belle et large bordure noire,
quelquefois coupée sur le côté inférieur des costales, par quelques raies de la couleur du centre des plaques. Il y a une tache
noire à trois côtés inégaux ou en triangle scalène, tout près du
bord antérieur de chacune des lames limbaires; quelquefois même
elle anticipe un peu sur celui de la précédente. La suscaudale
a deux taches semblables, l'une à droite, l'autre à gauche. Elle
est de plus coupée verticalement par une raie noire.

Ordinairement, la plus grande partie du sternum est jaune
ainsi que le dessus du corps. Il présente seulement des raies noires
disposées en éventail sur ses quatre dernières paires de plaques;

mais il arrive quelquefois que ces raies sont si rapprochées les unes des autres qu'elles forment sur chaque écaille une tache triangulaire, et parfois aussi, mais plus rarement, que les taches ainsi formées envahissent presque tout le centre du plastron. Ces deux couleurs sont celles qui nous sont offertes par les animaux conservés dans nos collections; couleurs qui, du reste, ne paraissent différer de celles des animaux vivans que par la teinte rosée que présente le jaune des plaques du sternum et du disque. Les yeux sont bruns.

Dimensions. La Tortue Anguleuse peut très bien être comparée sous le rapport de la taille à la Tortue Géométrique. Nous possédons plusieurs individus auxquels se rapportent les dimensions suivantes.

Longueur totale, 18" 5'''. *Tête.* Long. 2" 8''' ; haut. 1" 5'''; larg. antér. 7", postér. 1" 5'''. *Cou.* Long. 3" 7'''. *Memb. antér.* Long. 7" 3'''. *Memb. postér.* 6". *Carapace.* Long. (en dessus) 20" 5'''; haut. 8"; larg. (en dessus), au milieu 20". *Sternum.* Long. antér. 7" 3", moy. 6" 2''', postér. 3" 5'''; larg. antér. 1" 2''', moy. 8", postér. 3" 3'''. *Queue.* Long. 1" 5'''.

Jeune âge. La carapace des jeunes Tortues de cette espèce est proportionnellement moins allongée que celle des adultes; leur sternum est aussi plus court et plus large dans sa partie antérieure. Mais leur système de coloration est le même; seulement les teintes sont moins vives.

Patrie et mœurs. La Tortue Anguleuse est très répandue dans l'Afrique australe et dans l'île de Madagascar. Péron et Lesueur sont les premiers qui l'aient apportée au Muséum. Depuis MM. Quoy et Gaimard l'ont envoyée de Madagascar, et feu Delalande du cap de Bonne-Espérance.

Observations. Cette espèce n'était encore connue que par une figure de Knorr représentant sa carapace d'une manière assez reconnaissable, lorsque Schweigger la décrivit sous le nom de *Testudo Angulata*, nom par lequel M. Duméril l'avait déjà depuis long-temps désignée dans les galeries du Muséum, et dans ses leçons publiques. Il faut croire que M. Gray ne connaissait point le travail du chélonographe de Konisberg, lorsqu'il publia le premier cahier de ses *Spicilegia;* car cette Tortue s'y trouve figurée avec le nom de *Testudo Bellii.* Mais plus tard, dans son Synopsis, il lui restitua son véritable nom spécifique, en la prenant pour type d'un nouveau genre qu'il nomme *Chersina.*\

. LA TORTUE DE GRAY. *Testudo Graii.* Nob.

CARACTÈRES. Test brun, ovale oblong, déprimé, à bords festonnés, à plaques légèrement convexes et striées ; point de plaque nuchale ; la suscaudale simple ; onze lames sternales.

SYNONYMIE. *Testudo tabulata.* Var. *africana.* Schweigg. Prodr.
arch. Konisb. tom. 1, pag. 322.

Chersine angulata. Gray. Synops. Rept. pag. 15.

DESCRIPTION.

FORMES. Quoiqu'elle soit assez voisine de la Tortue Anguleuse,
cette espèce s'en distingue amplement par la brièveté de son plastron, par la convexité de ses plaques discoïdales, qui sont de plus
complètement brunes, et par les dentelures à pointes obtuses ou
arrondies qui rendent toutes les parties libres de son limbe
comme festonnées. La carapace est fort allongée, ovale et assez
déprimée, car sa hauteur est contenue deux fois et plus dans
sa longueur. Le pourtour, qui est tout-à-fait vertical surtout le
long des flancs, offre aussi au dessus des membres postérieurs
et de la queue un plan très incliné. En avant, c'est le contraire ; car tout en descendant par une pente rapide à droite
et à gauche de la première paire de plaques marginales, horizontal dans les deux tiers de la surface, il se relève de bas en
haut de manière à former avec le disque un angle fort ouvert.
La ligne moyenne et longitudinale du dos n'offre de convexité
que dans le dernier tiers de sa longueur, c'est-à-dire immédiatement après la pénultième plaque vertébrale. De là, elle
gagne en montant un peu, et peut-être en se courbant très
légèrement à l'endroit de la seconde lame dorsale, le côté
postérieur de la première aréole de la rangée du milieu, pour
arriver par une pente courte et rapide au bord interne du
pourtour. La coupe de la boîte osseuse, faite transversalement
et par le milieu, représenterait un quadrilatère à angles arrondis.
Le disque de la carapace que nous avons maintenant sous les
yeux est recouvert de deux plaques de plus que n'en ont ordinairement les Chersites ; mais cela ne doit pas être regardé
comme un caractère spécifique : c'est une sorte de monstruo-
sité, une anomalie qu'on rencontre assez fréquemment chez
certaines espèces. Ces deux plaques supplémentaires sont si-

tuées entre la quatrième costale du côté gauche et les deux dernières vertébrales : l'une, pentagone, semble avoir été séparée par un accident de l'avant-dernière lame dorsale, qui n'a plus la forme qu'elle devrait avoir ; l'autre a nui au développement des deux plaques entre lesquelles elle se trouve placée. La première vertébrale, qui est très convexe, a cinq côtés dont les deux antérieurs forment un angle obtus. Les deux suivantes sont hexagones et d'un tiers plus larges que longues. La quatrième et la cinquième représentent chacune un triangle à sommet tronqué. La base de l'avant-dernière est anguleuse et fixée aux troisième et quatrième costales droites ; et celle de la dernière, qui est curviligne, se joint au pourtour. Les premières écailles latérales affectent une forme ovoïde : leur extrémité la plus étroite est dirigée du côté du limbe et obliquement en arrière. La seconde et la troisième latérale présentent un peu plus de hauteur que de largeur : elles sont à quatre pans dont l'un, celui par lequel elles tiennent aux vertébrales, est anguleux. La dernière du côté droit est carrée ; mais celle qui lui est parallèle est trapézoïdale.

Cette espèce de Chersite manque de plaque nuchale. On compte quatre côtés à chacune de ses écailles margino-collaires. A l'exception de la première et de la dernière paire de plaques margino-latérales, qui sont rectangulaires, les autres marginales doubles sont carrées ; seulement, celles qui revêtent les flancs et la portion du pourtour correspondante aux cuisses sont plus dilatées que les autres.

La plaque uropygiale présente quatre côtés : le vertébral ou le supérieur est une fois plus grand que chacun des bords latéraux, dont l'extrémité inférieure se recourbe tant soit peu en s'unissant à la dernière marginale. Le bord libre de cette même écaille suscaudale décrit une courbe dont l'étendue est le double de sa plus grande hauteur.

La première lame vertébrale n'est pas la seule du disque qui soit bombée ; les autres, et, en particulier, la seconde et la dernière de la rangée du milieu, présentent aussi une certaine convexité. C'est sur leur centre même que se trouvent placées les aréoles autour desquelles se voient des stries concentriques peu profondes mais néanmoins assez marquées ; ces plaques offrent de plus cette particularité, qu'elles sont encadrées par leur bord en saillie, plate, peu élevée mais assez large.

Le plastron, dont la surface est parfaitement plane, est beaucoup plus court que la carapace, en arrière, et pas tout-à-
fait aussi long qu'elle en avant. De ce côté, l'espace qui existe
entre les deux régions de la boîte osseuse est considérable :
cela vient de ce que la partie antérieure de la carapace est
proportionnellement plus élevée au dessus du cou que dans
les espèces que nous avons fait connaître précédemment. Au
reste, nous retrouverons la même disposition chez les Tortues
Peltaste, de Vosmaer et de Perrault. Dans la Tortue de Gray,
cette ouverture, mesurée dans sa plus grande hauteur, équivaut à la moitié de la longueur de la portion moyenne du
sternum. La partie libre antérieure de celui-ci est triangulaire. Celle qui lui est opposée et qui laisse entre elle et le
pourtour une distance assez grande, peut certainement aussi
être considérée comme triangulaire, ayant son extrémité échancrée en V. La hauteur des ailes un peu recourbées de ce plastron, forme exactement le sixième de la largeur totale du sternum, mesuré dans son milieu.

Comme la Tortue Anguleuse, cette espèce n'a aussi que onze
plaques sternales, la gulaire étant simple. Cette écaille, dont la
figure est celle d'un losange, a deux de ses côtés libres qui forment l'extrémité anguleuse du sternum, et les deux autres soudés
entre les brachiales. Cette seconde paire de plaques, ou même
chaque brachiale, présente quatre angles dont l'antérieur et le
postérieur externes sont aigus; l'angle qui touche à la gulaire
est obtus et le quatrième, droit. Les lames pectorales sont oblongues, s'élargissant davantage à mesure qu'elles s'éloignent de
la ligne médiane du plastron. Les abdominales sont comme
toujours, grandes et tétragones équilatérales. Les fémorales ont
la figure des brachiales retournées; attendu qu'elles n'en diffèrent qu'en ce que leur angle le plus aigu est dirigé en arrière au
lieu de l'être en avant. C'est sous la figure d'un losange comme
la gulaire, que se montrent les écailles anales; seulement elles
sont un peu plus oblongues. La plaque axillaire est triangulaire
et deux fois moins développée que l'inguinale, dont la forme est
celle d'un rectangle.

Coloration. Sur toute la partie supérieure de la boîte osseuse
de la Tortue de Gray règne un brun olivâtre qui devient plus
clair sur le centre des plaques du disque : celles du plastron
sont noires, avec quelques lignes concentriques blanchâtres et
une large bordure de la même couleur.

DIMENSIONS. *Carapace.* Long. (en dessus) 39”; haut. 14” 5’”; larg. (en dessus) au milieu 56”. *Sternum.* Long. antér. 6” 5’”, moy. 13” 5’”, postér. 7”; larg. antér. 1”, moy. 19” 5’”, postér. 5”.

PATRIE. Afrique ?

Observations. Cette espèce, que nous nous plaisons à dédier à l'un des erpétologistes les plus distingués de notre époque , ne nous est absolument connue que par la carapace que nous venons de décrire, carapace qui existe depuis fort long-temps dans la collection du Muséum, sans que l'on sache aujourd'hui d'où et par qui elle a été envoyée. Schweigger, à l'observation duquel elle n'a point échappée, l'a décrite dans son Prodrome comme une variété africaine de la Tortue Marquetée, avec laquelle pourtant elle n'a pas le moindre rapport. Nous ignorons si à l'époque où ce savant chélonographe visita notre Musée, cette carapace portait en effet une étiquette qui indiquât qu'elle venait d'Afrique; mais aujourd'hui elle ne nous a rien offert de semblable.

21. LA TORTUE PELTASTE. *Testudo Peltastes.* Nob. (1).

CARACTÈRES. Carapace fauve, ovale-oblongue, entière, à bord terminal antérieur et postérieur incliné obliquement; point de plaque nuchale; la suscaudale simple; celles du disque légèrement concaves; queue très longue; sternum court, non échancré, garni de onze plaques.

SYNONYMIE....

DESCRIPTION.

FORMES. La ligne qui circonscrit horizontalement la boîte osseuse de cette espèce, représente un ovale-oblong assez arqué en avant et beaucoup plus en arrière, où il est aussi un peu moins étroit. Cette boîte osseuse est surtout remarquable par le peu d'épaisseur que présentent les os qui la composent, aussi est-elle relativement beaucoup plus légère qu'aucune de celles de ses congénères. Les côtés en sont parfaitement droits. La courbure du dos, à partir du bord antérieur du pourtour jusque vers le milieu de la quatrième plaque vertébrale, est très peu marquée;

_____

(1) Πελταστής, *peltista,* qui porte un bouclier léger.

mais elle se prononce davantage à mesure qu'elle s'approche de la queue.

Aucune portion des bords libres de la carapace n'est dentelée ni festonnée. Son pourtour suit l'inclinaison oblique de la partie du disque qui lui correspond sur les côtés du corps. Quoique en apparence simplement perpendiculaire, il est bien aussi le prolongement de la courbe que décrit transversalement la carapace. Pour ce qui est de sa largeur, il ressemble à celui de la Tortue de Perrault; c'est-à-dire que les endroits où il est le plus étroit, sont ceux qui se trouvent situés au dessus des bras et des cuisses, et ceux où il est le plus large correspondent aux flancs. La portion fémorale forme un peu la voûte. Les plaques discoïdales, sous le rapport du nombre et de la largeur des côtés qui les limitent, ne nous offrent aucune différence avec celles de la Tortue de Perrault. Quant à celles du pourtour, les limbaires, si on les compare à leurs analogues dans l'espèce que nous venons de citer, les seules ressemblances qu'on y remarque, sont que la première paire est considérablement plus courte, et que celui de ses angles dont le sommet touche à la suture vertébro-costale est beaucoup moins ouvert. Toutes ces écailles sont d'ailleurs parfaitement lisses.

Le sternum est fort court; c'est-à-dire qu'en avant il est moins long que la carapace d'un cinquième de sa longueur, et d'un quart environ en arrière. Comme le bord antérieur du pourtour est à peine abaissé sur le cou, il laisse entre lui et le bout du sternum une grande distance, égalant les deux tiers de la longueur de la partie moyenne du plastron. Les extrémités de ce sternum ne sont pas échancrées; celle de devant est arrondie et une fois moins large que celle de derrière, qui est tronquée, et dont les angles sont arrondis. Les ailes en sont assez longues et peu relevées. Les plaques sternales sont au nombre de onze seulement, la plaque gulaire étant simple comme chez les Tortues de Vosmaer, Anguleuse et de Gray. Cette plaque, qui garnit l'extrémité du sternum en avant, représente un triangle équilatéral. Les deux brachiales ont chacune la figure d'un triangle rectangle dont un des sommets, l'antérieur, est arrondi. Les pectorales sont quadrilatérales, fort étroites surtout en dedans. Les abdominales sont très grandes, occupant à elles seules la moitié de la longueur du sternum; les fémorales sont tétragones et du double plus larges devant que derrière, avec

leur angle antéro-externe aigu et l'interne droit. C'est dans l'espace triangulaire qu'elles laissent entre elles deux, que se trouve
reçu un angle produit par la réunion des deux anales. Ces dernières écailles ressemblent à des triangles rectangles et sont fort
petites. C'est aussi un rectangle que représente la plaque inguinale. Les axillaires sont un peu moins dilatées que cette
dernière, et ressemblent l'une et l'autre à un triangle scalène
dont le plus grand côté est l'externe.

COLORATION. La carapace est couleur café au lait uniforme,
et le sternum brun, semé de petits points jaunâtres enfoncés.

DIMENSIONS. *Tête.... Cou.* Long. 23". *Memb. antér.* Long. 24".
Memb. postér. 20". *Carapace.* Long. (en dessus), au milieu 47",
haut. 19", larg. (en dessus), au milieu 46". *Sternum.* Long. antér.
4" 5"', moy. 15" 5"', postér. 5" 5"'; larg. antér. 3" 3"', moy. 22",
postér. 6". *Queue.* Long. (les onze premières vertèbres seulement) 15".

Observations. Ces dimensions sont prises sur un squelette du
Muséum dont on ne connaît pas l'origine, malheureusement la
tête manque, ainsi qu'une partie des vertèbres caudales.

Nous ignorons la patrie de cette espèce de tortue.

22. LA TORTUE DE VOSMAER. *Testudo Vosmaeri.* Fitzinger.

CARACTÈRES. Carapace noire, fort allongée, comprimée et très
relevée antérieurement, arrondie au milieu, élargie et en pente
oblique en arrière; point d'écaille nuchale; la suscaudale simple; sternum court, entier, garni de onze plaques.

SYNONYMIE. *Testudo indica Vosmaeri.* Schœpf, Hist. test., pag.
105, tab. 22.

Testudo indica Vosmaeri. Shaw, Gener. zool., tom. 3, pag. 27,
tab. 3, fig. 1 et 2.

Testudo indica Vosmaeri. Daud. Hist. Rept., tom. 2, pag. 285.

Testudo indica Vosmaeri. Schweigg. Prodr. arch. Konisb., tom.
1, pag. 327 et 447.

Testudo Vosmaeri. Fitz. Verzeich. zool. Mus. Wien, pag. 44.

Testudo indica, Var. Gray, Synops. Rept., pag. 9, spec. 1.

DESCRIPTION.

Formes. Le profil du dos dans cette espèce est rectiligne et fort peu incliné en arrière, à partir de l'extrémité des deux écailles collaires jusqu'au milieu de la quatrième plaque vertébrale; mais de ce point, il prend une pente beaucoup plus rapide dans sa direction vers le bord antérieur de la dernière écaille dorsale. Arrivé là, il s'abaisse si brusquement qu'il y forme un angle assez peu obtus, puis il se continue jusqu'à la plaque suscaudale en se relevant légèrement sur lui-même. Une coupe de la carapace faite transversalement au niveau du tiers antérieur de la première écaille vertébrale, en suivant à peu près la ligne qui sépare le disque du pourtour, offrirait la figure d'un triangle isocèle qui serait penchée en dehors et dont la base reposerait sur la ligne qui conduit directement d'une plaque axillaire à l'autre. De la seconde plaque du dos jusqu'au niveau du bord postérieur de la pénultième margino-fémorale, la coupe transversale de la carapace donnerait les trois quarts d'un cercle régulier. On remarque que le disque, en arrière de la ligne médio-transversale de la quatrième écaille du dos, n'est véritablement pas convexe, attendu que ni les dernières costales, ni la cinquième vertébrale ne sont bombées. Celle-ci est légèrement penchée de dehors en dedans, celles-là, au contraire, le sont beaucoup, en même temps qu'elles s'inclinent aussi un peu en arrière.

La partie antérieure de la carapace étant très comprimée et très peu relevée au dessus du cou, au lieu d'offrir une certaine largeur et une pente oblique en dehors, ainsi que cela se voit le plus ordinairement, il arrive que son bord terminal ne décrit pas une courbe plus ou moins ouverte, mais qu'il forme un angle aigu dont le sommet correspond à la place qu'occuperait l'écaille nuchale, s'il en existait une chez cette espèce de Tortue. Néanmoins, les côtés de cet angle qui se prolongent jusqu'au sternum, sont légèrement arqués en dehors. Si l'on considère la largeur du limbe, on remarque qu'elle est en arrière des flancs, une fois moindre que celle qu'il a sur les parties latérales du corps. Là, sa portion inférieure est verticale ainsi que la supérieure, et non recourbée en dessous pour s'articuler avec le plastron, comme on l'observe dans toutes les autres Chersites. A l'endroit occupé par la dernière margino-fémorale, ce pourtour est fort incliné en même temps qu'il est cintré d'avant en arrière sous cette même plaque et sous le bord des trois qui la suivent. Les secondes et les troisièmes écailles margino-fémorales se rendent vers la suscaudale par une pente oblique, et, au lieu de continuer comme cette dernière plaque l'inclinaison des lames discoïdales avec lesquelles elles sont en rapport, elles se relèvent un peu du côté du dos. Le bord de la plaque margino-collaire, la première margino-brachiale qui ressemble à un rectangle, et une portion triangulaire de la seconde du même nom qui est rhomboïde, sont un peu relevés vers le disque. La margino-latérale antérieure est quadrilatérale avec deux angles droits en haut, un angle obtus en bas et en avant, et un quatrième aigu et à sommet tronqué, également en bas mais en arrière. L'écaille qui vient après est à six pans, tenant par les deux plus petits, en haut, à la première costale; en bas, à la pectorale. Ses autres bords sont plus grands du double, et ils s'articulent l'un, avec la seconde costale; l'autre, avec la plaque abdominale. Le cinquième et le sixième sont latéraux. La troisième margino-fémorale serait carrée si elle ne portait à l'extrémité postérieure de son bord costal un angle obtus dont le sommet correspond à l'articulation des deux costales du milieu. C'est une figure rectangulaire que représente la quatrième écaille margino-latérale. La dernière offre cinq angles dont deux droite en arrière, deux obtus en avant et en haut, et un cinquième très aigu et très prolongé, en avant aussi, mais en bas. La première et la troisième margino-fémorales ont en avant de leur bord vertébral un angle obtus qui les empêche d'être rectangulaires, comme leur intermédiaire et la suscaudale, dont le bord libre est arqué en dehors et le vertébral cintré en dedans.

De toutes les plaques du disque, la première et la pénultième vertébrales sont les seules dont une protubérance occupe le centre de la surface. La plaque costale antérieure est octogone, ayant ses deux angles postérieurs obtus, mais moins que le médian antérieur formé par les deux côtés de l'écaille, qui sont les plus grands après leur bord postérieur. Les trois autres plaques sont hexagonales et successivement un peu plus petites l'une que l'autre; elles ne diffèrent d'ailleurs entre elles que parce que la quatrième de la rangée a son bord postérieur moins large que son bord antérieur. La cinquième plaque dorsale aurait également six côtés, si deux angles dont les sommets correspondent aux sutures de la suscaudale avec les dernières margino-fémorales, ne s'étaient effacés; d'où il résulte qu'en arrière, cette cinquième écaille vertébrale offre un bord semi-circulaire. En avant, elle présente deux angles obtus.

La première écaille costale est octogone, ce que l'on n'observe que très rarement. De ses huit côtés, il en existe trois en haut, trois en bas, un à droite et l'autre à gauche. Le bord latéral postérieur est vertical et le plus grand de tous; ceux qui ont le plus d'étendue après lui, sont le latéral externe qui est un peu penché en avant, et le bord qui s'articule avec la seconde vertébrale; viennent ensuite en diminuant de grandeur, 1° le bord qui tient à la première margino-latérale; 2° le vertébral antérieur; 3° le côté qui touche à la seconde margino-brachiale; 4° le margino-collaire; 5° celui qui est soudé à la seconde margino-latérale. La deuxième écaille costale est exactement semblable à la seconde et à la troisième vertébrales; c'est-à-dire qu'elle est hexagone et plus longue que large. La troisième n'en diffère que parce que ses deux angles latéraux inférieurs sont tronqués. Quant à l'écaille qui termine cette rangée costale, elle a six pans, dont trois la mettent en rapport avec les trois margino-fémorales; les trois autres forment en haut du côté de la tête un angle droit, et un angle obtus du côté de la queue. En général, toutes ces lames cornées sont parfaitement lisses; pourtant il est des individus chez lesquels elles portent des lignes encadrantes sur leurs bords. Schœpf, en particulier, a représenté une carapace qui est dans ce cas.

Comme chez la Tortue Peltaste, le sternum est fort court et beaucoup plus étroit en avant qu'en arrière, sans échancrure ni à l'un ni à l'autre bout. Le bord antérieur, au contraire, est arqué en dehors. Les prolongemens sterno-costaux sont médiocrement longs et un peu relevés pour s'articuler avec les bords du bouclier supérieur, lequel ne se recourbe point en dessous comme cela se voit le plus généralement. On ne compte que onze lames sternales, parce que la plaque gulaire est simple. Cette plaque antérieure est fort épaisse, ressemblant à un triangle dont la base serait très élargie et curviligne. Les brachiales sont quadrilatères oblongues, ayant leur angle antéro-externe court et aigu, l'interne antérieur très ouvert, l'interne postérieur droit, et le postéro-externe obtus. Les pectorales sont fort étroites; les abdominales, carrées, à angle postéro-externe arrondi; et les fémorales, tétragones, plus larges que longues et moins étroites en avant qu'en arrière. L'angle antéro-interne de ces dernières plaques est droit, l'externe aigu ; les deux autres sont très ouverts. Les écailles anales ont chacune la figure d'un triangle équilatéral ; leur côté externe est épais, arrondi en bourrelet. La surface du plastron est loin d'être plane, car elle offre cinq ou six enfoncemens circulaires sur les plaques abdominales et une certaine concavité sur les brachiales.

COLORATION. Aucune nuance autre qu'un noir profond ne se montre sur la carapace et sur le sternum.

DIMENSIONS. Les dimensions suivantes ont été prises sur un squelette du cabinet d'anatomie comparée.

LONGUEUR TOTALE, 128" 8'". *Tête.* Long. 15" 8'"; haut. 16"; larg. antér. 5'", postér. 16". *Cou.* Long. 58". *Memb. antér.* Long. 54". *Membr. postér.* Long. 30". *Carapace.* Long. (en dessus) 75"; haut. 52" 5"; larg. (en dessus) au milieu, 85". *Sternum.? Queue.* Long. 21".

PATRIE ET MOEURS. Schœpf prétend, d'après Vosmaer qui lui avait communiqué la carapace représentée dans une des planches de son ouvrage, que cette Tortue est originaire du cap de Bonne-Espérance. Mais nous ne le croyons pas, attendu qu'aucun des voyageurs naturalistes qui ont visité ce pays et même pénétré dans son intérieur, n'a rapporté ni mentionné de Tortue de la grosseur et de la forme bizarre de celle-ci, car elle n'aurait certainement pas manqué d'attirer leur attention. Nous supposons au contraire que la Tortue de Vosmaer habite les îles des Gallapagos, et ce qui nous autorise dans cette opinion, c'est le rapport fait par le capitaine américain Porter dans le journal de sa croisière dans l'Océan Pacifique, du nombre considérable de grosses Tortues Noires qui vivent dans les îles de Saint-James et de Saint-Charles.

Il paraît qu'il y en a deux espèces, dit ce voyageur, car celles de Saint-Charles ont une carapace fort allongée et relevée au dessous du cou, ce qui les fait ressembler aux selles espagnoles ; au lieu qu'à Saint-James elles sont arrondies et d'une couleur plus foncée ou même d'un noir d'ébène.

A l'égard des premières, il est bien évident que si elles ne sont pas les mêmes que la Tortue de Vosmaer, elles en sont au moins bien voisines. Pour ce qui est des autres, nous avons tout lieu de supposer qu'elles se rapportent à notre Tortue Noire, la Tortue à pieds d'éléphant de Harlan.

IIᵉ GENRE. HOMOPODE. — *HOMOPUS* (1). Nob.

CARACTÈRES. Quatre doigts seulement, et tous onguiculés à chaque patte ; carapace et sternum d'une seule pièce.

Le caractère d'après lequel nous établissons le genre Homopode est d'autant plus remarquable que l'ordre entier des Chéloniens n'en fournit pas d'autre exemple ; c'est celui de n'avoir réellement à chaque patte que quatre doigts tous armés d'ongles, au lieu de cinq que l'on compte constamment aux pattes de devant chez les autres Chéloniens. Les individus de ce genre ressemblent d'ailleurs aux Tortues proprement dites, c'est-à-dire que leur carapace, de même que leur sternum, n'offre aucune articulation susceptible de mouvement, et que leur plastron, comme chez la plupart des Tortues, n'est couvert que de douze plaques écailleuses.

A vrai dire, nous ne connaissons encore qu'une seule espèce qui puisse être rapportée à ce genre ; c'est celle que Thunberg a désignée sous le nom de *Testudo areolata,* et que Wormius a fait connaître dans la description du cabinet de son père, sous le nom de *Testudo pusilla elegans.* Cependant nous en rapprochons, au moins provisoirement, une autre espèce que Walbaum a indiquée sous le nom de *Testudo signata,* quoique nous n'en connaissions que les pattes, qui sont les parties qui fournissent les caractères essentiels du genre. Nous trouvons en effet qu'il existe dans la carapace de ces deux espèces de Chersites une si grande analogie, que nous devons supposer une pareille ressemblance dans le reste de leur organisation ; en outre toutes deux sont originaires de l'Afrique australe. Au reste, ce qui est fort

(1) Étymologie de ὅμοιος, semblable à lui-même, et de πούς, ποδός, pied.

curieux, c'est que de tous les naturalistes qui ont parlé de cette Tortue aréolée, aucun, excepté Wormius et par suite Linné qui l'a copié, n'a insisté sur la remarque importante qu'elle avait un doigt de moins que les autres espèces à chacune de ses pattes.

TABLEAU SYNOPTIQUE DU GENRE HOMOPODE.

Bords de la carapace	relevés du côté du disque, dont les plaques sont brunes, aréolées. . .	1. H. Aréolé.
	uniformément inclinés : disque à plaques jaunes, tachetées de brun. . .	2. H. Marqué.

---

1. L'HOMOPODE ARÉOLÉ. *Homopus Areolatus.* Nobis.
(*Voyez* pl. 15, fig. 2 et 3.)

Caractères. Carapace ovale-oblongue, déprimée, à limbe relevé en gouttière le long des flancs et en arrière; une plaque nuchale; la suscaudale simple; écailles de la carapace à aréoles larges, enfoncées et à stries concentriques fortement prononcées.

Synonymie. *Testudo terrestris pusilla ex Indiâ orientali.* Mus. Wormian, pag. 317.

Testudo unguibus acuminatis, palmarûm plantarûmque quaternis. Linné, Amph. Gyllenb. in Amœn. Acad. 1, pag. 654.

Testudo areolata. Thunberg. Nov. Act. suec., tom. 8, pag. 180.

La vermillon. Lacépède, Quad. ovip., tom. 1, pag. 166.

La vermillon. Bonnat, Encyclop. méth., pl. 6, fig. 5.

Testudo areolata. Beschtein, Ubers. der Amph. Lacép. 1, pag. 355.

Testudo areolata. Schœpf, pag. 104, tab. 25. (Exclus. synon. *Testudo terrestris.* Bras., pl. 80, fig. 6, (*Emys concentrica.*)

La Tortue carrelée. Latreille, Hist. des Rept., tom. 1, pag. 157.

— *La Tortue vermillon*, ibid., pag. 92.

Testudo areolata. Shaw, Gener. zool., tom. 3, pag. 40.

Testudo areolata. Daudin ; Hist. des Rept., tom. 2, pag. 287.

Testudo fasciata. Du même, ibid., pag. 294.

Testudo pusilla. Du même, ibid., pag. 299. (non de Linné.)

Testudo areolata. Schweigger. Prod. arch. Konisb., tom. 1, pag. 328. (Exclus. synonyn. Testudo terrestris. Brasil. Séba. pl. 80, fig. 4, (*Emys concentrica.*)

Testudo fasciata. Id., ibid., pag. 520.

Chersine areolata. Merrem. Amph., pag. 30.

Chersine tetradactyla. Id., ibid., pag. 32, n° 43.

Chersine fasciata. Id., ibid., pag. 29.

Testudo areolata. Bell. Monog. Testud.

Testudo areolata. Gray. Synopsis Rept., pag. 13.

DESCRIPTION.

FORMES. La boîte osseuse de l'Homopode Aréolé est fort aplatie et d'un quart environ plus longue qu'elle n'est large dans sa partie moyenne. Tantôt elle offre la même étendue transversale en avant qu'en arrière ; tantôt son extrémité antérieure est plus étroite que la postérieure. La portion collaire du limbe présente une échancrure en V très ouvert, dont les branches se continuent de chaque côté, d'abord en décrivant une ligne courbe au dessus des bras, puis en suivant une direction parfaitement droite jusque vers la dernière plaque margino-fémorale, où elle reprend une forme arquée pour arriver à la plaque impaire postérieure. La convexité du disque est basse, mais égale dans toutes ses parties. On remarque aussi que le degré d'inclinaison est à peu près le même dans toute l'étendue du pourtour, mais qu'elle est uniforme en avant, tandis que sur les côtés et en arrière du corps les bords libres du limbe se relèvent sur eux-mêmes, de manière à former une sorte de gouttière. On compte vingt-quatre plaques marginales, savoir : onze à droite et onze à gauche, une en avant ou la nuchale ; une autre au dessus de la queue, ou la suscaudale. La plaque impaire antérieure est quelquefois longue et étroite, d'autres fois fort courte et à peu près carrée, mais toujours son extrémité externe est détachée des margino-collaires qui sont pentagones. Les margino-brachiales ont quatre côtés ; l'externe est convexe et plus large que le costal. Les cinq paires suivantes sont rhomboïdales ou carrées, selon qu'elles sont plus ou moins couchées en arrière ; mais les

10.

trois dernières représentent constamment des quadrilatères à côtés égaux.

La suscaudale est une fois plus large que haute et à quatre pans, dont le supérieur, un peu moins étendu que l'externe, est arqué. Les plaques vertébrales, au moins les quatre premières, sont placées d'une manière presque horizontale. Elles sont très légèrement courbées dans leur sens transversal; aussi la convexité du dos ne se fait véritablement sentir que sur la moitié antérieure de la plaque la plus rapprochée de la tête, sur celle toute entière qui en est le plus éloignée et sur la partie du pourtour qui la suit. Il résulte de cela que les écailles costales sont extrêmement penchées de dehors en dedans sur la ligne moyenne et longitudinale du corps. En général, la première vertébrale est plus longue que large : pourtant il arrive quelquefois que les diamètres transversal et longitudinal sont égaux. Dans le premier cas, les deux angles postérieurs de la plaque sont droits; dans le second, ils sont obtus comme les trois autres. Ce qui se voit rarement chez les Chersites, c'est que la largeur des quatre dernières plaques de la rangée du dos n'excède pas leur longueur. La forme de ces plaques est hexagonale, et la quatrième et la cinquième diffèrent des deux précédentes, en ce que le bord par lequel elles se trouvent unies l'une à l'autre, est plus étroit que celui qui lui est opposé. Le plus ordinairement, les trois dernières plaques costales sont plus hautes que larges; mais parfois on rencontre des individus chez lesquels les diamètres vertical et transversal de ces plaques offrent les mêmes proportions. La dernière costale a quatre côtés seulement, tandis que la seconde et la troisième en ont cinq, à cause de l'angle très obtus que forme leur bord vertébral. La première représente un triangle un peu couché en arrière, à base curviligne et à sommet tronqué, quand son bord antérieur n'est point anguleux; autrement elle est pentagone.

Les aréoles discoïdales occupent près de la moitié de la surface des plaques qui les supportent; elles sont très déprimées, granuleuses et comme encadrées par les saillies fort élevées qui séparent les unes des autres les stries concentriques, qui sont elles-mêmes très profondes. Trois de ces aréoles, les premières vertébrales, sont longitudinalement partagées par une arête arrondie; et les marginales, ainsi que les stries qui les ac·

compagnent, sans être aussi prononcées que les discoïdales, sont néanmoins fort apparentes.

Le sternum, soit en avant, soit en arrière, n'a pas autant de longueur que la carapace. Postérieurement, il est fort échancré en V ; antérieurement, il n'offre qu'une légère inflexion en dedans. Le plastron est à peu près plan ; les parties latérales en sont allongées et relevées obliquement vers la carapace. Les lames cornées qui le revêtent ont la forme de la plupart de celles des Tortues proprement dites. C'est sous la figure d'un triangle isocèle, dont le sommet est dirigé latéralement en dehors, que se montre chacune de celles qui composent la première paire. Les humérales sont en losanges, avec la moitié antérieure un peu plus courte que la postérieure. Si elles étaient coupées longitudinalement au niveau des prolongemens latéraux du sternum, les plaques pectorales représenteraient en dedans un triangle isocèle, à sommet tronqué et à base plus large que la portion de forme subrectangulaire qui resterait attachée à la carapace.

Les abdominales sont carrées ; les anales rhomboïdales et les fémorales ressemblent à des triangles isocèles, dont le sommet est tronqué et la base curviligne, laquelle forme une des parties du bord du plastron. Les plaques inguinales et axillaires, aussi petites les unes que les autres, sont également toutes quatre triangulaires.

Aucune autre Chersite n'a la mâchoire supérieure aussi longue et aussi crochue que l'Homopode Aréolé, ce qui fait que son bec, à l'exception des dentelures qui sont pratiquées sur ses bords, ressemble complètement à celui de certains perroquets. L'étui de corne inférieur se termine également en pointe recourbée ; mais outre que cette pointe est dirigée vers le haut, elle est beaucoup plus courte que l'autre.

La tête a assez de hauteur ; le front est convexe et le vertex un peu bombé. Les lames cornées qui protégent ces parties sont au nombre de trois seulement ; une large frontale à peu près circulaire, et deux grandes fronto-nasales qui sont quelquefois si intimement unies l'une à l'autre, qu'elles n'en font plus qu'une seule. Dans l'un et l'autre cas, elles peuvent très bien être comparées pour la forme aux figures qui dans nos jeux de cartes sont appelées les cœurs. Le reste de la surface de la tête est garni de petites écailles polygones absolument semblables à celles que l'on voit en arrière des yeux, et

au milieu desquelles il en existe deux autres beaucoup plus dilatées, qui sont la tympanale et la mastoïdienne.

Toute la face externe des membres antérieurs et le côté interne des avant-bras sont revêtus de tégumens squammeux
triangulaires, aplatis, allongés, imbriqués, qui diffèrent peu de
ceux qui se montrent sous la plante et le derrière des pieds. La
région fémorale voisine de la queue porte une trentaine de
petits tubercules arrondis et convexes. Ils sont longs, grêles et
pointus; les antérieurs, recourbés latéralement en dehors; les
postérieurs, en dedans.

La queue est courte, mais un peu moins chez les mâles que
chez les femelles. Nous l'avons toujours vue revêtue d'écailles
semblables à celles des cuisses, et sans ongle à son extrémité.

COLORATION. Les individus conservés dans nos collections
offrent une teinte d'un vert excessivement pâle sur le pourtour
des plaques de leur carapace, tandis que le centre s'en montre
d'un brun marron. Cette couleur est aussi celle qui se mêle au
jaune pâle du sternum. Quant aux autres parties du corps, elles
paraissent jaunâtres. Dans l'état de vie, c'est tout autre chose:
l'Homopode Aréolé a le front et le vertex d'un rouge plus ou
moins foncé, les mâchoires et les membres verdâtres, le cou
d'un vert noir et les ongles bruns. Certaines parties de la boîte
osseuse sont sujettes à varier de couleurs, suivant les individus.
Ainsi la surface des plaques de la carapace, excepté toutefois
les aréoles et les bords, qui sont toujours d'un brun marron,
est tantôt d'un jaune clair, tantôt d'un jaune verdâtre sale ou
bien d'un vert pâle, et à ces teintes se mêlent souvent encore
des traits de couleur pourpre. On rencontre aussi quelquefois
des individus dont le sternum présente un blanc jaunâtre uniforme; mais en général, c'est une nuance bien brune qui règne
sur la plus grande partie de son étendue.

DIMENSIONS. L'Homopode Aréolé est de toutes les Chersites
connues, celle qui conserve la plus petite taille. Jamais, en effet,
nous n'avons vu d'individu qui nous ait offert plus de seize centimètres de longueur totale. Voici les principales proportions
du plus grand de notre Musée:

LONGUEUR TOTALE, 13". *Tête.* Long. 2" 3'''; haut. 1" 5'''; larg.
antér. 5''', postér. 1" 5'''. *Memb. antér.* Long. 3" 8'''. *Memb. postér.*
Long. 5" 4'''. *Cou.* Long. 3'''. *Carapace.* Long. (en dessus) 11" 5''';
haut. 5"; larg. (en dessus) au milieu 11". *Sternum.* Long. antér.

2″ 5‴, moy. 6″, postér. 2″ 6‴; larg. antér. 2″. Moy. 8″, postér.
2″ 6‴. Queue. Long. 2″.

JEUNE AGE. Nous possédons de petits Homopodes Aréolés,
dont le diamètre de la boîte osseuse n'excède pas celui d'une
pièce de cinq francs. Le test serait tout-à-fait circulaire sans la
large échancrure en V que présente antérieurement le pourtour
de la carapace qui, loin d'être roulé sur lui-même à certaines
places, offre presque partout une portion horizontale. Les plaques ont du reste la même forme que dans les adultes, si ce
n'est pourtant les sternales, qui sont un peu tirées dans leur sens
transversal. Ces jeunes sujets, conservés dans l'alcool, sont tout-
à-fait décolorés.

VARIÉTÉS. On rencontre souvent des individus appartenant à
cette espèce, qui ont plus de treize plaques discoïdales. Parmi
ceux de notre Musée qui sont dans ce cas, il s'en trouve un auquel on en compte dix-sept. Celui, en particulier, qui a servi
de modèle à la figure de Schœpf, en avait quatorze.

PATRIE ET MŒURS. Ainsi que la plupart des Chersites qui habitent l'Afrique Australe, l'Homopode Aréolé vit également
dans l'île de Madagascar, d'où il en a été rapporté plusieurs
exemplaires au Muséum, par MM. Quoy et Gaimard. Mais la
plus grande partie de ceux qui appartiennent à la collection ont
été recueillis au cap de Bonne-Espérance par feu Delalande.

Observations. Quand on lit avec quelque attention la description que donne Wormius d'une Tortue qu'il dit lui avoir été
rapportée vivante des Indes-Orientales par des marchands qui,
nous n'en doutons pas, se l'étaient procurée au cap, il devient
évident que cette Tortue n'était autre qu'un Homopode Aréolé.
Ce qui le prouve suffisamment, ce sont les quatre ongles que
cette Tortue avait à toutes les pattes, les diverses couleurs dont
elle était peinte, et la forme si crochue de son bec qui a fait dire
à Wormius que sa tête ressemblait à celle d'un perroquet. Or
tous ces caractères ne conviennent effectivement à aucune autre
Chersite qu'à celle-là. Ceci bien établi, on sera donc par conséquent forcé de convenir que la Tortue Vermillon de Lacépède,
de Daudin et de Latreille, doit être aussi rapportée à l'Homopode
Aréolé et non à la Tortue Anguleuse, ainsi que paraît le croire
M. Gray, puisque la description de chacun des trois auteurs que
nous venons de citer est tirée de celle de Wormius,

Il n'est pas moins clair que la Tortue à bandes blanches, indiquée d'après Van-Ernest par Daudin, se trouve encore être un Homopode Aréolé, ce dont ce dernier auteur ne s'aperçut point, parce que la description du naturaliste hollandais avait été faite sur un individu vivant, dont les couleurs ne ressemblaient en aucune façon à celles que présentaient les carapaces mal conservées des Tortues Aréolées que Daudin avait sans doute sous les yeux. Pour s'en convaincre, il suffit de comparer entre eux les articles de son ouvrage, où il traite de ces deux espèces.

Depuis Thunberg qui, le premier après Wormius, a fait mention de l'Homopode Aréolé, et auquel celui-ci, en particulier, doit son nom spécifique, il n'est aucun auteur, M. Bell excepté, qui n'ait parlé de cette espèce sans citer comme s'y rapportant, la Tortue que Séba représente sous le n° 6 de la planche 80 du second volume de son Trésor de la Nature, et qu'il nomme *Testudo terrestris Brasiliensis*.

C'est une erreur dont il est pourtant bien facile de s'apercevoir, pour peu qu'on examine avec quelque soin cette figure, à laquelle on compte bien distinctement vingt-cinq plaques marginales, c'est-à-dire onze de chaque côté, une nuchale et une suscaudale double. Or, pour ceux qui veulent que ce soit la *Testudo Areolata* de Thunberg, il faudrait que la suscaudale fût simple, comme on la voit constamment chez cette espèce; ou bien pour M. Bell, qui pense que c'est plutôt une jeune Marquetée, qu'elle manquât de plaque de la nuque, puisqu'il n'en existe jamais sur le pourtour de cette Chersite. Nous ne prétendons pas avoir décidément déterminé cette figure, mais nous croyons être plus près de la vérité, en supposant que le dessinateur a sans doute eu pour modèle une Emyde concentrique.

2. L'HOMOPODE MARQUÉ. *Homopus signatus*. Nob.

CARACTÈRES. Carapace presque quadrilatérale, déprimée, élargie, arquée et dentelée en arrière, à bords uniformément inclinés; une plaque nuchale; la suscaudale simple; les plaques du disque fauves, marquées de nombreuses taches brunes.

SYNONYMIE. *Testudo signata*. Walb. Chel. pag. 71 et 120.

Testudo denticulata. Var. Gmel. Syst. natur. tom. 1, pag. 1043, n° 9.

Testudo signata. Schœpf, Hist. Test. pag. 120, tab. 28, fig. 2.

Testudo signata. Schweigg. Prodr. arch. Konisb. t. 1, p. 319.

Chersine signata. Merr. Amph. pag. 50.

Testudo signata. Gray. Synops. Rept. pag. 13.

Testudo signata. Bell. Monog. Test.

Testudo Cafra. Daud. Hist. Rept. tom. 2, pag. 291. Schweigg. Prodr. arch. Konisb. tom. 1, pag. 318.

DESCRIPTION.

Formes. C'est par l'ensemble de sa forme que la boîte osseuse de cette espèce diffère de celle de la précédente ; car les plaques qui en recouvrent la partie supérieure ressemblent tout-à-fait, par leur figure, par la dépression de leurs aréoles, la convexité de leur pourtour et leurs stries concentriques très marquées, à celles de l'Homopode Aréolé. Mais on remarque que cette boîte osseuse, qui est tronquée en avant, droite sur les côtés et cintrée derrière, ce qui la rend presque quadrilatérale, est plus déprimée, plus courte et par conséquent plus élargie ; que les flancs sont plutôt arrondis que carénés; et que le bord postérieur, qui offre de profondes dentelures, est uniformément incliné et non relevé sur lui-même de manière à former une espèce de gouttière autour d'une partie du limbe.

Coloration. D'un autre côté, le système de coloration de l'Homopode Marqué ne permet en aucune manière qu'on le confonde avec son congénère. En dessus, son test a pour fond de couleur une teinte jaune plus claire sur le centre des plaques, qui est partout semé de taches brunes ou noires de forme arrondie au milieu des écailles, et allongées au contraire et disposées en rayons autour des aréoles. En dessous on retrouve ces deux mêmes couleurs jaune et brune ; mais cette dernière teinte ne laisse l'autre se montrer que sur les aréoles et sur le bord des plaques.

Dimensions. *Carapace.* Long. (en dessus) 11" ; haut. 4"; larg. (en dessus) au milieu 10" 5"'. *Sternum.* Long. antér. 2", moy. 4"' 5", postér. 2"; larg. antér. 2", moy. 6", postér. 2" 5"'.

Variété. Les lames cornées de cette espèce d'Homopode sont sujettes à varier, non seulement sous le rapport du nombre, mais aussi sous celui de la forme ; car il existe dans la collection du Muséum une carapace dont les plaques, au nombre de quinze sur le disque et de vingt-six sur le pourtour, ne présentent point la moindre dépression à l'endroit de leurs aréoles, ni une convexité bien marquée sur le reste de leur surface, laquelle ne porte en outre que de faibles stries concentriques : mais la manière dont ces plaques sont colorées est absolument la même que celle que nous avons fait connaître tout à l'heure.

C'est d'après cette même carapace rapportée de la Cafrerie et donnée au Muséum d'Histoire naturelle, par Levaillant, que Daudin a établi la Tortue Cafre, que l'on doit désormais considérer comme synonyme de l'Homopode Marqué.

PATRIE. Cette espèce, originaire de l'Afrique australe, y est, à ce qu'il paraît, fort rare ; car il ne s'en est jamais trouvé un seul individu dans les nombreuses et riches collections qui ont été envoyées de ce pays au Muséum, par les naturalistes voyageurs, et notamment par Delalande.

Les trois seules boîtes osseuses que nous en connaissions ont la partie antérieure du sternum brisée : deux, et l'une d'elles est le type de la Tortue Cafre de Daudin, appartiennent à notre Musée ; et la troisième fait partie de la collection de M. Bell.

Observations. On aurait le droit de s'étonner, nous l'avouons, de nous voir placer dans le genre Homopode une espèce de Chersite, dont on ne connaît point encore les seules parties qui pourraient indiquer si cette place lui convient réellement ; mais nous avons cru pouvoir en agir provisoirement ainsi à cause de la grande analogie que nous avons trouvée entre la conformation de la carapace de l'Homopode Aréolé, et celle du test de la Tortue Marquée de Walbaum.

C'est en effet cet auteur qui le premier a fait connaître la boîte osseuse de cette espèce, dont il envoya à Schœpf un dessin que celui-ci fit graver dans son ouvrage ; mais qui est enluminé d'après une carapace qui faisait partie du cabinet de Harlem. Celle, ou plutôt les deux d'après lesquelles Walbaum a établi sa Tortue Marquée, appartenaient au Musée d'Erlangen : l'une d'elles, et c'est en particulier celle que nous représente la figure de Schœpf, avait une petite plaque supplémentaire entre les deux dernières vertébrales.

IIIe GENRE. PYXIDE. — *PYXIS*. Bell (1).

CARACTÈRES. Pattes à cinq doigts chacune, les postérieures à quatre ongles seulement; carapace d'une seule pièce; sternum mobile antérieurement.

Ce genre, dont le caractère principal réside dans la mobilité dont est douée la partie antérieure de son sternum, est par conséquent le seul qui présente cette conformation dans la famille des Chersites. Cependant, comme nous le verrons par la suite, nous en retrouverons l'analogue dans les Sternothères, espèces de Tortues paludines de la division des Élodites Pleurodères. Ce caractère mis à part, les Pyxides ressemblent tout-à-fait par la forme de leurs pattes et celle de leur carapace, qui est très bombée, à la plupart des Tortues proprement dites, et à celles qui atteignent les plus petites dimensions.

La portion antérieure du plastron des Pyxides, qui est susceptible de mouvement, est fort peu étendue, car en arrière elle atteint à peine la hauteur des deux premières paires de plaques sternales; et c'est par conséquent sous la suture, qui est fortement indiquée, de la seconde avec la troisième paire, que se voit le ligament élastique qui fait l'office de charnière. Au moyen de cette sorte de porte ou de battant mobile les Pyxides peuvent, en l'abaissant à volonté, mettre leur tête et leurs bras en dehors, et en le relevant se renfermer et se clore en partie comme dans une sorte de boîte, car les bords de cet opercule s'appliquent hermétiquement contre ceux de la carapace qui lui servent de chambranle. Ils n'ont d'ailleurs rien à craindre, parce que leur sternum protégé par derrière, au moyen de son élar-

(1) Étymologie de πυξίς, *pyxis*, une boîte qui était faite avec du buis.

gissement, l'espace resserré par lequel peuvent sortir et rentrer profondément les pattes et la queue.

L'établissement de ce genre est dû à M. Bell, qui lui a assigné ses caractères et donné le nom ; mais jusqu'à présent, il ne comprend que la seule espèce dont la description va suivre.

PYXIDE ARACHNOIDE. *Pyxis Arachnoides.* Bell.
(*Voyez* pl. 14, fig. 1.)

CARACTÈRES. Carapace ovale, très convexe, échancrée en V antérieurement ; plaques du disque jaunâtres, marquées de taches triangulaires, noires, disposées en rayons.

SYNONYMIE. *Pyxis arachnoides.* Bell, Linn. Trans., tom. 15, pag. tab. 16.

Pyxis arachnoides. Gray, Synops. Rept., pag. 16.

DESCRIPTION.

FORMES. Le contour de la carapace offre la figure d'un ovale assez régulier, dont l'extrémité antérieure est échancrée en V. Le disque est très convexe, et quelquefois les plaques elles-mêmes ont leur centre bombé. La portion du pourtour sous laquelle se retirent la tête et les bras est inclinée obliquement en dehors en même temps qu'elle l'est à droite et à gauche du cou. Le long des flancs, comme en arrière, le limbe est vertical ; mais au niveau des cuisses, outre qu'il est un peu relevé au dessus d'elles, il est encore légèrement arqué, horizontalement en dehors. Il est recouvert par vingt-quatre plaques écailleuses, onze de chaque côté, une en avant ou la nuchale, une autre en arrière ou la suscaudale. Celle-ci est transverso-rectangulaire, celle-là linéaire. Les margino-collaires sont pentagones, les deux paires suivantes quadrilatérales, ayant leur bord postérieur moins large que l'antérieur qui est convexe. Excepté la première margino-latérale et l'avant-dernière margino-fémorale, dont la forme est carrée, toutes les autres plaques marginales sont rectangulaires.

La première plaque de la rangée du dos est pentagonale, offrant un angle obtus en avant et deux droits en arrière ; les trois suivantes, dont le diamètre transversal est une fois plus

grand que le longitudinal, sont hexagones, et l'une d'elles, la
quatrième de la rangée, a son bord postérieur moins élargi que
l'antérieur. La dernière vertébrale représente une figure à quatre pans dont le postérieur est convexe et une fois plus étendu
que l'antérieur qui est droit, et avec lequel les latéraux forment
un angle obtus. Les deux plaques costales du milieu sont plus
hautes que larges, avec deux angles droits inférieurement et trois
obtus en haut. La plus rapprochée de la tête a sa base curviligne, son côté antérieur couché en arrière et moitié moins haut
que le postérieur, qui est vertical et deux fois plus grand que
le supérieur. La quatrième costale est quadrilatérale, plus étroite
en haut qu'en bas. Toutes ces plaques discoïdales, ainsi que les
limbaires, sont finement et régulièrement striées; l'étendue de
leurs aréoles, qui sont parfaitement distinctes, est proportionnée
à celle des plaques, dont elles ont exactement la forme.

Les deux extrémités du sternum sont arquées, quoique toutes
deux soient faiblement échancrées. L'antérieure est un peu moins
élargie que la postérieure. Celle-là, qui est mobile, peut, à la
volonté de l'animal, venir appliquer ses bords contre ceux de
la carapace, de manière à fermer hermétiquement l'ouverture
antérieure de la boîte osseuse; celle-ci est tellement large qu'elle
ne laisse aux pattes de derrière et à la queue que la distance
nécessaire pour qu'elles puissent s'étendre. Ces deux portions libres du sternum ont à peu près la même longueur, tandis que
la partie moyenne est une fois plus grande que chacune d'elles.
Les ailes sont courtes et peu relevées.

Les plaques gulaires sont hexagones, c'est-à-dire qu'antérieurement elles offrent trois petits côtés formant deux angles
obtus, et qu'en arrière les deux autres qui, composent les trois
quarts de leur étendue, représentent un angle aigu qui est enclavé entre les brachiales. Celles-ci sont à quatre pans, aussi
larges que longues. C'est entre elles et les suivantes que se trouve
articulée la portion mobile du sternum avec celle qui ne l'est
point. Postérieurement, les pectorales offrent deux angles droits
en dehors; leur bord externe n'est pas plus large que celui
qui lui est opposé, mais il est anguleux au milieu. Les fémorales
sont triangulaires, à base curviligne et soudées ensemble par leurs
sommets, qui sont tronqués. Les anales, dont le côté externe est
convexe, représentent chacune un triangle scalène. Les plaques
axillaires sont petites, triangulaires; les inguinales sont du double

plus grandes, à quatre côtés inégaux, épais, offrant longitudinalement une gouttière profonde. Les plaques sternales portent,
de même que celles du bouclier supérieur, des aréoles et des
stries concentriques régulièrement tracées.

La tête est courte, épaisse, à vertex plan, à front convexe,
portant deux fronto-nasales oblongues, coupées obliquement
en avant, anguleuses en arrière, et devant lesquelles se trouvent
au milieu une petite rostrale, de chaque côté une nasale de la
même étendue; derrière est une frontale divisée par des lignes
irrégulières. Au milieu des petites plaques polygones qui garnissent les côtés de la tête, on distingue à leur grandeur une
plaque tympanale et une mastoïdienne.

Nous n'avons point aperçu de dentelures aux mâchoires, qui
sont par conséquent simplement tranchantes.

Les bras sont très comprimés, et les écailles que supporte
leur face antérieure très serrées, entuilées, épaisses, allongées,
plus fortes sur le tranchant externe du bras qu'ailleurs. Comme
cela se voit presque toujours chez les Chersites, il en existe une
très développée à l'angle interne du coude, et cinq ou six qui
sont ici fort aplaties et circulaires en dedans du poignet, et quelques-unes grosses et coniques aux talons. On en remarque de
plus aux pieds postérieurs, une rangée longitudinale au dessus
du quatrième doigt interne.

Les ongles sont longs, coniques, pointus, recourbés latéralement en dedans. La queue est médiocrement longue, grosse,
avec son extrémité élargie et enveloppée d'un ongle.

COLORATION. Une teinte brune règne sur la tête, le cou et la
queue; les membres sont jaunâtres avec une bande noire: les
postérieurs sur leur face latérale externe, ceux de devant sur
leur face antérieure. Le fond de la couleur de la carapace est
d'un jaune roussâtre. Toutes les plaques du disque portent chacune huit ou dix taches triangulaires noires disposées en rayons.
Ce sont des raies longitudinales de la même couleur que l'on
aperçoit sur les marginales : raies qui quelquefois s'élargissent
tellement sur les autres plaques limbaires qu'elles en couvrent
presque toute la surface.

Le sternum est de la même couleur que le fond de la carapace, mais sans aucune tache au centre. On n'en aperçoit que
quelques unes sur les bords.

DIMENSIONS. Il paraît que cette espèce ne devient pas fort

grande; car parmi les cinq ou six carapaces que nous en avons vues, il ne s'en est trouvé qu'une seule qui nous ait offert une longueur de dix-sept centimètres. Nous présentons ici les proportions d'un individu complet, qui figure dans notre Musée national.

LONGUEUR TOTALE, 14". *Tête.* Long. 2"; haut. 1" 5"'; larg. antér. 5"', postér. 1" 2"'. *Cou.* Long. 2" 5"'. *Memb. antér.* Long. 4" 2"'. *Memb. postér.* Long. 3" 7"'. *Carapace.* Long. (en dessus) 14" 5"'; haut. 5"; larg. (en dessus), au milieu 12". *Sternum.* Long. antér. 2" 8"', moy. 4" 8"', postér. 2" 3"'; larg. antér. 2", moy. 6" 5"', postér. 5" 2"'. *Queue.* Long. 3".

PATRIE ET MOEURS. Les mœurs de cette espèce ne sont point connues du tout. Elle habite le continent de l'Inde et les îles de son archipel, d'où il nous en a été rapportés plusieurs individus par M. Dussumier de Fombrune.

IVe GENRE. CINIXYS. — *CINIXYS.* Bell (1).

CARACTÈRES. Pattes à cinq doigts, les postérieures à quatre ongles seulement; carapace mobile en arrière; sternum d'une seule pièce.

Ce genre, établi par le même auteur que le précédent, est sans contredit le plus curieux de la famille des Chersites. Les espèces de Chéloniens qui le composent jouissent seules de la faculté de pouvoir à volonté faire mouvoir la portion postérieure de leur carapace pour l'abaisser et l'appliquer contre le sternum, afin de fermer complètement en arrière la boîte osseuse, comme les Pyxides le font pour la partie antérieure, lorsqu'elles relèvent la portion mobile antérieure de leur plastron. Mais dans ce dernier genre, la mobilité de la partie antérieure du sternum est due à la présence d'un ligament élastique qui fait l'office d'une char-

---

(1) Étymologie de κινέω, je remue, et de ἰξύς, les lombes.

nière, tandis que chez les Cinixys la carapace n'offre réellement aucune articulation mobile ; ce sont tout simplement
les os, vertèbres et côtes, qui se fléchissent et se plient.
Par cette élasticité dont les os jouissent, et en raison de leur
peu d'épaisseur, ils laissent ainsi la carapace se ployer
pour qu'elle puisse se rapprocher du sternum.

La ligne sinueuse sur laquelle cette flexion s'opère, se
trouve indiquée en dehors par un léger écartement que
remplit une sorte de tissu fibro-cartilagineux ; cette ligne
ondulée existe entre l'antépénultième et l'avant-dernière
plaque margino-latérale, ou entre la troisième et la quatrième pièce vertébrale d'une part, et de l'autre latéralement le long des deux sutures ou engrenures costales.

Les trois espèces du genre Cinixys que l'on connaît n'ont
pas, comme toutes les Tortues de la même famille des
Chersites, les plaques abdominales beaucoup plus étendues
que les autres lames cornées du sternum ; ce qui, joint à
l'élargissement et à la figure arrondie de ce plastron en
arrière, les rapproche, jusqu'à un certain point, du premier genre de la famille des Élodites ou de celui des Cistudes, qui sont dans le même cas. Autant que nous pouvons
en juger par l'espèce de Cinixys dont la forme des pattes
nous est connue, les pieds semblent un peu s'éloigner de
cette disposition informe ou en moignon, qui caractérise si
bien ces membres dans les autres Chersites. Les doigts sont
moins rabougris, la masse en est moins épaisse, on distingue
mieux les phalanges qui les constituent et celles qui les terminent. Enfin on doit regarder comme un des caractères
génériques des Cinixys ce mode d'articulation du sternum
avec la carapace, attendu que la ligne qui forme les bords
de ces deux portions de la boîte osseuse, à l'endroit où elles
se soudent entre elles à droite et à gauche, au lieu d'être
horizontale, comme cela a lieu dans les trois genres précédens, se trouve offrir un plan incliné très distinctement de
devant en arrière.

TABLEAU SYNOPTIQUE DU GENRE CINIXYS.

Aréoles du disque
déprimées : carapace
échancrée, aussi longue que le sternum . . . . 1. C. DE HOME.
non échancrée, moins longue que le sternum . . . . . 3. C. DE BELL.

convexes, bords libres du pourtour très dentelés . . . . 2. C. RONGÉE.

1. LA CINIXYS DE HOME. *Cinixys Homeana.* Bell.

(*Voyez* pl. 14, fig. 2.)

CARACTÈRES. Carapace ovale, oblongue, à dos plat, à flancs carénés; portion antérieure du pourtour large; point de plaque nuchale, la suscaudale simple; queue longue inonguiculée.

SYNONYMIE. *Cinixys Homeana.* Bell. Transact. Linné. tom. 15, part. 2, pl. 17, fig. 2.

Cinixys Homeana. Gray. Synops. Rept. pag. 17.

DESCRIPTION.

FORMES. La carapace de cette espèce est ovale, très déprimée et de même largeur à ses deux extrémités. Sa ligne moyenne et longitudinale est d'abord un peu concave; mais à partir de la seconde moitié de la plaque vertébrale antérieure, elle suit un plan parfaitement horizontal, jusqu'au bord postérieur de la pénultième lame du dos, où elle s'incline brusquement vers la queue de manière à former un angle droit. Il résulte de là que les trois plaques du milieu qui correspondent à la colonne vertébrale sont tout-à-fait planes; que la première est légèrement penchée en avant, et que la dernière se trouve verticalement appliquée contre la carapace. Le pourtour, à droite et à gauche du cou, est en forme de toit; il est incliné obliquement le long des flancs, très penché par derrière, ayant de plus, de ce côté, son bord libre recourbé vers le disque. Sa portion la plus large est celle qui couvre les bras; tandis que la plus étroite est celle sous laquelle se retirent les pattes postérieures, et l'une et l'autre sont dentelées. Les bords antérieurs, quoique moins épais que ceux de derrière, sont cependant tranchans, et l'arête saillante, qui longe les côtés du corps semble en être la continuation.

On compte à la Cinixys de Home vingt-quatre plaques marginales, parmi lesquelles une nuchale et une suscaudale simple, toutes les deux rectangulaires. La seconde est grande et transversale; la première, fort étroite et longitudinale. Les margino-collaires sont à cinq côtés inégaux; le plus petit est le bord costal, les plus grands sont le vertébral, l'externe et celui qui est en rapport avec la plaque margino-brachiale; le cinquième pourrait être contenu deux fois dans chacun de ces derniers.

Les lames cornées qui composent la seconde et la troisième paire limbaire représentent des triangles isocèles dont les sommets tronqués sont fixés à la première costale; toutes celles qui les suivent, jusqu'à la dernière margino-fémorale, qui est carrée, sont rectangulaires, mais avec leur plus grand côté situé dans le sens vertical. La première vertébrale est pentagone, à angle antérieur médian obtus, à bords latéraux dont l'extrémité postérieure est plus rapprochée du centre de la plaque que l'antérieure. Les deux plaques suivantes sont hexagones, avec leurs bords antérieur et postérieur une fois plus larges que les latéraux. La quatrième de la même rangée a également six pans; mais elle est plus étroite derrière que devant. La dernière se présente sous la figure d'un triangle à sommet tronqué et à base curviligne. La première a la même forme, mais elle est un peu penchée en arrière. La seconde est transversale rectangulaire; la troisième carrée et la dernière à quatre côtés, le supérieur plus étroit que l'inférieur. La première vertébrale est un peu convexe à l'endroit de son aréole, en avant de laquelle on voit une carène large, arrondie, mais peu saillante. Il en existe une autre qui partage longitudinalement la quatrième aréole dorsale, laquelle est déprimée, ainsi que les trois costales postérieures et la troisième vertébrale. La dernière plaque vertébrale se fait surtout remarquer par la protubérance triangulaire qu'elle offre à son sommet.

Les aréoles de toutes ces plaques sont assez larges et les stries concentriques irrégulièrement tracées.

Antérieurement, le sternum est aussi long que la carapace ; postérieurement, lorsque la queue et les pattes sont étendues et que par conséquent la pièce mobile de la carapace est relevée, il s'en trouve éloigné d'une distance égale à la moitié de la longueur de la portion moyenne. Autrement les bords postérieurs de ces deux boucliers se touchent de manière à fermer hermétiquement la carapace de ce côté.

Le plastron est large, relevé et échancré du côté du cou ; en arrière son bord est arqué. En avant, l'espace réservé entre lui et la carapace pour le passage des membres est très peu considérable ; c'est-à-dire que sa plus grande hauteur n'équivaut guère qu'au tiers de la longueur de sa portion qui est articulée avec la carapace. Les ailes en sont fort longues et assez relevées. Les plaques gulaires ont beaucoup d'épaisseur ; leur forme est triangulaire, et elles ne sont pour ainsi dire soudées l'une avec l'autre qu'à leur sommet par lequel elles tiennent aux plaques humérales. Celles-ci sont quadrilatérales avec leur côté externe un peu cintré, et celui-là touche à la collaire qui lui correspond ; il est oblique et beaucoup plus petit que les deux autres qui forment un angle droit. Ce qui arrive rarement chez les Chersites, c'est que les pectorales sont parfaitement rectangulaires, à peu près trois fois plus larges que longues ; celles qui les suivent ou les abdominales sont de même forme et d'un tiers seulement moins grandes dans leur sens transversal que dans leur sens longitudinal. Les fémorales sont à quatre côtés, avec leur angle antérieur interne droit, l'externe aigu et leur côté postérieur, qui est beaucoup plus petit que les trois autres, concave. Les anales sont très petites, représentant un triangle rectangle dont un côté, celui qui tient à la plaque précédente, est cintré. Les axillaires sont très minces, appliquées sous le limbe de la carapace ; les inguinales, fort épaisses, triangulaires, faisant partie du bord externe du pourtour.

La tête est déprimée. Les étuis de corne qui enveloppent les mâchoires ont leur bord tranchant ; le supérieur est haut antérieurement et finit en pointe de chaque côté sous les yeux.

On compte très distinctement six plaques céphaliques, savoir : une très petite rostrale, deux nasales qui ne sont pas beaucoup plus grandes, placées à l'angle antérieur de chaque œil, deux grandes fronto-nasales oblongues, anguleuses en avant et en arrière, enfin une frontale polygone à surface diversement sillonnée par des stries. On voit également une plaque tympanale triangulaire dont la base borde l'orbite et le sommet se prolonge au dessus de la peau qui cache l'ouverture de l'oreille.

Le cou n'offre sur sa surface que des tubercules granuleux si fins qu'on l'en croirait privé si l'on ne l'examinait avec attention.

La face antérieure des bras est garnie d'écailles imbriquées parmi lesquelles on en remarque dix ou douze beaucoup plus grosses que les autres et qui sont coniques et légèrement recourbées vers le haut. De celles-ci, l'une est placée à l'angle interne des coudes et les autres forment trois rangées longitudinales, une médiane et deux latérales.Le dessous des poignets ainsi que les talons se trouvent revêtus d'écailles également plus dilatées que celles qui les avoisinent, mais qui sont plates et arrondies. Le reste de la peau des membres ne se montre pas autrement que nous l'avons vu chez le commun des Chersites : toutefois nous devons dire que celle de la partie postérieure des cuisses n'est nullement tuberculeuse.

La queue, longue, assez forte et inonguiculée, se compose de vingt-cinq vertèbres.

Coloration. La boîte osseuse est d'une couleur marron-clair ou d'un brun fauve uniforme. C'est en jaune pâle que sont colorées les mâchoires, les écailles des membres et les plaques céphaliques; pourtant on aperçoit quelques nuances brunes sur les fronto-nasales.

Dimensions. L'exemplaire d'après lequel est faite la description qu'on vient de lire, et dont nous allons donner les principales proportions, n'est pas le plus grand que nous ayons vu; car il existe à Londres, soit dans le cabinet de M. Bell, soit dans le Musée britannique, des carapaces de Cinixys de Home d'une taille un peu plus forte que celle de l'individu de notre musée; l'une d'elles, en particulier, a vingt-trois centimètres de long.

Longueur totale 29'. *Tête.* Long. 5" 5'''; haut. 2"; larg. antér. 1", postér. 2" 5'''. *Cou.* Long. 5" 3'''. *Membres antér.* Long. 7" 5'''. *Membres postér.* Long. 6" 5'''. *Carapace.* Long. (en dessus) 21"; haut. 6" 5'''; larg. (en dessus), au milieu 16" 5'''. *Sternum.* Long. antér. 5" 5''', moy. 7" 2''', postér. 5" 5'''; Larg. antér. 4", moy. 12", postér. 5" 5'''. *Queue.* Long. 7".

Jeune age?

Patrie et moeurs. Deux exemplaires appartenant à l'espèce de la Cinixys de Home ont été envoyés vivans de la Guadeloupe

par M. Lherminier au Muséum d'histoire naturelle, où ils sont
morts peu de temps après leur arrivée. Comme aucun rensei-
gnement n'était joint à leur envoi, nous ignorons s'ils étaient bien
originaires de cette île. Dans tous les cas, on a tout lieu de
croire que cette espèce est Américaine; car M. Gray nous a assuré que les carapaces que possède le Musée britannique, lui ont
été adressées de Démérari dans la Guyane anglaise.

Observations. La Cinixys de Home est l'espèce d'après laquelle
le genre auquel elle appartient a été établi. C'est donc à
M. Bell que l'on est redevable de la première description qui en
ait été publiée ; description que nous sommes heureux d'avoir
pu donner ici d'une manière plus complète, puisque par elle
nous faisons connaître les parties extérieures du corps indépen-
dantes de la carapace, qui ne l'étaient point auparavant.

2. CINIXYS RONGÉE. *Cinixys Erosa.* Gray.

CARACTÈRES. Carapace ovale, oblongue, à dos curviligne, à
flancs carénés; portion antérieure du pourtour large, dentelée : point de plaque nuchale ; la suscaudale simple.

SYNONYMIE. *Kinixys castanea.* Bell. Linn. Trans. tom.   p.
Kinixys erosa. Gray. Synops. Rept. pag. 16.
Pullus. Testudo denticulata. Shaw. Gener. Zool. tom. 3, pag. 59,
tab. 15. Exclus. Synon. Test. denticulata. Linn. (Test. tabulat.
pullus).
Testudo erosa. Schweigg. Prodr. arch. Kœnisb. tom. 1, p. 321.

DESCRIPTION.

FORMES. La carapace de cette espèce est proportionnellement
moins déprimée, plus large et plus convexe que celle de la précédente : néanmoins son contour est ovale-oblong comme le
sien; son profil commence par être horizontal, puis devient un
peu convexe sur la moitié antérieure de la première plaque vertébrale; et de ce point au centre de la dernière plaque du dos
il décrit une courbe fort ouverte pour se terminer en arrière en
formant un arc plus marqué. La coupe du bouclier supérieur,
faite transversalement, ressemblerait exactement à la courbure de son dos. Cette Cinixys manque de plaque nuchale ; mais
sa suscaudale est simple comme chez l'espèce précédente : au

dessus des bras et du cou, le pourtour est tectiforme et plus
large que dans tout le reste de son étendue où il est incliné
obliquement ; mais le long des parties latérales du corps les plaques sont planes comme les margino-collaires et les margino-
brachiales, tandis que derrière elles se relèvent sur elles-
mêmes de telle sorte qu'elles paraissent convexes. Tous les
bords libres du pourtour sont profondément dentelés, et chaque
flanc est longitudinalement parcouru par une arête, comme nous
avons vu que cela a lieu dans la Cinixys de Home, auquel cette
espèce ressemble presque en tout point sous le rapport de la
forme des plaques discoïdales et limbaires : les seules différences qu'on observe, en effet, consistent en ce que chez l'espèce
qui fait le sujet de cette description, les aréoles sont toutes un
peu convexes et plus étroites que dans l'autre ; ensuite, que chez
la Cinixys rongée, ce n'est point à son sommet que la pénultième plaque dorsale est protubérante ; mais au milieu de sa
surface, laquelle est coupée en travers par une large saillie
basse et arrondie, sur laquelle en descend perpendiculairement
une autre du bord supérieur de la plaque ; enfin que les stries
concentriques sont plus nombreuses, plus serrées, plus régulières et mieux marquées.

Le plastron des deux espèces se ressemble aussi ; si ce n'est
que les plaques pectorales de la Cinixys Rongée ne sont plus
rectangulaires, mais pentagones, avec leurs deux côtés antérieurs formant un angle obtus dont le sommet arrondi touche
à l'angle postéro-externe de la plaque humérale. Il arrive aussi
à quelques individus d'avoir l'extrémité antérieure de leur sternum doublement échancrée, ce qui forme trois pointes.

Nous ne parlerons point de la tête, qui manquait à tous les
individus que nous avons pu examiner ; mais un seul, qui fait
partie de la collection du collége des chirurgiens de Londres,
nous a laissé voir que les tubercules squammeux qui revêtent
ordinairement les bras des Chersites se trouvaient être, dans
cette espèce, au nombre de neuf ou dix, très-gros et ayant une
forme conique ou plutôt triangulaire. Nous nous sommes également assurés qu'il en existe d'analogues aux talons, sans pourtant être aussi allongés.

Coloration. La couleur marron est celle qui domine sur la
carapace ; on la voit effectivement occuper le centre des plaques
du dos et celui des troisièmes et quatrièmes costales sur le pour-

tour desquelles elle est un peu plus claire. Elle se montre aussi, mais mêlée à une teinte fauve, sur les plaques marginales, et reparaît sous la forme de rayons, seulement dans le plus grand nombre des cas, sur les deux premières costales dont le fond est jaunâtre : les plaques sternales sont noires, bordées de jaune.

DIMENSIONS. Des cinq exemplaires que l'on peut considérer comme adultes, appartenant à cette espèce, que nous avons vus à Londres, deux dans la collection de M. Bell, un dans celle du collège des chirurgiens, et deux autres dans le Musée britannique, le plus grand était un de ceux-ci : il avait près de trente-trois centimètres de long, mesuré du bord antérieur au bord postérieur de sa carapace. Nous donnons ici les proportions d'une boîte osseuse qui fait maintenant partie de notre Musée, et que nous devons à la générosité de M. Bell.

Carapace. Long. (en dessus) 28"; haut. 10"; larg. (en dessus) au milieu 25" 5'". *Sternum.* Long. antér. 8", moy. 12", postér. 3" 5'"; larg. antér. 4", moy. 20", postér. 5" 5'".

JEUNE AGE. La carapace représentée par Shaw sous le nom de Tortue Dentelée, et dans laquelle il avait fort mal à propos cru reconnaître la *Testudo denticulata* de Linné, est celle d'une jeune Cinixys Rayée, ainsi que cela a déjà été reconnu depuis assez long-temps par M. Gray. Cette même boîte osseuse, modèle de la figure de Shaw, fait aujourd'hui partie de la collection du collège des chirurgiens de Londres, où nous l'avons vue. Sa longueur est de douze centimètres et de neuf pour la largeur. Ce qui prouve que c'est bien celle d'un jeune sujet, c'est que la partie centrale du sternum et les espaces compris entre les côtes ne sont encore remplis que par des cartilages excessivement minces et transparens. Les autres différences que nous lui avons trouvées, avec celles d'individus plus âgés, résident tout simplement dans la plus grande distance qui sépare les extrémités des plaques marginales, parmi lesquelles on en voit plusieurs qui sont elles-mêmes denticulées; en sorte que les dentelures du pourtour sont, non seulement plus nombreuses, mais les principales, plus profondes que chez des individus plus grands. Cette carapace a d'ailleurs, comme toutes celles des jeunes Chersites, de larges aréoles et des stries concentriques très prononcées.

PATRIE ET MOEURS. M. Gray nous a assuré que cette espèce,

dont nous ne connaissons aucune des habitudes, vit dans le même pays que la précédente.

Observations. Nous avons préféré, avec le savant erpétologiste que nous venons de citer, adopter pour cette Cinixys le nom spécifique d'*Erosa*, plutôt que l'épithète de *Castanea*, qui lui a été ensuite donnée par M. Bell. D'ailleurs ce nom est le plus ancien et ne peut donner lieu à la confusion, puisque c'est celui sous lequel Schweigger inscrivit dans son Prodrome la Tortue Dentelée de Shaw, après avoir reconnu qu'elle ne se rapportait point à celle que Linné avait décrite sous cette dernière dénomination.

3. CINIXYS DE BELL. *Cinixys Belliana.* Gray.

CARACTÈRES. Carapace ovale oblongue, à dos un peu penché en avant, à flancs arrondis; portion antérieure du pourtour étroite, non dentelée; une plaque nuchale; la suscaudale simple; queue très courte, onguiculée.

SYNONYMIE. *Kinixys Belliana.* Gray, Synops. Rept. addit. and correct. pag. 69.

DESCRIPTION.

FORMES. Pour la forme générale du corps, cette espèce offre quelque ressemblance avec la Tortue Anguleuse. La figure ovalaire du contour de sa boîte osseuse est oblongue, un peu plus élargie en arrière qu'en avant. La ligne du profil de la carapace est très légèrement arquée, entre le bord antérieur et l'aréole de la première vertébrale; de là elle monte par un plan un peu incliné jusqu'au centre de la pénultième lame dorsale, d'où elle se rend à la queue en décrivant une courbe très marquée. Les bords du pourtour ne sont point dentelés au dessus du cou; celui-ci est légèrement infléchi en dedans, de chaque côté, également tectiforme ou en dos d'âne comme dans les deux espèces précédentes, mais il a beaucoup moins de largeur, et les plaques qui le revêtent sont tant soit peu convexes. En arrière et le long des flancs, sur lesquels on n'aperçoit pas la moindre trace de ligne saillante, comme chez les *Cinixys Homeana* et *Erosa*, le limbe est presque vertical, tandis qu'il est un peu relevé au dessus des pieds de derrière. La première plaque de la

rangée du dos est penchée en avant, sans carène, un peu déprimée sur la moitié de sa surface antérieure. La seconde et la troisième sont planes, légèrement inclinées du côté de la tête ; mais
les deux dernières sont convexes, surtout la cinquième dont
l'inclinaison est dirigée en arrière, ainsi que celle de la moitié
postérieure de la quatrième dont l'autre portion suit la même
pente que les plaques qui la précèdent. De ces cinq lames cornées qui constituent la rangée du dos, la première est la moins
grande ; elle a cinq côtés, le postérieur et les deux latéraux,
qui ont à peu près la même étendue, formant deux angles droits ;
les deux autres, qui sont d'un quart plus court, un angle aigu
dont le sommet touche à la nuchale. La seconde plaque du dos
est hexagonale, un peu plus large que longue, ayant son bord
antérieur d'un tiers plus grand que chacun des latéraux qui,
pris séparément, se trouvent contenus deux fois dans son côté
postérieur. La troisième, également à six pans et plus étendue
dans son diamètre transversal que dans son diamètre longitudinal, a la même largeur devant que derrière. La longueur de la
quatrième est égale à sa largeur antérieure, laquelle est d'un
tiers plus considérable que celle de chacun de ses cinq autres
bords. La face antérieure de la dernière plaque vertébrale est
d'un quart moindre en étendue que l'une ou l'autre des latérales,
qui ont la leur une fois plus grande que la postérieure, qui est
curviligne ; cette plaque est donc quadrilatérale. La figure des
plaques costales est la même que celle des deux espèces que
nous avons décrites avant celle-ci.

Parmi les vingt-quatre plaques qui composent la couverture
du limbe, on compte une nuchale qui est fort étroite et une
suscaudale simple, laquelle, sans son bord postérieur plus large
que l'antérieur, serait carrée comme toutes celles du pourtour
qui la précèdent, excepté les margino-collaires, qui représentent chacune un tétragone à côtés inégaux, et les margino-collaires dont la forme est celle d'un triangle à sommet tronqué.

Les stries concentriques sont très apparentes, les aréoles
médiocres, déprimées, les vertébrales situées au centre des
plaques, les costales un peu plus près du bord supérieur.

Le plastron, de même que celui de la Tortue Polyphème et
de la Tortue Anguleuse, est assez étroit antérieurement et dépasse un peu la carapace. En arrière, quoique son extrémité
soit presque curviligne, elle présente une échancrure en V ex-

trêmement ouvert ; il est d'ailleurs fort large de ce côté et aussi épais que dans le reste de son étendue.

Les plaques gulaires ont chacune la figure d'un triangle rectangle ; les brachiales celle d'un rhombe, et les pectorales, coupées longitudinalement par la moitié, représenteraient en dehors un carré et en dedans un triangle isocèle à sommet tronqué. On pourrait dire des plaques abdominales qu'elles sont carrées, si leur angle postéro-externe n'était coupé pour s'unir à l'inguinale, dont la figure est celle d'un triangle isocèle à sommet et à base curvilignes. Cette plaque inguinale, de chaque côté du corps, est très dilatée, au lieu que les axillaires sont fort petites. Les fémorales sont à quatre pans, l'externe convexe est plus grand que l'interne qui est droit ; les dernières plaques ou les anales sont tétragones oblongues.

Les mâchoires, chez cette espèce, sont simples tranchantes. Les plaques céphaliques supérieures sont au nombre de six, savoir : une très petite rostrale, deux nasales à peine plus développées, deux fronto-nasales qui le sont au contraire beaucoup, et une frontale qui l'est encore plus.

Le devant des bras a beaucoup d'analogie, par la manière dont les écailles qui le revêtent sont disposées, avec celui de la Tortue Grecque. Ce sont, en effet, des tégumens squammeux aplatis, imbriqués, auxquels s'entremêlent plusieurs qui sont plus gros que les autres. Au talon nous n'avons vu qu'un seul gros tubercule conique.

La queue est excessivement courte, conique et terminée par un fort petit ongle.

COLORATION. L'animal est en général d'un jaune sale, avec le centre et le pourtour des plaques de couleur brune.

DIMENSIONS. *Carapace.* Long. (en dessus) 24" 5'" ; haut. 8" ; larg. (en dessus) au milieu, 21" 8'". *Sternum.* Long. totale, 18" ; larg. antér. 2" 6'" ; postér. 3" 8'".

PATRIE ET MOEURS. Elles nous sont inconnues.

Observations. L'individu d'après lequel cette description a été faite appartient au Musée britannique.

CHAPITRE V.

FAMILLE DES ÉLODITES OU TORTUES PALUDINES.

Cette famille est beaucoup plus nombreuse en genres et en espèces que celle des Chersites. Ainsi que nous l'avons déja dit, et comme leur nom l'indique, ce sont des Tortues qui habitent les lieux marécageux; mais qui souvent vivent aussi sur les terrains humides où les eaux peuvent manquer; car le mot grec ἑλώδης, comme celui de *paludes* en latin, signifie marais. La conformation des pattes, dont les doigts sont distincts et mobiles, garnis d'ongles crochus, et dont les phalanges sont réunies à la base, au moyen d'une peau flexible qui leur permet de s'écarter les uns des autres, tout en conservant leur force et en présentant une plus grande surface, permet à ces animaux de marcher sur la terre, de nager à la surface des eaux et dans leur profondeur, en même temps qu'ils peuvent s'accrocher et grimper sur les rivages des lacs et des autres eaux tranquilles, où la plupart font leur demeure habituelle.

D'après cette conformation et ces habitudes, on reconnaît que les Tortues rangées dans cette famille font, pour ainsi dire, la transition naturelle des espèces éminemment aquatiques, comme celles des deux familles qu'on a appelées Potamites et Thalassites, avec les Tortues spécialement terrestres, telles que celles du groupe que nous venons d'étudier. Il faut même faire remarquer que parmi les Élodites, dont nous faisons maintenant l'histoire, il en est qui se rapprochent des Chersites, 1° par un peu moins de mobilité et de longueur dans les doigts, dont les phalanges ne sont pas très fortement palmées ou unies par des membranes; 2° par une moindre dépression de la carapace. D'un autre côté il est des Élodites dont les pattes, surtout les postérieures, commencent à prendre la forme de palettes sur le bord desquelles on distingue aisément les ongles, et dont l'extrémité libre des pieds est assez flexible pour se courber et s'étendre, et servir ainsi au double mouvement et au mécanisme qu'exigent le nager et le marcher sur des corps solides et très résistans.

Ainsi sous le rapport des mœurs, des habitudes, en un mot du genre de vie, la famille des Élodites n'est pas moins naturelle que chacune des trois autres du même ordre; mais si on l'examine d'après l'organisation, on pourra remarquer que ce groupe n'est pas tout-à-fait aussi bien constitué, puisque les espèces et même les genres diffèrent un peu plus entre eux que dans les trois autres familles. Nous avons espéré obvier à ce que cette distribution pouvait avoir de vicieux, en partageant les Élodites en deux sous-familles qui, chacune de leur côté, réunissent des espèces dont l'organisation paraît avoir le plus de rapports.

D'une part nous avons placé sous le nom de CRYPTODÈRES toutes les espèces dont le cou cylindrique et à peau lâche, engaînante et mobile par son peu d'adhérence aux muscles, peut se retirer en entier sous le milieu de la carapace; dont la tête est à peu près conique et les yeux placés latéralement et sur les côtés des joues, lesquelles sont soutenues par des os plus ou moins comprimés de droite à gauche.

Dans une autre sous-famille, que nous avons nom-

mée les Pleurodères, sont rangées toutes les Élodites
qui ont la tête déprimée, les yeux situés en dessus
et dirigés obliquement vers le ciel ; celles enfin dont
le cou, un peu aplati de haut en bas, à peau étroite,
serrée et adhérente aux muscles, ne peut former
de plis que sur l'un ou l'autre côté du corps où, soit
par habitude, soit par la conformation, l'animal
le place de préférence. Il faut même ajouter que
toutes les espèces de cette sous-famille des Pleurodères ont, de même que la Chélyde Matamata, le bassin solidement articulé ou soudé par symphyse, en
haut avec la carapace et inférieurement sur la face interne et postérieure du plastron ; ce qui par conséquent
s'oppose à tout mouvement des os des hanches et
donne un très grand appui aux membres postérieurs.
Cette soudure du bassin au sternum n'a pas lieu chez
les Cryptodères. Les os coxaux ne sont même unis à la
caparace ou aux vertèbres que par un simple cartilage ;
ils sont complètement libres du côté du plastron,
comme cela a lieu d'ailleurs dans les trois autres familles de l'ordre des Chéloniens ; en sorte que leur
bassin est un peu mobile et devient un des leviers mis
en action par la contraction des muscles qui font partie
du membre postérieur.

Cette famille des Élodites correspond au sous-genre
que Linné nommait Tortues fluviatiles, à l'exception
des Tortues molles qu'il y avait inscrites, mais qu'on
en a retirées pour former le genre Trionyx. Schweigger, sans distinguer des sous-ordres, des familles ou
des tribus, rapportait toutes les espèces aux trois genres
Chélydre, Chélyde et Émyde. Fitzinger les a partagées
en deux familles, celle des Émydoïdes et celle des
Chélydoïdes. Mais cette dernière ne renferme que le

genre Chélyde ou la Matamata ; tandis qu'il a rangé
quatre genres dans la première famille, savoir: les Terrapènes , les Émydes , les Chélodines et les Chélydres.
MM. Bell et Gray les ont réunis sous le nom d'ÉMYDÉS;
mais le premier de ces auteurs les a partagés en deux
sections, suivant la mobilité dont est doué leur sternum. Wagler enfin réunit les Tortues dont nous faisons l'histoire avec nos Potamites dans sa tribu des
STÉGANOPODES , nom qui signifie, ainsi que nous l'a-
vons déja dit, pieds plats ou palmés.

Quoique nous ayons été en grande partie dirigés
dans le travail dont nous nous occupons par celui de
Wagler, nous n'adoptons cependant pas tous ses genres,
et c'est avec regret que nous n'avons pu conserver quelques uns des noms qu'il a donnés aux genres que nous
adoptons. Ainsi pour les Cryptodères , nous avons, à
l'exemple de M. Gray, conservé à un genre dont les
espèces ont le plastron également mobile devant et
derrière, le nom de *Cistude,* sous lequel il avait été établi et désigné par M. Fleming l'Américain , en 1825.
Notre motif a été de prévenir une cause de confusion;
car Wagler, en conservant le nom d'Émyde à notre
genre Cistude, a donné aux autres Élodites, que la plupart des auteurs nommaient Émydes , ainsi que nous,
la nouvelle dénomination de *Clemmys.* De même
encore nous conservons à la *Testudo serpentina* de
Schœpf le nom d'Émysaure, que nous lui avions donné
depuis long-temps dans nos collections et dans nos
cours publics , afin d'éviter la trop grande analogie de
sons entre le genre *Chélyde* établi et adopté depuis
longues années dans la science, car Schweigger et
par suite M. Gray et Wagler ont désigné notre genre
Émysaure sous le nom de *Chélydre,* c'est-à-dire avec

une seule lettre de plus, ce qui en change à peine la
consonnance.

M. Thomas Bell ayant donné en 1825 le nom de
Sternothère à un genre de la sous-famille des Cryptodères, qui a cinq ongles à toutes les pattes et le lobe
antérieur du plastron mobile, nous ne nous sommes
pas servi du nom de *Pelusios* que Wagler lui a substitué, quoiqu'il en ait conservé à peu près les caractères
essentiels.

Nous aurions laissé encore avec les Émydes, ainsi
que nous avions cru devoir le faire lorsque nous avons
publié le premier volume de cet ouvrage, l'espèce
d'Élodites d'après laquelle M. Lesson a établi son
genre *Tétraonyx;* mais nous nous sommes assurés
depuis, sur un individu parfaitement adulte, que ce
défaut d'ongle au cinquième doigt des pieds antérieurs, indiqué comme caractère générique, n'était pas
dû au très jeune âge des sujets qui ont servi à M. Lesson, ni à leur mauvais état de conservation, comme
nous l'avions d'abord pensé, ainsi que plusieurs autres Erpétologistes. Nous conservons donc ce genre.

Nous aurons aussi à inscrire dans le nouveau tableau synoptique que nous donnerons du groupe des
Cryptodères, le genre si remarquable que M. Gray a
nommé *Platysterne;* genre qui forme le passage des
Émydes aux Émysaures dont il a la longue queue et
les mâchoires fortes et crochues, mais qui conserve
néanmoins le sternum élargi des Émydes.

Un examen plus approfondi, et favorisé surtout par
l'observation que nous pouvions faire sur un plus
grand nombre d'individus appartenants aux espèces
appelées *Testudo Scorpioïdes* et *Pensylvanica* par

Linné, et celle que Bosc et Daudin ont nommée *Odorata*, que nous ne possédions pas auparavant, nous a fait changer d'opinion à l'égard des genres *Cinosterne* et *Staurotype* de Wagler. Nous considérions ces deux genres comme n'en devant former qu'un seul, auquel, dans notre premier volume, nous avions conservé le nom de Cinosterne. Il est maintenant évident pour nous que le *Cinosternum Odoratum* de Gray ne doit pas être rangé avec les Cinosternes, mais bien faire partie du genre *Staurotype* de Wagler attendu qu'il possède les deux caractères que lui assigne cet auteur : savoir, un sternum cruciforme avec le lobe antérieur seul susceptible de mouvement. Il résulte de là que nous regarderons et que nous ferons connaître comme de véritables Cinosternes les espèces dont le sternum offre à peu près la même largeur dans toute son étendue, et dont les deux extrémités libres peuvent se mouvoir, indépendamment l'une de l'autre, à l'aide d'une charnière ligamenteuse qui les unit à la pièce fixe du milieu. Les espèces aujourd'hui connues, dont le plastron est ainsi conformé, sont le *Cinosternum Scorpioïdes*, le *Pensylvanicum* et l'*Hirtipes*. L'espèce que Wagler a nommée *Triporcatum* et celle que M. Gray a appelée *Odoratum*, appartiennent maintenant à notre genre Staurotype.

Sous le nom générique de *Platémys*, nous avons réuni en un groupe toutes les espèces placées par Wagler dans trois genres divers qu'il a désignés, l'un sous le nom de *Platémys* que nous conservons, et de plus ses *Rhinémys* et ses *Phrynops*, parce que nous n'avons pas trouvé que les caractères assignés à chacun

d'eux par cet auteur fussent réellement assez tran-
chés, ainsi que nous l'établirons par la suite en faisant
l'historique du premier de ces genres.

Au genre *Chélodine* de M. Gray, ou à l'Émyde à
long cou de la Nouvelle-Hollande, que nous avons eue
vivante pendant plusieurs années, nous avons joint
l'*Émys Maximiliani* de Mikan, dont Wagler avait
fait le type de son genre *Hydromedusa*, et une espèce
nouvelle que nous appellerons à bouche-jaune.

A la liste des Élodites Pleurodères, nous aurons à
ajouter encore un autre genre dont l'espèce qui servira
de type est l'*Émyde Tracaxa* de Spix. Elle ne nous
était connue que par la figure que cet auteur en avait
donnée, planche 5 de son ouvrage sur les Reptiles nouveaux du Brésil, lorsque, depuis l'impression de notre
premier volume, nous avons eu l'avantage d'acquérir
pour la collection du Muséum un individu très bien
conservé appartenant à cette espèce. C'est alors seulement que nous avons reconnu que cette Émyde diffé-
rait génériquement des Podocnémides, avec lesquelles
Wagler l'avait placée et où nous l'aurions laissée nous-
mêmes, si nous n'avions trouvé des caractères véritablement importans qui nous ont obligés d'en faire le
type d'un genre nouveau, auquel nous avons assigné
le nom de *Peltocéphale,* qui indique en particulier
les larges plaques écailleuses qui enveloppent toutes
les parties de sa tête comme une sorte de bouclier. Ce
genre, que nous placerons en tête du second groupe
des Élodites, formera avec les Cinosternes qui terminent le premier, un passage presque insensible entre les deux sous-familles, car il ressemble aux Cinosternes, d'abord par la forme un peu allongée et
arrondie de sa carapace, laquelle est aussi de même

largeur à ses extrémités, ensuite par la conformation
de ses mâchoires, qui sont fortement tranchantes et
qui se terminent l'une et l'autre antérieurement par
un bec crochu. Ce genre tient des Podocnémides qui
viennent après lui, en ce que son plastron est, comme
le leur, couvert de treize plaques et qu'il est soudé
aux os du bassin. Il a aussi, comme les Podocnémides, la partie latérale interne des pattes postérieures munie de deux larges écussons ou écailles,
caractère qui a fait placer l'Émyde Tracaxa par Wagler dans son genre Podocnémide. Mais le genre Peltocéphale, ainsi que nous le nommons, se distinguera
aisément de ces deux-ci, parce que d'une part, son
plastron n'est pas à battans mobiles, comme celui
des Cinosternes, mais d'une seule pièce garnie de
treize plaques au lieu de onze; d'une autre part, la
tête est plus allongée que celle des Podocnémides et
sans sillon longitudinal sur le milieu du crâne ; sa
mâchoire supérieure forme en avant un bec crochu ;
au lieu que chez les Podocnémides, elle est plutôt
échancrée en cet endroit ; enfin que la membrane
interdigitale de ses pattes et surtout aux membres
postérieurs, est très peu développée, tandis que dans
les Podocnémides elle atteint presque l'extrémité des
ongles.

En dernier lieu nous avons nommé *Pentonyx*, à
cause des cinq ongles qui arment les pieds de devant,
comme les pattes postérieures, le genre qui a pour type
la *Testudo galeata* de Schœpf, plutôt que de lui appliquer le nom de *Pelomedusa*, que lui avait assigné
Wagler. Ces petites difficultés relatives à la nomenclature devaient être exposées avec quelques détails.
C'est un malheur réel pour les naturalistes d'avoir à

débrouiller toutes ces synonymies qui sont réellement embarrassantes, et dont les détails sont très fastidieux pour ceux qui ont besoin de s'y livrer ; nous allons maintenant nous occuper de faits réels et généraux qui méritent un autre intérêt.

Organisation. Nous avons dit que toutes les pièces osseuses qui entrent dans la composition de la carapace et du sternum se soudaient d'assez bonne heure les unes aux autres chez les Tortues terrestres : cette règle n'est pas aussi générale chez les Élodites ; car plusieurs d'entre elles, long-temps après leur naissance, laissent encore apercevoir et sentir aux doigts des espaces cartilagineux entre les côtes, aussi bien que dans les intervalles qui séparent les pièces osseuses dont le plastron est composé. C'est ce dont nous nous sommes assurés sur des individus que nous avons nourris et observés pendant trois années consécutives. Cette disposition, qui est déja fort remarquable dans la carapace de la Chélyde Matamata, l'est bien davantage dans celle du Tétronyx de Lesson, espèce chez laquelle l'ossification complète de ces parties n'a lieu que lorsque l'animal est fort âgé.

La boîte osseuse des Élodites est proportionnellement moins pesante que celle des Chersites, surtout dans les petites espèces. Les os en sont moins épais et par conséquent moins résistans : ils n'ont que bien rarement en effet de grands efforts à soutenir ; car la voûte qu'ils forment en est très surbaissée.

Si les plaques écailleuses qui recouvrent la carapace offrent des aréoles et des stries concentriques, elles sont très peu apparentes. Les espèces chez lesquelles elles sont le plus marquées sont, 1° celle qu'on a nommée à cause de cela *Centrata* ou à lignes

12.

concentriques, 2° la Cistude de la Caroline, 3° le Cinosterne Scorpioïde, et 4° la Chélyde Matamata. Ces
plaques sont au nombre de treize sur le disque ; mais
ce nombre varie de vingt-trois à vingt-cinq sur le pourtour, et de huit à treize sur le sternum. Il n'est pas rare
d'en rencontrer dont le bord postérieur recouvre l'antérieur de l'écaille qui suit. Les espèces qui ont ainsi les
plaques imbriquées ou entuilées, sont la Cistude d'Amboine, tous les Cinosternes et le genre que nous avons
désigné sous le nom de Peltocéphale, etc. Quant au
nombre de côtés ou pans que ces plaques présentent,
il est à peu près le même que chez les Chersites.

Chez les Élodites, de même que dans les Chersites,
le contour de la boîte osseuse offre une figure à peu
près ovale. Dans le plus grand nombre des cas, la
carapace est plus large derrière que devant, ainsi que
le montre au plus haut degré la Podocnémide, qu'on
a pour cela nommée Élargie. Quelquefois cependant, les deux extrémités de ce bouclier présentent la
même largeur, et alors il arrive que tantôt les deux
régions qui correspondent aux flancs suivent une
ligne droite, comme cela se voit dans le *Pentonyx
du Cap*; tantôt que ces mêmes régions latérales s'inflé-
chissent faiblement en dedans, comme le *Platysterne
Mégacéphale* nous en fournit un exemple; tantôt enfin
que la largeur de la carapace se trouvant presque égale
à sa longueur, le contour en est à peu près circulaire :
telle est en particulier la forme du bouclier de la *Cistude de la Caroline.*

A l'exception de deux ou trois espèces dont le corps
est un peu aplati, les Chersites, comme nous l'avons
dit, ont la carapace fort élevée et très bombée. Ici
dans les Élodites, c'est absolument le contraire, car

nous citerions difficilement plus de trois ou quatre
espèces dont la partie supérieure du coffre osseux ait
une grande convexité, comme dans la Cistude de la Caroline et l'Émyde Ocellée, tandis que chez toutes
les autres, le bouclier est plus ou moins déprimé.

Jamais, chez aucune Élodite, le bouclier n'est bosselé ou garni de ces renflemens arrondis, ou à plusieurs pans qui s'élèvent au dessus de la surface de
la carapace, chez un assez grand nombre de Chersites.
Les inégalités qu'on y remarque se montrent sous la
forme d'arêtes et de carènes, arrondies ou en toit ordinairement peu élevé. Parmi ces espèces de Tortues qui habitent les marais, il en est peu qui n'aient la
partie moyenne du dos surmontée d'une de ces lignes
saillantes. Nous citerons l'Émyde d'Europe, comme
l'une de celles dont la carène est le moins prononcée,
et le Cinosterne Scorpioïde nous fournira un exemple
contraire. On rencontre quelques Élodites qui, outre
cette arête médiane, en ont de chaque côté une autre
tout-à-fait parallèle, mais à une certaine distance. Le
Cinosterne que nous venons de citer en dernier lieu
et l'Émyde dite à trois carènes, sont l'un et l'autre
dans ce cas. Chez quelques-unes cette arête n'est pas
continue; car sur chacune des plaques qui la constituent, elle semble s'interrompre, pour former une
pointe obtuse, légèrement relevée. Cette disposition
se fait surtout remarquer dans l'Émyde à dos en toit.

Parfois, ainsi qu'on l'observe dans la *Chély de Matamata* et dans *l'Émyde d'Hamilton*, les plaques
centrales ou du disque sont tectiformes, de façon qu'il
existe une profonde et large gouttière entre la rangée
du milieu et chaque rangée latérale de ces plaques.
Le plus souvent le disque de la carapace est couvert

dans toutes ses parties; tantôt cependant, les trois plaques vertébrales du milieu offrent un plan horizontal, tandis que celles qui les circonscrivent descendent vers le pourtour en se recourbant légèrement: c'est le cas de la *Chélodine de Maximilien*. D'autres fois la région du dos, occupée par la seconde, la troisième et la quatrième plaque vertébrale, présente un sillon assez profond comme chez la *Platémy de Martinelle*. Il arrive aussi qu'au fond de ce sillon, il se trouve une arête dorsale, et c'est ce qu'on peut voir sur la carapace des individus adultes du *Pentonyx* du Cap. Enfin il y a des espèces chez lesquelles la carapace est tectiforme.

Nous croyons devoir rappeler ce que nous avons déja annoncé, à l'occasion des Chersites, que jamais chez les jeunes Chéloniens de cette famille, on n'apercevait la moindre trace des protubérances qui se font remarquer sur un grand nombre d'entre eux, lorsqu'ils sont adultes. Chez les Élodites au contraire, on rencontre un grand nombre d'espèces qui, dans leur jeune âge, même en sortant de l'œuf, ont la carapace surmontée de carènes, qui diminuent d'autant plus que l'animal avance en âge, et que ces lignes saillantes finissent même par disparaître presque complètement. On peut citer comme un exemple l'*Émy de Géographique* de l'Amérique septentrionale. Sous ce rapport les Élodites ressemblent aux Tortues marines, car plusieurs Chélonées et notamment la Caouane, lorsqu'elle est adulte, ont la partie supérieure du bouclier parfaitement unie; quoique le plus ordinairement, et ainsi qu'on l'a décrite dans un âge moins avancé, la carapace de cette dernière soit surmontée et comme hérissée d'épines.

Le pourtour ou le bord de la carapace, chez les Élodites, offre un plan fort peu incliné en dehors; souvent même il est tout-à-fait horizontal, surtout au dessus de la queue et des cuisses. Il n'arrive que très rarement de voir la partie postérieure de ce pourtour marginal, par lequel la carapace s'unit au sternum, être exactement verticale, comme cela se voit presque toujours chez les Chersites. Les seuls exemples que nous ayons à citer parmi les Élodites, sont la *Cistude de la Caroline* et l'*Émyde Ocellée*, et il est à remarquer que ce sont justement celles-là qui ressemblent le plus aux Chersites, par la grande convexité de leur carapace. On n'observe jamais non plus que ce bord antérieur soit relevé au dessus du cou, ni au dessus des membres, comme dans les Chersites, et même nous n'en connaissons pas encore qui ait la marge de la carapace recourbée vers la queue, ou profondément échancrée en V au dessus du cou. Il n'y a que la *Chély de Matamata* et l'*Émyde Épineuse* qui l'aient dentelée tout autour. Chez l'*Émyde à bords en scie*, dans l'*Émysaure Serpentine* et le jeune âge de l'*Émyde Géographique*, elle offre postérieurement des dentelures souvent très profondes. Dans un assez grand nombre d'espèces, le bord tranchant de ce pourtour de la carapace se relève des flancs vers le dos, pour former une sorte de sillon; comme nous avons vu que cela existe chez l'Homopode aréolé parmi les Chersites.

On ne connaît encore aucune espèce d'Élodites qui ait, ainsi que le genre *Cinixys* de la famille des Chersites, la carapace divisée en deux portions dont l'une se meut sur l'autre à l'aide d'une charnière ligamenteuse.

Il n'en est pas de même du *plastron*, qui offre au contraire bien plus de modifications, sous le rapport de ses formes et de la comparaison des pièces du sternum, que les espèces de la famille des Chersites. Cette portion inférieure du coffre osseux des Élodites n'est jamais plus longue que la supérieure. Le plus souvent, sa surface est tout-à-fait plane ; mais il arrive quelquefois qu'elle présente une large, mais très légère concavité. Nous ne savons pas si cela est de même pour toutes les Élodites ; mais nous nous sommes assurés que chez la *Cistude commune*, et chez quelques autres espèces, c'est le signe distinctif du mâle.

Dans les Élodites, les ailes, ou les parties latérales du sternum, sont beaucoup plus courtes et moins relevées que chez les Chersites. Quelquefois même elles ne le sont pas du tout, ainsi qu'on le voit dans l'*Émysaure*, chez laquelle le sternum s'articule, comme celui des Thalassites, sur un cartilage par le bord interne de la carapace. Mais à l'exception des Cistudes, chez lesquelles il est retenu là par un ligament élastique qui lui permet un petit mouvement ; dans tous les autres genres d'Élodites, le sternum est toujours fixé solidement à la carapace par une symphyse serrée, ou par une suture osseuse, soit qu'il se compose d'une seule pièce solide ou de plusieurs, lesquelles sont mobiles entre elles.

En effet, tantôt ce plastron est divisé en deux portions à peu près égales par un ligament serré qui leur sert de charnière ; tel est le cas des *Cistudes* ; tantôt il offre trois pièces, dont les deux extérieures sont fixées chacune par une articulation ligamenteuse à la portion moyenne, qui seule est soudée à la carapace : tels sont les plastrons des *Cinosternes*. Enfin, il est deux genres, l'un parmi les Pleurodères, celui des *Sternothères*, l'autre, celui des *Staurotypes*, parmi les Cryptodères, qui, de même que les *Pyxides* de la famille des Chersites, offrent une mobilité remarquable dans la portion antérieure de leur plastron.

Le *sternum* n'est jamais plus long que la carapace ; le plus souvent il est fort large et son pourtour est à peu près ovale. Il peut être arrondi à ses deux extrémités, comme chez la *Cistude de la Caroline* ; arrondi devant et échancré derrière, ainsi qu'on le voit dans le *Sternothère noirâtre*. Mais chez le plus grand nombre, le sternum est tronqué antérieurement, et il est en même temps échancré derrière, ou bien il offre une pointe obtuse à ses deux extrémités, comme celui du *Cinosterne Scorpioïde*. Quelquefois, il est plus étroit derrière que devant, ainsi que nous le fait voir la *Chélyde Matamata* et le *Pentonyx du Cap* ; enfin il est disposé en forme de croix dans les genres *Émysaure* et *Staurotype*.

Quant aux plaques qui recouvrent la carapace, il y a peu d'espèces parmi les Élodites, chez lesquelles les stries concentriques et les aréoles centrales soient apparentes. Celles dont les plaques en offrent de bien marquées sont une *Émyde*, nommée à cause de cela *Centrata* ou à lignes concentriques, la *Cistude Européenne* et une autre *Émyde* qu'on nomme la *Gentille* (*Puchella*). Ces plaques sont toujours au nombre de treize sur le disque, de vingt-trois à vingt-cinq sur le pourtour ou bord marginal, et de huit à treize sur le sternum.

Nous ne parlerons ici que de la forme générale de la tête dans les Élodites ; car elle présente trop de différences de détails et des caractères trop importans dans les deux sous-familles des Cryptodères et des Pleurodères. Comme ces diverses dispositions ont servi de base à l'établissement des genres, nous les étudierons au moment où nous traiterons de chacun de ces groupes en particulier. Quoique dans les Cryptodères l'apparence de la tête soit à peu près la même que chez les Chersites, c'est-à-dire presque aussi haute que large dans sa partie postérieure, et qu'elle soit ainsi comme pyramidale; dans les Pleurodères, elle est généralement déprimée, et elle offre par conséquent plus de largeur que de hauteur.

Les *mâchoires* tranchantes ont le plus souvent, du côté par lequel elles se touchent, un double rebord interne comme nous l'avons indiqué chez les Chersites, et c'est le cas de la plupart des Cryptodères; mais au contraire dans presque toutes les Pleurodères, le bord libre des mâchoires est simple. Les étuis de corne qui les enveloppent varient de forme et d'épaisseur; cependant on les distingue toujours, même dans la *Chélyde Matamata*, que la plupart des erpétologistes signalent cependant comme ayant les os maxillaires garnis d'une peau coriace.

Les *narines* ressemblent tout-à-fait à celles des autres Chéloniens; elles sont percées à l'extrémité du museau dans l'axe de la longueur de la face, et tellement rapprochées que souvent elles semblent n'avoir, dans le squelette surtout, qu'une seule et même ouverture.

Les *yeux* sont latéraux dans les Cryptodères, et au contraire ils sont presque en dessus dans les Pleurodères; mais dans toutes ces Tortues paludines les paupières sont coupées obliquement de haut en bas comme chez les espèces terrestres; leur hauteur respective est à peu près égale, ce en quoi les Elodites diffèrent des Chersites qui, ainsi que nous l'avons exprimé comme un caractère distinctif, ont la paupière inférieure plus grande que la supérieure.

La membrane du *tympan* est à peu près circulaire ou ovale; son cadre osseux la rend assez apparente dans les limites de sa circonférence.

La *langue* est loin d'être aussi épaisse, aussi charnue que celle des Chersites; dans quelques genres elle est même fort mince et très courte. C'est presque à sa base qu'on voit le tubercule au milieu duquel est l'orifice de la glotte, de sorte qu'il y a un petit repli de chaque côté comme chez les Oiseaux. La surface de cette langue n'est jamais complètement lisse, le plus souvent elle est couverte de petites circonvolutions saillantes, sinueuses; d'autres fois ces plis sont plus simples, transversaux et peu marqués. Au reste nous ne pouvons pas en juger d'une manière précise, parce que la plupart des langues que nous avons examinées et comparées avaient été long-temps plongées dans la liqueur alcoolique conservatrice.

Le *cou* des Élodites, quoique souvent plus long que celui des Chersites, n'est pas supporté par un plus grand nombre de vertèbres, lequel ordinairement est de huit, cette plus grande étendue dépendant de la forme plus allongée du corps de ces vertèbres. Nous répéterons ici que dans les Cryptodères le cou est presque cylindrique, que les muscles en sont gros et nombreux comme dans les Oiseaux, et que la peau qui les recouvre est lâche, engaînante et mobile, soutenue par un muscle qui la fait se contracter de manière à former un repli en palatine autour du cou ou à envelopper la partie postérieure de la tête comme sous un capu-

chon qui souvent ne laisse apercevoir que les trous
des narines; dans les Pleurodères le cou est souvent
déprimé, plus allongé, et la peau est plus adhérente
aux muscles autour desquels elle reste fixée. Dans les
deux cas, l'épiderme est mou, tuberculeux; tantôt
il existe des appendices cutanés sur différentes régions du cou, et jusque sous la ganache et le menton.

L'espace compris entre la carapace et le plastron
est toujours proportionné à la grosseur du cou. Moins
élevé, si celui-ci est comprimé ainsi que la tête, comme
cela a lieu chez les Pleurodères; plus considérable
chez les Cryptodères, ce qui semble nécessité par la
manière dont les espèces de cette sous-famille retirent
leur tête sous la carapace, en donnant à leur cou une
double courbure dans le sens vertical, tandis que les
Pleurodères, qui ont fourni leur nom par cette particularité, portent constamment la tête latéralement
sur le bord externe, droit ou gauche, de la carapace
un mouvement presque horizontal.

Les *membres* des Élodites sont encore à peu près
de même longueur devant et derrière. Les deux paires
sont terminées chacune par cinq doigts parfaitement
distincts les uns des autres, quoiqu'ils soient réunis
entre eux par une membrane qui est plus ou moins
développée, suivant que les espèces vivent plus habituellement dans l'eau; car chez celles qu'on sait habi-
ter plutôt les bords des étangs ou des petites rivières,
on n'aperçoit la membrane qu'à la base des doigts,
tandis que celles qui viennent rarement sur la terre
ont cette membrane tellement prolongée qu'elle atteint
parfois jusqu'à l'extrémité des ongles. Ceux-ci varient
pour la forme et la longueur; ils sont le plus souvent

longs et pointus et légèrement courbés, quelquefois même crochus; mais ils ne sont jamais en forme de sabots obtus, comme dans les pattes informes des Chersites. Leur nombre n'est pas constamment le même dans tous les genres. A la vérité le plus souvent il y en a cinq devant et quatre derrière, rarement cinq à tous les pieds, et dans quelques cas plus rares encore, quatre seulement à chacun d'eux.

Les *membres* antérieurs et postérieurs des Élodites sont légèrement déprimés dans le sens vertical pour s'accommoder à l'espace compris entre le bouclier et le plastron. Nous verrons dans la famille suivante, celle des Potamites, que cette dépression est plus prononcée encore, et qu'enfin chez les Thalassites elle est considérable, qu'elle a transformé les membres en de véritables nageoires.

L'os du bras ou l'humérus des Elodites est moins arqué que celui des Chersites, ce qui fait que les bras des premières peuvent s'étendre davantage en avant; lorsque l'animal nage, la paume de ses mains et la plante de ses pieds sont obliquement dirigées en arrière; mais quand il pose les pattes sur la terre, les deux s'appuient en plein et très bien sur le sol. On conçoit que les Élodites ne sont plus *Onguigrades* comme les Chersites, mais de véritables Digitigrades ou Plantigrades.

Presque toutes les Élodites peuvent replier et cacher entièrement les membres entre la carapace et le plastron. Il est même certaines espèces de Cistudes, qui, à l'aide des deux battans mobiles de leur sternum, se renferment et rentrent complètement dans leur carapace, comme dans une sorte de boîte ou de maison mobile. Cependant dans le genre Émysaure, ni la carapace ni le sternum ne sont assez élargis pour cacher tout-à-fait les membres, lors même qu'ils sont repliés. Les Platysternes dont le sternum est large peuvent cacher leurs membres entre celui-ci et la carapace, mais leur tête reste constamment au dehors.

Le *bassin* est mobile, toutes les fois qu'il n'est pas soudé au plastron, car alors il l'est également aux os de l'échine, et c'est le cas que nous offrent les Pleurodères, sans aucune exception connue ; chez toutes les Cryptodères, au contraire, il est libre du côté du sternum et uni par des ligamens et des cartilages à la carapace.

Jamais on ne voit sur les membres des Élodites de ces grosses écailles tuberculeuses, comme il en existe sur ceux des Chersites. Les écailles qu'on remarque sur les bras comme sur les pieds des Tortues paludines, sont plates, minces, toujours plus larges que hautes, et jamais adhérentes à la peau par la face interne de leur bord inférieur; de façon que dans certaines circonstances, lorsque les membres sont étendus, par exemple, le bord libre de l'une recouvre la marge fixe de l'autre, elles sont ainsi placées à la manière des tuiles d'un toit, ou elles deviennent, comme on le dit, imbriquées. De même que chez les Chersites, c'est toujours la face antérieure des bras, le derrière du poignet, les environs des genoux et des talons qui sont le plus fournis de ces écailles solides et protectrices.

Quant aux doigts, ils sont recouverts de petites lames écailleuses placées en recouvrement les unes au dessus des autres, à peu près comme on le remarque chez les Oiseaux.

On peut se rappeler que chez les Chersites il y a un grand nombre d'espèces qui portent sur le bord ou sur la tranche postérieure de la cuisse, un ou plusieurs gros tubercules écailleux. Ici, parmi les Élodites, il n'y a guère que les Cinosternes qui offrent cette particularité; encore chez eux ces écailles tuberculeuses sont-elles proportionellement beaucoup plus petites que dans les Tortues terrestres.

La *queue* est quelquefois très courte, dépassant à peine la carapace; mais souvent elle atteint un peu au delà du niveau de l'extrémité des pieds, lorsqu'ils sont étendus hors de la carapace, ce qui arrive rarement dans les Chersites. Le nombre des vertèbres caudales est généralement plus grand et beaucoup plus variable chez les Tortues paludines, que chez les terrestres. Nous aurons soin de l'indiquer autant que faire se pourra, car malheureusement nous ne possédons pas encore le squelette de toutes les espèces. Quand nous en serons instruits, nous l'indiquerons comme une note importante dans nos descriptions.

Nous ne connaissons parmi tous les Chéloniens, que les *Émysaures* et les *Platysternes*, dont la longueur de la queue soit égale pour ainsi dire à celle de la carapace. Les premières sont les seules chez lesquelles cette queue soit, de même que dans les Crocodiles, surmontée de crètes formées d'écailles élevées en arêtes ou comprimées latéralement. Chez la plupart des Élodites, les tégumens de la queue sont parsemés de petites écailles lisses, polygones et rarement imbriquées. Dans les deux genres que nous venons de nommer, sa face inférieure est garnie d'un double rang de scutelles parfaitement semblables à celles qui revêtent les mêmes parties chez un grand nombre d'Ophidiens. Il n'y a parmi les Tortues paludines, que les *Cinosternes* *les Staurotypes* et les *Peltocéphales*, chez lesquelles la queue se termine par un étui corné, pointu, comparable à une sorte d'ergot : il est surtout très développé dans les individus du premier genre. Longue ou courte, la queue chez les Élodites, les Émysaures exceptées, n'est jamais aussi grosse à la base que celle des Chersites; elle est ordinairement grêle, pointue à son extrémité libre, en un mot proportionnellement moins longue qu'une queue de rat; mais ayant cependant quelque ressemblance avec elle. On prétend même que le nom d'Émys, donné par les Grecs à l'une des espèces, provient de cette sorte d'analogie dans la forme de la queue de ces Tortues avec celle des Rats d'eau.

Quoique nous ne puissions pas assurer que la disposition dont nous allons parler puisse s'appliquer à toutes les espèces, il est certain que chez la Cistude commune, la queue des mâles est toujours plus courte et plus épaisse à sa base que celle des femelles ; tandis que chez les deux espèces de Cinosternes que l'on connaît, c'est absolument le contraire; la queue de la femelle est excessivement courte, et celle du mâle fort grosse et très longue. L'ouverture du cloaque est aussi située plus en arrière, quoique cet orifice soit un trou arrondi, un peu allongé, au delà duquel on voit en arrière un sillon analogue au surplus à ce qui existe dans les Chersites.

Quant aux dimensions générales des Élodites, nous remarquerons qu'aucun individu ne paraît atteindre une taille aussi considérable que certaines espèces de Chersites et de Thalassites, comme la Tortue Géante parmi les premières, et le Sphargis-Luth parmi les secondes. L'Émysaure Serpentine, qui peut être considérée comme celle des Élodites, qui offre le plus grand développement, n'a cependant que la moitié du volume des deux espèces que nous venons de citer. Les plus petites que nous connaissions parmi elles à l'état adulte sont l'*Émyde de Muhlenberg* et le *Cinosterne de Pensylvanie*.

Pour le genre de vie, nous trouvons d'assez grandes différences entre les habitudes des espèces de cette famille et celles des trois autres groupes qui ont été rangés cependant dans le même ordre, car leur distinction est établie d'après cette considération. En effet, les Tortues paludines sont loin d'offrir la lenteur des espèces terrestres. Dans l'eau elles nagent même avec une certaine facilité, et sur la terre elles se transportent d'un lieu à un autre beaucoup plus promptement que les Chersites. Elles fréquentent les petites rivières dont le cours n'est pas trop rapide, les lacs, les étangs et les marais. Elles ne se nourrissent ni comme les Tortues terrestres, ni comme les marines, de substances végétales presque uniquement, mais bien comme les Fluviales, de matières animales, pourvu qu'elles donnent quelque signe de mouvement ou de vie. Elles font surtout la chasse aux Mollusques fluviatiles, aux Batraciens Anoures et Urodèles, et elles recherchent aussi les Annélides.

Il paraît que l'acte de la fécondation se prolonge long-temps, et que les sexes restent joints pendant plusieurs semaines, mais à une seule époque de l'année. Les œufs sont généralement sphériques, à coque calcaire et de couleur blanche comme ceux des autres Chéloniens. Les femelles les déposent dans des cavités peu profondes, qu'elles creusent dans la terre, à peu près comme le font les Tortues terrestres; mais les

Elodites préfèrent les rivages des eaux où elles habitent, afin que les petits, au moment où ils sortent de la coque, puissent plus facilement se soustraire à la destruction qui les menace ; car beaucoup de races d'animaux cherchent à s'en nourrir à cette époque. Il ne paraît pas que les Tortues de marais prennent plus de soins de leur progéniture, une fois éclose, que la plupart des autres Reptiles. Le nombre des œufs, qui est fort considérable, varie cependant suivant les espèces, et probablement suivant l'âge et le développement des femelles, qui engendrent pendant quelques années avant d'avoir atteint toute la taille à laquelle elles semblent devoir parvenir.

Distribution géographique des espèces.—Des quatre familles qui composent l'ordre des Chéloniens, celle des Élodites est la plus nombreuse en genres et surtout en espèces. Car on a reconnu des Tortues paludines dans l'ancien monde et dans le nouveau et même en Australasie d'où, comme nous l'avons dit, on n'a jusqu'ici rapporté aucune espèce de Chersites. Les deux continens d'Amérique, nous ne parlons pas des îles qui en dépendent, puisqu'il est vraiment prouvé qu'on n'y rencontre pas d'espèces qui leur soient particulières, l'Amérique, disons-nous, ne paraît nourrir que trois espèces différentes de Chersites ; tandis que ces mêmes terres produisent à elles seules plus d'une fois autant d'espèces de Tortues paludines, que toutes les autres parties du globe réunies. Ainsi, des soixante-quatorze espèces qui composent cette famille, quarante-six sont exclusivement américaines, et les vingt-neuf autres sont réparties entre l'Australasie et les contrées de l'ancien monde. Si l'on recherche la cause de cette différence numérique, on la trouve tout naturellement dans l'immense quantité d'eau qui, sous la forme de lacs, d'étangs et de marais, séjours ordinaires des Paludines, couvre une certaine partie de la surface du continent américain, aussi bien que dans les grands fleuves et les rivières tributaires de ceux-ci, qui le traversent en tous sens, et dans lesquels vivent aussi plusieurs espèces d'Élodites. Ce qui viendrait à l'appui de cette opinion, c'est que l'Afrique, dont le sol diffère tant de celui de l'Amérique, sous ce rapport comme sous beaucoup d'autres, ne possède que six espèces d'Élodites, dont trois ne se sont même jusqu'à présent rencontrées que dans l'île de Madagascar, une à Bourbon et une autre au cap Vert ; tandis que l'Afrique est fort riche en Tortues terrestres.

Parmi les vingt-neuf Élodites qui sont étrangères à l'Amérique, deux seulement, comme nous l'avons dit précédemment, la Platémyde de Macquarie, et la Chélodine de la Nouvelle-Hollande, sont originaires du pays dont cette dernière porte le nom. Trois appartiennent à l'Europe, six à l'Afrique, et les dix-huit qui restent sur le nombre total, proviennent des Indes Orientales ou de leur archipel, qui est la partie de l'Asie la plus convenable au genre de vie des Élodites, c'est-à-dire la plus arrosée d'eau.

Une remarque qu'il n'est peut-être pas inutile de faire, c'est qu'entre toutes les Élodites indiennes, il ne s'en trouve pas une seule qui ait le bassin soudé au plastron en même temps qu'à la carapace et par conséquent immobile, ni qui ait le cou rétractile sur l'un des côtés du bouclier ; tandis que les deux espèces de la Nouvelle-Hollande et les Élodites africaines sont au contraire dans ce cas, c'est-à-dire Pleurodères. La patrie par excellence des espèces qui ap-

15.

partiennent à cette sous-famille des Élodites, c'est l'Amérique méridionale où jusqu'ici parmi les vingt-trois espèces d'Élodites qui y habitent, nous n'en connaissons que cinq qui soient Cryptodères. Il n'existe pas une seule espèce d'Élodites Pleurodères dans l'Amérique du nord; les six espèces d'Afrique appartiennent également à notre seconde subdivision.

Nous allons présenter dans un tableau analogue à celui que nous avons rédigé pour la famille des Tortues terrestres, les habitations géographiques des genres qui appartiennent à cette famille des Élodites.

GENRES.	Europe.	Asie.	Afrique.	Amérique mérid.	Amérique septent.	Australasie.	TOTAL des ESPÈCES.
CISTUDE.........	1	3	0	0	1	0	5
ÉMYDE	2	12	1	2	18	0	35
TÉTRONYX......	0	2	0	0	0	0	2
PLATYSTERNE. ..	0	1	0	0	0	0	1
ÉMYSAURE......	0	0	0	0	1	0	1
STAUROTYPE. ...	0	0	0	1	1	0	2
CINOSTERNE.....	0	0	0	2	1	0	3
PELTOCÉPHALE..	0	0	0	1	0	0	1
PODOCNÉMIDE...	0	0	0	2	0	0	2
PENTONYX......	0	0	2	0	0	0	2
STERNOTHÈRE...	0	0	3	0	0	0	3
PLATÉMYDE.....	0	0	0	12	0	1	13
CHÉLODINE......	0	0	0	2	0	1	3
CHÉLYDE........	0	0	0	1	0	0	1
Nombre des espèces dans chaque partie du monde...	3	18	6	23	22	2	74

Après cet examen , passons à l'historique de la classification des Tortues paludines. Nous avons eu déja l'occasion de dire que Linné avait subdivisé le genre *Testudo* en trois sections d'après les mœurs, les habitudes et la conformation des espèces, que dans l'un de ces sous-genres se trouvaient réunies sous le nom de *Fluviatiles* toutes les espèces à doigts distincts palmés. C'est d'après cette subdivision que nous avons établi les premiers le genre *Émyde ;* mais alors le genre *Trionyx* en faisait encore partie. Puis et successivement d'autres espèces en furent distraites comme devant former des genres séparés d'après leur conformation et leurs habitudes, ainsi que nous l'indiquerons bientôt.

Avant que nous connussions le beau travail de Wagler sur les Amphibies, nous avions eu l'intention de former parmi les Émydes deux sections. Nous avions en effet remarqué que les unes avaient le cou et la tête rétractiles, de manière qu'en rentrant sous la carapace elle s'abaissait presque verticalement en éprouvant sur sa longueur une double brisure en Z à angles arrondis, et en s'affaissant comme par une sorte de bascule; tandis que chez d'autres la tête et le cou souvent allongé qui la supporte , viennent horizontalement se plier et se coucher de côté dans l'espace plus ou moins étroit compris entre le bouclier et le plastron. Ces deux groupes sont justement ceux dont nous faisons maintenant des sous-familles. Mais nous avons trouvé cette distinction parfaitement établie par le savant naturaliste que nous venons de citer, dans un passage de son ouvrage allemand, page 218, second alinéa, dont voici la traduction libre. « Le cou a deux ma-
« nières particulières de se recourber. Il peut, comme

« je l'ai observé plus haut, se contracter en forme d'S
« (*Aspidonectes*, *Trionyx*, *Clemmys*, *Stauroty-*
« *pus*, *Pelusios*, *Cinosternon*, *Émys*), ou seulement
« se replier de côté (*Chelydra*, *Rhinemys*, *Hydro-*
« *medusa*, *Podocnemis*, *Platemys*, *Phrynops*, *Pe-*
« *lomedusa*). Le premier cas est celui des genres qui
« ont un bassin mobile, et l'autre celui des genres à
« bassin immobile. » De sorte que c'est à Wagler qu'il
faut réellement attribuer cette distinction, que nous
avons pu mieux établir en ayant les espèces sous les
yeux. C'est ainsi que nous avons placé parmi les Pleurodères le genre *Pelusios* (Sternotherus nob.) que
Wagler et nous-mêmes avions d'abord rangé avec les
Cryptodères; et que nous avons restitué à ce dernier
groupe le genre *Chelydra* (Emysaura nob.) que le
savant auteur du système des Amphibies avait à tort
indiqué comme devant appartenir à l'autre subdivision. En outre, en faisant de ces particularités et de
quelques autres qui s'y joignent, la base de notre classification, nous avons cru devoir désigner sous des
noms particuliers les deux sous-familles, et nous avons
pris le caractère dans la manière dont le cou se place
et se retire sous l'ouverture antérieure du bouclier : de
là les dénominations de Cryptodères et de Pleurodères.

Quant aux genres, voici l'ordre successif et chronologique dans lequel ils ont été établis.

Quoique notre ami M. Alexandre BRONGNIART ait
adopté le nom d'*Émyde* dans le mémoire qu'il a publié en 1805, à la page 612, parmi ceux des savans
étrangers, on voit qu'en 1799, lorsqu'il fit insérer des
extraits détaillés de ce mémoire, d'abord dans le Magasin encyclopédique, puis dans le Bulletin des scien-

cès, il ne donna des noms distincts qu'au genre Chélonée et à celui des Tortues, qu'il sépara bien comme
Linné l'avait fait, en terrestres et en fluviatiles. Ce
fut dans nos cours publics et ensuite en 1803, dans
notre traité élémentaire d'Histoire naturelle , que
nous avons établi le genre Émyde, et que nous l'avons
ainsi nommé, comme M. Brongniart le dit lui-même.

Le genre *Chélyde* a encore été indiqué par nous
en 1805, et il se trouve inscrit et caractérisé dans
le 48ᵉ tableau de la Zoologie analytique, page 77,
et il est bien étonnant qu'en 1820, Merrem ait voulu
lui substituer le nom générique de *Matamata*.

SCHWEIGGER dans son Prodrome de la Monographie
des Tortues, publié en 1812, à Kœnigsberg, sépara des
Émydes le genre *Chélydre*, dont nous avons cru de
suite devoir changer le nom dans nos leçons publiques en celui d'*Émysaure,* en conservant cependant
tous les caractères indiqués; mais cette innovation
véritablement nécessaire avait pour but de faire plus
facilement distinguer ce nom dans la prononciation,
car une seule lettre ajoutée pouvait faire confondre
ce genre avec celui des *Chélydes*.

En 1822, FLEMING proposa dans la *Philosophy of
Zoology,* tome II, page 270, l'établissement du genre
Cistude, tel à peu près qu'il a été adopté par BELL en
1825 et ensuite par quelques autres chélonographes,
quoique Wagler en ait fait des Émydes, transportant
le nom de *Clemmys* aux véritables Émydes, comme
nous le dirons par la suite.

En 1824, SPIX, dans son ouvrage sur les Reptiles
nouveaux du Brésil, établit le genre *Kinosternon*.

En 1825, BELL dans le *Zoological journal,* a donné

les caractères du genre *Sternothœrus*, que WAGLER a nommé *Pelusios* en 1830.

En 1826, FITZINGER, dans sa nouvelle classification des Reptiles, qui est jointe à l'indication des espèces du cabinet de Vienne, proposa l'établissement du genre *Chélodine*, dont Bell fit ensuite en 1828 un *Hydraspis*, et Wagler une *Hydromedusa* en 1830.

Plusieurs autres genres dont les noms n'ont pas été admis généralement ou dont les caractères n'ont pas été adoptés, ont été successivement proposés. De ce nombre est celui de la *Terrapène*, proposé par Merrem, dont l'une des espèces, la Pensylvanique, qui a été rangée par Wagler dans son genre *Cinosternon*. La plupart des autres ont été placés par le même auteur parmi les *Émydes*, et dans son genre *Pelusios*; ce sont celles que nous décrivons comme des *Cistudes* et des *Sternothères*.

En 1830, Wagler a proposé l'établissement du genre *Rhinemys*, *Phrynops*, *Pelomedusa*, *Clemmys*, *Podocnemis*, *Staurotypus*, *Platemys*, *Hydromedusa*, *Pelusios*.

Et nous-mêmes, dans le présent ouvrage, nous proposons d'en établir un autre sous le nom de *Peltocéphale* pour l'Émyde Tracaxa de Spix, qui n'est pas une Podocnémide, comme Wagler l'avait pensé.

PREMIÈRE SOUS-FAMILLE DES ÉLODITES.

LES CRYPTODÈRES.

Extérieurement les Cryptodères ne se distinguent pas seulement des Pleurodères parce qu'elles peuvent retirer complètement sous le milieu de leur carapace leur cou cylindrique à peau lâche et engaînante ; on les reconnaît encore à leur tête, dont l'épaisseur est à peu près égale à sa largeur vers l'occiput. Car de même que chez les Chersites, elle diminue de largeur, à partir de l'angle postérieur de l'œil, jusqu'au bout du nez, de telle manière que celui-ci se trouve être le sommet obtus de la figure triangulaire que représente cette portion antérieure de la tête, quand on l'examine du côté du vertex ou par dessus. Les yeux sont toujours latéraux et leur orbite assez grand pour que le diamètre du pourtour de cette cavité égale à peu près le quart de l'étendue totale du crâne, considéré dans sa longueur. Les mâchoires des Cryptodères sont beaucoup plus fortes que celles des Pleurodères : tantôt elles sont simplement tranchantes ; tantôt plus ou moins dentelées sur leurs bords, qui sont droits ou quelquefois sinueux. Chez le plus grand nombre l'extrémité antérieure du bec supérieur offre une large échancrure de chaque côté de laquelle on voit presque constamment une assez forte dent, et alors il est rare que l'extrémité correspondante de la mandibule ne se recourbe pas vers le museau en une pointe aiguë. Parfois ce bec supérieur ressemble tout-à-fait par sa forme à celui de certains oiseaux de proie et plus particulièrement des faucons, ainsi que cela est évident chez les Émysaures.

Le cou de la plupart des Cryptodères est enveloppé d'une peau lisse et nue qui n'est pas adhérente aux muscles. Le genre des Émysaures est peut-être le seul de cette subdivision qui porte sur le bout du museau de vraies plaques écailleuses analogues à celles qui revêtent la surface du crâne et les côtés de la face des Chersites, des Thalassites et de quelques genres parmi les Pleurodères. Ce cou n'est jamais garni d'appendices ou de tubercules aplatis de la peau, ainsi que cela se voit au contraire chez un assez grand nombre d'espèces de l'autre groupe des Élodites. Les Cinosternes, les Staurotypes et les Émysaures sont les seuls qui portent de petits barbillons sous le menton.

Excepté les Cinosternes et les Staurotypes qui n'ont que vingt-trois plaques marginales à la carapace, toutes les autres Cryptodères en présentent vingt-cinq. Il n'y a non plus parmi elles que quelques espèces qui manquent d'axillaires et d'inguinales. Les Émysaures, les Platysternes et une seule espèce d'Émyde ont une rangée de plaques, au nombre de trois, entre les sternales et celles du pourtour. Il est remarquable aussi qu'aucun n'a le cinquième doigt de la patte postérieure muni d'un ongle de nature cornée. La membrane cutanée qui constitue la palmure des pattes étant plus ou moins développée suivant les espèces, c'est en faisant l'histoire de chacune d'elles que nous signalerons les différences notables qu'elle présente chez quelques unes.

A l'intérieur, les Cryptodères portent un caractère qui les distingue essentiellement des espèces de la seconde sous-famille, c'est la manière simple et ordinaire dont leur bassin est articulé à la face interne de la carapace, par une symphyse cartilagineuse correspondante à l'os sacrum, étant tout-à-fait libre d'ailleurs du côté du sternum, ce qui permet à plusieurs de ces Chéloniens de mouvoir légèrement cette partie de leur charpente osseuse, qui a peut-être par cela même un peu moins de solidité; tandis que dans les Pleurodères, le bassin est fixé d'une part au plafond ou à la voûte formée par la partie postérieure du bouclier, et d'autre part au parquet de la boîte osseuse, en se soudant intimement à la face interne et postérieure du sternum.

Cette particularité que nous n'avions pas eu occasion de reconnaître, lorsque nous avons rédigé le premier tableau synoptique général de l'ordre des Chéloniens, qui se trouve inséré à la page 364 du premier volume de cet ouvrage, nous engage à présent à retirer de la sous-famille des Cryptodères, pour les placer dans celle des Pleurodères, les genres *Podocnémide, Sternothère* et celui que nous avons établi sous le nom de *Peltocéphale.* Nous ne connaissions alors en effet que des individus empaillés de manière à laisser croire que ces animaux pouvaient dans l'état vivant retirer en entier leur cou sous le milieu de la carapace; mais depuis, ayant pu observer une espèce de chacun de ces genres, conservée dans l'alcool, nous avons reconnu notre erreur : c'est pourquoi nous présenterons d'autres tableaux synoptiques pour la classification des genres de ces deux sous-familles.

Nous commencerons l'histoire des Cryptodères par celle du genre *Cistude ,* parce que l'une des espèces que nous y rangeons, celle de la Caroline en

particulier, lie en quelque sorte les Chersites aux Élodites, par ses habitudes peu aquatiques, habitudes qui
sont d'ailleurs parfaitement indiquées par sa conformation générale, et surtout par celle de ses pattes,
lesquelles sont bien moins palmées que celles des
autres espèces d'Élodites. Le passage entre ces deux
familles se trouve ainsi établi par la première espèce du genre Cistude. Celle que nous plaçons la
dernière dans ce même genre, étant notre Cistude
de Diard, dont les deux battans, ou pièces mobiles du sternum, sont moins distincts que ceux
de ses congénères, conduira ainsi aux Émydes
proprement dites. Nous avons déja indiqué comment
celles-ci, dont le genre Tétronyx ne diffère que
par l'absence d'un cinquième ongle aux pieds de
devant, se trouvaient liées aux Émysaures par le
genre Platysterne, dont le sternum est encore, il est
vrai, de la largeur de celui des Emydes; mais dont la
longueur proportionnelle de la queue, et la forme de
la tête le fait ressembler davantage aux Émysaures,
qui viennent immédiatement après. Enfin on passe de
celles-ci, qui ont le sternum en croix, au dernier
genre, celui des Cinosternes, par les Staurotypes, autre
genre qui offre beaucoup de ressemblance avec ces
mêmes Cinosternes, mais qui présente en outre,
comme les Émysaures, un sternum formé de deux
branches principales, croisées à angles droits, dont
une moyenne médiane plus longue et plus étroite aux
extrémités, et une en travers, plus large et plus courte
pour s'articuler avec le bord de la carapace, par une
symphyse solide.

Les genres que nous inscrivons dans cette sous-
famille sont au nombre de sept. Nous allons indi-

quer comment ils se distinguent les uns des autres, Si l'on fait attention au nombre des doigts des pattes antérieures, on est d'abord frappé de la particularité que présentent les espèces du genre *Tétronyx*, qui n'ont là en effet que quatre doigts et quatre ongles. Toutes les autres Cryptodères ont cinq doigts et autant d'ongles acérés aux pieds de devant. La longueur respective de la queue est remarquable dans deux genres, qui se distinguent d'ailleurs par la forme de leur plastron, lequel est étroit dans les *Emysaures*, tandis qu'il est largement uni à la carapace chez les *Platysternes*. Dans les quatre autres genres la queue est courte, mais les uns n'ont pas de barbillons sous la mâchoire, tels sont les *Cistudes*, qui ont le plastron mobile, et les *Emydes*, chez lesquelles le sternum ne peut éprouver aucun mouvement; les deux autres genres, qui ont le menton et souvent la gorge munis de barbillons, sont les *Staurotypes* et les *Cinosternes*; ils ont le plastron mobile, mais chez les premiers il ne l'est qu'en avant, et il l'est également derrière chez les seconds.

Voici d'ailleurs un petit tableau synoptique particulier, au moyen duquel on parviendra à séparer ces Tortues paludines, et à les grouper à l'aide de quelques caractères essentiels et comparés, en attendant qu'à chacun de leurs articles nous puissions offrir des détails plus importans sur leur conformation, leur structure et leur organisation, dont nous avons extrait les caractères naturels. Nous donnerons ensuite une liste énumérative des espèces avec l'indication des pays dont elles sont originaires.

DEUXIÈME FAMILLE DES CHÉLONIENS. — LES ÉLODITES.

PREMIÈRE SOUS-FAMILLE. — LES CRYPTODÈRES.

Tortues à tête épaisse, à cou flexible de haut en bas, rétractile entre les pattes, sous la carapace ; à peau libre engaînante ; yeux latéraux ; os du bassin non soudés au plastron.

Pattes de devant

- à quatre ongles seulement.............................. 7. TÉTRONYX.
- à cinq ongles : queue. . .
  - longue : plastron
    - très court, étroit, en croix transverse. . 9. ÉMYSAURE.
    - très largement soudé à la carapace...... 8. PLATYSTERNE.
  - courte : menton
    - sans barbillons : plastron
      - mobile............ 5. CISTUDE.
      - immobile......... 6. ÉMYDE.
    - à barbillons : plastron
      - seulement et en croix. 10. STAUROTYPE.
      - mobile devant et derrière, large.... 11. CINOSTERNE.

Vᵉ GENRE. CISTUDE — *CISTUDO*. Fleming (1).

CARACTÈRES. Pattes à cinq doigts, les postérieures à quatre ongles seulement ; plastron large, ovale, attaché au bouclier par un cartilage, mobile devant et derrière sur une même charnière transversale et moyenne, garni de douze plaques ; vingt-cinq écailles au limbe de la carapace.

Ce genre, tel que nous allons le faire connaître, doit être considéré comme ayant été établi plutôt par M. Gray que par M. Fleming : car ce dernier rangeait avec la Cistude de la Caroline, qui en est le véritable type, plusieurs espèces de genres très différens, tels que le Cinosterne de Pensylvanie et le Staurotype musqué ; tandis que M. Gray n'a conservé dans ce genre que la Cistude de la Caroline, à laquelle il a joint les seules espèces qui réunissent les caractères énoncés plus haut. De sorte que notre genre Cistude comprend, 1° une seule des espèces qui y avaient été rapportées par MM. Fleming et Say ; 2° deux du genre Terrapène de Merrem ; 3° toutes celles que M. Bell avait réunies sous ce même nom générique ; 4° une espèce du genre Sternothère ; 5° toutes les Émydes du dernier ouvrage de Wagler ; 6° le sous-genre Cistude de M. Charles Bonaparte ; 7° enfin nous avons cru devoir encore y réunir la Cyclémyde de M. Bell, parce que la seule espèce qu'il désigne sous ce nom est notre Cistude de Diard, dont les pièces du sternum sont

(1) Nous présumons que ce nom de *Cistudo*, qui n'est pas un terme latin, a été formé par la réunion des mots contractés qui auraient fourni l'un l'initiale et l'autre la désinence ; savoir, *cista*, une boîte, et Testudo, Tortue : Tortue à boîte.

un peu moins mobiles que dans les espèces de la Caroline et d'Amboine, mais presque autant que dans notre espèce d'Europe.

Les Cistudes sont, de toutes les Élodites Cryptodères, si l'on en excepte les Tétronyx, celles qui ressemblent le plus aux Émydes. Elles ont effectivement, comme celles-ci, cinq ongles aux pattes antérieures, et quatre seulement aux postérieures. Leur mâchoire est à peu près droite. Elles ont vingt-cinq plaques limbaires, douze sternales, et leur queue, plutôt courte que longue, est toujours nue ou non munie d'un étui de corne.

Ce qui les distingue surtout, c'est que leur sternum, au lieu d'être solidement fixé au pourtour de la carapace, n'y est retenu que par un cartilage, et qu'il se trouve divisé en travers, en deux portions à peu près égales, par une articulation qui permet à l'animal de rapprocher ces deux espèces de battans des bords de son bouclier supérieur, ou de les éloigner de la carapace à volonté.

La forme du plastron, qui n'est pas absolument la même dans toutes les espèces de ce genre, jointe au plus ou moins de mobilité des deux pièces qui le composent, nous a permis de partager les Cistudes en deux sous-genres que l'on pourrait peut-être appeler, l'un les CLAUSILES, et l'autre les BAILLANTES.

Les CLAUSILES (*Clausiles*) auraient pour caractères : plastron ovale, le plus souvent entier, sans prolongemens latéraux ; point de plaques axillaires ni inguinales ; battans du sternum pouvant complètement se relever contre les bords du test osseux, de manière à y enfermer hermétiquement l'animal comme dans un sorte de boîte.

Les BAILLANTES (*Hiantes*), à plastron ovale, tronqué en avant, échancré en arrière ; des plaques axillaires et inguinales ; battans du sternum entr'ouverts, ne fermant jamais complètement les ouvertures antérieure et postérieure de la boîte osseuse.

Si l'on adopte ces deux sous-genres parmi les Cistudes,

on réunira dans le premier groupe les espèces que l'on avait spécialement désignées sous le nom de Tortues à boîte, qui ont la carapace très bombée, particulièrement l'espèce de la Caroline. Celle-ci, par la conformation de ses pattes, qui sont très peu palmées, lie effectivement aux Élodites le dernier genre de la famille précédente, celui des Cinixys, dont les pattes sont moins en moignons que celles des autres Chersites. Quant aux espèces du second groupe, qui ont la carapace déprimée, elles forment le passage aux Émydes ou aux espèces du genre suivant : elles leur ressemblent en effet par les prolongemens latéraux et articulaires du sternum et par l'existence de plaques axillaires et inguinales. On pourra d'ailleurs remarquer qu'elles appartiennent cependant encore au genre Cistude par la mobilité de leur sternum, et surtout par la manière dont il est articulé avec la carapace.

TABLE SYNOPTIQUE DES ESPÈCES DU GENRE CISTUDE.

A plastron

entier, jaune :
- uni ou mélangé de noir. . . . . 1. C. DE LA CAROLINE.
- une tache noire ronde sur chaque écaille. 2. C. D'AMBOINE.

échancré derrière :
- arrondi en devant, noir, bordé de jaune. 3. C. A TROIS BANDES.
- tronqué en avant ; carapace. . . . :
  - unie, noire, à rayons jaunes. . . . . 4. C. D'EUROPE.
  - dentelée, brune, carénée . . . . . 5. C. DE DIARD.

Ier SOUS-GENRE. — LES CLAUSILES.

1. LA CISTUDE DE LA CAROLINE. *Cistudo Carolina.* Gray.

CARACTÈRES. Carapace ovale, globuleuse, carénée, brune, tachetée de jaune, ou jaune tachetée de brun : bord terminal postérieur en gouttière.

SYNONYMIE. *Testudo Virginea.* Grew, Mus. pag. 58, tab. 5, fig. 2.

La Tortue de terre de la Caroline. Edw. Glan. tab. 205.

Testudo carinata. Linn. Syst. Nat. pag. 353.

Testudo carinata. Schneid. Schildk. pag. 561.

Die Dosen-Schildkrote. Bloch. Schrift. Berl. Natur. tom. 1, pag. 131.

Testudo clausa. Gmel. Syst. nat. pag. 1043.

Testudo carinata. Gmel. loc. cit. pag. 1042.

La Bombée. Lacép. Quad. Ovip. tom. 1, pag. 164.

Testudo incarcerata. Bonnat. Encycl. méth. Rept. pag. 29.

Testudo incarcerata-striata. Bonnat. loc. cit.

Chequered tortoise. Penn. Arct. zool. tom. 2, pag. 328.

Testudo carinata. Donnd, Zool. Beyt. tom. 3, pag. 27.

Testudo clausa. Donnd. loc. cit. pag. 21.

Testudo carinata. Shaw, Gener. zool. tom. 5, pag. 35.

Testudo clausa. Shaw, loc. cit. pag. 156, tab. 7.

Testudo clausa. Schœpff, Hist. Test. pag. 52, tab. 7.

Testudo clausa. Latr. Hist. Rept. tom. 1, pag. 159.

Testudo virgulata. Latr. loc. cit. pag. 100.

Testudo clausa. Daud. Hist. Rept. tom. 2, pag. 207.

Testudo virgulata. Daud. loc. cit. pag. 201.

Emys clausa. Schweigg. Prodr. Arch. Konigsb. tom. 1, pag. 515 et 458.

Emys virgulata. Schweigg. loc. cit. pag. 316.

Emys Schneiderii. Schweigg. loc. cit. pag. 317.

La Tortue à boîte. Bosc, Nouv. Dict. d'hist. nat. tom. 34, pag. 265.

La Tortue à gouttelettes. Bosc, loc. cit. pag. 266.

Terrapene clausa. Merr. Amph. pag. 28.

Cistudo clausa. Flem. Phil. Zool. tom. 2, pag. 268.

Cistudo clausa. Say , Journ. Acad. Nat. Sc. phil. tom. 4 , pag. 214.

Terrapene clausa. Fitzing. Verzeich. Mus. Wien. pag. 44.

Cistudo clausa. Harl. amer. Herpet. pag. 75.

Testudo clausa. Guer. Icon. Reg. anim. Rept. tab. 1 , fig. 2.

Terrapene clausa. Gravenh. Delic. Mus. Vratil.

Testudo clausa. Lec. ann. Lyc. nat. sc. N. Y. tom. 3, pag. 125.

Emys clausa. Ch. Bonap. Osservaz. Sec. ediz. Reg. anim. pag. 162. exclus. synon. Testudo subnigra. Latr. Terrapene nigricans. Merr. La Tortue noirâtre. Lacép. (Sternotherus nigricans). Terrapene Bicolor. Bell. (Cistudo Amboinensis.)

Emys clausa. Wagl. Syst. Amph. pag. 138.

Terrapene clausa. Schinz, Naturg. Rept. pag. 45, tab. 6, fig. 1.

Terrapene clausa. Bell, Monog. Test. fig. sans n°.

Terrapene Carolina. Bell, Zool. Journ. tom. 2, pag. 309.

Terrapene maculata. Bell. loc. cit. pag. 309.

Terrapene nebulosa. Bell, loc. cit. pag. 310.

Cistuda Carolina. Gray, Synops. Rept. pag. 19.

DESCRIPTION.

FORMES. Cette espèce est de toutes ses congénères celle qui a la boîte osseuse la plus courte et la plus bombée. Son contour horizontal représente un ovale très légèrement infléchi en dedans, au dessus du cou ; plutôt droit que cintré le long des flancs, et parfaitement arrondi en arrière. Le limbe de la carapace est toujours tant soit peu plus élargi au niveau des cuisses que dans le reste de sa circonférence, et sa région post-fémorale forme la gouttière. Les autres portions limbaires sont, ou placées perpendiculairement comme cela a lieu sur les côtés du corps , ou simplement penchées en dehors, ainsi qu'on l'observe au dessus des bras et derrière la tête.

La plaque de la nuque, allongée, étroite et rectangulaire, a quelquefois son bord antérieur plus avancé que celui des marginales qui la touchent. Celles-ci, les margino-collaires, dont le diamètre longitudinal est égal au transversal, ont quatre côtés inégaux : les plus petits sont le costal et le nuchal ; les plus grands, le vertébral et l'externe. Les premières margino-

14.

brachiales, qui sont tantôt plus longues que larges, tantôt plus
larges que longues, se composent toujours de quatre pans. Les
autres écailles du limbe sont rectangulaires ; mais celles qui
s'étendent depuis la seconde paire jusqu'à la pénultième margino-latérale, ont leur plus grand diamètre placé en long, tandis
que c'est absolument le contraire pour toutes celles qui les
suivent.

La courbure longitudinale de la carapace est plus ou moins
surbaissée, et la transversale très arquée. Il arrive parfois que
la région vertébrale, sous les deux plaques du milieu, présente
une légère dépression, mais le plus souvent elle est convexe.
Le dos se trouve toujours partagé en deux par une carène assez
élargie et plate qui, le plus ordinairement, s'interrompt ou devient seulement moins saillante en passant sur la seconde plaque
vertébrale et sur la moitié antérieure de la quatrième. La première, qui est la plus étroite de sa rangée, a moins de largeur
en arrière qu'en avant; on lui compte cinq côtés formant autant
d'angles dont un, le médian antérieur, est très obtus; au lieu
que les quatre autres sont presque droits. La seconde, la troisième et la quatrième plaque dorsale sont hexagones, ayant
leur diamètre transversal plus étendu que le longitudinal, et
leurs angles costaux excessivement ouverts. La dernière, moins
grande que les précédentes, est proportionnellement plus élargie ; elle a sept pans, quatre marginaux, dont la largeur pour
chacun est une fois moindre que celle du vertébral; deux
latéraux qui sont les plus grands de tous. La surface de
la quatrième costale est moins étendue que celle de la première,
laquelle n'est pas non plus aussi grande que celle des deux
écailles médianes de la même rangée. Celles-ci sont une fois
plus hautes que larges, ayant inférieurement deux angles
droits et trois obtus du côté opposé. La plaque costale antérieure, malgré ses quatre pans, ressemble à un triangle à base
curviligne et à sommet tronqué; la costale postérieure est pentagone subquadrangulaire. Toutes ces lames cornées du bouclier
supérieur sont plus ou moins striées, et les aréoles qu'elles
portent, sont assez étroites et situées, les vertébrales, tout près
du bord postérieur et vers la partie médiane ; les costales également en arrière, mais presque dans l'angle postéro-vertébral.

Le sternum est très régulièrement ovale, sans la moindre

échancrure devant ni derrière. Les plaques gulaires représentent exactement deux triangles rectangles; les anales, chacune un triangle isocèle à petit côté curviligne; et les fémorales, un triangle équilatéral dont l'angle antérieur est tronqué, ayant son bord opposé tant soit peu arqué. Les brachiales ressemblent à des tétragones inéquilatéraux; les pectorales, à des quadrilatères rectangles, et les abdominales ne diffèrent de ces dernières qu'en ce que leur bord postérieur n'est point parallèle à leur bord antérieur. Il existe quelquefois sur ces écailles sternales des sillons concentriques peu profonds et très espacés.

La tête est longue, le museau court et épais, et le vertex plan. Les mâchoires sont fortes, simples, tranchantes, la supérieure offrant en avant une espèce de bec élargi et à peine échancré. La peau qui recouvre la région antérieure du crâne est lisse, mais celle de l'occiput et des côtés, en arrière des yeux, présente de petits compartimens polygones qui sont produits par les impressions linéaires dont sa surface est marquée.

Les pattes sont très peu palmées; les ongles postérieurs sont plus forts que les antérieurs, et le second des postérieurs est notablement plus long que les autres; néanmoins, tous sont robustes et légèrement courbés de haut en bas. La face antérieure des bras et celle des cuisses sont complètement revêtues de tégumens squammeux, imbriqués, larges, peu épais et à bord libre arrondi. L'articulation du poignet offre, en arrière, quatre ou cinq tubercules un peu plus dilatés, qui forment une rangée transversale. D'autres écailles de même forme, mais juxta-posées, garnissent la partie postérieure du tarse et la plante des pieds. A l'exception des fesses, dont la peau est granuleuse, les autres parties des membres sont protégées par de petites scutelles plates, arrondies ou polygones, et adhérentes dans toute leur surface inférieure.

La queue, dont la longueur est à peu près le cinquième de celle du sternum, est ronde, épaisse à sa base et pointue au bout. Les écailles qui la revêtent supérieurement sont oblongues; parmi elles, il en est de plus grandes que les autres, formant une rangée médio-longitudinale; celles de la partie inférieure sont égales et carrées.

Coloration. La tête et le cou sont bruns : celle-là, en dessus et sur les côtés; mais elle est irrégulièrement tachetée de jaune ou d'orangé; celui-ci est marqué de points de cette dernière

couleur. Sur la face antérieure des membres, il règne un brun
fauve; et sur les écailles brachiales externes, sur les caudales et
la région fémorale, une teinte généralement peu différente de
celle que présentent les taches de la tête et du cou. Les yeux sont
bruns.

C'est ordinairement aussi un brun fauve qui fait le fond de la
couleur de la carapace, sur laquelle se montrent des taches et
des raies d'un jaune verdâtre; les raies semblent disposées en
rayons, occupant la moitié inférieure des plaques costales; les
taches, qui sont fort irrégulières, occupent le reste de la surface
du test.

La carène dorsale est de la même couleur, le sternum est
jaune, mêlé de brun, ou brun taché de jaune.

DIMENSIONS. *Longueur totale.* 21". *Tête.* Long. 4"; haut. 2";
larg. antér. 1", postér. 2". *Cou.* Long. 3" 5'''. *Memb. antér.* Long.
7". *Memb. postér.* 8" 5'''. *Carapace.* Long. (en dessus) 17"; haut.
7"; larg. (en dessus) 17". *Sternum.* Longueur du battant antér.
5" 5''', du battant postér. 8"; larg. moy. 8" 2'''. *Queue.* Long. 3".

JEUNE AGE. Les jeunes Cistudes de la Caroline n'ont aucune
partie du limbe relevée du côté du disque, et leur carène vertébrale est bien plus marquée que chez leurs adultes. Chez les
premières, les plaques du dos sont relativement plus étendues
en travers et la queue plus longue et plus grêle. La carapace est
brune, avec une tache jaune arrondie sur chacune des plaques
discoïdales, et une autre de la même couleur, mais oblongue,
placée sur le bord externe des écailles limbaires. Le sternum,
dont le centre est coloré en brun, porte une large bordure jaune.

VARIÉTÉS. La Cistude de la Caroline produit plusieurs variétés
assez distinctes les unes des autres pour que quelques erpétologistes, d'ailleurs fort habiles, et qui ont depuis reconnu leur erreur, aient pu en considérer quelques unes comme des espèces
particulières. Ce sont les suivantes :

Var. A. (*Terrapene Nebulosa.* Bell.) La carapace est très oblongue, assez déprimée, couverte de larges taches jaunes irrégulières et confluentes sur un fond brun.

Var. B. (*Terrapene Maculata.* Bell. *Testudo Virgulata.* Daud.) Les
individus qui constituent cette seconde variété sont ceux dont
la carapace est hémisphérique, brune avec des taches nombreuses d'un jaune clair, mais bien distinctes les unes des autres.

Var. C. La boîte osseuse de cette variété est de forme ordinaire ; le sternum tout-à-fait noir et la carapace de même, mais tachée de jaune orangé.

Var. D. Une autre variété a le dos très déprimé, dépourvu de carène ; les écailles parfaitement lisses ; celles de la carapace d'un vert olivâtre nuancé de brun ; et les sternales, jaunes.

Patrie et mœurs. La Cistude de la Caroline habite l'Amérique septentrionale depuis la baie d'Hudson jusqu'aux Florides. Son genre de vie est absolument le même que celui des Chersites, c'est-à-dire qu'elle ne va jamais à l'eau, qu'on la rencontre au contraire dans les lieux secs, et qu'elle vit indifféremment de fruits et d'insectes. Sa chair est peu estimée ; mais ses œufs qui, pour la grosseur, ressemblent à ceux des pigeons, sont beaucoup recherchés.

Observations. Si, à l'exemple de M. Gray, nous avons adopté pour cette Cistude le nom spécifique de *Carolina*, ce n'est pas que nous pensions comme lui qu'elle soit la *Testudo Carolina* de Linné que, suivant nous, il est impossible de reconnaître à l'aide de la phrase trop concise par laquelle l'auteur du *Systema Naturæ* la désigne, mais parce qu'il nous semble que le nom de *Carolina* lui convient parfaitement, en tant qu'elle est la seule de ses congénères qui soit propre à la Caroline : au lieu que le nom de *Clausa*, qui lui est donné par plusieurs erpétologistes, pourrait être appliqué avec tout autant de raison aux deux autres espèces du sous genre des Clausiles, puisqu'elles ont aussi la faculté de clore hermétiquement leur boîte osseuse.

2. LA CISTUDE D'AMBOINE. *Cistudo Amboinensis.* Gray.

(*Voyez* planche 15, fig. 2.)

Caractères. Carapace ovale, subglobuleuse, carénée, brune ; plaques sternales jaunes, marquées chacune d'une tache noire arrondie.

Synonymie. *Testudo Amboinensis.* Daud. tom. 2, pag. 309.

Emys Amboinensis. Schweigg. Prodr. arch. Konigsb. tom. 1, pag 214 et 438.

Emys couro. Loc. cit. pag. 315.

Tortue à boîte d'Amboine. Bosc, Nouv. Dict. d'hist. nat. tom. 34, pag. 266.

Terrapene Amboinensis. Merr. Amph. pag. 28.

Kinosternon Amboinense. Bell. Monog. of the Test. Hav. a Mob.
Stern. Zool. Journ. tom. 2, pag. 299.

Cistuda Amboinensis. Gray. Synops. Rept. pag. 19.

Cistuda Amboinensis. (Junior.) Hard. illust. of Ind. Zool. part.
1, tab. 2.

Terrapene couro. Fitz. Verzeich. Mus. Wien. pag. 45:

Emys couro. Wagl. Syst. Amph. pag. 158.

Terrapene bicolor. Bell. Zool. Journ. tom. 2, pag. 484, tab. 16.

DESCRIPTION.

Formes. La boîte osseuse de la Cistude d'Amboine est très
régulièrement ovale dans son contour. Si ce n'est au dessus du
cou, où le limbe est presque horizontal, il est considérablement
penché en dehors dans toute sa circonférence : on remarque
que le bord terminal en est quelquefois un peu relevé, et cela
plus particulièrement en arrière et le long des flancs. Il est
en général peu élargi, moins encore au dessus du cou et des bras
que dans le reste de son étendue.

La plaque de la nuque, qui est quadrilatérale-oblongue, ne dépasse jamais la ligne du contour de la carapace. Les margino-
collaires sont rhomboïdales, et toutes les autres rectangulaires
ou carrées, suivant les individus.

La courbe que décrit la carapace dans son sens longitudinal et moyen est uniforme et fort ouverte ; mais sa ligne transversale est assez arquée. Néanmoins le bouclier supérieur, quoique convexe, est peu élevé. Comme dans l'espèce précédente,
toutes les plaques vertébrales sont longitudinalement traversées par une ligne saillante et d'une certaine largeur, de chaque
côté de laquelle on en voit quelquefois une autre sur les costales
et tout près de leur bord supérieur, ligne toujours moins apparente que la médiane.

La première plaque discoïdale de la rangée du milieu est pentagone, presque une fois plus large en avant qu'en arrière, où
son bord est légèrement sinueux ; tandis que du côté opposé
deux des pans qui la composent forment un angle très obtus. Les
quatre autres sont hexagonales ; mais la dernière est notablement moins dilatée que celles qui la précèdent. La seconde et la
troisième ont environ la même étendue en longueur qu'en largeur : leurs bords postérieurs et antérieurs sont aussi à peu près

égaux entre eux; et les costaux ne forment de chaque côté qu'un
angle excessivement ouvert. Les côtés, par lesquels la quatrième
et la cinquième plaque dorsale s'articulent ensemble, montrent
une fois moins de largeur que celui qui est opposé à chacun
d'eux. Les deux plaques costales du milieu, qui ont deux angles
droits inférieurement, et trois obtus en haut, sont du double
plus hautes que la dernière, dont la forme est celle d'un trapèze.
La première des plaques de la rangée qui à droite et à gauche
correspond aux côtes, bien qu'elle ait quatre pans, dont l'inférieur est curviligne et le supérieur beaucoup plus étroit que les
autres, a néanmoins une figure triangulaire. A peine aperçoit-
on quelques lignes concentriques sur ces lames cornées. Elles
offrent cela de particulier, qu'elles sont légèrement imbriquées;
c'est-à-dire que l'extrémité du bord postérieur de l'une recouvre
l'extrémité du bord antérieur de celle qui la suit.

Le sternum ne diffère en rien, ni par sa forme, ni par celle
des plaques qui le garnissent, de celui de la Cistude de la Caroline; pourtant on remarque que son extrémité postérieure n'est
pas tout-à-fait aussi arrondie.

La tête est relativement moins forte, plus déprimée et plus
pointue que celle de l'espèce que nous venons de nommer. Les
mâchoires, qui d'ailleurs sont finement dentelées, sont également
loin d'être aussi robustes; et la supérieure, au lieu d'avoir son extrémité antérieure élargie et comme échancrée, forme au contraire un peu la pointe. La surface du crâne est parfaitement
lisse; ce n'est qu'au dessus de la membrane du tympan qu'il
existe quelques impressions linéaires circonscrivant deux espaces
oblongs et rhomboïdes.

La peau du cou est couverte de petites verrues : il y en a même
sous le menton qui sont sensiblement plus développées que celles
des régions voisines.

Les membranes interdigitales ont notablement plus de largeur
que chez la Cistude de la Caroline; mais les ongles sont moins
forts, par conséquent plus aigus et de même longueur aux quatre
pieds. On compte aux pattes de devant et sur leur face externe,
depuis le coude jusqu'à la naissance des doigts, une dizaine
d'écailles assez grandes, minces, plus larges que hautes et non
adhérentes à la peau par toute leur surface; en sorte que lorsque
l'animal étend le bras, le bord antérieur de l'une recouvre le
bord postérieur de celle qui se trouve au dessous. Il y en a

d'autres dont les deux diamètres sont à peu près égaux : elles forment d'abord, au nombre de six, une rangée longitudinale qui borde le tranchant externe de l'avant-bras. On en voit quatre autres situées sur une ligne transversale parallèlement au pli que fait la peau au dessus du poignet : il en existe enfin une onzième placée immédiatement au dessus de la première rangée. La peau du haut des bras est finement granuleuse, comme celle des membres postérieurs, excepté aux talons qui sont revêtus de squammelles semblables à celles des bras.

La queue est pour le moins aussi courte que celle de la Cistude d'Amérique; mais elle est assez effilée et toute grenue en dessus, si ce n'est pourtant sur son tiers postérieur où il existe de petites écailles imbriquées. En dessous, il y a deux rangées d'écailles semblables qui bordent un sillon qui s'étend de l'anus à l'extrémité caudale.

Coloration. Le dessus de la tête est d'un brun fauve bordé de noir; mais sur les parties latérales, sur les mâchoires, sur les côtés et le dessous du cou règne un jaune magnifique, relevé d'une belle bande noire qui s'étend en ligne droite du bord postérieur de l'orbite à l'origine du cou. Le museau est lui-même coupé horizontalement par deux filets de la même couleur qui prennent naissance, l'un au dessus des narines, et l'autre de chaque côté pour aller aboutir à droite et à gauche, le supérieur au milieu du bord antérieur du cadre de l'œil, l'inférieur à celui du tympan. Les mâchoires ont chacune un autre filet noir parallèle à ceux-ci, mais qui se termine à l'angle de la bouche. La région supérieure du cou est colorée en brun, avec quelques points jaunes sur sa première moitié et deux ou trois raies courtes, flexueuses, de la même couleur, sur la seconde. La face antérieure des avant-bras, la moitié longitudinale externe environ du côté opposé, et le dessous des membres postérieurs offrent un brun pâle : toutes les autres parties sont jaunes. Cette dernière couleur forme encore une bande longitudinale sur la partie brune du devant du bras et une petite raie sur chaque doigt : les ongles sont noirâtres.

La carapace est brune avec quelques teintes plus foncées sur le bord de ses plaques discoïdales, et avec une ligne fauve tout le long de celle qui correspond à l'épine dorsale. Mais le limbe est jaune inférieurement comme le sternum, dont chaque plaque porte une tache noire arrondie sur son angle postérieur. Il faut toutefois excepter les plaques gulaires, sur lesquelles on ne voit qu'une seule tache située juste sur leur articulation mé-diane.

C'est encore du brun qui colore la queue ; et elle est longitudi-nalement parcourue en dessus par deux raies jaunes.

DIMENSIONS. Cette espèce et la suivante sont les deux plus grandes du genre dont elles font partie.

LONGUEUR TOTALE. 25". *Téte.* Long. 4" ; haut. 1" 5'" ; long. antér. 6", postér. 2" 3'". *Cou.* Long. 5". *Carapace.* Long. 20" ; haut. 7" 5'" ; larg. (en dessus) au milieu 20". *Sternum.* Long. du battant antér. 6" 6'", du battant postér. 10" ; larg. moy. 9". *Queue.* 2" 2'".

PATRIE ET MOEURS. C'est de Java et d'Amboine qu'ont été en-voyés au Muséum, soit par M. Leschenault, soit par MM. Quoy et Gaimard, les divers exemplaires de cette Cistude que l'on trouve dans nos collections. Ses mœurs nous sont complètement in-connues.

Observations. C'est plutôt à Daudin qu'à Schweigger que doit être attribuée l'erreur commise par celui-ci en inscrivant la Cistude d'Amboine sous deux noms différens dans sa Monographie des Tortues. Il était effectivement assez difficile qu'il reconnût dans son *Emys couro* la Tortue à boîte d'Amboine de Daudin dans la description qu'il a le premier publiée, puisqu'il ne lui attribue ni carènes dorsales, ni plaque de la nuque, tandis qu'elle possède bien réellement vingt-cinq écailles marginales.

5. LA CISTUDE TRIFASCIÉE. *Cistudo Trifasciata.* Gray.

CARACTÈRES. Carapace ovale-oblongue, tricarénée, brune, avec trois bandes longitudinales noires ; sternum échancré der-rière, noir, bordé de jaune.

SYNONYMIE. *Sternothœrus trifasciatus.* Bell, Zoolog. Journ. tom. 2, pag. 299, tab. 15, Supplém.

Cistuda trifasciata. Gray, Synops. Rept. pag. 19.

DESCRIPTION.

FORMES. Les seules différences notables qui distinguent cette espèce de la précédente, sous le rapport de la forme de la boîte osseuse et des autres parties du corps, consistent tout simplement en ce que la carapace est un peu plus oblongue et surmontée de trois carènes bien marquées, le sternum échancré derrière, et la queue proportionnellement plus allongée.

COLORATION. Son système de coloration ne la distingue pas moins ; en effet, la tête est d'un beau jaune avec une seule bande noire qui s'étend de chaque côté du museau jusqu'à l'œil ; le cou et toute la peau qui attache les membres à la boîte osseuse, les membres eux-mêmes en grande partie, et la queue, sur le dessus de laquelle est imprimée une raie noire, sont d'une jolie couleur rose. La carapace est brun clair et chacune de ses carènes est colorée en noir, ainsi que le sternum dont les bords sont jaunes comme le dessous du limbe, où l'on voit d'ailleurs vers la région des flancs trois larges taches noires et arrondies.

Observations. Ces détails sont malheureusement les seuls que nous puissions donner sur cette espèce remarquable que nous avons pourtant eu occasion d'observer vivante à Londres dans le jardin zoologique de cette ville, mais sur laquelle nous avons négligé alors de prendre plus de notes, dans la persuasion où nous étions que notre Musée en possédait plusieurs exemplaires, que nous avons depuis reconnus être des Cistudes d'Amboine.

IIᵉ SOUS-GENRE. — LES BAILLANTES.

4. LA CISTUDE EUROPÉENNE OU COMMUNE. *Cistudo Europœa.* Gray.

CARACTÈRES. Carapace ovale, plus ou moins déprimée, noire, marquée de taches jaunes disposées en rayons. Queue longue.

SYNONYMIE. Εμυς; Aristote?

La Tortue bourbière et fangearde. Belon, Nat. et Pourctr. Poiss. lib. 1, pag. 44.

Testudo lutaria. Rondel. Pisc. 2, p. 170.

Testudo lutaria. Gesn. Quadr. Ovip. t. 2, p. 143, fig. 5.

Testudo aquarum dulcium seu lutaria. Ray, Synops. Quadr. pag. 254.

Testudo aquatica. Ruisch. Th. anim. tom. 2, pag. 146, tab. 40.

Testudo aquarum dulcium. Marsigl. Danub. Illust. tom. 4, tab. 33.-34.

Testudo lutaria. Aldrov. pag. 710.

Wasser Schildkrote. Meyer, Zeitvertr. tom. 1, pag. 24, tab. 29, fig. 1-2.

Testudo lutaria. Linn.? Syst. natur. pag. 352.

Testudo orbicularis. Linn. loc. cit. pag. 351.

Testudo ..... Knorr, Delic. nat. tom. 2, pag. 127, tab. 52, fig. 4-5.

Testudo lutaria. Brünn. Spol. mar. Adriat. pag. 91.

Testudo orbicularis. Wulf, Ichth. Boruss. pag. 3.

Testudo aquarum dulcium. Marcg. Mém. acad. Berl. ann. 1770, pag. 1.

Testuggine di fiume. Cetti, Stor. Sardeg. tom. 3, pag. 92.

Testudo punctata. Gottw. Schildk. tab. K, f. 12.

Testudo lutaria. Gualt. Charlet. exercit.

Testudo lutaria. Schneid. Schildk. p. 558.

Testudo Europæa. Schneid. loc. cit. pag. 323.

Testudo lutaria. Gmel. Syst. nat. pag. 1040.

Testudo orbicularis. Gmel. Syst. nat. n° 5. p. 1039.

La Tortue bourbeuse. Lacép. Hist. Quad. Ovip. tom. 1, pag. 118. planch. 4.

La Tortue Jaune. Lacép. loc. cit. pag. 135, pl. 6.

Testudo lutaria. Penn. Faun. p. 87.

La Tortue bourbeuse. Bonnat. Encycl. méth. Rept. pl. 4, fig. 3.

Testudo meleagris. Shaw, Natur. Miscell. tom. 4, pag. 144.

Testudo lutaria. Donnd. Beytr. tom. 3, pag. 18. exclus. synon. var. 5 (Test. tabulata) et 8 (Test. marginata).

Testudo Europæa. Schœpff, Histor. Test. pag. 1. tab. 1.

Testudo lutaria. Bechst. Uebers. tom. 1, pag. 144. exclus. synon. amænit. acad. (Homopus areolatus.)

Testudo Europæa. Latr. Hist. Rept. tom.   pag. 105.

Testudo lutaria. Latr. loc. cit. pag. 112, fig. 1.

Testudo Europæa. Shaw, gener. Zool. tom. 3, pag. 32, tab. 8.

Testudo lutaria. Shaw, loc. cit. pag. 32, tab. 6.

Testudo lutaria. Daud. Hist. Rept. tom. 2, pag. 115.

Testudo flava. Daud. loc. cit. pag. 107.

Testudo lutaria. Herm. edit. Hamm. pag. 125.

Emys lutaria. Schweig.? Prodr. Arch. Konigsb. tom. 1, pag. 504-428.

Emys Europæa. Schweigg. loc. cit. pag. 505-429.

La Tortue Jaune. Bosc. Nouv. Dict. D'hist. nat. tom. 34, pag. 261.

Emys lutaria. Merr. Amph. pag. 24. exclus. synon. var. 8. (Emys caspica.)

Testudo Europæa. Bojanus. Anat. Test. Europ.

Emys lutaria. Riss. Hist. nat. Fr. mér. tom. 5, pag. 85.

La Tortue Jaune. Desmoul. Bullet. Soc. Linn. Bord. tom. 1, pag. 63.

Terrapene Europæa. Bell, Zool. Journ. tom. 2, pag. 299.

La Tortue d'eau douce d'Europe. Cuv. Regn. anim. tom. 2, pag. 11.

L'Émyde bourbeuse. Faun. Franc. Rept. tab. 2, fig. 1.

L'Émyde Jaune. Faun. Franc. Rept. tab. 2, fig. 2.

Testudo Europæa. Sturm, Deutsch. Faun. 3, Abtheil. tab. A, B, C.

Emys Europæa. Wagl. Syst. Amph. tab. 5, fig. 8-9.

Testudo Europæa. Ed. Eichw. Zool. spec. Ross. Polon. tom. 3, pag. 116.

Cistuda Europæa. Gray, Synops. Rept. pag. 19.

Jeune âge. *Testudo pulchella.* Schœpff. pag. 113, tab. 26.

Emys pulchella. Merr. Amph. pag. 25.

DESCRIPTION.

FORMES. Cette espèce est encore une de celles dont la boîte osseuse est très variable dans sa forme. Son contour, quoique toujours un peu plus large au niveau des cuisses qu'au dessus des bras, représente tantôt un ovale assez court, tantôt au contraire un ovale plus allongé; dans le premier cas, la carapace est notablement déprimée, tandis que dans le second, elle offre une certaine hauteur. La convexité du disque est uniforme et le limbe assez étroit. Pourtant on remarque que les parties de celui-ci qui correspondent aux membres ont un peu plus de largeur que les autres. Souvent son bord externe, sous les trois premières plaques margino-fémorales, se relève du côté du disque, et généralement aussi la portion limbaire de la carapace offre une pente oblique en dehors dans toute son étendue; parfois la région qui couvre les cuisses se trouve placée d'une manière presque horizontale. Aucune partie des bords libres du limbe n'est dentelée.

La plaque de la nuque est petite, longitudinalement rectan-

gulaire, celles entre lesquelles elle est située, auraient absolument la même forme, si leur bord nuchal n'était pas un peu
plus étroit que le marginal. Les plaques des cinq paires suivantes sont également à quatre pans, plus hautes que larges, et
à angles droits; les suscaudales leur ressemblent, et à l'exception
de la sixième paire, dont le bord antérieur est plus étroit que
le postérieur et le diamètre transversal plus étendu que le vertical, toutes les autres sont carrées.

La ligne du profil de la carapace est très peu arquée; celle
qu'elle décrit transversalement l'est davantage.

La première plaque vertébrale est pentagone, ressemblant à
un triangle isocèle dont le plus petit côté serait anguleux et
l'angle opposé, coupé carrément à quelque distance de son sommet. Les trois autres sont hexagonales; la seconde et la troisième
de la rangée ont chacune leur bord antérieur et leur bord postérieur droits et à peu près de même largeur; la quatrième est plus
étroite en arrière qu'en avant, et l'angle que forment ses faces latérales est aigu au lieu d'être obtus comme dans les deux écailles
qui la précèdent. La cinquième se compose de huit côtés, dont
les quatre marginaux doivent être regardés comme les plus petits, et dont les costaux, qui sont d'un tiers moins étroits que
le vertébral, comme les plus grands. La dernière plaque de l'une
et de l'autre rangée latérale est rhomboïde et beaucoup moins
développée que les autres. Si ce n'était le bord vertébral, qui
est anguleux, dans les deux qui la précèdent, elles seraient
vertico-rectangulaires: la première d'entre elles représente un
triangle isocèle à base curviligne et à sommet tronqué. Lorsque
l'animal a acquis tout son développement, il est rare que les
plaques qui garnissent la boîte osseuse offrent des aréoles et des
stries concentriques. Cela arrive pourtant quelquefois, mais alors
les stries sont fort espacées et par conséquent peu nombreuses;
les aréoles sont très étroites et placées, celles qui sont vertébrales
ainsi que la dernière costale, au milieu du bord postérieur des
plaques, les autres costales étant également situées en arrière,
mais un peu en haut, les marginales le sont tout-à-fait en bas et
les sternales aux angles externes des lames écailleuses qui les
supportent. Chez tous les individus, sans exception, la seconde
moitié de la ligne médiane et longitudinale des trois plaques
vertébrales postérieures présente une carène basse et arrondie,

et la place qu'occupe la quatrième aréole costale, quand elle existe, est légèrement bombée.

Le sternum, qui est ovale et plus ou moins oblong, suivant que la carapace est elle-même plus ou moins allongée, a sa partie antérieure comme tronquée et son extrémité postérieure à peine échancrée. Ce bouclier inférieur offre tout autant de longueur que le supérieur, et, à l'exception de sa portion moyenne qui s'étend un peu de chaque côté pour s'unir à la carapace au moyen d'un cartilage, sa largeur est à peu près la même dans toute son étendue. Sa surface n'est jamais parfaitement plane, car, outre qu'il est toujours un peu relevé du côté du cou, son centre, chez les femelles, offre une très légère convexité, et chez les mâles une concavité assez prononcée. Les plaques gulaires représentent chacune un triangle rectangle; les brachiales et les fémorales, des triangles isocèles dont le côté externe est curviligne et l'angle opposé tronqué obliquement. Les abdominales sont rectangulaires; les pectorales n'en différeraient point, si leur bord antérieur n'était pas un peu penché de dehors en dedans. Quant aux anales, leur figure est celle d'un losange dont deux côtés sont beaucoup plus courts que les autres.

La tête est plate et moins allongée que chez les deux espèces précédentes; les mâchoires sont tranchantes, sans dentelures. Il n'existe réellement pas de plaques céphaliques, mais sur la peau de l'occiput et des joues on aperçoit des impressions linéaires qui rappellent par les figures qu'elles forment les lames cornées revêtant les parties analogues chez les Thalassites. Ces espèces de plaques épidermiques représentent des polygones inéquilatéraux de diverses grandeurs : il y en a cinq ou six assez dilatés qui forment une rangée transversale sur le crâne, en arrière des yeux; on en compte sept ou huit autres plus petits sur les côtés postérieurs de la tête.

La peau du cou est semée de petits tubercules convexes; celle des bras et des genoux est revêtue d'écailles légèrement imbriquées, plus larges que hautes, pour la plupart minces, lisses, un peu bombées et à bord inférieur droit. On en voit d'à peu près semblables aux talons et sur le dessous de l'articulation du poignet; les ongles sont d'une longueur médiocre, faiblement arqués. La queue, qui se compose de trente-deux vertèbres, est longue, arrondie et terminée en pointe. Chez les mâles, elle est constamment plus courte et plus épaisse à sa base que chez les femelles, chez lesquelles l'ouverture du cloaque se trouve aussi placée moins en arrière. Dans l'un comme dans l'autre, les écailles qui revêtent le prolongement caudal sont carrées, plates, lisses et disposées par verticilles.

COLORATION. La carapace est d'un noir plus ou moins foncé, ou bien d'un brun rougeâtre sur lesquels il se détache toujours un grand nombre de petits points ou de petits traits jaunes, situés, tantôt fort près les uns des autres, tantôt, au contraire, très loin; ils sont disposés de telle manière qu'ils forment des lignes droites s'étendant à la manière de rayons, du centre des plaques à leur circonférence. On en voit également sur les autres parties du corps dont la couleur est, pour le fond, à peu de chose près, la même que celle de la carapace; seulement ils sont plus ou moins dilatés. Sur le devant des bras, par exemple, il en existe qui, par leur grandeur et leur rapprochement, constituent deux bandes longitudinales. Il règne sur le sternum, soit une teinte jaunâtre uniforme, soit une couleur d'un brun marron qui, dans certains cas, ne se montre que sur le centre des plaques, tandis que dans d'autres, elle s'étale de manière à recouvrir presque toute leur surface; les yeux sont bruns.

DIMENSIONS. *Longueur totale.* 27". *Tête.* Long. 3" 5'''; haut. 2"; larg. antér. 8'''; postér. 2" 8'''. *Cou.* Long. 5" 5'''. *Carapace.* Long. (en dessus) 17"; haut. 5" 6'''; larg. (en dessus) au milieu, 16". *Sternum.* Long. antér. 4"; moy. 4"; postér. 6"; larg. antér. 3" 4'''; moy. 9"; postér. 3" 5'''. *Queue.* Long. 7".

JEUNE AGE. Nous avons fait chez les jeunes Cistudes d'Europe la même observation que chez celles de l'espèce de la Caroline, savoir, que la largeur relative des plaques dorsales est plus grande que dans les adultes; que la queue est proportionnellement plus longue et plus grêle, et la carène des lames vertébrales plus saillante. Leurs aréoles sont d'ailleurs fort larges, et leurs stries concentriques très marquées.

VARIÉTÉS. Notre musée renferme deux individus appartenant bien évidemment à cette espèce, lesquels au lieu d'avoir, comme à l'ordinaire, les membres et les parties du corps autres que la carapace d'une couleur brune, semée de taches jaunes, ont au contraire la tête et le cou vermiculés de brun sur un fond jaune, et les pattes et la queue presque entièrement de cette dernière couleur. C'est un de ces deux exemplaires en particulier qui a servi de modèle pour la figure que représente la prétendue Émyde Hellénique dans l'ouvrage de la commission de Morée.

PATRIE ET MOEURS. La Cistude commune est très répandue en Europe, car non seulement la Grèce, l'Italie et ses îles, l'Espagne et le Portugal la produisent ; mais on la trouve encore dans les départemens méridionaux de la France, en Hongrie, en Allemagne et jusqu'en Prusse. Elle préfère aux eaux courantes celles des lacs, des étangs et des marais, au fond desquelles elle aime à se tenir enfoncée sous la vase. On la voit pourtant quelquefois venir à la surface et y demeurer des heures entières sans bouger. Elle vit particulièrement d'insectes, de mollusques et de vers aquatiques; mais comme elle nage avec une grande facilité, elle poursuit aussi les petits poissons, qu'elle commence par tuer et qu'elle dévore ensuite. Dans presque tous les pays où la Cistude européenne est commune, on en mange la chair, quoiqu'elle ne soit pas d'un excellent goût. On prétend cependant que celle des individus nourris pendant quelque temps avec de l'herbe ou du son mouillé est assez bonne. L'accouplement de cette espèce d'Élodite a lieu dans l'eau et dure deux ou trois jours. C'est tout près du rivage, mais dans un endroit sec, que la femelle va pondre ses œufs qui sont blancs, marbrés de gris cendré. A l'approche de l'hiver, les Cistudes européennes quittent les eaux et se retirent dans des trous où elles tombent en léthargie pour ne se réveiller qu'au retour de la belle saison.

Observations. C'est un fait reconnu et sur lequel tous les erpétologistes sont d'accord aujourd'hui, que la Tortue Bourbeuse et la Tortue Jaune de Lacépède, de Latreille et de Daudin appartiennent à la même espèce, c'est-à-dire à la Cistude commune. Si les descriptions de l'auteur de l'Histoire des quadrupèdes ovipares, d'après lesquelles ont été faites en partie celles de Latreille et de Daudin, laissaient du doute à cet égard, il se trouverait naturellement détruit par les figures qui accompagnent ces descriptions, dont les modèles sont demeurés dans la collection du Muséum. Mais nous sommes loin de pouvoir répondre d'une manière positive à l'égard de la *Testudo Lutaria* de Linné, que plusieurs erpétologistes rapportent à la Cistude qui nous occupe ; car, suivant nous, les caractères que lui assigne cet illustre naturaliste, sont trop vagues pour que la détermination n'en soit pas très embarrassante. Alors même qu'on aurait la certitude que c'est bien d'une espèce européenne dont Linné a voulu parler, il serait encore difficile de dire laquelle de l'Emyde Sigriz, de l'Emyde Caspienne ou de la Cistude commune, il a entendu désigner par ces mots, qui sont les plus caractéristiques de sa phrase : *posticè tribus scutellis carinata*, également applicables à toutes les trois. Nous serions plus volontiers portés à croire que c'est de la Cistude d'Europe dont il est question dans le Prodrome de Schweigger sous le nom d'*Emys Lutaria*, si elle n'y était point signalée comme ayant le plastron solidement articulé à la carapace; le reste de la description de cette *Emys Lutaria* se rapporte en effet à la Cistude commune, et la synonymie entière qui accompagne cette description se trouve aussi être semblable à une partie de celle que nous attribuons nous-mêmes à l'espèce du présent article. Parmi les doubles emplois auxquels cette Cistude a donné lieu, nous citerons plus particulièrement celui qui en a été fait dans l'ouvrage de la commission de Morée sous le nom de Cistude Hellénique, laquelle, ainsi que nous nous en sommes assurés, n'est qu'une variété à carapace oblongue, plus élevée que celle des autres, et dont les couleurs sont plus foncées sur le test et plus claires sur le reste des parties du corps. La Cistude Hellénique devra donc être désormais considérée comme synonymie de la Cistude commune, tout de même que l'*Emys Pulchella* de Schœpff, qui n'en est que le jeune âge.

5. LA CISTUDE DE DIARD. *Cistudo Diardii.* Nob.

CARACTÈRES. Carapace d'un brun noirâtre, suborbiculaire, aplatie, à carène dorsale obtuse; pourtour marginal dentelé en arrière; première vertébrale étroite; les trois suivantes hexagones carrées. Plastron ovale, tronqué en avant, échancré en arrière; il est de la couleur de la carapace chez les adultes, et il est linéolé de brun sur un fond fauve pendant le jeune âge.

SYNONYMIE. *Emys Dhor.* Gray. Synops. Rept. pag. 20, spec. 2, tab. 8 et 9.

Cyclemys orbiculata Bell, Lond. and Edinb. Philos. Magaz. pag. 145, 3ᵉ série, 1834.

JEUNE AGE. *Emys dentata.* Hardw, Illust. Ind. Zool. part. 17 et 18, tab.

DESCRIPTION.

FORMES. Ce qui frappe le plus dans la physionomie de cette espèce, c'est l'aplatissement de son corps, et la forme presque circulaire que présente le contour de sa carapace, dont le diamètre transversal n'est guère que d'un sixième moins étendu que le longitudinal. Le limbe, d'ailleurs assez étroit, l'est peut-être un peu moins sur les côtés qu'en avant et en arrière du corps. Sous les plaques uropygiales, il est tectiforme en même temps qu'il s'abaisse vers la queue. Dans le reste de sa circonférence, excepté au dessus du cou, où il s'incline à gauche et à droite de la plaque nuchale, ce pourtour est penché du côté opposé à celui par lequel il tient au disque, et tout juste assez pour ne point paraître horizontal. A partir de la dernière plaque margino-latérale, jusqu'à la sus-caudale, son bord est garni de dentelures qui sont dues à ce que l'angle postéro-externe de chacune de ces plaques dépasse en dehors l'angle antéro-extérieur de celle qui la suit.

Entre la lame cornée qui commence la rangée vertébrale et celle qui la termine, la ligne du profil de la carapace est à peu près droite ou légèrement arquée; mais par son extrémité postérieure elle se courbe tant soit peu davantage, et son extrémité antérieure suit la pente oblique en dehors de la première plaque dorsale : on s'aperçoit que le bord marginal de celle-ci se relève faiblement pour passer sur la nuchale. On peut se représenter la coupe transversale et médiane de la carapace comme composée de trois lignes, dont une droite, horizontale et un peu plus large que la troisième écaille vertébrale, et deux autres légèrement infléchies en dedans, qui forment avec la première à droite et à gauche un angle obtus à sommet arrondi.

La région dorsale est parcourue dans toute sa longueur par une arête large, basse et convexe, qui s'atténue avec l'âge. Il faut également que l'animal soit vieux pour que les écailles qui garnissent son bouclier supérieur ne soient plus marquées de lignes alternes renfoncées ou saillantes qui, comme à l'ordinaire, encadrent des aréoles : celles-ci sont chez cette Cistude assez développées et situées de même que chez l'espèce d'Europe, tout près du bord postérieur des plaques. Les stries concentriques sont de plus coupées par d'autres lignes saillantes qui s'étendent des angles des aréoles à ceux des lames écailleuses qui les supportent. La nuchale représente un quadrilatère rectangle, ainsi que celles qui la suivent après la première paire jusqu'aux secondes margino-latérales. Toutes les autres plaques limbaires sont carrées, moins les margino-collaires, qui ne diffèrent des brachiales que parce qu'elles ont un côté de plus, celui par lequel elles tiennent à la première vertébrale. Cette lame cornée est la seule de sa rangée qui soit plus longue que large : elle a cinq pans qui forment en arrière deux angles droits et en avant trois obtus, dont le médian est coupé à son sommet pour s'articuler avec la plaque impaire antérieure. Lorsque les sujets ont acquis une certaine grosseur, il arrive que les bords latéraux de cette plaque sont arqués en dedans vers leur première moitié. La seconde et la troisième vertébrales sont hexagones carrées ; les deux dernières ont également six pans, mais le bord antérieur de l'une et le postérieur de l'autre sont plus larges que celui par lequel elles sont soudées ensemble. La dernière écaille costale est carrée et sensiblement moins dilatée que celles qui la précèdent ; les deux médianes ont une fois plus de hauteur que de largeur ; elles ont deux angles droits inférieurement et leur bord vertébral anguleux ; la première lame latérale est triangulaire, à base curviligne et à sommet tronqué chez les individus qui ne sont pas encore arrivés au terme de leur entier développement. A l'exception des trois dorsales du milieu, qui forment, pour ainsi dire, une surface plane, toutes les autres plaques du disque sont fortement penchées de dehors en dedans.

Le plastron, si ce n'est qu'il est proportionnellement un peu plus large et que les ailes n'en sont pas tout-à-fait aussi courtes, ressemble, quant à sa forme, à celui de l'espèce d'Europe. Il est par conséquent ovale, tronqué du côté du cou, échancré et à pointes arrondies en arrière. Les pièces lamelleuses qui le recouvrent n'ont pas non plus une figure différente ; les gulaires sont des triangles rectangles ; celles qui les suivent immédiatement, des triangles isocèles à base curviligne et à sommet tronqué obliquement. Les deux paires du milieu n'ont cependant pas exactement la même forme que leurs analogues chez l'espèce commune, attendu que, bien qu'elles soient quadrilatérales, la suture qui les réunit est arquée en avant. Les antépénultièmes sont semblables aux secondes ; et les dernières, ou les anales, représentent des losanges ayant les côtés externes plus courts que les deux autres. Mais la mobilité des deux battans qui composent le plastron de cette espèce est encore plus bornée que dans celui de la précédente; et cela, parce que les bords de ces deux opercules ne sont plus simplement unis par un large ligament élastique, mais articulés comme les autres pièces osseuses du sternum, au moyen de petites pointes et de creux qui leur correspondent ; ce qui constitue une sorte d'engrenage qui cependant n'ôte pas encore tout-à-fait à la Cistude de Diard la faculté de relever un peu vers sa carapace les deux parties de son plastron. On voit extérieurement sur la surface des plaques abdominales, tout près de leur bord antérieur ; la trace de cette articulation transverso-médiane qui intérieurement est garnie dans toute sa longueur d'un ligament extrêmement mince, mais solide, dont l'usage est sans doute d'empêcher que les deux portions mobiles du sternum ne s'écartent l'une de l'autre, lorsque l'animal les meut chacune en particulier, ou toutes les deux à la fois. D'un autre côté, il existe, comme chez les Emydes, aux deux extrémités de chaque aile sternale et dans l'angle qu'elles forment avec le bord du pourtour auquel elles sont unies par un cartilage, de même que dans les autres Cistudes, une plaque cornée ce qui fait deux axillaires en avant et deux inguinales en arrière qui sont très peu développées.

La tête est épaisse, médiocrement allongée; le museau court, coupé obliquement de dehors en dedans; la peau qui recouvre le crâne est lisse, mais celle qui garnit les côtés de l'occiput au dessus du tympan offre des impressions linéaires qui rendent sa surface comme divisée en petits compartimens polygones oblongs.

Les mâchoires sont fortes, tranchantes, sans dentelures ; l'inférieure a son extrémité antérieure relevée en pointe anguleuse; cette même extrémité chez la supérieure présente deux petites dents obtuses.

La face externe de l'avant-bras, le dessous des poignets et les talons sont revêtus d'écailles minces, larges et imbriquées. Les autres parties des membres sont, de même que le cou et la première moitié de la queue, enveloppées d'une peau finement granuleuse; la portion postérieure du prolongement caudal porte des squammelles carrées.

Les membranes interdigitales sont médiocres; les ongles longs, robustes et un peu arqués.

COLORATION. Tout l'animal, quand il est adulte, est teint d'un brun noirâtre s'éclaircissant sur la tête, le devant des bras et la région centrale du sternum. On remarque que le crâne est piqueté de brun et chaque mâchoire linéolée verticalement de la même cou-

leur. Des bandelettes fauves se laissent voir tout le long de la surface du cou, et les individus de moyenne taille ont encore,
comme les jeunes sujets, leurs plaques sternales roussâtres avec
des lignes brunes, droites et divergentes autour de leurs aréoles.

DIMENSIONS. *Longueur totale.* 30". *Tête.* Long. 4"; haut. 2" 4'''; larg.
antér. 1"; postér. 2" 5'''. *Cou.* Long. 4". *Memb. antér.* Long. 9".
Memb. postér. Long. 8". *Carapace.* Long. (en dessus) 22"; haut.
7" 5'''; larg. (en dessus) au milieu, 20" 5'''. *Sternum.* Long. antér.
6", moy. 7", postér. 7"; larg. antér. 5", moy. 14", postér. 5".
Queue. Long. 4".

JEUNE AGE. La région collaire du pourtour des jeunes Cistudes
de Diard est légèrement infléchie en dedans; les angles latéraux
de leurs plaques du dos et les vertébraux des costales sont moins
obtus que dans les individus plus âgés; et ces plaques, qui n'ont
de stries encadrantes que sur leurs bords, offrent une surface garnie de petits grains fort rapprochés les uns des autres. Une autre
différence notable qui existe entre ces jeunes Élodites et les adultes,
c'est que leurs plaques marginales postérieures sont toutes terminées en pointes et quelquefois même bifurquées, d'où il résulte
que le limbe est profondément dentelé en arrière.

PATRIE ET MOEURS. Cette espèce dont nous ne connaissons malheureusement point le genre de vie, habite le Bengale et l'île de
Java, d'où ont été envoyés des individus de tout âge au Muséum
d'histoire naturelle, en particulier par le savant et zélé naturaliste voyageur auquel nous l'avons dédiée.

Observations. Décrite et représentée pour la première fois par
M. Gray dans son *Synopsis Reptilium* sous le nom d'*Emys Dhor*,
qui est, à ce qu'il paraît, celui par lequel elle est connue au Bengale, cette espèce est aussi figurée, mais avec l'épithète de *Dentata*
dans la Zoologie indienne, que publie le même auteur d'après les
dessins du général Hardwick.

Plus récemment, M. Bell a pris notre Cistude de Diard pour type
d'un nouveau genre qu'il a nommé Cyclémyde, mais qui, suivant
nous, ne peut raisonnablement être conservé, attendu que les caractères sur lesquels il repose sont tous plus ou moins propres aux
autres Cistudes, ainsi que nous l'avons démontré en traitant de
ce genre en particulier.

VIᵉ GENRE. ÉMYDE. — *EMYS*. Nobis.

CARACTÈRES. Pattes à cinq doigts, les postérieures
à quatre ongles seulement ; plastron large, non mobile, solidement articulé sur la carapace, garni de
douze plaques ; deux écailles axillaires et deux inguinales ; tête de grosseur ordinaire ; queue longue.

A l'aide de ces caractères, on peut aisément distinguer les
Émydes des autres genres de la même sous-famille des Élodites Cryptodères. D'abord des *Cistudes,* des *Cinosternes* et
des *Staurotypes* qui ont une ou deux portions de leur sternum susceptible de mouvement; puis des *Tétronyx* dont le
cinquième doigt antérieur est dépourvu d'ongle ; ensuite des
Platysternes qui ont non seulement une très longue queue,
et une plaque de plus de chaque côté du plastron, entre
l'axillaire et l'inguinale, mais encore une tête énorme relativement à la grosseur de leur corps; enfin des *Émysaures,*
que leur grande queue surmontée d'une crête, et la forme
en croix de leur sternum, ne laissent confondre avec aucune
autre Élodite.

Aux caractères génériques indiqués plus haut, on peut
encore ajouter les suivans, qui ne sont, il est vrai, que bien
secondaires; tels que le sternum tronqué en avant et échancré triangulairement ou bilobé en arrière; la face antérieure
des bras, les talons et les dessus des poignets garnis d'écailles
assez dilatées, plates, lisses et le plus souvent imbriquées;
tandis que les autres parties des membres, et même le cou,
sont revêtus de petites écailles tuberculeuses, à l'exception
des genoux où il existe encore des scutelles polygones.

La peau qui recouvre les os du crâne et les côtés de la tête
postérieurement, laisse voir sur sa surface des impressions
linéaires qui semblent la diviser en petits compartimens,

dont la forme rappelle celle des plaques cornées qui revêtent les mêmes parties chez les Chersites, les Thalassites et quelques Élodites Pleurodères. Toutes les Émydes, sans exception, ont vingt-cinq plaques marginales, savoir : une nuchale, onze paires latérales et une suscaudale double. Mais parmi ces espèces, les unes ont la tête courte, les autres l'ont au contraire allongée. Il en est dont les mâchoires sont simples, tandis que d'autres les ont dentelées. Il y en a dont le sternum s'articule presque de niveau avec la carapace, tandis qu'on en rencontre un grand nombre qui ont le bouclier inférieur plus ou moins abaissé relativement au supérieur, suivant le degré de courbure verticale que présentent les prolongemens latéraux ou les ailes sterno-costales. Tantôt l'endroit où a lieu cette courbure du sternum est arrondi, tantôt au contraire il est anguleux, ce qui produit une sorte de carène de chaque côté du plastron.

Toutes les Émydes n'ont pas les membranes interdigitales également développées; car chez les unes elles sont fort courtes, tandis que chez les autres, elles dépassent même quelquefois les ongles. Cependant nous n'avons pu employer ces caractères pour établir des subdivisions dans ce genre, comme nous l'avons fait pour les Tortues. Car il est évident que, si d'un côté on plaçait les Émydes à mâchoires crénelées ou dentelées, et d'un autre celles à mâchoires tranchantes, on séparerait des espèces qui d'ailleurs se ressemblent beaucoup. Il arriverait absolument la même chose, si l'on prenait en considération le plus ou le moins d'étendue des membranes natatoires, ou bien le degré de courbure du plastron ou des ailes sterno-costales.

C'est pour cela que nous nous sommes décidés à partager tout simplement les espèces du genre Émyde en quatre groupes géographiques.

Dans le premier nous avons placé les deux espèces que produit notre Europe. Ce sont les Émydes nommées Caspienne et Sigriz.

Dans le second, les espèces Américaines qui ont avec les

premières le plus d'analogie, comme les suivantes : Ponctulaire, — Marbrée, — Gentille, — Géographique, — Concentrique, — à bords en scie ; — Dorbigny, — Arrosée,
— Croisée, —Ventre-rouge, — des Florides, — Rugueuse,
Ornée, — Mignonne, — Réticulaire, — Tachetée, — Peinte,
— de Bell, — Cinosternide, — de Mulhenberg.

Le troisième groupe comprend seulement l'Émyde de
Spengler, le seul représentant que l'Afrique ait jusqu'ici
fourni au genre Émyde ; encore cette espèce n'appartient-
elle pas au continent de cette partie du monde, mais aux
îles de France et de Bourbon.

Enfin le quatrième groupe réunit les espèces d'Asie, ou
plutôt des Indes-Orientales, car elles en proviennent toutes:
telles sont les Émydes dont les noms suivent : A trois arêtes,
— d'Hamilton, — de Reeves, — Thugy, — Dos-en-toit, —
Crassicole, — Épineuse, — de Beale, — Ocellée, — Trois
bandes, — de Duvancel, — Rayée.

Notre genre Émyde, tel que nous nous proposons d'en
faire ici l'histoire, correspond à celui de MM. Bell et
Gray, à une partie seulement de celui de Merrem, au genre
Clemmys de Wagler, et au sous-genre que M. Charles-Lu-
cien Bonaparte, prince de Musignano, a établi sous le même
nom.

Comme le tableau synoptique des espèces qui composent
le genre Émyde en comprend un très grand nombre, nous
avons été obligés de le faire imprimer sous un autre format,
qui sera joint à la suite de cette page, dans ce présent
volume, afin de pouvoir donner à l'indication des espèces
tout le développement nécessaire.

(En regard de la page 234.)

Key (tableau dichotomique) :

À sternum —

non arrondi :

- avec une carène bien prononcée : carapace
  - bicarénée
    - de couleur fauve
      - noire, tachetée de jaune .... 26. É. d'Hamilton
  - tectiforme : sternum jaune, à taches noires .... 25. É. de Reeves
  - tricarénée
    - tout au tour : test roussâtre .... 28. É. a Dos en Toit
    - en arrière : test noir .... 31. É. Épineuse
    - dentelée .... 30. É. Crassicolle
    - non dentelée : écailles sternales, bordées de jaune .... 27. É. Trichy
  - sans dentelures : écailles légèrement imbriquées, noires .... 1. É. Caspienne (jeune)
    - olivâtres, à raies jaune-foncé, flexueuses .... 23. É. de Spengler
  - trois carènes
    - avec des lignes flexueuses, jaune-souci .... 24. É. a Trois Carènes
    - profondément dentelée, de couleur fauve .... 2. É. Signe

- subcarénée : à carapace
  - avec
    - une seule carène
      - au milieu et en arrière seulement : taches orangées sur des écailles olivâtres .... 32. É. Ocellée (jeune)
      - interrompue : écailles costales à œil noir .... 3. É. Ponctulaire
      - largement palmées : sternum
        - marron, mêlé de jaunâtre .... 29. É. de Brale
        - brun : bordé de jaunâtre .... 5. É. Gentille
        - jaune : une tache noire aux écailles .... 22. É. de Muhlenberg
      - à peine palmées : oreilles avec une tache jaune .... 1. É. Caspienne (adulte)
  - sans carène et
    - dans toute sa longueur : pattes
      - olivâtre .... 4. É. Marbrée
      - brune, taches ocillées noires sur les écailles costales .... 32. É. Ocellée (adulte)

À sternum —

arrondi : à carapace

- lisse, unie : sternum
  - bilobé en arrière : mâchoires
    - à carapace
      - non denticulées .... 18. É. Ponctuée
      - denticulées
        - réticulé de ligua jaunes .... 17. É. Réticulée
        - irrégulièrement, à rayons jaunes .... 14. É. des Flouride
      - la supérieure échancrée en avant : sternum
        - jaune, avec une tache noire sur chaque plaque limbaire .... 16. É. Concinne
        - noir, bordé de jaune .... 9. É. de Dorbigny
      - l'inférieure à trois dents très fortes en avant : plaques costales à
        - une ou deux bandes verticales, jaunes .... 10. É. Arrosée
        - raies verticales irrégulières, rouges .... 12. É. a Ventre Rouge
    - tronqué devant et derrière : à écailles sternales jaunes
      - la plupart vermiculées de brun .... 20. É. de Bell
      - sur toute leur surface .... 19. É. Peinte

- rugueuse ou surmontée
  - d'une carène
    - de tubercules cardiniformes et
      - peu saillant : plaques vertébrales
        - très longues .... 34. É. de Duvaucel
        - très courtes : carapace
          - verdâtre : avec trois bandes noires .... 33. É. a Trois Bandes
          - jaunâtre : con rayé de rouge .... 35. É. Rayée
      - fort élevée : carapace lisse
        - olivâtre, couverte d'un réseau jaune .... 7. É. Concentrique
        - striée concentriquement, noire ou olivâtre, encadrée de raies brunes ...... 6. É. Géoclémique
    - en arrière seulement : carapace avec des stries
      - concentriques avec d'autres en rayons .... 11. É. Grosse
      - brune : limbe à taches noires .... 15. É. Orbée
      - longitudinales
        - noirâtre, tachetée de fauve .... 13. É. Rougeatre
    - dans toute son étendue : sternum
      - en pointe arrondie à ses deux extrémités .... 21. É. Géographique
      - bilobé en arrière .... 8. É. a Bords en Scie

REPTILES, II.

Iᵉʳ GROUPE. — ÉMYDES EUROPÉENNES.

1. L'ÉMYDE CASPIENNE. *Emys Caspica.* Schweigger.

CARACTÈRES. Carapace olivâtre, sillonnée par des lignes flexueuses et confluentes d'un jaune-souci sale, entière et unie dans les
adultes, tricarénée chez les jeunes; bords latéraux relevés sur
eux-mêmes; sternum noir avec des taches jaunâtres.

SYNONYMIE. *Testudo caspica.* Gmel. Reise durch Russl. tom. 3,
pag. 59, tab. 10 et 11.

Testudo caspica. Gmel. Syst. Nat. tom. 3, n° 24, pag. 1041.

Testudo caspica. Schneid. Schildk. pag. 344.

Testudo caspica. Shaw, Gener. zool. tom. 3, pag. 63.

Testudo caspica. Bechst. Uebers. der naturg. Lacép. tom. 1,
pag. 283.

Testudo caspica. Donnd. Zool. Beytr. tom. 3, pag. 21.

Emys caspica. Schweigg. Prodr. Arch. Konigsb. tom. 1, pag. 306
et 430, spec. 21.

Emys lutaria. Var. 8. Merr. Amph. pag. 25.

Emys caspica. Ed. Eichw. Zool. spec. Ross. Polon. tom. 3.

Clemmys caspica. Wagl. Syst. Amph. tab. 5, fig. 1 et 5.

Clemmys caspica. Wagl. Descript. et icon. Amph. tab. 24.

Clemmys caspica. Michaell. Isis, 1829, pag. 1295.

Clemmys caspica. Ch. Bonap. Sagg. di una distrib. natur. pag. 86.

Emys vulgaris. Gray, Synops. Rept. pag. 24, tab. 4 et tab. 11,
fig. 2.

DESCRIPTION.

FORMES. La boîte osseuse de cette espèce est peu élevée et plus
étroite au niveau des bras qu'au dessus des cuisses; elle est ovale,
sans dentelures, et elle a quelquefois son bord antérieur légèrement infléchi en dedans. Le limbe offre une pente douce à droite et
à gauche de la plaque nuchale, mais il n'est pas incliné en avant.
Toute la portion qui supporte les plaques margino-latérales est,
sinon perpendiculaire au sternum, du moins peu incliné sur lui.
Sous les plaques suivantes, il affecte au contraire une position ho-

rizontale, et la partie qui couvre la queue est tectiforme. Les huit premières plaques limbaires ont leur bord externe relevé sur lui-même; ce qui se remarque à peine dans les margino-fémorales dont la surface, chez les individus non adultes, est légèrement concave, tandis que celle des marginales antérieures est presque plane. La ligne du profil de la carapace commence par monter obliquement du bord antérieur du pourtour au bord postérieur de la première plaque vertébrale; puis elle prend une forme légèrement arquée jusqu'à l'extrémité postérieure de la carapace. La première plaque dorsale et la dernière, en même temps qu'elles sont penchées, l'une en avant, l'autre en arrière, s'abaissent de chaque côté de l'épine dorsale, en sorte qu'elles forment un peu ce que l'on appelle le dos d'âne. Les trois autres, outre une légère courbure longitudinale, sont un peu cintrées en travers. Parmi tous les individus appartenant à cette espèce et que nous possédons, il ne s'en trouve qu'un seul, le plus grand de tous, dont le disque présente une légère convexité sous les secondes plaques costales et environ vers la moitié postérieure des premières; car l'autre portion de celles-ci, et les deux dernières paires sont comme toutes les lames latérales des autres exemplaires, tout-à-fait planes. Les cinq écailles vertébrales, et les trois premières costales ont, les unes au milieu, les autres sur le tiers postérieur de leur hauteur, une carène longitudinale arrondie qui disparaît lorsque l'animal est adulte.

La nuchale est courte, élargie, à quatre côtés, et un peu plus étroite en avant qu'en arrière. Toutes les autres plaques marginales sont quadrilatérales et généralement plus longues que larges. Cependant presque toujours les suscaudales et les dernières margino-fémorales ont leur diamètre longitudinal moins étendu que le vertical, et les margino-collaires leur bord nuchal plus étroit que celui qui lui est opposé.

La première vertébrale qui, dans les individus adultes, est un peu plus étendue en travers que les autres de sa rangée, se trouve au contraire ne pas avoir autant de largeur que celles-ci chez les sujets moins âgés. Bien que cette plaque offre six pans et qu'elle soit un peu plus étroite en arrière qu'en avant, elle s'approche du carré, beaucoup moins toutefois que les deux suivantes, hexagones comme elle, et à diamètre transversal plus étendu que le longitudinal. La quatrième ne diffère de celles-ci que parce que son bord postérieur est plus étroit que l'antérieur. La pénultième plaque de la rangée du dos sera tétragone, si l'on regarde comme ne formant qu'un seul bord la portion qui l'unit au limbe ; et au contraire heptagone si l'on compte les quatre côtés par lesquels elle se tient aux plaques marginales.

La première costale représente un tétragone inéquilatéral : son plus grand côté, le marginal, est curviligne, et pourtant il forme un angle droit de chaque côté avec les deux bords latéraux les plus grands après lui, mais surtout avec le postérieur. Les deux angles supérieurs de cette même plaque costale antérieure sont obtus et fort rapprochés l'un de l'autre. Elle est, à la vérité, moins grande que les deux qu'elle précède ; mais la dernière de la rangée est encore plus petite. Sa forme est pentagone, ayant un angle aigu en arrière et deux obtus entre celui-ci et les deux antérieurs qui sont droits. Les plaques qui composent la seconde paire costale sont carrées, et celles de la troisième leur ressembleraient, si elles n'avaient moins de hauteur en arrière qu'en avant. Toutes ces lames discoïdales sont en général raboteuses, ce qui tient à ce que les stries concentriques qu'elles présentent sont larges et sinueuses. Cela ne saurait plus avoir lieu chez les vieux individus dont la carapace est parfaitement lisse. Mais chez les uns comme chez les autres, on remarque que le bord antérieur des quatre dernières vertébrales offre sur son milieu un petit angle obtus qui est reçu dans un angle rentrant de la plaque précédente.

Ni l'une ni l'autre extrémité du sternum ne s'étend jusqu'à l'extrémité correspondante de la carapace. Ce bouclier inférieur est presque aussi large devant que derrière, où il est assez profondément échancré en V ; tandis qu'à l'autre bout, il est seulement un peu rentré en dedans. La largeur de ses prolongemens latéraux, médiocrement relevés d'ailleurs, égale à peu près le tiers de leur longueur. Le plastron des mâles est légèrement concave au milieu, et celui des femelles tout-à-fait plat ; mais chez les deux sexes, l'extrémité antérieure ainsi que la postérieure, est faiblement recourbée vers la carapace. Quoique épais, ses bords libres sont un peu tranchans.

La figure des plaques gulaires est celle d'un triangle rectangle ; les suivantes ressemblent à des triangles isocèles dont l'angle aigu serait tronqué, et le côté opposé curviligne. Les pectorales sont quadrilatérales oblongues ; les anales subrhomboïdales ; les abdominales et les fémorales carrées. Les plaques axillaires sont moins grandes que les inguinales ; la forme des unes est triangulaire et celle des autres rhomboïde.

La tête est plate, le museau effilé, la mâchoire supérieure échancrée en avant et finement denticulée ; telle est aussi l'inférieure. Le crâne est parfaitement lisse ; on voit, entre l'œil et le tympan, une large plaque postorbitale dont la forme est celle d'un tétragone inéquilatéral. La peau du cou est hérissée de petits tubercules à sommets pointus. On en aperçoit sous le menton, ou mieux, entre les branches de la mâchoire inférieure, quelques uns de convexes, plus dilatés que ceux des régions voisines. Les bras, à leur origine, sont garnis d'écailles granuleuses ; les avant-bras portent, sur leur face externe, des squammelles imbriquées, plus larges que hautes, pour la plupart, et comme rectangulaires. Immédiatement au dessous du coude, et sur la ligne qui conduit directement au second doigt externe, il y a trois de ces squammelles placées l'une au dessus de l'autre ; elles sont très larges, convexes dans le sens transversal, et leur bord libre est anguleux. Celles qui revêtent le tranchant extérieur de l'avant-bras sont plus allongés que cinq ou six autres de forme carrée, réunies en groupe au dessus des squammelles également carrées qui forment la rangée ordinaire du poignet. Les écailles des pieds et des mains sont imbriquées et à bord libre arrondi ; celles des membranes interdigitales sont granuleuses. Ce sont encore des squammelles entuilées, serrées et à bord externe convexe qui protégent les genoux ; mais celles de la partie postérieure du tarse et du tranchant interne des pattes de derrière sont pointues. Partout ailleurs, sur les membres, il existe des granulations, particulièrement aux cuisses, qui sont parsemées en outre de petits tubercules aigus.

La queue en est toute recouverte jusqu'au dernier tiers de sa longueur en dessus, et en dessous jusques un peu en arrière de l'anus seulement. Le reste de son étendue, tant sur la région supérieure que sur l'inférieure, offre deux rangées d'écailles carrées. La longueur de cette queue est variable ; mais on peut dire en général qu'elle égale la moitié de celle du sternum. La base en est épaisse et la pointe effilée.

COLORATION. Une teinte olivâtre constitue le fond de la couleur de l'Émyde Caspienne. La tête et ses côtés sont parcourus par des linéoles longitudinales ondulées, d'un jaune plus ou moins foncé. Cette même couleur forme, tout le long de la surface du cou, des raies lisérées de noir parfaitement droites, de même largeur, et fort rapprochées les unes des autres. Parmi ces raies, on en re-

marque une qui vient aboutir à l'angle postérieur de l'œil. Le
menton est aussi tacheté de jaune; et sur les membres se montrent encore des raies de cette même couleur, se continuant jusque sur les doigts.

Des lignes flexueuses, confluentes, d'un jaune souci, bordées
de noir, parcourent dans tous les sens la surface de la carapace,
sur laquelle elles dessinent une sorte de réseau à mailles irrégulières; mais ceci ne se voit bien que chez les individus vivans; on
en retrouve encore des traces sur ceux qui sont conservés dans
l'alcool. Chez les sujets adultes ou près de l'être, les plaques discoïdales sont encadrées dans une bordure noire. En dessous, les plaques limbaires sont aussi d'un jaune souci ou orangé, ayant leurs
sutures noires; elles offrent de plus, en travers de chacune de
celles-ci, une tache ovale également noire, environnée d'un
cercle étroit de la même couleur. Quand l'animal est vieux, il ne
reste plus de ces taches marginales inférieures que celles des
flancs, encore le cercle qui les entourait a-t-il disparu.

Le sternum demeure pendant long-temps presque complètement noir; c'est-à-dire que l'on n'aperçoit qu'une seule petite
tache oblongue et jaunâtre sur le côté externe des plaques. Mais
à mesure que l'individu vieillit, ces taches s'élargissent irrégulièrement, et le bord interne des lames sternales se nuance lui-même
d'un ton jaunâtre. Le dessus et les côtés de la queue sont rayés de
jaune. L'iris de l'œil est de cette même couleur; et tout près du
bord antérieur de la pupille, on observe un petit point noirâtre.
Les ongles sont noirs et la pointe en est blanchâtre.

DIMENSIONS. *Longueur totale.* 58". *Tête.* Long. 4"; haut. 1" 7"';
larg. antér. 5", postér. 3"'. *Cou.* Long. 7". *Memb. antér.* Long. 10".
Memb. postér. 11". *Carapace.* Long. (en dessus) 25" 5"' ; haut. 9";
larg. (en dessus) au milieu 21". *Sternum.* Long. antér. 6", moy.
7" 5"'; postér. 8"; larg. antér. 4", moy. 14"', postér. 3" 5"'. *Queue.*
Long. 7" 5"'.

Ces proportions sont celles d'un individu, très certainement
adulte, qui a été envoyé des bords de la mer Caspienne au Muséum par M. Menestriés. Les plus grands de ceux qui ont été apportés de Morée par les membres de la commission scientifique
n'ont que vingt-trois centimètres de longueur totale.

JEUNE AGE. Les très jeunes Émydes Caspiennes se font remarquer
par leur carêne dorsale qui est large et convexe, tandis que celles
qui devront régner le long des plaques costales ne se montrent que

sous la forme de très petits filets. Leurs lames dorsales sont fort allongées dans le sens transversal, et très anguleuses à droite et à gauche, ainsi que le haut des plaques costales. Ces jeunes Élodites ont déja les bords latéraux de leur carapace relevés sur eux-mêmes; la surface des plaques est granuleuse; mais on n'y aperçoit point de stries concentriques. La partie postérieure du sternum est notablement plus étroite que l'antérieure, ce que l'on ne remarque point chez les individus d'une certaine grosseur. La queue est aussi proportionnellement plus longue et plus grêle. Les exemplaires du jeune âge que nous possédons ne présentent en dessus qu'une seule teinte d'un gris olivâtre; mais leurs plaques sternales sont noires, marquées chacune d'une tache jaunâtre.

PATRIE ET MŒURS. Cette Émyde habite, ainsi que l'indique son nom spécifique, les pays voisins de la mer Caspienne; mais elle vit aussi en Dalmatie et en Morée, car elle a été observée aux environs de Raguse; et M. Bory de Saint-Vincent l'a trouvée dans la plupart des cours d'eau peu profonds de la péninsule grecque.

Observations. C'est à Wagler que l'on doit la seule description détaillée et la seule bonne figure qui existent de cette espèce.

2. L'ÉMYDE SIGRIZ. *Emys Sigriz.* Nob.

CARACTÈRES. Carapace olivâtre, marquée de taches orangées cerclées de noir, ovale, entière, unie chez les adultes, et très légèrement carénée dans le jeune âge. Sternum brun, bordé ou mélangé de jaune sale, avec une tache oblongue et noire sur ses prolongemens latéraux.

SYNONYMIE. *Emys leprosa.* Schweig. Arch. Konigsb., tom. 1, pag. 298. *Clemmys sigriz Michaelles.* Isis, 1829, pag. 1295.

Terrapene sigris. Ch. Bonap. Sagg. di una distrib. nat., pag. 87.

Emys lutaria. Bell. Monog. Testud. exclus. synon. Testudo lutaria. Lacép. (Cistudo europæa), Testudo caspica. S. G. Gmel., Gmel. Syst. nat. Daud., Schneid., Shaw. Emys caspica. Schweig. Clemmys caspica. Wagl. Emys vulgaris. Gray. (Emys caspica).

DESCRIPTION.

FORMES. Le test osseux de cette espèce a tout aussi peu de hauteur que celui de la précédente. Il est comme lui, ovale, entier, un peu plus élargi en arrière qu'en avant, et à peu près uni lors-

que l'animal a acquis un certain développement. Mais pendant
le jeune âge, sa ligne médiane et longitudinale se trouve surmontée d'une carène sensiblement plus saillante sur les trois
dernières vertébrales que sur les deux premières. Par cela seul,
l'Émyde Sigriz se distingue déjà de l'espèce précédente, dont
la carapace est tricarénée, à moins que les individus ne soient
très âgés. Le limbe offre à peu près le même degré d'inclinaison
dans toute sa circonférence; c'est une pente oblique en dehors.
Ses bords externes, le long des flancs, sont très légèrement relevés, ainsi qu'on l'observe, mais d'une manière plus marquée,
dans l'Émyde Caspienne. Au dessus des cuisses, sa surface, au
lieu de former un peu la gouttière ou même d'être plane, présente une légère convexité. Du reste, toutes les autres parties
du corps et les tégumens qui les recouvrent ne diffèrent, quant
à leurs formes, des parties analogues de l'Émyde Caspienne,
qu'en ce que les plaques costales, au lieu d'être planes, sont
toutes un peu cintrées dans leur sens vertical, et ont leurs bords
supérieurs, ainsi que les bords costaux des vertébrales, beaucoup plus anguleux.

COLORATION. Ce n'est pas par leurs couleurs, qui sont à peu
près les mêmes, mais par la manière dont elles sont distribuées
sur la carapace en particulier, que les deux espèces d'Émydes
européennes se distinguent l'une de l'autre. Ainsi, il n'y a point
sur le dessus du corps de l'Émyde Sigriz, comme sur celui de
l'Émyde Caspienne, des lignes onduleuses et confluentes; on n'y
voit que de simples taches orangées, dont une seule oblongue,
cerclée de noir, se voit sur le milieu de chaque plaque du disque, et deux ou trois qui sont irrégulières et également entourées de noir. Sur les plaques marginales, ces taches sont très
apparentes, surtout chez les individus de moyenne grosseur;
dans les jeunes sujets, elles offrent peu d'étendue; celles des
vieux aussi sont excessivement pâles. La tête est d'un vert olive
uniforme, sans la moindre trace de lignes jaunes; les raies
longitudinales du cou, au lieu d'être jaunes et bordées de noir,
comme celles de l'Émyde Caspienne, sont simples et de la couleur des taches discoïdales, c'est-à-dire sans lisérés noirs, et
d'un orangé plus ou moins foncé. Le sternum est brun, avec
une large bordure ondulée d'un jaune pâle et sale, qui se répand quelquefois sur la couleur du centre du sternum, à l'endroit de la suture de ses plaques, et sur sa ligne moyenne;

mais, chez les individus de tout âge, il existe sur chaque prolongement latéral du plastron une bande longitudinale d'un
noir foncé ; la plus grande partie de la surface inférieure des
plaques limbaires est presque toujours dans son entier de cette
dernière couleur. Les raies d'une teinte jaune qui ornent les
membres et la queue de l'Émyde Caspienne, sont ici d'un
orangé parfois assez vif.

DIMENSIONS. Cette espèce devient, très probablement, aussi
grosse que l'Émyde Caspienne. Cependant la plus grande carapace que nous en ayons vue n'avait pas plus de seize centimètres de longueur. Les dimensions suivantes sont celles d'un individu beaucoup plus petit qui fait partie de notre collection
nationale.

LONGUEUR TOTALE, 16". *Tête.* Long. 2" 5" ; haut. 1" 2"' ;
larg. antér. 6", postér. 1" 6"'. *Cou.* Long. 2" 5"'. *Memb. antér.*
Long. 7". *Memb. postér.* Long. 5" 5"'. *Carapace.* Long. (en dessus) 9" 5"' ; haut. 5" ; larg. (en dessus), au milieu 8" 5"'. *Ster-*
num. Long. antér. 2" 3"' , moy. 3" , postér. 3" ; larg. antér. 2",
moy. 5" 7"', postér. 1" 5"'. *Queue.* Long. 4" 5"'.

PATRIE ET MOEURS. L'Émyde Sigriz, de même que plusieurs
autres reptiles des côtes méditerranéennes de l'Afrique, se trouve
aussi en Espagne. Le Muséum d'histoire naturelle en possède
depuis assez long-temps un individu provenant de ce dernier
pays, où ont été également recueillis ceux que M. Michaelles a
observés. Dernièrement encore, le même établissement en a reçu
quelques exemplaires qui lui avaient été adressés d'Alger par
M. Rozet, l'un de nos officiers du génie les plus distingués. Jusqu'ici, nous ne savons pas qu'on l'ait rencontrée ailleurs.

Observations. Il nous paraît certain que l'Émyde en question
est bien l'espèce à laquelle M. Michaelles a donné le nom de
Clemmis Sigriz, et que Wagler a cru ne devoir considérer que
comme une variété de l'Émyde Caspienne. Pourtant elle s'en
distingue suffisamment, ainsi qu'on a pu le voir par les deux
descriptions précédentes. Mais M. Michaelles n'est pas, comme
il le pense, le premier qui ait parlé de cette espèce. Schweigger,
avant lui, l'avait déjà fait connaître dans son Prodrome, où elle
est désignée par l'épithète de Lépreuse. C'était d'après Schœpf,
dans les manuscrits duquel il avait trouvé sous ce nom spécifique, une figure représentant une Émyde parfaitement semblable
à une autre, qu'il avait précédemment observée dans le Musée

de Paris, où elle est encore. La carapace est couverte de petits boutons qu'il prit, à l'exemple du chélonographe d'Erlang, pour un des caractères propres à cette espèce, mais sans fondement, puisque ces boutons ou pustules proviennent d'une maladie épidermique qui, selon toute apparence, atteint un grand nombre d'individus de l'Émyde Sigriz. Nous avons remarqué, en effet, que près de la moitié de ceux qui nous ont passé sous les yeux en étaient affectés.

C'est encore l'Émyde Sigriz que M. Bell a décrite et représentée dans sa belle Monographie des Tortues, sous le nom impropre d'*Emys Lutaria*, sans qu'il pensât toutefois que ce fût la *Testudo Lutaria* de Linné, mais parce qu'il croyait que c'était un individu de l'Émyde Sigriz, qui avait servi de modèle pour la gravure de la Tortue Bourbeuse dans l'ouvrage de Lacépède.

Nous pouvons à cet égard assurer le contraire, et avec d'autant plus de certitude que l'exemplaire même de la Tortue Bourbeuse, d'après lequel a été faite la figure de Lacépède, existe encore aujourd'hui dans nos collections. L'habile chélonographe anglais est dans l'erreur, selon nous, lorsqu'il cite comme synonyme de son *Emys Lutaria* (notre Émyde Sigriz), la *Testudo Caspica* de Gmelin; deux espèces parfaitement distinctes, ainsi que nous l'avons précédemment démontré.

IIᵉ GROUPE. ÉMYDES AMÉRICAINES.

3. L'ÉMYDE PONCTULAIRE. *Emys Punctularia*. Schweigger.

CARACTÈRES. Carapace ovale, entière, très convexe, uni-carénée, d'un brun noirâtre; sternum noir, bordé de jaune; tête noire, avec deux taches sur le museau et une raie de chaque côté du crâne, en arrière des yeux, de couleur rouge lorsque l'animal est vivant, et qui devient jaune après sa mort.

SYNONYMIE. *Testudo punctularia*. Daud. Hist. Rept. tom. 2, pag. 549.

Emys punctularia. Schweigg. Prodr. Arch. Konigsb., tom. 1, pag. 305, spec. 29.

Chersine punctularia. Merr. Amph., pag. 29.

Emys punctularia. Gray. Synops. Rept., pag. 25,

16.

Emys scabra. Bell, Monog. Test. fig. sans numéro.

La raboteuse. Lacépède, Quad. Ovip., tom. 1, pag. 161, pl. 10. Exclus. synon. Testudo Amboinensis. Minor. Séba (Emys trijuga).

Testudo dorsata. Schœpf. Hist. Test., pag. 136.

Testudo scabra. Latr. Hist. Rept., tom. 1, pag. 148. Exclus. synon. Testudo Amboinensis, minor. Séba (Emys trijuga).

Testudo verrucosa. Latr.? Loc. cit., pag. 156.

Testudo scabra. Daud. Hist. Rept., tom. 2, pag. 129.

Testudo verrucosa. Daud. Loc. cit., pag. 134.

Emys dorsata. Schweigg. Prod. arch. Konigsb., tom. 1, pag. 297 et 424, spec. 5, exclus. synon. Testudo Amboinensis, minor. Séba (Emys trijuga).

Emys dorsualis. Spix, Rept. Braz., pag. 1, tab. 9, fig. 4-2.

Emys scabra. Gray, Synops. Rept., pag. 24. Exclus. synon. Testudo Amboinensis minor. Séba (Emys trijuga).

DESCRIPTION.

Formes. La boîte osseuse de cette espèce est très convexe, d'une largeur moindre d'un quart que sa longueur, mais d'une longueur du double de sa hauteur. Le contour en est ovale, sans dentelures bien prononcées, presque droit au dessus du cou et le long des flancs, arrondi au niveau des membres et un peu anguleux en arrière.

Le pourtour de la carapace, plus étroit devant et derrière que sur les côtés du corps, offre une pente oblique en dehors dans toute sa circonférence, si ce n'est sous les plaques margino-collaires et brachiales, où il est simplement incliné à droite et à gauche de la nuchale. Sur les flancs, le bord terminal en est tranchant et légèrement relevé du côté du disque. La courbure du dos est assez ouverte, et la ligne transversale et médiane de la carapace est au contraire fort arquée. Tout le long de l'épine dorsale règne une large carène aplatie, qui est plus saillante sur la première vertébrale que sur les autres. La plaque de la nuque est quadrilatérale, courte, mais néanmoins oblongue. La figure des margino-collaires est celle d'un triangle isocèle à sommet tronqué, et toutes les écailles limbaires qui les suivent sont carrées, à l'exception de la première margino-fémorale et de la dernière, dont le bord supérieur est anguleux. La dernière vertébrale, moitié moins développée que les autres lames dorsales, est pentagone; elle

a un angle obtus postérieurement ; elle en a un second de chaque
côté de celui-là et deux presque droits antérieurement. L'écaille
qui commence la rangée du dos ressemble par sa forme à celle
qui la termine ; mais ses trois angles obtus sont dirigés du côté de
la tête, et ses deux droits touchent à la seconde vertébrale.
Celle-ci est hexagone-oblongue ; la suivante, hexagone carrée ; et
la troisième, qui a le même nombre de côtés, offre des angles
costaux moins obtus.

Les lames costales diminuent sensiblement de grandeur à mesure qu'elles s'éloignent de la tête, de telle sorte que celle qui
termine la rangée, couvrirait à peine la moitié de la surface de
celle qui la commence. L'une est tétragone équilatérale, l'autre
de même a quatre pans, et offre la forme d'un triangle à base curviligne et à sommet largement coupé. Les deux autres costales
sont quadrilatérales, plus hautes que larges et à bord supérieur
obtusangle. En général, les bords latéraux des plaques vertébrales sont légèrement sinueux, et leurs sutures transversales ont
toujours un angle obtus, arrondi, situé sur la carène dorsale et
dirigé en avant. Le plus souvent aussi, même chez les individus
âgés, la surface des lames écailleuses de la carapace et du plastron
est très faiblement marquée de stries encadrantes assez espacées,
et au centre desquelles se montrent des aréoles que nous avons
toujours vues lisses et non rugueuses, comme le prétend M. Bell.

Le sternum est aussi long que la carapace, légèrement arqué
d'avant en arrière, convexe au milieu chez les femelles ; plan ou
très peu concave chez les mâles ; il a les ailes courtes, peu relevées
et arrondies dans les deux sexes. L'extrémité antérieure présente
une légère échancrure, mais la postérieure en offre une assez profonde, triangulaire, de chaque côté de laquelle existe une pointe
obtuse.

Les plaques gulaires sont trigones avec leur bord libre tantôt
rectiligne, tantôt cintré, mais ayant toujours leur angle latéral
externe tronqué. Ces écailles sternales de la première paire ne sont
guère plus étendues que celles qui les suivent, lesquelles représentent des triangles isocèles à base arquée en dehors et à sommet tronqué. Les deux dernières plaques sternales sont rhomboïdales, ayant leur angle postéro-externe arrondi, et elles égalent
à peu près pour la grandeur les quatre premières ; les six autres
occupent une surface à peu près égale sur le corps du plastron.

Les quatre du milieu, abstraction faite de leur portion qui s'étend sur les ailes sternales, sont carrées; les fémorales sont quadrilatères ayant leurs deux angles antérieurs droits, l'interne postérieur obtus, l'externe aigu et leurs bords latéraux curvilignes.

La tête est d'une moyenne longueur; le museau, comprimé et coupé obliquement de haut en bas. Les étuis de corne qui enveloppent les mâchoires sont médiocrement forts, tranchans et sans dentelures; le bord du supérieur est un peu onduleux sur les côtés et échancré au dessous des narines, l'inférieur est terminé en pointe anguleuse et recourbé vers l'autre. La peau de l'occiput est divisée en petits compartimens, tandis que la surface de celle qui adhère au crâne est parfaitement lisse.

Des scutelles imbriquées, polygones, lisses, minces, presque aussi hautes que larges, revêtent la surface antérieure des avant-bras. Les plus dilatées se voient sur la moitié longitudinale externe, et celles qui le sont moins sur le côté interne. Sur la face postérieure il y en a dix ou douze autres qui forment un groupe en équerre, immédiatement au dessus du poignet. On en remarque trois ou quatre aux talons, et sur le bord externe du cinquième doigt des pattes de derrière; mais il y a là une rangée d'écailles qui forment comme une espèce de feston natatoire. La paume et la plante des pieds portent aussi de petites écailles entuilées; les tégumens des autres parties sont tuberculiformes comme ceux de la peau du cou et de la queue. Cependant celle-ci, dont la brièveté est remarquable et la forme triangulaire, est hérissée sur les côtés en particulier, de petites pointes aplaties et aiguës. Les ongles sont peu allongés, épais, légèrement courbés et pointus.

COLORATION. Les mâchoires sont rougeâtres, les parties supérieures et latérales de la tête, noires; les côtés du museau et ceux de l'occiput sont marqués d'une tache rouge, comme les lignes qui traversent longitudinalement les joues. Sur le dessus du crâne, on trouve deux autres raies également rouges qui s'étendent du milieu de la voûte de l'orbite jusqu'en arrière de l'oreille. Quelquefois on en voit une troisième qui vient réunir celle-ci, allant de l'une à l'autre par le travers du vertex. Après la mort, ces lignes et ces points rouges deviennent jaunes et même blanchâtres. Le cou, qui est d'un noir brun en dessus, offre en dessous et sur les côtés des lignes longitudinales, formées de petits points de la même couleur, se détachant sur un fond jaunâtre. Le dessous des quatre membres et la face supérieure des bras, présentent une teinte jaune ponctuée de noir partout où il n'existe point d'écailles; mais là où il s'en trouve, cette même couleur noire se montre en petits cercles tellement rapprochés les uns des autres, qu'ils forment une espèce de réseau. Un brun rougeâtre mélangé d'une teinte noire, règne sur les lames cornées de la carapace. Le plastron est d'un brun assez uniforme, bordé d'une étroite bande de jaune, couleur dont on voit aussi quelques traces sur la ligne médiane et longitudinale de ce bouclier inférieur.

DIMENSIONS. *Longueur totale*, 31". *Tête.* Long. 3" 5"'; haut. 2"; larg. antér. 6", postér. 3". *Cou.* Long. 6" 5"'. *Memb. antér.* Long. 8". *Memb. postér.* Long. 8" 5"'. *Carapace.* Long. (en dessus) 22"; haut. 8" 5"'; larg. (en dessus), au milieu 19" 5"'. *Sternum.* Long. antér. 5" 5"', moy. 8" 3"', postér. 6" 3"'; larg. antér. 4", moy. 13", postér. 5". *Queue.* Long. 3".

JEUNE AGE. La carapace des jeunes individus de cette espèce est notablement déprimée, et la carène qui la parcourt longitudinalement est au contraire fort élevée, très large et arrondie. Les plaques écailleuses qui recouvrent cette partie supérieure du test, ont leur surface tout entière garnie de petits tubercules, augmentant de grosseur à mesure qu'ils se rapprochent du bord des écailles; et le centre des costales est surmonté d'une très petite crête allongée et granuleuse elle-même.

L'extrémité antérieure du sternum est denticulée, l'extrémité postérieure ne présente qu'une légère échancrure. On distingue parfaitement bien dans chaque angle antérieur des ailes du plastron une petite axillaire, et dans chaque angle postérieur une inguinale également peu développée.

La couleur de ces jeunes Elodites est d'un brun rougeâtre clair, piqueté et finement rayé de noir, ayant des lignes assez larges de cette dernière couleur sur les sutures marginales.

PATRIE ET MOEURS. L'Émyde Ponctulaire se trouve au Brésil et à la Guyane. La collection en renferme plusieurs échantillons, parmi lesquels nous citerons en particulier celui que Richard a anciennement rapporté de Cayenne, lequel a servi aux deux premières descriptions qui ont été publiées de cette espèce, celle de Daudin et celle de Schweigger. Un exemplaire beaucoup plus petit et venant du même pays, est dû à MM. Leschenault et Doumère.

Deux autres individus fort jeunes existent depuis long-temps dans la collèction, sans que nous sachions aujourd'hui par qui ils ont été donnés. L'Émyde Ponctulaire se nourrit de grenouilles et de petits poissons; les œufs sont blancs, cylindriques, arrondis aux deux bouts.

Observations. Nous avouons que c'est avec peine que nous avons vu dernièrement M. Bell augmenter les difficultés déjà trop grandes de la science, en substituant au nom de Ponctulaire que porte depuis long-temps cette Émyde, et sous lequel Daudin et Schweigger l'ont parfaitement décrite, celui de *Scabra* donné par Linné à une Élodite qu'on ne peut, suivant nous, considérer d'une manière certaine comme étant une jeune Émyde Ponctulaire. En effet, si d'un côté les caractères que l'auteur du *Systema naturæ* assigne à sa *Testudo Scabra* ne sont point assez spécifiques; de l'autre, ni la description de Gronovius, ni la figure de Séba que Linné y rapporte, n'appartiennent au jeune âge de l'Émyde Ponctulaire. La *Testudo Terrestris amboinensis minor* de Séba n'est autre qu'une jeune *Emys Trijuga*, et la Tortue de Gronovius qui, d'après sa description, avait les écailles lisses et de couleur blanchâtre, linéolées ou marbrées de noir, doit aussi être une espèce différente de l'Émyde Ponctulaire, jeune, qui a les plaques de sa carapace fortement chagrinées et d'une teinte roussâtre ou marron, piquetée de noir. Mais nous sommes certains que la description et la figure que Lacépède a données de la Tortue Raboteuse, ont été faites d'après une jeune Émyde Ponctulaire, car nous en possédons encore aujourd'hui le modèle dans la collection. C'est aussi au jeune âge de l'*Emys Punctularia* qu'il faut rapporter l'*Emys Dorsata* de Schweigger, et l'*Emys Dorsualis* de Spix.

4. L'ÉMYDE MARBRÉE. *Emys Marmorea*. Spix.

CARACTÈRES. Carapace ovale, basse, convexe, sans carène, d'un brun verdâtre, nuancé de jaune; sternum échancré triangulairement en arrière; queue longue.

SYNONYMIE. *Emys marmorea*. Spix. Rept. Braz. pag. 15, tab. 10.
Emys marmorea. Gray. Synops. Rept. pag. 25.

DESCRIPTION.

FORMES. La boîte osseuse de cette Émyde offre assez de ressemblance, sous le rapport de la forme, avec celle de notre Cistude d'Europe. Son contour horizontal représente un ovale élargi, légèrement arqué et ondulé vers les régions fémorales, un peu anguleux en arrière, presque droit sur les côtés du corps, arrondi au dessus des bras et cintré en dedans derrière la tête. Le limbe, d'abord fort étroit à droite et à gauche de la plaque nuchale, s'élargit brusquement pour couvrir les épaules, après quoi sa largeur diminue et reste la même jusqu'à la hauteur des inguinales, où elle augmente de nouveau, de manière à être plus considérable sous les écailles margino-fémorales que dans aucune autre partie de sa circonférence. Le bord terminal de ce pourtour ne présente pas la moindre dentelure, mais paraît être légèrement relevé sur lui-même le long des flancs. Le disque est peu convexe; mais il l'est également dans toute son étendue, si ce n'est cependant sous le milieu des plaques vertébrales, où l'on remarque comme une sorte de nodosité : les lames cornées qui le recouvrent ont de même que les limbaires leur surface marginale creusée de petits sillons concentriques ondulés. La cinquième écaille du dos, tétragone-triangulaire et à base presque curviligne, loin d'être la moins dilatée de la rangée, comme dans l'espèce précédente, est au contraire la plus grande; et les trois qui la précèdent, quoique hexagones, affectent une figure carrée. Des quatre côtés de la première plaque vertébrale, qui a le diamètre transversal plus considérable que le longitudinal, deux forment en avant un angle excessivement ouvert, s'articulant par son sommet à la plaque de la nuque : de la réunion des trois autres il résulte en arrière deux angles obtus presque droits. La quatrième plaque costale, notablement plus petite que celles après lesquelles elle se trouve placée, est pentagone, ayant son angle postéro-inférieur sub-aigu; la plaque qui commence la rangée est trapézoïde, avec son bord marginal assez arqué : les deux intermédiaires sont quadrilatérales, plus hautes que larges, et ayant leur côté vertébral anguleux.

La nuchale est tétragone oblongue, rétrécie antérieurement ; celle qui s'unit avec elle de chaque côté représente un triangle isocèle à sommet tronqué : toutes les autres écailles limbaires sont rectangulaires et placées sur le cercle osseux qui les supporte, les secondes margino-brachiales, les suscaudales et les margino-latérales en long ; les premières margino-brachiales et les trois margino-fémorales en travers.

La surface du plastron est plane, ses prolongemens latéraux sont peu relevés et arrondis, son bord caudal est échancré en V ; celui qui regarde la tête est tronqué et un peu arqué à droite et à gauche de la ligne médiane. Les lames écailleuses qui garnissent ses extrémités ressemblent, les postérieures à des losanges, les antérieures à des triangles scalènes ; celles qu'on nomme fémorales sont des trapèzes à bord externe curviligne, de même que les humérales, qui se montrent sous la figure d'un triangle isocèle à sommet tronqué. Enfin les deux paires du milieu sont à quatre pans et transversalement oblongues, ayant chacune un de leurs coins abattu, l'un qui correspond à une inguinale en arrière, l'autre à une axillaire en avant.

La tête est peu allongée ; le museau, comprimé ; les mâchoires sont simples, droites ; les membres sont revêtus d'écailles peu différentes de celles qui garnissent les mêmes parties dans la Tortue Ponctulaire. Les ongles sont pointus, médiocres et un peu recourbés. La longueur de la queue, qui est arrondie, grêle, surtout à son sommet, égale environ la moitié de celle du sternum.

COLORATION. Une teinte jaune est répandue sur les mâchoires et se mêle sur la tête à la couleur noire ; mais l'extrémité antérieure de celle-ci est olivâtre. Sur le test règne un vert brunâtre, effacé cependant vers le centre des plaques par un jaune clair qui colore aussi une grande partie des lames sternales. Seulement celles-ci sont bordées de brun noirâtre.

DIMENSIONS. *Longueur totale.* 19". *Tête.* Long. 2" 6''' ; larg. postér. 2" 5'''. *Carapace.* Long. 11" 6''' ; haut. 5" 5''' ; larg. 9". *Sternum.* Long. 9". *Queue.* Long. 5".

PATRIE. Cette espèce est originaire du Brésil.

OBSERVATIONS. La description qu'on vient de lire est prise tout entière de la figure donnée par M. Spix, qui, jusqu'ici, paraît être le seul auteur qui ait eu l'occasion d'observer l'Émyde Marbrée. C'est mal à propos que les auteurs des observations critiques sur le travail du voyageur bavarois, ont prétendu que cette espèce n'était qu'une variété de l'Émyde Peinte. Elle en diffère au contraire par plusieurs caractères importans, notamment par celui d'avoir le sternum fort échancré en arrière, au lieu d'être tout-à-fait tronqué, comme on l'observe chez l'espèce de l'Amérique septentrionale, à laquelle on la rapportait à tort.

5. L'ÉMYDE GENTILLE. *Emys Pulchella*. Schweigger.]

CARACTÈRES. Carapace ovale, carénée, brune et ayant de petits traits jaunes, disposés en rayons; aréoles et stries concentriques très marquées : le dessous du corps jaune; une tache noire sur chacune des plaques sternales et limbaires.

SYNONYMIE. *Emys pulchella*. Schweigg. Prodr. Arch. Konigsb. tom. 1, pag. 305. spec. 17. exclus. synon. Testudo pulchella. Schœpf. (Cistudo Europea jun.)

Emys scabra. Say, Journ. Acad. Nat. Sc. Phil. tom. 4, pag. 204 et 210. spec. 5.

Emys scabra. Harl. Americ. Herpet. pag. 76.

Terrapene scabra. Ch. Bonap. Osservaz. Second. ediz. Reg. anim. pag. 157, exclus. synon. Emys scripta. Merr. (Emys serrata.)

Emys insculpta. Leconte, Ann. Lyc. nat. Hist. New-York., tom. 3, pag. 112.

Emys speciosa. Bell, manusc.

Emys speciosa. Gray, Synops. Rept. pag. 26.

DESCRIPTION.

FORMES. Le corps de cette espèce est assez déprimé : la hauteur en est moitié moindre que la largeur, et celle-ci est contenue une fois et demie dans la longueur. Quant à la figure ovalaire que présente son contour horizontal, elle est approchant la même que celle des deux espèces précédentes, c'est-à-dire que son extrémité antérieure est en croissant très ouvert, que la postérieure est anguleuse, que les parties qui correspondent aux quatre membres sont arrondies, et que les latérales sont presque rectilignes.

Les portions du limbe les plus étroites sont celles qui cou•

vrent les flancs, et les plus larges celles sous lesquelles se retirent les pattes. La pente du pourtour, à droite et à gauche du
cou, est assez rapide; celle des côtés du corps, prenant sa direction en dehors, l'est un peu moins ; mais on remarque qu'au
dessus des cuisses le pourtour est légèrement voûté, et qu'en
arrière des cuisses, tout en s'inclinant vers les suscaudales qui
sont convexes, il forme ordinairement la gouttière. Le bord externe du cercle qui entoure le disque de la carapace est échancré à sa partie médiane postérieure et quelque peu dentelé entre
celle-ci et celle qui correspond à la plaque inguinale ; il est replié
verticalement au dessus des ailes sternales, et garni en avant de
trois pointes dont une obtuse et deux anguleuses, produites, l'une
par l'extrémité libre de la nuchale, les deux autres par un des
angles de chaque plaque margino-collaire.

La surface du disque, loin d'être lisse, est au contraire très
inégale, en ce que les cinq vertébrales, dans le sens de leur
longueur, sont coupées par une large carène, arrondie, généralement moins saillante en avant qu'en arrière ; en ce que
les aréoles, bien que petites, sont très déprimées ou même
enfoncées, en ce que celles des costales ont ordinairement une
petite pointe au milieu ; en ce que le bord postérieur des quatrièmes lames latérales forme une saillie ou un bourrelet d'autant plus apparent que l'animal est plus âgé ; enfin, en ce que
toutes les écailles supérieures qui sont couvertes de stries concentriques, étroites, profondes et onduleuses, sont elles-mêmes
coupées en travers par d'autres sillons s'étendant du bord des
aréoles à celui des plaques. La position des aréoles varie elle-
même suivant les plaques où elles se trouvent. Les aréoles des
plaques vertébrales, par exemple, sont situées au milieu, et
très en arrière, de sorte qu'elles se trouvent naturellement divisées en deux par la portion la plus saillante de la carène qui
surmonte leur écaille. Les aréoles costales, à l'exception de
celles de la dernière paire, ne sont pas autant rapprochées du
bord postérieur, mais elles le sont plus du supérieur que de
l'inférieur ; cela fait qu'elles sont placées presque dans un angle
de leur plaque comme les aréoles marginales ; mais avec cette
différence que les unes occupent le coin postéro-supérieur, et les
autres le coin postéro-inférieur.

Le profil de la carapace est une ligne droite horizontale
qui, en avant et au niveau de la première aréole dorsale,

s'abaisse sur le cou par un angle très ouvert, et qui, après la quatrième écaille vertébrale, se continue vers la queue, soit en se courbant légèrement, soit en suivant une pente oblique. Vue de face, la carapace de cette espèce d'Émyde présente chez certains individus un cintre très surbaissé vers sa partie moyenne, tandis que chez d'autres elle se montre anguleuse, ou comme nous disons, tectiforme.

La première plaque vertébrale est pentagone-oblongue; elle est rattachée à la nuchale par le sommet d'un angle obtus; mais elle en offre deux droits du côté opposé. Elle est plus large en avant qu'en arrière chez les jeunes sujets; elle y est plus étroite au contraire quand les individus sont vieux. Les trois plaques suivantes sont hexagones et près d'une fois plus étendues dans le sens transversal que dans le longitudinal; l'une d'elles, la quatrième, a le bord postérieur de moitié moins élargi que l'antérieur. La cinquième a, comme les autres, six pans, par trois desquels elle tient aux marginales; par les deux plus grands aux costales, et par le sixième, qui forme ordinairement un angle obtus, à la vertébrale qui la précède.

La première plaque costale est heptagone triangulaire, ayant sa face vertébrale antérieure placée presque parallèlement à l'axe du corps et beaucoup plus courte que sa face costale; ses côtés marginaux sont si peu anguleux, qu'ils constituent pour ainsi dire un seul bord curviligne. La seconde et la troisième sont plus hautes que larges; toutes deux sont unies aux vertébrales par un bord obtus-angle, mais fixées en bas, l'une par un seul côté, l'autre par trois. La quatrième costale, moitié moins grande que les trois premières, est pentagone ou hexagone, suivant qu'elle s'articule inférieurement avec deux ou avec trois plaques marginales. La plaque nuchale est oblongue, très étroite, semi-cylindrique; les margino-collaires qui la touchent sont pentagones. Chaque écaille margino-latérale est rhomboïdale; mais toutes les autres limbaires sont plus ou moins régulièrement rectangulaires ou carrées.

En arrière, le plastron, profondément échancré en V, se laisse un peu dépasser par la carapace; mais à l'autre bout il est aussi long qu'elle, est coupé presque carrément et ses angles sont rabattus à droite et à gauche. Les ailes en sont très peu élargies et subcarénées dans les individus de moyenne taille; mais arrondies chez ceux qui ont acquis leur entier développement. Leur lon-

gueur égale le tiers de celle du sternum, dont les deux extrémités se relèvent tant soit peu vers la carapace.

Les plaques gulaires représentent des triangles rectangles ;
celles qui les suivent et les fémorales, des triangles isocèles ; mais
celles-là ont leur sommet tronqué obliquement d'arrière en avant,
et leur base assez arquée, tandis que celles-ci ont l'un coupé
carrément, et l'autre presque droit ou très peu cintré. Les
pectorales et les abdominales sont rectangulaires, et les anales
forment des losanges. Toutes les plaques, à l'exception des gulaires et des pectorales, ont à peu près la même longueur. Les
axillaires sont pentagones oblongues et peu étendues, les inguinales sont triangulaires et moitié plus petites.

La tête est déprimée et plane en dessus ; le museau court,
triangulaire, comprimé, obtus, coupé perpendiculairement en
avant. On ne voit point de dentelures aux deux mâchoires ; la
supérieure est à peine échancrée, et l'inférieure se relève vers
celle-ci en pointe anguleuse.

Antérieurement, les bras sont garnis d'écailles plates, lisses,
imbriquées, de forme triangulaire, sur leur moitié longitudinale externe, depuis le coude jusqu'à la hauteur du poignet ; ces
écailles sont aussi plus larges que hautes, à bord libre arrondi,
mais sur une portion seulement de l'autre moitié ; car celles qui
garnissent le coude en dedans et le haut des bras sont des
squamelles suborbiculaires, ainsi que celles des genoux. Quant aux
trois ou quatre qui composent la rangée ordinaire du poignet,
elles affectent une forme carrée. Parmi celles qui garnissent
la partie postérieure du tarse, il y en a d'anguleuses et d'arrondies.

Les ongles ont plus de longueur aux pattes de derrière qu'à
celles de devant, et les uns et les autres sont un peu cintrés
et très aigus.

La queue, grosse, ronde et épaisse à sa base, devient grêle
immédiatement après l'ouverture du cloaque ; cette portion extérieure est recouverte de quatre rangées d'écailles quadrangulaires, deux en dessus, deux en dessous ; tandis que de petits
tubercules revêtent la peau qui enveloppe la partie la plus
rapprochée du corps.

Coloration. C'est un noir profond qui teint le dessus et les
côtés de la tête ; la région supérieure du cou, et la gorge qui
n'est cependant pas unicolore, car elle est marquée de rouge.

Le dessous du cou est au contraire tacheté de noir sur un fond rouge. Les mâchoires ou plutôt les bords des étuis cornés qui les enveloppent sont de couleur brune; et de chaque côté du menton part une raie alternativement jaune et rouge, qui passe sur chaque branche du maxillaire inférieur pour aller aboutir un peu en arrière de la tête.

L'iris de l'œil est d'un brun foncé; la pupille, noire, entourée d'un cercle jaune.

Sur les côtés externes des bras règne un brun noirâtre; mais sur les côtés internes, des taches de la même couleur sont semées sur un fond rouge; tel est aussi le fond du dessous des pattes de derrière, fond d'où se détachent des raies d'une teinte brune, semblable à celle que l'on voit sur la région supérieure de ces pattes.

La queue est également brune, tachetée de rouge en dessous et vers sa base.

Les ongles sont bruns, ayant leur extrémité blanchâtre.

Les plaques supérieures du test sont d'un brun olivâtre-foncé et radiées de traits jaunes; les inférieures ou sternales, ainsi que le dessous des marginales, sont de cette même couleur, mais beaucoup plus vive; elles portent chacune une large tache quadrilatérale d'un noir d'ébène sur leur angle postéro-externe.

Dimensions. Nous sommes certains que cette espèce peut arriver à une longueur totale de vingt-huit ou de trente centimètres; car nous possédons une carapace qui en mesure vingt-deux à elle seule.

Les proportions suivantes sont celles d'un individu complet qui appartient également à notre Musée.

Longueur totale. 24". *Tête*. Long. antér. 3"5'"; long. antér. 1"; postér. 2". *Cou*. Long. 4". *Memb. antér*. Long. 8". *Memb. postér*. 8"5'". *Carapace*. Long. (en dessus) 3". *Sternum*. Long. antér. 3"5'", moy. 4"5'", postér. 5"5'"; larg. antér. 2"5'", moy. 8"5'", postér. 3". *Queue*. Long. 5"5'".

Patrie et moeurs. Cette espèce, originaire de l'Amérique septentrionale, habite plus particulièrement le nord des États-Unis. Elle vit indifféremment dans les rivières et dans les étangs, et peut même, suivant M. Leconte, passer plusieurs mois à terre, complètement privée d'eau, sans qu'elle paraisse pour cela souffrir.

Observations. En restituant aujourd'hui à cette Émyde son ancien et véritable nom, celui sous lequel elle a été décrite pour la première fois, nous n'avons pas craint qu'il pût en résulter aucune équivoque par la suite, attendu que l'*Emys Pulchella* de Schœpff, de laquelle Schweigger l'avait mal à propos rapprochée, ne doit plus porter ce nom. En effet, ce n'est point une espèce particulière, mais une jeune Cistude commune. De cette manière, notre Émyde Gentille aura pour synonyme, et l'*Emys Scabra* de Say, que cet auteur avait ainsi nommée, dans l'idée que c'était la *Testudo Scabra* de Linné, ce qui n'est pas du tout probable; et l'*Emys Insculpta* de Leconte, enfin, l'*Emys Speciosa* de M. Gray, ou mieux de M. Bell; car l'Émyde Gentille figurait déja sous le nom de *Speciosa* dans la collection de M. Bell, dès avant la publication du *Synopsis Reptiliûm* de son compatriote.

6. L'ÉMYDE GÉOGRAPHIQUE. *Emys geographica.* Lesueur.

CARACTÈRES. Carapace plus ou moins déprimée, lisse, dentelée postérieurement, olivâtre, parcourue par un nombre considérable de petites lignes irrégulières et confluentes de couleur jaune; plaques vertébrales portant en arrière un tubercule caréniforme.

SYNONYMIE. *Emys geographica.* Lesueur, Journ. acad. nat. sc. Phil., tom. 1, pag. 86, tab. 5.

Emys geographica. Say. Journ. Acad. nat. sc. Phil., tom. 4, pag. 204 et 215, spec. 4.

Testudo geographica. Leconte, Ann. lyc. nat. Hist. New-York, tom. 3, pag. 108.

Emys geographica. Harl. Amer. Herpet., pag. 76.

Emys Lesueuri. Gray, Synops. Rept., pag. 31.

JEUNE AGE. *Emys......* Lesueur, Mém. Mus. d'Hist. nat., tom. 15, pag. 267.

Emys pseudo-geographica. Lesueur, Manusc.

DESCRIPTION.

FORMES. Le test de l'Émyde Géographique, quoique en général assez bas, offre quelquefois une certaine hauteur; dans l'un et dans l'autre cas, il peut être ou parfaitement convexe ou légèrement tectiforme. La ligne qui le circonscrit horizontalement

forme au dessus du cou un angle rentrant fort ouvert, de chaque
côté duquel elle se rend à l'extrémité postérieure du corps en
suivant une direction telle que la figure qui en résulte est celle
d'un ovale oblong, obtus-angle en arrière, un peu plus dilaté au
niveau des cuisses qu'à la hauteur des bras, et dont les côtés sont
faiblement cintrés chez les individus encore jeunes, tandis qu'ils
sont rectilignes chez les adultes.

Le limbe offre à peu près la même largeur dans son étendue,
excepté sous la nuchale où il est le plus étroit, et au dessus des
pieds de derrière où il l'est le moins. C'est par une pente douce
qu'il s'éloigne à droite et à gauche de cette plaque de la nuque. Il a
à peu près le même degré d'inclinaison le long des flancs, mais sa
région postérieure est beaucoup moins penchée. Partout sa surface
est plane, si ce n'est pourtant sur les côtés du corps, et tout près de
son bord terminal, où elle forme un peu la gouttière. Ce même
bord terminal, uni seulement dans une petite partie, présente
antérieurement quatre pointes anguleuses, dirigées, les deux plus
fortes qui sont les plus rapprochées du cou, en avant; les deux
autres du côté opposé : toutes quatre sont produites par les angles
latéraux externes postérieurs des premières et des secondes plaques limbaires. En arrière, ce même bord terminal se fait remarquer par des dentelures, au nombre de vingt-une, qui sont
dues, les unes à ce que l'angle externe postérieur des écailles marginales fait saillie en dehors; les autres à ce que le côté libre de
ces mêmes écailles s'infléchit en dedans vers sa partie moyenne,
de manière à former le croissant ou un triangle. On ne voit d'autres stries sur les lames cornées supérieures que celles qui, assez
espacées, parcourent longitudinalement la moitié inférieure des
trois premières costales, ces stries sont plus ou moins prononcées
suivant les individus. Les plaques vertébrales portent toutes sur
la portion postérieure de leur ligne médiane, un tubercule caréniforme beaucoup plus développé sur les trois premières que
sur les deux autres, et dont la pointe obtuse se dirige en
arrière. Toutefois, nous prévenons que ces carènes tuberculeuses s'atténuent beaucoup avec l'âge.

L'écaille nuchale est triangulaire; l'un de ses angles, dirigé
vers la tête, a son sommet tronqué et quelquefois bidenté, et
sa base est échancrée triangulairement pour s'articuler avec la
première vertébrale. Les écailles margino-collaires sont pentagones, celles qui les suivent jusqu'à la sixième paire inclusive-

ment sont rectangulaires, ayant leur plus grand diamètre placé parallèlement à l'axe du corps; toutes les autres sont à peu près carrées, et parmi elles les suscaudales forment une voûte anguleuse. Les cinq lames vertébrales ont moins d'étendue en long qu'en travers : la première est pentagonale et tant soit peu plus élargie en avant qu'en arrière, où son bord forme au milieu un arc tendu vers la queue, au lieu que de chaque côté il se courbe dans le sens opposé. Les bords costaux de cette première vertébrale qui, d'abord rectilignes, offrent une légère flexion près de leur extrémité marginale; sont dirigés un peu obliquement en dehors; ses faces limbaires forment un triangle très ouvert dont le sommet pénètre dans l'échancrure que présente la nuchale en arrière. Les trois lames dorsales du milieu sont hexagonales, présentant néanmoins entre elles ces différences, que le bord antérieur de la seconde et le postérieur de la troisième se recourbent en dedans pour recevoir la convexité du côté qui les unit, l'une d'elles à la première, l'autre à la dernière vertébrale, tandis que les faces transversales de la troisième sont rectilignes et d'une étendue égale; c'est-à-dire que cette plaque n'est pas, comme la seconde, plus étroite en avant qu'en arrière, ni comme la quatrième, moins large derrière que devant; mais toutes trois ont leurs sutures costales légèrement onduleuses, et le sommet de l'angle très ouvert qu'elles produisent est assez aigu.

La première plaque costale est à six pans, elle est articulée au limbe par trois côtés; la seconde est pentagone, ayant deux angles droits inférieurement, et plus haute que large; telle est aussi la troisième qui a six côtés, par trois desquels elle est jointe au pourtour. La quatrième offre une surface beaucoup moins étendue que celle-ci; elle est pentagone, tenant par deux de ses bords aux plaques margino-fémorales antérieures.

En arrière, le plastron est plus court que la carapace; en avant, il est aussi long qu'elle, mais de ce côté il est un peu recourbé vers le haut, étant parfaitement plan dans le reste de son étendue, puisque les prolongemens latéraux, ou les ailes, sont elles-mêmes horizontalement placées, ce qui fait que cette pièce inférieure du bouclier se trouve articulée de niveau avec la carapace. L'extrémité antérieure en est large et coupée presque carrément; la postérieure est plus étroite et échancrée en V assez ouvert et à pointes arrondies.

Ce sont des triangles rectangles que représentent les plaques gulaires, dont le coin antérieur externe se replie en arrière, en même temps qu'il se recourbe verticalement. Les humérales sont tétragones, ayant le bord latéral interne de moitié plus étroit que l'externe qui est un peu arqué; les deux autres bords sont obliques, mais surtout l'antérieur. Les pectorales ont moins d'étendue que les abdominales, celles-ci sont carrées et celles-là rectangulaires. Les écailles du sternum qui composent la dernière paire sont rhomboïdales; celles de la pénultième sont triangulaires, tronquées à leur sommet avec l'angle postéro-externe débordant la plaque suivante. Les axillaires sont grandes, pentagones oblongues; les inguinales, plus développées que celles-ci et de même forme que les anales.

La tête est plate, élargie; le museau, court, arrondi; les mâchoires sont très fortes, à surface convexe, à bords droits, extrêmement tranchans et sans la moindre dentelure.

Quelques-unes des écailles antéro-brachiales ont la forme d'un croissant, mais elles sont toutes transversalement oblongues, lisses et imbriquées. Celles qui revêtent les genoux et les talons sont quadrangulaires, entuilées sur les premiers, juxtaposées sur les seconds.

Les ongles sont grêles, presque droits, subulés; les membranes interdigitales fort étendues, lisses, et à bords finement denticulés.

La longueur de la queue est d'environ le tiers de celle du sternum; elle est anguleuse en dessus, arrondie en dessous, épaisse à sa base, mince à son extrémité, garnie inférieurement de deux rangées de squamelles rectangulaires, mais latéralement et en dessus de cinq ou six autres rangées, composées d'écailles plus petites, bien qu'elles soient de même forme.

COLORATION. Un brun foncé forme en général le fond de la couleur des parties qui n'appartiennent pas à la boîte osseuse; de nombreuses lignes jaunes bordées de noir se bifurquant et se ramifiant diversement, se détachent du dessus et des côtés de la tête. On en voit de plus larges sur le cou, particulièrement en dessous où elles sont moins espacées. L'intervalle brun qui les sépare est lui-même longitudinalement coupé par un trait jaune. Sur le crâne, on remarque une raie de cette couleur qui le traverse depuis le bout du nez jusqu'au niveau du tympan; au dessus et en arrière de l'œil, il existe assez ordinairement une tache subquadrangulaire jaune. Il en est une autre de forme ovale

17.

qu'on aperçoit quelquefois sous le menton. Ce sont plutôt de petites bandelettes jaunes que des raies qui parcourent les membres dans le sens de leur longueur, et auxquelles se joignent
des lignes qui leur sont parallèles. Les petites franges qui garnissent le pourtour des membranes natatoires sont colorées en
jaune. Il en est de même des ongles, sur le dessus de la base desquels se voit une tache noire oblongue. La queue est aussi rayée
de jaune, couleur qui est aussi celle de l'iris de l'œil, dont la pupille
est, à ce qu'il paraît, noire et transversale. Sur la partie supérieure
du test, dont le contour est orné d'un étroit ruban jaune bordé de
noir intérieurement, règne une teinte d'un brun olive parcourue
d'une infinité de petites raies jaunâtres lisérées de noir, la plupart
flexueuses, quelques-unes simplement courbées, mais se ramifiant les unes avec les autres. Les articulations des plaques sont
noires; les tubercules vertébraux sont lavés d'une teinte brunâtre. Une tache large, noire et ronde, qui se laisse difficilement
distinguer lorsque les individus sont adultes, se montre assez
près du bord postérieur des plaques costales, ainsi que sur chaque suture des marginales.

Le dessous du pourtour et la surface du plastron sont d'un
jaune pâle, marqués l'un de doubles cercles concentriques bruns,
l'autre de lignes onduleuses de la même couleur.

VARIÉTÉS. On rencontre parfois des Émydes Géographiques,
et la collection du Muséum en renferme chez lesquelles, quoique encore jeunes, les carènes dorsales forment à peine une saillie
sensible au dessus des plaques. Il en est d'autres dont la première
écaille vertébrale au lieu d'être élargie, offre un notable rétrécissement curviligne vers son milieu. Ces individus sont d'ailleurs parfaitement semblables aux autres.

DIMENSIONS. *Longueur totale*, 42". *Tête*. Long. 5"; haut. 3";
larg. antér. 1", postér. 4". *Cou*. Long. 6". *Memb. antér*. Long. 9".
Memb. postér. Long. 11". *Carapace*. Long. (en dessus) 25";
haut. 9"; larg. (en dessus), au milieu 25". *Sternum*. Long. antér.
6", moy. 8", postér. 8" 5'"; larg. antér. 6", moy. 14", postér.
4". *Queue*. Long. 7".

JEUNE AGE. Les jeunes Émydes de cette espèce ont une forme
d'autant plus orbiculaire; leur pourtour postérieur d'autant
plus dentelé, et leurs plaques vertébrales d'autant plus bossues
et plus élargies qu'elles sont moins éloignées de l'époque de leur
naissance. Du reste, comme toutes les autres jeunes Élodites,

leurs plaques sont finement granuleuses et bordées de quelques stries concentriques très prononcées.

PATRIE ET MŒURS. Nous possédons dans la collection du Muséum une-suite d'échantillons de cette Émyde, offrant depuis quatre jusqu'à quarante-cinq centimètres de longueur. Ces échantillons ont été envoyés des États-Unis, les deux plus grands par M. Milbert; les autres, au nombre de huit, par M. Lesueur. Ceux-ci, en particulier, proviennent du *Wabash*, à peu de distance de son embouchure dans l'Ohio.

Il paraît même que ces Émydes sont très communes dans cet endroit voisin de *Newharmory*, où l'on en voit beaucoup, dit M. Lesueur, sur les troncs des arbres, où elles montent pour jouir de la chaleur du soleil. Mais dès qu'elles aperçoivent ou qu'elles entendent quelque objet capable de leur donner de l'inquiétude, elles se précipitent dans l'eau.

Leurs œufs sont cylindriques et blancs après avoir été pondus, sphériques et jaunes quand ils sont encore dans le ventre des femelles. Celles-ci, à certaines époques, en déposent sur le rivage de vingt à vingt-quatre dans des trous qu'elles recouvrent de terre, et qu'elles ont toujours soin de creuser dans une exposition telle qu'ils puissent parfaitement recevoir les rayons du soleil.

Observation. C'est à M. Lesueur qu'on est redevable de la connaissance de cette espèce, dont il a publié la description et la figure dans le premier volume du Journal des Sciences naturelles de Philadelphie.

7. L'ÉMYDE A LIGNES CONCENTRIQUES. *Emys Concentrica.* Gray.

CARACTÈRES. Carapace ovale, peu élevée, lisse ou fortement marquée de stries circulaires, d'un brun plus ou moins foncé, ou bien d'un gris verdâtre, avec des lignes concentriques noires; un tubercule caréniforme sur les plaques vertébrales.

SYNONYMIE... *Terrapin*, Brown., Hist. Jam., pag. 466.

Testudo palustris. Gmel. ? Syst. nat., tom. , pag. 1041.

Testudo Terrapin. Schœpf, Hist. Test., pag. 64, tab. 15.

La Terrapène. Lacép. Quad. Ovip., tom. 1, pag. 129.

Testudo concentrica. Shaw. Gener. Zool., tom. 3, pag. 43, tab. 9, fig. 1.

Testudo centrata. Latr. Hist. Rept., tom. 1, pag. 145.

Testudo centrata. Daud. Hist. Rept., tom. 2, pag. 155.

Emys centrata. Schweigg. Prodr. Arch. Konigsb., tom. 1, pag. 301 et 426, spec. 11.

La Tortue à lignes concentriques. Bosc. Dict. d'Hist. Nat., tom. 34, pag. 264.

Emys centrata. Merr. Amph., pag. 26.

Emys centrata. Say, Journ. Acad. Sc. Phil., tom. 4, pag. 205 et 211, spec. 6.

Emys centrata. Fitz. Verzeichn., Rept. Mus. Wien. sp. 45.

Emys centrata. Harl. Amer. Herpet., pag. 77.

Emys palustris. Leconte, Ann. Lyc. Nat., Hist. N. Y., tom. 3,

Terrapene palustris. Ch. Bonap. Osservaz., second. ediz. Règ. anim., pag. 157.

Emys concentrica. Gray, Synops. Rept., pag. 27.

Emys concentrica. Bell, Monog. Test., fig. sans n°.

DESCRIPTION.

FORMES. Le coffre osseux de cette Émyde est peu élevé et assez court, sa hauteur étant contenue deux fois moins un quart dans sa largeur, et celle-ci une fois et un tiers dans sa longueur. Le disque en est toujours fortement penché de dehors en dedans de chaque côté du dos ; mais tantôt sa surface est légèrement arquée, tantôt elle est parfaitement plane : dans le premier cas, elle est convexe, dans le second elle forme une voûte anguleuse ou en toit. La ligne du profil de la carapace est pour ainsi dire horizontale entre la première plaque vertébrale et la quatrième qui sont les seules de leur rangée qui s'inclinent l'une en avant, l'autre en arrière ; on remarque de plus que la dernière, au lieu d'être, comme celles qui la précèdent, cintrée en travers, l'est au contraire longitudinalement quand elle n'est pas tout-à-fait plate, et qu'elle est même quelquefois renfoncée au milieu. Antérieurement, la figure ovalaire du contour du bouclier supérieur, offre une échancrure large, mais très peu profonde en V, dont les côtés en se courbant se replient à droite et à gauche. Cette figure est presque rectiligne le long des flancs, puis se termine à l'arrière en formant un angle obtus, arrondi à son sommet. Toute la circonférence du limbe a un égal degré d'inclinaison ; mais il arrive souvent que son bord terminal, légèrement festonné en arrière, ainsi que sur les côtés du corps, se

roule un peu sur lui-même verticalement. Ce pourtour est en
général fort étroit, surtout sous les plaques margino-latérales;
sa région, qui l'est le moins, est celle qui est recouverte par les
écailles limbaires fémorales.

Chaque lame vertébrale, à l'exception de la dernière, se
trouve longitudinalement surmontée d'une carène un peu moins
saillante postérieurement qu'antérieurement, quelquefois arrondie et souvent très fortement comprimée; ceci a lieu ordinairement chez les individus dont les écailles sont de couleur
noire et marquées de profonds sillons. On rencontre, en effet, des
sujets dont les lames cornées supérieures et inférieures offrent
des aréoles très déprimées et des stries encadrantes, larges et excessivement prononcées; comme il en est d'autres chez lesquels
elles sont très peu apparentes, et où elles n'existent même pas
du tout. Nous n'avons jamais remarqué que ces plaques présen-
tassent de différences, quant à leur figure, si ce n'est la nuchale,
qui tantôt est carrée, tantôt rectangulaire; si ce n'est aussi les
margino-collaires, qui parfois sont tétragones équilatérales, et
parfois ressemblent à des triangles isocèles, toutes à sommet
tronqué. A l'exception de la dernière et de la première margino-fémorales, dont le bord supérieur est anguleux, toutes les
autres écailles limbaires sont des quadrilatères oblongs, appliqués sur le cercle osseux de la carapace, de manière à ce que
ce soit un de leurs deux plus petits côtés qui se trouve en
dehors.

La plaque vertébrale antérieure est la moins élargie de sa rangée; elle a quatre côtés dont un seul, l'antérieur, subanguleux ou
très faiblement curviligne, offre un peu plus d'étendue que les
autres. Les quatre suivantes sont hexagones, ne différant entre
elles qu'en ce que la seconde et la quatrième ont, l'une son bord
postérieur, l'autre son côté antérieur plus étroits que celui qui
les met chacune séparément en rapport avec la vertébrale du
milieu; ajoutons aussi que leurs angles costaux ne sont pas toujours aigus, tandis que ceux de la dernière ne se montrent jamais qu'avec ce caractère.

La surface du plastron est plane; le bord collaire en est large
et coupé carrément; le bord caudal est étroit, peu échancré
et à pointes obtuses et arrondies. Les ailes sont assez relevées;
leur longueur égale environ le tiers de celle du sternum, mais
elle est triple de leur hauteur.

Les écailles gulaires ressemblent à des triangles rectangles; les plaques des pectorales et celles qui viennent immédiatement après, à des quadrilatères plus larges que longs; les fémorales à des trapèzes; les anales à des rhombes et les brachiales à des tétragones qui seraient équilatéraux si l'extrémité interne de leur bord antérieur n'était pas un peu rapprochée du bord postérieur.

La forme de la tête, dans cette espèce, est la même que dans l'Émyde Géographique; elle est déprimée, courte; le museau est pourtant un peu moins arrondi ou subanguleux, mais la surface externe des mâchoires est de même convexe; leurs bords sont tranchans, sans dentelures; et l'extrémité antérieure de celle d'en haut laisse tout au plus apercevoir qu'elle est échancrée.

Le dessus du crâne paraît être recouvert d'une seule plaque écailleuse extrêmement mince, ayant une forme rhomboïdale allongée.

Les écailles des membres, excepté quelques-unes sur les talons et sur la moitié inférieure des avant-bras, partie sur laquelle elles sont imbriquées et un peu plus dilatées que les autres, se montrent de grandeur à peu près égale, et elles sont adhérentes à la peau par leur surface inférieure tout entière.

Les doigts sont réunis entre eux par des membranes très larges, et à bords festonnés; les ongles sont presque droits, très déprimés, longs, plats en dessous, convexes en dessus, et assez aigus.

La queue est médiocre, mais grosse et arrondie à son origine; après le cloaque elle est grêle, comprimée et même tranchante, son sommet longitudinal étant surmonté d'une crête de petites écailles analogues à celles des Émysaures. Les parties latérales offrent aussi deux rangées de petites écailles qui sont quadrilatérales; d'autres, un peu plus développées, garnissent la région inférieure.

COLORATION. Aucune espèce d'Élodites et même de Chéloniens n'offre autant de différences individuelles que celle-ci, sous le rapport des couleurs. Nous allons faire connaître d'abord le système de coloration qui paraît lui être le plus ordinaire; puis nous indiquerons les trois principales variétés qu'il présente.

Cette portion de la surface du crâne, que recouvre la plaque écailleuse de forme rhomboïdale dont nous avons parlé, est uniformément noire ou bien verte; le reste de la tête est aussi vert, tacheté de noir. Une teinte verdâtre semée de points noirs, irréguliers, mais parmi lesquels on en compte beaucoup de triangulaires, règne sur le cou, sur les membres et sur la queue. L'iris de l'œil est jaune; la pupille, noire, offrant à l'entour quelques petits points de la même couleur. Les plaques cornées de la carapace sont d'un vert olivâtre, sur lequel se montrent des lignes concentriques brunes, formant sur chaque plaque des cercles irréguliers, au centre desquels il existe parfois une tache de la couleur de ces cercles. Les écailles sternales portent également, sur un fond jaunâtre, des raies brunes qui forment des cadres, tantôt simples, tantôt doubles, mais qui ont toujours la même figure que leur contour. Le dessous du limbe, dont les plaques sont jaunâtres comme celles du plastron, présente aussi des dessins régulièrement ou irrégulièrement circulaires, au milieu desquels on aperçoit le plus souvent quelques petites taches brunes.

Variétés. *Variété* A. La tête, le cou, et les membres sont d'un vert pâle, la première a sa plaque suscranienne linéolée de brun, avec des raies longitudinales, courtes, non parallèles et noires en arrière et sur les côtés; les autres portent un nombre considérable de petits points également de couleur noire, et arrondis pour la plupart. La carapace est d'une teinte sombre.

Variété B. Les individus qui constituent cette variété sont complètement noirs en dessus, roussâtres en dessous, et fauves, piquetés de brun foncé sur l'occiput et le haut du cou.

Variété C. La partie supérieure du corps est fauve, avec quelques larges rubans concentriques, bruns sur les écailles; mais en dessous il règne une couleur marron clair uniforme.

Dimensions. *Longueur totale.* 27". *Tête.* Long. 4" 2'''; haut. 2"; larg. antér. 1", postér. 5". *Cou.* long. 6". *Memb. antér.* Long. 7". *Memb. postér.* Long. 8" 5'''. *Carapace.* Long. (en dessus) 18"; Haut. 7"; larg. (en dessus) au milieu 15". *Sternum.* Long. antér. 5", moy. 5", postér. 6" 5'''; larg. antér. 4" 5''', moy. 12" 5''', postér. 5". *Queue.* Long. 3".

Jeune age. Il faut croire que les jeunes sujets de cette espèce observés par M. Bell avaient perdu leur couleur; car les Émydes Concentriques, au moment de leur naissance, ne sont point, ainsi qu'il le prétend, dépourvues de ces lignes circulaires qui leur ont fait donner le nom qu'elles portent; elles en montrent, au contraire, de plus distinctes et de plus nettement tracées que les individus adultes, ou même de moyenne taille.

Leurs plaques vertébrales, au lieu d'être carénées, sont surmontées d'un tubercule arrondi qui se comprime davantage à mesure que l'animal grandit, et qui, comme dans l'Émyde Géographique, finit par n'être plus que rudimentaire chez les individus qui sont arrivés au terme de leur développement.

PATRIE ET MOEURS. Cette espèce, à ce que nous sachions, est jusqu'ici la seule Émyde de l'Amérique du nord qui se trouve dans la partie méridionale du Nouveau-Monde; en effet, la collection en renferme un jeune exemplaire rapporté de Cayenne par Richard. Nos autres échantillons, au nombre de plus de huit, ont été, à l'exception d'un seul, dont le major Leconte a fait présent au Musée, lors de son voyage à Paris, envoyés de New-Yorck par M. Milbert. Suivant M. Leconte, l'Émyde Concentrique se rencontre en très grand nombre depuis New-Yorck jusqu'aux Florides, vivant de préférence dans les marais salés, d'où lui est venu le nom de *Saltwater Terrapin*, par lequel la désignent les Anglo-Américains. La chair en est délicieuse, surtout à l'époque où l'on retire ces animaux engourdis des trous où ils s'étaient enfoncés pour y attendre, dans un état de torpeur, le retour de la belle saison.

OBSERVATIONS. Si nous n'avons pas conservé à cette espèce l'épithète latine de *Centrata* qui lui a été donnée par Latreille et Daudin, c'est que nous avons cru pouvoir la remplacer plus convenablement par l'épithète synonyme de *Concentrica* qu'elle porte pour le moins depuis aussi long-temps dans l'ouvrage de Shaw; dénomination qu'ont au reste adoptée deux des chélonographes les plus distingués de notre époque, MM. Gray et Bell. M. Leconte, et à son exemple le prince de Musignano, ont préféré à l'un et à l'autre de ces noms celui de *Palustris*, considérant notre Émyde Concentrique comme la véritable *Testudo Palustris* de Gmelin, mais selon nous cela est très douteux.

8. L'ÉMYDE À BORDS EN SCIE. *Emys Serrata.* Schweigger.

CARACTÈRES. Carapace ovale, bombée, carénée, rugueuse, fortement dentelée en arrière; à plaque nuchale épaisse, libre en avant, à surface convexe; dessous du corps jaune avec une tache noire arrondie sur la plupart des plaques limbaires et tout près de leur bord postérieur; mâchoires sans dentelures.

SYNONYMIE. *Testudo serrata.* Daud. Hist. Rept. tom. 2, pag. 148, pl. 21, fig. 1 et 2.

Emys serrata. Schweigg. Prodr. Arch. Konigsb. tom. 1, pag. 501 et 426, spec. 12. exclus. synon. Testudo rugosa, Shaw (Emys rugosa).

La Tortue à bords en scie. Bosc, Nouv. Dict. d'Hist. Nat. tom. 34, pag. 264.

Emys serrata. Merr. Amph. pag. 26.

Testudo serrata. Leconte, Ann. Lyc. Nat. Hist. Phil. tom. 3, pag. 105. exclus.

Terrapene serrata. Ch. Bonap. Osservaz. sec. ediz. Reg. Anim. pag. 55, spec. 4.

Emys scripta. Gray, Synops. Rept. pag. 29.

JEUNE AGE. *Testudo scripta.* Schœpf, pag. 16, tab. 3, fig. 4 et 5.

Testudo scripta. Shaw, Gener. Zool. tom. 3, pag. 56, tab. 12, fig. 4 et 5.

Testudo scripta. Daud. Hist. Rept. tom. 2, pag. 140.

Emys scripta. Schweigg. Prodr. Arch. Konigsb. tom. 1, pag. 297, spec. 2, et 425, spec. 15.

La Tortue écrite. Bosc, Nouv. Dict. d'Hist. Nat. tom. 34, pag. 263.

Emys scripta. Merr. Amph. pag. 24.

DESCRIPTION.

FORMES. La boîte osseuse de l'Émyde à bords en scie est en général fortement bombée, quelquefois basse, mais toujours convexe. Sa hauteur est contenue deux fois dans sa largeur, et celle-ci une fois et un tiers dans sa longueur. Son contour représente un ovale très peu anguleux et même presque arrondi en arrière; il est à peine infléchi en dedans vers le dessus du cou; il est tantôt faiblement cintré, tantôt rectiligne, et tantôt lé-

gèrement contracté sur les côtés du corps. Ce n'est que dans
les individus très vieux que le limbe offre le long des flancs une
position presque verticale ; chez les autres, au contraire, il est
peu incliné. Les dentelures qu'il présente soit en avant, soit en
arrière, ressemblent tout-à-fait à celles de l'Émyde Géographique :
la pointe antérieure de la nuchale dépasse le bord du pourtour,
l'angle postéro-externe de chaque margino-collaire fait la
même chose, et à partir de la dernière margino-latérale, inclusivement jusqu'aux uropygiales, ces plaques limbaires sont
toutes bidentées, mais moins profondément peut-être que les
mêmes écailles chez l'Émyde géographique. On remarque également que le bord terminal du limbe, au dessus de l'articulation du sternum avec la carapace, se relève tant soit peu du côté
du disque. Il n'y a qu'un seul endroit où le pourtour soit un
peu plus large que dans le reste de sa circonférence : c'est au
niveau des pieds de derrière.

Le dos est coupé longitudinalement par une carène basse,
arrondie, interrompue chez les jeunes sujets, continue chez
ceux de moyen âge, et très peu saillante lorsque l'animal est
vieux. C'est à cet âge que les stries ou les rugosités longitudinales qu'on remarque à la surface des plaques sont plus marquées, et qu'on en aperçoit de verticales sur le bord inférieur des
écailles qui composent les deux rangées correspondantes aux
côtes.

Nous ferons observer cependant qu'on rencontre des individus dont la carapace est presque lisse. Les plaques marginales de
la première paire sont pentagones ; la nuchale est longue, quadrilatérale, fort rétrécie antérieurement, quelquefois aplatie,
mais le plus souvent semi-cylindrique. Les margino-latérales sont
rectangulaires, et toutes les autres écailles limbaires sont carrées.
La première vertébrale, qui est un peu moins grande que chacune
de celles qui la suivent, a quatre côtés dont les deux latéraux
sont quelquefois dans toute leur étendue fortement arqués en
dehors, mais il arrive aussi qu'ils ne le sont que dans leurs deux
tiers postérieurs, ce qui donne à la plaque une forme urcéolée.
Les deux autres bords sont légèrement curvilignes. La seconde
plaque dorsale et la troisième sont carrées, offrant un très petit
angle aigu à leur droite et à leur gauche ; la quatrième est hexagone, beaucoup plus étroite devant que derrière, où son bord
forme un angle rentrant plus ou moins fortement marqué. La

cinquième est hexagone ou pentagone, suivant qu'elle s'articule par une ou deux faces avec les suscaudales ; dans tous les cas, elle est très dilatée à droite et à gauche, formant de l'un et de l'autre côté un angle aigu, et ayant son bord supérieur tantôt droit, tantôt anguleux.

Les costales antérieures sont tétragones triangulaires, à moins que, comme on le voit chez les adultes, le côté qui les attache à la seconde vertébrale ne fasse plus qu'un avec celui qui les unit à la première dorsale.

Le plastron est plan, moins long que la carapace à l'arrière, mais de même largeur à ses deux extrémités dont l'antérieure est tronquée, et la postérieure excessivement peu échancrée et à pointes obtuses arrondies. Les prolongemens latéraux du sternum sont peu relevés, médiocrement larges et subcarénés. La première paire de plaques sternales se compose de deux triangles rectangles ; les fémorales sont des triangles isocèles à sommet tronqué et à base faiblement curviligne, et les anales des rhombes dont les côtés postérieurs sont presque de moitié plus courts que les antérieurs. Les écailles brachiales ont quatre côtés formant deux angles presque droits en arrière, un autre aigu et allongé en avant, et sur le côté interne ; un quatrième très ouvert ayant un de ses côtés moitié moins long que l'autre.

La tête n'est ni épaisse ni déprimée ; le museau est court, sub-aigu, coupé obliquement de haut en bas ; les mâchoires sont droites ou à peu près, tranchantes, sans dentelures, à surface externe légèrement convexe ; la supérieure est faiblement échan-crée, et l'inférieure un peu anguleuse à son extrémité.

La face supérieure des bras, depuis l'épaule jusqu'au coude, est revêtue d'écailles quadrilatérales juxtaposées. Au dessous de celles-ci il en existe d'autres qui forment cinq rangées longitu-dinales imbriquées. Celles de ces écailles qui composent la ran-gée moyenne sont subsémilunaires et six fois plus larges que hautes, au lieu que les autres sont étroites, polygones ou trian-gulaires. Les membres antérieurs sont extérieurement bordés de grandes scutelles tétragones, constituant le tranchant du bras. De grandes écailles oblongues, disposées par lignes obliques, gar-nissent la peau des genoux et celle du derrière du tarse ; mais la plante ainsi que la paume des pieds n'offrent que de petites écailles ovales ou circulaires. Les ongles sont longs, forts, poin-tus, à peine arqués, plats en dessous et convexes en dessus. Les membranes interdigitales, fort développées, ne le sont pourtant pas autant que celles de l'Émyde Concentrique.

La face postérieure des cuisses offre quatre ou cinq plis verticaux formés par la peau, qui est garnie de petits tubercules convexes.

La queue est courte, grosse, pointue et subquadrangulaire.

Coloration. La tête, le cou, les membres et la queue sont noirs, mais tous sont diversement rayés de jaune. On voit un ruban de cette couleur partir de l'extrémité de la mâchoire inférieure, passer sur le menton en arrière duquel il se divise en deux, pour aboutir directement à l'origine du cou. Au milieu de l'espace compris entre ces deux branches du ruban il existe un autre ruban parallèle, et séparé lui-même à droite et à gauche des deux autres, par une ligne de même couleur que lui. Immédiatement en arrière de l'œil, on remarque une tache quadrilatérale jaune aux deux angles postérieurs de laquelle naissent deux raies, allant aboutir, la supérieure à l'épaule, l'inférieure un peu plus bas, mais seulement après avoir projeté au dessous du tympan une branche qui se termine sur le milieu du bord de la mandibule. Le museau porte de chaque côté une moustache jaune, et au dessus une ligne courbe qui va de l'angle antérieur d'un œil à l'angle antérieur de l'autre. Au milieu et en arrière de cette ligne vient aboutir une raie courte, mais assez large, qui partage en deux moitiés égales la surface antérieure de la tête ; l'occiput est marqué dans le sens de cette raie, de linéoles flexueuses et également jaunes, et le haut de l'étui de corne de la mâchoire supérieure se trouve liséré de la même couleur. Une bandelette également jaune s'étend de l'épaule jusque sur le second doigt interne, une raie semblable et parallèle à celle-ci aboutit à la naissance du second ongle externe. L'ongle du milieu, ainsi que le pouce et le petit doigt, portent chacun une ligne jaune, mais celle du dernier est la plus longue, attendu qu'elle se prolonge jusqu'au coude quand celles des autres ne dépassent pas la main.

Dans les aines, sur le tranchant interne des bras, au dessous des cuisses et de la queue règne encore une teinte jaune, mais sur la région supérieure de la queue se trouvent imprimées deux raies de la même couleur qui viennent se confondre à l'extrémité caudale. Les ongles sont noirs, ceux des pattes de devant ont le dessus blanchâtre.

C'est un brun très foncé qui fait le fond de la couleur de la cara-

pace. Sur la première lame costale et sur la seconde se détachent trois ou quatre raies verticales d'un jaune pâle, et dont
l'extrémité supérieure forme un peu la crosse ; la troisième costale en offre une ou deux en équerre ; mais sur la dernière, ce
sont des lignes en zigzag ou circulaires également d'un jaune
pâle, tout comme sur les vertébrales.

La première dorsale montre assez distinctement une tache
ovale, noire, encadrée de fauve, à laquelle ressembleraient, si
elles n'étaient plus petites, celles qui se trouvent placées en travers de la suture des écailles marginales.

Le sternum est d'un jaune clair, ainsi que le dessous du pourtour ; chaque plaque de celui-ci est marquée d'une tache noire,
ronde ou ovale, située près de son bord postérieur, qu'elle dépasse quelquefois. En général, ces taches sont pleines, mais il
arrive quelquefois qu'elles sont transformées en anneaux, au
centre desquels il existe un autre petit cercle ou bien une simple
tache. Dans certains cas, chaque plaque sternale supporte une
tache noire, dans d'autres on n'en voit que sur les deux, sur les
quatre ou les six premières plaques, enfin il est des individus chez
lesquels les écailles inférieures sont presque entièrement salies de
brun noirâtre.

Dimensions. Nous donnons ici les proportions d'une très grande
carapace, dont nous ne possédons point les parties dépendantes ;
puis les proportions d'un individu entier qui n'était guère arrivé
qu'à la moitié de la taille qu'il aurait pu avoir.

Carapace provenant d'un exemplaire adulte. Long. (en dessus) 31" ;
haut. 12" 5''' ; larg. (en dessus) au milieu 31". *Sternum.* Long. antér.
7", moy. 10", postér. 9" ; larg. antér. 6" 5''', moy. 16", postér. 6".

Exemplaire complet. Longueur totale, 25". *Tête.* Long. 3" 5''' ;
haut. 1" 5''' ; larg. antér. 5''', postér. 2". *Memb. antér.* Long. 7".
Memb. postér. Long. 8". *Carapace.* Long. (en dessus) 16" ; haut. 6" ;
larg. (en dessus) au milieu 15". *Sternum.* Long. antér. 3" 5''',
moy. 6", postér. 5" ; larg. antér. 5", moy. 10", postér. 3". *Queue.*
Long. 4" 5'''.

Jeune age. La carapace des jeunes Émydes de cette espèce
est comme bossue, les trois écailles dorsales du milieu étant fortement relevées en carènes obtuses. Le sternum n'offre point
d'échancrure en arrière, et ses ailes sont presque verticales.

Patrie et moeurs. La patrie de l'Émyde à bords en scie est l'Amérique Septentrionale, qu'elle n'habite pas au nord à ce qu'il pa-

raît, plus loin que la partie méridionale de la Virginie. Elle est très commune, vit indifféremment dans les marais et dans les rivières. Sa chair est beaucoup moins estimée que celle de l'Émyde Concentrique; elle est sèche et d'un goût désagréable.

Observations. Cette Émyde est la véritable Tortue à bords en scie de Bosc et de Daudin, celle que M. Leconte a parfaitement décrite sous le nom de *Serrata*, Émyde dont diffère certainement l'espèce qui se trouve nommée comme elle dans l'*American Herpetology* de Harlan, et qui est notre *Emys Irrigata*. L'*Emys Serrata* de Say ne doit pas non plus lui être rapportée; elle doit l'être, suivant M. Leconte, à sa *Testudo Floridana*. M. Gray appelle notre Émyde à bords en scie *Emys Scripta*, nom sous lequel est effectivement représenté le jeune âge de cette espèce dans l'ouvrage de Schœpf, mais alors il rapporte l'épithète de *Serrata* à l'Émyde Arrosée.

9. L'ÉMYDE DE DORBIGNY. *Emys Dorbigni.* Nobis.

CARACTÈRES. Carapace ovale, bombée, presque lisse, sans carène, à peine dentelée derrière, de couleur marron, ayant de larges taches triangulaires noires sur les bords du disque, et une raie également noire tout le long du dos; première écaille vertébrale pyriforme; corps du sternum irrégulièrement bordé de jaune; le reste, y compris les ailes, d'un noir profond; mâchoire supérieure échancrée.

DESCRIPTION.

FORMES. La carapace de cette espèce est pour le moins aussi bombée que celle de l'Émyde à bords en scie; elle l'est également dans toutes les parties de son disque : celui-ci est parfaitement uni à l'exception de quelques faibles sillons longitudinaux qui se laissent apercevoir vers la moitié inférieure des écailles costales. L'ovale, que représente son contour, est court, rectiligne le long des flancs, arrondi en arrière aussi bien qu'en avant; ici pourtant, son bord rentre d'une manière un peu anguleuse. La circonférence entière du limbe est fortement inclinée de dedans en dehors, et un peu plus encore au dessus des ailes sternales qu'ailleurs. Le bord terminal en est très faiblement dentelé sur le derrière, et il est excessivement peu

relevé sur lui-même, sous toutes les premières plaques margino-
fémorales. La ligne du profil du dos décrit un arc uniforme et
peu surbaissé; mais la courbure transversale de la carapace
est sensiblement plus cintrée. Malgré cela les trois plaques médianes de la rangée du dos sont presque planes; la troisième
est placée à peu près horizontalement, la seconde et la quatrième sont inclinées, l'une du côté de la tête, l'autre du côté
de la queue. La première est tant soit peu convexe, pentagone,
pyriforme, s'articulant par ses trois plus petits côtés à la nuchale et aux deux collaires; les deux suivantes sont à six pans et
presque carrées formant chacune un angle rentrant, l'une à son
bord antérieur, l'autre par son bord postérieur. La quatrième
écaille dorsale offre également six pans, tous anguleux; mais le
postérieur est notablement plus étroit que l'antérieur. La cinquième est aussi hexagone, fixée aux marginales par trois côtés
anguleux, à la plaque qui la précède par un angle rentrant, et
aux costales par deux bords obliques qui sont les plus grands de
tous. Cette dernière écaille vertébrale, chez l'individu que nous
décrivons, est accidentellement divisée en trois parties, ce qui
n'empêche pas son contour d'être régulier. La première lame
cornée des rangées qui correspondent aux côtes est triangulaire,
ayant sa face marginale un peu onduleusement anguleuse, et sa
face supérieure, arquée en dedans, à l'endroit qui la met en rapport avec la vertébrale antérieure. Les deux écailles intermédiaires
de ces mêmes rangées sont quadrilatérales, beaucoup plus étendues dans le sens vertical que dans la ligne longitudinale, et la
quatrième est carrée, ayant son bord inférieur obtusangle. Les
trois dernières plaques latérales diminuent graduellement d'é-
tendue, de sorte que la quatrième est tout juste de moitié moins
haute que la seconde. La plaque nuchale est rectangulaire: les
deux qui s'articulent avec elle à droite et à gauche sont quadrilatérales avec leur bord postérieur légèrement arqué ou un peu
anguleux, tandis que leur côté externe est rectiligne et oblique. Les premières margino-brachiales sont trapézoïdes; les secondes et la dernière margino-latérale sont carrées. Les écailles
de la troisième et de la cinquième paire du pourtour sont
rectangulaires. A l'exception des suscaudales qui ont chacune
la forme d'un trapèze, toutes les autres plaques limbaires sont
quadrilatérales, ayant leur bord costal plus ou moins anguleux.

En avant, le sternum est aussi long que la carapace, si même il ne la dépasse pas, et en arrière, il s'en faut de bien peu qu'il ne l'atteigne. Là, il est large et bilobé, tandis qu'à l'autre bout son bord est plus élargi et comme anguleux. Les ailes en sont étroites, mais assez longues, peu relevées et subcarénées. Quatre écailles sternales, celles qui composent la seconde paire et l'avant-dernière, représentent des triangles isocèles à sommet tronqué et à base curviligne ; les fémorales ont de plus leur angle postéro-externe arrondi, et débordant notablement les plaques anales. Celles-ci peuvent très bien être comparées à des triangles ayant un bord fortement arqué. Les quatre plaques sternales du milieu seraient rectangulaires, si le bord antérieur des abdominales ne s'avançait du côté des pectorales en décrivant un cercle irrégulier. Les gulaires ressemblent à des triangles rectangles, comme à l'ordinaire.

La tête est forte, et quoique moins déprimée que celle de l'Émyde Géographique, elle ne laisse cependant pas que de lui ressembler beaucoup. La surface des mâchoires est de même assez convexe, et le museau est également court et arrondi ; mais les étuis de corne sont faiblement dentelés ; le supérieur est profondément échancré en V, tandis que l'inférieur se relève vers lui en formant une pointe angulaire.

La plupart des écailles antéro-brachiales sont plus larges que hautes, et tant soit peu imbriquées. Celles du haut des bras et des genoux sont quadrilatérales ou polygones et juxta-posées. Les membranes natatoires sont larges, festonnées sur leurs bords. Les ongles sont longs, surtout aux pattes de derrière : tous sont sous-courbés.

La queue est courte, ne différant en rien par sa forme ni par les tégumens qui la revêtent de celle des deux espèces précédentes.

COLORATION. Il y a sur le dessus de la tête et en avant, une surface rhomboïdale que parcourent longitudinalement de petites lignes, les unes jaunes, les autres noires, au milieu desquelles il en existe sur le vertex une un peu moins étroite, et d'un jaune plus clair que les autres. Toutes les lignes latérales à celles-ci se terminent derrière elle en formant des angles aigus ou des chevrons qui s'emboîtent les uns dans les autres. On compte environ une douzaine de lignes couleur orangée, qui se détachent de la teinte noire du cou, et qui, partant du bord supérieur de l'orbite, et passant sur l'occiput, ne paraissent pas s'étendre au delà de la nuque. Ces lignes sont bordées de chaque côté par un ruban de la même couleur, très large au milieu, mais fort étroit vers ses extrémités, qui aboutissent, l'une au bord postérieur de l'orbite, l'autre au bout du cou. Entre ce ruban et un autre presque aussi long qui semble résulter de la réunion de deux raies, naissant, l'une assez près de l'œil, et la seconde sur la branche du maxillaire inférieur, se trouvent encore d'autres raies également couleur orangé qui, pour la plupart, s'arrêtent au milieu du cou.

La région inférieure de celui-ci en montre d'autres, parmi lesquelles on en remarque une qui part du menton, et se bifurque un moment après pour atteindre, ainsi divisée, à la moitié du cou environ.

Si ce n'était deux bandelettes longitudinales qui, en dessus, parcourent les pattes antérieures, et en dessous les postérieures, les membres et la queue seraient complètement noirs. Sur la carapace au contraire, c'est une teinte marron qui domine; mais elle est partagée longitudinalement dans sa partie moyenne par un ruban noir. Les sutures des plaques du disque et les écailles marginales, sont aussi en grande partie de cette couleur, de même que les deux angles inférieurs de la seconde écaille costale, et le postéro-inférieur de la première. Le reste de leur surface et la surface tout entière des autres, sont nuancés de brun fauve qui les rend veinés comme du bois d'acajou.

Tout le dessous du corps est d'un noir profond, à l'exception des bords libres du sternum qui sont jaunes, et des plaques limbaires, axillaires et inguinales, qui portent toutes une tache de cette dernière couleur.

DIMENSIONS. *Longueur totale.* 36". *Tête.* Long. 5" 5"'; haut. 2" 8"'; larg. antér. 4", postér. 4". *Cou.* Long. 6". *Membr. antér.* Long. 9". *Membr. postér.* Long. 12". *Carapace.* Long. (en dessus) 25"; haut 14"; larg. (en dessus) au milieu, 24". *Sternum.* Long. antér. 6", moy. 8", postér. 8"; larg. antér. 5", moy. 14", postér. 5". *Queue.* Long. 4".

PATRIE. Cette Émyde a été envoyée de Buenos-Ayres au Muséum d'histoire naturelle, par M. d'Orbigny.

Observations?

10. L'ÉMYDE ARROSÉE. *Emys Irrigita.* Bell.

CARACTÈRES. Carapace ovale-oblongue, basse, sans carène, médiocrement rugueuse, à peine dentelée en arrière, brune, rayée irrégulièrement d'une nuance jaunâtre, et ayant une bande verticale de cette couleur sur le milieu des écailles costales. Sternum et dessous du pourtour jaune; ce dernier avec une tache brune pupillée de jaune sur chacune de ses sutures transversales. Mâchoire supérieure bidentée; l'inférieure tridentée.

SYNONYMIE. *Emys serrata.* Harl. Amer. Herpet. pag. 78. exclus. synon. Testudo serrata de Daud. (Emys serrata), Testudo rugosa de Shaw. (Emys rugosa).

Emys serrata. Gray, Synops. Rept. pag. 29, spec. 24.

Emys irrigata. Bell, manusc.

DESCRIPTION.

FORMES. La boîte osseuse de l'Émyde Arrosée est proportionnellement plus allongée que celle de l'Émyde à Bords en scie, à laquelle elle ressemble à plusieurs égards. Son diamètre vertical est un peu plus de la moitié de sa largeur, et celle-ci équivaut aux deux tiers de sa longueur. La figure du contour de la carapace est celle d'un ovale-oblong, un peu arrondi ou tronqué en avant, obtusangle en arrière, et très légèrement contracté sur les côtés du corps. Le disque est tant soit peu déprimé, sans carène, ayant ses plaques creusées longitudinalement de petits sillons onduleux.

Tantôt le dos est faiblement arqué d'avant en arrière; tantôt il est presque plan, ou bien un peu en gouttière.

Le pourtour est plus étroit le long des flancs qu'en avant du disque et qu'au dessus des cuisses; il est à peu près horizontal derrière la tête, presque vertical sous les écailles margino-latérales du milieu, et faiblement penché en dehors dans tout le reste de son étendue. Sa surface est unie; son bord terminal est infiniment peu relevé du côté du disque, à peine dentelé en arrière et sans pointes en avant, car l'angle postéro-externe des margino-collaires dépasse à peine l'antéro-externe de la plaque à laquelle il est soudé.

L'écaille de la nuque est très longue, rectangulaire et parfois un peu rétrécie antérieurement. Les deux lames marginales qui la touchent à droite et à gauche ont cinq pans, avec deux angles droits en dehors et trois angles obtus en arrière; les plaques des sept paires suivantes sont rectangulaires, mais les autres sont carrées.

La première plaque vertébrale est étroite, tétragone, offrant ses côtés latéraux arqués en dehors dans leur moitié postérieure, arqués en dedans dans leur moitié antérieure. Le côté marginal de cette plaque est curviligne, et le vertébral ondulé. Les trois écailles suivantes sont hexagones; leur dernière, ou la quatrième de la rangée du dos, est beaucoup moins élargie en arrière qu'en avant. La seconde et la troisième affectent une forme carrée. La cinquième plaque dorsale est heptagone-subrhomboïdale, uni au limbe par quatre petits côtés, et à la vertébrale qui la précède par un bord obtusangle fort étroit.

Les premières écailles costales sont tétragones-subtriangulaires : leur bord marginal est curviligne, et leur bord vertébral offre un très petit angle aigu. Les secondes plaques latérales sont rectangulaires; les troisièmes aussi, mais les quatrièmes sont trapézoïdes.

Le bord collaire du sternum est coupé carrément; le bord postérieur est bilobé, et ses prolongemens latéraux sont faiblement relevés et arrondis. Des pièces écailleuses qui recouvrent le plastron, les pectorales et les abdominales, sont les seules dont la figure ne soit pas la même que celles des plaques sternales de l'Émyde à Bords en scie; parce que chez l'Émyde Arrosée, les écailles de l'abdomen ayant leur bord antérieur arqué, il en résulte que ces écailles ne peuvent être carrées, et que les pectorales ne peuvent être rectangulaires.

Nous ne nous sommes pas aperçus que les membres et leurs tégumens squammeux dans l'Émyde Arrosée, différassent de ceux de l'Émyde à Bords en scie.

La queue se ressemble aussi dans les deux espèces.

La forme de la tête est également la même que dans l'espèce précédente; mais les deux mâchoires en sont très différentes. D'abord elles sont l'une et l'autre dentelées latéralement; la supérieure présente au milieu une profonde échancrure triangulaire, de chaque côté de laquelle il existe une petite dent;

l'inférieure en montre trois, dont celle qui est au milieu est
très pointue.

COLORATION. Toutes les parties du corps, autres que la carapace, sont colorées en noir et rayées de jaune, absolument de
la même manière que chez l'Émyde à Bords en scie : cependant
on ne trouve point de tache de cette dernière couleur en arrière
de l'œil. Le fond de la couleur de la carapace, au lieu d'être brun
très foncé est d'un brun clair où se détachent sur les plaques
costales une ou deux bandes verticales fauves, plus ou moins
élargies, ayant quelquefois l'air de se bifurquer à leurs extrémités. Les écailles marginales sont aussi coupées de haut en bas
par une raie de couleur fauve et de chaque côté de laquelle se
voient des lignes de la même couleur, formant des ronds ou
des ovales irréguliers avec quelques petits cercles emboîtés les
uns dans les autres et placés sur les sutures des écailles.

Le sternum de l'un des deux individus que nous possédons
est jaune, sans la moindre tache. Mais celui de l'autre en porte
une noire sur chacune de ses quatre premières lames cornées. Ces deux exemplaires, ainsi que ceux que nous avons
observés dans diverses collections à Londres, ont leurs
écailles marginales inférieures unies par une tache brune, au
milieu de laquelle on aperçoit deux petits points jaunes.

Les ailes sternales sont marquées longitudinalement d'une
bande brunâtre, ce qui n'existe jamais chez l'Émyde à Bords en
scie.

DIMENSIONS. *Longueur totale*. 54". *Tête*. Long. 4"; haut. 2";
larg. antér. 1", postér. 3" 5"'. *Cou*. Long. 6". *Membr. antér*. Long. 8".
Membr. postér. Long. 9". *Carapace*. Long. (en dessus) 24"; haut. 8";
larg. (en dessus) au milieu, 21". *Sternum*. Long. antér. 6", moy. 7",
postér. 8"; larg. antér. 4", moy. 13", postér. 5". *Queue*. Long. 6".

PATRIE. L'Émyde Arrosée est, comme la précédente, originaire
de la partie septentrionale du Nouveau-Monde.

Observations. C'est bien certainement cette espèce que
M. Harlan a entendu désigner par le nom de *Serrata* dans
son Erpétologie de l'Amérique du nord; car la collection du
Muséum d'histoire naturelle renferme un très bel exemplaire
de cette espèce, ainsi étiqueté de la main même de ce savant
professeur, qui l'a envoyé des États-Unis. M. Gray l'appelle du
même nom; mais nous, nous avons préféré conserver le nom

de *Serrata* à la Tortue à Bords en scie de Bosc, qui l'a porté la première, et qualifier celle-ci du nom *d'Irrigata*, à l'exemple de M. Bell.

11. L'ÉMYDE CROISÉE. *Emys Decussata.* Bell.

CARACTÈRES. Carapace ovale, convexe, faiblement carénée, très peu dentelée en arrière, d'un fauve uniforme; plaques discoïdales offrant des rugosités concentriques coupées par des lignes saillantes disposées en rayons.

SYNONYMIE. *Emys decussata.* Bell, Monog. Testud., fig. sans numéro.

Emys decussata. Gray, Synops. Rept., pag. 28.

Emys decussata. Griffith. Anim. Kingd.

DESCRIPTION.

FORMES. Sous le rapport de sa forme, la boîte osseuse de cette espèce offrirait la plus grande ressemblance avec celle de l'Émyde précédente, si elle n'était le plus souvent contractée sur les côtés. Elle n'en diffère pas d'ailleurs par la figure de ses pièces écailleuses ni supérieures ni inférieures. On remarque seulement que les plaques marginales postérieures sont peut-être un peu plus dentelées, sans l'être cependant autant que dans l'*Emys Serrata*, et que la première vertébrale avec ses quatre côtés, est tantôt panduriforme, tantôt carrée, et qu'elle présente quelquefois ses bords latéraux arqués en dehors, et quelquefois disposés en triangle à sommet tronqué.

Cette plaque est toujours un peu convexe et faiblement carénée; telles sont aussi celles qui constituent avec elle la rangée du dos. Toutes ces plaques, ainsi que les latérales, offrent de profonds sillons concentriques, croisés par d'autres sillons qui sont disposés en rayons.

La tête est médiocrement déprimée; le museau, qui a peu de longueur, se termine en pointe obtuse, et est obliquement coupé de haut en bas.

Les mâchoires sont complètement dépourvues de dentelures, le tranchant en est légèrement arqué, et leur surface externe ne présente qu'une très faible convexité.

Comme chez les Émydes à Bords en scie et Arrosés, ce sont

des écailles imbriquées qui revêtent la face antérieure des bras ; des écailles quadrilatérales qui en bordent le côté externe, et des rhomboïdales qui garnissent le dedans des genoux. La peau des fesses forme également cinq ou six plis verticaux, supportant chacun une rangée d'écailles tuberculeuses.

Les ongles sont robustes, aigus et sous-courbés ; les membranes natatoires larges et découpées sur leurs bords.

COLORATION. C'est principalement par son système de coloration que cette espèce se distingue de celles de ses congénères dont elle se rapproche le plus : il consiste tout simplement en une couleur d'un brun fauve uniforme, régnant sur la carapace tout entière. Pourtant elle offre par intervalles quelques teintes plus claires, particulièrement sur la ligne de jonction du disque avec son pourtour, dont le bord terminal porte un cordon jaune, et les écailles qui le recouvrent une bande verticale jaunâtre.

Un jaune pâle colore le dessous du corps, dont les plaques marginales, gulaires, brachiales, axillaires et inguinales, montrent sur leurs sutures transverses un double ou un triple anneau brun, fort apparent chez les jeunes sujets, mais presque effacé chez les adultes. Ceux-ci quelquefois ont le centre de leur sternum sali de brunâtre.

La tête, le cou, les membres et la queue sont de la même couleur que la carapace ; mais sur la région collaire inférieure, sous les pattes de derrière et sur le dessus des bras, sont imprimées des bandelettes longitudinales jaunes, bordées de chaque côté d'un liséré noirâtre.

DIMENSIONS. *Longueur totale*, 38". *Tête.* Long. 5" ; haut. 2" 5"' ; larg. antér. 1" ; postér. 3" 5"'. *Cou.* Long. 8". *Memb. antér.* Long. 12". *Memb. postér.* Long. 13". *Carapace.* Long. (en dessus) 27" ; haut. 11" ; larg. (en dessus), au milieu 28". *Sternum.* Long. antér. 6", moy. 10" 5"', postér. 8", larg. antér. 16", moy. 4", postér. 4". *Queue.* Long. 4".

PATRIE ET MŒURS. L'Émyde Croisée se trouve à Saint-Domingue, d'où ont été envoyés au Muséum par M. Ricord les cinq ou six exemplaires qui font aujourd'hui partie de nos collections erpétologiques.

M. Bell, qui a eu occasion d'en observer plusieurs individus vivans, nous apprend qu'ils étaient d'un naturel très vorace, mangeant avec une égale avidité les morceaux de viande, les grenouilles ou les petits poissons qui leur étaient présentés.

Observations. M. Gray est le premier qui ait décrit cette espèce, à laquelle il a conservé le nom de *Decussata*, sous lequel elle était déja étiquetée dans la collection de M. Bell, qui depuis en a publié deux excellentes figures dans sa Monographie des Tortues.

12. L'ÉMYDE A VENTRE ROUGE. *Emys Rubriventris.* Leconte.

CARACTÈRES. Carapace ovale-subpentagone, convexe, sans carène, couverte de rugosités longitudinales, brune, et offrant sur les plaques costales des raies verticales irrégulières, et des taches confluentes rougeâtres. Sternum rouge, tacheté de brun; mâchoires denticulées.

SYNONYMIE. *Emys serrata.* Say, Journ. Acad. Nat. Sc. Phil., tom. 4, pag. 204 et 208, spec. 2.

Testudo rubriventris. Leconte. Ann. Lyc. Nat. Hist. N. Y., tom. 3, pag. 101, spec. 3.

Terrapene rubriventris. Ch. Bonap. Osservaz., sec. ediz. Reg. Anim., pag. 154, spec. 2, Exclus. Synon. Testudo rugosa. Shaw. (Emys rugosa).

DESCRIPTION.

FORMES. Le test osseux de l'Émyde à Ventre rouge est deux fois plus long et une fois plus large qu'il n'est haut; sa forme est celle d'un ovale oblong, tronqué en avant, obtusangle en arrière où il est très faiblement échancré. La partie supérieure en est peu bombée, mais elle l'est également; elle manque de carène dorsale dans toute son étendue, et les plaques écailleuses qui la recouvrent sont garnies de rugosités pour la plupart longitudinales. Ce n'est que sur le bord inférieur des costales qu'il s'en montre de verticales, et sur le bord postérieur qu'il en existe de vermiculées.

La largeur du limbe le long des flancs et sous les écailles margino-brachiales, est moindre qu'au dessus du cou et qu'au dessus de la queue. Là aussi il est presque perpendiculaire; tandis que partout ailleurs il n'offre qu'une inclinaison oblique; et son bord terminal postérieur est à peine dentelé. La plaque de la nuque est étroite, très longue, rectangulaire; les margino-collaires sont pentagones, plus longues que larges; les suivantes sont quadrilatères, ayant leur angle vertébral antérieur très aigu; toutes celles qui viennent après, jusqu'à la dernière margino-fémorale inclusivement sont rectangulaires, et les autres écailles marginales, carrées.

La première plaque de la rangée du dos, urcéolée dans sa forme, est à six pans, par trois desquels elle s'articule au pourtour, par deux autres aux costales, et par le sixième, qui offre au milieu un très petit angle rentrant, à la seconde vertébrale. Celle-ci et les deux écailles qu'elle précède sont hexagones; la dernière plaque du dos est heptagonale-triangulaire.

Les deux lames costales intermédiaires, ou les secondes et les troisièmes, représentent des quadrilatères plus hauts que larges, et à bord supérieur anguleux; mais les quatrièmes sont trapézoïdes, et les premières, triangulaires avec leur bord marginal curviligne, et leur bord vertébral formant un petit angle obtus dont le sommet touche à la suture des deux premières écailles vertébrales.

La pièce inférieure du bouclier s'articule presque de niveau avec la carapace : son extrémité antérieure est coupée presque carrément, et la postérieure est bilobée et plus large que l'autre.

Les plaques sternales, par leur figure, ressemblent tout-à-fait à celles de l'Émyde Arrosée.

La tête a aussi beaucoup de rapport avec celle de cette espèce, étant comme elle un peu élargie en arrière, et légèrement comprimée vers son extrémité antérieure, qui est courte et obtuse.

Les mâchoires sont très fortes : l'inférieure offre des dentelures sur les côtés, et trois dents en avant dont la médiane est la plus longue; la mâchoire supérieure est simplement tranchante, offrant une échancrure triangulaire qui correspond à la dent mandibulaire du milieu.

Les membres, la queue et les tégumens squammeux de ces parties, ne diffèrent pas non plus de ceux des trois espèces précédentes.

Les ongles sont longs, presque droits, et les membranes interdigitales largement festonnées sur leurs bords.

COLORATION. Le dessus de la carapace est mélangé de rouge et de brun foncé; néanmoins ce dernier paraît former le fond de la couleur, fond sur lequel l'autre s'étale sous forme de lignes vermiculées aux plaques vertébrales, et sous celle de taches et de raies verticales irrégulières et confluentes aux plaques costales et marginales.

Les mêmes couleurs reparaissent en dessous du corps, car le sternum et la face inférieure du pourtour sont rouges, marqués d'une grande quantité de petites taches, la plupart irrégulières. On en voit quelques unes assez dilatées le long des flancs; certaines d'entre elles, placées en travers des sutures des écailles, ont leur centre rouge.

Il règne sur les autres parties du corps et sur le crâne un brun noirâtre, marbré de jaune extrêmement pâle; les mâchoires sont brunes, et la supérieure montre distinctement de chaque côté une étroite moustache jaune. Les bords de la mandibule donnent naissance à trois raies de cette même couleur, allant aboutir en droite ligne à l'extrémité du cou; mais les deux latérales projettent au devant de l'angle du maxillaire inférieur, une branche qui s'avance vers l'œil, tandis que la médiane se bifurque en arrière du menton.

Les yeux ont l'iris jaune, la pupille transversale et noire.

La queue et les cuisses sont rayées en dessous de rouge; le devant des bras, les poignets et les genoux sont tachetés de la même couleur.

DIMENSIONS. *Longueur totale.* 41". *Tête.* Long. 4" 3"'; haut. 2" 2"'; larg. antér. 7", postér. 3" 5"'. *Cou.* Long. 8". *Membr. antér.* Long. 15". *Membr. postér.* Long. 13". *Carapace.* Long. (en dessus) 28" 5"', haut. 9" 5"'; larg. (en dessus), au milieu 24". *Sternum.* Long. antér. 7", moy. 8", postér. 9"; larg. antér. 5", moy. 14", postér. 6". *Queue.* Long. 9".

PATRIE ET MOEURS. Le seul échantillon de cette espèce que renferme la collection erpétologique a été donné au Muséum par M. Leconte, qui nous apprend dans son excellent travail sur les Chéloniens des États-Unis, qu'on rencontre l'Émyde à Ventre rouge depuis le New-Jersey jusqu'en Virginie; qu'elle est surtout très commune dans le Delaware aux environs de Trenton, et qu'on en mange la chair, bien qu'elle ne soit que médiocrement bonne.

Observations. Personne, avant le savant naturaliste que nous venons de nommer, n'avait décrit d'une manière complète cette espèce d'Émyde, dans laquelle M. Say a cru fort mal à propos reconnaître la Tortue à Bords en scie de Daudin.

13. L'ÉMYDE RUGUEUSE. *Emys Rugosa*. Gray.

CARACTÈRES. Carapace ovale, sub-pentagone, convexe, brune, tachetée de fauve, striée longitudinalement, à peine dentelée en arrière; une très faible carène sur les dernières écailles verté-brales.

SYNONYMIE. *Testudo rugosa*. Shaw, Gener. zool., tom. 3, pag. 28, tab. 4.

Testudo rugosa. Gray, Synops. Rept., pag. 50, spec. 26.

DESCRIPTION.

FORMES. A l'exception d'une très faible carène sur la ligne médiane et longitudinale des trois dernières plaques du dos, nous ne trouvons rien dans la forme du test osseux de cette espèce, ni dans celle des écailles qui le recouvrent, qui puisse la faire distinguer de l'Émyde à Ventre rouge.

COLORATION. Cependant elle s'en distingue bien nettement par son système de coloration, que nous allons faire connaître d'après une très belle carapace que nous avons vue dans la collection du collége des chirurgiens de Londres, plutôt que d'après celle que nous possédons, car dans celle-ci les couleurs en sont en grande partie altérées.

Le bouclier est noirâtre en dessus, tacheté d'une couleur fauve dominant sur les plaques margino-latérales, où le brun ne se montre plus qu'en lignes vermiculiformes; en dessous les plaques sternales sont vermiculées et tachetées de noir sur un fond jaune, excepté pourtant celle des deux dernières paires, qui offrent une teinte marron uniforme vers leur milieu, et qui sont semées de taches jaunâtres sur leurs bords.

DIMENSIONS. *Carapace*. Long. 27"; haut. 11" 5"'; larg. (en dessus), au milieu 21" 3"'. *Sternum*. Long. totale 21"; larg. moy. 12".

PATRIE. Il est surprenant que cette espèce, que M. Bell nous a dit avoir reçue de l'Amérique septentrionale, ait échappé aux recherches de M. Leconte. Il n'en est nullement question dans la monographie qu'il a publié des Tortues de son pays.

Observations. Cette Émyde a été décrite et représentée pour la première fois par Shaw, sous le nom que nous lui conservons dans notre ouvrage. Schweigger, qui ne l'avait point vue en nature, considéra la figure de la Zoologie générale qui en reproduisait la carapace, comme étant celle d'une variété de l'Émyde à Bords en scie, Émyde à laquelle elle ne ressemble pas le moins du monde. Nous concevons mieux que le prince de Musignano ait pu supposer la *Testudo Rugosa* de Shaw, être la même espèce que l'Émyde à Ventre rouge de M. Leconte, car elle en est très voisine; mais pourtant elle en diffère spécifiquement.

14. L'ÉMYDE DES FLORIDES. *Emys Floridana*. Leconte.

CARACTÈRES. Carapace ovale, sans carène, striée longitudinalement, d'un brun noir, marquée de lignes jaunes irrégulières; plaque nuchale entière et triangulaire; mandibule non dentelée.

SYNONYMIE. *Testudo Floridana*. Leconte, Ann. lyc. Nat. Sc. N. Y., tom. 5, pag. 100, spec. 2.

Terrapene Floridana. Ch. Bonap. Osservaz. sec. ediz. Reg. anim., pag. 154, spec. 1.

DESCRIPTION.

FORMES. La carapace de cette espèce est bombée, ovale, échancrée en arrière, dépourvue de carène, et la surface des écailles qu'elle supporte est surmontée de lignes saillantes, rugueuses et disposées longitudinalement.

La première plaque vertébrale est rectangulaire, plus étroite devant que derrrière, articulée au pourtour par trois côtés; à la seconde vertébrale, par deux bords formant un petit angle rentrant; à sa droite et à sa gauche par deux faces curvilignes dont la concavité regarde en dehors. La seconde écaille et la troisième de la rangée du dos sont plus longues que large, hexagones et à angles latéraux fort ouverts. La quatrième est pentagone, et la cinquième, bien qu'elle ait sept pans, affecte une forme triangulaire. C'est un triangle que représente la première costale, mais les trois autres sont quadrilatérales et ont plus d'étendue en hauteur qu'en largeur.

La lame nuchale est aussi triangulaire, les écailles qui la bordent de chaque côté sont pentagones, et les autres, qui comme elles appartiennent au limbe, ressemblent les unes à des carrés, les autres à des quadrilatères rectangles.

Les premières plaques du plastron, lequel offre une échancrure en arrière, sont triangulaires; les secondes ressemblent aux premières, si ce n'est que leur sommet est tronqué. Les écailles sternales des quatre dernières paires sont quadrilatérales oblongues.

La queue est fort courte, et la machoire inférieure manque de dentelures.

COLORATION. Il règne sur la tête, sur le cou et sur les membres un brun foncé, qui prend une teinte cendrée sous la gorge et sous le menton. De là part une bandelette jaune qui se bifurque immédiatement après, et s'étend jusqu'à l'extrémité du cou, renfermant entre ses branches trois raies parallèles de la même couleur, et offrant de chaque côté en dehors une autre ligne également jaune, qui se divise à son extrémité antérieure en deux rameaux dont un se dirige vers l'œil, et l'autre parcourt la mâchoire inférieure.

Les membres et la queue sont rayés de jaune; l'iris de l'œil est de la même couleur avec une pupille transversale et noire.

Des lignes jaunes, irrégulières, nombreuses, parmi lesquelles il s'en trouve quelques unes de radiées, se détachent sur le fond brun foncé de la carapace. Le dessous du corps est également jaune offrant une large tache noire, avec une tache œillée jaunâtre sur chaque plaque marginale.

DIMENSIONS. *Carapace.* Long. (en dessus) 40"; haut. 20".

PATRIE ET MOEURS. L'Émyde des Florides, originaire de la partie orientale du pays dont elle porte le nom, est, à ce qu'il paraît, beaucoup moins commune que la plupart de ses autres congénères des États-Unis. C'est dans le fleuve de Saint-Jean qu'elle vit plus particulièrement.

Observations. Cette espèce ne nous est pas autrement connue que par la description qu'en a donnée M. Leconte, description dont nous avons emprunté la nôtre.

15. L'ÉMYDE ORNÉE. *Emys Ornata.* Bell.

CARACTÈRES. Carapace ovale-oblongue, très bombée, rugueuse longitudinalement, d'un brun fauve avec un anneau jaunâtre et une tache noire au centre sur les plaques costales.

SYNONYMIE. *Emys ornata.* Bell, manusc.

Emys ornata. Gray, Synops. Rept. pag. 50, spec. 25.

JEUNE AGE. *Emys annulifera.* Gray, loc. cit., pag. 52, spec. 50.

DESCRIPTION.

FORMES. L'Émyde Ornée, lorsqu'elle a acquis tout son développement, offre une carapace très bombée sur la surface de laquelle il existe un grand nombre de rugosités longitudinales, et qui représente par son contour horizontal un ovale oblong, rétréci en avant, à peine échancré en arrière et légèrement infléchi en dedans, au dessus du cou ; le limbe est fortement penché du côté opposé à celui par lequel il tient au disque ; les bords latéraux en sont unis, comme le bord antérieur, mais un peu repliés verticalement, et le postérieur est très faiblement denté. Le dos, dont la courbure est uniforme et sensiblement moins surbaissée que celle des trois espèces précédentes, est dépourvu de carène dans la presque totalité de sa longueur ; on n'en aperçoit qu'une, toutefois assez saillante, sur la dernière écaille vertébrale. La première a six côtés ; elle s'articule au pourtour par les trois plus petits, qui forment un angle obtus à sommet tronqué ; le bord opposé est arqué en arrière avec une échancrure anguleuse au milieu, et les bords latéraux sont curvilignes en dehors dans les quatre cinquièmes de leur étendue postérieure. La seconde et la troisième plaque dorsale sont carrées, ayant un très petit angle obtus sur le milieu de leurs bords costaux. La quatrième est hexagone oblongue, moitié plus étroite en arrière qu'en avant, où son bord forme un angle très ouvert reçu dans une échancrure de la plaque qui la précède. La dernière dorsale, beaucoup moins dilatée en long qu'en travers, se compose de sept côtés par quatre desquels elle est soudée aux deux dernières paires d'écailles limbaires ; par ses deux côtés de gauche et de droite, aux costales, et par le septième à la dernière vertébrale.

La quatrième plaque de l'une et de l'autre rangées qui recouvrent les côtes, est trapézoïde, anguleuse inférieurement ; elle a près de moitié moins d'étendue que la seconde de ces rangées. Celle-ci est quadrilatérale plus haute que large, il en est de même de celle qui la suit ; mais la première est triangulaire, ayant son bord inférieur curviligne et le supérieur anguleux.

Les plaques marginales de la première, de la cinquième et de la septième paire sont pentagones carrées ; la seconde paire et les cinq dernières paires ont quatre côtés à peu près égaux ; toutes les autres sont rectangulaires. La nuchale approche aussi de cette forme ; mais elle est beaucoup plus étroite et un peu moins élargie en avant qu'en arrière.

Postérieurement, le plastron est bilobé et plus court que la carapace ; en avant, il est tronqué et légèrement arqué en travers ; sur les côtés ses prolongemens sont peu relevés et arrondis.

Les écailles gulaires ressemblent à des triangles rectangles, et les anales à des rhombes dont deux côtés seraient beaucoup plus courts que les autres. La portion des abdominales qui tient au corps du sternum est carrée ; la même portion des pectorales est rectangulaire ; quant aux autres paires, qui sont tétragones, elles ont moins de largeur en dedans qu'en dehors.

Les plaques axillaires sont pentagones oblongues, très développées ; elles le sont cependant moins que les marginales, dont la forme est triangulaire.

COLORATION. Un brun fauve forme le fond de la couleur de la carapace, dont les plaques costales et limbaires sont chacune marquées d'une tache noire ; les unes dans leur milieu ; les autres, dans leur angle inféro-postérieur. La tache des costales est environnée d'un grand cercle irrégulier d'une teinte jaunâtre ; et celle des marginales, enfermée dans un cadre carré de la même couleur, laquelle forme aussi deux larges rubans longitudinaux sur la seconde écaille vertébrale, ainsi que des lignes en zigzag ou des vermiculations sur les quatre autres plaques du dos. C'est un jaune pâle qui est répandu sur le sternum, sur les ailes duquel se montre en long de chaque côté, une bande d'un brun foncé à bord externe onduleux, et parcourue longitudinalement par quelques raies flexueuses et jaunes. On voit des raies de même forme, mais de couleur brune, sur le centre du plastron. Le dessous du pourtour est coloré en jaune comme le sternum, et sur chaque suture transversale des plaques, il existe une tache d'un noir brun, portant un petit anneau jaune.

DIMENSIONS. *Carapace.* Long. (en dessus) 31" ; haut. 12" ; larg. (en dessus) au milieu 28". *Sternum.* Long. antér. 6" 5'", moy. 12", postér. 9" ; larg. antér. 7", moy. 16", postér. 5".

PATRIE. On dit cette espèce originaire de l'Amérique méridionale.

Observations. Nous soupçonnons fort qu'elle n'est que l'âge adulte de l'Émyde Concinne de Leconte : cependant, comme entre la carapace que nous venons de décrire, carapace qui nous a été donnée à Londres pour le Muséum par M. Bell; et celle de l'Émyde Concinne que nous devons à M. Leconte, il existe quelques notables différences sous le rapprot de la forme et du système de coloration, nous continuons de regarder l'Émyde Ornée comme distincte de l'Émyde Concinne, jusqu'à ce que nous puissions nous assurer du contraire par de nouvelles observations.

16. L'ÉMYDE CONCINNE. *Emys Concinna.* Leconte.

CARACTÈRES. Carapace très dilatée au dessus des cuisses, échancrée en avant, dentelée en arrière, sans carène, brune, réticulée de jaune sur ses bords.

SYNONYMIE. *Testudo concinna.* Leconte. Ann. Lyc. Nat. Hist. N. Y. tom. 3, pag. 106, spec. 6.

Terrapene concinna. Ch. Bonap. Osservaz. sec. ediz. Regn. anim. pag. 156, spec. 5.

Emys reticularia. Say, Journ. acad. Phil. tom. 4, pag. 204 et 209, spec. 5.

DESCRIPTION.

FORMES. Le contour horizontal de la carapace dans l'Émyde Concinne est ovale et beaucoup plus élargi au niveau des cuisses qu'au dessus des bras. L'extrémité antérieure offre une échancrure semi-lunaire ; la postérieure, dont les bords présentent de faibles dentelures, est subobtusangle. Le disque est médiocrement élevé, convexe, et quoique un peu en toit, tout-à-fait dépourvu de carène et même de lignes concentriques. Cependant près du pourtour, on aperçoit quelques stries longitudinales. La portion du limbe qui couvre les pattes de derrière et la queue est, ainsi que celle qui correspond aux flancs, tout juste assez inclinée en dehors pour que l'on ne puisse pas la considérer comme horizontale; mais de chaque côté du cou, elle présente une pente un peu plus marquée. Au dessus des ailes sternales, le bord terminal est un peu replié verticalement sur lui-même, et l'on peut voir derrière la tête, d'une part, qu'il est dépassé par la plaque nuchale, et de l'autre, par l'angle postéro-externe

REPTILES, II.   19

des écailles margino-collaires. L'endroit où la largeur de ce limbe est le plus considérable, c'est sous les margino-fémorales; celui où elle l'est le moins, c'est sous les margino-latérales et sous la seconde paire d'écailles limbaires. Quant à la figure des lames du disque, on peut se représenter celles de l'Émyde Ornée; les vertébrales avec leurs angles costaux, et les costales avec leurs angles vertébraux un peu plus allongés, et l'on aura une idée exacte de la forme des écailles dans l'Émyde Concinne. Si les écailles marginales se distinguent de celles de l'autre espèce, c'est seulement en ce qu'aucune d'elles n'a son bord supérieur anguleux.

Le plastron n'est pas différent non plus.

La tête est épaisse, le museau court et arrondi. La mâchoire supérieure est droite, tranchante, à peine échancrée, et couvrant presque en entier l'inférieure, dont les côtés sont rectilignes.

Les écailles qui garnissent les membres antérieurs et les membres postérieurs ressemblent complètement à celles des Émydes à Bords en scie et Arrosée. Les ongles sont longs, très aigus et peu arqués.

La queue est courte, arrondie dans sa plus grande étendue, très comprimée à son extrémité.

COLORATION. Chez cette espèce, tout comme chez la plupart de celles que nous avons fait connaître jusqu'ici, ce ne sont pas des raies jaunes, mais des lignes orangées qui tranchent sur la couleur noire de la tête, du cou, des membres et de la queue. En dessus de celle-ci, on compte deux raies qui vont jusqu'à son extrémité, et à sa droite et à sa gauche deux autres qui, une fois arrivées au cloaque, n'en forment plus qu'une seule. Les bords de l'anus sont jaunes.

La tête offre d'abord une raie orangée s'étendant du vertex au bout du nez; de chaque côté de celle-là, il y en a trois, dont deux partent de l'angle antérieur de l'œil, et l'autre de l'angle postérieur pour aller aboutir à l'origine du cou. Sous celui-ci, on aperçoit une raie qui prenant sa naissance au menton se divise en deux sous la gorge pour redevenir simple aussitôt après. Sur les parties latérales du cou, il en existe une autre, laquelle s'élargit beaucoup avant d'arriver au coin de la bouche, où elle se partage en deux branches gagnant, l'une le bord inférieur de l'orbite; l'autre, celui de la mandibule vers sa partie moyenne. Deux ou trois bandelettes également orangées sont appliquées sur la face antérieure des bras; on en voit une autre bordant le tranchant externe des pattes de derrière. Les membranes natatoires se trouvent aussi marquées entre les doigts d'une petite raie de même couleur que les rubans des bras. Chaque plaque marginale porte, sur la suture qui l'unit à l'écaille qui la suit, une tache noire pupillée et cerclée de jaunâtre : cette tache ocellée est de plus placée entre quatre raies jaunes, comme dans un cadre. Sur les lames vertébrales, des lignes irrégulières, flexueuses ou en zigzag, se fondent dans le fond brun fauve de la carapace. Il existe sur les plaques costales des raies d'un jaune pâle, qui forment une espèce de réseau au milieu des mailles duquel on distingue des taches d'un brun marron.

La surface du sternum et celle du dessous du pourtour sont colorées en jaune ; mais l'une n'est que salie de brun au milieu et sur le bord de ses prolongemens latéraux, tandis que l'autre laisse voir autant de taches brunes qu'on lui compte de plaques, en travers des sutures desquelles ces taches se trouvent placées.

Dimensions. Les proportions suivantes sont celles de l'un des deux exemplaires de cette espèce qui ont été donnés au Muséum d'histoire naturelle par M. Leconte. Nous sommes certains que ni l'un ni l'autre ne sont adultes, par la raison que leurs côtes ne sont encore réunies à leurs extrémités que par des cartilages.

Longueur totale. 28". *Tête.* Long. 3" 5'''; haut. 1" 5'''; larg. antér. 4''', postér. 5". *Memb. antér.* Long. 9". *Memb. postér.* Long. 10". *Carapace.* Long. (en dessus) 2'; haut. 6" 5" ; larg. (en dessus) au milieu, 17". *Sternum.* Long. antér. 4" 5''', moy. 6", post. 6" 5'''; larg. antér. 4", moy. 12", postér. 4". *Queue.* Long. 5".

Patrie. Cette Émyde vit dans les rivières de la Caroline et de la Georgie, recherchant de préférence les endroits où le fond est rocailleux.

Observations. Jusqu'à présent elle n'a encore été décrite avec détails que par M. Leconte, qui lui rapporte *l'Emys Reticularia* de Say.

17. L'ÉMYDE RÉTICULAIRE. *Emys Reticulata.* Schweigger.

Caractères. Carapace sans carène, rugueuse longitudinalement, d'un brun olivâtre, avec des lignes jaunes qui forment une espèce de réseau.

19.

Synonymie. *Testudo reticularia.* Latr. Hist. Rept., tom. 1, pag. 124.

Testudo reticulata. Daud. Hist. Rept., tom. 2, pag. 144, tab. 21, fig. 5.

Emys reticulata. Schweigg. Prodr. Arch. Konigsb., tom. 1, pag. 500 et 425, spec. 10.

La Tortue réticulaire. Bosc. Nouv. Dict. d'Hist. Natur., tom. 34, pag. 265.

Emys reticulata. Merr. Amph., pag. 26.

Emys reticulata, Harl. Amer. Herpet., pag. 77.

Testudo reticulata. Lecont. Ann. Lyc. Nat. Hist. N. Y., tom. 3, pag. 103, spec. 4.

Terrapene reticulata. Ch. Bonap. Osservaz., sec. ediz. Regn. anim., pag. 155, spec. 3.

Emys reticulata. Gray. Synops. Rept., pag. 27, spec. 20.

DESCRIPTION.

Formes. Le contour horizontal du test osseux de l'Émyde Réticulaire représente un ovale oblong, rectiligne sur ses côtés, arrondi devant et derrière, mais un peu plus élargi à ce bout-ci qu'à l'autre. La surface de ce test est comme onduleuse et croisée de petits sillons longitudinaux. Le pourtour, qui est à peu de chose près de même largeur dans toute sa circonférence, offre une inclinaison en arrière ; il est perpendiculaire le long des flancs, et horizontal au dessus du cou, dont il s'éloigne à droite et à gauche par une pente douce, et quelquefois un peu en gouttière. Les bords libres du limbe sont entiers, si ce n'est entre les suscaudales, où il existe une très petite échancrure triangulaire.

Le disque est convexe, mais il est un peu déprimé ; la première et les deux dernières plaques de la rangée du milieu sont assez penchées, l'une du côté de la tête, les autres du côté de la queue. La seconde écaille dorsale, et surtout la troisième, ont une position à peu près horizontale. Ces cinq plaques du dos ont leur surface beaucoup plus étendue que celle des costales ; aucune ne porte de carène ; on remarque seulement que la ligne médiane et longitudinale de la première est légèrement convexe.

La lame nuchale est quadrilatérale et deux fois plus longue que large ; les écailles entre lesquelles elle est placée ressemblent à des trapèzes. Il en est de même des suscaudales ; toutes les autres plaques marginales sont rectangulaires ou carrées.

La première lame vertébrale, qui est un peu plus étroite derrière que devant, se compose de six côtés, par trois desquels elle s'articule avec la nuchale, avec les margino-collaires, et avec une partie des premières margino-brachiales. Son bord postérieur est légèrement onduleux. Les trois écailles qui la suivent sont hexagones, beaucoup plus dilatées en travers que dans leur sens longitudinal, ayant toutes trois leurs angles latéraux courts et aigus. La dernière de ces trois plaques ou la quatrième de la rangée a sa face antérieure anguleuse. La cinquième écaille dorsale est heptagone-subtriangulaire. Les dernières plaques costales sont subrhomboïdales ; et les deux qui la précèdent sont pentagones carrées. La première costale est pentagonale avec un angle aigu en avant, et deux angles droits en arrière. Le plastron est ovale, caréné latéralement et de même largeur à ses deux bouts qui sont tronqués et ont leurs angles arrondis. Les ailes sont très longues et très relevées ; les plaques inguinales sont rhomboïdes ; les axillaires, tétragones-oblongues ; les pectorales, rectangulaires ; et les abdominales, carrées. Les plaques gulaires ressemblent à des triangles rectangles ; les anales à des trigones équilatéraux ayant un de leurs côtés curviligne. Les plaques qui forment la seconde et la pénultième paire représentent des triangles isocèles à sommet tronqué et à base faiblement arquée en dehors. De toutes les Émydes, cette espèce est celle qui a le cou le plus allongé. La tête l'est aussi beaucoup, mais elle offre peu d'épaisseur ; le museau est court et obtus. Les mâchoires sont simplement tranchantes et à bords arqués. Les membres sont courts ; les doigts peu allongés. Les tégumens squammeux qui les revêtent n'offrent rien de particulier. La queue, qui est triangulaire à son extrémité, dépasse de la moitié de sa longueur environ le bouclier supérieur. Les ongles sont médiocres, sous-courbés et assez aigus ; les membranes interdigitales sont beaucoup moins développées aux pattes de devant qu'à celles de derrière ; elles ont leurs bords profondément festonnés.

Coloration. Un grand nombre de petites lignes longitudinales jaunes se voient sur les côtés et sur le dessus de la tête, dont le fond est brun. Ce fond est le même que celui de la région supérieure du cou, qui se trouve parcourue dans toute sa longueur par quatre raies fort écartées, naissant du bord de la voûte de l'orbite. Au dessous de l'œil il en naît une plus large qui s'arrète à l'extrémité postérieure de la mandibule, où elle se dilate beaucoup en se courbant vers le menton. Un trait jaune, bien marqué, s'étend du bout du museau au milieu du crâne. Les mâchoires et la gorge sont de cette couleur; celles-là, avec des raies longitudinales jaunes; celle-ci avec des lignes de la même teinte, mais transversales et flexueuses. Sur la teinte brune du dessous du cou se détachent quatre ou cinq larges rubans d'un jaune beaucoup plus vif que celui qui colore la gorge. C'est encore une couleur jaune qui règne sur la face inférieure des pattes de derrière, et sur la moitié interne de celles de devant tout comme sous la queue; mais les autres régions de ces parties sont du brun foncé de la carapace. Sur celle-ci, des raies jaunes lisérées de noir forment un véritable réseau à mailles très élargies. L'une de ces raies parcourt le dos dans toute sa longueur. Du jaune se trouve encore répandu sur le plastron et sur le dessous du limbe qui a presque toutes les sutures transverses de ses écailles marquées d'une tache noire. On voit aussi trois de ces taches sur l'articulation sterno-costale; mais elles peuvent se confondre toutes les trois ensemble, de manière à ne former qu'une large bande longitudinale.

L'iris de l'œil est jaune, et la pupille noire.

DIMENSIONS. *Longueur totale.* 30". *Tête.* Long. 6"; haut. 2"; larg. antér. 6", postér. 2" 6"'. *Cou.* Long. 6"' 7"'. *Memb. antér.* Long. 7" 4"'; *Memb. postér.* Long. 10". *Carapace.* Long. (en dessus) 22" 4"'; haut. 8" 5"'; larg. (en dessus) au milieu 18". *Sternum.* Long. antér. 5" 8"', moy. 6" 6"', postér. 5" 6"'; larg. antér. 8" 3"', moy. 12", post. 7". *Queue.* Long. 5" 4"'.

PATRIE ET MŒURS. Les naturalistes anglo-américains nous apprennent que cette espèce n'a point encore été observée aux États-Unis, au delà de Fayette-Ville, dans la Caroline septentrionale; qu'elle vit dans les étangs, et que sa chair est délicieuse. La collection en renferme deux beaux exemplaires reçus, l'un de M. Leconte, l'autre de M. Milbert.

Observations. Les premières notions qu'on possède sur cette espèce sont dues à M. Bosc, qui communiqua à Daudin la boîte osseuse que celui-ci décrivit dans son Histoire naturelle des Reptiles. Depuis, M. Leconte a fait connaître cette Émyde avec beaucoup plus de détails dans son excellente Monographie des Tortues Américaines.

18. L'ÉMYDE TACHETÉE. *Emys Guttata.* Schweigger.

CARACTÈRES. Carapace ovale, basse, lisse, sans carène, noire, tachetée de jaune.

SYNONYMIE. *Testudo terrestris Amboinensis.* Séb., tom. 1, pag. 130, tab. 80, fig. 7.

Testudo.... Gottw. Schildk., fig. 15.

Testudo punctata. Schneid. Schildk., pag. 30.

Testudo punctata. Schneid. in Schriff. Berl. nat., tom. 10, pag. 264.

Testudo punctata. Donnd. Zool. Beyt., tom. 5, pag. 55.

Testudo punctata. Schœpf, Hist. Test., pag. 25, tab. 5.

Testudo guttata. Bechst. Uebers. der Naturg. Lacép., tom. 1, pag. 310.

Testudo punctata. Latr. Hist. Rept., tom. 1, pag. 110.

Testudo guttata. Shaw, Gener. Zool., tom. 3, pag. 47, tab. 10.

Testudo punctata. Daud. Hist. Rept., tom. 2, pag. 159, tab. 22.

Emys guttata. Schweigg. Prodr. Arch. Konigsb., tom. 1, pag. 309 et 433, spec. 29.

La Tortue ponctuée. Bosc, Nouv. Dict. d'Hist. Nat., tom. 20, pag. 265.

Emys punctata. Merr. Amph., pag. 24, spec. 13.

Emys punctata. Say, Journ. acad. Nat. Sc. Phil., tom. 4, pag. 205 et 212, spec. 8.

Emys punctata. Harl. Amer. Herpet., pag. 77.

Testudo punctata. Leconte, Ann. Lyc. Nat. Hist. N. Y., tom. 3, pag. 117, spec. 11.

Terrapene punctata. Ch. Bonap. Osservaz. sec. ediz. Reg. anim., pag. 159, spec. 10.

Emys guttata. Gray, Synops. Rept., pag. 26, spec. 16.

DESCRIPTION.

FORMES. En général, la carapace de l'Émyde Ponctuée est déprimée et assez courte; cependant on rencontre des individus chez lesquels elle est ou plus bombée, ou plus oblongue. Tantôt elle offre une légère échancrure au dessus de la queue, tantôt elle y est parfaitement pleine comme dans tout le reste de sa circonférence. L'animal, à moins qu'il ne soit jeune, offre des écailles supérieures et inférieures complètement dépourvues de stries concentriques; à aucune époque de sa vie il ne possède de carène vertébrale. Le cercle osseux qui soutient les plaques limbaires est plus étroit sur les côtés du corps, où il est vertical, qu'en avant et en arrière, où il offre une pente oblique de dedans en dehors. La plaque de la nuque est linéaire ; les écailles qui s'y articulent à droite et à gauche sont quadrilatérales, ayant leur angle vertébro-nuchal plus rapproché du bord externe que leur angle costo-vertébral. Les premières margino-brachiales sont trapézoïdes ; les lames des sept paires suivantes sont rectangulaires et celles des trois dernières carrées. La première écaille de la rangée du dos est pentagone subquadrangulaire, un peu plus élargie en arrière qu'en avant ; la seconde et la troisième sont hexagonales et moins étendues en long qu'en travers, la quatrième a six pans également, mais le postérieur en est rétréci. Il en est de même du pan antérieur de la cinquième écaille, qui est heptagone.

Les deux pénultièmes lames costales sont carrées, les secondes et les troisièmes sont quadrilatérales et ont leur bord supérieur anguleux ; les premières représentent chacune un triangle à sommet tronqué, à base curviligne et à angle antérieur arrondi.

Le plastron est large et particulièrement sous les cuisses. Il est tronqué du côté du cou et à peine échancré à son extrémité postérieure ; ses parties latérales sont aussi fort peu relevées. Les deux dernières plaques sternales sont rhomboïdes et les quatre du milieu rectangulaires. Les antérieures ressemblent à des trigones rectangles, et les quatre autres à des triangles isocèles à sommet tronqué et à base curviligne. Les écailles inguinales et les plaques axillaires sont fort petites ; les unes sont quadrilatérales, les autres sont des losanges.

La tête est courte et épaisse, légèrement convexe en dessus, obtuse et peu comprimée à son extrémité antérieure ; le bout de la mandibule se relève en pointe anguleuse vers la mâchoire supérieure, qui est simplement tranchante, tout comme l'inférieure, mais elle a une petite échancrure en avant. Les pattes antérieures ont leur face externe garnie d'écailles de forme ordinaire, mais qui sont proportionnellement plus épaisses que chez les espèces précédentes. Les doigts sont courts et les membranes qui les unissent très peu développées. La queue est assez longue, grêle et très légèrement comprimée.

Coloration. La partie supérieure du corps de cette Émyde est toute d'un noir profond et semée de petites gouttelettes jaunes, qui varient au nombre de une à neuf sur les plaques costales et sur la première écaille vertébrale. Il n'y en a que deux ou trois seulement sur les quatre autres dorsales; mais on en voit un plus grand nombre sur chaque plaque limbaire.

Le nombre de celles qui se montrent sur le cou n'est pas déterminé : on en compte quelquefois trois, quelquefois quatre et même plus sur le crâne; là et de chaque côté au dessus du tympan, il existe constamment une tache oblongue ou plutôt une petite raie de la couleur des autres taches de la tête. Parfois les mâchoires sont jaunes, d'autres fois elles sont couleur de corne ou bien d'un brun rougeâtre; les côtés internes des bras et le dessous des pattes de derrière sont rouges, maculés de noir; le reste de ces parties est de cette dernière couleur, offrant des points soit rouges, soit jaunes comme on en voit quelques uns sur la queue, dont la base près de l'ouverture du cloaque est colorée en rouge. Le sternum n'est pas complètement noir. Les bords et le milieu sont jaunes, tout de même que la région inférieure du limbe sur lequel se montrent, cependant, quelques taches d'un brun foncé, aux environs des ailes sternales.

DIMENSIONS. *Longueur totale*, 15" 5"'. *Tête*. Long. 2" 2"'; haut. 1" 2"'; larg. antér. 1" 4"', postér. 1" 6"'. *Cou*. Long. 1" 7"'. *Memb. antér*. Long. 5" 2"'. *Memb. postér*. Long. 3" 9"'. *Carapace*. Long. (en dessus) 10" 6"'; haut. 4" 2"'; larg. (en dessus), au milieu 9" 7"'. *Sternum*. Long. antér. 2" 4"', moy. 3" 9"', postér. 4"; larg. antér. 5", moy. 6" 3"', postér. 5" 4"'. *Queue*. Long. 5" 4"'.

PATRIE ET MOEURS. L'Émyde Ponctuée est une de celles que l'Amérique Septentrionale produit le plus abondamment; on la trouve d'un bout à l'autre des États-Unis dans les petits courants d'eau claire, mais jamais dans les étangs, ni dans les marais, ni là où l'eau est bourbeuse.

Observations. Cette Élodite est trop facile à distinguer de toutes ses congénères pour qu'elle ait jamais pu être confondue avec aucune d'elles.

19. L'ÉMYDE PEINTE. *Emys Picta*. Schweigger.

CARACTÈRES. Carapace ovale, convexe, entière, basse, lisse, d'un brun olivâtre, avec un ruban jaune autour de chaque plaque; la première vertébrale carrée; sternum d'un jaune uniforme, tronqué en arrière.

SYNONYMIE. *Testudo novæ Hispaniæ.* Séb., tom. 1, pag. 129, tab. 80, fig. 5.

Testudo novæ Hispaniæ. Klein, Quad. dispos., pag. 93.

Testudo picta. Herm.

Testudo picta. Schneid. Schildk., pag. 348.

Testudo picta. Gmel. Syst. Nat., tom. 3, pag. 1045, n° 50.

Testudo picta. Donnd. Zool. Beytr., tom. 3, pag. 50.

Testudo picta. Schœpf, Hist. Test., pag. 20, tab. 4.

Testudo picta. Bechst. Uebers. der Naturg. Lacép., tom. 1, pag. 285.

Testudo picta. Latr. Hist. Rept., tom. 1, pag. 141.

Testudo picta. Shaw, Gener. Zool., tom. 3, pag. 24, tab. 10, fig. 1.

Testudo picta. Daud. Hist. Rept., tom. 2, pag. 164.

Emys picta. Schweig. Prodr. Arch. Konigsb., tom. 1, pag. 306 et 431, spec. 22.

La Tortue peinte. Bosc, Nouv. Dict. d'Hist. Nat., tom. 34, pag. 265.

Emys picta. Merr. Amph., pag. 23, spec. 9.

Emys picta. Say, Jour. acad. Nat. Sc. Phil., tom. 4, pag. 205 et 211, spec. 7,

Emys picta. Fitz, Verzeichn. Amph. Mus. Wien, pag. 45.

Emys picta. Harl. Amer. Herpet., pag. 74.

La Tortue peinte. Cuv. Reg. anim., tom. 2, pag. 11.

Emys picta. Gravenh. Delic. Mus. Vratilav.

Testudo picta. Leconte, Ann. lyc. Nat. Hist. N. Y., tom. 5. pag. 115, spec. 10.

Emys picta. Gray, Synops. Rept., pag. 26, spec. 17.

JEUNE AGE. *The cinereous Tortoise.* Brown, New illust. Zool., pag. 115, tab. 48, fig. 1-2.

Testudo cinerea. Schneid. Schriff. der Berl. Gesells. Naturf., tom. 4, pag. 268.

Testudo cinerea. Donnd. Zool. Beytr., tom. 5, pag. 52.

Testudo cinerea. Schœpf. Hist. Test., pag. 18, tab. 5, fig. 2 et 3.

Testudo cinerea. Bescht. Uebers. der Naturg. Lacép., tom. 1, pag. 308.

Testudo cinerea. Latr. Hist. Rept., tom. 1, pag, 14.

Testudo cinerea. Var. Shaw. Gener. Zool. tom. 5, pag. 47, tab. 12, fig. 1-2.

Emys cinerea. Schweigg. Prodr. Arch. Konigsb., tom. 1, pag. 306 et 431, spec. 23.

Emys cinerea. Merr. Amph., pag. 24, spec. 10.

DESCRIPTION.

FORMES. Le contour horizontal du test de l'Émyde Peinte représente un ovale oblong, régulier avec une très faible échancrure entre les deux écailles suscaudales, et une vingtaine de petites dentelures au dessus du cou. La carapace est parfaitement lisse, même chez les jeunes sujets. Le disque, sans cesser d'être convexe, est assez déprimé ; le pourtour est légèrement incliné en dehors, un peu moins élargi sur les côtés et en arrière du corps, que sous les plaques margino-fémorales et sous les deux ou trois paires antérieures.

La première vertébrale, moins grande que la seconde, offre, malgré ses six pans, une forme carrée ; cela est dû à ce que ses trois bords marginaux n'en forment pour ainsi dire qu'un seul ; les costaux sont un peu onduleux, et le postérieur présente au milieu une légère courbure en arrière. Les trois écailles suivantes diminuent successivement d'étendue : la seconde et la troisième de la rangée sont presque carrées ; la quatrième a de même six côtés, mais elle est plus étroite en arrière qu'en avant. Toutes les trois, mais surtout les deux les plus éloignées de la tête, ont leurs angles costaux beaucoup plus rapprochés du bord antérieur que du bord postérieur. La dernière dorsale est heptagone, très dilatée en travers. La quatrième costale est trapézoïde et plus petite que chacune des trois précédentes ; la première est triangulaire à base curviligne et à sommet tronqué ; les deux autres quadrilatérales, oblongues et à angles supérieurs arrondis. La plaque de la nuque est grande, rectangulaire tout comme les suscaudales et les margino-latérales ; mais les brachiales sont trapézoïdes et les autres écailles limbaires carrées, ayant quelques unes leur bord vertébral anguleux.

Le plastron ressemble beaucoup par sa forme à celui des Cistudes Closes ; il est très large, ovale, arrondi en arrière, tronqué en avant où son bord est garni d'une trentaine de petites dentelures ; les ailes en sont fort étroites et très peu relevées, ce qui fait qu'il se trouve articulé presque de niveau avec la carapace. Celui des mâles est parfaitement plan, mais celui des femelles est entièrement convexe.

Ce que l'on observe toujours chez les Tortues, mais rarement chez les Émydes, c'est que les écailles abdominales sont beaucoup plus dilatées que celles qui les précèdent et que celles qui les suivent immédiatement. Elles ressemblent du reste à des tétragones équilatéraux. Les gulaires représentent des triangles assez allongés. Les anales ont la forme de trigones isocèles à base curviligne, ainsi que les brachiales et les fémorales, qui ont leur sommet tronqué. Les pectorales sont quadrilatérales, très étroites et à bords onduleux.

La tête est légèrement déprimée et assez large à son extrémité antérieure, qui est arrondie; les mâchoires sont dépourvues de dentelures à droite et à gauche; mais en avant, la supérieure offre une petite échancrure qui correspond à trois dents très courtes de la mandibule.

Les membres n'ont rien dans leur conformation, ni dans la manière dont se trouvent disposés leurs tégumens, qui les distingue des mêmes parties chez la plupart des espèces que nous avons fait connaître précédemment. Les ongles sont effilés, pointus et à peine arqués. La longueur de la queue est le quart de celle du sternum. Cette queue est assez mince, tant soit peu comprimée et garnie de sept rangées de squammelles quadrilatérales : une en dessus, deux en dessous, et deux de chaque côté.

COLORATION. La partie supérieure du corps de l'Émyde Peinte est d'un brun foncé, tandis que le sternum tout entier est jaune, à l'exception des ailes qui sont noirâtres, avec quelques lignes longitudinales irrégulières et jaunes. Cette même couleur forme une tache oblongue isolée, en arrière de chaque œil, et deux autres, une de chaque côté de l'occiput, donnant chacune naissance à une raie qui se prolonge jusqu'à l'extrémité du cou. Mais ces deux raies jaunes sont loin d'être les seules qu'on aperçoive sur la teinte noire du cou; on en compte près de trente autres distribuées à peu près de la manière suivante : neuf, qui sont de forme linéaire, et situées entre la raie jaune venant de la tache occipitale et une bandelette divisée à son extrémité en deux branches, aboutissant, l'une au bord inférieur de l'orbite, l'autre vers le dernier tiers de la mandibule; douze ou quinze autres en dessus et neuf en dessous, dont les trois médianes sont placées dans la bifurcation d'un ruban de couleur jaune, qui prend naissance à la pointe du maxillaire inférieur. La mâchoire supérieure porte une double moustache jaune ; le museau et le front sont coupés de chaque côté, l'un transversalement, l'autre longitudinalement, par une ligne de couleur jaune, comme sont une tache oblongue et les trois ou quatre cercles qui se voient sur les plaques marginales.

Quant aux écailles centrales ou du disque, elles sont toutes ornées d'une belle bordure jaune, doublement lisérée de noir foncé : cette bordure n'existe qu'en avant sur les plaques vertébrales, et en avant et en haut sur les costales. En général, elle se montre fort étroite sur les plaques qui commencent les trois rangées discoïdales. Le dos est toujours parcouru dans sa longueur par une raie semblable aux rubans des plaques discoïdales. Les membres, le cou et la queue sont colorés en noir et rayés de jaune ou de rouge. Deux bandelettes de l'une ou de l'autre de ces couleurs sont imprimées sur la face externe des bras ; deux autres, sous les pattes de derrière. La queue porte sur chaque côté deux raies jaunes qui vont se réunir en dessous vers la moitié de sa longueur. Le haut des membres et la base de la queue sont maculés de rouge ou de jaune ; et les doigts sont linéolés de la même couleur. Les ongles sont noirs et leur pointe est jaunâtre. Les yeux sont jaunes et leur pupille noire.

DIMENSIONS. *Longueur totale.* 26". *Tête.* Long. 5" 5'" ; haut. 9" ; larg. antér. 7'", postér. 2" 1'". *Cou.* Long. 2" 4'". *Memb. antér.* Long. 5". *Memb. post.* Long. 6" 5'". *Carapace.* Long. (en dessus) 18" 4'" ; haut. 5" 6'" ; long. (en dessus) au milieu, 15". *Sternum.* Long. antér. 4" 4'", moy. 6", postér. 5" 6'" ; larg. antér. 7", moy. 10", postér. 8" 3'". *Queue.* Long. 4" 6'".

JEUNE AGE. Les jeunes Émydes Peintes sont presque circulaires dans leur contour. Leurs écailles dorsales sont tellement dilatées en travers, que les deux du milieu offrent près de trois fois plus de largeur que de longueur. Leur système de coloration ne nous a pas paru différer de celui des adultes.

PATRIE ET MOEURS. L'Émyde Peinte est essentiellement paludine, car jamais on ne l'a vue ni dans les rivières, ni dans les ruisseaux. Elle est aussi plus essentiellement aquatique qu'aucune autre, puisque dès qu'on la retire de l'eau, elle ne tarde pas à périr. C'est une espèce extrêmement commune aux États-Unis, d'où nous en avons reçu un grand nombre d'exemplaires , par les soins de M. Milbert. On dit sa chair très mauvaise.

Observations. M. Leconte, qui a pu l'observer vivante, assure qu'elle varie considérablement sous le rapport de l'intensité et de l'éclat des couleurs et que les jeunes sujets sont toujours plus vivement colorés que les adultes.

20. L'ÉMYDE DE BELL. *Emys Bellii.* Gray.

Caractères. Carapace ovale, à dos légèrement en gouttière; plaques olivâtres, lisérées de jaune, tachetées de noir en arrière; sternum jaune, vermiculé de brun sur ses quatre premières écailles.

Synonymie. *Emys Bellii.* Gray, Synops. Rept. pag. 31, spec. 21.

DESCRIPTION.

Formes. La forme de la boîte osseuse de cette espèce serait tout-à-fait la même que celle de l'Émyde Peinte, si ce n'était que sa région dorsale est un peu en gouttière, et que le bord antérieur du pourtour et celui du plastron sont plus profondément dentelés.

Coloration. Ce n'est qu'à l'aide des différences qui existent dans le système de coloration du test osseux chez ces deux espèces que l'on peut véritablement les distinguer l'une de l'autre. Ainsi le ruban jaune appliqué sur le bord antérieur des plaques du disque, dans les deux espèces, est beaucoup plus élargi chez l'Émyde de Bell que dans l'Émyde Peinte ; et le liséré noir qu'on remarque derrière ce ruban, au lieu d'être simple dans la première comme dans la seconde, se compose de points ou plutôt de petites taches irrégulières. D'un autre côté, les écailles costales de l'Émyde de Bell sont traversées verticalement par une raie jaune, légèrement onduleuse.

Le sternum n'est pas non plus entièrement de cette dernière couleur, comme celui de l'espèce précédente ; son contour, une portion carrée des plaques gulaires, un espace ovale et un ou deux autres irréguliers et plus petits sur les pectorales et sur les anales, sont les seules parties de sa surface où se voit une teinte uniforme. Sur les écailles abdominales, cette couleur se mêle avec du brun, et sur la première et sur la seconde paire d'écailles ; elle se trouve vermiculée de ce même brun qui colore les quatre plaques postérieures, à l'exception de leur bord externe et de ce spetites places que, plus haut, nous avons dit être jaunes.

DIMENSIONS. *Carapace.* Long. (en dessus) 23" ; larg. (en dessus) au milieu, 20". *Sternum.* Long. 24" ; larg. antér. 5" 5'", moy. 42" 3'", postér. 4" 2'".

PATRIE. Cette espèce, comme la précédente, est probablement originaire de l'Amérique du nord ; mais nous n'osons pas l'affirmer.

Observations. Nous n'aurions volontiers considéré l'Émyde de Bell que comme une simple variété de l'Émyde Peinte, si nous n'avions vu dans les différens Musées de Londres plusieurs individus parfaitement semblables à la description qu'on vient de lire.

24. L'ÉMYDE CINOSTERNOIDE. *Emys Cinosternoides.* Gray.

CARACTÈRES. Carapace ovale oblongue, déprimée, d'un brun pâle avec une arête dorsale jaune ; pourtour dentelé , blanchâtre ; plaques discoïdales parcourues de bandes irrégulières blanches et bordées de noir ; sternum arrondi en avant et en arrière.

SYNONYMIE. *Emys Kinosternoides.* Gray, Synops. Rept. pag. 32, spec. 29.

DESCRIPTION.

FORMES. La boîte osseuse de cette espèce est ovale oblongue, déprimée et surmontée sur sa ligne médio-longitudinale d'une carène continue, basse, mais assez large. Son sternum est plan et se termine en pointe arrondie à ses deux extrémités, comme celui du Cinosterne Scorpioïde. Les plaques axillaires et les inguinales sont peu développées.

COLORATION. Le dessous de la tête est blanchâtre ; le dessus brun et ayant trois bandes d'une teinte plus pâle sur la nuque et une raie blanche en avant. Le limbe de la carapace est blanc, marqué d'une tache triangulaire brune sur le bord interne de chaque écaille. La seconde et la troisième lame vertébrale ont chacune une raie irrégulière brune, et bordée de blanc. Un jaune uniforme colore la carène dorsale et la région inférieure du corps.

Patrie. On croit cette espèce originaire de l'Amérique méridionale.

Observations. Elle n'est encore connue des naturalistes que par la description qu'en a publiée M. Gray, d'après un jeune individu qui fait partie de la collection du Collége des chirurgiens de Londres, où nous l'avons vu nous-mêmes.

22. L'ÉMYDE DE MUHLENBERG. *Emys Muhlenbergii.* Schœpf.

Caractères. Carapace subquadrilatérale, d'un brun noirâtre, ayant une légère carène et des aréoles jaunâtres; une large tache couleur orangée de chaque côté de l'occiput; pieds très peu palmés.

Synonymie. *Testudo Muhlenbergii.* Schœpff, Hist. Test. pag. 152, tab. 51.

Emys Mulhenbergii. Schweigg. Prodr. Arch. Konisgb. tom. 1, pag. 310, spec. 10.

Chersine Muhlenbergii. Merr. Amph. pag. 30, spec. 35.

Emys biguttata. Say, Journ. acad. Nat. Sc. Phil. tom. 4, pag. 205 et 212, spec. 9.

Testudo Muhlenbergii. Leconte, Ann. Lyc. nat. Hist. N. Y. tom. 5, pag. 119, spec. 12.

Terrapene Muhlenbergii. Ch. Bonap. Osservaz. sec. ediz. Reg. anim. pag. 150.

Emys Muhlenbergii. Gray, Synops. Rept. pag. 25, spec. 15.

DESCRIPTION.

Formes. Le contour de la boîte osseuse de l'Émyde de Muhlenberg réprésente un ovale oblong subquadrilatéral. Cet ovale est rectiligne ou un peu contracté sur les côtés du corps, comme tronqué et légèrement infléchi en dedans au dessus du cou, et arrondi en arrière, où il est souvent échancré et un peu plus large qu'en avant. Le cercle osseux qui entoure le disque de la carapace est sensiblement plus étroit vers ses parties latérales que vers celles qui abritent les quatre membres et la queue. La position des écailles cornées de ce cercle est perpendiculaire pour celles des flancs, et simplement penchée en dehors pour les margino-fémorales et pour les suscaudales. Les margino-collaires et les margino-brachiales sont inclinées à droite et à gauche de la plaque de la nuque, en même temps qu'elles sont légèrement relevées du côté du disque.

La ligne du profil du dos forme un arc très surbaissé, mais pourtant un peu moins cintré du côté de la tête que du côté de la queue. En travers, c'est moins une seule ligne courbe que représente la carapace, qu'un angle très ouvert dont les côtés sont tant soit peu arqués; et encore ce dernier caractère ne se voit-il que chez quelques individus. Il existe le long de l'épine dorsale une carène d'autant moins marquée que l'animal est plus âgé; et les lames écailleuses laissent voir des aréoles entourées de lignes concentriques assez saillantes, à moins aussi que l'animal ne soit vieux.

La plaque de la nuque est rétrécie en avant. Elle est une fois plus longue qu'elle n'est large au milieu. Les margino-collaires sont pentagones, tenant par un très petit côté à la première costale, et ayant leur bord marginal plus élargi que le nuchal; les margino-brachiales antérieures représentent des trapèzes; les six paires qui les suivent immédiatement sont rhomboïdales, et les quatre dernières, carrées.

Les cinq plaques vertébrales ont à peu près la même étendue en surface; la première est pentagone carrée; la pénultième, heptagonale et les trois intermédiaires, hexagones, presque une fois plus dilatées en travers que dans le sens longitudinal; elles ont quelquefois leurs angles costaux arrondis.

La quatrième écaille costale est quadrangulaire, subéquilatérale, et notablement plus petite que celles qui la précèdent; les trois costales antérieures ressemblent, la première à un triangle isocèle dont le sommet serait tronqué et la base curviligne, les deux autres à des quadrilatères oblongs qui auraient leur côté supérieur légèrement anguleux.

Les ailes sternales sont arrondies, très courtes et fort peu élargies; mais les parties du pourtour avec lesquelles elles s'articulent le sont au contraire beaucoup. Le plastron lui-même est large, tronqué et relevé du côté du cou et échancré triangulairement en arrière. Les plaques du milieu ou les pectorales et les abdominales sont tétragones; les unes oblongues, les autres carrées; les caudales sont rhomboïdales; les gulaires représentent des triangles rectangles, et celles qui composent la seconde paire et la pénultième, des trigones à sommet tronqué et à base faiblement arquée en dehors.

La tête est épaisse, le museau large; les mâchoires sont fortes, tranchantes; la supérieure est fortement échancrée en avant, et l'inférieure, recourbée vers l'autre en formant une longue pointe anguleuse.

Les membres ont véritablement plus de ressemblance avec ceux de certaines Chersites qu'avec ceux des Élodites, tant ils sont peu comprimés, tant les doigts en sont courts et les membranes peu dilatées, si l'on peut toutefois dire qu'il s'y trouve des membranes.

La face externe des pattes de devant est garnie, en haut, de petites écailles subimbriquées, polygones ou arrondies, tandis qu'il y a sur le bord externe des scutelles triangulaires et lisses. Ce sont des écailles plus élargies et à bord libre, droit, qui revêtent le dessus du poignet, sous lequel on trouve une rangée transversale de trois ou quatre scutelles quadrilatérales.

La peau des pieds de devant et celle des pattes de derrière, excepté aux genoux et aux talons, est couverte de petits tubercules squammeux, les uns convexes, les autres pointus.

Il en est de même à la base de la queue, qui est arrondie et dont la longueur est le tiers de celle du sternum. Le reste de l'étendue de cette queue est garni d'écailles quadrangulaires disposées sur cinq rangées, une en dessus, deux en dessous, et une de chaque côté à partir du cloaque jusqu'à la pointe. Les ongles sont fort courts, robustes et très légèrement arqués.

COLORATION. La surface du crâne est noire, marbrée de roussâtre; les mâchoires sont jaunes, rayées ou vermiculées de brun, et de chaque côté de la tête on voit en arrière une large tache subtriangulaire, couleur orangée. Le cou est brunâtre, ainsi que le dessus des membres et celui de la queue qui sont tachetés de rouge.

En dessous, cette queue et les pattes offrent une teinte brune uniforme.

La carapace et le plastron présentent une couleur brunâtre, la première a une raie jaune ou rougeâtre le long du dos et une tache rayonnante de la même couleur, quelquefois élargie, sur le centre des plaques discoïdales; le second est partagé longitudinalement en deux par une large bande d'un jaune sale et à bords anguleux.

DIMENSIONS. *Longueur totale*, 15" 7"'. *Tête*. Long. 2"; haut. 1" 6"'; larg. antér. 5"', postér. 1" 5"'. *Cou*. Long. 2" 1"'. *Memb. antér.* Long. 2" 1"'. *Memb. postér.* Long. 2" 9"'. *Carapace*. Long. (en dessus) 11”; haut. 4” 4’”; larg. (en dessus), au milieu 9” 9’”. *Sternum*. Long. antér. 5”, moy. 5”, postér. 3” 4’”; larg. antér. 3”, moy. 6”, postér. 5”. *Queue*. Long. 1” 7’”.

Patrie et mœurs. L’Émyde de Muhlenberg vit dans les petits courans d’eau de la nouvelle Jersey et de la Pensylvanie. La collection en renferme plusieurs individus dont on est redevable à M. Leconte et à M. Milbert.

Observations. C’est la même Émyde que celle qui a été indiquée comme une espèce nouvelle sous le nom de *Biguttata*, dans la Monographie des Tortues de l’Amérique du Nord par M. Say, bien que depuis long-temps la carapace en fût décrite et représentée dans l’ouvrage de Schœpf, d’après un dessin que lui avait envoyé de Pensylvanie le révérend père Muhlenberg.

IIIᵉ GROUPE. — ÉMYDES AFRICAINES.

25. L’ÉMYDE DE SPENGLER. *Emys Spengleri.* Schweigger.

Caractères. Carapace d’un fauve pâle, ovale oblongue, basse, tricarénée, à bords postérieurs profondément dentelés.

Synonymie. *Testudo Spengleri.* Walb. Schriff. Berl. Gessel. nat. Fr. 6. B., pag. 122, tab. 3.

Testudo Spengleri. Gmel. Syst. nat., pag. 1043.

Testudo Spengleri. Schn. Schildk. Beyt. 3, pag. 24.

Testudo Spengleri. Donnd. Zool. Beyt. tom. 3, pag. 24.

Testudo Spengleri. Bechst. Uebers. der Naturg. Lacép., tom. 1, pag. 332.

Testudo serpentina. Var. Lat. Hist. Rept., tom. 1, pag. 163.

Testudo serrata. Shaw, Gener. Zool., tom. 3, pag. 51, tab. 9, fig. 2.

Testudo Spengleri. Daud. Hist. Rept., tom. 2, pag. 103.

Testudo tricarinata. Bory Saint-Vinc. Voy. aux îl. d’Af., tom. 2 pag. 507, pl. 57, fig. 1, A. B.

Emys Spengleri. Shweigg. Prodr. Arch. Konigsb., tom. 1, pag. 310 et 434, spec. 31.

Emys Spengleri. Merr. amph., pag. 23.

Emys Spengleri. Gray; Synops. Rept., pag. 21.

DESCRIPTION.

Formes. Le contour horizontal du test osseux de l'Émyde de Spengler représente un ovale oblong, obtusangle par derrière, tronqué, par devant, et plus large au niveau des cuisses qu'au dessus des bras. Cette espèce se distingue à la première vue de toutes ses congénères par les trois carènes qui surmontent son dos, mais surtout par les profondes dentelures qu'offrent les bords postérieurs de son limbe. Ces dentelures sont produites par les angles postéro-inférieurs des plaques limbaires des dix dernières paires, lesquelles sont allongées en pointes aiguës.

Les angles postéro-externes des écailles margino-collaires et des margino-brachiales antérieures font saillie aussi en dehors, mais ceux des premières se dirigent en droite ligne du côté de la tête, tandis que ceux des secondes se recourbent en arrière, ce qui rend le bord externe des lames marginales de la troisième paire assez arqué en dehors. Le dos est très déprimé, et les trois arêtes qui le parcourent longitudinalement sont situées sur les écailles vertébrales, et les deux autres, qui sont fort étroites, un peu en dehors du milieu des costales.

La plaque de la nuque est courte et tétragone, les margino-collaires sont pentagonales, ayant leur angle postéro-externe aigu. Les margino-brachiales sont quadrangulaires, plus étroites en arrière qu'en avant; les cinq suivantes sont quadrilatérales oblongues, et toutes les autres rhomboïdales. La plaque qui commence la rangée du dos a six côtés par trois desquels elle tient au pourtour; la seconde et les deux suivantes sont hexagones transverses; la dernière représente un pentagone dont les deux côtés postérieurs, plus longs que les autres, forment un angle aigu. La première plaque latérale est tétragone subtriangulaire, ayant son bord marginal curviligne; les deux intermédiaires de la même rangée sont hexagones, et les écailles à cinq côtés qui composent la dernière paire costale forment par deux de leurs côtés un angle aigu en arrière. La surface des écailles supérieures du test offre un grand nombre de stries concentriques très fines, encadrant des aréoles plus rapprochées du bord postérieur que du bord antérieur des plaques.

Le sternum, dont les ailes sont très relevées, est large, échancré

en V très ouvert en avant et en croissant en arrière ; il est légèrement concave au centre.

La tête a peu de hauteur, et les mâchoires manquent de dentelures.

La queue est courte. Les membres sont médiocrement aplatis,
et terminés par des doigts à ongles crochus. Les membranes qui
réunissent ces doigts sont courtes et dentelées sur leurs bords.
Les écailles qui garnissent la face antérieure des bras ont une notable épaisseur, quelques unes sont tuberculeuses.

COLORATION. Une couleur chamois foncé, à reflets rosés,
règne dans l'état de vie sur la carapace, au centre de laquelle
on aperçoit quelques petites nébulosités d'un brun très clair. A
l'exception des bords latéraux du plastron sur chacun desquels
est imprimée une bandelette longitudinale jaune, le dessous du
corps est complètement noir. Les carènes dorsales sont de la même
couleur. La médiane l'est sur deux côtés et les costales sur leur
bord externe seulement.

Les mâchoires sont brunes, et les parties du corps, autres que
la carapace, offrent une teinte noirâtre ; le cou et la queue sont
rayés de rouge, les membres sont tachetés de la même couleur.
On voit une ligne blanchâtre couper longitudinalement la voûte
de l'orbite, et une tache rhomboïdale également blanchâtre occuper le milieu du front, de chaque côté duquel, au devant de
l'œil, il existe un point rouge. La région gulaire est jaunâtre, l'iris
de l'œil est doré.

DIMENSIONS. *Carapace.* Long. (en dessus) 11"; larg. (en dessus), au milieu 9" 5"'; *Sternum.* Long. totale 10" 5"', larg. moy.
7" 5"'.

PATRIE. Cette espèce est la seule Émyde Africaine que l'on
connaisse encore ; on la trouve à l'île de France et à l'île Bourbon, et elle doit y être rare, puisqu'il ne s'en est jamais trouvé
d'exemplaire dans les envois zoologiques qui ont été adressés de
ces deux pays à notre établissement.

Observations. La description qui précède a été faite sur les individus que nous avons vus à Londres dans le musée Britannique,
au collège des chirurgiens et au jardin zoologique, et là même il y
en avait encore un vivant à l'époque où nous le visitâmes.

IVᵉ GROUPE. — ÉMYDES INDIENNES.

24. L'ÉMYDE A TROIS ARÊTES. *Emys Trijuga.* Schweigger.

CARACTÈRES. Carapace brune, basse, tricarénée, à bords non dentelés; sternum brun, bordé de jaunâtre.

SYNONYMIE. *Emys trijuga.* Schweigg. Prodr. arch. Konigsb., tom. 1, pag. 340, spec. 32.

Emys Belangeri. Less. Voy. Ind. Orient. Bel. part. zool. Rept., pag. 291, pl. 1.

JEUNE AGE. *Testudo terrestris amboinensis minor.* Séb., tom. 1, pag. 126, tab. 79, fig. 1-2.

Testudo scabra. Shaw. Gener zool., tom. 3, pag. 55.

DESCRIPTION.

FORMES. La carapace de cette espèce est environ d'un quart plus longue que large, et sa largeur a le double de sa hauteur. Son contour horizontal représente un ovale oblong, tronqué en avant, obtusangle en arrière et rectiligne sur les flancs. Le limbe est obliquement penché en dehors, partout ailleurs qu'au dessus du cou où il offre une portion triangulaire se relevant du côté du disque. Le long des flancs, son bord terminal se replie verticalement sur lui-même; il décrit derrière la tête une ligne courbe dont la concavité est tournée en dehors; il offre en arrière une petite échancrure située entre les deux uropygiales, et on lui compte autant de petites dentelures qu'il y a de plaques marginales depuis l'extrémité d'une aile sternale jusqu'à la queue. Sa surface forme un peu la gouttière, à partir de la dernière margino-fémorale jusqu'à la suture des plaques suscaudales.

La carapace est surmontée de trois larges carènes arrondies qui la coupent longitudinalement, l'une par le milieu et dans toutes sa longueur, et les deux autres à droite et à gauche de celle-ci, tout près du bord supérieur des plaques costales; mais les arêtes latérales ne commencent que sur le milieu de la première des écailles qui les supportent, et elles se terminent avec la dernière, quelquefois même avec la troisième. La plaque de la nuque est courte, quadrilatérale oblongue; les margino-collaires sont pentagones subtriangulaires; les brachiales antérieures sont trapézoïdes ou représentent des triangles isocèles à sommet tronqué. Toutes les autres écailles sont quadrangulaires, les cinq dernières paires ayant les côtés égaux et les cinq premières étant plus longues que larges. L'écaille qui commence la rangée du dos est pentagone et plus étroite en arrière qu'en avant, où deux de ses côtés forment un angle très ouvert; les trois suivantes sont hexagones, mais la seconde et la troisième de la rangée sont équilatérales, et la quatrième est rétrécie en arrière ayant ses angles latéraux aigus. La cinquième est heptagonale subtriangulaire ou pyriforme. La dernière plaque costale est carrée, d'un tiers plus petite que les autres qui représentent, la première un trapèze à bord inférieur curviligne, les deux intermédiaires des quadrilatères plus hauts que larges et à bord supérieur anguleux.

Le plastron est articulé de niveau avec la carapace; les ailes sont peu relevées: elles sont subcarénées, et près de moitié moins larges que la portion du pourtour à laquelle elles tiennent. Ce bouclier inférieur est plan chez les femelles et longitudinalement concave chez les mâles. A peine échancré en avant, il l'est très profondément en arrière. Les plaques du milieu sont carrées; les deux premières sont rectangulaires; les deux dernières, rhomboïdales; les autres ressemblent à des triangles isocèles à base curviligne et à sommet tronqué. Toutes les écailles qui recouvrent cette Émyde sont comme entuilées, le bord postérieur de l'une recouvrant le bord antérieur de l'autre. Les sillons concentriques qu'elles présentent sont assez éloignés les uns des autres, puisqu'on en compte à peine douze sur chacune d'elles: ces sillons se trouvent croisés par d'autres plus petits et plus nombreux, qui s'étendent en divergeant des bords des aréoles à ceux des plaques. Les aréoles vertébrales sont situées sur le milieu du côté postérieur des écailles. Celles des costales sont placées dans l'angle postéro-supérieur, et celles des marginales dans le coin postéro-inférieur. Le profil de la carapace est une ligne droite horizontale, mais offrant ses deux extrémités légèrement abaissées vers le sternum.

La tête est longue, médiocrement plate; le museau est court, assez large et coupé carrément. Les mâchoires sont simplement tranchantes. La supérieure offre antérieurement une échancrure de chaque côté de laquelle se trouve une dent obtuse; l'inférieure est relevée vers l'autre en pointe anguleuse très élargie.

La forme des membres n'offre rien de particulier. Les écailles antéro-brachiales sont imbriquées, quadrangulaires. Les latérales externes sont plus longues que hautes. Les internes sont équilatérales. Il en existe encore quelques unes très dilatées de cette dernière forme, au dessus du poignet et l'on en compte sept ou huit à bord libre arrondi sur les talons. Les ongles sont forts, souscourbés et pointus.

La queue est excessivement courte, conique, granuleuse comme le cou et la plus grande partie des membres.

Coloration. Un brun noirâtre et quelquefois marron colore le test en dessus et en dessous. Le plastron est entouré d'un ruban jaunâtre; le cou, les membres et la tête offrent une teinte plus noire que celle de la carapace. Le crâne et les mâchoires sont rayés et tachetés de roussâtre; les ongles ont leur pointe fauve et tout le reste brunâtre.

Dimensions. *Longueur totale.* 27" 7"'. *Tête.* Long. 4" 6"'; haut. 2" 2"'; larg. antér. 8", postér. 2" 7"'. *Cou.* Long. 4" 3"'. *Memb. antér.* Long. 7". *Memb. postér.* Long. 7" 6"'. *Carapace.* Long. (en dessus) 23"; haut. 8" 2"'; larg. (en dessus), au milieu 19" 4"'. *Sternum.* Long. antér. 4", moy. 8", postér. 6" 2"'; larg. antér. 7" 5"', moy. 11" 6"', postér. 9" 3"'. *Queue.* Long. 2" 5"'.

Jeune age. La carapace des jeunes Émydes de cette espèce est très régulièrement ovale. Sur les côtés du corps, le bord terminal de son pourtour n'est point relevé sur lui-même. Les trois arêtes dorsales, dont les deux latérales sont tranchantes, ont relativement plus de hauteur que celle des individus adultes. Les aréoles sont larges et granuleuses; les stries encadrantes et divergentes sont fines et néanmoins bien marquées. Pour ce qui est de la coloration, elle est la même que chez les adultes, à cela près que les teintes sont beaucoup plus claires. Cependant la bordure jaunâtre du sternum est aussi moins étroite et plus nettement tracée, et les taches de la tête sont plus nombreuses, arrondies snr le crâne et irrégulièrement linéolaires sur les joues et les côtés de l'occiput. Ce qui ne se trouve pas chez les adultes, c'est une moustache jaunâtre qu'on voit au museau des jeunes, et une tache oblongue de la même couleur, placée sous le bord libre de chaque écaille marginale.

Patrie et moeurs. Cette Émyde est assez commune dans plusieurs parties des Indes Orientales; le Muséum l'a reçue de Pondichéry par les soins de M. Leschenault, ainsi que de Java par ceux de M. Reynaud. M. Dussumier a rapporté un jeune individu qui avait été pêché dans un étang, aux environs de Calcuta.

Observations. C'est en particulier l'exemplaire de M. Dussumier qui nous a fourni la preuve que la figure de la *Testudo terrestris amboinensis minor* de Séba a certainement dû être faite d'après un individu semblable au nôtre, et non d'après une jeune Tortue Ponctulaire, comme on l'a prétendue jusqu'ici.

Schweigger est le premier auteur qui ait décrit cette espèce, et M. Lesson l'a fait représenter sous le nom d'*Emys Belangeri*, dans la partie zoologique du voyage aux Indes Orientales de M. Belanger.

25. L'ÉMYDE DE REEVES. *Emys Reevesii.* Gray.

CARACTÈRES. Carapace d'un brun fauve, ovale, étroite, entière; une carène longitudinale sur le milieu de chaque plaque du disque; les écailles vertébrales élargies, hexagones; sternum échancré en arrière et caréné sur les côtés; cou brun, rayé de jaune.

SYNONYMIE. *Emys Reevesii.* Gray. Synops. Rept. pag. 73.

DESCRIPTION.

FORMES. La longueur du test osseux dans cette espèce est double de sa hauteur, et d'une fois et un tiers sa largeur. Il est convexe, subtectiforme, et a son bord terminal replié verticalement sur lui-même, le long des flancs; il est aussi un peu infléchi en dedans, au dessus du cou, et échancré triangulairement à l'autre extrémité du corps. Une haute et large carène arrondie surmonte le dos dans toute son étendue; de chaque côté de celle-ci et vers le tiers supérieur des costales, il s'en trouve une autre parallèle, plus basse et plus étroite. La figure du contour de la boîte osseuse est ovalaire et n'est guère moins large en avant qu'en arrière; mais de ce côté elle est un peu angulaire, au lieu que de l'autre elle est comme tronquée; les parties latérales sont presque rectilignes.

Les écailles sternales sont parfaitement lisses; mais celles de la carapace montrent quelques lignes concentriques entourant

de petites aréoles granuleuses qui sont partagées en deux sur
les plaques vertébrales et situées en dedans de la carène sur les
costales.

L'écaille de la nuque a quatre pans dont le postérieur est échancré et l'externe rétréci. Les margino-collaires sont pentagones
subtriangulaires, les margino-brachiales antérieures sont trapézoïdes, les cinq paires suivantes sont quadrilatérales oblongues,
et toutes les autres carrées.

La première écaille du dos est pentagonale, plus étroite en
arrière qu'en avant, et ayant ses deux bords marginaux qui forment un angle obtus. Les trois du milieu sont hexagones transverses, la seconde et la quatrième ayant l'une son bord antérieur,
l'autre son bord postérieur plus étroit que celui par lequel
elles s'articulent chacune séparément à la troisième lame dorsale.
La dernière vertébrale est heptagone subtriangulaire.

La quatrième plaque costale est pentagone, avec son angle
margino-vertébral aigu, et la troisième a également cinq pans,
mais elle est plus haute que large; ses angles supérieurs sont
obtus, et ses angles inférieurs droits. La seconde lui ressemble,
et la première représente un triangle isocèle à sommet tronqué
et à base curviligne.

On peut dire la même chose des secondes plaques sternales,
tandis que celles qui les suivent immédiatement sont carrées,
les dernières rhomboïdales, et les pénultièmes quadrangulaires
avec leur côté latéral interne moins élargi que l'externe, qui est
cintré en dehors. Les écailles gulaires représentent des triangles
rectangles. Les plaques axillaires ressemblent à des quadrilatères
oblongs, et les inguinales, qui sont plus grandes que celles-ci, à
des losanges à côtés antérieurs plus courts que les deux postérieurs.

Le plastron est sensiblement plus étroit en arrière qu'en avant.
Les angles postéro-externes de ses écailles fémorales débordent
les angles externes antérieurs de ses plaques anales; son bord
collaire est onduleux et son bord caudal échancré en V; sa surface
est plane. Les ailes sont obliquement relevées vers le pourtour,
leur longueur est le tiers de celle du plastron, et leur largeur
le cinquième de toute la sienne. La tête est épaisse, assez large,
et se termine par une pointe conique en avant; les mâchoires
sont dépourvues de dentelures, la supérieure n'est pas même
échancrée, et l'inférieure à peine recourbée. Les ongles sont

courts et crochus; les membranes natatoires médiocres, et les écailles des membres ressemblent à celles qui garnissent les mêmes parties du corps dans la plupart des Émydes. La queue est courte, arrondie et squammeuse.

COLORATION. Le cou, la tête, les membres et la queue sont d'un gris noir; le premier offre deux lignes longitudinales jaunes sur chacune de ses parties latérales, et une cinquième sur sa région supérieure. On voit une tache également jaune en arrière de l'œil, et des points beaucoup plus pâles sous le cou et la gorge. Il se trouve encore un peu de jaune à l'extrémité des ailes sternales et sur la suture longitudinale des trois premières paires des plaques du plastron ; l'iris de l'œil est également jaune. Une teinte fauve, mêlée d'un brun clair, est répandue sur la carapace; les écailles inférieures sont noires, si ce n'est cependant sur leur bord externe où se montre une couleur plus claire que celle de la carapace ; l'extrémité des ongles est blanchâtre.

DIMENSIONS. *Longueur totale* 8". *Tête.* Long. 2"; haut. 1"; larg. antér. 4"', postér. 1" 5"'. *Cou.* Long. 3". *Membr. antér.* Long. 3"5". *Membr. postér.* Long. 4". *Carapace.* Long. (en dessus) 8" 5"'; haut. 3" 5"'; larg. (en dessous) au milieu, 7" 5"". *Sternum.* Long. antér. 1" 8"', moy. 2" 5"', postér. 2" 5"'; larg. antér. 2", moy. 6", postér. 8"'. *Queue.* Long. 1" 6"'.

PATRIE ET MOEURS L'Émyde de Reeves porte le nom de celui qui le premier l'a rapportée de la Chine, dont elle est originaire.

Observations. Jusqu'ici cette Émyde n'a encore été décrite que par M. Gray, à la générosité duquel le muséum d'histoire naturelle est redevable de l'un des deux exemplaires qu'il possède; l'autre lui a été donné vivant par M. Bennett, secrétaire de la société zoologique de Londres.

26. L'ÉMYDE D'HAMILTON. *Emys Hamiltonii.* Gray.

CARACTÈRES. Carapace ovale, élevée et à bord postérieur dentelé; plaques discoïdales carénées longitudinalement, noires, marquées de petites raies jaunes et disposées en rayons; sternum fortement échancré en arrière et à prolongemens latéraux très relevées; tête et membres noirs, ponctués de jaune.

SYNONYMIE. *Emys guttata.* Hardw. Illust. Ind. zool., part. 6, pl. 9, fig. 1.

Emys Hamiltonii. Gray, Synops. Rept., pag. 21 et 72, spec. 5.
Emys Picquotii. Less. Voy. Ind. Orient. Bel. Zool. Rept.,
pag. 294.

DESCRIPTION.

FORMES. La carapace de l'Émyde d'Hamilton est très bombée
et régulièrement ovale dans son contour, qui est néanmoins
échancré en V très ouvert au dessus du cou. Toutes les parties
du limbe sont fortement rabaissées vers le plastron; les parties
latérales sont plus larges que les autres. Les angles postéro-inférieurs de toutes les doubles écailles marginales saillent plus ou
moins en dehors, mais surtout en arrière du corps et de chaque
côté de la plaque nuchale; ce qui rend le bord terminal du pourtour denticulé.

Il existe sur le dos trois arêtes longitudinales, non continues
et produites par les tubercules caréniformes fort élevés qui surmontent l'aréole de chaque plaque discoïdale. Cette aréole est elle-
même convexe, large, granuleuse et située assez en arrière. Les
surfaces aréolaires des écailles marginales et des sternales ne
sont pas moins apparentes ni moins granuleuses que celles du
disque, quelques unes même de celles du sternum sont très protubérantes.

Les écailles de la boîte osseuse portent toutes sur leurs bords
des stries concentriques très régulièrement tracées, au nombre
de huit ou dix sur chaque plaque, et il se trouve entre ces stries
et l'aréole un espace lisse et poli, dont la largeur est environ le
quart de celle de la lame écailleuse.

La plaque de la nuque est courte, quadrilatérale, rétrécie et
bifurquée antérieurement ; les margino-collaires sont pentagones
et forment par leurs deux plus grands côtés, un angle aigu dont
le sommet déborde le pourtour de la carapace. Les premières
margino-brachiales sont trapézoïdes, les plaques des deux paires
suivantes sont carrées. Toutes les autres sont également à quatre
pans, seulement elles sont un peu plus hautes que larges.

La lame dorsale antérieure est hexagone subquadrangulaire,
car ses trois côtes marginaux n'en forment pour ainsi dire qu'un
seul. La dernière plaque vertébrale est heptagone, les trois autres
ont six pans,

La première écaille costale est tétragone subtriangulaire; la quatrième représente un trapèze, et les deux intermédiaires ont chacune la figure d'un quadrilatère oblong dont l'un des bords serait anguleux.

Les prolongemens sterno-costaux qui son très relevés et fortement carénés, n'ont pas moins de largeur que les bords du pourtour avec lesquels ils s'articulent.

Le plastron est assez élargi et tronqué en avant, mais fort étroit et échancré en croissant en arrière.

Les plaques gulaires représentent des triangles rectangles, et les brachiales des triangles isocèles à base arquée en dehors et à sommet tronqué. Les écailles de la paire anale sont rhomboïdes; les fémorales, carrées; les pectorales et les abdominales, rectangulaires, mais ces dernières sont placées en long sur le sternum, et les pectorales en travers.

La tête est grosse et arrondie; le museau est large et court; les mâchoires sont fortes, tranchantes et entièrement dépourvues de dentelures. Il existe sur le vertex une large plaque épidermique, formant un disque qui rappelle jusqu'à un certain point la plaque frontale des Tortues Grecque et Moresque.

Les membres sont excessivement comprimés. Les doigts sont longs. Les membranes à bords dentelés qui unissent ces derniers, sont tellement développées qu'elles en dépassent un peu l'extrémité. Les ongles sont médiocres, très pointus et souscourbés. On observe que les écailles qui garnissent la peau des pattes sur les avant-bras sont petites, transversales oblongues, très serrées et imbriquées; que celles qui garnissent le tranchant externe des pieds et des bras sont pointues. On en remarque aussi deux quadrilatérales au dessus du poignet; les autres sont toutes granuleuses.

La queue est très courte et conique.

COLORATION. Le corps est partout d'un noir profond semé de points jaunes, petits sur le cou, mais très gros sur le dessus et sur les côtés de la tête.

Les membres et la queue sont aussi piquetés de jaune. On voit sur les écailles du disque et sur celles du plastron, des taches oblongues ou plutôt des raies très courtes de la même couleur, qui semblent disposées en rayons autour des aréoles. Les plaques limbaires et les écailles sternales offrent des taches jaunes quadrangulaires.

DIMENSIONS. *Longueur totale,* 15" 7'''. *Tête,* Long. 2" 8'''; haut,

1" 6'''; larg. antér. 5'', postér. 2''. *Cou.* Long. 2" 3'''. *Memb.*
antér. Long 3" 9'''. *Memb. postér.* Long. 3" 8'''. *Carapace.* Long.
(en dessus) 11" 4'''; haut. 5"; larg. (en dessus), au milieu 11''.
Sternum. Long. antér. 2" 2''', moy. 3" 8''', postér. 5" 4'''; larg.
antér. 4", moy. 5" 1''', postér. 5" 7'''. *Queue.* Long. 8''.

Patrie. Cette espèce vient des Indes Orientales comme la précédente. La collection en renferme plusieurs individus qui ont été
pêchés dans le Gange.

Observations. L'Émyde d'Hamilton est très bien représentée dans
la zoologie indienne du général Hardwick.

27. L'ÉMYDE DE THURGY. *Emys Thurjii.* Gray.

Caractères. Carapace ovale oblongue, brune, bordée de jaune,
très bombée et à bord postérieur légèrement dentelé; plaques
vertébrales surmontées d'une arête arrondie; plastron caréné,
tronqué en avant, échancré en arrière; écailles sternales noires,
entourées de jaune; deux raies de cette couleur en travers du museau, et une autre en arrière de chaque œil; mâchoires denticulées;
pattes largement palmées; queue très courte.

Synonymie. *Emys Thurjii.* Gray, Synops. Rept., pag. 22, spec. 6.
Emys flavo-nigra. Less. Voy. Ind. Orient. Bel. Zool. Rept.,
pag. 22.

DESCRIPTION.

Formes. Dans l'Émyde de Thurgy, le test osseux est d'un tiers
plus étendu en long qu'en travers, et sa largeur est environ le
double de sa hauteur. Il est très fortement bombé et convexe au
milieu; il forme au contraire une voûte anguleuse à ses deux extrémités. Son contour horizontal est un ovale oblong arrondi
et étroit en avant, élargi et obtusangle en arrière.

L'inclinaison du limbe dans toute sa circonférence est la même
que celle du disque. Sa largeur est à peu près égale de la plaque
nuchale à la première margino-latérale; mais de ce point elle
augmente graduellement jusqu'à la première fémorale, en arrière
de laquelle elle redevient tout aussi peu étendue qu'elle l'était
au dessus des bras. Le bord terminal se relève sur lui-même le
long des flancs. Il offre en arrière des dentelures produites par
la saillie formée en dehors par les angles postéro-inférieurs des

plaques marginales des cinq dernières paires. La courbe longitunale du dos est très surbaissée, et celle que présente la carapace transversalement et au milieu est au contraire très arquée. Le dos est surmonté d'une carène due à ce que toutes les plaques vertébrales portent un tubercule allongé. On voit de chaque côté l'aréole que ce tubercule a divisée en deux. La surface des aréoles des plaques vertébrales et celle des latérales est saillante et chagrinée. L'écaille de la nuque est quadrilatérale oblongue, plus étroite en avant qu'en arrière. Les plaques entre lesquelles elle est située sont pentagones subquadrangulaires ; toutes les suivantes, jusqu'à l'avant-dernière margino-latérale inclusivement, sont carrées ou quadrilatérales oblongues. Quant aux plaques des cinq dernières paires marginales, elles sont rectangulaires. La première lame de la rangée du dos est quadrilatérale, plus dilatée en arrière qu'en avant, et ayant son bord postérieur arqué en dehors. Les trois suivantes sont hexagones subquadrangulaires, et la cinquième et dernière, malgré les sept côtés dont elle se compose, ressemble à un triangle isocèle dont le sommet serait tronqué ; il en est de même de la dernière costale qui a six côtés. Les secondes et les troisièmes écailles costales sont un peu plus hautes que larges ; elles ont cinq côtés, deux angles droits en bas et trois obtus en haut. Les premières plaques des deux rangées que forment les costales, ressemblent à des triangles équilatéraux dont un angle serait tronqué, et le côté opposé légèrement curviligne.

Le plastron est arqué d'avant en arrière, caréné latéralement, et rétréci à son extrémité postérieure qui offre une échancrure triangulaire.

Les plaques gulaires, qui sont tétragones subtriangulaires, forment à elles seules le bord antérieur du plastron, attendu qu'elles ne se trouvent pas entièrement enclavées par les brachiales. Les dernières écailles sternales sont rhomboïdales ; les avant-dernières, quadrilatérales oblongues, et les deux paires du milieu, carrées. Les deux secondes écailles sternales représentent des triangles isocèles à sommet tronqué et à bord externe arqué en dehors. Les deux axillaires sont moins développées que les deux inguinales ; mais toutes quatre sont anguleuses. La tête est courte et épaisse ; le crâne convexe, et le museau obtus. Les mâchoires sont droites et dentelées latéralement ; la supérieure a une échancrure triangulaire en avant, et l'inférieure a à son extrémité une longue dent pointue et étroite, correspondant à cette échancrure. Les membres sont conformés absolument comme ceux des Émydes d'Hamilton et à Dos en toit, car leurs extrémités sont tellement aplaties qu'elles ressemblent à de véritables palettes arrondies. Les membranes interdigitales ont leurs bords denticulés et étendus jusqu'au bout des ongles, qui sont médiocres et un peu crochus. Le tranchant externe des pattes de devant et de derrière est bordé d'écailles anguleuses qui rendent ces parties comme dentelées. On voit sur la surface des bras et sur la moitié longitudinale externe de la surface des jambes de très petites écailles fort élargies, distinctes les unes des autres, et appliquées obliquement sur la peau. La brièveté de la queue est telle qu'il n'y a que sa pointe qui ne soit pas recouverte par la carapace, lorsqu'elle est étendue.

COLORATION. La carapace est d'un noir marron uniforme, et son bord terminal est jaune. La tête et le cou sont bruns; celui-ci piqueté de jaune, et celle-là avec cinq raies de la même couleur, une en arrière de chaque œil, une autre sur chacune des deux branches du maxillaire inférieur, et la cinquième à l'extrémité du museau qu'elle coupe transversalement. Les écailles de la région inférieure du corps sont noires, et leurs articulations, jaunes; les membres sont bruns.

DIMENSIONS.. *Carapace*. Long. (en dessus), 77"; larg. (en dessus) au milieu, 44". *Sternum*. Longueur totale, 33" 5"'; larg. anter. 2", moy. 17" 5"', postér. 4" 5"'.

PATRIE ET MOEURS. L'Émyde de Thurgy vit dans le Gange.

Observations. Il n'y a dans notre collection qu'un exemplaire de cette Émyde, lequel a été rapporté par M. Dussumier; mais nous en avons vu plusieurs à Londres et entre autres, au musée Britannique, un très grand, provenant de la vente faite en Angleterre par M. Lamare-Picquot, d'une partie des collections zoologiques qu'il avait recueillies aux Indes orientales. Cette espèce est celle que M. Lesson a décrite sous le nom d'Émyde Jaune-Noire, dans la partie zoologique du voyage de M. Bélanger.

28. L'ÉMYDE A DOS EN TOIT. *Emys Tecta.* Gray.

CARACTÈRES. Carapace olivâtre, ovale, haute, tectiforme; les trois premières plaques vertébrales relevées en pointe obtuse; le dessous du corps jaune, tacheté de noir.

SYNONYMIE. *Emys trigibbosa.* Less. Voy. Ind. orient. Bel. Zool. Rept. , pag. 29, 4.

Emys tectum. Gray illust. Ind. Zool., part. 2, tab. 7.

Emys tecta. Gray, Synops. Rept., pag. 25, spec. 8.

DESCRIPTION.

FORMES. La carapace de l'Émyde à dos en toit est une fois plus longue que large, et elle a son diamètre vertical plus grand d'un tiers que le transversal; son profil est assez arqué, son contour horizontal est ovale, tronqué ou arrondi en avant, et anguleux en arrière. Là, il offre, entre les plaques suscaudales, une très légère échancrure triangulaire. Sur les flancs, le limbe a son bord terminal excessivement peu relevé du côté du disque. Sa surface est inclinée obliquement en dehors dans toutes ses parties; elle augmente graduellement de largeur d'arrière en avant, jusque sous la dernière margino-fémorale, après laquelle elle commence à se rétrécir. On ne voit pas d'aréoles et de stries concentriques sur les écailles de la carapace, à moins que l'animal ne soit jeune. L'angle postéro-inférieur des plaques limbaires des huit dernières paires fait assez de saillie en dehors pour rendre le bord postérieur de la carapace légèrement dentelé. Les trois premières écailles vertébrales, et en particulier celle du milieu, forment chacune une éminence longitudinale. Cette saillie, sur la troisième, se prolonge un peu en arrière, et constitue ainsi une pointe obtuse arrondie, mais le plus souvent un peu déprimée. Les deux autres plaques de cette rangée sont simplement carénées dans leur sens médio-longitudinal. La plaque de la nuque est petite, quadrangulaire, rétrécie en avant; son bord postérieur forme un angle rentrant. Chez certains individus, les deux plaques margino-collaires sont pentagones ; les deux margino-brachiales, les dernières margino-fémorales et les suscaudales sont rectangulaires: les fémorales, placées en long, et les suscaudales en travers

REPTILES.   21

sur le pourtour. Les autres écailles marginales qui se trouvent
entre celles-ci, sont toutes presque carrées ; il faut en excepter la
première, la troisième et la dernière margino-latérale, qui ont
assez ordinairement leur bord discoïdal anguleux.

Les trois premières plaques de la rangée du dos sont beaucoup moins allongées que la quatrième et que la cinquième.
La quatrième représente un losange à angle postérieur court et
tronqué. La cinquième et dernière est heptagone triangulaire, et
la première pentagone subquadrangulaire, quelquefois moins
élargie en arrière qu'en avant. La seconde plaque et la troisième
de cette rangée du dos sont hexagones.

La première écaille costale est tétragone subtriangulaire ; son
bord marginal est dans une position presque verticale, si ce n'est
la partie en rapport avec la seconde et avec la première margino-
brachiale, partie qui est arquée en dehors. Les plaques de la
seconde paire latérale sont pentagones, avec un angle aigu en
haut, fort court et plus rapproché du bord postérieur que du bord
antérieur ; celles de la troisième paire offrent également six pans,
mais elles sont plus élevées que les premières : leur bord vertébral postérieur est aussi long que celui qui les unit aux dernières plaques de leur rangée. La quatrième costale est hexagone
subtrapézoïdale ; le sternum est ovale oblong, arqué d'arrière
en avant, caréné vers les flancs, échancré en V à son extrémité
postérieure et comme tronqué du côté opposé ; les ailes sont
assez relevées, mais elles ont moins de largeur que la portion
du pourtour sur laquelle elles sont articulées. Les plaques gulaires
sont petites, triangulaires, ou tétragones subtriangulaires, dans
le cas où elles débordent les écailles brachiales. Celles-ci ont
quatre pans, dont le latéral interne est oblique et étroit, et le
latéral externe curviligne. Les anales sont rhomboïdes ; les pectorales, transverso-rectangulaires ; les fémorales, quadrilatérales
oblongues et les abdominales, carrées.

La tête est conique ; en avant, elle est coupée obliquement de
haut en bas ; le museau est pointu et relevé, la surface du crâne est
garnie d'une grande lame épidermique, de forme rhomboïdale ;
les mâchoires sont denticulées, la supérieure n'est pas échancrée
à son extrémité, et l'inférieure est recourbée verticalement en
pointe angulaire. Les membres ressemblent tout-à-fait à ceux de
l'Émyde d'Hamilton ; ils sont comme eux déprimés et terminés

par de longs doigts que réunissent des membranes natatoires fort élargies et festonnées sur leurs bords. La queue est
grosse, courte et conique.

COLORATION. Les mâchoires sont cendrées, tachetées de rouge;
il en est de même des côtés de l'occiput, mais le fond général
de leur couleur tout comme celui de la surface du crâne est noire.
Le cou offre une teinte noirâtre qui devient plus pâle en dessous;
les raies longitudinales jaunes qui s'en détachent sont nombreuses et fort étroites; les autres parties du dessus du corps
sont d'un brun olivâtre. Les membres et la queue sont semés de
points rougeâtres; les carènes vertébrales sont également rougeâtres avec une bordure noire.

Un cordon jaunâtre règne autour de la carapace; la région
inférieure des pattes de devant et de celles de derrière présente
une teinte fauve, mêlée de noirâtre. Le sternum et le dessous du
pourtour laissent voir des taches noires anguleuses, sur un fond
jaune.

DIMENSIONS. *Longueur totale.* 25". *Tête.* Long. 3" 9'''; haut 4"
8'''; larg. antér. 7''', postér. 2" 2'''. *Cou.* Long. 5" 4'''. *Memb. antér.*
Long. 5". *Memb. postér.* Long. 6". *Carapace.* Long. (en dessus)
17" 7'''; haut. 8'''; larg. (en dessus) 16". *Sternum.* Long. antér.
4" 3''', moy. 6" 5''', postér. 5" 6'''; larg. antér. 5" 2''', moy. 9".
postér. 5" 8". *Queue.* Long. 4" 2'''.

PATRIE. L'Émyde à dos en toit vit dans le Gange : les exemplaires qui font partie de nos collections ont été donnés, les uns
par M. Lamarepicquot, les autres par M. Dussumier.

Observations. Cette espèce, dont M. Gray a publié la première
description, est aujourd'hui très bien représentée dans l'ouvrage du général Hardwick sur la zoologie de l'Inde, et dans
celui de M. Bell, sur les Chéloniens.

29. L'ÉMYDE DE BEALE. *Emys Bealei.* Gray.

CARACTÈRES. Carapace ovale, subcarénée, d'un jaune sale,
marbrée de brun; tête et cou noirs, mais celui-ci rayé de jaune;
quatre taches œillées sur l'occiput

SYNONYMIE. *Cistuda Bealei.* Gray. Synops. Rept. pag. 74.

21.

DESCRIPTION.

FORMES. La carapace de cette espèce est peu élevée, ovale, oblongue et de même largeur en avant qu'en arrière; elle est légèrement tectiforme avec une faible carène dorsale, et son limbe est assez étroit. Le sternum, ayant ses prolongemens latéraux relevés, se trouve articulé presque de niveau sur la carapace. Il est rétréci à ses deux extrémités, qui sont l'une et l'autre échancrées en V très ouvert. On voit bien une plaque axillaire en avant dans chacun des angles qui forment le sternum et la carapace à leur point de jonction; mais il n'existe point d'écailles inguinales du côté opposé; les bords des mâchoires sont dépourvus de dentelures; les membres sont garnis de larges écailles, et les doigts qui les terminent armés d'ongles crochus. Lorsqu'elle est étendue, la queue dépasse la carapace d'environ la moitié de sa longueur.

COLORATION. La carapace offre un nombre considérable de petites taches brunes plus ou moins allongées sur un fond jaunâtre sale. Cette teinte jaunâtre du dessus du corps reparaît en dessous, mais nuagée de brun marron; la tête est d'un brun olivâtre, ornée de chaque côté de l'occiput d'une tache jaune avec le centre noir. Le cou et les pattes sont d'un noir brun, celles-ci nuancées de jaunâtre, celui-là offrant en dessus cinq raies longitudinales couleur orangé; il en est huit ou neuf semblables qui se montrent sous la région inférieure du cou; l'une d'elles s'étend jusque sous le menton. Les mâchoires sont verticalement linéolées de brun et de jaunâtre.

DIMENSIONS. *Carapace.* Long. (en dessus) 16" 5'"; larg. (en dessus) au milieu 15'" 5'".

PATRIE. L'Émyde de Beale est une espèce originaire de la Chine: on en doit la connaissance à M. Reeves.

Observations. C'est sur un individu communiqué par M. Reeves à M. Gray, que ce dernier a publié dans son *Synopsis Reptilium,* la première description de cette espèce, description que nous sommes réduits à reproduire ici, parce que nous en avons laissé égarer une autre beaucoup plus détaillée que nous avions faite à Londres, d'après un individu vivant dans le jardin de la Société zoologique.

50. L'ÉMYDE CRASSICOLE. *Emys Crassicolis*. Bell.

CARACTÈRES. Carapace brune, subquadrilatérale, convexe, dentelée en arrière; bord terminal du pourtour replié le long des flancs vers le disque, plaques vertébrales carénées; la première triangulaire, les trois suivantes hexagones oblongues; cou épais; tête grosse; museau court.

SYNONYMIE. *Emys crassicolis*. Bell, manus.

Emys crassicolis. Hardw. Illust. Ind. Zoolog. part. 7, tab. 9, fig. 2.

Emys crassicolis. Gray. Synops. Rept. pag. 21, spec. 4.

DESCRIPTION.

FORMES. Le contour horizontal de la boîte osseuse de l'Émyde Crassicole représente un ovale tronqué en avant, angulaire en arrière et rectiligne à droite et à gauche. Le bord terminal est légèrement arqué en dedans, au dessus du cou; il est replié verticalement le long des flancs et échancré entre les deux lames suscaudales. Il offre de chaque côté de celles-ci quatre profondes dentelures, résultat de la saillie formée en dehors par l'angle postéro-inférieur de la dernière margino-latérale, et par celui de chacune des trois margino-fémorales. La carapace est courte, basse et tant soit peu tectiforme; sa hauteur est environ deux fois et demie celle de sa longueur, et sa largeur une fois et un tiers. Le limbe est étroit, mais un peu moins sous les brachiales et sous la dernière margino-fémorale qu'ailleurs; son degré d'inclinaison est absolument le même que celui du disque. La région centrale du bouclier supérieur est longitudinalement coupée par trois arêtes arrondies, traversant, l'une toutes les écailles vertébrales, les deux autres, les costales et tout près de leur bord supérieur.

La plaque de la nuque est triangulaire, les deux plaques marginales de la première paire sont pentagones, ayant leur bord nuchal plus étroit que celui de leurs bords qui lui est opposé. Les margino-brachiales sont trapézoïdes; toutes les latérales sont rectangulaires transverses; les autres écailles sont rhomboïdales ou carrées. La première vertébrale est triangulaire, un peu anguleuse à sa base, et tronquée à son sommet; les trois suivantes sont hexagonales oblongues, et la cinquième est heptagone subtriangulaire.

Les dernières costales sont quadrilatérales et moins élargies en haut qu'en bas; celles du milieu sont étroites, pentagones, et leurs deux plus petits côtés forment un angle obtus qui les unit aux vertébrales. Les premières costales sont larges, quadrangulaires, avec leur bord marginal très grand, très arqué; le second bord vertébral est étroit, le premier est un peu plus étendu, et déviant de la ligne du dos. Comme dans l'Émyde à trois arêtes, les écailles discoïdales sont légèrement imbriquées. On ne voit ni aréoles, ni stries concentriques sur l'un des deux individus que nous possédons; c'est probablement qu'il est adulte : mais sur les plaques de l'autre, qui est d'un tiers plus petit, il se trouve de larges aréoles granuleuses, encadrées par de petits sillons onduleux.

Le sternum est subquadrilatéral, caréné sur les côtés, échancré triangulairement en arrière, mais en V très ouvert en avant. Ses prolongemens latéraux, très relevés, sont à peu près de la même largeur que ceux de la carapace auxquels ils adhèrent; leur longueur est la moitié environ du diamètre médio-transversal du plastron, celui-ci est très arqué d'avant en arrière.

Les plaques gulaires débordent un peu les brachiales; ce sont des tétragones subtriangulaires, ayant leur angle antéro-externe recourbé. Les écailles sternales de la seconde et de la troisième paire sont carrées; celles de la dernière, subrhomboïdales. Les fémorales sont quadrangulaires et ont leur bord latéral interne plus étroit que les autres bords; les écailles brachiales représentent des triangles isocèles à base arquée et à sommet tronqué. Les axillaires et les inguinales sont triangulaires; mais les unes sont moitié moins dilatées que les autres.

Le cou est court, très épais et cylindrique en arrière de la tête, qui elle-même est fort grosse, arrondie et obtuse en avant. Les mâchoires sont extrèmement fortes, tranchantes, sans dentelures ni échancrures; leur surface externe est convexe, elles sont de plus arquées inférieurement, de manière que la saillie courbe de l'une correspond à la concavité de l'autre.

Les pattes sont bien palmées, les ongles médiocres et un peu crochus; les écailles qui couvrent le devant des bras sont très larges et très courtes, mais particulièrement celles qui forment près du poignet une rangée oblique de dedans en dehors. En arrière et au dessus de ce même poignet, on voit quatre squammelles anguleuses placées transversalement les unes à côté des autres. Les talons sont aussi garnis d'écailles imbriquées; quant aux autres parties des membres, du cou et de la queue qui est très courte, elles n'offrent sur leur surface que des grains squammeux extrêmement fins.

CoLoration. Une teinte brune, répandue sur la carapace, colore aussi les régions supérieures de la tête, du cou et des membres; mais le dessous en est d'un gris fauve; les parties du plastron qui forment le dessous du corps, ainsi que le pourtour inférieur, sont d'une couleur marron, nuancée de noirâtre.

Le cou est longitudinalement ponctué de blanchâtre; de chaque côté de l'occiput et au dessus de l'oreille se montre une tache oblongue ou triangulaire jaune.

Dimensions. *Longueur totale.* 24". *Tête.* Long. 4" 8'"; haut. 2" 8'"; larg. antér. 11'"; postér. 5" 4'". *Cou.* Long. 5". *Membr. antér.* Long. 5" 8". *Membr. postér.* Long. 6". *Carapace.* Long. (en dessus) 20"; haut. 7" 8'"; larg. (en dessus), au milieu 16" 8'". *Sternum.* Long. antér. 4"; moy. 7"; postér. 5" 7'"; larg. antér. 7" 8'"; moy. 12" 5'"; postér. 7" 8'". *Queue.* Long. 7".

Patrie. MM. Quoy et Gaimard ont rapporté cette espèce de Java et de Batavia; suivant M. Gray, elle habite aussi l'île de Sumatra.

Observations. La seule figure de l'Émyde Crassicole qui ait encore été publiée, se trouve dans le beau recueil intitulé *Illustrations Indian Zoology*, dont le général Hardwick est l'auteur.

51. L'ÉMYDE ÉPINEUSE. *Emys Spinosa.* Bell.

Caractères. Carapace suborbiculaire, déprimée, d'un brun roussâtre; dos caréné; plaques discoïdales largement aréolées, ayant une petite épine crochue au milieu; toutes les écailles limbaires terminées en pointes et quelquefois bifurquées.

Synonymie. *Emys spinosa.* Bell, Monog. Testud., fig. sans n°.
Emys spinosa. Gray, Synops. Rept., pag. 22, spec. 1.

DESCRIPTION.

Formes. On ne connaît pas encore cette espèce dans son état adulte.

Jeune âge. La hauteur du corps est peu considérable; son contour est suborbiculaire, et la direction du limbe, qui est échancré en avant et en arrière, est presque horizontale. On compte sur les cinq écailles du dos autant de carènes longitudinales, larges,

élevées et obtuses; celles des trois écailles du milieu sont rétrécies vers leur partie moyenne et bifurquées en arrière, de même
que la première; mais la dernière est simple et plus étroite que
les autres. Toutes les plaques de la carapace sont légèrement
creusées de sillons concentriques entourant de grandes aréoles
chagrinées, placées assez près du bord postérieur de la plaque;
le centre de ces aréoles sur les costales donne naissance à une
épine recourbée en arrière.

La lame cornée qui commence la rangée du dos est pentagone,
ayant un angle obtus en avant et deux droits en arrière, la cinquième est heptagone subquadrangulaire, et les trois autres, trans-
verso-hexagones.

Les dernières écailles costales sont carrées; les pénultièmes,
pentagones, plus hautes que larges, ayant deux angles droits en
bas, deux aigus et un subaigu en haut; l'antepénultième ressemble à celle-ci, et la première de toutes ces écailles est tétragone, à bord vertébral rétréci et à face marginale très grande
et très arquée.

Les plaques gulaires, qui ont le bord externe épineux, sont quadrilatérales oblongues, les écailles de la paire anale sont rhomboïdes; les abdominales sont transverso-rectangulaires. Il en est
de même des pectorales, mais leur bord antérieur offre un peu
en dehors une échancrure profonde et arrondie. Les lames fémorales sont quadrangulaires et plus étroites en dedans qu'en dehors; les brachiales ressemblent à deux triangles isocèles à base
curviligne et à sommet tronqué.

La tête est forte; le museau court et obtus; les mâchoires sont
onduleuses et sans dentelures; les membranes natatoires sont
peu dilatées, et les ongles médiocres et peu recourbés.

On compte sur la face externe des bras plus de vingt écailles,
presque semblables à celles qui garnissent les mêmes parties chez
l'Homopode Aréolé. Ces écailles sont anguleuses, oblongues et
très imbriquées.

La queue ne dépasse pas la carapace.

COLORATION. Un brun marron nuancé de jaunâtre est répandu
sur la carapace, mais particulièrement sur les carènes dorsales.
Les écailles de la partie inférieure du corps sont rayées de brun
sur un fond jaune: Le jaune se montre aussi sur le dessus de la
tête; mais le reste de celle-ci, aussi bien que le cou et les membres, sont teints d'olivâtre.

DIMENSIONS. *Carapace.* Long. (en dessus) 11" 5'"; haut. 4" 5'";
larg. (en dessus), au milieu 11". *Sternum.* Long. totale 10" 2'".

PATRIE. Cette espèce vient des Indes-Orientales.

Observations. La description que nous venons de donner est
faite sur un individu que nous avons vu à Londres chez M. Bell, et
dont il a lui-même publié une excellente figure, dans son grand
ouvrage sur les Chéloniens.

32. L'ÉMYDE OCELLÉE. *Emys Ocellata.* Nob.

(*Voyez* pl. 15, fig. 1.)

CARACTÈRES. Carapace entière, presque hémisphérique, carénée
dans le jeune âge seulement; plaques discoïdales brunes, ayant
sur leur centre une tache noire cerclée de fauve; mâchoires denticulées; queue courte.

DESCRIPTION.

FORMES. L'Émyde Ocellée a son test osseux très bombé; sa
hauteur est contenue une fois et demie dans sa largeur, et celle-ci
l'est une fois et demie dans sa longueur.

La figure ovalaire du contour horizontal de la boîte osseuse
est entière et élargie, arrondie en avant, subanguleuse en arrière, et presque rectiligne sur les côtés du corps.

La convexité du disque est partout égale; cependant il paraît
tant soit peu comprimé sous la dernière paire de plaques des rangées latérales.

Les quatre premières écailles vertébrales portent chacune sur
leur ligne médio-longitudinale un tubercule caréniforme, qui s'atténue au fur et à mesure que l'animal grandit, en sorte que l'on
n'en aperçoit plus que la trace chez les sujets adultes. Le dos est
uniformément arqué, mais moins que la ligne médio-transverse
du corps. Le degré d'inclinaison oblique en dehors que présente
le limbe est à peu près le même dans toute sa circonférence; sa
surface est unie, et aucune partie de son bord terminal ne se relève du côté du disque. Le cercle osseux qui supporte les plaques
marginales est un peu moins large en avant et en arrière que le
long des flancs. Toutes les écailles supérieures et inférieures sont

parfaitement lisses. La première plaque vertébrale est pentagone subquadrangulaire; les deux suivantes, hexagones, également subquadrangulaires avec leur bord antérieur subobtusangle en sa partie moyenne. Des six pans qu'offre la quatrième, le postérieur, qui forme un angle rentrant, est le plus étroit; l'antérieur est le plus étendu, et après celui-ci ce sont les costaux antérieurs qui, avec les deux pans restans, forment deux angles aigus, l'un à droite et l'autre à gauche de la plaque. La cinquième dorsale est beaucoup moins dilatée que les précédentes ; elle est heptagone triangulaire, et a son bord vertébral anguleux. Les premières écailles costales représentent des triangles à base curviligne et à sommet tronqué, les secondes et les troisièmes sont des quadrilatères un peu plus hauts que larges; les dernières, qui sont très peu étendues, ressemblent à des pentagones, tantôt subquadrangulaires, tantôt subrhomboïdaux. La plaque de la nuque est quadrilatérale oblongue. Les margino-collaires sont pentagones, ayant leur angle vertébro-marginal obtus et toutes les autres écailles limbaires, suivant les individus, sont rectangulaires ou carrées.

Le plastron est très arqué dans son diamètre longitudinal ; ses écailles sont très relevées et plus larges que celles des parties du pourtour qui s'articulent avec elles; la longueur de ces ailes est environ la moitié de celle du sternum. Celui-ci est échancré en croissant par derrière et en V très ouvert sur le devant. Les deux premières plaques du sternum, lesquelles ne sont pas toutà-fait enclavées dans les brachiales, sont tétragones subtriangulaires; les deux dernières sont rhomboïdales, et les quatre du milieu quadrilatères ; de ces plaques, les pectorales ont leur angle postéro-interne très aigu, les abdominales ont leur angle interne antérieur obtus. Les écailles de la seconde paire et celles de l'antépénultième ressemblent à des triangles isocèles à base curviligne et à sommet tronqué. Les axillaires et les inguinales sont grandes et de forme triangulaire. Les membres sont forts, et moins déprimés que dans la plupart des autres Émydes; ils sont enveloppés d'une peau fine et en grande partie dépourvus d'écailles. Cependant sur les avant-bras, on en voit qui toutes sont imbriquées, très allongées et fort étroites. Il existe encore sous les poignets deux rangées, chacune de six écailles, qui sont quadrilatérales. La partie postérieure du tarse est aussi revêtue d'écailles semblables à celles des avant-bras. Les membranes interdigitales sont courtes ; mais les ongles sont longs, robustes et crochus. La queue est si courte que lors même qu'elle est étendue, elle dépasse à peine la carapace.

COLORATION. Un brun plus ou moins foncé règne sur le dessus du corps, tandis que le dessous est coloré en jaune. Le bord terminal de la carapace est jaune aussi. Toutes les plaques du disque sont ornées d'une tache noire, portant un anneau un peu moins étendu et d'une teinte jaunâtre. Les autres parties du corps sont brunes.

DIMENSIONS. *Longueur totale.* 51". *Tête.* Long. 4" 2"'; haut. 2" 6"'; larg. antér. 8", postér. 3" 2"'. *Cou.* Long. 5" 2"'. *Memb. antér.* Long. 7". *Memb. postér.* Long. 7" 6"'. *Carapace.* Long. (en dessus) 25" 8"'; haut. 10" 5"'; larg. (en dessus) au milieu 22" 8"'. *Sternum.* Long. antér. 5" 4"', moy. 7" 2"'; postér. 7" 3"'; larg. antér. 8" 5", moy. 13", postér. 8" 9"'. *Queue.* Long. 1" 3"'.

PATRIE. L'Émyde Ocellée se trouve au Bengale. Nous en possédons trois exemplaires qui ont été apportés par M. A. Bélanger.

Observations. C'est une espèce encore nouvelle pour la science, que nous avons été étonnés de ne pas trouver décrite dans la partie zoologique du Voyage aux Indes Orientales, publié par le savant naturaliste qui s'était chargé de ce travail.

33. L'ÉMYDE A TROIS BANDES. *Emys Trivittata.* Nob.

CARACTÈRES. Carapace lisse, entière, subcordiforme, bombée, d'un jaune verdâtre et avec trois larges bandes longitudinales noires ; mâchoires dentelées.

DESCRIPTION.

FORMES. La hauteur du corps de l'Émyde à trois bandes est d'environ la moitié de sa largeur, et celle-ci se trouve contenue une fois et un tiers dans la longueur. La carapace est parfaitement lisse et unie, excepté sur le milieu des plaques vertébrales, qui sont surmontées à cet endroit d'une très faible carène.

La ligne qui circonscrit horizontalement la carapace représente un ovale arrondi et fort étroit antérieurement, mais qui va en s'élargissant jusqu'à la suture qui unit les deux dernières plaques margino-latérales, pour se terminer ensuite par un angle obtus. La première moitié de la carapace est très bombée et parfaitement convexe, mais la seconde devient tant soit peu tectiforme : d'où il résulte que le limbe en avant des bras est fort abaissé vers le sternum ; que sur les côtés du corps il l'est moins, et qu'en arrière des pattes de derrière, il présente une position subhorizontale, parce que là il n'a pas le même degré d'inclinaison que le disque. La largeur de ce pourtour est deux fois plus considérable au dessus des cuisses et de la queue qu'au niveau des pattes de devant, et elle l'est trois fois plus sur les côtés du corps. Le bord terminal en est très uni, puisqu'il ne présente qu'une très petite échancrure triangulaire entre les deux écailles uropygiales.

La plaque nuchale est excessivement petite, quadrilatère, plus large en arrière qu'en avant. Les margino-collaires sont pentagones et moins larges que longues. Les premières brachiales sont rectangulaires ; les secondes tétragones oblongues et plus étroites en avant qu'en arrière ; les marginales antérieures ont cinq pans, deux angles étroits inférieurement, un très ouvert en haut et en avant, un autre obtus en arrière, et un cinquième également obtus entre ces deux-ci, et plus rapproché de celui de devant que de celui de derrière. Les plaques limbaires de la cinquième paire, de la septième, de la neuvième et de la dixième sont carrées ; les suscaudales le sont aussi. La troisième margino-latérale et la dernière sont pentagones, moins larges que hautes, elles ont deux angles droits en bas et trois obtus du côté du disque. La dernière margino-fémorale est quadrilatérale et a son angle antéro-vertébral aigu. De toutes les plaques vertébrales, il n'y a que la dernière qui soit heptagonale pyriforme ; les autres, à six pans, ont leurs bords transversaux sinueux, et sont, les trois premières subquadrangulaires, la quatrième subrectangulaire.

Les dernières écailles costales sont trapézoïdales ; les deux qui les précèdent sont carrées, à angles tronqués ou arrondis à leur sommet ; les premières ressemblent à des triangles aussi à sommet tronqué ou arrondi et à base anguleuse.

Le plastron est très étroit en avant et en arrière ; ici, il est échancré en V ; là, il est coupé carrément. Il s'articule de niveau sur la carapace : parfaitement plan dans les trois quarts de sa longueur, il se recourbe vers le cou dans son quart antérieur. Les plaques qui le recouvrent offrent d'autant moins d'étendue qu'elles s'éloignent de sa ligne médio-transverse. Par cela même les abdominales se trouvent être les plus grandes, et elles sont

hexagones. Les anales sont rhomboïdales et celles qui les précèdent, quadrilatères oblongues, plus étroites derrière que devant.
Les brachiales sont tétragones et ont leur bord antérieur oblique;
les pectorales ont six pans, dont deux se prolongent en arrière
pour former un angle aigu, placé entre le bord de l'écaille abdominale et celui du pourtour. Les gulaires ressemblent à des triangles rectangles, les inguinales à des triangles isocèles. Ces dernières sont beaucoup plus dilatées que les axillaires, qui ont
plusieurs côtés inégaux.

La tête est longue, un peu déprimée, triangulaire, avec une
plaque frontale se prolongeant en pointe assez longue jusqu'à
l'extrémité du crâne. Les mâchoires sont très épaisses, fortement
dentelées; la supérieure présente en avant une échancrure à laquelle correspond une dent anguleuse de la mâchoire inférieure.

Les membres sont très déprimés, mais particulièrement à leur
extrémité, où les mains et les pieds forment de véritables palettes, tant les membranes interdigitales sont élargies. Les ongles sont courts, mais robustes, droits, plats en dessous, convexes
en dessus et à pointes mousses. La longueur de la queue est peu
considérable, puisque dans son extension la seule moitié postérieure dépasse la carapace. On voit quelques larges squammelles
très courtes, unies et imbriquées sur la région inférieure de la
face externe des bras, et quelques autres à peu près semblables
en arrière du tarse; mais le reste de la peau des membres, de
même que celle du cou et de la queue, est tout-à-fait nu ou très
finement granuleux.

COLORATION. Cette espèce se fait remarquer par les trois larges
bandes longitudinales noires qui s'étendent sur son dos. Celle du
milieu, depuis le centre de la première vertébrale à peu près
jusqu'à l'extrémité de la carapace; les deux autres depuis le bord
postérieur des premières costales jusqu'à celui du disque seulement. Le reste de la surface de la boîte osseuse est verdâtre,
quelquefois salie de brun noirâtre en dessus; il est d'un jaune
uniforme en dessous. Les autres parties du corps offrent un brun
olivâtre.

DIMENSIONS. *Longueur totale.* 71". *Tête.* Long. 12" 2'"; haut. 5" 3'";
larg. antér. 1" 4'", postér. 5" 9'". *Cou.* Long. 7" 6'". *Memb. antér.*
Long. 18" 4'". *Memb. postér.* Long. 17" 4'". *Carapace.* Long. (en
dessus) 47" 3'"; haut. 19"; larg. (en dessus) au milieu 45". *Ster-*

num. Long. antér. 9" 6"', moy. 19" 7"', postér. 12" 7"'; larg. antér. 13" 5"', moy. 24"; postér. 12". *Queue.* Long. 12" 7"'.

PATRIE. Les deux exemplaires de cette espèce, qui sont les seuls que nous ayons encore vus, ont été rapportés du Bengale au Muséum d'histoire naturelle par M. Reynaud.

Observations. L'Émyde à trois bandes est très voisine des Émydes *Dhongoka* et *Kachuga*, représentées dans les Illustrations de la zoologie indienne. Cette espèce n'avait pas encore décrite.

54. L'ÉMYDE DE DUVAUCEL. *Emys Duvaucelii.* Nob.

CARACTÈRES. Carapace grisâtre, subcordiforme, lisse, entière, convexe et à la fois tectiforme; plaques vertébrales, quadrilatérales oblongues, portant sur leur milieu une carène qui n'est bien marquée que près de leur bord postérieur. Dos orné de trois raies noires, situées l'une sur l'épine dorsale; les deux autres de chaque côté de celle ci, et un peu en dehors des écailles vertébrales.

DESCRIPTION.

FORMES. La carapace de cette espèce ressemble tout-à-fait à celle de la précédente par la figure de son pourtour et par la largeur relative de son limbe; mais elle n'est pas du tout arquée régulièrement en travers dans sa moitié antérieure, comme la carapace de l'Émyde à trois bandes; elle représente au contraire dans toute sa longueur une voûte anguleuse dont le sommet est déprimé et formé par les plaques vertébrales.

La ligne du profil du dos offre une légère courbure dans sa moitié antérieure; mais dans le reste de son étendue elle est rectiligne, gagnant par une pente douce l'extrémité caudale de la carapace.

Les plaques dorsales sont, comme celle des Émydes Rayée et à trois bandes, un peu carénées; mais ainsi que toutes les autres écailles de la carapace, elles sont parfaitement lisses, c'est-à-dire sans aréoles, ni sans stries concentriques ou autres.

La première lame cornée de la rangée du dos est pentagone, et une fois plus longue qu'elle n'est large au milieu; elle est arquée en dedans de chaque côté, et elle est moins étroite en arrière qu'en avant; ici, les deux plus petits bords forment un angle obtus. La seconde écaille vertébrale représente un triangle isocèle ; la troisième un quadrilatère oblong dont le bord antérieur offre une profonde échancrure où pénètre l'angle aigu de la plaque précédente. La quatrième est aussi plus longue que large, quadrilatérale et un peu anguleuse à droite et à gauche vers son tiers postérieur. La cinquième est heptagone triangulaire.

Les quatrièmes costales ont six côtés, par trois desquels elles s'articulent inférieurement aux deux premières margino-fémorales et à une partie de la dernière margino-latérale ; les trois autres côtés sont les deux costaux et le vertébral, qui est près de deux fois moins long que ceux-ci. Les deux écailles costales du milieu sont carrées. La première est triangulaire, avec sa marge costale et son bord vertébral d'égale étendue ; le marginal, beaucoup plus grand que chacun d'eux, est curviligne.

Quant aux écailles limbaires, elles ressemblent complètement à celles de l'Émyde à trois bandes.

Coloration. Le dessus du test osseux est d'un gris jaunâtre, bordé de noir et longitudinalement marqué de trois raies de la même couleur, situées l'une sur le milieu du dos, les deux autres parallèlement à celle-ci et tout près du bord supérieur des écailles costales.

Patrie. Cette Émyde vit au Bengale.

Observations. Il est fâcheux qu'elle ne nous soit connue que par une carapace qui a été envoyée du Bengale au Muséum d'histoire naturelle par feu Duvaucel.

35. L'ÉMYDE RAYÉE. *Emys Lineata.* Gray.

Caractères. Carapace jaunâtre, ovale oblongue, lisse, convexe. Plaques dorsales surmontées de tubercules caréniformes, la première est à peu près carrée, les autres sont hexagones ; région fémorale du limbe subhorizontale et plus large que celle qui correspond aux flancs ; sternum d'un jaune sale, tronqué en avant, à peine échancré en arrière ; queue longue, grosse, conique ; cou rayé de rouge.

Synonymie. *Emys kachuga.* Hardw. Illust. Ind. Zool., part. 5, tab. 9.

Emys Dhongoka. Hardw. Loc. cit., part. 2, tab. 9.

Emys lineata. Gray, Synops. Rept., pag. 23, spec. 9.

DESCRIPTION.

FORMES. La carapace de cette espèce ne diffère réellement pas de celle de l'Émyde de Duvaucel, autrement que par la forme de ses plaques vertébrales, qui sont proportionnellement plus courtes. La première, malgré ses six pans, est presque carrée ; les deux suivantes ont également six côtés, mais la seconde est équilatérale et plus dilatée que les écailles avec lesquelles elle s'articule en avant et en arrière ; la troisième a son bord antérieur plus étendu que chacun de ses cinq autres. La quatrième est hexagonale oblongue, et la dernière heptagone-triangulaire.

La tête et les membres de l'Émyde de Duvaucel nous étant inconnus, nous ne pouvons pas dire si leur conformation est la même que celle de ces parties dans l'Émyde Rayée ; mais cette Émyde, en ceci, ressemble parfaitement à l'Émyde à trois bandes.

COLORATION. L'Émyde Rayée a été ainsi nommée par M. Gray, à cause des belles et larges raies longitudinales rouges qui, lorsqu'elle est vivante, se détachent sur le fond gris de son cou.

Les membres sont teints d'olivâtre, la carapace l'est de brun clair, le sternum de fauve sale et la tête de verdâtre. Il existe deux taches oblongues et de couleur orangée sous le menton, et une bande jaune entre l'angle de l'œil et celui de la bouche.

PATRIE. Cette espèce, comme les précédentes, habite les Indes Orientales.

Observations. Nous ne la connaissons pas en nature, mais seulement par la figure qu'en a publiée le général Hardwick, dans ses Illustrations de la zoologie indienne.

L'Émyde Rayée est certainement très voisine de notre Émyde de Duvaucel, et ne diffère pas selon nous de celle que le même général Hardwick a fait représenter dans son ouvrage sous le nom de Dhongoka.

VIIᵉ GENRE. TÉTRONYX. — *TETRAONYX*.
Lesson.

CARACTÈRES. Cinq doigts, dont un sans ongle, à toutes les pattes; sternum solide, large, garni de six paires de plaques; vingt-cinq écailles marginales.

Un des caractères assignés par M. Lesson à ce genre, qu'il a établi dans ses *Illustrations Zoologiques*, doit être retranché, parce qu'il est commun à toutes les espèces d'Élodites sans exception; c'est celui d'avoir des espaces cartilagineux qui s'ossifient avec l'âge, entre les principales pièces osseuses qui composent la carapace et le sternum. Toutefois il est vrai de dire que dans l'espèce qui a été le type du genre Tétronyx, l'ossification paraît s'opérer beaucoup plus lentement que chez les autres Élodites; car nous possédons des individus du Tétronyx de Lesson qui, bien que parvenus à la moitié environ de la taille qu'ils auraient dû prendre, laissent encore voir entre les extrémités de leurs côtes des intervalles cartilagineux.

Cette circonstance peu importante mise de côté, on peut dire des Tétronyx que ce sont des Émydes véritables qui manquent d'ongle au cinquième doigt des pattes antérieures, car du reste ils leur ressemblent en tous points; quoique M. Lesson ait noté que ces Tortues n'avaient que quatre doigts apparens au dehors, comme semble l'indiquer ce nom composé de τέτρα quatre, et ὄνυξ ongle, chaque patte en a réellement cinq à l'intérieur.

Nous n'avons encore observé jusqu'ici en nature qu'une seule espèce du genre Tétronyx, cependant nous en avons rapproché l'Émyde que M. Gray a nommée *Baska*, parce que nous avons reconnu que la figure qui représente celle-ci dans la *Zoologie indienne* n'indique pas l'existence d'un

REPTILES, II. 22

ongle au doigt externe de chacune des pattes antérieures. Ces deux espèces seraient alors originaires des Indes orientales. Voici comment on les distinguerait :

TABLE SYNOPTIQUE DU GENRE TÉTRONYX.

Carapace { ovale oblongue, fauve et lisse....... 1. T. DE LESSON.

suborbiculaire, brune, à plaques striées. 2. T. BASKA.

---

1. LE TÉTRONYX DE LESSON. *Tetraonyx Lessonii.* Nob.

(*Voyez* pl. 16, fig. 1.)

CARACTÈRES. Carapace fauve, ovoïde, médiocrement bombée, lisse, à bord terminal mince et horizontal en arrière.

SYNONYMIE. *Emys batagur.* Hardw. Illust. Ind. zool. part. 17 et 18, tab. 8.

Emys batagur. Gray, Synops. Rept. pag. 24, spec. 10.

JEUNE AGE. *Tetraonyx longicollis.* Less. Voy. Bel. Zool. Rept. pag. 297.

DESCRIPTION.

FORMES. La hauteur de la boîte osseuse du Tétronyx de Lesson est deux fois moindre que sa largeur moyenne, et celle-ci n'a guère qu'une fois et un quart sa longueur. Son contour horizontal représente une figure ovoïde dont le petit bout dirigé vers la tête est un peu tronqué. Le pourtour, d'abord fort étroit sous la nuchale, s'élargit peu à peu de manière à devenir trois fois plus large au niveau des cuisses qu'au dessus du cou; cependant en arrière des cuisses il commence à se rétrécir au point qu'à l'extrémité postérieure du corps, il est au plus deux fois plus large qu'à l'autre. Quoique fort peu incliné en dehors, le long des flancs, il l'est cependant plus que de la dernière margino-fémorale aux uropygiales; dans ce même espace il est aussi extrêmement mince, tandis que sa région collaire et surtout sa région brachiale sont fort épaisses. La surface de la carapace est parfaitement lisse et bombée d'une manière égale; les écailles qui la recouvrent

sont fort minces : les deux premières vertébrales sont très faiblement cintrées en long et le sont aussi un peu en travers ; les trois
qui les suivent sont presque planes et toutes inclinées en arrière.
Les quatre plaques costales sont fortement penchées de dehors
en dedans et très peu arquées dans leur sens vertical ; leur courbure longitudinale est à peu près la même que celle de la ligne
vertébrale. L'écaille de la nuque est quadrangulaire, et l'extrémité antérieure de ses bords latéraux se recourbe sur le côté
externe des margino-collaires. Ces plaques ressemblent à des
triangles scalènes, dont les deux angles aigus auraient chacun
son sommet tronqué ; toutes les autres écailles limbaires sont
quadrilatérales ; les cinq dernières paires sont un peu plus hautes
que larges ; la seconde et la troisième sont plus larges que hautes,
les écailles des deux paires qui viennent ensuite ont leurs côtés
égaux. L'angle inféro-externe des premières margino-brachiales
et l'angle postéro-vertébral des secondes sont aigus.

Le diamètre transversal des cinq plaques du dos est plus étendu
que le longitudinal ; la première de ces plaques est quadrangulaire, plus étroite en avant qu'en arrière, et ayant sa face marginale simplement arquée quand l'animal est jeune ; mais formant
un angle obtus quand il est vieux. Les trois écailles dorsales du
milieu sont hexagones subquadrangulaires ; la dernière offre
de même six pans, dont deux, le costal et le limbaire, forment de
chaque côté un grand angle aigu. La plaque qui termine la rangée
latérale à droite et à gauche est quadrilatérale et plus étendue
en bas qu'en haut ; celle qui la précède est pentagone subquadrangulaire : il en est de même de la seconde de cette rangée, dont
la première ressemble à un triangle isocèle à sommet tronqué et
à base curviligne.

Le plastron est grand, arqué en long et en travers, coupé
carrément en avant où il déborde la carapace, échancré en V en
arrière, où il est presque de niveau avec le bord interne du pourtour. La longueur des ailes sterno-costales n'est que la moitié de
celle du plastron, et leur largeur n'en est que le septième.

Les plaques gulaires sont très courtes, fort larges, et ont leur
bord latéral externe plus étroit que son bord correspondant ;
celles de la dernière paire sont rhomboïdes, celles de la seconde
et de la pénultième, tétragones oblongues. Les quatre écailles
sternales mitoyennes sont quadrilatérales et plus étendues en
long qu'en travers ; leur face antérieure est un peu anguleuse.

22.

Les plaques axillaires et les inguinales sont très développées; mais particulièrement ces dernières qui sont triangulaires, tandis que les autres offrent quatre côtés inégaux.

La tête est longue et conique ; sa hauteur au milieu est un peu moins grande que sa largeur en arrière. Les étuis de corne qui enveloppent les mâchoires sont dentelés en scie latéralement; l'étui supérieur offre de plus en avant une échancrure qui correspond à une dent de la mandibule. Si ce n'était quelques écailles minces, fort courtes et très larges qui se montrent sur les avant-bras et sur la partie postérieure du tarse, la peau des membres serait complètement nue de même que celle du cou ; en effet on n'y aperçoit pas un de ces petits tubercules que l'on voit chez la plupart des autres Élodites Cryptodères. Les pattes sont largement palmées; les ongles, droits, pointus, convexes en dessus et plats en dessous. La queue est courte, grosse à sa base, grêle et rugueuse en arrière de l'ouverture anale.

Coloration. Nulle autre teinte qu'un brun fauve ne règne sur le dessus du test osseux de cette espèce d'Élodites; et son ventre est coloré en jaune. Un brun plus foncé que celui de la carapace est répandu sur le dessus de la tête, du cou et des membres ; mais la région inférieure de ces parties est beaucoup plus claire.

Dimensions. *Longueur totale.* 84". *Tête.* Long. 9"; haut. 5" 5'''; larg. antér. 1" 5'''; postér. 7". *Cou.* Long. 8". *Memb. antér.* Long. 18". *Memb. postér.* Long. 15". *Carapace.* Long. (en dessus) 55" 8'''; haut. 24"; larg. (en dessus) au milieu 52" 7'''. *Sternum.* Long. antér. 11", moy. 25", postér. 15"; larg. antér. 14" 6''', moy. 30", postér. 14". *Queue.* Long. 6" 9'''.

Jeune age. Les Tétronyx de Lesson naissent avec un test tout-à-fait circulaire, et cartilagineux dans sa plus grande partie; car, à proprement parler, il n'y a d'osseux que la région vertébrale, les côtes et le limbe, et encore celui-ci est-il fort étroit. Il en est de même pour les pièces composant le sternum; il existe aussi entre elles des espaces cartilagineux, mais ces intervalles non osseux des parties supérieures et inférieures du test se rétrécissent peu à peu et à mesure que l'animal grandit. Lorsqu'il a enfin acquis un peu plus de la moitié de sa grosseur, il possède alors un bouclier presque aussi solide que celui des individus complètement adultes. On remarque encore que, pendant le jeune âge, la ligne médio-longitudinale du dos est légèrement carénée.

Patrie et moeurs. Cette espèce d'Élodites habite les Indes Orientales; nous en possédons des individus de tout âge que l'on doit les uns à M. Reynaud, qui les a rapportés du Bengale, les autres à M. Bélanger, sur le catalogue duquel ils se trouvent inscrits comme ayant été pêchés dans le fleuve d'Irravaddy, au Pégou.

Observations. Nous présumons que l'Émyde Batagur, des Illustrations de la Zoologie indienne du général Hardwick, appartient à la même espèce que notre Tétronyx de Lesson.

2. LE TÉTRONYX BASKA. *Tetronyx Baska.* Nob.

Caractères. Carapace suborbiculaire, basse, convexe, carénée; écailles brunes et striées concentriquement sur leur pourtour.

Synonymie. *Emys Baska.* Hardw. Illust. Ind. Zool., part. 4, tab. 8.

Emys batagur Var. Gray, Synops. Rept., pag. 24.

DESCRIPTION.

Formes. La boîte osseuse de cette espèce est suborbiculaire, convexe et peut-être un peu tectiforme, à peine dentelée sur ses bords, mais échancrée triangulairement entre les deux suscaudales. Le pourtour est plus étroit au dessus du cou et de la queue que le long des flancs. On remarque une légère carène sur le dos, dont la courbure est très surbaissée, surtout à partir de la plaque de la nuque jusqu'au bord postérieur de la quatrième dorsale. L'écaille impaire marginale est élargie, quadrilatérale, plus étroite en avant qu'en arrière; celles de la première paire ont également quatre côtés dont un, le nuchal, est coupé obliquement. Toutes les plaques limbaires, à l'exception des premières, troisièmes et cinquièmes margino-latérales qui sont pentagones, et des suscaudales dont la figure est celle d'un trapèze, ressemblent à des tétragones équilatéraux. La première vertébrale antérieure est la plus petite de sa rangée; les deux qui la suivent sont les plus grandes; elles sont toutes les trois, ainsi que la quatrième, plus larges que longues et hexagones. La dernière écaille dorsale est heptagone subtriangulaire; la première costale est quadrilatérale, affectant une forme ovalaire; la quatrième est subtrapézoïde, mais la seconde et la troisième sont pentagones, formant par leurs deux bords postérieurs un angle obtus peu ouvert. Toutes ces plaques supportent d'assez larges aréoles encadrées par des sillons concentriques bien marqués. Le plastron en arrière n'atteint pas à l'extrémité de la carapace; mais en avant, il est tout aussi long qu'elle : ici il est coupé carrément, tandis que là il présente une échancrure en V. Les prolongemens latéraux sont anguleux, larges, allongés et très relevés. Les plaques de la première paire sont fort étroites et triangulaires; les brachiales sont tétragones, plus larges en arrière qu'en avant; les fémorales sont quadrilatérales oblongues; les axillaires et les inguinales, triangulaires; les anales, oblongues, représentent des losanges fort courts. Quant aux abdominales et aux pectorales, la portion par laquelle elles tiennent au corps du sternum est carrée, et celle qui s'avance sur les ailes est pentagone. La tête est longue; le museau conique; la queue courte et arrondie. Il y a des dentelures sur le bord des mâchoires. Les membranes qui réunissent les doigts sont très développées.

COLORATION. Un brun foncé colore le centre des plaques de la carapace; une teinte plus claire est répandue sur leur pourtour. Le cou, la queue, le dessus de la tête et celui des membres offrent un gris verdâtre. Le dessous du corps est d'une couleur jaune sale; il se trouve une tache angulaire, plus foncée sur chacune des plaques marginales.

PATRIE. Ce Tétronyx se trouve dans le même pays que son congénère, c'est-à-dire aux Indes orientales.

Observations. Nous ne connaissons malheureusement cette espèce que par la figure qu'en a donnée le général Hardwick. Néanmoins nous avons presque la certitude qu'elle forme une espèce bien distincte, et non une simple variété de l'Émyde Batagur du même auteur, comme le croit M. Gray. Quant à cette Émyde Batagur, elle se rapporte bien évidemment, selon nous, à notre Tétronyx de Lesson.

VIIIe GENRE. PLATYSTERNE. — *PLATY-STERNON*. Gray.

CARACTÈRES. Tête cuirassée et trop grosse pour pouvoir rentrer sous la carapace ; mâchoire supérieure crochue ; sternum large, non mobile, fixé solidement à la carapace, à ailes courtes ; trois écailles sterno-costales ; cinq ongles aux pattes de devant ; quatre seulement à celles de derrière ; queue très longue, écailleuse, sans crête.

Les Platysternes ont, comme les deux genres précédens et les Émysaures, le sternum d'une seule pièce et solidement fixé au limbe de la carapace, ce qui suffit pour qu'on ne les confonde point avec les *Cistudes*, les *Cinosternes*, ni les *Staurotypes*, dont une ou deux portions du plastron sont susceptibles de mouvement. Outre qu'ils portent un ongle de plus aux pieds de devant que les Tétronyx, ils se distinguent de ceux-ci et des Émydes en ce que leur tête est tout entière enveloppée d'une cuirasse cornée, et qu'elle est trop grosse pour pouvoir rentrer sous la carapace ; en ce que leur mâchoire supérieure est crochue ; en ce que leurs ailes sternales sont plus courtes, placées horizontalement et garnies sur leur bord latéral externe de trois écailles au lieu de deux ; enfin en ce que leur queue est, relativement, beaucoup plus longue et garnie d'écailles depuis une extrémité jusqu'à l'autre. A l'égard des Émysaures, s'ils leur ressemblent par le crochet que forme leur mandibule, par la brièveté et l'horizontalité des prolongemens latéraux du plastron, par la longueur de leur queue et la présence d'une troisième écaille sterno-costale, ils en diffèrent en ce que leur sternum n'est ni court ni étroit, et qu'ils n'ont qu'une

seule plaque qui enveloppe leur tête, et point de crête squammeuse sur la queue.

Les Platysternes ont une tête énorme, puisqu'il est vrai
qu'ils ne peuvent point la cacher sous la carapace. Elle a
une forme pyramidale quadrangulaire ; elle est protégée par
une lame cornée très épaisse et adhérente intimement aux os,
qui en garnit le dessus, aussi bien que les parties latérales.

Les mâchoires sont d'une force extrême et toutes deux
recourbées, la supérieure inférieurement, celle d'en bas
verticalement.

Le sternum est tout-à-fait plan et très large, ce qui rend
les prolongemens latéraux fort étroits. Ils sont d'ailleurs ho-
rizontaux, et sur la suture qui les unit de chaque côté avec
le limbe de la carapace, se trouvent placées, à la suite l'une
de l'autre, trois écailles qui sont l'axillaire, l'inguinale, et
une troisième plaque supplémentaire, comme cela a lieu
chez les Émysaures.

Les membres des Platysternes ressemblent par leur forme
et par celle des tégumens squammeux qui les revêtent, à
ceux de la plupart des Émydes.

Leur queue est aussi longue que leur corps, arrondie et
garnie de grandes écailles imbriquées, qui, sous la région
inférieure, sont disposées sur deux rangs, comme chez le
plus grand nombre des Ophidiens.

Ce genre, établi nouvellement par M. Gray, ne comprend
encore qu'une seule espèce originaire de la Chine, que nous
avons en ce moment vivante sous les yeux.

1. LE PLATYSTERNE MÉGACÉPHALE. *Platysternon Megacephalum*. Gray.

(*Voyez* pl. 16, fig. 2.)

Caractères. Carapace aplatie, carénée, subquadrilatérale,
arrondie en arrière, coupée en croissant en avant ; écailles d'un
brun olivâtre avec des stries concentriques, traversées par d'autres stries disposées en rayons.

SYNONYMIE. *Platysternon megacephalum*. Gray. Proceed. Zool. Societ. zool. Lond., part. 1, pag. 106.

DESCRIPTION.

FORMES. Le corps du Platysterne Mégacéphale est très déprimé, puisque sa hauteur fait tout au plus le tiers de son diamètre longitudinal, qui n'est lui-même que d'un cinquième plus grand que le transversal. La carapace est légèrement tectiforme ; la ligne qui le circonscrit horizontalement forme sur les côtés du corps un ovale rectiligne ou plutôt arqué en dedans ; cet ovale est fort arrondi en arrière et coupé en croissant en avant. La région du limbe la moins large est celle qui correspond aux flancs, la partie recouverte par la nuchale est aussi très étroite. Le dos est parfaitement droit, si ce n'est à ses deux extrémités qui s'abaissent un peu, l'une vers la tête, l'autre vers la queue.

L'individu que nous décrivons n'est bien certainement pas adulte, car il porte sur les écailles dorsales de larges aréoles finement granuleuses, et entourées de petites stries concentriques que coupent d'autres lignes saillantes, qui s'étendent en rayons des bords aréolaires à ceux des plaques. Le dos est parcouru dans toute sa longueur par une carène arrondie, assez large à sa naissance, mais se rétrécissant de plus en plus à mesure qu'elle se rapproche de la queue. Le bord terminal du limbe n'offre qu'une seule petite échancrure, celle que l'on voit entre les deux plaques uropygiales. La nuchale est transverso-rectangulaire ; les margino-collaires sont pentagones subtriangulaires ; les suivantes, quadrilatérales, avec leur bord postérieur moins élargi que le bord externe, qui de plus est fortement arqué. Les secondes margino-brachiales ressemblent à des trapèzes ; toutes les margino-latérales sont tétragones oblongues, et toutes les autres plaques marginales plus ou moins carrées.

Les écailles du dos sont toutes à peu près de la même grandeur, plus larges que longues et à angles costaux aigus. La première est la seule qui soit beaucoup plus étroite en avant qu'en arrière.

Les premières plaques latérales sont tétragones, articulées par un petit côté à la seconde plaque dorsale, et par un autre moins étroit, et formant avec le premier un angle obtus, à la vertébrale antérieure. Ces plaques tiennent au pourtour par un bord très arqué, et à la seconde plaque de leur rangée par une face très haute et perpendiculaire. Les écailles costales médianes sont pentagones, celles de la troisième paire étant plus courtes que celles de la seconde; les dernières plaques qui sont les moins grandes de toutes, sont hexagones subquadrangulaires.

Le plastron, parfaitement plan, a la figure d'un quadrilatère oblong, un peu rétréci en arrière où il offre une échancrure en V très ouvert. Les ailes en sont obliquement relevées et très courtes, puisque leur longueur se trouve contenue quatre fois et demie dans celle du sternum. Quant à leur diamètre transversal, il est de moitié moindre que le longitudinal. Les secondes et les pénultièmes écailles sternales sont carrées; les dernières rhomboïdales, et toutes les autres rectangulaires transverses.

La portion des pectorales et des abdominales qui se prolonge sur les ailes, ressemble à un tétragone équilatéral. La plaque axillaire, l'inguinale et celle qui est placée entre elles deux sur l'articulation du sternum avec la carapace, sont oblongues et subanguleuses. La surface des plaques sternales laisse voir des petites lignes saillantes, disposées absolument de la même manière que celle des écailles supérieures.

La tête est énorme proportionnellement à la grosseur du corps, aussi l'animal ne peut-il la faire rentrer sous sa carapace ni la cacher entre ses deux bras, et l'en couvrir comme le font la plupart des Élodites. C'est pour cela sans doute qu'elle est enveloppée tout entière d'une cuirasse épaisse et résistante qui la met à l'abri de tout accident; elle est de forme quadrilatérale et tout-à-fait lisse. Les mâchoires sont remarquables par leur force et par leur épaisseur; les bords n'en sont point dentelés, mais excessivement tranchans. Ceux de la supérieure, terminés en bec crochu en avant, sont un peu arqués inférieurement, ainsi que les bords de la mâchoire inférieure, dont l'extrémité se recourbe en pointe anguleuse vers le museau.

Les membres sont assez déprimés, mais les doigts ont leurs ongles crochus et sont peu palmés. On compte sur la face externe des avant-bras une dizaine d'écailles très dilatées en largeur, et à marge inférieure libre et un peu en croissant; il y en a cinq ou six de forme triangulaire sur le tranchant externe du bras et au dessus du poignet. Il existe encore en arrière une ran-

gée verticale de trois squammelles qui en ont une quatrième latéralement. Ces quatre squammelles sont pareilles à celles qui garnissent la face opposée.

La peau des talons et des cuisses produit d'autres écailles à peu
près semblables à celles des bras ; mais la peau des fesses et celle
de la base de la queue sont hérissées d'une trentaine de petits
tubercules coniques et pointus d'une nature cornée, parmi lesquels il s'en trouve de plus longs que les autres, et qui se voient
plus particulièrement à droite et à gauche de l'ouverture cloa-
cale. Les plus petits sont plus rapprochés des jarrets.

La queue est démesurément grande comparativement à celle
des autres Chéloniens, chez lesquels, les Émysaures exceptées,
cette partie du corps est fort raccourcie. Cette queue, dans le
Platysterne Mégacéphale, est de la longueur du corps. Sa forme
arrondie, la figure des écailles qui l'enveloppent et la manière
dont elles sont disposées, lui donnent la plus grande ressemblance
avec celle de certains Ophidiens. Les squammelles caudales, qui
sont quadrangulaires, forment cinq rangées dont deux garnissent
la région inférieure, une autre la région supérieure ; la quatrième
et la cinquième, qui ne se composent que de neuf écailles, tandis
qu'on en compte vingt-huit aux autres, se montrent l'une à
droite, l'autre à gauche de l'origine de la queue.

COLORATION. Une teinte d'un brun olivâtre règne sur toute
la partie supérieure du corps de cet animal, et une couleur fauve
mélangée de brun clair sur la région inférieure. Le dessus des
membres et de la queue est très irrégulièrement tacheté de rougeâtre. On voit une raie noire, fort étroite sur les côtés de la
tête, en avant et en arrière de l'œil.

DIMENSIONS. *Longueur totale*, 20". *Tête*. Long. 3" 2'" ; haut.
1" 7'" ; larg. antér. 6" ; postér. 2" 4'". *Cou*. Long. 3". *Memb.
antér*. Long. 4". *Memb. postér*. Long. 4" 5'". *Carapace*. Long. (en
dessus) 8" ; haut. 2" 2'" ; larg. (en dessus), au milieu 7". *Sternum*. Long. antér. 2", moy. 2" 8'", postér. 3" ; larg. antér. 2" 8'",
moy. 5", postér. 1" 5'". *Queue*. Long. 7".

PATRIE. Cette espèce se trouve en Chine.

Observations. Le Muséum d'histoire naturelle en possède un
individu vivant, qui lui a été donné par la Société zoologique de
Londres.

IXe GENRE. ÉMYSAURE. — *EMYSAURUS.* Nobis.

CARACTÈRES. Tête large, couverte de petites plaques; museau court; mâchoires crochues; deux barbillons sous le menton; plastron non mobile, cruciforme, couvert de douzes plaques; trois écailles sterno-costales; cinq ongles aux pattes de devant, quatre à celles de derrière; queue longue, surmontée d'une crête écailleuse.

Les Émysaures ont la tête proportionnellement aussi forte que celle des Platysternes, mais ils peuvent la retirer sous leur carapace, attendu que leur sternum est court et de plus fort étroit. Cette tête ne porte de plaques que sur son extrémité antérieure, et le reste de sa surface, de même que chez les Émydes, est couvert de peau sur laquelle on voit des impressions linéolaires qui la font paraître comme divisée en petits compartimens. Sa forme approche aussi beaucoup plus de celle des Émydes que de celle des Platysternes.

Les mâchoires sont crochues, comme dans le genre précédent; et sous le menton pendent deux barbillons, ainsi qu'on l'observe dans tous les autres genres d'Élodites qui vont suivre, les Chélodines exceptées.

Ce qui caractérise le mieux les Émysaures, c'est leur sternum dont la partie moyenne est excessivement étroite, et dont les prolongemens latéraux sont par conséquent fort larges. Mais ils sont très courts et articulés horizontalement avec la carapace; ce qui donne au plastron cette forme en croix que présente aussi le bouclier inférieur des Staurotypes, chez lesquels il est toutefois un peu moins rétréci et où sa portion antérieure est susceptible de mouvement.

Les os qui composent le sternum des Émysaures ressemblent plus à ceux des Thalassites et des Potamites qu'aux os des autres Élodites, c'est-à-dire qu'ils sont moins compacts.

Le plastron des Émysaures est garni de six paires de plaques, comme celui des genres précédens; mais les abdominales sont entièrement placées sur les ailes, ce qui fait qu'elles ne couvrent aucune partie du corps du sternum. Ces ailes sont beaucoup plus longues du côté de la carapace que de celui du plastron. Il y a de même que chez les Platysternes, outre l'inguinale et l'axillaire, une troisième écaille sterno-costale qui est située en avant de celle-ci.

Les membres sont forts, et les ongles, au nombre de cinq en avant et de quatre en arrière, sont plus robustes que dans aucun autre genre de la famille des Tortues Paludines.

La queue, qui est longue, l'est pourtant relativement un peu moins que celle des Platysternes, de laquelle elle diffère principalement, en ce qu'elle est un peu comprimée, et que sa partie supérieure se trouve surmontée d'une crête de fortes écailles.

Ce genre ne comprend qu'une seule espèce, qui est particulière à l'Amérique du Nord. On a décrit dans ces derniers temps une seconde espèce, qui ne diffère réellement que par l'âge, ainsi que nous le dirons par la suite.

Nous avons déja dit plus haut, page 199, pourquoi nous avions depuis long-temps changé le nom de Chélydre affecté par Schweigger au même genre. Cependant Wagler a conservé cette dernière dénomination, et il a même fait figurer, pl. V de son Atlas, l'espèce principale, qui est la Lacertine, sous les nᵒˢ 46 et 47.

Nous avons réuni les deux mots grecs qui signifient Tortue et Lézard, ἐμὺς et σαῦρος, pour composer ce nom d'É-MYSAURE.

1. L'ÉMYSAURE SERPENTINE. *Emysaura Serpentina.* Nob.
(*Voyez* pl. 17, fig. 1.)

CARACTÈRES. Test ovale oblong, subquadrilatéral, déprimé, tricaréné, et ayant en arrière une échancrure et trois pointes de chaque côté.

SYNONYMIE. *Testudo serpentina.* Linn. Syst. Nat., pag. 351, spec. 15.

Testudo serpentina. Linn. Mus. Ad. Fred. 2, pag. 56.

Testudo serpentina. Schneid. Schildk. pag. 357.

Testudo serpentina. Gmel. Syst. Nat., pag. 1042, spec. 15.

La Tortue serpentine. Lacép. Quad. Ovip., tom. 1, pag. 131.

Testudo serpentina. Donnd. Zool. Beytr. tom. 3, pag. 23.

Testudo serpentina. Schœpf. Hist. Test., pag. 28, tab. 6.

Testudo serpentina. Bechst. Lacep. Naturg., tom. 1, pag. 172.

Testudo serpentina. Shaw, Gener. Zool. tom. 3, pag. 72, tab. 19.

Testudo serpentina. Daud. Hist. Rept., tom. 2, pag. 98, tab. 20, fig. 2.

Chelydra serpentina. Schweigg. Prod. arch. Konigsb., tom. 1, pag. 293 et 421, spec. 2.

Chelydra lacertina. Schweigg. Loc. cit., spec. 1.

La Tortue serpentine. Bosc, Nouv. Dict. d'Hist. Nat., tom. 22, pag. 261.

Emys serpentina. Merr. Amph. pag. 23, spec. 6.

Chelonura serpentina. Flemm. Philos. Zool., tom. 2, pag. 268.

Chelonura serpentina. Say, Journ. Acad. nat. Sc. Phil., tom. 4, pag. 206 et 217, spec. 14.

Chelonura serpentina. Harl. Amer. Herpet., pag. 81.

Testudo serpentina. Cuv. Reg. Anim., tom. 2, pag. 12.

Testudo serpentina. Leconte, Ann. Lyc. Nat. Sc. N. Y. tom. 3, pag. 127, spec. 16.

Chelonura serpentina. Ch. Bonap. Osservaz. sec. ediz. Reg. anim. pag. 171, spec. 1. Exclus. synon. Test. Spengleri. Gmel., Daud.; Emys Spengleri. Merr., Testudo Serrata. Shaw; la Tortue Spenglérienne, Bosc. (Emys Spengleri.)

Chelydra serpentina. Gray, Synops. Rept., pag. 36.

Chelydra serpentina. Wagl. Syst. Amph., pag. 136, tab. 48-51.

Emys serpentina. Schinz. Naturg. Rept., pag. 44, tab. 2.

DESCRIPTION.

FORMES. La boîte osseuse de cette espèce d'Élodites est plus ou moins déprimée ; si elle est quelquefois un peu rétrécie en avant, elle est le plus souvent de même largeur à ses deux ex- trémités ; ce qui donne à son contour horizontal la figure d'un quadrilatère oblong à angles arrondis. Le limbe est fort étroit, mais il l'est un peu moins en arrière des cuisses que partout ail- leurs. Il est passablement incliné en dehors le long des flancs, il l'est moins au dessus du cou, et il est presque horizontal sous les quatre dernière paires de plaques qui le recouvrent. Les plaques vertébrales sont placées horizontalement ; cependant la première et la dernière sont un peu penchées, l'une du côté de la tête, l'autre du côté de la queue. Ces plaques sont séparées des costales à droite et à gauche, par une gouttière qui parfois est assez profonde. De toutes ces plaques discoïdales les neuf comprenant les trois dernières de chaque rangée sont surmon- tées chacune d'une carène tranchante dont la longueur n'excède pas celle de l'aréole qu'elle surmonte. Les surfaces de ces aréoles sont très rugueuses. Sur les plaques vertébrales les aréoles se montrent tout près du milieu du bord postérieur des écailles. Il en est de même sur les plaques costales, où d'ailleurs elles sont plus rapprochées de l'angle postéro-supérieur de la plaque que du postéro-inférieur. Toutefois, ces carènes, ces aréoles et les stries qui les environnent, n'existent pas durant toute la vie de l'animal. Il n'en reste plus que quelques vestiges chez les indi- vidus devenus tout-à-fait adultes. La plaque de la nuque est transverso-rectangulaire ; les margino-collaires sont pentagones oblongues ; les brachiales et les sept écailles qui les suivent sont quadrilatérales. Souvent leur hauteur est trois fois moindre que leur longueur. Les écailles marginales des trois dernières paires sont pentagones, et forment par leurs deux bords externes un angle obtus ; c'est ce qui occasionne les trois dentelures que pré- sente en arrière le bord terminal de la carapace.

La première écaille du dos n'a, à proprement parler, que quatre côtés ; les trois qui la retiennent au pourtour n'en formant qu'un seul, mais plus étendu que le vertébral et que les costaux sur- tout, qui sont arqués en dehors. Les trois écailles suivantes sont carrées ; la cinquième et dernière se compose de sept côtés ; mais les quatre marginaux semblent se confondre en un seul légèrement anguleux et une fois plus large que le côté supérieur et que chacun des deux latéraux. Dans la rangée des écailles latérales, la dernière est plus petite que les autres ; elle est tétragone et rétrécie en arrière. La première de la rangée est un triangle à base curviligne et à sommet tronqué. Les deux du milieu sont quadrilatérales, un peu plus hautes que larges et arquées extérieurement.

La partie moyenne du sternum étant peu allongée et étroite, représente comme un losange dont l'angle postérieur est plus aigu que l'angle antérieur ; les prolongemens latéraux en sont très courts, mais aussi fort larges, puisque leur diamètre transversal, environ le tiers de la longueur du plastron, est trois fois plus considérable que la leur propre au milieu; car leur portion qui s'articule au pourtour à l'aide d'un cartilage est du double plus longue que la partie qui tient au sternum. Les écailles gulaires représentent de très petits triangles équilatéraux à bord antérieur curviligne ; les anales, des triangles isocèles considérablement allongés ; et les brachiales, d'autres triangles isocèles, mais grands, larges, et ayant leur sommet et leur face latérale externe, aigus. Les écailles de la troisième paire et de la cinquième sont pentagones subquadrangulaires et articulées sur les abdominales par un très petit côté. Elles ont le côté qui les réunit deux à deux plus large que le bord antérieur de l'une et que le bord postérieur de l'autre. Les abdominales, à elles seules, couvrent les ailes, sont hexagones et soudées aux pectorales et aux fémorales par deux bords étroits qui forment un angle soit aigu, soit obtus. C'est de la même manière que de l'autre côté elles s'attachent à l'axillaire et à l'inguinale. Ces deux plaques, et celle d'avant l'axillaire, sont placées toutes trois à la suite l'une de l'autre, entre le bord du pourtour et celui de la plaque abdominale.

La première de ces trois plaques sterno-costales et la dernière sont triangulaires ; l'une beaucoup moins bien développée que l'autre. Celle du milieu est subquadrilatérale.

La tête est grosse, quoique assez déprimée ; elle est large et obtusangle en avant ; la bouche est largement fendue, et la surface du crâne est recouverte de petites plaques écailleuses polygones, parmi lesquelles on distingue très bien deux fronto-nasales. La mâchoire supérieure se termine en bec crochu, de chaque côté duquel on remarque une échancrure semi-lunaire peu profonde ;

l'inférieure est également pointue; mais ni l'une ni l'autre ne présentent de dentelures; elles sont fortes et simplement tranchantes.

Les membres sont robustes, et leurs doigts, garnis de membranes natatoires assez élargies, sont armés d'ongles se rapprochant par leur forme et par leur longueur, de véritables griffes d'aigle. On compte environ une dizaine de larges écailles lisses, à bord inférieur libre, sur la face antérieure des avant-bras, et trois ou quatre autres de forme triangulaire, sur leur bord externe. Le menton est garni de deux petits barbillons arrondis, et la peau du dessus du cou, des bras et des cuisses présente un grand nombre de petites écailles flottantes qu'on serait tenté de prendre au premier abord pour des appendices cutanés.

La queue est pointue et longue, mais, proportion gardée, elle l'est moins que celle du Platysterne Mégacéphale : dans l'un elle n'a que les trois quarts de la longueur du corps; tandis que chez l'autre elle est tout aussi longue. Elle n'est pas non plus arrondie, mais elle est comprimée et garnie en dessous de deux rangs de plaques quadrilatérales, et en dessus, d'un rang de tubercules squammeux, triangulaires, à sommet tranchant et à base élargie. Ses parties latérales portent aussi des écailles arrondies assez dilatées, mais auxquelles il s'en mêle de plus petites, de forme anguleuse.

COLORATION. En dessus, la boîte osseuse est brune ou d'une teinte gris de lin peu foncée; en dessous, elle est colorée en jaune. Les écailles souscaudales et les tubercules de la peau du cou et des membres sont également jaunes. On voit une tache oblongue de la même couleur à l'extrémité postérieure de l'une et de l'autre branche du maxillaire inférieur. Les mâchoires et la partie supérieure de la tête offrent une teinte olivâtre; mais les unes sont coupées verticalement de petits traits bruns, et l'autre présente de simples taches de cette même couleur.

Les membres, le cou et la queue, sauf les petits tubercules et les écailles jaunes qui les revêtent, offrent une couleur cendrée, plus claire en dessous qu'en dessus. Les ongles sont bruns; la pupille de l'œil est noire, environnée d'un cercle d'or; l'iris est brun avec des rayons jaunes.

DIMENSIONS. *Longueur totale.* 80". *Tête.* Long. 9" 5"'; haut. 6"; larg. antér. 4"; postér. 10". *Cou.* Long. 14". *Memb. antér.* Long. 18". *Memb. postér.* Long. 22". *Carapace.* Long. (en dessus) 37" 6"'; haut.

15"; larg. (en dessus), au milieu 37". *Sternum*. Long. antér. 13" 7"; moy. 2"; postér. 13"; larg. antér. 9"; moy. 28"; postér. 7". *Queue*. Long. 27".

Ces proportions sont celles d'un exemplaire que renferme la collection erpétologique; mais il existe au cabinet d'Anatomie comparée une carapace qui a appartenu à un individu d'une bien plus grande taille. Cette carapace a en effet 61" de longueur et 59" 6'" de largeur. Elle a été envoyée des États-Unis par M. Lesueur.

JEUNE AGE. Les très jeunes sujets sont de même forme que les adultes; il existe particulièrement chez eux une double carène dorsale, et toutes les écailles de leur disque offrent des lignes radiées extrêmement saillantes. Les plaques costales des jeunes Émysaures Serpentines sont aussi proportionnellement beaucoup plus dilatées que celles des individus plus âgés.

PATRIE ET MOEURS. Cette espèce d'Élodite est propre à l'Amérique septentrionale. Elle vit indifféremment dans les lacs et les rivières, se nourrissant de poissons et, à ce qu'il paraîtrait, de jeunes oiseaux.

Observations. La *Chelydra Lacertina* de Schweigger, ayant été établie sur un exemplaire de l'Émysaure Serpentine, chez laquelle la carène vertébrale était atténuée par l'âge, doit, à cause de cela, être rayée comme espèce des catalogues erpétologiques.

Xe GENRE. STAUROTYPE.—*STAUROTYPUS*.
Wagler.

CARACTÈRES. Tête subquadrangulaire, pyramidale, recouverte en avant d'une seule plaque fort mince; mâchoires plus ou moins crochues; des barbillons sous le menton; vingt-trois écailles limbaires; sternum épais, cruciforme, mobile en avant, garni de huit ou onze écailles; les axillaires et les inguinales contiguës, placées sur les sutures sterno-costales; pattes antérieures à cinq ongles; les postérieures à quatre seulement.

Les Staurotypes n'ont point la tête élargie comme les Émysaures ; elle est allongée et garnie d'une grande plaque mince et rhomboïdale. Les mâchoires sont fortes, un peu recourbées à la pointe, sans la moindre dentelure. Le menton porte deux à six barbillons.

Les plaques de la carapace sont un peu imbriquées, et le dos en général est caréné. Le pourtour est étroit ; on y compte vingt-trois plaques, savoir : une nuchale, deux suscaudales et vingt latérales. Les suscaudales et les dernières fémorales sont plus hautes.

Le corps du sternum est étroit, mais moins que chez les Émysaures proportionnellement : aussi les prolongemens latéraux sont-ils plus rétrécis. Tantôt le plastron n'a que huit plaques ; tantôt il en offre onze : ce sont les deux paires antérieures qui manquent, et là c'est l'écaille gulaire qui est simple. Alors il n'existe point de plaque sterno-costale supplémentaire ; on ne voit que des axillaires et des inguinales qui sont placées sur les sutures sterno-costales.

L'articulation, ou plutôt la charnière ligamenteuse, qui permet à l'animal de mouvoir de haut en bas la partie antérieure de son plastron, est située entre les plaques pectorales et les abdominales. Rarement on rencontre des individus chez lesquels la partie postérieure de ce même plastron offre une certaine mobilité qui peut être comparée à celle que l'on observe dans les Tortues Moresque et Bordée.

La peau du cou, des fesses et de la base de la queue est garnie de villosités ; mais celle des membres est lisse en partie, car le devant des bras et les talons ont des écailles minces qui semblent être des plis de la peau.

La queue des femelles est très courte, mais celle des mâles est longue, grosse, arrondie et un peu courbée en bas, ainsi que l'ongle, quelquefois assez long, qui la termine.

Le nom de Staurotype est formé des mots grecs σταυρὸς, croix, et de τύπος, figure, *cruciforme*.

Le genre Staurotype renferme deux espèces de petite taille : la *Terrapene Triporcata* de Wiegman, type du genre

25.

de Wagler, et le *Kinosternon Odoratum* des auteurs modernes que nons y avons fait entrer. La première est originaire du Mexique, la seconde de l'Amérique du Nord.

TABLE SYNOPTIQUE DU GENRE STAUROTYPE.

Plaques sternales au nombre de { onze : dos tricaréné.... 1. S. Tricaréné.

huit : dos unicaréné.... 2. S. Musqué.

---

1. LE STAUROTYPE TRICARÉNÉ. *Staurotypus Triporcatus.* Wagler.

Caractères. Carapace ovale oblongue, tricarénée; huit plaques sternales.

Synonymie. *Terrapene triporcata.* Wiegm. Isis, 1828, pag. 364.

Staurotypus triporcatus. Wagl. Syst. Amph., pag. 137, tab. 5, fig. 44-45.

Staurotypus triporcatus. Wagl. Descript. et Icon. Amph. Gasc. Test., tab. 23.

DESCRIPTION.

Formes. La carapace de cette espèce a beaucoup de ressemblance avec celle du Cinosterne Scorpioïde. Son contour horizontal est ovale oblong, tronqué en avant, arrondi en arrière, contracté sur les côtés, et plus large au niveau des cuisses qu'au dessus des bras. Le dos porte trois carènes arrondies, l'une sur le milieu des écailles vertébrales, les deux autres sur le bord supérieur des costales.

Le limbe offre une échancrure au dessus de la queue, de chaque côté de laquelle il est moins étroit que dans le reste de sa circonférence. La plaque de la nuque est linéaire et transversale; les plaques brachiales et celles de la huitième paire sont rectangulaires; celles de la sixième sont carrées et toutes les autres pentagones.

La première écaille dorsale représente un triangle isocèle à sommet tronqué et à base anguleuse; les quatre autres sont en losange. La plaque costale antérieure est tétragone subtriangulaire; la postérieure trapézoïde et moins dilatée que celles qui la précèdent. Celles-ci sont de figure pentagonale, ayant deux angles droits du côté du pourtour, deux angles obtus et un aigu du côté du dos.

Le plastron est extrêmement court, fort étroit, arrondi en avant et pointu en arrière. Il ne porte que quatre paires d'écailles, puisqu'il manque de gulaires et de brachiales. Les écailles anales ressemblent à des triangles scalènes; les pectorales à des triangles isocèles à sommet tronqué et à bord externe curviligne. Les pectorales sont hexagones inéquilatérales; les fémorales ont plus de longueur que de largeur, et quatre pans dont deux sont rectilignes et les deux autres arqués; l'antérieur l'est en dehors, et le latéral externe en dedans. Les deux plaques sterno-costales sont aussi développées l'une que l'autre et de même forme, c'est-à-dire tétragones inéquilatérales.

La tête est forte, le museau conique; celle-là complètement lisse, celui-ci beaucoup plus avancé que la bouche. Le menton est garni de deux barbillons; les mâchoires sont épaisses, simplement tranchantes et un peu recourbées à leur extrémité, l'inférieure vers le haut, la supérieure inférieurement. A l'exception de quelques plis squammeux qui se laissent voir aux talons et à la partie inférieure de l'avant-bras, les membres sont complètement nus. Les ongles sont longs, aigus et recourbés; la queue est courte, conique et garnie de petites écailles qui la rendent comme couverte d'aspérités.

Coloration. Des linéoles jaunâtres coupent verticalement les mâchoires, dont la couleur est brune. La tête, le cou et les membres offrent un brun fauve qui est vermiculé de noirâtre sur la première.

Le dessous du corps est coloré en jaune sale, et le dessus en brun avec des rayons d'une teinte plus foncée.

Dimensions. *Carapace.* Long. (en dessous) 55" 2"'; larg. (en dessus) au milieu 19" 3"'.

Patrie et moeurs. Cette espèce vit au Mexique dans le fleuve Alvaredo.

Observations. La description qui précède est extraite de celle que Wagler en a donnée dans ses *Icones*, d'après un individu du cabinet de Berlin, où il a été envoyé par M. Deppe.

2. LE STAUROTYPE MUSQUÉ. *Staurotypus Odoratus.* Nob.

CARACTÈRES. Carapace ovale, entière, unie ; onze plaques sternales.

SYNONYMIE. *Testudo pensylvanica sterno immobili.* Schœpf. Hist. Test., pag. 110, tab. 24, fig. B.

Testudo odorata. Latr. Hist. Rept., tom. 1, pag. 122.

Testudo odorata. Daud. Hist. Rept., tom. 2, pag. 189, tab. 24, fig. 5.

Testudo glutinata. Daud. loc. cit., pag. 194, tab. 24, fig. 4.

Emys odorata. Schweigg. Prodr. Arch. Konigsb. tom. 1, pag. 515 et 437, spec. 37.

La Tortue odorante. Bosc, Nouv. Dict. d'Hist. nat., tom. 54, pag. 267.

Terrapene odorata. Merr. Amph., pag. 26, spec. 24.

Testudo Boscii. Merr. loc. cit. spec. 23.

Emys glutinata. Merr. loc. cit., pag. 24, spec. 12.

Cistudo odorata. Say, Journ. acad. nat. sc. Phil., tom. 4, pag. 206 et 216, spec. 13.

Emys odorata. Harl. Amer. Herpet., pag. 80.

Sternotherus odoratus. Bell, Zool. Journ., tom. 2, pag. 299, spec. 3.

Sternotherus Boscii. Bell, loc. cit., spec. 4.

Testudo odorata. Leconte, Ann. Lyc. Nat. Hist. N. Y., tom. 3, pag. 122, spec. 14.

Kinosternum odoratum. Ch. Bonap. Osservaz., sec. ediz. Reg. anim., pag. 168. Exclus. Kinost. Shawianum, Bell, Testudo pensylvanica Var. Shaw. (Cinosternon scorpioides.)

Kinosternon odoratum. Gray, Synops. Rept., pag. 55, spec. 5.

DESCRIPTION.

FORMES. La largeur du test de cette espèce est le double de sa hauteur, qui est contenue deux fois et demie dans sa longueur. La figure du contour horizontal de la carapace est celle d'un ovale oblong assez régulier. La ligne moyenne et longitudinale du dos est généralement parcourue par une carène arrondie excessivement basse. Le disque est légèrement comprimé sous la première paire de plaques costales, mais il est arrondi à l'autre bout. La seconde et la troisième écaille vertébrale sont ordinairement planes, et quelquefois elles forment un peu la gouttière; la première est très légèrement arquée d'avant en arrière, et les deux dernières le sont beaucoup dans le même sens. Le cercle limbaire est fort étroit, si ce n'est en arrière, où il offre une fois plus de largeur que dans le reste de sa circonférence; il est perpendiculaire dans toutes ses parties. Les plaques qui le garnissent sont au nombre de vingt-trois, savoir : une nuchale, deux uropygiales et deux paires latérales toutes rectangulaires, excepté la dernière dont les écailles à quatre côtés, comme les autres, ont le bord supérieur curviligne et l'antérieur beaucoup plus étroit que le postérieur. Quant à la plaque de la nuque, elle est excessivement petite, à quatre pans. Les suscaudales, qui ont aussi quatre angles, sont plus longues que larges et fort développées. Entre les écailles de la carapace et celles du sternum, il existe cette différence que les unes sont légèrement imbriquées, quand les autres ne se touchent même pas. La première et la dernière vertébrale ressemblent à des triangles isocèles à sommet tronqué, et les trois intermédiaires à des rhombes arrondis en arrière et échancrés en croissant en avant.

Les cinq plaques discoïdales qui forment la rangée du milieu sont peu dilatées; celles d'entre elles que l'on nomme les costales le sont beaucoup. Les écailles de la première paire sont tétragones subtriangulaires, celles de la seconde et de la troisième sont pentagonales et une fois moins larges que hautes, ayant deux angles droits inférieurement et trois angles obtus en haut du côté du dos. La quatrième, qui a également cinq pans, ressemblerait à la dernière vertébrale si une partie de son bord limbaire n'était échancrée semi-circulairement pour s'articuler avec la troisième écaille margino-fémorale.

Le sternum est étroit; il est plus court que la carapace d'un tiers de sa longueur en avant comme en arrière : ici il est échancré en Λ, tandis que là il est tronqué ou arrondi; la surface est plane chez les femelles et légèrement concave chez les mâles. Les prolongemens sterno-costaux, aussi larges que longs, mais moitié moins étendus que la ligne transversale du plastron, sont placés comme celui-ci tout-à-fait horizontalement; leurs bords antérieur et postérieur sont arqués, l'un en arrière, l'autre en avant. On ne compte que onze plaques sternales, la gulaire étant simple. Cette plaque est fort petite,

triangulaire et tout-à-fait enclavée entre les deux suivantes dont
la forme est subrhomboïdale. La portion des abdominales qui se
trouve appliquée sur le corps du sternum, est carrée. Les pectorales ressemblent à des triangles isocèles à base curviligne et
à sommet tronqué. Les écailles de la dernière paire sont rhomboïdes, et celles de la pénultième triangulaires, avec leur bord
externe fort étendu. Les plaques placées sur les sutures sterno-
costales ont aussi trois côtés; l'axillaire est deux fois plus courte
que l'inguinale. Les écailles du plastron et celles de la carapace
sont, pour ainsi dire, parfaitement lisses : on aperçoit seulement
sur les bords internes des unes et sur le bord postérieur des autres
quelques lignes enfoncées.

La tête est grosse; le museau allongé, conique, et le crâne
est recouvert d'une seule lame écailleuse, grande et de forme
rhomboïdale. Les mâchoires sont extrêmement fortes, tranchantes, sans dentelures; l'inférieure se recourbe verticalement en pointe anguleuse. La peau du cou est couverte de petites verrues, et sous le menton pendent deux barbillons fort
courts. Trois larges écailles coupent obliquement les bras au
dessus du poignet; celui-ci en offre quelques unes en arrière,
qui sont quadrilatérales. Celles qui revêtent les talons sont imbriquées et curvilignes. La paume et la plante des pieds sont ver-
ruqueuses. Chez les mâles seulement, on remarque au dessus et
au dessous du jarret une large surface carrée qui supporte des tubercules squammeux de forme triangulaire. Les fesses et la queue
offrent un grand nombre de villosités. Les membranes natatoires sont assez développées; les doigts sont armés d'ongles crochus.

La queue des mâles est fort grosse, et surtout très longue comparativement à celle des femelles; en effet, chez les premiers
sa longueur peut égaler les deux tiers de la largeur du sternum,
tandis que chez les secondes elle dépasse à peine la carapace
dans son extension : cette queue se termine chez les uns et chez
les autres par un ongle légèrement arqué.

COLORATION. Les mâchoires offrent une teinte jaunâtre marbrée de brun; la tête, le cou, les membres et la queue présentent une nuance noirâtre sur un fond plus clair, et de chaque
côté du cou on voit deux lignes jaunes qui viennent aboutir en
arrière de l'œil, l'un à l'angle supérieur de l'orbite, l'autre à
son angle inférieur. La carapace est fauve, tachetée de brun
chez les mâles; elle est d'un brun roussâtre et presque unifor-

mément chez les femelles. Sur le dessous du corps règne un jaune sale, mélangé de teintes brunes ou noirâtres.

DIMENSIONS. *Longueur totale* 18". *Tête.* Long. 3" 6'''; haut. 2"; larg. antér. 6'''; postér. 2" 8'''. *Cou.* Long. 2" 7'''. *Memb. antér.* Long. 4" 3'''. *Memb. postér.* Long. 3" 6'''. *Carapace.* Long. (en dessus), au milieu 11" 5'''. *Sternum.* Long. antér, 2" 6'''; moy. 1" 8'''; postér. 3" 3'''; larg. antér. 3" 3'''; moy. 5" 8'''; postér. 5". *Queue.* Long. 2" 5'''.

PATRIE ET MOEURS. Cette espèce, originaire de l'Amérique du nord, vit dans les marais et dans les courans d'eau bourbeuse, où elle se nourrit de petits poissons, de vers et de mollusques. On assure qu'elle exhale une très forte odeur de musc.

Observations. La seule bonne description qui ait encore été publiée de cette espèce est celle que M. Leconte a donnée dans sa Monographie des Tortues de l'Amérique septentrionale.

XIe GENRE. CINOSTERNE. — *CINOSTERNON*.
Wagler.

CARACTÈRES. Tête subquadrangulaire, pyramidale; une seule plaque rhomboïdale sur le crâne; mâchoires un peu crochues; des barbillons sous le menton; écailles du test légèrement imbriquées; plaques limbaires au nombre de vingt-trois; sternum ovale, mobile devant et derrière sur une pièce fixe, garni de onze écailles, à ailes courtes, étroites, subhorizontales; une très grande axillaire, une inguinale encore plus grande; queue longue (dans les mâles), onguiculée.

Il est aisé de voir, d'après ces caractères, que les Cinosternes sont de véritables Staurotypes à sternum plus élargi et dont la partie postérieure est mobile comme l'antérieure. Les ligamens élastiques qui retiennent les deux battans à la partie moyenne et fixe du plastron sont situés, l'un sous la suture des plaques pectorales et des plaques abdominales, l'autre sous celle de ces dernières et des fémorales.

Chez les trois espèces de ce genre que l'on connaît, le plastron est garni de onze plaques, et sa partie postérieure est moins mobile que l'antérieure.

Le genre *Kinosternon* a été établi par Spix pour le Cinosterne Scorpioïde ; mais il avait fait deux espèces du mâle et de la femelle.

M. Bell fut le premier qui l'adopta, mais malheureusement il y rangea des espèces dont les caractères génériques n'avaient pas le moindre rapport avec ceux du Cinosterne Scorpioïde. Ces espèces sont la *Cistudo Amboinensis* et le *Sternotherus Nigricans*, que Wagler et M. Gray, presque en même temps, retirèrent de ce genre et remplacèrent, le premier par la *Testudo Pensylvanica* de Schœpf, et une nouvelle espèce nommée *Cinosternon Hirtipes* ; le second par cette même *Testudo Pensylvanica* et la *Testudo Odorata* de Daudin, que nous avons dû en extraire pour la placer avec les Staurotypes.

Tel que nous le présentons ici, notre genre Cinosterne correspond à celui de Wagler tout entier, à celui de M. Gray, moins le *Cinosternon Odoratum*, et il comprend une partie des Terrapènes de Merrem et des Cistudes de Flemming et de Say.

Le nom générique a été composé des deux expressions grecques κινεῶ, *je remue*, et de στέρνον, *le plastron*.

TABLE SYNOPTIQUE DU GENRE CINOSTERNE.

Sternum
- en pointe arrondie devant et derrière :
  dos tricaréné.................... 1. C. Scorpioïde.
- échancré en arrière
  - une écaille nuchale... 2. C. de Pensylvanie.
  - point d'écaille nuchale. 3. C. Hirtipède.

1.LE CINOSTERNE SCORPIOIDE. *Cinosternon Scorpioides.* Wagl.

CARACTÈRES. Test ovale oblong, tétragone, tricaréné et à plaques subimbriquées; les vertébrales étroites et hexagones.

SYNONYMIE. *Testudo scorpioides.* Linn. Syst. Nat., pag. 152, spec. 8.

Testudo scorpioides. Gmel. Syst. Nat., tom. 3, pag. 1041, spec. 8.

La Tortue scorpion. Lacép. Quad. Ovip., tom. 1, pag. 133. exclus. synon. (Chelys Matamata).

Testudo scorpioides. Donnd. Zool. Beytr., tom. 3, pag. 19.

Testudo scorpioides. Bechst. Uebers., tom. 1, pag. 187.

Testudo scorpioides. Latr. Hist. Rept., tom. 1, pag. 19.

Testudo pensylvanica. Var. Shaw. Gener. Zool., tom. 3, pag. 61, tab. 15.

Testudo tricarinata. Donnd. Hist. Rept., tom. 2, pag. 178.

Emys scorpioidea. Schweig. Prodr. Arch. Konigsb., tom. 1, pag. 312 et 433, spec. 35.

Chersine scorpioides. Merr. Amph., pag. 33, spec. 46.

Kinosternon longicaudatum. Spix, Rept. Braz., pag. 17, tab. 12.

Kinosternon longicaudatum. Bell. Zool. Journ., tom. 2, pag. 304.

Kinosternon Shawianum. Bell. Zool. Journ. loc. cit.

Cinosternon scorpioides. Wagl. Amph., pag. 137.

Kinosternon scorpioides. Gray, Synops. Rept.. pag. 34, spec. 1.

VAR. A. *Kinosternon brevicaudatum.* Spix, Rept. Braz., pag. 18, tab. 13.

Kinosternon brevicaudatum. Bell, Zool. Journ., tom. 2, pag. 304.

Kinosternon scorpioides. Bell, Monog. Test.

JEUNE AGE. *Testudo tricarinata.* Schœpf, Hist. Test., pag. 9, tab. 2.

Testudo tricarinata. Latr. Hist. Rept., tom. 1, pag. 118.

Testudo tricarinata. Shaw. Gener. Zool., tom. 3, pag. 54, tab. 11.

Testudo Retzii. Daud. Hist. Rept., tom. 2, pag. 174.

Emys Retzii. Schweigg. Prodr. Arch. Konigsb., tom. 1, pag. 312 et 434, spec. 34.

Terrapene tricarinata. Merr. Amph. pag. 28, spec. 27.

DESCRIPTION.

FORMES. Le contour du test osseux de cette espèce de Cinosterne représente un ovale allongé, très étroit et arrondi à ses
deux extrémités. Le dos est plat sous les trois écailles vertébrales du milieu; il est simplement incliné en avant sous la
première dorsale, mais il est arqué sous la dernière. Les parties
latérales de la carapace sont presque verticales, c'est-à-dire fort
peu penchées de dehors en dedans. La hauteur du corps n'est
que le cinquième de sa longueur, et la largeur en fait un peu
plus de la moitié. Le cercle osseux qui entoure le disque de la
carapace est fort étroit, mais surtout le long des flancs où son
bord terminal se relève du côté du disque, au point que la face
inférieure se trouve verticalement placée au dessus du sternum.
Tous les individus de notre musée ont vingt-trois plaques marginales. Celle de la nuque est très petite et quadrilatérale ; les
margino-collaires ressemblent à des triangles isocèles à sommet tronqué. Toutes les écailles marginales sont rectangulaires, à l'exception de la dernière margino-fémorale qui est
carrée et dont le bord supérieur est courbe. Le dos est parcouru
par une carène arrondie, en ayant une autre à droite et à gauche
qui coupe longitudinalement les plaques costales vers le quart
supérieur de leur hauteur. C'est la partie de ces mêmes plaques
qui se trouve entre leur carène et les écailles dorsales qui con-
court avec celles-ci à former la région aplatie ou plutôt légèrement bicanaliculée que l'on voit sur la partie supérieure du
corps. La première plaque vertébrale ressemble à un triangle
équilatéral à sommet légèrement échancré ; la seconde est un
losange oblong, arrondi en arrière; la troisième a la même forme,
la quatrième est seulement un peu plus élargie; mais la dernière
est pentagone subtriangulaire.

Les plaques costales en dehors de l'arète qui les traverse, sont
ou tout-à-fait planes, ou très légèrement arquées de haut en bas.
Celle qui est la plus rapprochée de la tête est trapézoïde; la plus
éloignée est pentagone, ayant un de ses deux bords inférieurs
curviligne, deux angles droits du côté du dos, et un troisième
angle droit en bas et en avant. Quant aux deux autres costales,
dont la hauteur verticale est d'un cinquième environ plus grande
que le diamètre transversal, elles offrent aussi cinq côtés, dont les

deux vertébraux forment un angle fort obtus. Toutes ces écailles
sont légèrement imbriquées. La figure du sternum est celle d'un
ovale allongé, terminé en pointe obtuse et arrondie à ses deux
extrémités. Ses prolongemens latéraux sont extrêmement étroits,
et leur longueur n'est que le tiers de celle du sternum. Les
écailles qui le recouvrent sont toutes marquées de petites lignes saillantes, les unes concentriques, les autres disposées en
rayons. La plaque gulaire est tétragone, et a son côté externe
très arqué, et ses deux autres bords entièrement enclavés
entre les brachiales, sont, un peu sinueux. Les plaques de la seconde paire sont subtrapézoïdes; celles de la quatrième sont très
grandes et carrées; les pectorales et les anales ressemblent à
des triangles scalènes, placés les uns en travers et les autres
en long. Les fémorales sont quadrilatérales subtriangulaires, et
les inguinales sont ovales, très étroites et beaucoup plus longues que les axillaires qui leur ressemblent par la forme, et qui
sont situées aussi comme elles, précisément sur la suture sterno-
costale. Le cou est fort allongé, et la partie postérieure de la tête est
cubique; le museau est arrondi, pointu et plus saillant que la bouche. Les mâchoires sont très fortes et dentelées; la supérieure est
onduleuse, et se termine en bec crochu; l'inférieure se recourbe
vers l'autre en pointe anguleuse. On voit sous le menton, ou plutôt
le long de chaque branche du maxillaire, trois barbillons pendans,
dont la longueur varie suivant les individus. Les doigts sont gros,
arrondis et armés d'ongles crochus; les membranes natatoires sont
larges, mais assez courtes et denticulées; la plante des pattes est
garnie de petits tubercules. La face antérieure des bras et la
région postérieure du tarse offrent trois ou quatre écailles semi-
lunaires, minces, à bord inférieur non adhérent à la peau. Les
autres parties des membres sont, comme le cou, tout-à-fait
nues. La queue des femelles est excessivement courte; celle des
mâles, au contraire, est relativement très longue et très grosse.
Sa longueur est presque la moitié de celle du sternum, et son
diamètre, à sa base, égale presque celui des cuisses. Elle est
d'ailleurs arrondie, nue en dessus, garnie de deux rangs d'écailles
imbriquées en dessous, et elle a à son extrémité un ongle pointu
un peu recourbé inférieurement dans le sens même de la queue.
Celle des femelles n'est pas toujours onguiculée.

    Coloration. Le dessus du test offre un brun foncé sur lequel rayonnent parfois quelques teintes plus colorées; les plaques du dessous sont jaunâtres, et leurs articulations sont de couleur brune, ainsi que le cou, les membres, la queue et la tête; cette dernière est marbrée de jaune, mais surtout sur les mâchoires.

VARIÉTÉS. *Var. A.* Il existe une variété de cette espèce, dont la carapace paraît plus déprimée, parce qu'elle est plus élargie. Sa largeur, en effet, ne se trouve contenue qu'une fois et demie environ dans sa longueur. Le dessus du corps est d'un brun clair et comme rayonné de jaune. Cette couleur, qui ne se montre que salie de verdâtre sous la région inférieure du test, se fait voir au contraire très pure et très vive sur le cou et sur la tête, où elle forme des taches et des raies irrégulières : ces parties sont d'ailleurs d'un assez beau vert, ainsi que les membres et la queue. C'est à cette variété que se rapporte la figure du Cinosterne Scorpioïde donné par M. Bell, dans son bel ouvrage sur les Chéloniens.

DIMENSIONS. *Longueur totale.* 21" 5'". *Tête.* Long. 4"; haut. 2"; larg. antér. 9'"; postér. 2" 9'". *Cou.* Long. 5" 7'". *Memb. antér.* Long. 4". *Memb. postér.* Long. 4" 4'". *Carapace.* Long. (en dessus) 16" 4'"; haut. 6"; larg. (en dessus) au milieu, 13" 5'". *Sternum.* Long. antér. 4" 6'"; moy. 4" 3'"; postér. 5". *Queue.* Long. 1".

PATRIE ET MŒURS. Cette espèce est originaire de l'Amérique méridionale; elle vit dans les marais et sur le bord des rivières. M. le baron Milius d'une part, et MM. Leschenault et Doumère, de l'autre, en ont envoyé de Cayenne à notre Musée, plusieurs beaux exemplaires.

Observations. Nous ne doutons pas que les *Kinosternon Longicaudatum* et *Brevicaudatum* de Spix n'appartiennent à l'espèce du Cinosterne Scorpioïde; l'un est le mâle et l'autre la femelle. Nous avons en effet reconnu que les femelles des espèces de ce genre, de même que celles du genre suivant ou Staurotype, ont la queue excessivement courte.

2. LE CINOSTERNE DE PENSYLVANIE. *Cinosternon Pensylvanicum.* Wagler.

CARACTÈRES. Carapace d'un brun rougeâtre, entière, ovale, unie, convexe, à région dorsale déprimée ; une écaille nuchale; sternum échancré en arrière.

SYNONYMIE. *Testudo pensylvanica.* Gmel. Syst. Nat. tom. 1, pag. 1042, spec. 26.

La Tortue rougeâtre. Lacép. tom. 1, pag. 132.

Testudo pensylvanica. Donnd. Zool. Beyt. tom. 3, pag. 22.

Testudo pensylvanica. Schœpf, Hist. Test. pag. 107, tab. 24, fig. A.

Testudo pensylvanica. Bechst. Uebers. Nat. Lacép. tom. 5, pag. 180.

Testudo pensylvanica. Latr. Hist. Rept., tom. 1, pag. 155.

Testudo pensylvanica. Shaw, Gener. Zool, tom. 5, pag. 60, tab. 14, fig. 2.

Testudo pensylvanica. Daud. Hist. Rept. tom. 2, pag. 182, tab. 24, fig. 1 et 2.

Emys pensylvanica. Schweigg. Prodr. Arch. Konigsb. tom. 1, pag. 315 et 436, spec. 36.

La Tortue rougeâtre. Bosc, Nouv. Dict. d'Hist. Nat. tom. 34, pag. 267.

Terrapene pensylvanica. Merr. Amph. pag. 27, spec. 25.

Cistudo pensylvanica. Say, Journ. acad. Phil. tom. 4, pag. 266 et 216, spec. 12.

Emys pensylvanica. Harl. Amer. Herpet. pag. 79.

Kinosternon pensylvanicum. Bell, Zool. Journ. tom. 2, pag. 299, spec. 7.

Testudo pensylvanica. Leconte, Ann. Lyc. Nat. Sc. N. Y, tom. 3, pag. 120, spec. 13.

Kinosternum pensylvanicum. Ch. Bonap. Osservaz. sec. ediz. Reg. Anim. pag. 107, spec. 1. exclus. Testudo Tricarinata Schœpf; Testudo Retzii, Daud; Kinosternon Brevicaudatum, Spix (Cinosternon Scorpioides).

Cinosternon pensylvanicum. Wagl. Syst. Amph. pag. 137.

Kinosternum pensylvanicum. Gray, Synops. Rept. pag. 55, spec. 2.

Terrapene pensylvanica. Schinz, Naturg. Rept. pag. 46, tab. 6, fig. 2.

DESCRIPTION.

FORMES. La boîte osseuse du Cinosterne de Pensylvanie est
courte et basse, puisque sa largeur se trouve contenue deux
fois et un tiers dans sa longueur, et sa hauteur, une fois et un
quart. Le contour de sa carapace représente un ovale qui est
rectiligne sur les côtés du corps, et dont le diamètre transversal
est un peu moindre au dessus des cuisses qu'au niveau des bras.
La ligne du profil du dos est assez arquée à ses deux extrémités,
mais surtout en arrière; entre la première et la quatrième
écaille vertébrale, elle est au contraire presque horizontale.
Tantôt les trois écailles dorsales du milieu sont arquées en travers, tantôt elles forment un peu la gouttière. Le limbe est fort
étroit et garni de vingt-trois plaques; savoir : une nuchale,
deux suscaudales et dix paires latérales. La première dorsale,
qui est légèrement renflée dans son sens longitudinal, représente
un triangle isocèle fort allongé et à sommet tronqué; la dernière est pentagone subtriangulaire, les trois médianes sont
hexagones et ont leur bord antérieur et leur bord postérieur presque de moitié plus étroit que chacun des quatre autres. Celle
des écailles costales qui se trouve la plus éloignée de la tête est
beaucoup moins étendue en surface que celles qui la précèdent:
elle a cinq côtés formant trois angles très obtus, et deux aigus;
ces deux derniers situés, l'un en bas et en avant, l'autre en
haut et en arrière. La première de ces écailles est aussi large que
haute et tétragone subtriangulaire; les deux suivantes ont un
tiers moins d'étendue en long qu'en travers et sont pentagones,
ayant deux angles droits inférieurement, et trois obtus du côté
du dos. La plaque de la nuque est fort petite et quadrangulaire.
A l'exception des dernières margino-fémorales, qui sont tétragones subtriangulaires avec leur bord supérieur curviligne,
toutes les autres écailles du limbe sont quadrilatérales oblongues.

Le plastron est large, mais plus en avant qu'en arrière; ici il
est faiblement échancré en V, tandis qu'à l'autre bout il se termine en pointe arrondie. Les prolongemens latéraux ou ailes
en sont fort courts, mais surtout très peu élargis; la surface en
est creusée d'une gouttière dont la pente se dirige en arrière.
Ces mêmes prolongemens sterno-costaux sont en grande partie

recouverts par la plaque inguinale offrant la forme d'un losange fort allongé. Quant à l'écaille axillaire, elle est, comparativement à celle-ci, fort peu développée et d'une figure extrêmement variable. La plaque gulaire ressemble à un triangle dont la base serait fortement arquée ; les brachiales, entre lesquelles elle se trouve presque entièrement enclavée, sont tétragones subrhomboïdales, et les écailles du milieu quadrangulaires subéquilatérales. Les pectorales et les fémorales sont triangulaires, et les anales représentent des rhombes qui auraient deux côtés plus courts que les autres. Les écailles de la carapace et la plupart de celles du sternum sont légèrement imbriquées : les unes et les autres montrent des sillons concentriques ; mais ces sillons sont profonds dans les écailles sternales, et très peu marqués dans celles du test.

La tête est un peu moins déprimée que celle de l'espèce précédente ; les mâchoires sont extrêmement fortes et seulement tranchantes ; l'inférieure, en se recourbant vers l'autre, forme une grande pointe anguleuse. Le crâne est recouvert en avant d'une large plaque cornée de forme rhomboïdale, se rabattant de chaque côté du museau. Le menton est garni de deux petits barbillons, en arrière desquels il en existe deux autres un peu moins courts. On ne voit pas d'autres écailles sur les membres antérieurs que celles qui recouvrent les doigts, les deux qui sont placées obliquement au dessus du pouce et les quatre ou cinq autres garnissant le derrière du poignet. Partout ailleurs, la peau de ces parties est lisse antérieurement. Sous la paume cependant et sous la plante des pieds, on trouve des petites verrues. Les pieds de derrière ne sont guère plus squammeux, puisque les seuls talons portent quelques écailles élargies et imbriquées; mais on remarque, ce qui se voit aussi dans l'espèce suivante et chez le Staurotype Musqué, que la partie interne de la cuisse, près du jarret, et la face postérieure du tarse, portent l'une et l'autre un groupe de petits tubercules fort durs et pointus, groupe qui est disposé en carré et assez large. Les ongles sont médiocres et sous-courbés. Les membranes interdigitales sont grandes et denticulées. La queue, dont la longueur peut être évaluée au tiers de celle du plastron, est grosse, arrondie, pointue, terminée par un ongle fort et légèrement recourbé.

REPTILES, II.   24

Coloration. La boîte osseuse est en dessus d'un rougeâtre uniforme plus ou moins foncé ; en dessous un jaune roussâtre colore les écailles, qui sont encadrées de brun. Les autres parties du corps offrent une teinte cendrée, tachetée de brun, à l'exception des mâchoires qui sont jaunes avec des taches brunes.

Dimensions. *Longueur totale.* 14" 6'". *Tête.* Long. 3"; haut. 1" 5'", larg. antér. 5'", postér. 2". *Cou.* Long. 3". *Memb. antér.* Long. 4'". *Memb. postér.* Long. 3" 5'". *Carapace.* Long. (en dessus) 11", haut. 4", larg. (en dessus), au milieu 9" 6'". *Sternum.* Long. antér. 3", moy. 2", postér. 3" 5'"; larg. antér. 4" 5'", moy. 5" 7'", postér. 4". *Queue.* Long. 1" 8'".

Patrie et moeurs. Le Cinosterne de Pensylvanie est très commun aux États-Unis, où il vit dans les eaux bourbeuses, se nourrissant de petits animaux aquatiques. Il répand une très forte odeur de musc.

Observations. De toutes les Élodites de l'Amérique septentrionale, cette espèce est une de celles que l'on connaît depuis le plus longtemps. Edwards et Schœpf en ont publié des figures; Daudin, Bosc, Schweigger, et plus récemment M. Leconte, l'ont fort bien décrite.

5. LE CINOSTERNE HIRTIPÈDE. *Cinosternon Hirtipes.* Wagler.

Caractères. Carapace d'un brun olivâtre, unie, convexe, à région dorsale déprimée, à bord terminal échancré en avant et en arrière; point de plaque nuchale.

Synonymie. *Cinosternon hirtipes.* Wagl. Syst. Amph., pag. 137, tab. 5, fig. 29-30.

Cinosternon hirtipes. Wagl. Descript. et Icon. tab. 30.

DESCRIPTION.

Formes. Cette espèce a la plus grande ressemblance avec la précédente. La carapace aurait absolument la même forme, si ce n'était que son contour est un peu plus large en arrière qu'en avant, et que son disque est légèrement comprimé à l'endroit des épaules. Les écailles qui recouvrent le test en dessus comme en dessous ne sont pas non plus différentes; mais les écailles marginales ne sont qu'au nombre de vingt-deux, par la raison que le limbe manque de plaque impaire antérieure ou de nuchale. Les autres parties du corps ressemblent aussi tout-à-fait à celles du Cinosterne de Pensylvanie.

COLORATION. La tête offre une couleur olivâtre, ayant des raies plus pâles. Une teinte cendrée uniforme est répandue sur le cou et sur les membres. Les mâchoires sont d'un jaune sale varié de brun, et les ongles sont couleur de corne. Le test est teint de brun olive en dessus, mais il est jaune et irrégulièrement tacheté de brunâtre en dessous.

DIMENSIONS. *Longueur totale.* 22". *Tête.* Long. antér. 5". *Cou.* Long. 5". *Carapace.* Long. (en ligne droite) 12" 5'". *Sternum.* Long. 10" 5'". *Queue.* Long. 7" 3'".

PATRIE. Cette espèce est originaire du Mexique.

Observations. Nous ne la connaissons que par la figure et la description qu'en a données Wagler dans ses *Icones*, figure et description faites d'après un individu envoyé du Mexique au Muséum de Munich, par le baron de Karwinsky.

24.

SECONDE SOUS-FAMILLE DES ÉLODITES.

LES PLEURODÈRES.

Ainsi que leur nom l'indique, les Pleurodères ont toutes le cou rétractile sur l'un des côtés de l'ouverture antérieure de la carapace : jamais elles ne peuvent le faire complètement rentrer entre leurs bras et sous le milieu du bouclier et du plastron, comme le font les Cryptodères. On remarque dans tous les genres qui composent cette famille, que le crâne est plus ou moins déprimé et nu en arrière, excepté dans un seul, qui est celui des Peltocéphales ; que les yeux ne sont plus situés sur les parties latérales de la tête, comme dans les Cryptodères, mais bien presque au dessus ; qu'ils sont fort rapprochés l'un de l'autre et dirigés obliquement vers le ciel. Wagler indique même dans la pupille de ces yeux des bords frangés de l'iris, qu'il compare à ceux que nous avons décrits dans les Raies et dans plusieurs autres poissons à yeux verticaux (1). Il n'y a que le genre Peltocéphale qui ait les yeux latéraux ; car sa tête a proportionnellement autant d'épaisseur que celle des Élodites Cryptodères. Cependant ce genre est d'ailleurs semblable en tout aux autres Pleurodères, de sorte que nous n'avons pu raisonnablement l'en séparer : il fait la transition naturelle de deux sous-familles. Il faut avouer encore que cette dépression du crâne chez les Élodites Pleurodères ne se

(1) Wagler, Naturliches System der Amphibien, page 219.

fait pas également remarquer dans tous les groupes génériques de cette subdivision. Ainsi chez les Podocnémides, la tête n'est pas tellement aplatie qu'elle ne puisse offrir une forme un tant soit peu conique. Mais cette dépression est très sensible dans la plupart des autres genres, c'est-à-dire que chez les Pentonyx et les Platémydes, par exemple, l'épaisseur de la tête se trouve comprise deux fois dans sa largeur en arrière, et que chez les Chélydes et les Chélodines, elle est encore plus considérable. Le museau ou l'extrémité antérieure de cette tête est tantôt de forme obtuse comme dans le genre Podocnémide, tantôt arrondi, ainsi qu'on le voit dans les Chélodines, ou bien enfin ce museau est tout-à-fait pointu, formant le sommet d'un triangle dont l'ensemble de la tête offre en effet la figure. Telles sont en particulier les Chélydes.

Ce dernier genre dont le nom se trouvera, pour ainsi dire, aussi souvent sous notre plume que nous aurons de fois à signaler des particularités remarquables, non seulement dans le groupe, mais dans la famille qui le renferme, et par suite dans les rapprochemens que nous aurons à faire avec des animaux d'un autre genre; ces Chélydes, disons-nous, sont les seules parmi les Élodites dont les narines, de même que chez les Potamites, se prolongent un peu au delà du museau, où elles forment une sorte de petite trompe que nous ferons mieux connaître lorsque nous traiterons du genre Chélyde de posditol en particulier. Dans toutes les autres Pleurodères, les orifices nasaux sont, comme dans la majeure partie des Chéloniens, tout-à-fait simples et situés au dessus et dans une échancrure de l'étui de corne de la mâchoire supérieure.

Deux genres seulement ont la surface du crâne

et les parties latérales de la tête, garnies de plaques : ce sont ceux des Podocnémides et des Peltocéphales, particularité dont ces dernières ont emprunté leur nom, et qui est d'autant plus remarquable que ces écailles cornées sont imbriquées ou placées les unes sur les autres, ainsi que celles qui recouvrent la boîte osseuse.

Chez les Élodites Pleurodères, les mâchoires ne sont jamais dentelées, comme cela arrive au contraire le plus souvent dans les espèces de l'autre sous-famille. Les bords en sont presque toujours tranchans ; car il n'y a véritablement que les Chélydes, chez lesquelles les bords des mâchoires soient assez roulés en dedans pour qu'ils paraissent arrondis.

Le cou, dont le degré de dépression semble correspondre au plus ou moins grand aplatissement de la tête, est toujours enveloppé d'une peau lâche et flexible, qui est tantôt nue, comme dans les Podocnémides et les Peltocéphales, tantôt granuleuse, ainsi qu'on l'observe dans les Pentonyx et les Sternothères, ou bien garni d'appendices ou de lamelles de peau flottante qui sont plus développés chez les Chélydes que dans aucune autre espèce. On voit sous le menton de toutes les Élodites Pleurodères, les Chélodines exceptées, deux petits barbillons semblables à ceux que l'on remarque sous la même région dans les Cinosternes et les Émysaures, les seules qui en offrent dans la sous-famille des Chéloniens Cryptodères.

Il y a trois genres qui ont le pourtour de la carapace garni de vingt-cinq plaques, ce sont ceux des Platémydes, des Chélodines et des Chélydes ; tous les autres manquent de la plaque nuchale, et n'ont par conséquent que vingt-quatre lames marginales ;

mais aucun n'a moins de treize plaques au sternum,
et la plupart manquent d'axillaires et d'inguinales.
Quant aux membres, ils sont généralement peu garnis
d'écailles, et les cinq doigts qui les terminent ont tous
chacun un ongle chez les Pentonyx et les Sternothères.
Le cinquième doigt en est privé, devant comme derrière, dans le genre Chélodine; mais dans tous les
autres genres, le cinquième doigt de la patte postérieure est le seul qui ne soit point armé d'ongle. Ces
étuis de corne sont généralement longs, légèrement recourbés et pointus. La membrane interdigitale varie
pour l'étendue, dans les différens genres et même suivant les espèces.

Dans le plus grand nombre des espèces, la queue est
courte et pointue; chez le seul genre Peltocéphale,
elle est garnie d'une sorte d'ongle ou d'étui corné.

Le bassin des Pleurodères, sans aucune exception,
est soudé tout à la fois au plastron et à la carapace,
remarque qui, comme nous l'avons déja dit, avait été
faite par Gray et par Wagler, le premier de ces
auteurs ayant même employé ce caractère pour réunir
les Élodites dont nous faisons cette sous-famille, à
laquelle il donnait le nom de CHELYDIDÆ, emprunté
de celui du genre principal, ou du moins du plus
remarquable de ce groupe.

Les sept genres *Peltocéphale, Podocnémide, Pentonyx, Sternothère, Platémyde, Chélodine* et *Chélyde*, que nous réunissons dans cette sous-famille,
sont tous très naturels et faciles à distinguer les uns
des autres. Nous allons en présenter successivement
l'histoire, suivant l'ordre dans lequel nous venons
de les énumérer.

DEUXIÈME FAMILLE. — LES CHÉLONIENS ÉLODITES.

SECONDE SOUS-FAMILLE. — LES PLEURODÈRES.

Tortues à tête le plus souvent déprimée, non rétractile entre les pattes antérieures ; cou aplati, flexible latéralement ; à peau adhérente ; yeux le plus souvent élevés ; os du bassin soudés au plastron.

A tête

épaisse, couverte de plaques : mandibule
- crochue, recourbée . . . . 12. PELTOCÉPHALE.
- presque droite. . . . . 13. PODOCNÉMIDE.

plate : narines
- simples : ongles des pattes
  - quatre devant, autant derrière. . . . . 17. CHÉLODINE.
  - cinq :
    - devant et quatre derrière . . . . . . 16. PLATÉMYDE.
    - à chaque patte : plastron
      - mobile. . . 15. STERNOTHÈRE.
      - fixe. . . . . 14. PENTONYX.
- en trompe : mâchoires arrondies, mousses . . . . 18. CHÉLYDE.

XIIe GENRE. PELTOCÉPHALE. — *PELTOCE-PHALUS*. Nobis.

CARACTÈRES. Tête grosse, subquadrangulaire, pyramidale, couverte de grandes plaques épaisses un
peu imbriquées ; mâchoires extrêmement fortes, crochues, sans dentelures ; yeux latéraux ; plaques de la
carapace légèrement entuilées ; point de plaque nuchale ; pieds peu palmés ; deux larges écailles arrondies aux talons ; ongles droits, robustes ; queue onguiculée.

Ce genre est le seul parmi ceux des Élodites Pleurodères
qui ait encore, comme les Cryptodères, les yeux placés sur
les parties latérales de la tête. Du reste, il a conservé quelques uns des caractères des deux derniers genres de la
sous-famille précédente. Ainsi son test est allongé et étroit
comme le leur ; les écailles qui le recouvrent sont légèrement entuilées, et la queue porte à sa pointe un petit ongle
recourbé. Sa tête est même proportionnellement un peu
plus allongée que celle des Staurotypes et des Cinosternes.
Les deux mâchoires, recourbées à leur extrémité, sont
épaisses et tranchantes : elles rappellent par leur forme
celles des Platysternes, mais elles sont beaucoup plus
fortes.

La peau du cou et des membres est presque nue, et en
cela le genre Peltocéphale ressemble au suivant, celui des
Podocnémides. Ces deux genres offrent en outre, au dessus
du cinquième doigt externe des pieds de derrière, deux larges squammelles arrondies, adhérentes à la peau par toute
leur face inférieure.

Les Peltocéphales ont les doigts courts, terminés par des

ongles droits et forts comme ceux des Tétronyx. Leurs membranes interdigitales sont peu développées.

L'espèce d'après laquelle nous avons établi ce genre, l'Émyde Tracaxa de Spix, avait été placée par Wagler avec les Podocnémides dont elle est assez voisine, il est vrai, mais dont elle se distingue en ce qu'elle n'a pas de sillon sur le front, ni les mâchoires presque droites, ni enfin les membranes natatoires fort élargies.

Nous répétons ici que nous avons cherché à indiquer, par ce nom de Peltocéphale, la disposition particulière des écailles qui recouvrent le crâne comme une sorte de casque, de πέλτη, *un écusson*, et de κεφαλή, *tête*.

1. LE PELTOCÉPHALE TRACAXA. *Peltocophalus Tracaxa.* Nobis. (*Voyez* pl. 18, fig. 2.)

CARACTÈRES. Carapace d'un brun noirâtre, ovale, subsémicylindrique, unie, entière; tête très grosse, garnie de six plaques cornées; mâchoires crochues; queue médiocre, onguiculée.

SYNONYMIE. *Emys tracaxa.* Spix, Rept. Braz., pag. 6, tab. 5, spec. 5.

Emys macrocephala. Spix, loc. cit., pag. 5, tab. 4, spec. 4.

Podocnemis tracaxa. Wagl. Syst. Amph., pag. 135.

Podocnemis macrocephala. Wagl. loc. cit., pag. 135.

DESCRIPTION.

FORMES. Le test de cette espèce est peu élevé; uniformément convexe dans toutes ses parties, il n'offre ni bosses ni carènes. Son diamètre médio-transversal est les deux tiers de son diamètre longitudinal, dans lequel le vertical est contenu deux fois moins un tiers. La courbure de son dos est uniforme, allongée et très surbaissée au milieu. Celle que représente le corps, vu de face, forme presque le demi-cercle. Le contour horizontal de la carapace représente un ovale oblong et comme tronqué en avant, obtusangle en arrière, rectiligne sur les côtés, et guère plus élargi au niveau des cuisses qu'au dessus des bras. La région fémorale du limbe a une fois plus de largeur que les régions collaire et caudale; elle est encore de moitié moins étroite que

les régions cachées par les écailles margino-latérales. Le cercle
osseux qui entoure le disque de la carapace est incliné fortement
et également en dehors, dans toute sa circonférence : la surface
du pourtour est plane, excepté en arrière des ailes sternales, où
elle forme un peu la gouttière. Toutes les plaques qui recouvrent le corps en dessus et en dessous sont très légèrement imbriquées, et n'offrent pas la moindre trace d'aréoles, tout en
ayant quelques faibles lignes concentriques sur leurs bords.

Les écailles margino-collaires sont trapézoïdes ; les premières
margino-brachiales sont pentagones et d'un tiers plus longues
que larges ; elles ont deux angles droits en avant, deux angles
obtus en arrière, et entre ces deux-ci, un troisième qui est aigu
et plus rapproché de la plaque nuchale que de la seconde brachiale. Celle-ci est quadrilatérale oblongue ; il en est de même
de la première et de la troisième margino-latérale. La seconde
margino-latérale et la quatrième ressemblent à la première margino-collaire ; la cinquième est trapézoïde tout comme la seconde
margino-fémorale ; les suscaudales sont carrées ; la première
margino-fémorale et la dernière sont pentagones, plus hautes
que larges, et ont deux angles droits inférieurement et trois
obtus du côté du disque. Les écailles qui commencent la rangée
du dos sont heptagones subquadrangulaires équilatérales, par
la raison que les quatre petits côtés par lesquels elles s'articulent
avec le pourtour n'en forment pour ainsi dire qu'un seul. La
seconde vertébrale et la troisième sont hexagones, aussi larges
en avant qu'en arrière ; elles ont leurs bords costaux postérieurs
arqués en dedans. La quatrième a également six faces, mais ses
deux faces latérales, les plus rapprochées de la queue, forment
un angle aigu à sommet tronqué.

La dernière lame cornée de la ligne vertébrale ressemble à
un losange, ayant le sommet de son angle antérieur coupé. La
première plaque costale est extrèmement grande, tétragone, subtriangulaire et soudée aux marginales qui lui correspondent par
un bord très arqué. Les écailles des deux paires suivantes ne sont
pas tout-à-fait une fois plus hautes que larges. On leur compte à
chacune sept côtés, dont deux latéraux, deux vertébraux et
trois limbaires inégaux. Les quatrièmes costales sont hexagones,
plus étroites en haut qu'en bas, où elles offrent quatre angles,
deux obtus et deux aigus ; tandis qu'en haut elles en offrent deux
droits, formés par leurs bords latéraux et par leur pan verté-

bral. Le plastron est tant soit peu plus court que la carapace en avant, mais en arrière il en est dépassé par un sixième de sa longueur. La partie libre antérieure ressemble à une portion d'ovale, la postérieure à un quadrilatère un peu rétréci et largement échancré en V à sa partie postérieure. Sa partie médiane, par laquelle il tient à la carapace, ressemble à un tétragone plus large que long. Les ailes sternales sont excessivement étroites, mais leur diamètre longitudinal est bien la moitié de celui du plastron.

Les trois plaques gulaires sont enclavées dans les brachiales; l'intergulaire est fort longue et se termine en pointe en arrière; les deux autres gulaires sont triangulaires presque équilatérales, et ont leur bord externe curviligne. Les brachiales sont tétragones, ayant également leur bord externe curviligne, et les écailles de la dernière paire ou les anales sont en losange; quant aux six autres écailles, elles ressemblent, les fémorales, à des rectangles placés en long, les abdominales et les pectorales à des quadrilatères plus longs que larges.

Il n'existe pas de plaques sterno-costales antérieurement, ni à la partie postérieure. La tête est grosse, ressemblant pour la forme à celle des Cinosternes et des Staurotypes, c'est-à-dire qu'elle est peu longue, mais conique et assez comprimée en avant des yeux, qui sont situés latéralement comme ceux des Élodites Cryptodères que nous venons de nommer. La tête est complètement enveloppée de grandes écailles cornées, dures, fort épaisses, imbriquées et appliquées sur les os mêmes du crâne. On en compte six qu'on peut déterminer de la manière suivante : une frontale occupant toute la partie antérieure de la tête, et s'articulant en arrière et en son milieu par un bord arqué avec une occipitale, et de chaque côté de celle-ci avec une pariétale. Cette dernière descend jusqu'au dessus du tympan, et entre elle, le bord de l'orbite et l'extrémité de la mâchoire supérieure, il existe une plaque mastoïdienne qui se prolonge en angle aigu jusque sous l'oreille.

Les mâchoires sont d'une force extrême et sans la moindre dentelure. La supérieure se termine en avant en bec obtus, mais celle d'en bas, se recourbant vers l'autre, forme une pointe anguleuse. La peau du cou est nue, celle des membres et de la queue l'est aussi en grande partie.

Les doigts sont courts; les membranes natatoires qui les unissent sont bien peu développées. Les ongles, au contraire, sont assez longs, droits, obtus, plats en dessous et convexes en dessus; en un mot, ils ressemblent à ceux des Tétronyx.

On remarque que le tranchant externe du bras est garni de cinq ou six grandes écailles ovales ou quadrilatérales oblongues et superposées. Au dessous du coude et du genou ainsi que sur la partie postérieure du tarse, on voit aussi des plaques fort courtes, mais très élargies et non adhérentes à la peau par toute leur surface. Le cinquième doigt interne des pieds de derrière se trouve couvert par une large lame écailleuse, plate et arrondie, et suivie d'une autre à diamètre encore plus grand. On retrouve les analogues de ces plaques chez les deux espèces du genre qui suit celui-ci; enfin le Peltocéphale Tracaxa porte aux talons et aux environs des poignets des tubercules cornés, comme nous n'en avons encore vu dans aucune autre espèce. Ces tubercules sont courts, assez larges, très durs et très finement striés dans le sens de leur hauteur. La longueur de la queue est le tiers de celle du sternum; elle est grosse, arrondie à sa base et assez mince à son extrémité, qui est garnie d'un petit ongle divisé longitudinalement en deux parties. Cette queue d'ailleurs est complètement dépourvue d'écailles.

COLORATION. Un brun noirâtre nuancé de marron règne sur toute la partie supérieure de l'animal. Le dessous de la boîte osseuse est jaunâtre, et celui des autres parties du corps offre une teinte plus claire que celle de la carapace.

DIMENSIONS. *Longueur totale.* 54". *Tête.* Long. 10"; haut. 7"; larg. antér. 1" 5'"; postér. 7" 8'". *Cou.* Long. 7". *Membr. antér.* Long. 10" 4'". *Membr. postér.* Long. 10" 8'". *Carapace.* Long. (en dessus) 38"; haut. 13" 5'; larg. (en dessus) au milieu 33". *Sternum.* Long. antér. 7" 3'", moy. 10", postér. 12" 1'"; larg. antér. 15", moy. 18" 5'", postér. 10" 8'". *Queue.* Long. 9".

PATRIE. Le Peltocéphale Tracaxa est originaire de l'Amérique méridionale; l'exemplaire de cette description vient de Cayenne. Mais nous savons par M. Spix que cette espèce vit aussi au Brésil, où il l'a trouvée sur les bords du fleuve Solimoëns.

Observations. Cette espèce d'Élodite est bien évidemment l'*Emys Tracaxa* de Spix, à laquelle nous rapportons l'*Emys Macrocephala* du même auteur.

XIIIᵉ GENRE. PODOCNÉMIDE. — *PODOCNE-MIS*. Wagler.

CARACTÈRES. Tête peu déprimée, couverte de plaques; front creusé d'un large sillon longitudinal; mâchoires légèrement arquées, sans dentelures; deux barbillons sous le menton; point de plaque nuchale; sternum large, non mobile; pattes largement palmées, les postérieures portant aux talons deux grandes écailles minces et arrondies; queue courte, inonguiculée.

Les Podocnémides sont loin d'offrir une tête aussi grosse que celle des Peltocéphales. Leurs mâchoires ne sont pas non plus crochues ni aussi fortes; elles sont au contraire droites ou très peu arquées, et la supérieure présente une petite échancrure à son extrémité. Leur crâne est garni de larges plaques de même que celui des Peltocéphales, mais ces lames ne sont point imbriquées. Un caractère qui leur est particulier c'est que la partie antérieure de leur tête est creusée d'un large et profond sillon longitudinal. Leurs yeux ne sont pas placés tout-à-fait verticalement sur la tête, mais sur les côtés, et d'une manière oblique. La peau du cou et des membres est nue en grande partie, car il n'y a que le devant des bras et le dessus des pieds qui portent quelques écailles en croissant. Pourtant aux pattes de derrière, sur le petit doigt, on remarque deux écailles circulaires très dilatées, et qui adhèrent à la peau par toute leur surface inférieure, comme cela a lieu chez les Peltocéphales.

Il est d'ailleurs très facile de distinguer ces Podocnémides des autres genres d'Élodites Pleurodères, puisqu'elles ont un ongle de moins que les Pentonyx et les Sternothères aux pieds de derrière, et un de plus que les Chélodines à ceux de devant. On les distingue des Platémydes et des Chélydes parce qu'elles n'ont ni les narines en trompe, ni la tête anguleuse de celles-ci; en outre, leurs grandes plaques céphaliques et leur sillon frontal doivent empêcher qu'on ne les confonde.

Wagler a fondé ce genre, dans lequel il a fait entrer deux espèces que Schweigger a décrites le premier sous les noms d'*Emys Expansa* et d'*Emys Dumeriliana*; et une troisième, l'*Emys Tracaxa*, qu'il ne connaissait sans doute que par la figure de Spix, et que nous avons dû retirer de ce genre pour en faire le type de celui des Peltocéphales.

Les Podocnémides sont originaires de l'Amérique méridionale, et parviennent à une taille assez considérable.

Le nom du genre est emprunté des tubercules solides qu'on a observés sur les talons des espèces qu'on y a rapportées; de κνημίς, *des bottines*, et de πούς-ποδός, *pattes*.

TABLE SYNOPTIQUE DU GENRE PODOCNÉMIDE.

Carapace	déprimée ou tectiforme, sans carène sur le dos............... 1. P. ÉLARGIE.
	bombée, ayant ses seconde et troisième écailles vertébrales carénées... 2. P. DE DUMÉRIL.

LA PODOCNÉMIDE ÉLARGIE. *Podocnemis Expansa.* Wagler.

(Voyez pl. 19, fig. 1.)

CARACTÈRES. Carapace ovale, entière, très déprimée (dans l'état adulte), tectiforme (dans le jeune âge), région fémorale du limbe fort élargie et horizontale; écailles vertébrales unies.

SYNONYMIE. *Emys expansa.* Schweigg. Arch. Konigsb., tom. 1, pag. 299 et 343, spec. 8.

Emys amazonica. Spix, Rept. Braz., pag. 1, tab. 1, spec. 1.

Hydraspis expansa. Gray, Synops. Rept., pag. 41, spec. 9. Exclus. Synon. Emys Tracaxa , Spix. (Peltocéphale Tracaxa). *Emys Erythrocephala*, Spix. (Podocnemis Dumeriliana.)

Podocnemis expansa. Wagl. Syst. Amph., pag. 135, tab. 4, fig. 1-51.

Jeune age. *Emys amazonica*. Spix, Rept. Braz., pag. 2, tab. 2, fig. 1 et 2.

DESCRIPTION.

Formes. Le corps de la Podocnémide Élargie est très déprimé, puisque sa plus grande hauteur n'est que le tiers de sa longueur. Le contour horizontal du test a une forme ovoïde. La longueur du limbe de la carapace est la même au dessus du cou et des bras que sur les côtés du corps; mais tout-à-fait en arrière et au dessus des cuisses; elle est une fois plus considérable qu'en avant. La région collaire et les deux régions brachiales de ce limbe, sont inclinées obliquement en dehors; les régions latérales sont perpendiculaires; les fémorales et la caudale sont subhorizontales, et forment même tant soit peu la gouttière. Aucune partie du bord terminal de la carapace n'est dentelée. La première écaille vertébrale est fortement penchée d'avant en arrière; la seconde l'est excessivement peu derrière, et les trois autres le sont d'autant plus du côté de la queue, qu'elles se rapprochent davantage de celle-ci. La première de ces plaques dorsales est très légèrement arquée en travers; la seconde et la dernière sont faiblement convexes. La troisième est parfaitement plane, et la quatrième un peu renfoncée. Les huit écailles costales sont fortement penchées du côté du dos. La plaque qui commence la rangée de cette région est pentagone carrée, elle a en avant deux côtés rectilignes, qui forment un angle extrèmement ouvert, et en arrière un bord cintré en devant; à droite et à gauche un autre bord arqué au contraire en dehors. La seconde écaille dorsale et la troisième sont héxagones à peu près aussi larges que longues. Elles ont leurs bords vertébraux arqués en avant; leurs bords costaux, qui forment un angle très obtus, sont, les antérieurs, rectilignes, les postérieurs, onduleux. On compte également six pans à la quatrième plaque vertébrale; son bord postérieur est une fois moins large que celui qui lui est parallèle, et ses angles antérieurs sont arrondis. La dernière plaque du dos est heptagone, ayant ses deux faces

latérales arquées en dehors. La plaque costale antérieure est
tétragone subtriangulaire ; celle qui la suit, quadrilatérale, et
moitié plus haute que large ; elle a son bord supérieur anguleux comme la troisième : mais le bord postérieur de celle-ci
est moins élevé que son bord antérieur.

Quant aux dernières écailles des deux rangées que soutiennent les côtes, elles sont moins larges en haut qu'en bas, et
elles offrent six pans, par les trois plus petits desquels elles s'articulent avec les lames marginales qui leur correspondent. Les
écailles limbaires de la première paire et de la seconde sont
trapézoïdes, et celles qui les suivent jusqu'à la septième inclusivement sont rectangulaires. Les plaques suscaudales et les
secondes margino-fémorales sont carrées. Les deux paires d'é-
cailles, entre lesquelles ces dernières sont placées, seraient
également carrées si leur bord supérieur n'offrait un angle obtus. Les cinquièmes margino-latérales sont quadrangulaires,
moins larges que longues, et plus étroites en avant qu'en
arrière.

Le sternum est plan, arrondi du côté du cou, et semi-circulairement échancré du côté de la queue. Les ailes en sont larges et à
peine relevées. La plaque intergulaire est plus grande que les gulaires. Celles-ci ressemblent à des triangles isocèles, tandis que celle-
là offre cinq côtés dont les deux postérieurs forment un angle
aigu. Ces trois plaques sternales antérieures sont enclavées entre
les brachiales, qui représentent aussi des triangles isocèles ; mais
leur sommet est tronqué. La portion des pectorales et des abdominales, qui couvre le corps du sternum, présente une figure
carrée. Les fémorales sont quadrilatérales, ayant leur bord
latéral interne moins élargi que le latéral externe, lequel est
légèrement arqué en dehors. Les écailles anales sont subrhomboïdales. La tête est allongée et un peu aplatie ; la gouttière
creusée dans le front s'étend depuis le bout du museau jusqu'au
niveau du bord postérieur de l'orbite. Toute la partie antérieure
de la tête se trouve couverte par une grande plaque fronto-nasale. Derrière cette plaque il existe une frontale, arrondie en
avant, et qui, en arrière, se prolonge en pointe. Les côtés de la
tête sont protégés par deux plaques pariétales très étendues, et
l'on remarque à l'extrémité postérieure du crâne une petite
plaque occipitale en losange. Les mâchoires sont fortes et non
dentelées ; les deux barbillons du menton sont courts ; la peau

du cou est nue, celle des membres l'est aussi en grande partie ;
car on ne voit d'écailles que sur le bord externe des bras et sur
les talons. Mais ces écailles sont grandes, surtout les deux de
chaque talon qui sont presque circulaires, et placées l'une à la
suite de l'autre, partie sur le petit doigt, partie sur la membrane natatoire, bordant en dehors ce même petit doigt. Les
écailles brachiales, au nombre de sept ou huit, forment une
rangée longitudinale sur le côté externe du bras, depuis le coude
jusqu'au poignet. Les membranes interdigitales sont très développées. Les ongles sont robustes, déprimés et presque droits.
La queue est courte et conique.

Coloration. Le dessus du corps offre une teinte brune mélangée de roussâtre ; le dessous est jaune, tacheté de brun. Les
membres, le cou et le front sont de cette dernière couleur ; le
restant de la tête présente une teinte marron. Cependant les sutures des plaques céphaliques sont noires, et l'on voit quatre
points de la même couleur, placés, deux sur la plaque frontale,
et un sur le bord latéral interne de chaque pariétale.

Dimensions. *Longueur totale.* 81''. *Téte.* Long. 11'' 4''' ; haut. 6'' ;
larg. antér. 1'' 8''', postér. 8''. *Cou.* long. 12'' 5'''. *Memb. antér.*
Long. 10''. *Memb. postér.* Long. 13'' 4'''. *Carapace.* Long. (en
dessus) 54'' ; haut. 17'' ; larg. (en dessus) au milieu 49 '' 7'''.
Sternum. Long. antér. 11'' 6''' ; moy. 15'' 5''', postér. 16'', larg.
antér. 18'', moy. 30'', postér. 79'' 9'''. *Queue.* Long. 11'' 5'''.

Variétés. Il existe dans la collection une Podocnémide d'environ trente-cinq centimètres de longueur, laquelle n'est sans
doute qu'une simple variété de la Podocnémide Élargie ; du
moins les différences qu'elle présente avec l'exemplaire dont nous
venons de donner les dimensions sont si légères que nous n'o-
sons véritablement pas, quant à présent, en faire une espèce
particulière. Ces différences, caractérisant celle qui a trente
centimètres de longueur, sont celles-ci : la carapace est proportionnellement assez élevée et tectiforme ; les deux plaques vertébrales du milieu sont très légèrement carénées ; la plaque
frontale est plus élargie ; il n'existe pas d'occipitale ; le sternum
offre une teinte jaune uniforme, et l'on n'aperçoit aucune tache
noire sur la tête.

Patrie. La Podocnémide Élargie vit dans les rivières, et dans
les fleuves de l'Amérique méridionale. Les deux seuls exem-

plaires de cette espèce que possède le Muséum d'histoire naturelle, ont été envoyés de Cayenne par feu M. Richard.

Observations. Schweigger est celui qui a publié la première description de la Podocnémide Élargie, après l'avoir observée dans notre Musée. Spix, dans son ouvrage sur les Reptiles du Brésil, l'a représentée dans ses deux âges, jeune et adulte, sous le nom d'*Emys Amazonica.*

2. LA PODOCNÉMIDE DE DUMÉRIL. *Podocnemis Dumeriliana.* Wagler.

CARACTÈRES. Carapace ovale, bombée, échancrée en avant; seconde et troisième plaque vertébrale, carénées.

SYNONYMIE. *Emys Dumeriliana.* Schweigg. Prodr. Arch. Konisgb. tom. 1, pag. 500 et 545, spec. 9.

Hydraspis Dumeriliana. Gray, Synops. Rept. pag. 42, spec. 10. Exclus. Synon. Émys Macrocephala Spix (Peltocephalus Tracaxa).

Podocnemis Dumeriliana. Wagl. Syst. Amph. pag. 155.

JEUNE AGE. *Emys Cayennensis.* Schweigg. Prodr. Arch. Konisgb. tom. 1, pag. 298 et 540, spec. 6.

DESCRIPTION.

FORMES. La boîte osseuse de la Podocnémide de Duméril est très bombée; sa hauteur est les deux tiers de sa longueur. Son contour horizontal représente un ovale oblong un peu rétréci à son extrémité antérieure. Le bord terminal de la carapace est échancré en V très ouvert au dessus du cou, ce qui n'a pas lieu chez la Podocnémide Élargie. Le limbe est fortement penché en dehors dans toute sa circonférence; sa largeur sur les côtés du corps est moindre qu'au dessus des bras et des cuisses, où il forme un peu la gouttière. La ligne du profil du dos décrit une courbe très surbaissée. On remarque sur la seconde écaille vértébrale et sur la troisième un léger renflement longitudinal et non une véritable carène. La figure des plaques du disque et du pourtour dans cette espèce est absolument la même que dans la Podocnémide Élargie. Cependant les margino-collaires, à cause de l'échancrure en V du limbe, ne sont pas rectangulaires; elles ressemblent à des triangles isocèles à sommet tronqué. La

25.

surface en est parfaitement unie, si ce n'est peut-être sur leurs bords, où l'on aperçoit quelques lignes concentriques faiblement tracées.

Le sternum de la Podocnémide de Duméril ne différerait pas non plus de celui de l'espèce précédente, s'il n'était légèrement arqué d'avant en arrière dans sa première moitié, et si ses ailes n'étaient un peu plus relevées. La tête offre absolument la même forme, et lui ressemble aussi par le nombre et la figure des plaques dont elle est recouverte seulement la gouttière frontale est plus étroite et moins profonde. Les membres et les tégumens qui les revêtent ne diffèrent pas non plus de ceux de l'espèce précédente; la queue est aussi courte et de même forme.

Coloration. Les mâchoires de cette Podocnémide sont jaunes, et le dessus de la tête offre une couleur marron.

Nous possédons un individu sur le corps duquel règne une teinte brune mêlée de noirâtre, et nous avons encore une carapace dont les écailles marginales portent à leur angle inféro-postérieur une large tache quadrangulaire et noire. Le premier a le sternum jaunâtre, tacheté de noir, et la seconde l'a d'un jaune uniforme.

Dimensions. *Longueur totale.* 59". *Tête.* Long. 8"; haut. 4" 2'''; larg. antér. 1' 3'", postér. 5" 8'". *Cou.* Long. 5" 4'''. *Memb. antér.* Long. 8" 7'". *Memb. postér.* Long. 10" *Carapace.* Long. (en dessus) 44" 5'"; haut. 17"; larg. (en dessus), au milieu 10". *Sternum.* Long. antér. 11", moy. 15", postér. 18" 2'"; larg. antér. 16", moy. 23", postér. 14". *Queue.* Long. 5" 6'''.

Jeune age. Il existe dans notre Musée un échantillon de dix-huit centimètres de longueur, qui a les bords de la carapace très faiblement dentelés, les deux écailles vertébrales du milieu réellement carénées; et toutes les plaques du disque, d'un brun clair et bordées de noir.

La collection renferme aussi une très jeune Podocnémide, celle-là même que Schweigger a décrite sous le nom d'*Emys Cayennensis*, et qui nous paraît appartenir à la même espèce que celle qui fait le sujet de cet article. La forme de son corps est effectivement la même que celle de l'individu adulte de la Podocnémide de Duméril; seulement, ses trois écailles dorsales du milieu sont considérablement plus élargies. Sa tête est d'un brun olivâtre et offre une tache jaune en arrière des yeux et deux autres taches marquées chacune d'un point noir, sur la plaque frontale.

PATRIE. La Podocnémide de Duméril, comme la précédente, est originaire de l'Amérique méridionale. Les quatre exemplaires de cette espèce qui font partie de la collection nationale, ont été envoyés de Cayenne. On en doit un à M. Banon, et les trois autres à M. Richard.

Observations. Cette espèce, que Schweigger a fait connaître le premier d'après les exemplaires de notre Musée, a été décrite et représentée par Spix sous le nom d'*Emys Erythrocephala.*

XIVᵉ GENRE. PENTONYX.—*PENTONYX.* Nob.

CARACTÈRES. Tête large, déprimée, couverte de plaques, museau arrondi; mâchoires légèrement arquées, tranchantes; deux barbillons sous le menton; point de plaque nuchale; sternum non mobile, cinq ongles à tous les pieds; queue médiocre, inonguiculée.

La tête des Pentonyx est plus déprimée que celle des Podocnémides. Elle est couverte aussi de grandes plaques écailleuses; mais sa partie antérieure n'est point creusée en gouttière, et sa plaque fronto-nasale est double au lieu d'être simple. Les Pentonyx ont les ailes de leur sternum plus courtes et moins larges que celles des Podocnémides; leurs membres en dessus sont revêtus d'écailles subimbriquées, et la peau des autres parties de leur corps offre de petits tubercules déprimés.

Les Pentonyx sont, avec les Sternothères, dont le principal caractère est d'avoir la portion antérieure du plastron mobile, les seuls de la famille des Élodites dont tous les doigts soient armés d'ongles. Ils ne peuvent donc être confondus avec aucun autre genre.

Ce genre, établi par Wagler, avait reçu de lui le nom très

vague de *Pelomedusa*, qui signifie *maîtresse des marais*, auquel nous avons substitué celui de Pentonyx, pour exprimer le caractère des cinq ongles de toutes les pattes, de πέντε, cinq, et d'ὄνυξ, ongle.

Avec l'espèce type, la *Testudo Galeata* de Schœpf, nous rangeons l'*Emys Adansonii*, de Schweigger. Toutes les deux sont africaines.

TABLE SYNOPTIQUE DU GENRE PENTONYX.

| Première plaque vertébrale heptagone | courte, fort élargie en avant. 1. P. DU CAP. |
| | beaucoup plus longue que large. 2. P. D'ADANSON. |

---

1. LE PENTONYX DU CAP. *Pentonyx Capensis*. Nob.
(*Voyez* pl. 19, fig. 21.)

CARACTÈRES. Carapace d'un brun olivâtre, ovale oblong, de même largeur à ses deux extrémités ; dos bicanaliculé dans l'âge adulte.

SYNONYMIE. *Testudo scabra.* Retz....

La roussâtre. Lacép. Quad. Ovip., tom. 1, pag. 173, pl. 12.

La roussâtre. Bonnat. Encycl. méth., pl. 6, fig. 5.

Testudo badia. Donnd. Zool. Beytr., tom. 5, pag. 34.

Testudo galeata. Schœpf. Hist. Testud., pag. 12, tab. 3, fig. 1.

Testudo badia. Bechst. Uebers. der Naturg, Lacép., tom. 1, pag 259.

Testudo galeata. Bechst., loc. cit., pag. 293.

Testudo subrufa. Lat. Hist. Nat., tom. 1, pag. 120.

Testudo galeata. Lat. loc. cit., pag. 152.

Testudo galeata. Shaw, Gener. Zool., tom. 3, pag. 57, tab. 12, fig. 3.

Testudo subrufa. Daud. Hist. Rept., tom. 2, pag. 132.

Testudo galeata. Daud., loc. cit., pag. 136.

Emys olivacea. Schweigg., Prodr. Arch. Konigsb., tom. 1, pag. 107, spec. 24.

Emys galeata. Schweigg., loc. cit., pag. 307 et 432, spec. 25.

Emys subrufa. Schweigg., loc. cit., pag. 508 et 432, spec. 26.

La Tortue à casque. Bosc. Nouv. Dict. d'Hist. Nat., tom. 34, pag. 263.

La Tortue roussâtre. Bosc., loc. cit., tom. 34, pag. 263.

Emys galeata. Merr. Amph., pag. 22, spec. 5.

Emys subrufa. Merr., loc. cit., pag. 26, spec. 20.

Pelomedusa galeata. Wagl. Syst. Amph., pag. 136, tab. 2, fig. 36-44.

Hydraspis subrufa. Gray, Synops. Rept., pag. 40, spec. 1.

DESCRIPTION.

Formes. La boîte osseuse du Pentonyx du Cap est d'un tiers plus longue que large, et sa hauteur est le quart de sa longueur. Son contour horizontal est un ovale oblong, rectiligne sur les côtés, arrondi vers ses deux extrémités, qui sont de même largeur. Le cercle osseux qui entoure le disque de la carapace est incliné obliquement en dehors. La largeur en est deux fois moins considérable le long des flancs que dans le reste de son étendue. Son bord antérieur offre une échancrure en V excessivement ouvert. La première écaille vertébrale et la dernière sont un peu renflées et fortement inclinées, l'une en avant, l'autre en arrière. Les trois plaques intermédiaires forment une large gouttière du fond de laquelle s'élève une carène longitudinale et arrondie.

Les écailles margino-collaires sont trapézoïdes; les premières margino-brachiales, pentagones ; les deux suivantes, quadrilatérales oblongues, plus étroites en arrière qu'en avant. Les secondes et les troisièmes plaques margino-latérales sont subrhomboïdales ; les deux qui les suivent immédiatement ont quatre côtés, et leur bord antérieur est moins haut que leur bord postérieur. Les secondes margino-fémorales sont carrées; les premières et les troisièmes du même nom le seraient aussi si leur bord supérieur ne formait un angle obtus. Les suscaudales ne diffèrent de celles-ci qu'en ce que leur angle vertébral est aigu et plus rapproché de leur bord latéral interne que de leur côté latéral externe.

La première écaille vertébrale est beaucoup plus grande que les quatre autres de sa rangée. Elle est moins large en arrière qu'en avant, et on lui compte sept côtés, par les quatre plus petits desquels elle se trouve en rapport avec les plaques margino-collaires et avec une partie des margino-brachiales an-

térieures. La seconde des lames du dos et la troisième sont
hexagones carrées ; la quatrième offre également six côtés ,
mais elle est rétrécie en arrière. Quant à la dernière, elle
serait parfaitement cordiforme si elle n'avait un angle aigu
en arrière, pénétrant entre les deux écailles suscaudales. Les
plaques costales de la première paire sont tétragones subtriangulaires. Celles de la seconde représentent des quadrilatères rectangles, deux fois plus hauts que larges. Celles de la troisième,
qui n'ont pas tout-à-fait autant de hauteur, sont pentagones,
plus étendus en avant qu'en arrière, et offrent du côté du dos
deux angles droits, du côté du pourtour un aigu en avant, et
deux obtus, l'un et l'autre en arrière. La quatrième lame costale
est hexagone, et plus étroite en haut qu'en bas, où elle touche
au pourtour par ses trois plus petits côtés. Toutes les écailles de
la carapace sont parfaitement lisses.

Le sternum des femelles est plan; celui des mâles est légèrement concave. Dans les deux sexes, la portion libre antérieure
est plus large que la postérieure, dont l'extrémité offre une profonde échancrure en V.

Les prolongemens sterno-costaux sont peu élargis et assez
relevés : leur longueur équivaut environ au quart de celle du
plastron. Il existe au centre de celui-ci , lors même que l'animal
est adulte , un espace circulaire qui n'est point ossifié, mais
simplement cartilagineux.

Les écailles gulaires ressemblent à des triangles subéquilaté-
raux; l'intergulaire déborde un peu les écailles en avant et considérablement en arrière; elle est beaucoup plus grande, et offre
cinq côtés dont les deux postérieurs forment un angle aigu.
L'ensemble de ces trois plaques sternales antérieures, enclavées
entre les brachiales , offre la figure d'un triangle équilatéral.
Sans tenir compte de la portion des pectorales qui s'avance sur
les ailes du sternum , ces plaques représentent des triangles isocèles à sommet tronqué et à base curviligne. Considérées ainsi,
les abdominales offrent chacune la figure d'un quadrilatère plus
large que long. Les brachiales sont tétragones subrhomboïdales,
les anales en losanges. Les fémorales sont plus étendues en long
qu'en travers, et ont un de leurs quatre côtés, l'externe, un
peu anguleux vers son tiers postérieur.

Toutes les écailles sternales portent des stries concentriques
assez marquées.

Le Pentonyx du Cap a la tête très déprimée, le museau court et arrondi. Les mâchoires sont fortes et simplement tranchantes. Les plaques céphaliques, au nombre de onze, sont : deux fronto-nasales étroites, couvrant la moitié supérieure du cercle osseux qui entoure l'œil ; derrière elles, une très grande frontale de forme ovale et à bords sinueux ; de chaque côté de celle-ci, une tympanale oblongue très dilatée, entre laquelle et la frontale se trouve une petite pariétale ; enfin à droite et à gauche une post-orbitaire et une sous-tympanale, placées l'une à la suite de l'autre. On voit aussi une plaque triangulaire appliquée sur l'extrémité de chaque branche du maxillaire inférieur.

La peau du cou est tuberculeuse, garnie de deux petits barbillons comprimés ; les membres sont revêtus en grande partie de petites écailles minces, circulaires ou ovales, adhérentes à la peau par toute leur surface. Il s'en montre pourtant quelques unes sur le devant des bras et sur le dessus des membres postérieurs, qui sont élargies et dont le bord inférieur est libre. Les pattes postérieures portent derrière le petit doigt et les bras, sur leur bord externe, une membrane natatoire assez développée. Les ongles sont extrêmement forts, longs, pointus et très peu arqués. La queue est grosse et conique, celle des mâles étant un peu plus longue que celle des femelles.

COLORATION. La carapace, le dessus du cou et celui des membres offrent une teinte olivâtre plus ou moins foncée. La surface de la tête est jaune et finement tachetée de brun. Le museau, le dessous du cou et celui des membres sont blancs ; des raies brunes encadrent les plaques sternales, qui présentent sur leur centre une couleur jaunâtre. L'œil a un iris argenté ; les ongles sont blanchâtres.

DIMENSIONS. *Longueur totale.* 45". *Tête.* Long. 7" ; haut. 5" 5" ; larg. antér. 3", postér. 5" 4". *Cou.* Long. 6" 6". *Membr. antér.* Long. 8" 4". *Membr. postér.* Long. 9" 8". *Carapace.* Long. (en dessus) 27" ; haut. 7" 5" ; larg. (en dessus) au milieu, 22". *Sternum.* Long. antér. 7" 1", moy. 5" 5", postér. 9" ; larg. antér. 10" 4", moy. 13" 7", postér. 8" 5". *Queue.* Long. 7" 5".

JEUNE AGE. Les jeunes Pentonyx du Cap se distinguent des adultes, 1° en ce que leur dos n'est pas creusé en gouttière comme celui des autres ; 2° en ce que leurs trois écailles vertébrales du milieu sont beaucoup plus larges que longues ; 3° en ce que toutes les plaques de leur carapace sont surmontées de lignes

concentriques, coupées par d'autres lignes saillantes et disposées
en rayons ; 4° enfin, en ce que leurs lames suscaudales sont carrées, et leur dernière écaille vertébrale tétragone-subtrian-
gulaire.

Patrie. Cette espèce d'Élodite se trouve au cap de Bonne-Espérance, dans l'Ile de Madagascar et au Sénégal. Nous ne possédions de ce dernier pays qu'une seule carapace, précisément celle
qui provient du cabinet d'Adanson, et d'après laquelle Schweigger
avait établi son *Emys Olivacea*, mais feu Delalande, M. Dussumier
et MM. Quoy et Gaimard, nous en ont fourni du cap et de Madagascar des individus de tout âge et en assez grand nombre.

Observations. C'est au jeune âge de cette espèce qu'il faut rapporter la Tortue Roussâtre de Lacépède, et l'*Emys Olivacea* de
Schweigger, espèces établies sur deux exemplaires que renferme
encore aujourd'hui la collection du Muséum d'histoire naturelle.
La *Testudo Scabra* de Retzius et la *Testudo Galeata* de Schœpf ne
sont pas non plus différentes de notre Pentonyx du Cap.

2. LE PENTONYX D'ADANSON. *Pentonyx Andansonii.* Nob.

Caractères. Carapace ovoïde, fauve, piquetée de brun ; dos
fortement caréné.

Synonymie. *Emys Adansonii.* Schweigg. Prodr. Arch. Konigsb.,
tom. 1, pag. 308, spec. 27.

Hydraspis Adansonii. Gray, Synops. Rept., pag. 40, spec. 2.

DESCRIPTION.

Formes. La carapace, seule partie que nous connaissions de
cette espèce, est ovale oblongue, arrondie à ses deux bouts, et
beaucoup plus étroite en avant qu'en arrière. Aucune partie du
pourtour n'est échancrée ni dentelée. Le cercle osseux qui entoure le disque de la carapace a moitié moins de largeur le long
des flancs qu'au dessus du cou et de la queue, mais il est une
fois plus large dans sa région fémorale que dans sa région collaire ou dans la suscaudale.

Le dos est très faiblement arqué ; la dernière écaille vertébrale est fort abaissée vers la queue ; la quatrième est placée à
peu près horizontalement, et les trois qui les précèdent s'inclinent légèrement du côté du cou. Toutes les plaques marginales

sont quadrilatérales et plus longues que larges. Les margino-collaires, les brachiales antérieures, les suscaudales, les secondes et les troisièmes margino-fémorales sont rectangulaires. Les quatre premières margino-latérales et les secondes margino-brachiales de chaque côté sont rhomboïdales. Les margino-latérales de la dernière paire et les margino-fémorales de la première sont plus étroites en avant qu'en arrière. La plaque qui commence la rangée du dos et celle qui la termine sont une fois plus longues que les trois autres.

La première écaille de cette rangée est heptagone et assez étroite en arrière ; elle s'élargit en avant, où elle s'articule par quatre côtés avec le pourtour. Ses deux angles postérieurs sont droits, et ses bords costaux flexueux. La seconde plaque dorsale et la troisième sont hexagones carrées. La quatrième a également six pans, mais le postérieur est une fois moins large que l'antérieur. La dernière représente un triangle isocèle à sommet arrondi.

Les lames costales de la première paire sont tétragones sub-triangulaires ; celles de la seconde et de la troisième sont quadrilatérales, plus hautes que larges, et celles de la quatrième sont hexagones, moins larges en haut qu'en bas, vers le pourtour avec lequel elles s'articulent par leurs trois plus petits bords.

Il n'y a que deux écailles dorsales, la troisième et la quatrième, qui soient surmontées d'une forte carène arrondie. Toutes les plaques de la carapace sont parfaitement lisses, si ce n'est sur leurs bords où l'on voit quelques lignes concentriques peu marquées.

Coloration. La carapace est fauve, couverte d'un nombre considérable de petits points noirâtres fort rapprochés les uns des autres.

Dimensions. *Carapace.* Long. totale (en dessus) 18"; larg. (en dessus) au milieu 15".

Patrie. Comme nous l'avons dit précédemment, cette espèce ne nous est connue que par une carapace rapportée du cap Vert par Adanson.

Observations. C'est cette même carapace que Schweigger a décrite dans son Prodrome, sous le nom d'*Emys Adansonii*, et que M. Gray a inscrite dans son Synopsis, sous celui d'Hydraspide d'Adanson. Quant à nous, ce qui nous a décidés à placer cette espèce dans notre genre Pentonyx, sans être précisément certains qu'elle lui appartenait par le nombre de ses ongles, c'est que nous avons trouvé qu'il existait entre sa carapace et celle du Pentonyx du Cap, une plus grande ressemblance de forme qu'entre celles de toutes les autres espèces d'Élodites Pleurodères aujourd'hui connues.

XVᵉ GENRE. STERNOTHÈRE. — *STERNO-THERUS*. Bell.

Caractères. Tête déprimée, garnie de grandes plaques ; mâchoires sans dentelures ; point de plaque nuchale ; sternum large, à prolongemens latéraux fort étroits ; portion libre antérieure du plastron arrondie, mobile ; cinq ongles à chaque patte.

La mobilité de la partie antérieure du sternum des Sternothères est le seul caractère qui les distingue des Pentonyx. Ce plastron est soudé de chaque côté à la carapace dans une longueur égale à celle des écailles abdominales ; entre le bord antérieur de ces lames et le bord postérieur des pectorales se trouve placé le ligament qui sert de charnière au battant antérieur du plastron. Cette espèce d'opercule est arrondie en avant, et peut, lorsque l'animal le veut, fermer complètement l'ouverture antérieure de la boîte osseuse.

M. Bell, en établissant le genre Sternothère, y avait fait entrer des espèces qui ont nécessairement dû être retirées : ce sont la *Cistudo Trisfasciata* et notre *Staurotypus Odoratus*. Il n'est plus alors resté que son *Sternotherus Leachianus*, ou le *Sternotherus Castaneus* de Gray, qui y a joint la Tortue Noirâtre de Lacépède.

Aujourd'hui nous augmentons ce genre d'une troisième espèce, que nous supposons être, ainsi que les deux autres, originaire de l'île de Madagascar.

Wagler a emprunté d'un mot grec *Pelusios*, qui désignait une grenouille, ce genre, qui avait été appelé déja
Sthernotherus par Bell, et qui signifie plastron à charnière
ou à gonds, de στέρνον et de θαιρὸς, *cardo*.

TABLE SYNOPTIQUE DU GENRE STERNOTHÈRE.

Museau
- allongé, conique : mâchoire supérieure crochue. 1. S. NOIR.
- court, arrondi : sternum
  - fortement contracté.. 2. S. NOIRATRE.
    en arrière des ailes
  - rectiligne.......... 3. S. MARRON.

---

1. LE STERNOTHÈRE NOIR. *Sternotherus Niger.* Nob.
(*Voyez* planche 20, fig. 1.)

CARACTÈRES. Boîte osseuse entièrement noire, ovale, courte,
bombée, plus étroite en avant qu'en arrière ; museau allongé ;
mâchoire supérieure se recourbant en bec crochu ; deux grandes
plaques pariétales ; fronto-nasales longues ; la frontale médiocre.

DESCRIPTION.

FORMES. La carapace du Sternothère Noir est assez bombée ;
son contour représente un ovale peu allongé et arrondi à ses
deux extrémités. La seconde plaque vertébrale et la troisième
sont horizontales sur le dos ; la première est fort inclinée en
avant, et les deux dernières en arrière. Le limbe est moitié moins
large sur les côtés du corps qu'au dessus du cou, des quatre
membres et de la queue. Il offre une pente oblique en dehors
dans toute sa circonférence, et son bord terminal est légèrement
échancré entre les deux écailles margino-collaires. Celles-ci
sont carrées ainsi que les suscaudales et les deux dernières margino-fémorales. Les trois premières margino-latérales sont rectangulaires ; les margino-fémorales antérieures sont pentagones ;
mais les autres écailles margino-brachiales, et les deux dernières
margino-latérales sont tétragones oblongues, la seconde margino-brachiale ayant son bord postérieur rétréci, et les deux

dernières margino-latérales ayant au contraire leur bord antérieur moins large que leur bord postérieur.

La première plaque dorsale représente un triangle isocèle à sommet largement tronqué. Les deux suivantes sont hexagones-carrées ; la quatrième ayant également six pans, est moins large en avant qu'en arrière. La dernière ressemble à la première, si ce n'est qu'elle est un peu moins grande, et que son bord vertébral est plus étroit.

Les écailles costales de la première paire sont tétragones subtriangulaires. Celles de la dernière ont la même forme, mais elles sont plus petites ; celles de la seconde et de la troisième sont quadrilatérales et plus hautes que larges.

Les trois écailles dorsales du milieu portent sur leur ligne moyenne, mais un peu sur l'arrière, un tubercule caréniforme peu élevé.

Le sternum est large, arrondi du côté du cou, échancré en V du côté de la queue. Les ailes en sont très étroites, peu relevées, et leur longueur est le tiers de celle du plastron. La portion mobile de celui-ci, lorsqu'elle est relevée, ferme hermétiquement l'ouverture antérieure de la boîte osseuse.

Les écailles gulaires sont fort petites et ressemblent à des triangles isocèles. L'intergulaire est très grande, pentagone, ayant deux angles obtus latéralement, et un angle très aigu en arrière. Les plaques brachiales entre lesquelles sont enclavées les trois écailles dont nous venons de parler, sont, comme les fémorales, trapézoïdes, avec leur bord externe curviligne.

Les abdominales sont carrées ; les anales rhomboïdales, et les pectorales, quadrilatérales, beaucoup plus larges que longues, et moins étroites en dehors qu'en dedans. La tête, fort aplatie, est triangulaire.

Les plaques qu'elle présente : sont deux fronto-nasales contournant l'orbite en arrière ; une frontale assez grande et anguleuse ; deux pariétales de forme ovale et très dilatées ; deux occipitales triangulaires, articulées par un côté avec la pariétale, et par un autre avec une très grande plaque tympanale ; enfin, de chaque côté, une postorbitaire qui s'avance jusque sous l'oreille.

Les mâchoires sont épaisses et tranchantes ; la supérieure forme un bec crochu en avant, tandis que l'inférieure se recourbe vers elle en pointe anguleuse. On voit de même que chez les Pentonyx du Cap, une plaque triangulaire à l'extrémité pos-

térieure de chaque branche du maxillaire inférieur. Deux barbillons assez courts pendent sous le menton.

La peau du cou est granuleuse ainsi que celle du haut des
membres, dont les extrémités sont revêtues de petites écailles
imbriquées. Les ongles sont forts, pointus et presque droits; les
trois du milieu sont un peu plus longs que les deux externes.

La queue, grosse et conique, ne dépasse pas le bord de la carapace.

COLORATION. Toutes les parties de la boîte osseuse sont complètement noires; les membres et le cou sont jaunes; les mâchoires sont à peu près de la même couleur, mais avec des raies
verticales d'une teinte marron; le dessus de la tête est marbré
de brun sur un fond fauve.

DIMENSIONS. *Longueur totale*, 26". *Tête. L*ong. 5" 4'''; haut. 2" 2'';
larg. antér. 7", postér. 4". *Cou.* Long. 4" 4'''. *Memb. antér.* 7".
Memb. postér. Long. 7" 3'''. *Carapace.* Long. (en dessus) 18'';
haut. 7"; larg. (en dessus) au milieu 18" 6'''. *Sternum.* Long.
antér. 6" 7''', moy. 5" 4''', postér. 9" 5''', larg. antér. 8" 7''',
moy. 12" 6''', postér. 8" 5'''. *Queue.* Long. 1" 5'''.

PATRIE. Cette espèce est très probablement, comme ses deux
congénères, originaire de l'île de Madagascar; mais nous n'o-
sons l'affirmer, ne sachant pas positivement d'où a été envoyé au
Muséum le seul individu par lequel elle nous est connue.

Observations. Aucun erpétologiste, que nous sachions, n'avait
encore fait mention de ce Sternothère, qui se distingue à la première vue des deux autres par le noir profond de son test osseux.

2. LE STERNOTHÈRE NOIRATRE. *Sternotherus Nigricans.* Nob.

CARACTÈRES. Carapace noirâtre, ovale, courte, convexe; bords
latéraux du plastron contractés en arrière des ailes; museau
court, arrondi.

SYNONYMIE. La *Tortue noirâtre.* Lacép. Quad. Ovip., tom. 1,
pag. 175, pl. 13.

Testudo subnigra. Bechst. Uebers. der. Naturg. Lacep., tom. 1,
pag. 260.

Testudo subnigra. Lat. Hist. Nat. Rept., tom. 1, pag. 89, fig. 1.

Testudo subnigra. Daud. Hist. Rept., tom. 2, pag. 197.

Emys subnigra. Schweigg. Prodr. Arch. Konigsb., tom. 1, pag.
315 et 438, spec. 40.

Terrapene nigricans. Merr. Amph., pag. 28, spec. 28.
Sternotherus subniger. Gray, Synops. Rept., pag. 38, spec. 2.

DESCRIPTION.

FORMES. La forme générale de la boîte osseuse du Sternothère Noirâtre est la même que celle de l'espèce précédente ; c'est-à-dire que son disque est assez bombé, et que son contour horizontal représente un ovale large, peu allongé, et arrondi à ses deux bouts.

Les écailles de la carapace ressemblent aussi à celles du Sternothère Noir, à cela près que la seconde plaque vertébrale, la troisième et la quatrième sont proportionnellement un peu plus courtes. Mais entre le sternum du Sternothère Noirâtre et celui du Sternothère Noir, il existe des différences qui méritent d'être indiquées en tant qu'elles peuvent servir à faire distinguer ces deux espèces l'une de l'autre.

Chez le Sternothère Noirâtre, le plastron offre un rétrécissement notoire à l'endroit où les plaques abdominales s'articulent avec les fémorales ; ce qu'on n'observe ni dans le Sternothère Noir, ni dans le Sternothère Marron.

Les ailes sternales du Sternothère Noirâtre sont aussi plus courtes que celles de ses deux congénères ; et au lieu d'être placées horizontalement comme les leurs, on remarque que l'animal étant placé sur le dos, elles ont une pente très rapide d'avant en arrière.

L'angle aigu, formé par les deux côtés postérieurs de la plaque gulaire, est beaucoup plus allongé chez le Sternothère Noirâtre que chez le Sternothère Noir. Les plaques abdominales ne sont pas non plus parfaitement carrées, attendu que leur bord latéral externe est moins large que son correspondant, et que leur côté postérieur est légèrement cintré en arrière.

On observe également que la face externe des fémorales est très arquée, ce qui fait que ces plaques débordent de beaucoup les anales.

Les écailles qui recouvrent les deux boîtes osseuses du Sternothère Noirâtre que renferme notre collection, n'ont de sillons concentriques que sur leurs bords, et c'est à peine si elles laissent apercevoir des traces d'aréoles.

La tête de cette espèce est aussi déprimée que celle de la précédente ; mais le museau est très court et arrondi. La mâchoire supérieure ne forme point de bec crochu en avant, et l'inférieure n'est que très faiblement recourbée vers elle.

COLORATION. Le dessus du corps de ce Sternothère n'offre pas une couleur aussi foncée que dans l'espèce précédente. Il est noirâtre et d'un brun foncé tirant sur le chocolat. Les écailles sternales présentent une couleur jaunâtre sur laquelle est répandue une teinte d'un brun marron qui est assez foncé sur les anales et sur les sutures des autres plaques, mais beaucoup plus clair sur le reste de la surface du plastron.

DIMENSIONS. *Carapace.* Long. (en dessus) 14" 7'''; haut. 5" 4'''; larg. (en dessus) au milieu 14" 9'''. *Sternum.* Long. ant. 4" 7'''; moy. 3" 9''', post. 5" 8'''; larg. ant. 6" 3'''; moy. 7"; postér. 6"4'''.

PATRIE. Cette espèce habite l'île de Madagascar.

Observations. M. Sganzin nous a envoyé un individu dont le squelette est déposé dans les galeries d'Anatomie comparée. La collection renferme en outre la boîte osseuse que M. de Lacépède a décrite et fait représenter dans son ouvrage sous le nom de Tortue Noirâtre, et Schweigger, sous celui d'*Emys Subnigra.* Mais nous ne croyons pas que cette boîte osseuse soit celle que Daudin dit avoir observée ; car la partie postérieure de son plastron n'est point mobile, comme Daudin l'a prétendu.

3. LE STERNOTHÈRE MARRON. *Sternotherus Castaneus.* Gray.

CARACTÈRES. Carapace d'un brun marron, ovale oblongue ; étroite, un peu déprimée ; bords latéraux du plastron rectilignes en arrière des articulations sterno-costales ; museau court, arrondi ; point de plaques occipitales ; fronto-nasales courtes ; la frontale très développée.

SYNONYMIE. *Testudo subnigra.* Daud. Hist. Rept., tom. 2, pag. 198.

Emys castanea. Schweigg. Prodr. Arch. Konigsb., tom. 1, pag. 514 et 557, spec. 38.

Sternotherus Leachianus. Bell. Zool. Journ., tom. 3. pag. tab. 14.

Sternotherus castaneus. Gray, Synops. Rept., pag. 38, spec. 1.

DESCRIPTION.

FORMES. La boîte osseuse de cette espèce est d'un tiers plus longue que large, et sa hauteur fait un peu plus de la moitié de sa largeur. Elle est proportionnellement plus étroite que celle des deux espèces précédentes. Son bord terminal est un ovale tant soit peu plus large en arrière qu'en avant, et arrondi à ses deux extrémités. Les flancs sont presque rectilignes. Les trois plaques dorsales du milieu sont placées horizontalement, quand il n'y a que la seconde et la troisième qui le soient, comme dans les Sternothères Noir et Noirâtre. La première écaille vertébrale s'incline légèrement du côté du cou; la dernière s'abaisse fortement vers la queue. Les régions latérales du pourtour se recourbent à peine en dessous, pour aller s'articuler avec le sternum; elles sont presque verticales. Les autres parties du limbe affectent une pente oblique en dehors. Une légère carène surmonte la seconde plaque vertébrale, la troisième et la quatrième; le bord postérieur de celle-ci fait une forte saillie au dessus du bord antérieur de la cinquième écaille dorsale. Les plaques margino-collaires et les suscaudales sont carrées. Les margino-brachiales et la dernière margino-fémorale sont quadrilatérales oblongues; celle-ci est plus étroite en avant qu'en arrière, celles-là sont moins larges en arrière qu'en avant. La première margino-fémorale et la dernière sont pentagones oblongues; la pénultième en est rectangulaire. Les quatre premières margino-latérales, dont on ne voit que la partie qui se trouve ordinairement sous le limbe, ont : l'antérieure trois pans, la suivante cinq, et les deux autres quatre.

La première plaque vertébrale s'articule au pourtour par quatre petits côtés, formant la base du triangle isocèle à sommet largement tronqué qu'elle représente. La dernière n'offre de différence avec celle-ci qu'en ce qu'elle est moins grande, et que son bord vertébral est plus étroit. Les trois autres écailles du dos sont hexagones; la seconde et la troisième, subquadrangulaires équilatérales; la quatrième est rétrécie en arrière. Les plaques costales de la première paire sont tétragones subtriangulaires, les suivantes sont quadrilatérales, plus larges en dehors qu'en dedans, et plus étendues dans ce sens qu'en longueur.

Le plastron est arrondi en avant et échancré triangulairement en arrière; les ailes en sont fort rétrécies et peu relevées : leur longueur est celle des plaques abdominales. Le sternum n'offre point d'étranglement à l'endroit où les écailles abdominales s'unissent. Les plaques du plastron ressemblent à celles du Sternothère Noir ; comme les écailles de la carapace, elles ont des sillons concentriques, mais non des aréoles légèrement renfoncées.

La tête est large et déprimée comme celle du Sternothère Noirâtre ; le museau est court et arrondi. Les plaques de la tête sont : deux fronto-nasales, couvrant la moitié supérieure du cercle orbitaire, une très grande frontale surorbiculaire et anguleuse en avant, deux longues et larges tympanales ; enfin deux post-orbitaires et une sous-tympanale, placées toutes trois à la suite l'une de l'autre. Les mâchoires sont simples et néanmoins assez fortes ; l'inférieure laisse voir sous chaque condyle une grande plaque de forme ovale. Les deux barbillons qui pendent sous le menton sont courts et cylindriques.

Les pieds sont très peu palmés ; le devant des bras et les talons sont revêtus d'une douzaine d'écailles semi-circulaires subimbriquées, droites et pointues. Les ongles sont peu allongés.

La queue est excessivement courte.

COLORATION. Le dessus est d'un brun marron très foncé, le dessous d'un jaune sale, lavé de brun ; le cou, les membres et les mâchoires sont jaunâtres ; le dessous de la tête est fauve, vermiculé de jaune.

DIMENSIONS. *Longueur totale*. 17" 1'''. *Tête*. Long. 5" 5''' ; haut. 1" 9''' ; larg. antér. 6''', postér. 2" 7'''. *Cou*. Long. 3" 2'''. *Membr. antér*. Long. 4" 6'''. *Membr. postér*. Long. 5". *Carapace*. Long. (en dessus) 12" 5''' ; haut. 5" ; larg. (en dessous) au milieu, 10" 9'''. *Sternum*. Long. antér. 4" 4''' ; moy. 3" ; postér. 4" 6''' ; larg. antér. 5" 5''' ; moy. 6" 7''' ; postér. 5" 4'''. *Queue*. Long. 1" 3'''.

PATRIE. Un seul exemplaire a été rapporté de Madagascar et donné à notre Musée par MM. Quoy et Gaimard. Nous en avons vu un autre à Londres chez M. Bell.

Observations. Nous n'avons plus retrouvé dans la collection la carapace d'après laquelle Schweigger annonce avoir décrit son *Emys Castanea*. C'est ce qui nous fait craindre que M. Gray, qui dit avoir vu cette carapace lorsqu'il visita notre Musée, n'ait pris pour elle la boîte osseuse de la Tortue Noirâtre de Lacépède, qui y existe effectivement, quoique M. Gray prétende ne l'avoir point observée.

26.

XVI° GENRE. PLATÉMYDE. — *PLATEMYS*.

(*Platemys , Rhinemys et Phrynops*, du même.)

CARACTÈRES. Tête aplatie, couverte d'une seule écaille mince ou d'un grand nombre de petites plaques irrégulières ; mâchoires simples ; deux barbillons sous le menton ; carapace très déprimée ; une plaque nuchale ; sternum non mobile ; cinq ongles aux pattes de devant ; quatre à celles de derrière.

Nous réunissons sous le nom générique de PLATÉMYDE les Pleurodères, qui, ayant cinq ongles aux pattes antérieures et quatre aux postérieures, n'offrent pas une tête de forme anguleuse comme celle des Chélydes, ni le front creusé longitudinalement en gouttière comme les Podocnémides, ni les mâchoires crochues comme les Peltocéphales.

Toutes les Platémydes ont le corps plus ou moins déprimé et la tête aplatie. Tantôt celle-ci est recouverte en dessus d'une seule lame écailleuse assez mince ; tantôt la surface du crâne paraît comme divisée en petits compartimens polygones. En général, ces Élodites ont le museau court, large et arrondi, la bouche bien fendue et les mâchoires faibles et sans dentelures. Aucune ne manque de barbillons au menton. Chez quelques espèces, le cou est comme tuberculeux ou hérissé de petites écailles pointues taillées à facettes.

Ces Platémydes ont le bord externe des bras garni dans toute sa longueur d'une membrane mince et flottante, que recouvrent ordinairement des écailles plus grandes que celles qui revêtent la face inférieure des pieds de devant. Ces écailles ont peu d'épaisseur, quelquefois elles sont fortes et imbriquées, ou bien juxta-posées ; elles sont en général en croissant, comme on l'observe dans les Tétronyx, les Émysaures, les Cinosternes et les Staurotypes.

Toutes les Platémydes, sans exception, portent sur le devant du tarse et en bas une forte crête composée de deux ou trois grandes écailles. Leur queue est courte et inonguiculée. Toutes ont aussi le bord terminal de leur carapace relevé vers le disque, le long des flancs. En général, leur dos est caréné ou canaliculé. Aucune espèce ne manque de plaque nuchale; chez la plupart, la première lame vertébrale est beaucoup plus grande que les autres plaques du dos. Quelques unes ont les écailles de la boîte osseuse tout-à-fait lisses, d'autres les ont striées, soit longitudinalement, soit concentriquement, ou bien en rayons.

Le sternum est solidement fixé à la carapace, et presque toujours tronqué en avant et échancré en arrière. Quelques espèces seulement ont des écailles axillaires et inguinales.

Ce genre Platémyde comprend une partie des Hydraspides de M. Gray, et réunit les trois genres que Wagler a désignés sous les noms de *Platemys, Rhinemys* et *Phrynops,* genres que nous n'avons pas adoptés. En effet, cet auteur ne distingue les Rhinémydes des Platémydes, que parce que celles-là ont le museau conique, tandis que celles-ci l'ont obtus. Ces espèces ne diffèrent pas d'ailleurs des Phrynops, excepté que ces derniers ont la tête plus déprimée et la bouche plus large.

Wagler, qui a le premier imposé le nom de Platémyde, en indique ainsi l'étymologie, qu'il a tirée de πλατύς, *aplatie, plane,* et de ἐμύς, *tortue.* Les autres dénominations de *Rhinemys* et de *Phrynops* sont empruntées la première de ῥιν-ινὸς, *nez,* et d'ἐμύς; la seconde de φρυνὸς, *crapaud,* et d'ὄψ, *face, apparence.*

Nous rapportons treize espèces à ce genre. Le tableau suivant en présente une distribution systématique, dans laquelle la série des numéros rétablit l'ordre naturel, suivant lequel nous avons dû les faire successivement connaître.

TABLE SYNOPTIQUE DU GENRE PLATÉMYDE.

Cou

tuberculeux : dos

hérissé d'écailles pointues : sternum noir
- bordé de jaune .... 1. P. MARTINELLE.
- uniformément .... 2. P. DE SPIX.

avec une carène

dans toute sa longueur : sternum
- d'un jaune roussâtre .... 11. P. A PIEDS ROUGES.
- brun avec ses extrémités jaunes ... 12. P. DE SCHWEIGGER.

sur chaque écaille vertébrale : sternum jaune
- tacheté de noir .... 9. P. DE St-HILAIRE.
- sans tache .... 5. P. DE GEOFFROY.

les trois dernières plaques vertébrales .... 4. P. BOSSUE.

non caréné : écailles discoïdes

avec des stries
- concentriques, traversées par d'autres en rayons. 3. P. RADIOLÉE.
- longitudinales : sur les bords, noir au milieu. 8. P. DE GAUDICHAUD.

sternum jaune
- sans tache .... 13. P. DE MAQUARIE.

unies : sternum

jaune : carapace
- d'un brun marron ...... 6. P. DE WAGLER.
- brune avec des raies noires. 7. P. DE NEUWIED.

brun, bordé de jaunâtre .... 10. P. DE MILIUS.

1. LA PLATÉMYDE MARTINELLE. *Platemys Martinella.*

CARACTÈRES. Carapace fauve, marquée de chaque côté du disque d'une grande tache noire, quadrangulaire ; dos avec deux carènes arrondies, séparées par une large gouttière ; plaques costales non arquées de haut en bas ; sternum noir, bordé de jaune ; une seule plaque sur la tête.

SYNONYMIE. *Emys planiceps seu platycephala.* Schneid. Schrift. der Berl. Naturf., tom. 4, pag. 259.

Testudo planiceps. Schœpf. Hist. Test., pag. 115, tab. 27.

Testudo planiceps. Bechst. Uebers. der Naturg. Lacep., tom. 1, pag. 314.

Testudo Martinella. Daud. Hist. Rept., tom. 8, pag. 344.

Emys planiceps. Schweigg. Prodr. Arch. Konigsb., tom. 1, pag. 303 et 427, spec. 16.

Emys planiceps. Merr. Amph., pag. 22.

Emys canaliculata. Spix, tab. 8, fig. 12.

Platemys planiceps. Wagl. Syst. Amph., pag. 135.

Hydraspis planiceps. Gray, Synops. Rept., pag. 40, spec. 4. exclus. synon. *Emys aspera.* Cuv. *Emys depressa.* Spix (Platemys Spixii). *Emys Geoffreana*, Schweigger. *Chelodina Geoffreana*, Fitz (Platemys Geoffreana).

DESCRIPTION.

FORMES. La Platémyde Martinelle est très déprimée. Le contour de sa boîte osseuse représente un ovale fort allongé, tronqué en avant, rectiligne sur les flancs, et obtusangle en arrière. Le limbe est plus étroit sur les côtés du corps et au dessus de la queue que dans le reste de la circonférence. Les régions collaire et fémorale de ce pourtour sont tout-à-fait horizontales ; les autres forment plus ou moins la gouttière.

La première écaille vertébrale et les lames costales sont planes ; celle-là est très légèrement inclinée du côté du cou, mais celles-ci le sont fortement vers le pourtour. Il en est de même de la cinquième plaque dorsale, qui est un peu arquée en travers. Sur les trois plaques vertébrales du milieu on voit une grande gouttière un peu plus étroite en arrière qu'en avant et bordée de chaque côté d'une large carène arrondie. L'écaille de

la nuque est longue, étroite et rectangulaire. Les suscaudales et
les écailles marginales des six premières paires sont quadrilatérales oblongues. Les margino-fémorales de la paire antérieure et
la dernière sont pentagones subrectangulaires, et les margino-
fémorales de la quatrième paire sont quadrangulaires, plus longues que larges, et moins étroites en arrière qu'en avant. Les
pénultièmes margino-fémorales sont aussi à quatre pans, et
plus étendues en long qu'en travers; mais c'est leur bord postérieur qui est plus étroit que l'antérieur. La première plaque du
dos est beaucoup plus grande que les suivantes : elle est heptagone subtriangulaire. La seconde est carrée; la troisième, hexagone oblongue, rétrécie en arrière. La quatrième, également à
six pans, est la plus petite de la rangée du dos; elle affecte une
forme triangulaire, ainsi que la cinquième qui a sept côtés. Les
écailles costales composant la première paire, représentent des
triangles équilatéraux à sommet tronqué et à base à peine curviligne. Les suivantes, plus hautes que larges, sont quadrilatérales; la seconde et la troisième de la rangée ayant leur bord supérieur légèrement anguleux, et la quatrième ayant ce même
bord supérieur rectiligne et plus étroit que son bord inférieur.

Le plastron est plan, fort large, coupé presque carrément du
côté du cou, et échancré en V très ouvert du côté de la queue.
La longueur des prolongemens sterno-costaux n'est pas tout-à-
fait le tiers de celle du sternum. Ces prolongemens sont larges
et presque relevés à angle droit. La plaque intergulaire est plus
dilatée que les gulaires, qu'elle déborde tant soit peu en dehors.
Elle a cinq côtés, dont deux s'avancent en angle aigu entre les
brachiales. Les gulaires ressemblent à des triangles qui auraient
un de leurs côtés curviligne. Les brachiales sont pentagones; les
fémorales, carrées; et les anales, rhomboïdales. Les abdominales
sont quadrilatérales, plus larges que longues, ainsi que les pectorales qui sont plus courtes qu'elles, et dont le bord latéral
externe est moins étendu que le latéral interne.

La tête est déprimée; le museau est arrondi et peu allongé.
Une seule lame écailleuse fort mince couvre le crâne. On aperçoit quelques petites écailles ovales au dessus du tympan; il y en
a d'autres semblables entre celui-ci et le bord postérieur de l'orbite. Le menton est garni de deux ou trois barbillons. La gorge
et le dessous du cou sont tuberculeux, et ce dernier est hérissé,
en dessus, d'écailles comprimées et de forme triangulaire. Deux

écailles très grandes couvrent le devant du bras au dessus du coude; au dessous de celui-ci et du même côté, on compte environ dix-huit autres écailles imbriquées de différente largeur. Sur la face postérieure de l'avant-bras, il s'en trouve douze ou quatorze. La paume de la main en offre environ autant, mais elles sont beaucoup plus petites. Les pieds de derrière sont aussi garnis d'écailles imbriquées, dont les plus grandes se montrent sur les genoux et sur le bord antérieur du tarse, où quelques unes forment une espèce de crête écailleuse. Les membranes natatoires sont peu développées; les ongles sont médiocres et crochus. La queue est tuberculeuse, conique et fort courte.

COLORATION. Le dessus de la tète est jaunâtre; le cou et les membres sont bruns. A l'exception d'une très grande tache noire et quadrangulaire, située sur la seconde plaque costale et sur une partie de la quatrième, la carapace offre une teinte uniforme d'un fauve roussâtre. Un noir profond règne sur le sternum dont les bords sont jaunes, ainsi que le dessous du pourtour. Néanmoins on rencontre des individus chez lesquels quelques unes des plaques marginales inférieures portent des taches de la couleur du corps du plastron. Les ailes sternales sont en général coupées longitudinalement par une bande noire.

DIMENSIONS. *Longueur totale.* 20" 5'". *Tête.* Long. 3"1'"; haut. 1" 8'"; larg. antér. 6", postér. 2"4'". *Cou.* Long. 2". *Memb. antér.* Long. 3"6'". *Memb. postér.* 5". *Carapace.* Long. (en dessus) 15"; haut. 4"7'"; larg. (en dessus) au milieu 10"6'". *Sternum.* Long. antér. 12" 2'", moy. 4", postér. 5"2'"; larg. antér. 6"7'", moy. 9"9'"; postér. 6"2'". *Queue.* Long. 10".

PATRIE. On trouve la Platémyde Martinelle au Brésil et à Cayenne.

Observations. C'est mal à propos, suivant nous, que M. Gray a rapporté cette espèce à l'*Emys Discolor* de Schweigger; car la description que celui-ci donne de cette dernière espèce ne convient nullement à la Platémyde Martinelle.

2. LA PLATÉMYDE DE SPIX. *Platemys Spixii.* Nob.

CARACTÈRES. Carapace brune, ovale oblongue, arrondie en avant, obtusangle en arrière; dos canaliculé; plaques costales arquées de haut en bas; sternum noir; un grand nombre de petites plaques sur la tète.

Synonymie. *Emys depressa.* Spix. Rept. Braz., pag. 4, tab. 3, fig. 1 et 2.

DESCRIPTION.

Formes. Le contour terminal de la boîte osseuse de cette espèce représente un ovale oblong, plus large au niveau des cuisses qu'au niveau des bras, obtusangle en arrière et arrondi en avant. Sur les côtés du corps et en arrière, le limbe est moitié plus étroit qu'au dessus des membres et du cou.

Le long des flancs, il forme la gouttière; derrière la tête, il est horizontal et quelquefois incliné obliquement en dehors, comme on l'observe pour le côté opposé. Les régions qui couvrent les pattes de derrière sont légèrement voûtées. Vue de profil, la carapace décrit une courbe très surbaissée. La première plaque vertébrale est légèrement arquée en travers, et les huit costales le sont de haut en bas. Dans l'espèce précédente, ces mêmes écailles offrent une surface plane. Les trois lames vertébrales médianes sont creusées en gouttière, sans qu'il y ait de chaque côté de celle-ci une carène comme chez la Platémyde Martinelle. La plaque nuchale est ovale, tandis que dans l'espèce précédente elle est rectangulaire et moins dilatée. Les plaques margino-collaires sont trapézoïdes; les premières margino-brachiales et les margino-fémorales antérieures sont pentagones subquadrangulaires. Toutes les autres écailles marginales sont quadrilatérales oblongues. La première plaque vertébrale est sensiblement plus grande que les trois suivantes; elle est heptagone et beaucoup plus étroite en arrière qu'en avant, où elle se trouve en rapport par quatre de ses côtés avec les deux margino-collaires et avec une plus grande partie du bord vertébral des premières margino-brachiales. La seconde et la troisième sont hexagones subquadrangulaires, la quatrième a encore six côtés; mais les deux costaux postérieurs sont plus longs que les costaux antérieurs, et le bord qui touche à la cinquième plaque dorsale est plus étroit que celui qui s'articule sur la quatrième. La dernière lame vertébrale est relativement beaucoup plus dilatée que celle qui lui correspond dans l'Émyde Martinelle. Elle a sept pans, un fort petit en haut, quatre non beaucoup plus grands en bas et deux latéraux très étendus. Les plaques costales de la dernière paire sont trapézoïdes; celles de la première représentent des triangles isocèles à sommet tronqué, et celles des deux paires intermédiaires, moitié plus hautes que larges, ont quatre côtés dont le supérieur est légèrement anguleux.

Le plastron est plus large en avant qu'en arrière; là il est arrondi; ici il est échancré en V très ouvert. Ses prolongemens latéraux sont très courts, assez larges et fort relevés. La plaque intergulaire n'est pas beaucoup plus grande que les deux gulaires, qui ont trois côtés, tandis qu'elle en a cinq, les deux postérieurs desquels formant un angle aigu. Cet angle est la seule partie des trois écailles gulaires qui se trouve enclavée entre les brachiales. Ces dernières écailles sont pentagones; les abdominales, transverso-rectangulaires; et les fémorales, carrées et débordant les anales, qui ressemblent à des losanges. Les pectorales représentent des triangles isocèles à sommet tronqué. Les bords des plaques de la carapace et la surface tout entière des écailles du sternum offrent de faibles lignes concentriques. La tète est plate, le museau court et arrondi, le front un peu convexe.

La surface du crâne est recouverte d'une peau divisée en un grand nombre de petits compartimens, semblant être autant d'écailles implantées dans son épaisseur. Il y a sous le menton deux barbillons fort courts et éloignés l'un de l'autre. De petits tubercules revètent la peau de la gorge et celle de la région inférieure du cou; sur le dessus de celui-ci se présentent de petites écailles raides et pointues, en plus grand nombre que dans l'espèce précédente. Les tégumens squammeux qui garnissent les membres ressemblent à ceux de la Platémyde Martinelle. Les membranes interdigitales sont peu dilatées; les ongles, médiocres et crochus; la queue est fort courte.

COLORATION. La bouche de l'Émyde de Spix est jaune. Sur toute la partie supérieure de son corps règne un brun foncé. Le dessous du cou et celui des membres offre une teinte plus claire. Le sternum est d'un brun noir.

DIMENSIONS. *Longueur totale.* 21". *Tête.* Long. 2" 8'''; haut 2" 7'''; larg. antér. 6", postér. 2" 6'''. *Cou.* Long. 5" 8'''. *Memb. antér.* Long. 4". *Memb. postér.* Long. 5". *Carapace.* Long. (en dessus) 16" 4'''; haut. 5"; larg. (en dessus) au milieu 12". *Sternum.* Long. antér. 4" 4''', moy. 3" 4''', postér. 4" 8'''; larg. antér. 6", moy. 9", postér. 5" 7'''. *Queue.* Long. 5" 5'''.

PATRIE. Cette espèce est originaire du Brésil.

Observations. Cette Platémyde n'est ni la même que l'*Emys Depressa* du prince de Neuwied, comme Spix l'a cru, ni la même que l'*Emys Radiolata* de Mikan, comme l'ont pensé Wagler et le prince Maximilien. Elle fait une espèce particulière que nous avons dédiée à celui qui le premier l'a fait connaître.

Nous en possédons deux beaux exemplaires qui nous ont été rapportés du Brésil par M. Auguste de Saint-Hilaire.

3. LA PLATÉMYDE RADIOLÉE. *Platemys Radiolata.* Mikan.

CARACTÈRES. Carapace d'un brun mêlé de roussâtre, ovale oblongue, rétrécie et arrondie en arrière, subobtusangle en arrière; dos non caréné; écailles du test offrant des lignes concentriques, coupées d'autres lignes disposées en rayons; cou tuberculeux.

SYNONYMIE. *Emys radiolata.* Mik. Delect. Flor. Faun. Braz. fasc. 1.

Emys radiolata. Pr. Max. Beitr. Braz., tom. 1, pag. 39.

Emys radiolata. Pr. Max. Rec. Pl. color. Anim. Bres. fig. sans n°. Exclus. synon. Emys depressa, Spix (Platemys Spixii).

Rhinemys radiolata. Wagl. Syst. Amph., pag. 165, exclus. synon. Emys depressa, Spix (Platemys Spixii).

Hydraspis radiolata. Gray. Synops. Rept., pag. 44, spec. 6.

DESCRIPTION.

FORMES. Le corps de cette espèce est une fois plus large et deux fois plus long qu'il n'est haut. La forme du contour terminal de la carapace est celle d'un ovale subobtusangle en arrière, rétréci et tronqué en avant. La largeur des parties latérales du limbe est deux fois moindre que celle de ses régions collaires et fémorales.

Le limbe est une fois plus large au dessus du cou qu'au dessus de la queue. Il offre un égal degré d'inclinaison dans sa circonférence, et le long des flancs il forme un peu la gouttière. La première plaque vertébrale est légèrement inclinée en avant, la dernière l'est beaucoup moins en arrière; les trois intermédiaires se trouvent placées sur un plan à peu près horizontal. Les écailles costales sont planes et assez penchées de dehors en dedans.

La plaque nuchale est très dilatée et quadrilatérale oblongue. Les margino-collaires sont trapézoïdes; la première margino-brachiale de chaque côté et les margino-fémorales sont carrées. Toutes les autres écailles marginales sont quadrangulaires et plus longues que larges.

La plaque qui commence la rangée du dos est un peu renflée près de son bord postérieur. Elle a six côtés, par l'un desquels elle s'articule sur la nuchale et sur les deux margino-collaires. Le bord vertébral de cette plaque est d'un quart plus étroit que son côté marginal. Ses deux bords costaux sont moitié plus étendus que ceux par lesquels elles touchent aux deux premières écailles margino-brachiales. Cette première écaille dorsale est beaucoup plus dilatée que les quatre autres qui, comme elles, sont légèrement arquées en travers. La seconde et la troisième sont hexagones et un peu plus larges que longues. On compte également six pans à la quatrième, qui a son bord postérieur moitié plus étroit que l'antérieur. La cinquième lame vertébrale est heptagone-subtriangulaire. La première plaque costale ressemble à un triangle isocèle, ayant son sommet tronqué et son bord antérieur un peu plus court que le postérieur. La quatrième est trapézoïde, et la seconde et la troisième, dont la largeur est une fois moindre que la hauteur, ont deux côtés en haut, deux bords latéraux et un bord en bas. Toutes les écailles qui recouvrent la carapace offrent de petites aréoles situées tout près du bord postérieur dans les plaques discoïdales, et à l'angle inféro-postérieur dans les marginales. Elles offrent aussi un grand nombre de lignes concentriques, coupées d'autres lignes saillantes disposées en rayons.

Le plastron offre un peu plus de largeur en avant, où il est arrondi, qu'en arrière, où il est échancré en V assez court. Il est tant soit peu relevé vers le cou. Les ailes en sont fort courtes, c'est-à-dire que leur longueur n'est guère plus que le quart de celle du sternum. Elles sont larges et relevées obliquement vers la carapace.

La plaque intergulaire, malgré ses six pans, ressemble à un triangle isocèle à base curviligne. Les gulaires sont plus petites qu'elle et offrent trois côtés à peu près égaux, dont l'externe est légèrement arqué en dehors, et le latéral interne faiblement infléchi en dedans à son extrémité antérieure.

Les écailles brachiales sont placées obliquement sur le sternum ; elles ont cinq côtés formant deux angles droits en dehors, un angle aigu en dedans et en arrière, et deux angles excessivement ouverts, aussi en dedans, mais en avant.

Les plaques pectorales et les plaques abdominales, sans tenir compte de leur portion qui couvre les prolongemens latéraux du sternum, ressemblent les unes à des triangles isocèles à sommet tronqué, les autres à des quadrilatères rectangles situés en travers sur le plastron. Les écailles fémorales sont grandes et trapézoïdes; les anales sont rhomboïdales.

Il existe de chaque côté une petite lame axillaire ovale, appliquée sur la face inférieure du pourtour, et une inguinale rhomboïdale placée sur la suture sterno-costale et à son extrémité. Ceci est une particularité remarquable, car parmi les Élodites Pleurodères, nous ne connaissons que l'espèce que nous décrivons et celle qui la suit chez lesquelles on observe des écailles axillaires et des plaques inguinales. Les lames cornées qui recouvrent le plastron de l'individu que nous avons sous les yeux, sont parfaitement lisses.

La tête est fort aplatie, le museau est court et conique. Les mâchoires sont faibles et néanmoins tranchantes. La surface de la peau qui recouvre le crâne offre des impressions linéaires qui la font paraître comme garnie d'écailles. Les barbillons du menton sont courts. La peau de la région supérieure du cou est tuberculeuse, celle de la région inférieure est ridée.

Les membres sont assez déprimés. Les doigts qui les terminent sont réunis par des membranes larges, épaisses et festonnées sur leurs bords.

La face antérieure des pattes de devant est garnie d'écailles polygones médiocres et à peu près égales. Celles qui sont placées au dessus du coude sont adhérentes à la peau par toute leur surface, et celles qui sont situées au dessous ont leur bord inférieur libre.

La membrane latérale externe du bras soutient sept ou huit grandes squammelles quadrilatérales. Le dessus des pieds de derrière et les talons sont revêtus de petites écailles à bord inférieur libre. On voit de larges scutelles immédiatement au dessus du genou et sur le devant du tarse, deux ou trois écailles pliées en deux forment un bord saillant fort épais. L'orteil est recouvert par trois squammelles imbriquées, dont l'antérieure est deux fois plus petite que la postérieure, et celle-ci une fois plus grande que la médiane. Les ongles sont robustes et peu arqués.

La queue est courte et garnie de petits tubercules convexes; les fesses en portent quelques uns de forme conique.

COLORATION. La surface de la tête est d'une couleur olivâtre avec des marbrures d'une teinte plus claire. Le dessus du cou et des membres offre un brun cendré, et la région inférieure de ces parties est teinte comme le sternum d'un jaune orangé pâle.

Une couleur roussâtre mélangée de teintes plus foncées règne sur la carapace dont le bord terminal porte des taches jaunes.

DIMENSIONS. *Longueur totale.* 18" 4"'. *Tête.* Long. 3"; haut 1"2"'; larg. antér. 5"', postér. 2". *Cou.* Long. 3" 6"'. *Memb. antér.* Long. 5". *Memb. postér.* Long. 5"5"'. *Carapace.* Long. (en dessus) 12" 6"'; haut. 4" 1"'; larg. (en dessus) au milieu, 10" 3"'. *Sternum.* Long. antér. 4", moy. 2" 5"', postér. 4"2"'; larg. antér. 5" 6"', moy. 8", postér. 5". *Queue.* Long. 8".

La description qu'on vient de lire est celle d'un individu rapporté de Rio-Janeiro par M. Gaudichaud. Nous en possédons un autre, offrant avec ce dernier des différences qui méritent d'être remarquées.

Ainsi la carapace en est proportionnellement un peu plus étroite, et son limbe relativement un peu moins large. La première plaque vertébrale n'est pas tout-à-fait aussi courte, et les trois qui la suivent, au lieu d'être légèrement arquées en travers, forment un peu la gouttière. Les écailles costales n'offrent pas non plus une surface plane; mais elles sont faiblement infléchies dans le même sens que les vertébrales. Les lames cornées supérieures présentent bien des lignes saillantes disposées en rayons, en même temps que des stries encadrantes; mais les unes et les autres sont excessivement peu apparentes. Le bord externe des trois plaques gulaires est sensiblement plus arqué que dans l'individu précédemment décrit; et toutes les plaques sternales ont des stries concentriques, et des lignes saillantes disposées en rayons.

Les ongles sont moins forts et plus crochus.

COLORATION. La couleur de la carapace est plus foncée. La tête est roussâtre, et le sternum ne présente point une teinte uniforme. Ses plaques ont leurs aréoles jaunes et leurs bords bruns. Le reste de leur surface est lavé d'une teinte roussâtre.

La figure de la Platémyde Radiolée, publiée par le prince de

Neuwied, paraît avoir été prise sur un exemplaire tel que celui-ci.

Patrie. La Platémyde Radiolée est originaire du Brésil. Elle vit dans les marais.

Observations. C'est à tort que Wagler et le prince Maximilien de Neuwied ont rapporté l'*Emys Depressa* de Spix à l'Emyde Radiolée. Elle en est très différente, ainsi qu'on peut s'en assurer en comparant les descriptions que nous avons données de ces deux espèces.

4. LA PLATÉMYDE BOSSUE. *Platemys Gibba.* Nob.

(*Voyez* pl. 20, fig. 2.)

Caractères. Carapace noire, ovoïde; plaques discoïdales faiblement striées; les trois dernières vertébrales carénées; les costales non arquées de haut en bas, sternum brun, sali de jaunâtre sur ses bords; tête couverte d'un grand nombre de petites plaques.

Synonymie. *Emys gibba.* Schweigg. Prodr. Arch. Konigsb., tom. 1, pag. 299 et 341, spec. 7.

Rhinemys gibba. Wagl. Syst. Amph., pag. 135.

Hydraspis Cayennensis. Var. B. Gray, Synops. Rept., pag. 42.

DESCRIPTION.

Formes. La boîte osseuse de la Platémyde Bossue est une fois plus haute qu'elle n'est large en son milieu. La ligne qui la circonscrit horizontalement représente une figure ovoïde. Le limbe est moitié moins large le long des flancs que dans le reste de sa circonférence. Sa région collaire est horizontale; mais toutes ses autres parties offrent une pente oblique en dehors. Il forme la gouttière sur les côtés du corps.

La première écaille vertébrale, légèrement arquée dans son sens transversal, est très penchée d'avant en arrière. La dernière s'incline vers la queue, et les trois autres sont placées d'une manière à peu près horizontale. La seconde offre une très faible protubérance sur sa ligne moyenne, et tout près de son bord postérieur. La troisième et la quatrième portent en arrière un tubercule caréniforme; la moitié postérieure de la cinquième est surmontée d'une arête tranchante.

La première plaque dorsale est hexagone subtriangulaire, articulée par son plus grand côté à la nuchale et aux deux margino-collaires, et par ses deux plus petits à une portion de chaque margino-brachiale. Cette plaque est beaucoup plus grande que les quatre qu'elle précède. Les trois médianes diminuent successivement de largeur en allant vers la queue. Elles sont hexagones, la seconde et la troisième affectant une forme quadrangulaire, et la quatrième ayant son bord postérieur moitié plus étroit que l'antérieur. La cinquième a exactement la même forme que la première; mais elle est bien moins dilatée. Les plaques costales de la première paire sont tétragones subtriangulaires. Celles de la quatrième sont trapézoïdes, et celles de la seconde et de la troisième, quadrilatérales et plus hautes que larges.

Le plastron est large, un peu relevé vers le cou, arrondi à l'extrémité antérieure et échancré en V à l'extrémité postérieure. Le bord externe de la plaque intergulaire dépasse un peu celui des écailles gulaires. Celle-là est pentagone, celles-ci sont triangulaires. Les brachiales sont tétragones obliques; les pectorales et les abdominales, transverso-rectangulaires, et les anales rhomboïdales.

Les plaques fémorales sont un peu plus larges que celles qui les suivent, et ressemblent à des triangles isocèles à sommet tronqué et à base curviligne. Les prolongemens latéraux du plastron sont larges, fort courts et très relevés.

Toutes les écailles de la boîte osseuse, sans exception, offrent de faibles stries concentriques onduleuses.

Le dessus de la tête est garni de petites plaques de différentes formes. Le museau est peu allongé et obtus. Les mâchoires sont sans dentelures. Il existe deux barbillons sous le menton. La peau de la région supérieure du cou est revêtue de très petits tubercules assez saillans. Des écailles arrondies, égales et juxtaposées, couvrent le haut des membres antérieurs. D'autres écailles égales, élargies et imbriquées, revêtent les avant-bras, dont le bord externe porte une rangée longitudinale de grandes scutelles quadrangulaires. Ce sont de très petites écailles arrondies qui revêtent la surface supérieure des pieds de derrière au dessus et un peu au dessous du genou. La région inférieure et les talons sont garnis d'écailles imbriquées; le bord antérieur du tarse soutient une large squammelle qui n'y est retenue que par un de ses bords. Les membranes interdigitales sont assez développée■ ; les ongles sont longs et crochus.

La queue est courte et conique.

Coloration. La partie supérieure de la tête est teinte de roussâtre, celle du cou de brun foncé. La carapace et les membres sont noirâtres en dessus, et ils offrent en dessous une couleur plus claire; la gorge et la région inférieure du cou sont jaunes comme les bords du sternum. Ce dernier est brun, lavé de fauve sur sa ligne moyenne et longitudinale.

Dimensions. *Longueur totale*. 24" 4'". *Tête*. Long. 3" 8'"; haut. 2"; larg. antér. 6'"; postér. 3". *Cou*. Long. 3" 9'". *Membr. antér*. Long. 6". *Membr. postér*. Long. 6" 4'". *Carapace*. Long. (en dessus) 17" 5'"; haut. 5" 7'"; larg. (en dessus) au milieu 15" 6'". *Sternum*. Long. antér. 5" 4'"; moy. 4" 6'"; postér. 6"; larg. antér. 7" 6'"; moy. 11", postér. 7" 6'". *Queue*. Long. 6'".

Patrie.

Observations. Le seul individu de cette espèce que nous ayons encore vu, appartient à notre collection. Schweigger l'a décrit dans son Prodrome sous le nom d'*Emys Gibba*. M. Gray le considère à tort comme étant une variété de l'*Emys Cayennensis* de Schweigger, qui n'est pour nous qu'une jeune Podocnémide de Duméril.

5. LA PLATÉMYDE DE GEOFFROY. *Platemys Geoffreana*. Nobis.

Caractères. Carapace ovale oblongue et de même largeur à ses deux extrémités, arrondie en avant, obtusangle et échancrée en arrière ; plaques vertébrales formant un peu la gouttière de chaque côté du tubercule caréniforme qui les surmonte ; dessus du corps jaunâtre, tacheté et rayé de brun ; ventre jaune.

Synonymie. *Emys Geoffreana*. Schweigg. Prodr. Arch. Konigsb. tom. 1, pag. 302 et 550, spec. 15.

Emys viridis. Spix. Rept. Bras. 3, tab. 2, fig. 4; tab. 3, fig. 1.

Phrynops Geoffreana. Wagl. Syst. Amph. pag. 135, tab. 5, fig. 48-51.

Phrynops Geoffreana. Wagl. Icon. et Descript. part. 3, tab. 26.

Hydraspis viridis. Gray. Synops. Rept. pag. 41, spec. 8, exclus. synon. Emys Rufipes Spix. (Platemys Miliusii?)

DESCRIPTION.

Formes. La carapace de la Platémyde de Geoffroy est déprimée. Son contour terminal donne la figure d'un ovale oblong de même largeur à ses deux extrémités, rectiligne sur les flancs, subobtus-angle en arrière et arrondi en avant. Le limbe est presque aussi large sur les côtés du corps que dans le reste de sa circonférence. Il est à peu près horizontal au dessus du cou et des cuisses. Il forme la gouttière et est incliné en dehors, le long des flancs et sous les deux dernières paires de plaques marginales. Son bord terminal offre une échancrure triangulaire entre les deux écailles suscaudales.

La ligne du profil de la carapace commence par monter obli-quement du bord externe de la nuchale au bord postérieur de la première écaille vertébrale, en s'infléchissant très légèrement. Arrivée là, elle monte encore, mais en se cintrant un peu jusqu'à l'extrémité de la troisième plaque dorsale, d'où elle descend vers la queue en décrivant une courbe assez ouverte.

La région moyenne et longitudinale de la première plaque ver-tébrale offre dans toute son étendue un renflement assez sensible, et celle des autres écailles du dos une faible carène plus appa-rente sur la partie postérieure des plaques que sur leur région an-térieure ; mais ces écailles offrent toutes les cinq une légère dé-pression de chaque côté de leur ligne médiane.

La plaque de la nuque est rectangulaire, trois fois plus longue que large. Les margino-collaires, les secondes margino-brachiales, les premières margino-latérales et les pénultièmes margino-fé-morales sont carrées. Les margino-brachiales antérieures, les se-condes, les troisièmes et les quatrièmes margino-latérales sont pentagones subquadrangulaires, ainsi que les dernières margi-no-fémorales. Les suscaudales sont quadrilatérales oblongues, ayant leur angle inféro-postérieur arrondi.

La première plaque dorsale est une fois plus étendue en surface que les trois écailles qui la suivent. Elle est tétragone, moitié plus étroite en arrière qu'en avant, ayant les bords latéraux ar-qués en dehors, son côté antérieur onduleux et les deux angles vertébro-marginaux arrondis. La seconde, la troisième et la qua-

27.

trième sont plus longues que larges et hexagones subquadrangulaires. La cinquième est pentagone subtriangulaire, avec ses
deux angles margino-costaux arrondis et son angle suscaudal
aigu.

On compte six pans à la dernière plaque costale : un en haut ,
un de chaque côté et trois en bas. La seconde et la troisième costale sont une fois plus hautes que larges, et leurs bords supérieur et antérieur sont légèrement anguleux. La première costale
est tétragone subtriangulaire, ayant son bord latéro-vertébral arqué en dedans.

Le sternum a moins de largeur en arrière qu'en avant. Son
bord collaire est coupé carrément pour ainsi dire et légèrement
festonné. Son bord caudal est échancré en V.

Les écailles gulaires ont trois côtés à peu près égaux. L'intergulaire est pentagone, et un peu plus grande que les deux autres.
Les brachiales sont trapézoïdes; les fémorales sont carrées et
débordent les anales, dont la figure est rhomboïdale. Les abdominales sont transverso-rectangulaires ; les pectorales, qui sont
fort courtes , ressemblent à des triangles isocèles à sommet
tronqué.

Les prolongemens sterno-costaux sont peu relevés. Leur largeur est la même que celle de la portion du pourtour sur laquelle
ils sont articulés, et leur longueur est le tiers de celle du plastron.

De toutes les Platémydes , cette espèce est celle qui a la tête
le plus déprimée. Le museau est court et arrondi; le vertex est
garni de petites écailles irrégulières : on en voit sept ou huit fort
allongées sur l'occiput; quatre ou cinq de même forme en arrière de chaque œil, et un grand nombre qui sont arrondies sur
les parties latérales de la tête.

Les mâchoires sont faibles et simplement tranchantes. L'inférieure se trouve entièrement cachée par la supérieure quand la
bouche est fermée.

Le menton porte deux barbillons. La peau du cou est tuberculeuse, et celle des membres garnie d'écailles juxtaposées.
La face antérieure des bras en offre plus de trente arrondies sur la région supérieure, et transversalement oblongues sur
la région inférieure. Il en est huit beaucoup plus grandes que les
autres qui sont appliquées sur le bord externe du bras, où elles
forment une rangée longitudinale.

Les écailles des pieds de derrière sont moins grandes que celles des pieds de devant. Comme ses congénères, cette espèce porte un tubercule squammeux et déprimé sur le bord antérieur du tarse. Les ongles sont longs, arqués et pointus; les membranes interdigitales larges et festonnées sur leurs bords. La queue, qui est conique, dépasse à peine la carapace.

CoLORATION. Sur le dessus de la tête, du cou et des membres, se trouve répandue une teinte brune olivâtre qui se montre aussi sur la carapace, mais elle est là tachetée et rayée de jaunâtre.

La région inférieure du cou est jaune, marquée çà et là de quelques taches oblongues et noires. De l'angle postérieur de l'œil, il part de chaque côté une raie noire qui passe au dessus du tympan et va se terminer à l'extrémité postérieure du cou. Le dessous du corps et des membres, dans l'individu adulte que nous avons sous les yeux, est d'un jaune sale uniforme.

DIMENSIONS. *Longueur totale.* 60" 5'". *Tête.* Long. 7" 5'"; haut. 3" 4'"; larg. antér. 9"; postér. 5" 9'". *Cou.* Long. 17". *Membr. antér.* Long. 9" 9". *Membr. postér.* Long. 11" 7'". *Carapace.* Long. (en dessus), 42"; haut. 14"; larg. (en dessus) au milieu, 35" 2". *Sternum.* Long. antér. 12"; moy. 10" 5"; postér. 13" 2"; larg. antér. 15" 6'"; moy. 23"; postér. 14". *Queue.* Long. 2" 3'".

JEUNE AGE. M. d'Orbigny nous a envoyé de Buénos-Ayres une jeune Platémyde de Geoffroy, dont la longueur totale est de douze centimètres. Son dos, dans presque toute son étendue, est surmonté d'une légère carène, de chaque côté de laquelle il n'existe point de sillon longitudinal comme dans notre exemplaire adulte. Les plaques vertébrales du milieu, au lieu d'être plus longues que larges, sont au contraire une fois plus étendues dans leur sens transversal que dans leur sens longitudinal. Aucune partie du bord terminal de la carapace n'est relevée du côté du disque. Les écailles supérieures portent de larges aréoles chagrinées, qu'encadrent des lignes concentriques, coupées par d'autres lignes saillantes et disposées en rayons.

CoLORATION. La carapace est brune, et les écailles sternales offrent une couleur orangée sur laquelle se détachent des raies noires formant diverses figures irrégulières. Le dessous du cou est jaune avec des points et des lignes noires. Une raie de cette dernière couleur, imprimée de chaque côté du cou, se divise un peu en arrière du tympan en deux branches qui vont aboutir, l'une au bord postérieur de l'orbite, l'autre à l'extrémité de la branche du maxillaire inférieur. Les barbillons du menton sont longs, noirs à leur base, et jaunes dans le reste de leur étendue.

PATRIE. Cette Platémyde est originaire de l'Amérique méridionale. Le seul individu adulte que nous possédions provient du cabinet de Lisbonne. Comme nous venons de le dire, le jeune a été envoyé de Buénos-Ayres par M. d'Orbigny.

Observations. La première description qui ait été publiée de cette espèce est celle que Schweigger a donnée dans son Prodrome, d'après l'exemplaire même qui vient de servir à la nôtre.

Spix en a ensuite représenté la carapace sous le nom d'*Emys Viridis* dans son Histoire des Reptiles du Brésil. Plus récemment, Wagler, dans ses *Icones*, a joint à la description de notre Platémyde de Geoffroy une figure lithographiée, sur un dessin que lui avait communiqué M. Wiegmann.

6. LA PLATÉMYDE DE WAGLER. *Platemys Waglerii.* Nob.

CARACTÈRES. Carapace d'un brun roussâtre, ovale, très allongée, rétrécie à ses deux extrémités; dos sans carènes; écailles du test lisses; la première vertébrale protubérante; sternum jaune.

SYNONYMIE?

DESCRIPTION.

FORMES. Cette Platémyde est de toutes ses congénères celle dont la boîte osseuse est le plus allongée. Cette boîte est ovale dans son contour; les deux extrémités en sont très rétrécies, l'antérieure arrondie ou comme tronquée, la postérieure, subobtusangle.

Le limbe est une fois plus large en avant et en arrière des ailes sternales que sur les côtés du corps. Là et au dessus de la queue, il offre une pente oblique en dehors. La région collaire est horizontale; les fémorales forment la gouttière. Son bord terminal présente une petite échancrure entre les deux plaques suscaudales.

Les quatre dernières écailles vertébrales sont tout-à-fait dépourvues de carènes; mais la région longitudinale et moyenne de la première est fortement renflée. Cette lame est légèrement

inclinée du côté du cou ; les deux dernières le sont aussi fort
peu du côté de la queue. La seconde et la troisième sont horizontales, leur surface est presque plane comme celle de la quatrième ; mais la cinquième est arquée en travers. Le disque de
la carapace est faiblement comprimé sous les deux dernières
paires de plaques costales.

L'écaille de la nuque est quadrilatérale et deux fois plus longue
que large. Les margino-collaires sont trapézoïdes. Les premières
lames margino-brachiales, les margino-fémorales antérieures et
les postérieures sont pentagones subquadrangulaires. Les dernières margino-fémorales ressemblent à des triangles isocèles à
sommet tronqué. Les suscaudales et les pénultièmes margino fémorales sont carrées ; toutes les autres écailles limbaires sont
quadrilatérales oblongues.

La première plaque vertébrale a huit pans, par cinq desquels
elle tient à la nuchale, aux deux margino-collaires et à la moitié
antéro-supérieure de chaque margino-brachiale. Un de ces cinq
pans antérieurs, le nuchal, est rectiligne ; les deux pans margino
collaires sont arqués en dedans, et les deux margino-brachiaux
cintrés en dehors, ainsi que les deux bords costaux de cette
même première plaque dorsale. Son bord postérieur est légèrement onduleux. La seconde lame cornée du dos et la troisième
sont hexagones subrectangulaires. La quatrième n'en diffère
qu'en ce qu'elle est un peu moins large en arrière qu'en avant.
La cinquième est heptagone subtriangulaire. Son bord antérieur
est fort étroit, et les deux par lesquels elle s'articule sur les dernières plaques margino-latérales le sont encore plus. Cette plaque offre en arrière un petit angle aigu enclavé entre les deux
écailles uropygiales.

Les premières lames costales sont tétragones subtriangulaires.
Les secondes et les troisièmes sont quadrilatérales et une fois
plus hautes que larges. Les quatrièmes, qui ont moins de largeur en haut qu'en bas, offrent cinq côtés, par les trois plus petits desquels elles se trouvent en rapport avec le pourtour.
Toutes les écailles qui recouvrent la carapace sont parfaitement
lisses.

En avant, le plastron est arrondi et plus large qu'en arrière,
où il présente une grande échancrure triangulaire. Il est plan ;
les ailes en sont courtes, larges et placées presque horizontalement.

Les plaques gulaires ont trois côtés à peu près égaux. L'inter-gulaire en a trois également, formant deux angles droits en avant et un angle subaigu en arrière ; ce qui tient à ce que ses deux bords latéraux sont légèrement arqués vers leur tiers postérieur. Les plaques brachiales sont des quadrilatères plus longs que larges, et ayant leur angle latéro-interne antérieur tronqué. Les pectorales ressemblent à des triangles isocèles, coupés à leur sommet. Les abdominales sont transverso-rec-tangulaires ; les fémorales, trapézoïdes ; et les anales, rhomboï-dales et plus étroites que les plaques qui les précèdent.

La tête est fort aplatie, le museau court et arrondi. La région moyenne et longitudinale de la surface de la tête est complète-ment lisse. Les tempes sont recouvertes d'une peau divisée en petits compartimens ovales ou polygones, par des impressions linéaires. Les mâchoires sont faibles et sans dentelures. Les deux barbillons qui pendent sous le menton sont assez allongés.

Le cou est nu, ainsi que le dessous des bras. Ceux-ci, en dessus et en haut, sont garnis de petites écailles polygones, égales et juxtaposées. Sur le milieu des avant-bras, on compte une douzaine de squammelles de forme semi-lunaire et subim-briquées. La membrane qui garnit leur bord externe, depuis le coude jusqu'à l'extrémité du petit doigt, supporte cinq écailles ovales, adhérentes par toute leur surface inférieure. On voit, comme chez toutes les autres espèces de Platémydes, deux ou trois écailles fortes et comprimées qui dépassent le bord anté-rieur du tarse près des pieds. Les talons sont revêtus de quelques squammelles sémilunaires semblables à celles des avant-bras.

Les membranes interdigitales sont assez développées ; les ongles, très longs et légèrement arqués ; la queue est courte.

COLORATION. La carapace offre une teinte roussâtre, et le bord en est jaune comme le sternum et le dessous du pourtour. Un brun olivâtre règne sur la partie supérieure du cou et des mem-bres, tandis que c'est un jaune pâle qui se montre sur leur ré-gion inférieure. La portion du cou colorée en jaune, est semée de quelques taches noires. Sous chaque oreille, et en arrière de chaque barbillon, se voit une raie de cette dernière couleur. Le dessus de la tête est brun, marbré d'une couleur roussâtre comme celle de la carapace. Les mâchoires, les membranes tym-panales et les barbillons sont jaunes.

DIMENSIONS. *Longueur totale*, 42". *Tête.* Long. 6" 2" ; haut.

1" 8'''; larg. antér. 5"; postér. 4" 8'''. *Cou.* Long. 7". *Membr. antér.* Long. 8". *Membr. postér.* Long. 10". *Carapace.* Long. (en dessus) 32" 4'''; haut. 8" 8'''; larg. (en dessus), au milieu 25". *Sternum.* Long. antér. 9" 9'''; moy. 7" 4'''; postér. 11" 9"'; larg. antér. 13"; moy. 19"; postér. 11" 4'". *Queue.* Long. 2" 6'''.

PATRIE. Cette espèce vit au Brésil. Le seul échantillon que renferme la collection a été rapporté par M. Auguste de Saint-Hilaire.

Observations. Cette Platémyde avait, à ce qu'il paraît, échappé aux recherches de Spix et du prince Maximilien de Neuwied, puisqu'il n'en est aucunement question dans les ouvrages qu'ils ont publiés sur les animaux du Brésil.

7. LA PLATÉMYDE DE NEUWIED. *Platemys Neuwiedii.* Nob.

CARACTÈRES. Carapace ovale oblongue, arrondie à ses deux extrémités; dos sans carène; le dessus du corps brun avec de nombreuses raies noires; le dessous du cou blanchâtre, tacheté de noir.

SYNONYMIE. *Emys depressa..* Merr., pag. 22, spec. 23.

Emys depressa. Pr. Max. Beytr. Braz., tom. 1, pag. 29.

Emys depressa. Pr. Max. Rec. pl. color. anim. Bres., fig. sans numéro. Exclus. synon. Emys nasuta. Schweigg. (Platemys Schweiggerii.)

Hydraspis depressa. Gray, Synops. Rept., pag. 41, spec. 5.

Emys depressa. Schinz, Naturg. Rept. fasc. 1, pag. 45, tab. 4.

DESCRIPTION.

FORMES. Cette espèce ne nous est connue que par la figure qu'en a publiée le prince de Neuwied, sous le nom d'*Emys Depressa.* Nous la croyons différente de notre Platémyde de Wagler, bien qu'elle offre de très grands rapports avec elle.

Sa boîte osseuse est proportionnellement moins allongée que celle de l'espèce précédente.

Elle présente dans son contour la figure d'un ovale dont les deux extrémités sont arrondies et de même largeur, tandis que la carapace de la Platémyde de Wagler est rétrécie à ses deux bouts, tronquée en avant et obtusangle en arrière.

La figure sur laquelle nous faisons cette description n'indique pas que la région fémorale du limbe forme la gouttière, ni qu'il y ait d'échancrure entre les deux plaques suscaudales, ni que la première écaille vertébrale soit protubérante. Le dos ne paraît être ni caréné ni canaliculé. La plaque dorsale antérieure est heptagone subtriangulaire, articulée sur le pourtour par ses quatre plus petits côtés. Les trois écailles vertébrales du milieu sont à peu près aussi larges que longues et hexagones, ayant toutes trois leurs angles costaux excessivement ouverts; la seconde vertébrale a son bord antérieur rétréci, et la quatrième son bord postérieur. Les autres plaques de la carapace ont la même figure que leurs analogues dans la Platémyde de Wagler, à laquelle la Platémyde de Neuwied ressemble encore par la forme des autres parties du corps et celle des tégumens qui les recouvrent.

COLORATION. La région supérieure des membres et du cou est d'un gris noirâtre; le dessus du crâne offre une teinte un peu plus claire, marbrée de noir. On distingue trois raies de cette couleur de chaque côté de la tête, l'une qui traverse l'œil et s'étend du bout du museau jusqu'au dessus du tympan; la seconde, qui touche à celui-ci par l'une de ses extrémités, et par l'autre, à l'extrémité de la mâchoire supérieure; la troisième, qui est légèrement arquée en arrière, se montre sur le bord du maxillaire inférieur. La gorge et le dessous du cou sont d'un blanc jaunâtre, tacheté de noir.

La carapace est d'un brun olivâtre sur lequel se détache un grand nombre de petites raies flammées de couleur noire. Le bord terminal de la carapace, les barbillons du menton et le sternum sont jaunes.

DIMENSIONS. *Longueur totale.* 23" 5'". *Tête.* Long. 3" 5'"; haut. 3"; larg. antér. 5"; postér. 2" 8'". *Cou.* Long. 5". *Memb. antér.* Long. 5" 5'". *Memb. postér.* Long. 5". *Carapace.* Long. (en dessus) 15" 5'"; haut.? larg. (en dessus) au milieu 11". *Sternum.* Long. 9". *Queue.* Long. 2" 5'".

PATRIE. La Platémyde de Neuwied habite au Brésil.

Observations. Si nous assignons à cette espèce un nouveau nom, celui de la personne à laquelle on en doit la découverte, c'est que nous n'avons pas cru devoir conserver l'épithète par laquelle on l'a désignée jusqu'ici, celle de *Depressa,* dont la signification est la même que le nom générique de *Platemys.*

8. LA PLATÉMYDE DE GAUDICHAUD. *Platemys Gaudichaudii.* Nob.

CARACTÈRES. La partie supérieure du corps brune, marbrée de noirâtre; une tache orangée sur le bord externe de chaque écaille marginale. Sternum noir au milieu, orangé sur ses bords; le dessous du cou orangé et offrant des marbrures brunes.

DESCRIPTION.

FORMES. Il s'est trouvé dans les collections recueillies au Brésil par M. Gaudichaud, et généreusement données par lui au Muséum, une très jeune Élodite Pleurodère que nous prîmes d'abord pour une Platémyde de Neuwied; mais en la comparant de nouveau avec la figure de l'ouvrage du prince Maximilien, représentant cette dernière espèce, nous sommes demeurés convaincus qu'elle en était différente.

La carapace de la Platémyde de Gaudichaud a, sous le rapport de la forme, plus de ressemblance avec celle de la Platémyde de Wagler qu'avec celle de la Platémyde de Neuwied.

Elle est ovale oblongue, et d'une largeur égale à ses deux extrémités, dont l'antérieure est tronquée et la postérieure arrondie.

Comme dans l'espèce précédente, le bord terminal en est entier, c'est-à-dire sans la moindre échancrure.

La plaque nuchale est très grande, quadrilatérale, et plus large en arrière qu'en avant. Les écailles du limbe sont rectangulaires, excepté les margino-collaires qui ont la figure d'un trapèze.

La première lame vertébrale est très dilatée et a six côtés; par l'antérieur elle est en rapport avec la nuchale et les deux margino-collaires. Les latéraux forment deux à deux un angle obtus à droite et à gauche, et le postérieur est plus large que celui qui lui est parallèle. La seconde plaque dorsale et la troisième sont hexagones et une fois plus larges que longues, ayant leurs angles latéraux assez ouverts. La quatrième est moins étendue que les deux précédentes dans son sens transversal, mais elle a la même forme. La dernière est heptagone subtriangulaire. La première costale ressemble à un triangle à sommet tronqué. La dernière est trapézoïde, et les deux intermédiaires seraient carrées, si leur bord supérieur n'était anguleux.

La forme du sternum et des plaques qui le recouvrent est la même que dans les deux espèces précédentes. Toutes les plaques de la carapace offrent de petites rugosités longitudinales.

La tête est grosse; le museau court et légèrement conique. Les mâchoires sont faibles et sans dentelures. Le devant des bras et le dessus des pieds sont garnis de petites écailles égales et imbriquées. Le bord antérieur du tarse porte à sa base une petite crête écailleuse, ainsi qu'on l'observe chez toutes les Platémydes. La queue est courte et conique.

COLORATION. Le dessus de la tête et celui du cou sont d'un brun grisâtre tacheté de brun foncé. Les mâchoires sont noires, ainsi que les barbillons qui pendent sous le menton. La carapace est marbrée de noirâtre sur un fond brun. Le dessous des écailles limbaires et leur bord terminal présente en dessus une couleur orangée; les sutures en sont noires. La région moyenne et longitudinale du sternum, ainsi que les articulations des écailles, sont également noires. Le reste de la surface du plastron est teint d'orangé comme le cou, qui, de plus, est marbré de brun foncé. Cette dernière couleur est aussi celle des membres. Les antérieurs portent une tache orangée sur le bord externe du poignet, et les postérieurs une large bande de la même couleur, sur leur région inférieure depuis la naissance de la cuisse jusqu'à celle du cinquième doigt interne.

DIMENSIONS. *Longueur totale.* 5" 5'''. *Tête.* Long. 1" 3'''; haut. 6'''; larg. antér. 3''', postér. 1". *Cou.* long. 1" 8'''. *Membr. antér.* 1" 5'''. *Membr. postér.* 1" 8'''. *Carapace.* Long. (en dessus) 3" 5'''; haut. 2"; larg. (en dessus) au milieu 2" 5'''; *Sternum.* Long. antér. 9'''; moy. 7"; postér. 8'''; larg. antér. 9'''; postér. 6'''. *Queue.* Long. 8'''.

PATRIE. La Platémyde de Gaudichaud vit au Brésil.

9. LA PLATÉMYDE DE SAINT-HILAIRE. *Platemys Hilarii.* Nobis.

CARACTÈRES. Carapace d'un brun clair, courte, ovale, rétrécie à ses deux extrémités, basse, convexe; plaques lisses; les vertébrales élargies, surmontées chacune d'un tubercule caréniforme; sternum jaune, tacheté de noir.

DESCRIPTION.

Formes. Cette Platémyde est une de celles dont le corps est le plus déprimé. Néanmoins le disque de la carapace est légèrement convexe. Le limbe a un peu moins de largeur le long des flancs que dans le reste de sa circonférence. Il est faiblement incliné de dedans en dehors, et son bord terminal offre, entre les deux plaques suscaudales, une petite échancrure.

La ligne médiane et longitudinale des plaques vertébrales est surmontée en arrière d'une faible carène arrondie. La boîte osseuse est proportionnellement un peu plus courte et un peu plus élargie que dans les Platémydes de Wagler et de Neuwied. Son contour horizontal offre la figure d'un ovale tronqué en avant, et subobtusangle en arrière. L'écaille nuchale est quadrilatérale oblongue. Les lames margino-collaires sont trapézoïdes ; les margino-brachiales antérieures, les premières et les dernières margino-fémorales sont pentagones subquadrangulaires. Les suscaudales, les margino-latérales postérieures et les pénultièmes margino-fémorales sont carrées. On compte également quatre côtés aux dernières margino-brachiales et aux premières margino-latérales ; mais leur bord antérieur est moins large que leur bord postérieur. Les quatrièmes plaques margino-latérales, quadrangulaires, sont plus étroites en avant qu'en arrière ; les secondes et les troisièmes du même nom sont rectangulaires.

Le sternum a la même forme, et les plaques qui le recouvrent la même figure que dans la Platémyde de Wagler. Toutes les écailles du corps sont parfaitement lisses.

La tête est déprimée et le museau court et arrondi. La bouche est largement fendue. Les mâchoires sont faibles et sans dentelures. La surface entière du crâne est recouverte d'une peau offrant des impressions linéaires disposées de telle sorte que cette peau paraît garnie de petites écailles irrégulières implantées dans son épaisseur. Les barbillons du menton sont assez allongés. Le cou est plutôt lisse que tuberculeux.

Les écailles antéro-brachiales sont élargies et subimbriquées. On en compte seize ou dix-huit. Il s'en montre, au dessus du coude, une vingtaine d'autres plus petites, polygones et juxtaposées. Il y a six scutelles assez dilatées sur la membrane qui borde le tranchant externe du bras. Les talons sont revêtus d'une douzaine d'écailles imbriquées ; le dessous du tarse en offre sur toute sa surface qui sont circulaires et non imbriquées, son bord antérieur porte comme à l'ordinaire trois ou quatre scutelles qui forment une arête tranchante.

Les membranes interdigitales sont très développées; les ongles longs, légèrement arqués et pointus.

La queue est très courte.

Coloration. Le dessus de la tète est brun, celui du cou est d'une teinte plus claire, tirant sur le roussâtre. Il part de l'extrémité du museau une raie noire qui s'interrompt sur le bord antérieur de l'orbite et recommence sur le bord postérieur pour venir, en passant au dessus du tympan, aboutir en ligne directe à l'origine du cou. La région inférieure de celui-ci, celle des membres, la gorge, les mâchoires et les barbillons sont jaunâtres, et ces derniers seulement dans les deux tiers de leur longueur. La paume et la plante des pieds sont brunes. Les barbillons sont noirs à leur origine. On voit un point également noir sur le bord inférieur du cadre de l'oreille, et un trait longitudinal de la même couleur au dessous de lui. Il existe une tache noire à l'angle interne du coude et deux autres sur chaque genou. Un brun clair est répandu sur la carapace, dont le bord terminal est jaune. Le dessous du corps est aussi de cette dernière couleur.

Le sternum offre de grandes taches noires disposées de la manière suivante : deux sur chacune des écailles brachiales ; une sur chaque fémorale ; une sur chaque anale, et une autre sur l'intergulaire. On observe aussi que quelques unes des sutures des plaques marginales inférieures sont marquées d'un point noir, et que quelques petites taches de la même couleur se trouvent d'ailleurs semées sur le sternum çà et là parmi les grandes.

Dimensions. *Longueur totale.* 26" 2". *Tête.* Long. 4" 7'''; haut. 1" 5"; larg. antér. 7'''; postér. 2" 3'''. *Cou.* Long. 2" 7'''. *Memb. antér.* Long. 6" 6'''. *Memb. postér.* Long. 7" 4'''. *Carapace.* Long. (en dessus) 19", haut. 5"; larg. (en dessus) au milieu, 15" 7'''. *Sternum.* Long. antér. 5" 3'''; moy. 5"; postér. 6" 8'''; larg. antér. 9"; moy. 11" 7'''; postér. 7". *Queue.* Long. 1".

Patrie. Cette espèce est originaire du Brésil.

Observations. Nous l'avons dédiée à M. Auguste de Saint-Hilaire, auquel le Muséum est redevable du seul individu qu'il en possède.

10. **LA PLATÉMYDE DE MILIUS.** *Platemys Miliusii.* Nob.

CARACTÈRES.- Carapace d'un noir marron, ovale, rétrécie et arrondie en avant, obtusangle en arrière; dos sans carène; écailles du test lisses; sternum brun, lavé de jaunâtre sur ses bords et sur sa ligne médio-longitudinale.

SYNONYMIE. Très *jeune âge*. Emys Stenops, Spix? Rept. Braz. pag. 12, tab. 9, fig. 3 et 4.

DESCRIPTION.

FORMES. Le contour horizontal de la boîte osseuse de cette espèce est un ovale un peu plus large au niveau des cuisses qu'au niveau des bras, arrondi en avant, rectiligne sur les côtés et obtusangle en arrière. La largeur du limbe est une fois moindre le long des flancs qu'aux deux extrémités du corps. Ce limbe, qui est horizontal derrière la tête, est incliné en dehors dans le reste de sa circonférence; il forme la gouttière sur les parties latérales du corps, mais il est tectiforme au dessus de la queue. Le dos n'est point caréné, si ce n'est sur la seconde moitié de la quatrième écaille vertébrale, où l'on remarque un léger renflement longitudinal. La première plaque dorsale s'incline en avant et la dernière s'incline en arrière. Les trois plaques intermédiaires sont placées à peu près horizontalement. Les lames costales, qui s'abaissent fortement de dehors en dedans, sont aussi légèrement arquées dans leur sens vertical. La plaque de la nuque est de forme linéaire. Les margino-collaires, les pénultièmes margino-fémorales et les margino-latérales des premières paires sont rectangulaires. Les deux dernières du même nom et les deux secondes margino-brachiales sont quadrilatérales oblongues; les unes étant plus étroites en avant qu'en arrière, et les autres moins étroites en arrière qu'en avant. Les deux dernières margino-fémorales sont carrées et les deux premières sont pentagones subquadrangulaires, comme les margino-brachiales antérieures. Les suscaudales sont les plus hautes de toutes, et offrent quatre côtés qui forment, en bas, deux angles droits; en haut et en dehors, un angle obtus; également en haut, mais en dedans, un angle aigu. La première lame vertébrale, qui est heptagone subtriangulaire, se trouve articulée sur les premières margino-brachiales par deux côtés très petits, et sur les margino-collaires par deux bords qui sont chacun presque aussi grands que le bord postérieur; ses faces latérales sont légèrement arquées en dehors; et elle est beaucoup plus grande que les quatre écailles qui la suivent. La seconde est hexagone carrée, la troisième et la quatrième de même; mais elles sont rétrécies sur le bord postérieur. Ce rétrécissement est plus marqué dans la quatrième que dans la troisième. La cinquième a six pans, dont les plus petits sont les deux par lesquels elle tient avec les dernières lames margino-fémorales. Son bord suscaudal est aussi étendu que ses bords costaux, et incliné en dedans. Son côté antérieur est étroit. Les deux premières lames costales sont tétragones subtriangulaires. Les deux secondes et les deux quatrièmes sont une fois plus hautes que larges, quadrilatérales, et ont leur bord supérieur un peu anguleux. chacune des deux dernières ressemble à un triangle isocèle à sommet largement coupé

Le plastron est large, tronqué en avant et échancré semi-circulairement en arrière. Les prolongemens latéraux en sont élargis et médiocrement relevés. Leur longueur est le tiers de celle du sternum. La plaque intergulaire est une fois plus étendue en surface que les écailles gulaires. Celles-ci ont trois côtés à peu près égaux; celle-là en a cinq, dont les deux postérieurs forment un angle aigu. Les quatre autres angles sont arrondis; ses deux bords latéraux sont un peu curvilignes, et son bord externe faiblement échancré au milieu. Les plaques brachiales sont tétragones subtrapézoïdes; les anales, rhomboïdales, et les abdominales, transverso-rectangulaires. Les lames pectorales ont quatre côtés dont un, le latéral interne, est beaucoup plus court que le latéral externe. Ces mêmes écailles sont moins grandes que les abdominales; le contraire arrive chez la Platémyde à pieds rouges. Les fémorales sont grandes; elles débordent les écailles qu'elles précèdent et ressemblent à des triangles isocèles à sommet largement coupé et à base curviligne. Les écailles supérieures de la carapace et les inférieures sont parfaitement lisses.

La tête est large, peu épaisse; le museau, court et arrondi. La bouche est grande. Les mâchoires sont faibles et non dentelées. La surface du crâne est lisse, mais celle de la peau des tempes offre des impressions linéaires qui la divisent en petits compartimens polygones. Les barbillons du menton sont moins développés que dans la Platémyde de Saint-Hilaire, à laquelle la Platémyde de Milius ressemble d'ailleurs par les tégumens du cou et des membres. Les membranes natatoires sont larges et festonnées sur leurs bords. Les ongles sont longs et crochus. La queue est excessivement courte.

COLORATION. Toute la partie supérieure du corps est d'un brun marron extrèmement foncé. Le dessous du cou et celui des cuisses offrent une teinte jaunâtre. Le sternum est brun, lavé de jaune pâle sur ses bords et sur sa ligne moyenne et longitudinale. Les mâchoires sont jaunes, tachetées de fauve.

DIMENSIONS. *Longueur totale.* 25". *Tête.* Long. 4"; haut. 1" 6"'; larg. antér. 8"; postér. 3". *Cou.* Long. 2". *Memb. antér.* Long. 6". *Memb. postér.* Long. 6" 6"'. *Carapace.* Long. (en dessus) 19"; haut. 6"; larg. (en dessus) au milieu 15" 7"'. *Sternum.* Long. antér. 5" 5"'; moy. 4" 5"'; postér. 6"; larg. antér. 6"; moy. 10" 8"'; postér. 8" 2"'. *Queue.* Long. 5".

PATRIE. La connaissance de cette espèce est due à M. le baron Milius, qui nous a envoyé de Cayenne l'exemplaire qui est le sujet de la description qui précède.

Observations. Il est vrai que la Platémyde de Milius est bien voisine de l'*Emys Rufipes* de Spix. Cependant elle s'en distingue de suite par la teinte brune uniforme de la partie supérieure du corps et des membres; par son sternum, qui n'est pas rétréci en arrière comme celui de l'espèce précédente, enfin par ses plaques abdominales, qui sont plus grandes que les pectorales; tandis que dans la Platémyde à pieds rouges, ce sont les écailles pectorales qui sont plus grandes que les abdominales.

11. LA PLATÉMYDE A PIEDS ROUGES. *Platemys Rufipes.* Nob.

CARACTÈRES. Carapace brune, ovale, tronquée en avant, anguleuse en arrière; dos caréné; cou et membres rougeâtres; une tache oblongue également rougeâtre au dessus du tympan; sternum plus étroit dans sa partie postérieure que dans sa partie antérieure.

SYNONYMIE. *Emys rufipes.* Spix. Rept. Braz., pag. 7, tab. 6, fig. 1-2. *Hydraspis rufipes.* Gray, Synops. Rept., pag. 41, spec. 7.

REPTILES, II.   28

Rhynemys rufipes. Wagl. Syst. Amph., pag. 154, tab. 5, fig. 43-45.

DESCRIPTION.

Formes. L'ovale formé par le contour horizontal du test de cette espèce, que nous n'avons pas encore vue en nature, serait obtusangle en arrière comme celui de l'espèce précédente, si l'on s'en rapporte à la figure que Spix en a donnée; mais il formerait au contraire un angle aigu, suivant une figure de Wagler. Dans toute sa longueur, le dos est surmonté d'une carène arrondie. Le limbe a moins de largeur le long des flancs que dans tout le reste de sa circonférence. Son bord terminal offre une échancrure triangulaire entre les deux écailles sus-caudales, et sur les côtés du corps il ne forme point la gouttière, comme cela se voit dans la Platémyde de Milius.

Les écailles de la carapace ont la même figure que celles de l'espèce précédente, si ce n'est les plaques uropygiales dont le bord supérieur n'est pas arqué. Elles présentent toutefois quelques lignes concentriques sur les bords.

Le plastron est proportionnellement plus étroit sous les plaques fémorales que celui de la Platémyde de Milius. Son extrémité antérieure est tronqué et une fois plus large que la partie postérieure, qui offre une profonde échancrure en V.

Les écailles abdominales sont plus petites que les pectorales, au lieu que dans l'espèce précédente, ce sont les abdominales qui sont plus grandes que les pectorales. Les plaques sternales de la Platémyde à pieds rouges ressemblent, du reste, par leur figure à celles de la Platémyde de Milius. Il paraît encore qu'il n'existe pas de différence entre les membres de l'une et de l'autre de ces deux espèces.

Le museau de la Platémyde à pieds rouges se prolonge un peu en avant de la mâchoire inférieure : il est conique. Le crâne est lisse, et les tempes sont garnies de petites écailles extrêmement minces. Les mâchoires n'offrent pas de dentelures.

Coloration. Spix a représenté cette espèce comme ayant la carapace et le dessus de la tête d'un brun noirâtre; les mâchoires jaunes; les membres, le cou et l'espace compris entre l'œil et le niveau du bord postérieur de l'oreille d'un rouge de brique; les ongles noirs, et le dessous du corps d'un jaune lavé de brun roussâtre.

Dimensions. *Longueur totale.* 25". *Tête.* Long. 5" 5"'. *Carapace.* Long. (en dessus) 21"; haut. 5" 5"'; larg. (en dessus) au milieu 16". *Queue.* 3".

Patrie. La Platémyde à pieds rouges a été découverte par Spix sur les bords du fleuve Solimoens.

Observations. Ainsi que nous l'avons dit plus haut, cette espèce ne nous est connue que par les figures qu'en ont publiées Spix et Wagler, l'un dans son Histoire des Tortues du Brésil, l'autre dans son Système des Amphibies. C'est à tort que le premier de ces deux auteurs a fait représenter son *Emys Rufipes* avec trois ongles seulement aux pieds de derrière : elle en a bien réellement quatre comme toutes les autres Platémydes. Wagler, qui le premier a relevé cette erreur, nous apprend que l'exemplaire qui a servi de modèle à la figure de Spix, n'avait effectivement que trois ongles aux pattes postérieures, le quatrième ayant été brisé, ainsi qu'il s'en est assuré lui-même.

12. LA PLATÉMYDE DE SCHWEIGGER. *Platemys Schweiggerii.* Nob.

Caractères. Test très déprimé, ovoïde dans son contour, fauve, à bord terminal jaune; une carène dorsale; des petites plaques sur la tête; sternum brun avec ailes et extrémités jaunâtres.

Synonymie. *Emys nasuta.* Schweigg. Prodr. Arch. Konigsb., tom. 1, pag. 298 et 338, n° 4.

Rhinemys nasuta. Wagl. Syst. Amph , pag. 154, exclus. synon. *Emys depressa.* Pr. Max. (*Platemys Neuwiedii*). *Emys stenops* Spix. (*Platemys Miliusii ?*)

DESCRIPTION.

Formes. Nous ne connaissons que le très jeune âge de cette espèce : le test en est très déprimé; une forte carène arrondie règne tout le long du dos; le limbe de la carapace est moins large sur les côtés, et en arrière du corps que dans le reste de sa circonférence, et il offre un plan très peu incliné en dehors, mais uniformément. Le bord terminal en est légèrement échancré au dessus de la queue; le contour de la carapace donne la figure

28.

d'un ovale arrondi à ses deux bouts, et un peu plus large au niveau des cuisses qu'à celui des bras. La première écaille margino-latérale est carrée; mais les autres écailles limbaires sont toutes plus longues que larges. La nuchale est grande et rectangulaire. Les margino-collaires, les secondes margino-brachiales, les suscaudales, les premières et les dernières margino-fémorales sont trapézoïdes. Les plaques margino-brachiales postérieures, les premières et les dernières margino-fémorales sont quadrangulaires; les secondes et les quatrièmes margino-latérales sont pentagones subquadrangulaires; les troisièmes margino-latérales ressemblent à des rectangles.

La première lame vertébrale est octogone et articulée par cinq côtés sur le pourtour. Les trois plaques suivantes sont hexagones et une fois plus larges que longues. La cinquième écaille du dos est heptagone subtriangulaire.

Les premières plaques costales sont plus longues que hautes et quadrangulaires; elles ont leur bord marginal curviligne, et une fois plus étendu que leur bord vertébral. Les secondes et les troisièmes lames costales ont sept pans, formant quatre angles ouverts du côté du limbe; deux angles obtus intercalant un angle aigu du côté du dos. Les dernières écailles costales sont hexagones subtrapézoïdales. Toutes les écailles qui revêtent la carapace ont leur surface chagrinée et surmontée de petites rugosités longitudinales. En avant, le sternum est arrondi et plus large qu'en arrière; là il offre une échancrure en V. Les prolongemens latéraux en sont courts, larges et très relevés.

Les écailles gulaires représentent des triangles équilatéraux; l'intergulaire est plus longue que large, et rétrécie en arrière où elle forme par ses deux côtés un angle aigu. Les plaques anales sont en losanges. Les fémorales et les pectorales ressemblent à des triangles isocèles à sommet tronqué; les abdominales, qui sont presque aussi étendues en surface que ces dernières, sont transverso-rectangulaires. On trouve deux petites écailles axillaires et deux petites plaques inguinales.

La tête, déprimée, mais épaisse, est légèrement bombée à sa surface, et couverte d'un grand nombre de petites plaques polygones et inégales. Les narines sont tubuleuses, et dépassent de quelque peu la mâchoire supérieure. Celle-ci et l'inférieure n'offrent pas la moindre trace de dentelures. Les deux barbillons du menton sont assez allongés.

Les pattes sont très largement palmées; les ongles sont longs et crochus. De petites écailles imbriquées garnissent tout le devant du bras ainsi que le dessus du tarse. On en trouve de plus grandes et aussi imbriquées sur le bord postérieur de celui-ci. On voit des scutelles carrées qui adhèrent à la membrane bordant le tranchant postérieur des pieds de devant.

La crête écailleuse que l'on remarque au dessous du genou dans toutes les espèces de Platémydes se compose ici de quatre squammelles. La peau du cou est granuleuse. La queue est excessivement courte.

Coloration. Un brun fauve colore le dessus de la tête et la carapace, dont le bord terminal, les régions articulaires, les côtés de la gorge et le dessous du cou à son origine, sont jaunes; mais tout le reste de ce dernier, la queue et en grande partie les membres, sont d'un brun clair.

Le dessous des bras, celui des cuisses et du pourtour sont jaunes. La même couleur se laisse voir à l'extrémité postérieure du sternum et sur les côtés de la portion libre antérieure. Le reste de la surface du plastron est d'un brun noirâtre.

Dimensions. *Longueur totale.* 9". *Tête.* Long. 2" 5'''; haut. 1"; larg. antér. 8'''; postér. 1" 8'''. *Cou.* Long. 2". *Membr. antér.* Long. 2" 5'''. *Membr. postér.* Long. 8". *Carapace.* Long. (en dessus) 6" 5'''; haut. 1" 5'''; larg. (en dessus), au milieu 5". *Sternum.* Long. antér. 1" 8'''; moy. 1" 2'''; postér. 1" 8'''; larg. antér. 6"; moy. 5" 5'''; postér. 5". *Queue.* Long. 5".

Patrie. Cette espèce est originaire de l'Amérique méridionale.

Observations. La description qui précède est celle de l'exemplaire même d'après lequel Schweigger a établi son *Emys Nasuta*, espèce que Wagler, d'après le prince Maximilien de Neuwied, a fort mal à propos considérée comme appartenant à l'*Emys Depressa* de cet auteur; elle en diffère au contraire beaucoup. Les deux espèces avec lesquelles elle paraît avoir le plus de ressemblance sont la Platémyde à pieds rouges de Spix et la Platémyde de Milius; mais nous croyons néanmoins qu'elle n'appartient ni à l'une ni à l'autre.

La portion postérieure de son plastron est en effet proportionnellement plus étroite que celle de la Platémyde de Milius, et les parties latérales de son limbe sont relativement plus larges que celles de cette même espèce, dont la carapace n'a pas non plus son bord terminal coloré en jaune, comme celui de la Platémyde de Schweigger.

Quant à la Platémyde à pieds rouges, notre jeune Platémyde de Schweigger s'en distingue de suite par son plastron, qui offre dans la plus grande partie de sa surface un brun noirâtre, au lieu que celui de la Platémyde à pieds rouges est tout entier d'un jaune roussâtre.

Nous ne pensons même pas avec MM. Gray et Wagler que l'*Emys Stenops* de Spix soit de la même espèce que l'*Emys Nasuta* de Schweigger, qui n'est que notre *Platemys Schweiggerii.* En effet, l'*Emys Stenops* de Spix, que nous réunirions plutôt à notre Platémyde de Milius, n'a pas de carène sur le dos comme notre jeune Platémyde de Schweigger. Le pourtour de sa carapace est plus étroit le long des flancs que celui de cette dernière espèce, et le corps de son plastron, au lieu d'avoir les deux bouts jaunâtres et le reste de sa surface d'un brun foncé, semble, d'après la figure de Spix, être comme le sternum de notre Platémyde de Milius, c'est-à-dire brun et lavé de jaunâtre sur ses bords.

13. LA PLATÉMYDE DE MACQUARIE. *Platemys Macquaria.* Nob.

CARACTÈRES. Carapace brune, ovoïde et déprimée; dos creusé d'un sillon étroit; écailles discoïdales longitudinalement rugueuses; sternum jaune, arqué d'arrière en avant, étroit et à prolongemens latéraux fort élargis et très relevés.

SYNONYMIE. *Emys Macquaria.* Cuv. Reg. anim., tom. 2, pag. 11. *Hydraspis Macquaria.* Gray, Synops. Rept., pag. 40, spec. 5.

DESCRIPTION.

FORMES. La boîte osseuse de cette espèce est ovoïde en son contour. Elle est un peu moins déprimée que celle de la plupart des Platémydes, et le disque en est assez bombé. Le cercle osseux qui l'entoure est horizontal au dessus du cou, et faiblement incliné en dehors dans le reste de sa circonférence. Il forme un peu la gouttière sur les côtés du corps. Les cinq dernières paires de plaques marginales ont leur bord externe légèrement infléchi en avant. La ligne moyenne et longitudinale du dos est creusée d'un sillon fort étroit et interrompu.

La première écaille vertébrale est pentagone, moins large en arrière qu'en avant; ses deux bords antérieurs touchent à la nuchale, aux margino-collaires et à une partie de la première margino-brachiale, et forment un angle très ouvert. Les faces latérales de cette même plaque sont un peu arquées en dehors, et son côté postérieur en dedans. Cette première lame du dos n'est pas plus grande que les quatre qu'elle précède : c'est le seul exemple que nous en offre le genre entier des Platémydes. La seconde plaque dorsale et la troisième sont hexagones subquadrangulaires, ayant leurs bords latéraux onduleux. La quatrième leur ressemble, si ce n'est que ses angles costaux pénètrent entre les écailles latérales, un peu plus que ceux des deux précédentes; la dernière plaque de la rangée du dos est heptagone subtriangulaire.

Les premières lames costales représentent des triangles isocèles à bord curviligne et à sommet largement tronqué. Les secondes et les troisièmes sont pentagones et un peu plus hautes que larges, et deux de leurs côtés, les vertébraux, sont onduleux et forment un angle obtus. Les quatrièmes écailles costales, malgré leurs six côtés, sont trapézoïdes. Toutes ces plaques du disque de la carapace ont leur surface entière creusée de petits sillons longitudinaux.

La lame nuchale, une fois plus longue que large, est quadrilatérale; les margino-collaires ressemblent à des trapèzes; les premières margino-brachiales sont pentagones subquadrangulaires; les secondes de même nom sont moins hautes que longues, et ont quatre côtés, dont l'antérieur est plus étroit que le postérieur. Les trois premières margino-latérales sont rectangulaires; les quatrièmes sont quadrilatérales oblongues, et plus étroites en avant qu'en arrière. Les cinquièmes sont carrées, ainsi que les suscaudales et les margino-fémorales.

Le corps du plastron est étroit, légèrement arqué d'avant en arrière, où il offre une échancrure en V assez ouvert, tandis qu'à l'autre bout il est arrondi. Les prolongemens latéraux sont courts, mais fort larges et très relevés. L'extrémité postérieure de ce sternum est moins large que l'extrémité antérieure. Les écailles gulaires, qui ont trois côtés, sont plus petites que la plaque intergulaire, qui en a cinq, parmi lesquels il y en a deux qui forment en arrière un angle obtus. Les lames brachiales sont pentagones subtrapézoïdes; les pectorales et les abdominales, abstraction faite de leur portion qui couvre les ailes sternales, ressemblent à des carrés. Les plaques de la dernière paire sont en losanges, et celles de la pénultième seraient rectangulaires si leur bord postérieur n'était oblique.

La tête est épaisse et n'offre pas une seule plaque. Le museau est moins court que dans les espèces précédentes; il se rapproche davantage par sa forme de celui des Platémydes Martinelle et de Spix. Les mâchoires sont fortes et tranchantes; les deux barbillons du menton sont très courts et assez rapprochés l'un de l'autre.

La peau du cou est garnie de quelques petits tubercules; et les doigts sont réunis par de larges membranes natatoires. On voit sur le devant des bras et sur la partie postérieure du tarse, de grandes squammelles de forme semi-lunaire et subimbriquées. Les ongles sont longs et assez arqués.

La queue est proportionnellement moins courte que dans toutes les autres espèces de Platémydes. Étendue, elle dépasse d'un quart de sa longueur environ, le bouclier supérieur.

Coloration. Un brun clair est répandu sur la carapace, dont le bord terminal est jaune, ainsi que les mâchoires et le dessous du corps. Les autres parties du corps offrent un brun noirâtre.

Dimensions. *Longueur totale.* 35" 5"'. *Tête.* Long. tot. 5" 4"', haut. 3"'; larg. antér. 8"; postér. 4". *Cou.* Long. tot. 6" 2"'. *Memb. antér.* Long. tot. 7". *Memb. postér.* Long. tot. 9" 6"'. *Carapace.* Long. (en dessus) 27"; haut. 9" 6"'; larg. (en dessus) au milieu 25". *Sternum.* Long. antér. 7" 8"'; moy. 7"; postér. 8" 9"'; larg. antér. 8"; moy. 17"; postér. 8". *Queue.* Long. 4".

Patrie. Le seul échantillon que nous possédions de cette espèce vient de la rivière Macquarie à la Nouvelle-Hollande. Il a été rapporté par MM. Lesson et Garnot.

Observations?

XVIIe GENRE. CHÉLODINE. — *CHELODINA.*
Fitzinger.

CARACTÈRES. Tête très longue et très plate, recouverte d'une peau mince ; museau court ; bouche largement fendue ; mâchoires faibles, sans dentelures ; point de barbillons au menton, cou fort allongé ; une plaque nuchale ; plastron non mobile, très large, arrondi en avant et fixé solidement sur la carapace ; ailes sternales très courtes ; l'écaille intergulaire plus grande que chacune des gulaires ; quatre ongles à chaque patte ; queue excessivement courte.

Les Chélodines forment un petit genre très naturel dans la sous-famille des Elodites Pleurodères. Les trois espèces qu'on y a rapportées sont, après les Chélydes, celles qui ont le cou le plus long et la tête la plus aplatie. Leurs yeux sont subhorizontaux ; leurs mâchoires ressemblent déja à celles des Chélydes en ce qu'elles sont fort étroites ; en ce que leur bord est un peu renversé en dedans, au moins dans les deux espèces américaines, et en ce qu'elles sont plus faibles que chez aucun autre genre de la famille des Elodites.

Leur cou est un peu déprimé, simplement tuberculeux, ou bien garni d'appendices cutanés.

Le pourtour de leur carapace est recouvert de vingt-cinq écailles, et leur sternum de treize.

Chez une espèce, la plaque nuchale est située, comme il arrive ordinairement quand elle existe, entre les deux margino-collaires ; et l'écaille sternale intergulaire se trouve enclavée entre les gulaires et les brachiales. Mais dans les deux autres espèces, c'est l'écaille intergulaire qui est située entre les gulaires, comme cela a lieu dans les autres genres d'Élodites Pleurodères, et c'est cette plaque nuchale, fort grande, qui occupe une place derrière les margino-collaires.

Les membres n'offrent rien de particulier dans leur forme; mais des cinq doigts qui les terminent, quatre seulement sont armés d'ongles. Ce caractère, parmi les Pleurodères, est jusqu'ici propre aux Chélodines, comme il l'est aux Tétronyx parmi les Cryptodères. Les Chélodines sont aussi les seules Élodites Pleurodères qui n'aient point de barbillons sous le menton.

Celle des trois espèces de ce genre, que l'on peut considérer comme en étant le type, et qui a été connue la première, habite la Nouvelle-Hollande; les deux autres sont originaires de l'Amérique méridionale.

Ce nom de Chélodines, donné par M. Fitzinger, a été formé des deux mots grecs χέλυς, *tortue*, et de δίνη, *vortex*, *tourbillon d'eau*, auquel Wagler a, sans motif avoué, substitué la dénomination d'*Hydromedusa*, ὑδρομεδούση, *le tyran des eaux*.

Le petit tableau qui suit servira à distinguer d'un coup d'œil les trois espèces rapportées à ce genre.

TABLEAU SYNOPTIQUE DU GENRE CHÉLODINE.

Écaille intergulaire plus grande que les gulaires et située

derrière elles; plaques sternales jaunes avec leurs sutures brunes........ 1. C. DE LA N.-HOL.

entre elles; les deux dernières vertébrales, et les quatrièmes costales.....

protubérantes... 3. C. DE MAXIMILIEN.

non protubérantes 2. C. A. BOUCHE JAUNE

---

1. LA CHÉLODINE DE LA NOUVELLE-HOLLANDE. *Chelodina Novæ-Hollandiæ.* Nob.

(*Voyez* pl. 21, fig. 2.)

CARACTÈRES. Carapace d'un brun marron, ovale oblongue à peine rétrécie en avant, et obtusangle en arrière; écaille nuchale située entre les collaires : les sternales jaunes, et leurs sutures brunes.

SYNONYMIE. *Testudo longicollis.* Shaw, Gener. Zool., tom. 3, pag. 62, tab. 16.

Testudo longicollis. Shaw, Zool. Nouv. Holl., tom. 1, pag. 19, tab. 7.

Testudo longicollis. Bechst. Uebers. Naturg. Lacep., tom. 1, pag, 521.

Tortue à long cou. Lacép. Ann. Mus., tom. 4, pag. 189.

` *Emys longicollis.* Schweigg. Prodr. Arch. Konigsb., tom. 1, pag. 509 et 455, spec. 28.

Hydraspis longicollis. Bell, Zool. Journ., tom. 5, pag. 512.

Chelodina longicollis. Gray, Synops. Rept., pag. 39, spec. 1.

DESCRIPTION.

FORMES. La boîte osseuse de cette Chélodine est deux fois plus longue que haute, et son diamètre transversal est double de sa hauteur. Le contour horizontal de la carapace représente un ovale oblong aussi large au niveau des bras qu'au dessus des cuisses, et dont l'extrémité antérieure est tronquée, et la postérieure subobtusangle. Le cercle osseux qui soutient les plaques marginales est deux fois plus étroit le long des flancs qu'au dessus du cou, des membres et de la queue : ici il est tectiforme. La région qui couvre les cuisses forme un peu la voûte. Le dos n'est aucunement caréné. La ligne de son profil est légèrement arquée, et son extrémité postérieure s'abaisse assez brusquement vers la queue.

Grande, quadrilatérale, et presque aussi longue que large, la plaque nuchale est située entre les margino-collaires. Celles-ci sont trapézoïdes; les margino-brachiales sont quadrangulaires, un peu plus étendues en long qu'en travers; celles de la première paire ont leur bord antérieur plus étroit que leur côté postérieur;

celles de la seconde, leur bord postérieur moins large que leur côté antérieur. Les premières margino-latérales sont plus petites que les margino-brachiales postérieures, mais elles ont la même figure. Les secondes margino-latérales sont rectangulaires; les troisièmes et les quatrièmes, rhomboïdales; les cinquièmes, quadrilatérales oblongues et plus étroites en avant qu'en arrière. Les margino-fémorales sont carrées, et les suscaudales trapézoïdes.

La collection renferme un exemplaire de la Chélodine de la Nouvelle-Hollande, ayant une paire de plaques marginales de plus que n'en présentent ordinairement les individus de cette espèce. Ses treize paires donnent avec la nuchale vingt-sept écailles limbaires au lieu de vingt-cinq.

La lame cornée, qui commence la rangée du dos, a huit pans, dont quatre de même largeur à peu près la mettent en rapport avec la plaque nuchale, avec les margino-collaires et les premières margino-brachiales. Le bord postérieur de cette première écaille vertébrale est légèrement arqué en dedans chez les individus adultes. Les quatre autres plaques sont moins grandes que la première. La seconde et la troisième sont hexagones, et de moitié plus étendues dans leur sens transversal que dans leur sens longitudinal. On compte six côtés à la quatrième qui a le diamètre longitudinal et le diamètre transversal à peu près égaux, mais qui a son bord postérieur moins large que l'antérieur. La cinquième lame vertébrale représente un triangle isocèle à sommet tronqué. Les dernières écailles costales ont la même figure. Les lames latérales sont tétragones subtriangulaires et un peu penchées en arrière. Les secondes et les troisièmes, qui sont une fois plus hautes que larges, offrent en bas deux angles droits, et en haut trois angles obtus.

Ces écailles ont leurs bords marqués de quelques lignes concentriques : le reste de leur surface est lisse.

Le plastron est fort large, arrondi en avant et échancré en V en arrière. Les deux pointes qu'il forme par conséquent du côté de la queue sont arrondies.

Les ailes sternales ont en largeur le quart de celle du plastron, et en longueur le tiers de celle de ce même plastron; elles sont aussi relevées fortement vers la carapace.

La plaque intergulaire est très grande, et placée entre les trois premières paires d'écailles sternales qui forment un cercle autour d'elle. Cette plaque intergulaire a six pans, dont les deux plus grands sont les postérieurs, et forment un long angle aigu. Les écailles gulaires sont quadrilatérales, plus larges que longues, et ont leur bord latéral interne moins étendu que leur bord latéral externe. Les brachiales, un peu plus grandes que les gulaires, mais moitié plus petites que les pectorales, sont subtrapézoïdes. Chaque pectorale a cinq pans qui forment deux angles droits en arrière, un troisième angle droit en avant et en dehors, et deux angles obtus sur le bord latéral interne de la plaque. Les lames abdominales sont transverso-rectangulaires. Les fémorales ressemblent à des triangles à base curviligne et à sommet tronqué. Les anales représentent des losanges dont deux côtés seraient plus courts que les deux autres.

La tète est longue et fort aplatie en arrière. Le front est légèrement arqué dans son sens longitudinal. La bouche est grande; les mâchoires sont faibles et n'offrent pas la moindre trace de dentelures. Une peau lisse recouvre le front et une très grande surface triangulaire en arrière des yeux. Le reste de la surface de la tète est revêtu de petites écailles polygones ou de forme ovale, égales et juxtaposées.

Le cou est d'un tiers moins long que le sternum. Il est grêle et légèrement déprimé. La peau qui l'enveloppe est garnie en dessus d'un grand nombre de petits tubercules convexes, et en dessous de rides longitudinales. Il n'y a pas de barbillons au menton.

La peau des avant-bras forme sur leur face antérieure quatre ou cinq plis transversaux qu'on prendrait volontiers pour des écailles. Les talons offrent également plusieurs plis formés par la peau qui les recouvre.

On en compte huit disposés sur deux rangées, l'une de trois, l'autre de cinq. Les membranes interdigitales sont fort élargies, et leurs bords profondément dentelés. Les ongles sont longs et crochus. Les fesses et la queue sont garnies de tubercules trièdres.

Cette dernière est excessivement courte, et l'extrémité en est fortement comprimée.

COLORATION. Un brun marron colore les écailles de la carapace, dont les sutures sont noires. Les plaques du sternum et les lames marginales inférieures sont jaunes avec leurs articulations d'un brun marron. La gorge, le dessous du cou, celui des bras et des cuisses offrent une teinte blanchâtre, et sur les autres régions de ces parties un gris noirâtre se trouve répandu comme sur toute la tête.

DIMENSIONS. *Longueur totale.* 29". *Tête.* Long. 5" 3"'; haut. 1" 5"'; larg. antér. 3"'; postér. 2" 7"'. *Cou.* Long. 7" 5"'. *Memb. antér.* Long. 7" 3"'; *Memb. postér.* Long. 8". *Carapace.* Long. (en dessus) 18"; haut. 4" 1"'; larg. (en dessus) au milieu 15". *Sternum.* Long. antér. 6"; moy. 4"; postér. 5" 6"'; larg. antér. 8" 7"'; moy. 8" 5"'; post. 8" 6"'. *Queue.* Long. 6".

PATRIE. Cette Chélodine est particulière à la Nouvelle-Hollande. La collection en renferme deux exemplaires, l'un provenant du voyage de Péron et de Lesueur, l'autre a été donnée par M. Busseuil.

Observations. Shaw est le premier qui ait fait connaître cette espèce par la figure qu'il en a donnée dans sa Zoologie de la Nouvelle-Hollande, et qu'il a reproduite dans sa Zoologie générale.

2. LA CHÉLODINE A BOUCHE JAUNE. *Chelodina Flavilabris.* Nob.

CARACTÈRES. Carapace allongée, ovale, entière, arrondie en avant, subobtusangle en arrière, plaque nuchale un peu plus étroite que la première vertébrale et située entre elle et les collaires; front convexe; mâchoires d'un beau jaune.

DESCRIPTION.

FORMES. La hauteur du test osseux de cette Chélodine est environ le quart de sa longueur, et sa largeur en est le tiers. C'est ce qui fait que le test est long, très déprimé et assez étroit. Son contour horizontal offre la figure d'un ovale arrondi en avant et obtusangle en arrière. Le cercle osseux qui entoure le disque est beaucoup moins large sur les côtés du corps qu'à ses deux extrémités. Il est horizontal au dessus du cou et des bras; il est incliné en dehors au dessus des cuisses et de la queue; mais il forme la gouttière le long des flancs.

Les trois écailles vertébrales du milieu sont surmontées d'une carène basse et arrondie qui disparaît dans l'animal adulte, et elles forment un plan horizontal. L'écaille qui les précède est légèrement inclinée vers le cou; celle qui les suit s'abaisse forte-

ment vers la queue. Il arrive quelquefois que cette dernière pla·
que du dos est légèrement convexe. La première est plane ou un
peu renfoncée. Les lames costales sont considérablement penchées
de dehors en dedans, et à peine arquées dans leur sens vertical.

La plaque de la nuque est située non entre les margino-
collaires, comme cela a lieu ordinairement, mais en arrière de
celles-ci et des premières margino-brachiales; elle est très élargie et quadrilatérale. Son bord antérieur est moitié moins large
que son bord postérieur; mais tous deux sont légèrement cintrés en arrière. Les deux angles antérieurs sont obtus et les
deux postérieurs aigus. Les écailles margino-collaires ne sont
pas tout-à-fait aussi grandes à elles deux que la nuchale; elles
ont chacune la figure d'un trapèze. Les quatre margino-brachiales sont pentagones; les deux premières plus étroites en
avant qu'en arrière; les deux secondes, au contraire, plus
étroites en arrière qu'en avant. Les margino-latérales sont rectangulaires ou subrhomboïdales; les suscaudales, trapézoïdes; les
pénultièmes margino-fémorales sont quadrilatérales oblongues,
et les autres margino-fémorales pentagones subrectangulaires.

La plaque qui commence la rangée vertébrale est hexagone
subtriangulaire et beaucoup plus grande que les quatre plaques
qui la suivent. Son bord nuchal, arqué en arrière, est d'un tiers
plus étroit que son bord vertébral, qui est arqué en avant. Elle
touche aux premières et aux secondes margino-brachiales
par deux petits côtés, tantôt anguleux, tantôt curvilignes.

Les bords costaux de cette première écaille du dos sont très
grands, rectilignes, sinon légèrement infléchis en dedans vers
leur tiers antérieur. La seconde dorsale et la troisième sont
hexagones carrées; la quatrième le serait aussi, si elle n'était
un peu rétrécie en arrière. La cinquième a sept pans, par trois
desquels elle est en rapport avec le pourtour. Son côté vertébral est plus étroit que son bord suscaudal.

Les premières écailles costales ressemblent à des triangles à
sommet tronqué. Leur bord antérieur est un peu plus étendu
que leur bord postérieur. Les secondes et les troisièmes lames
latérales sont une fois plus hautes que larges et ont quatre côtés,
dont le supérieur est légèrement anguleux.

Les dernières plaques costales sont quadrangulaires et plus
étroites du côté du dos qu'en dehors du pourtour.

Le sternum est ovale, arrondi ou tronqué en avant, échancré

en V très ouvert en arrière ; la moitié postérieure en est légèrement concave, au moins dans les quatre individus que nous
avons sous les yeux. Les prolongemens latéraux sont larges,
très relevés, et n'ont que le cinquième de la largeur du plastron.

Les plaques intergulaires sont triangulaires et beaucoup moins
dilatées que l'intergulaire, qu'elles renferment à droite et à gauche. Coupée transversalement vers sa partie moyenne, celle-ci
donnerait en avant une figure carrée, et en arrière une de même
forme et de même grandeur que l'une ou l'autre des gulaires.

Cette dernière partie de la plaque intergulaire est enclavée
entre les brachiales. Celles-ci et les fémorales sont les plus
grandes des lames du plastron ; toutes quatre sont quadrangulaires, ayant leur bord latéral interne plus étroit que leur côté
latéral externe, lequel est légèrement arqué en dehors. Les écailles
pectorales et les abdominales, également quadrilatérales, et plus
étroites en dedans qu'en dehors, sont une fois plus larges qu'elles
ne sont longues dans leur partie moyenne. Les plaques sternales
de la dernière paire sont rhomboïdales, ayant leurs deux côtés
postérieurs de moitié plus courts que les antérieurs.

Des quatre individus de notre collection appartenant à cette
espèce, deux ont les écailles de la carapace et du sternum parfaitement lisses. Le pourtour de ces mêmes écailles, dans les
deux autres, offre quelques lignes concentriques.

La longueur de la tête est le tiers de celle du plastron. Sa largeur est de moitié moins grande au niveau des yeux qu'au niveau des oreilles. Elle est très déprimée, mais pourtant un peu
moins que dans l'espèce suivante. Le front est convexe et non
tout-à-fait plat, comme celui de la Chédoline de Maximilien. Le
museau est arrondi ; les mâchoires sont tranchantes, sans dentelures ; et leur bord ne se recourbe pas en dedans, ainsi que cela
se voit chez l'espèce que nous venons de nommer. La surface
entière de la tête est recouverte d'une peau parfaitement lisse.

Le cou est une fois moins long que le sternum. Il est étroit,
légèrement déprimé et garni latéralement de très courts appendices cutanés. Sa partie supérieure offre quelques petits tubercules ; sa région inférieure et la gorge sont nus.

Les pattes sont médiocrement palmées. On remarque quatre ou
cinq plis transversaux formés par la peau sur le devant des
bras et sur les talons. Le bord antérieur porte une forte écaille,
libre par sa marge inférieure.

Les ongles sont longs, robustes, arqués et creusés en dessous. La queue est courte, ne dépassant pas l'extrémité de la carapace.

Coloration. Une teinte olivâtre, semée çà et là de quelques petites taches brunes, colore la carapace. Le dessous du corps et les mâchoires sont d'un beau jaune; mais la région supérieure de la tête, celle du cou et des membres offrent un brun tirant sur le marron, tandis que la région inférieure de ces mêmes parties présente une couleur orangée jaunâtre. Cette espèce doit avoir l'habitude de s'enfoncer dans la vase des étangs ou des marais qu'elle habite; car deux des individus que nous possédons ont encore leurs écailles enduites d'une terre rougeâtre qui ne se laisse enlever que très difficilement.

Dimensions. *Longueur totale.* 24". *Tête.* Long. tot. 4" 3'''; haut. 1" 3'''; larg. antér. 5'''; larg. postér. 5". *Cou.* larg. tot. 7" 2'''; *Memb. antér.* Long. tot. 3" 4'''. *Memb. postér.* Long. tot. 6". *Carapace.* Long. (en dessus) 18"; haut. 4"; larg. (en dessus) au milieu, 11" 5'''. *Sternum.* Long. antér. 5" 2'''; long. moy. 2" 6'''; long. postér. 5"; larg. antér. 6" 6'''; larg. moy. 11"; larg. postér. 7". *Queue.* Long. tot. 1".

Patrie. Cette Chélodine habite le Brésil.

Observations. Cette espèce est nouvelle, et on en doit la découverte à M. Auguste de Saint-Hilaire.

3. LA CHÉLODINE DE MAXIMILIEN. *Chelodina Maximiliani.* Fitzinger.

Caractères. Carapace d'un brun clair, tacheté de noir, courte, ovale, entière, arrondie en avant, subobtusangle en arrière; écaille nuchale aussi large que la première vertébrale, entre laquelle et les collaires elle est située; les quatrièmes costales et les deux dernières dorsales protubérantes. Front plat, mâchoires et dessous du cou jaunâtres et marbrés de brun.

Synonymie. *Emys Maximiliani.* Mik. Delect. Flor. et Faun. Braz.

Chelodina Maximiliani. Fitz. Verzeich. Mus. Wien. pag. 45, spec. 1.

Hydromedusa Maximiliani. Wagl. Syst. Amph., pag. 135, tab. 5, fig. 35-42.

Hydraspis Maximiliani. Gray, Synops. Rept., pag. 43.

REPTILES, II.   29

DESCRIPTION.

Formes. La carapace de la Chélodine de Maximilien est proportionnellement un peu plus courte que celle de la Chélodine à bouche jaune. Les côtés en sont rectilignes, l'extrémité antérieure
arrondie, et la postérieure subobtusangle. Les régions collaire
et brachiale du limbe se dirigent horizontalement ou sont fort
peu inclinées en dehors. Celles qui correspondent aux flancs
forment un peu la gouttière ; les parties qui couvrent les cuisses
offrent une pente oblique ; la région suscaudale est presque perpendiculaire. Le cercle osseux est au dessus du cou deux fois
plus large que sur les côtés du corps, mais en arrière des quatre
premières paires d'écailles margino-latérales, ainsi qu'au niveau
des bras, il n'a qu'une fois sa largeur. La seconde plaque vertébrale et la troisième s'appliquent horizontalement sur les os qui
les soutiennent ; les deux dernières sont inclinées en arrière, et
la première en avant.

Nous possédons deux individus qui appartiennent à cette espèce, l'un de quarante-trois centimètres de longueur, l'autre de
trente-un.

Le plus petit offre une très faible carène arrondie sur la ligne
médiane et longitudinale de ses quatre premières écailles dorsales ; la première de ces écailles est protubérante en arrière.

On ne voit rien de pareil chez le plus grand de ces deux individus, mais l'un et l'autre ont leurs dernières plaques costales
relevées en bosse vers leur angle margino-vertébral. On remarque aussi chez tous les deux une protubérance dilatée en travers,
et surmontant le bord suscaudal de la dernière écaille du dos.

Les lames costales sont fortement penchées de dehors en dedans. Les premières sont légèrement bombées. Les secondes et
les quatrièmes sont plutôt planes que cintrées de haut en bas.

La plaque nuchale n'est pas placée entre les margino-
collaires, mais derrière elles, comme chez l'espèce précédente.
Cette plaque est presque deux fois plus large que longue ; dans
nos deux exemplaires elle s'articule en avant sur tout le bord
postérieur des margino-collaires, par deux pans qui forment un
angle excessivement ouvert, dont le sommet est dirigé du côté
du cou ; à droite et à gauche elle touche à la première margino-
brachiale ; en arrière, elle s'unit à la première vertébrale par

un bord légèrement infléchi en avant. Chez le plus petit de ces deux individus, elle a cela de particulier qu'elle offre un cinquième et un sixième petit côté qui la mettent en rapport avec les premières costales. Chez la Chélodine à bouche jaune, le bord antérieur et le bord postérieur de la nuchale sont arqués en arrière. Les margino-brachiales sont quadrilatérales, subrectangulaires; les premières margino-brachiales sont plus étroites en arrière qu'en avant et ont cinq côtés, deux desquels correspondent, l'un au bord latéral des margino-collaires, l'autre au bord latéral de la nuchale. Les secondes margino-brachiales, les suscaudales et les cinquièmes margino-latérales sont trapézoïdes. Les premières et les dernières margino-fémorales, qui sont plus hautes que larges, ont cinq côtés formant en bas deux angles droits, en haut et au milieu un angle aigu, à droite et à gauche un angle obtus. Les pénultièmes margino-fémorales sont carrées. Les premières et les troisièmes margino-latérales sont rhomboïdales. Les secondes et les quatrièmes du même nom n'en différeraient, si leur bord supérieur ne formait un angle obtus.

Les quatre premières écailles du dos diminuent graduellement de grandeur. La dernière offre à peu près la même étendue que la seconde. La première est tétragone, ayant son bord postérieur un peu moins grand que l'un ou que l'autre de ses trois autres bords. La seconde et la troisième sont hexagones carrées. La quatrième leur ressemblerait si elle n'était plus étroite en arrière qu'en avant. On compte six pans à la cinquième, dont le bord suscaudal est plus large que le bord vertébral, et dont l'angle latéral droit et l'angle latéral gauche sont plus ou moins ouverts.

Les premières plaques costales sont beaucoup plus grandes que les secondes, et ressemblent à des triangles isocèles à sommet tronqué et à base anguleuse. Les secondes et les troisièmes sont une fois moins larges que hautes, et ont cinq côtés dont les deux vertébraux forment un angle obtus. Les dernières écailles latérales sont hexagones et articulées par trois côtés au pourtour; leur bord postérieur est moins étendu que leur bord antérieur.

Le plastron est ovale, large et arrondi en avant, rétréci et échancré en V en arrière. Les prolongemens sterno-costaux sont fort courts, attendu que leur longueur est environ le quart de celle du sternum. Ils sont longs et relevés obliquement.

Les plaques gulaires et l'intergulaire ont absolument la même

29.

forme que dans la Chélodine à bouche jaune. Les brachiales sont pentagones subtrapézoïdes; les abdominales transverso-rectangulaires, et les pectorales ressemblent à de longs triangles isocèles, ayant leur sommet tronqué et leur base arquée en dehors.

Les lames fémorales représentent des trapèzes; les anales sont rhomboïdales.

Toutes les écailles de la boîte osseuse sont extrêmement minces et complètement dépourvues d'aréoles et de lignes concentriques.

La Chélodine de Maximilien est, après la Chélyde Matamata, celle de toutes les Élodites Pleurodères dont la tête offre le plus grand aplatissement. Cette tête n'a pas tout-à-fait en longueur le tiers de celle du sternum. Son épaisseur égale la moitié de sa largeur, prise au niveau des oreilles. Là, son diamètre transversal n'est que d'un quart plus considérable que celui pris au niveau du bord postérieur de l'orbite.

Nous ferons remarquer que la tête de la Chélodine à bouche jaune, mesurée en travers des yeux, donne une largeur moitié moindre que celle qu'elle offre du bord d'une oreille à l'autre. Le front de la Chélodine de Maximilien est tout-à-fait déprimé, et comme chez la Chélyde Matamata la bouche est fendue au delà des yeux. Les mâchoires ont déjà quelque analogie avec celles de cette dernière espèce ; c'est-à-dire que leur bord se replie tant soit peu en dedans de la bouche, et que les branches de la mandibule, au lieu d'être régulièrement cintrées comme dans la Chélodine à bouche jaune, forment un angle obtus dont le sommet arrondi forme l'extrémité du museau. L'une et l'autre mâchoire sont tranchantes.

Sur le front la peau est lisse, mais sur la partie supérieure de la tête, elle offre des impressions linéaires qui la font paraître comme garnie d'écailles implantées dans son épaisseur. Ces impressions sont réticulaires.

Le cou présente en dessus de petits tubercules que bordent à droite et à gauche deux rangées longitudinales d'appendices cutanés, excessivement courts. La peau qui l'enveloppe en dessous est parfaitement lisse. Sa largeur est environ les deux tiers de celle du sternum.

Les membranes interdigitales sont fort développées et profondément dentelées sur leurs bords. Les ongles sont longs, robustes et sous-courbés. On n'en compte bien réellement que quatre aux pattes de devant tout comme aux pattes de derrière, quoique Wagler prétende le contraire.

Les tégumens ne présentent pas de différence avec ceux de l'espèce précédente. La queue est excessivement courte.

COLORATION. Les mâchoires, au lieu d'être d'un beau jaune uniforme comme celles de la Chélodine, que nous avons, à cause de cela, nommée à Bouche jaune, offrent une teinte jaunâtre, tachetée ou marbrée de brun. Il en est de même du dessous du cou et des pattes. Cette couleur est aussi celle de la partie supérieure de la tête, du cou et des membres. La carapace est d'un jaune olivâtre, offrant six ou huit gros points brunâtres sur chaque plaque costale; quelques taches de même nature sur les vertébrales, et de plus une surface triangulaire analogue, près de l'angle inféro-antérieur des marginales. Le sternum et la région inférieure du pourtour sont colorés de jaune. Cette couleur est celle des angles à leur extrémité. Ils sont bruns dans le reste de leur étendue.

DIMENSIONS. *Longueur totale.* 45". *Tête.* Long. tot. 6" 7"'; haut. 2" 8"'; larg. antér. 6"'; postér. 4" 5"'. *Cou.* Long. tot. 45" 3"'. *Memb. antér.* Long. tot. 9" 4"'. *Memb. postér.* Long. tot. 9" 6"'. *Carapace.* Long. (en dessus) 28"'; haut. 7" 8"'; larg. (en dessus) au milieu 21" 6"'. *Sternum.* Long. antér. 8" 6"'; moy. 4" 9"'; postér. 8" 5"'; larg. antér. 13" 5"'; moy. 48"'; postér. 41" 2"'. *Queue.* Long. tot. 2" 3"'.

PATRIE. Comme la précédente, cette Chélodine est originaire de l'Amérique méridionale. Le Muséum national en possède deux échantillons très beaux, qui lui ont été envoyés de Buénos-Ayres par M. d'Orbigny.

Observations. D'après la figure donnée par Wagler, il semblerait que cette espèce a de chaque côté du cou une bandelette d'une couleur plus claire que celle de cette partie du corps. Nous ne voyons rien de semblable sur nos deux exemplaires. Il paraît d'ailleurs que l'individu qui a servi à Wagler était plus jeune que les nôtres; car la figure qui le représente indique des aréoles et des stries concentriques.

XVIII° GENRE. CHÉLYDE. — *CHELYS*. Nobis.

CARACTÈRES. Tête fortement déprimée, large, triangulaire ; narines prolongées en trompe ; bouche largement fendue ; mâchoires arrondies, peu épaisses. Cou
garni de longs appendices cutanés, deux barbillons au
menton. Une plaque nuchale ; cinq ongles aux pattes
de devant, quatre à celles de derrière.

On reconnaît de suite les Chélydes à la largeur, à l'a-
platissement considérable et à la forme triangulaire que
présente leur tête, ainsi qu'à l'espèce de petite trompe qui
en termine l'extrémité antérieure. L'analogue de cette petite
trompe, formée par le prolongement des narines, se retrouve chez les espèces de la famille suivante, celle des Potamites.

La fente de la bouche s'étend au delà des oreilles ; les mâchoires sont arrondies, étroites et non pas simplement recouvertes d'une peau molle comme le prétendent MM. Cuvier, Gray et Wagler, mais protégées par des étuis de corne,
de même que celles de tous les autres Chéloniens ; seulement
ces étuis sont extrêmement minces. Leur bord libre est tant
soit peu renversé en dedans de la bouche.

La membrane du tympan est fort grande et circulaire.
Les yeux sont petits ; deux barbillons pendent sous le menton et les côtés de la tête, et ceux du cou sont garnis de
franges déchiquetées. La carapace est déprimée ; son pourtour supporte vingt-cinq écailles qui sont subimbriquées
comme celles du disque et du plastron. Celui-ci est long,
étroit et caréné.

Les membres sont forts, et parmi les squammelles de forme
ordinaire qui les revêtent, on remarque quelques écailles
épineuses. La queue est courte et inonguiculée.

Merrem est le seul auteur qui n'ait point adopté pour ce genre le nom de Chélys. Il le nomme Matamata.

On ne connaît encore dans l'état présent de la science, qu'une seule espèce de Chélyde.

1. LA CHÉLYDE MATAMATA. *Chelys Matamata.* Duméril.

(*Voyez* pl. 21, fig. 2.)

Caractères. Carapace ovale oblongue, tricarénée, à écailles subimbriquées et surmontées de lignes concentriques, coupées par d'autres lignes en rayons.

Synonymie. *Testudo terrestris major, sive Raparapa.* Barrère, Hist. Franc. équinox. pag. 60.

Testudo raxarapa. Ferm. Hist. nat. Holl. équinox. pag. 51.

Testudo fimbriata. Schneid. Schildk. pag. 349. exclus. synon. Sinn. (Cinosternon Scorpioides.)

Testudo fimbriata. Gmel. Syst. Nat. tom. 5, pag. 1045, spec. 28.

La Tortue matamata. Brug. Journ. d'hist. nat. n° 7, Paris, 1792, pag. 253, tab. 13.

Testudo matamata. Donnd. Zool. Beyt. tom. 3, pag. 24.

Testudo fimbriata. Schœpf, Hist. Test. pag. 97, tab. 21. exclus. synon. Sinn. (Cinosternon Scorpioides.)

Testudo matamata. Bechst. Uebers. der Naturg. Lacep. tom. 1, pag. 338.

Testudo matamata. Latr. Hist. Rept. tom. 1, pag. 9, tab. 4, fig. 1.

Testudo fimbriata. Shaw, Gener. Zool. tom. 5, pag. 70, tab. 18.

Testudo matamata. Daud. Hist. Rept. tom. 2, pag. 86, tab. 20, fig. 1.

Chelys fimbriata. Schweigg. Prodr. Arch. Konigsb. tom. 1, pag. 294 et 422, spec. 1.

La Tortue matamata. Bosc, Nouv. Dict. d'Hist. nat. tom. 34, pag. 260.

Matamata fimbriata. Merr. Amph. pag. 21.

Chelys fimbriata. Spix, Rept. Bras. tab. 11.

La Matamata. Cuv. Règn. Anim. tom. 2, pag. 15.

Chelys fimbriata. Wagl. Syst. Amph. pag. 134, tab. 3, fig. 4 à 24.

Chelys matamata. Gray, Synops. Rept. pag. 431, spec. 1.

Chelys fimbriata. Schinz, Naturg. Rept. pag. 47, tab. 7.

JEUNE AGE ?

DESCRIPTION.

FORMES. La boîte osseuse de la Chélyde Matamata est du double plus large que haute, et son diamètre longitudinal est deux fois plus considérable que sa hauteur verticale. Cette boîte, par conséquent assez déprimée, n'est nullement convexe. Elle offre en dessus deux profondes et larges gouttières longitudinales, qui s'étendent de chaque côté de la ligne médiane du dos, depuis l'extrémité antérieure jusqu'à l'extrémité postérieure du disque. L'existence de ces gouttières est due à ce que les écailles qui composent les trois rangées discoïdales sont tectiformes.

Les trois premières lames dorsales forment une carène arrondie; la cinquième, une crête tranchante; et la quatrième, comme les quatre plaques costales, offre à l'endroit de son aréole une protubérance souvent très comprimée.

Le contour horizontal de la carapace donne la figure d'un ovale rectiligne ou faiblement contracté sur les côtés du corps, tronqué en avant et subobtusangle en arrière.

Le limbe, horizontal au dessus du cou, un peu incliné en dehors au dessus des membres, et fortement penché du côté opposé au disque ou le long des flancs, se trouve offrir, en arrière du corps, tantôt une légère inclinaison oblique, tantôt un plan vertical. Le bord terminal de ce limbe est dentelé, mais plus profondément en avant des bras et en arrière des cuisses que sur les parties latérales de la boîte osseuse.

La plaque nuchale est quadrangulaire, ayant quelquefois son bord antérieur beaucoup plus étroit que son bord postérieur. Les écailles des trois premières paires marginales sont trapézoïdes. Les secondes margino-latérales sont pentagones subquadrangulaires; et les premières et les troisièmes du même nom, rectangulaires. Les quatrièmes lames margino-latérales, oblongues, plus étroites en avant qu'en arrière; les cinquièmes sont trapézoïdes, de même que les pénultièmes margino-fémorales. Celles qui précèdent et celles qui suivent immédiatement ces dernières sont pentagones subquadrangulaires.

Les plaques suscaudales sont subrhomboïdales.

Les écailles de la rangée du dos vont en diminuant graduellement de grandeur, depuis la première jusqu'à la dernière. La première, moins large en avant qu'en arrière, est octogone, articulée au pourtour par les cinq petits côtés. L'un de ces cinq côtés tient à la nuchale, deux autres tiennent aux margino-collaires, et le quatrième et le cinquième sont soudés à une partie des plaques margino-brachiales antérieures.

La seconde écaille vertébrale est hexagone subquadrangulaire. La troisième et la quatrième offrent également six pans; mais le postérieur est plus étroit que l'antérieur. La dernière lame dorsale a sept côtés : les deux plus grands, qui forment un angle subaigu ou très peu ouvert, sont ceux qui la mettent en rapport avec les lames uropygiales; et les deux plus petits sont ceux par lesquels elle tient à une partie des dernières margino-fémorales.

Quant aux trois autres bords de cette cinquième écaille du dos, le vertébral et les deux costaux, ils sont à peu près égaux en étendue.

Les lames costales, de même que les vertébrales, offrent moins d'étendue en surface, à mesure qu'elles se rapprochent de la queue. Les premières sont tétragones subtriangulaires; les secondes et les troisièmes sont quadrilatérales, ayant leur côté supérieur anguleux; et les cinquièmes, malgré leurs six pans, offrent une forme trapézoïde.

Toutes les plaques qui couvrent la carapace présentent des aréoles : celles des vertébrales sont situées sur la ligne moyenne et longitudinale de ces écailles, et tout près de leur bord postérieur. Celles des costales occupent également une surface fort rapprochée du bord postérieur des plaques; mais elles sont plus voisines du bord vertébral que du bord marginal.

On remarque aussi sur les plaques de la carapace, non seulement des stries concentriques, mais encore des lignes disposées en rayons et plus saillantes que les autres.

Le plastron est beaucoup plus étroit en arrière qu'en avant, où il est arrondi, tandis qu'à l'autre bout il est fourchu. La longueur des prolongemens sterno-costaux est le quart de celle du sternum, et leur largeur le tiers de celle de ce même sternum, prise au niveau des plaques abdominales. Ces prolongemens sterno-costaux sont fort peu relevés.

Les trois écailles gulaires, de même longueur et triangulaires, ont aussi à peu près la même étendue en surface. Les plaques brachiales sont subrhomboïdales ; les pectorales trapézoïdes, et les abdominales transverso-rectangulaires. Les écailles fémorales sont plus longues que larges, et ont quatre côtés dont l'antérieur est plus étroit que le postérieur. Les anales offrent six pans, formant en avant deux angles droits, en arrière et en dehors un angle long et aigu également en arrière, mais en devant un angle obtus. Ces plaques sternales ont bien sur leurs bords quelques fines stries concentriques, mais elles ne présentent pas de lignes saillantes disposées en rayons comme on en voit sur les plaques de la carapace.

Toutes les écailles supérieures et inférieures de la boîte osseuse sont légèrement imbriquées.

La tête est fortement déprimée, triangulaire dans sa forme ; elle est garnie en dessus de petites écailles inégales, les unes ovales, les autres arrondies. Les narines, qui sont prolongées en avant, constituent une sorte de petite trompe légèrement déprimée, dont la longueur égale la largeur du crâne, prise du bord supérieur d'une orbite au bord supérieur de celle qui lui correspond.

Les étuis de corne qui enveloppent les mâchoires sont extrêmement minces. Leurs bords sont tranchans et renversés en dedans de la bouche. L'inférieur est fort étroit dans toute son étendue ; le supérieur ne l'est qu'en arrière des yeux. La largeur supérieure de cet étui de corne, mesurée en avant du bord de la mâchoire à la base de la trompe, est égale à la longueur de cette trompe. La bouche est fendue bien au delà des yeux, c'est-à-dire presque jusqu'aux oreilles. Au dessus de celle-ci, on remarque de chaque côté une membrane large et mince, de forme triangulaire, attachée sur le bord supérieur du cadre du tympan. Sur le cou et sur la même ligne que la membrane dont nous venons de parler, on compte à la suite l'un de l'autre, quatre ou cinq grands appendices cutanés à bords déchiquetés. Il y en a six autres absolument semblables sous la gorge. Deux sont suspendus au menton, et quatre sont placés sur une ligne transversale qui s'étend d'une oreille à l'autre.

La région supérieure du cou est hérissée de petites écailles comprimées et disposées par rangées longitudinales.

Les pattes sont médiocrement palmées. Elles sont garnies chacune d'une vingtaine d'écailles espacées, plus larges que longues, dont la marge inférieure est libre.

Les ongles sont longs, forts et très peu arqués. La longueur de la queue est environ le quart de celle du plastron. Cette queue a une forme conique et est tuberculeuse.

COLORATION. Les individus de la Chélyde Matamata conservés dans nos collections, ont le dessus du corps d'un brun noirâtre. En dessous, ils offrent une teinte fauve plus ou moins foncée, rayonnée de brun ou de marron sur les plaques sternales, et marquée de six raies longitudinales et noires sous le cou.

Spix a représenté la Chélyde Matamata comme ayant les écailles de la carapace d'une couleur marron, avec des raies disposées en rayons; le dessus du cou et de la tête, le sternum et la plus grande partie des membres d'un jaune verdâtre, rayonné de brun sur les plaques sternales, et piqueté de la même couleur sur la tête et sur le cou. La figure de Spix indique aussi que le dessous des cuisses, des bras et du cou est d'une couleur orangée; que les ongles sont bruns, et que la couleur orangée du cou sur laquelle sont imprimées deux bandelettes d'un jaune verdâtre, lisérées de noir, offre elle-même à droite et à gauche un liséré de cette dernière couleur.

DIMENSIONS. *Longueur totale* 85". *Tête.* Long. 12" 6'"; haut. 5"; larg. antér. 1" 2'"; postér. 11". *Cou.* Long. 28". *Memb. antér.* Long 13". *Memb. postér.* Long. 11" 3'". *Carapace.* Long. (en dessus), 47" 4'"; haut. 17" 3'"; larg. (en dessus), au milieu 43" 6'". *Sternum.* Long. antér, 15" 1'"; moy. 5" 9'"; postér. 16"; larg. antér. 16"; moy. 30"; postér. 12" 2'". *Queue.* Long. tot. 4" 5'".

JEUNE AGE. La collection renferme une jeune Chélyde de treize centimètres de longueur, qui pourrait peut-être bien appartenir à une espèce différente de la Matamata. Son museau est en effet proportionnellement un peu plus long, d'où il résulte que sa tête vue en dessus, au lieu de former en avant un angle obtus présente un angle aigu. Cette jeune Chélyde diffère encore des individus adultes de la Chélyde Matamata, que nous avons été dans le cas d'observer, en ce que les gouttières longitudinales que présente la carapace de ceux-ci, sont chez elle à peine sensibles, et en ce que la partie supérieure de son corps n'est pas d'un brun noirâtre, mais d'une teinte fauve.

Comme ces différences ne tiennent peut-être qu'au jeune âge de l'individu dont il est question, individu que nous avons fait représenter sur la planche 24 de cet ouvrage, nous le considérons provisoirement comme une jeune Chélyde Matamata.

PATRIE. La Chélyde Matamata, originaire de l'Amérique méridionale, vit dans les eaux stagnantes. Les quatre exemplaires que nous possédons viennent de Cayenne. Le cabinet d'histoire naturelle du Panthéon, à l'époque où nous y professions à l'école centrale, possédait des individus recueillis à Cayenne par M. Gautier, ancien directeur de la compagnie du Sénégal : il y avait une femelle ayant vécu quelques mois à Paris. Elle avait pondu des œufs fécondés dont l'un était éclos, et le jeune animal était conservé dans cette collection.

Observations. La première figure qu'on connaisse représentant cette espèce, est celle que Bruguière a publiée dans le Journal d'Histoire naturelle de Paris, figure qui a été copiée par Schœpf et par plusieurs autres auteurs.

CHAPITRE VI.

FAMILLE DES POTAMITES OU TORTUES FLUVIALES.

CETTE troisième famille de l'ordre des Chéloniens ne renferme qu'un petit nombre d'espèces dont on a formé deux genres. Ce groupe est cependant fort distinct et des plus naturels. Il était nécessaire de l'isoler ; car il fallait séparer ces Tortues des deux familles entre lesquelles elles se trouvent placées, autant à cause de leurs habitudes et de leurs mœurs, qu'en raison de leur structure et de leur conformation, qui sont tout-à-fait particulières. Comme les Thalassites en effet, elles sont forcées de vivre constamment dans l'eau, où elles nagent avec une facilité extrême, à l'aide de la surface très élargie et presque plate de leur carapace, et surtout au moyen de leurs pattes fort déprimées, dont les doigts se trouvent réunis jusqu'aux ongles par de larges membranes flexibles, qui ont changé les mains et les pieds en véritables palettes qui ne sont plus destinées à la progression sur le sol, mais qui font l'office de véritables rames. D'un autre côté, les Potamites se rapprochent des Tortues paludines, parce qu'on peut très bien distinguer, dans l'épaisseur de leurs pattes, les phalanges de chacun de leurs cinq doigts, qui permettent à ces séries de petits os de légers mouvemens d'extension, de flexion et de latéralité.

Ainsi que les Tortues de mer, les Potamites sont forcées de rester constamment dans l'eau ; mais elles habitent spécialement les grands fleuves. Quoique leurs pattes soient également en nageoires, elles diffèrent beaucoup les unes des autres ; car dans les Thalassites, les membres antérieurs sont, respectivement aux postérieurs, d'une longueur double, et leurs doigts sont ainsi confondus en une masse dont tous les os aplatis semblent se toucher comme les pièces d'une mosaïque, maintenues serrées entre elles par une peau coriace ; tandis que chez les Potamites, les os des pattes ne sont pas déformés. Les pièces sont susceptibles d'un assez grand nombre de mouvemens les unes sur les autres, car la peau qui les recouvre est lâche, molle et mobile, bien que ces pattes n'aient que trois ongles allongés, les deux autres doigts quoique complets, restent cachés sous la peau.

Le cou des Thalassites est généralement très court, et leur grosse tête est munie de mâchoires épaisses, garnies d'un bec de corne tout-à-fait nu. Dans les Potamites, le cou est généralement très allongé et protractile, la tête étroite en devant et pointue, les os presque à nu ; les mâchoires sont tranchantes et recouvertes d'une saillie de la peau qui forme, pour l'une et l'autre pièce, un repli qui simule des lèvres. Les narines sont aussi fort différentes ; car chez les Tortues de mer, elles sont simples, et leur orifice se voit dans la troncature antérieure du bec, tandis que dans celles des fleuves, le canal nasal est prolongé en un tuyau court, en forme de petite trompe mobile, qui fait l'office d'une sorte de boutoir. Enfin, comme nous le disions d'abord, la manière de vivre, le genre de nourriture et les habitudes qui en dépendent sont tout-à-fait différens dans ces deux familles : les Tortues marines se nourrissent presque exclusivement de racines et au-

tres productions végétales, tandis que les fluviales font
leur pâture des poissons, des reptiles et des mollusques, auxquelles elles font une chasse continue.

Les différences sont moins tranchées entre les Tortues paludines et les fluviales ; le passage est même,
jusqu'à un certain point , établi par quelques espèces
de l'un ou de l'autre groupe. Cependant au premier
aspect, les Potamites diffèrent de toutes les Élodites,
parce que, parmi celles-ci, il n'en est aucune dont la
carapace soit entièrement dénuée d'écailles, et dont
toutes les pattes ne soient munies seulement que de
trois ongles presque droits. Il n'en est pas non plus
dont le bord des mâchoires soit garni de ces replis de
la peau que l'on a regardés comme des sortes de lèvres.
D'ailleurs ces deux familles de Tortues ont entre elles
beaucoup d'analogie pour les mœurs et les habitudes ;
car quelques genres, parmi les Pleurodères, vivent
presque constamment dans l'eau et s'y nourrissent de
proies vivantes qu'elles poursuivent avec acharnement,
mais la forme de leurs mâchoires est autre tout-à-fait.
Les ongles de leurs pattes sont au nombre de quatre
au moins, recourbés, crochus ; leur cou est déprimé
et se replie latéralement par des mouvemens de sinuosités qui se rapprochent des ondulations que les Serpens impriment à leur échine. La Chélyde Matamata
a seule quelques rapports avec les Potamites et lie ainsi
les deux familles. Ses mœurs sont les mêmes ; sa carapace est large et mince ; les écailles qui la recouvrent,
quoique bombées, ont peu d'épaisseur et sont très
flexibles ; les narines se prolongent également en tube,
mais la forme du cou, de la tête et des mâchoires est
tout-à-fait différente. Le cou est aplati et frangé sur
les côtés ; la tête, excessivement déprimée en avant,

est à peu près triangulaire, et les mâchoires sont faibles, à nu, et au lieu d'être tranchans, leurs bords sont mousses et arrondis.

Nous avons à peine besoin de comparer cette famille des Potamites avec celle des Chersites, tant est grande la différence de leur conformation. Ces dernières sont réduites à des habitudes uniquement terrestres par la disposition de leurs pattes, qui sont courtes, presque d'égale longueur et à pieds arrondis en moignon, garnis seulement sur leur bord externe de quelques sabots cornés ; de sorte qu'il leur devient impossible de se mouvoir dans l'eau et même de sortir du liquide lorsqu'elles y sont tombées. Nulle Tortue de terre n'a d'ailleurs la carapace déprimée, molle sur les bords et dénuée d'écailles, le plastron incomplet ou non solide dans la partie moyenne, ni les mâchoires garnies en dehors d'un repli de la peau, ni enfin les narines prolongées en une sorte de trompe charnue et mobile.

Les premiers auteurs qui ont fait un genre à part des Tortues à carapace molle, décrites antérieurement par Pennant, Forskaël, Boddaert, Bartram, Olivier, sont MM. Schweigger et Geoffroy. Le premier leur avait donné le nom générique d'*Amyda*, et y avait inscrit plusieurs espèces dans le mémoire manuscrit sur la Monographie des Tortues qu'il avait présenté en 1809 au jugement de l'Académie des Sciences de Paris, et pour lequel MM. Geoffroy, Lamarck et Lacépède avaient été nommés commissaires rapporteurs. Mais M. Geoffroy, qui s'était chargé du rapport, ayant étudié lui-même en Égypte une espèce qu'il avait vue vivante et qu'il avait déjà reconnue comme devant former le type d'un genre nouveau, publia dans cette même année

un mémoire très curieux et très important pour la science sur ce même genre, et il le fit insérer dans le tome xiv
des Annales du Muséum d'histoire naturelle de Paris.
Il lui donna alors le nom de *Trionyx*, emprunté
du grec, et qui était la traduction de celui de l'une des
espèces, justement celle d'Égypte décrite par Forskaël,
qui l'avait caractérisée sous la dénomination de *Testudo Triunguis*. Schweigger ne publia ce même Prodrome sur la monographie des Chéloniens qu'en 1812
dans les Archives d'histoire naturelle et de mathéma-
tiques de Kœnigsberg. Il adopta la désignation de
Trionyx de M. Geoffroy, et il profita de ce travail pour
corriger le sien en relevant quelques erreurs qu'il avait
pu reconnaître, en étudiant ces animaux dans la plupart des cabinets d'histoire naturelle des principales
villes du nord de l'Europe où il avait voyagé avant de
venir à Kœnigsberg occuper la chaire de botanique
pour laquelle il avait été désigné.

Outre les sept espèces décrites par Schweigger correspondantes aux huit que M. Geoffroy avait inscrites
dans le genre Trionyx, M. Lesueur décrivit et donna
des figures dans le tome xv des mémoires du Muséum,
pag. 257, de deux nouvelles espèces du genre Trionyx
observées dans les rivières de l'Amérique du Nord
qui se rendent dans l'Ohio.

Wagler, en adoptant le nom de *Trionyx*, l'a transporté à une espèce dont on ne connaissait que de très
jeunes individus qui n'avaient point acquis de solidité
et dont la carapace semblait formée de plusieurs pièces, tandis qu'il a nommé *Aspidonectes* toutes les autres espèces, en supposant que ces Tortues peuvent
soumettre à un mouvement volontaire le bord libre
de leur carapace, comme si elles s'en servaient active-

ment pour nager à la manière des raies, ce qui est absolument impossible vu l'absence des muscles.

M. Gray, dans son Synopsis, a bien établi ce même genre sous le nom d'*Emyda,* mais il y a trop de rapports de consonnance avec le genre *Émys,* que nous aurions été obligés d'appeler également *Émyde* en français; voilà pourquoi nous avons employé le nom de Cryptopode, car il est parfaitement propre à exprimer les caractères essentiels de ce genre.

Nous ne sommes donc pas les premiers qui ayons reconnu la nécessité de former dans cette famille, déja indiquée par M. Fitzinger, deux genres tout-à-fait distincts, celui des Trionyx et celui des Cryptopodes. Mais comme ce nom de *Trionyx* indique une disposition qui est la même dans toutes les espèces des deux genres, nous avons, dans l'intérêt de la science, et malgré l'inconvénient de changer ainsi la nomenclature, donné aux Trionyx le nom générique de *Gymnopode* par opposition à celui de *Cryptopode,* qui indique pour l'un et l'autre genre une particularité dans la manière dont les pattes s'adaptent et s'unissent à la carapace.

Ainsi les Tortues fluviales ou Potamites, qui toutes ont trois ongles seulement à chaque patte, peuvent être essentiellement caractérisées par les particularités suivantes :

Tortues à carapace molle, couverte d'une peau flexible et comme cartilagineuse dans tout son pourtour, soutenue sur un disque osseux, très déprimé, à surface supérieure ridée par des sinuosités rugueuses; côtes à extrémités sternales libres; tête allongée, étroite; narines prolongées en un tube court, terminées à l'extrémité par un petit appendice charnu , mobile comme celui de la trompe de l'éléphant; mâchoires tranchantes, presque nues, garnies en dehors de replis de la peau en forme de lèvres; yeux saillans, rapprochés, obliquement dirigés en haut; cou arrondi, rétractile, à peau libre, engaînante ou non adhérente; plastron court en arrière, mais dépassant la carapace sous le cou, non entièrement osseux au centre, non réuni à la carapace par de véritables symphyses; queue courte, épaisse; membres antérieurs et postérieurs courts, trapus, déprimés, à pattes très larges, bordées et prolongées en arrière par la peau, à trois doigts seulement, munis d'ongles forts, presque droits, creusés en gouttière en dessous, les deux autres doigts sans ongles, soutenant les membranes natatoires.

Tous ces caractères sont en effet positifs, comme nous allons le faire voir, en examinant avec plus de détails chacune de ces particularités et en les comparant avec les observations que nous avons déjà eu occasion de faire.

L'absence absolue d'écailles sur le bouclier et sur le plastron, enfin sur toute la superficie du tronc, n'appartient réellement qu'aux Tortues de cette famille, surtout si l'on y ajoute que le pourtour de la carapace est mou, à bords minces, comme cartilagineux et tout-à-fait distincts du sternum. Dans le genre *Sphargis,* autrement dit dans la Tortue à cuir, car c'est la seule espèce connue dans ce genre, une peau coriace est aussi étendue sur les os du bouclier et du plastron, mais les bords en sont arrondis et épais. D'ailleurs tous ces Chéloniens Thalassites ou marins, ont les pattes inégales en longueur et changées en palettes; les antérieures surtout sont atténuées à leur

30.

extrémité libre, et elles n'ont pas les ongles acérés, au nombre de trois seulement, qui caractérisent les Potamites.

La partie osseuse de la carapace, quoique formée du même nombre de côtes et de vertèbres que dans les Tortues marines, est cependant autrement constituée. Ici, chez les Potamites, le bouclier dorsal présente une structure unique dans l'ordre entier. C'est l'absence presque complète de ces os du limbe, qui sont destinés chez les autres Chéloniens à recevoir et à emboîter, comme des dés, l'extrémité libre de chacune des côtes, pièces osseuses qui paraissent remplacer les cartilages costaux des autres animaux vertébrés à poumons, de sorte que la carapace des Tortues fluviales n'est pas limitée sur ses bords qui restent mous, minces, non arrêtés, et tout-à-fait dégagés du plastron. Cependant dans le genre Cryptopode ou *Émyda* de M. Gray, il semble que ces pièces du limbe aient été rejetées sur la partie postérieure du bord libre de la carapace, où l'on voit en effet une série de petits os vermiculés ou granulés à leur surface, à peu près de la même manière que le centre lui-même.

Les pièces qui correspondent aux côtes sont généralement vermiculées sur leur face externe, et légèrement convexes ; ce sont de petites cavités et des lignes saillantes, ondulées, dans les sinuosités desquelles la peau se colle intimement et s'amincit comme une sorte de périoste. Le plus souvent, au devant du disque osseux d'une seule pièce, il s'en trouve une qui paraît jouir d'un mouvement particulier, lorsque le long cou de ces Tortues se porte en avant ou se redresse ; c'est en effet une première vertèbre dorsale, mais non réunie aux suivantes par des sutures solides.

On trouve dans la forme de la tête et dans celle de toutes les parties de la face et du crâne, beaucoup d'autres caractères importans. D'abord cette tête est fort allongée, déprimée, nue sur le crâne ou sans aucune écaille. Elle est pointue en avant, surtout dans l'état frais, par le prolongement que lui fournit la trompe tubulée des narines; les yeux sont rapprochés entre eux et des narines, dirigés en avant et un peu en dessus. Les mâchoires, très tranchantes, sont garnies d'appendices de la peau qui font l'office des lèvres, et qui peuvent cacher l'orifice de la bouche. Toutes ces particularités sont notables. En effet, il n'y a que les Chélydes qui aient les narines ainsi prolongées en une sorte de tube charnu et mobile. Ensuite aucun autre Chélonien n'a les mâchoires protégées en dehors par des lèvres ou des replis de la peau. Les Thalassites, les Chersites et la plupart des Élodites, à l'exception de quelques genres parmi les Pleurodères, n'ont pas le crâne tout-à-fait dénué de plaques cornées, ni les yeux rapprochés, placés vers l'extrémité du bec; enfin chez les Platémydes et les Chélodines, la peau du cou n'est pas libre et elle ne vient pas, dans la rétraction, recouvrir l'occiput.

C'est seulement parmi les Thalassites que le sternum offre, comme dans les Potamites, un espace libre, et non ossifié dans sa portion centrale ou moyenne; et ces dernières, ainsi que les Élodites, ont les membres trapus, courts, à peu près égaux entre eux, avec des doigts dont les articulations sont bien distinctes, mais toujours à plus de trois ongles, dans les Tortues Paludines.

Jusqu'ici on n'a observé aucune espèce de cette famille dans nos fleuves européens : toutes celles qui ont été décrites et dont on connaît la patrie, provenaient des rivières, des fleuves, ou des grands lacs d'eau douce des régions les plus chaudes du globe : du Nil et du Niger en Afrique; de l'Euphrate et du Gange en Asie ; du Mississipi, de l'Ohio ou de quelques-unes des rivières qui s'y terminent, en Amérique ; mais on est loin d'en connaître toutes les espèces, car on les a long-temps confondues sous un même nom.

Il paraît que quelques Potamites atteignent de très grandes dimensions ; Pennant parle d'individus qui pesaient soixante-dix livres ; un autre, qu'il a conservé pendant trois mois, pesait vingt livres et avait vingt pouces de longueur pour le bouclier, sans compter le cou qui avait treize pouces et demi.

Leur genre de vie et leurs mœurs paraissent avoir la plus grande analogie. Comme elles nagent avec beaucoup de facilité à la surface et au milieu des eaux où elles sont habituellement plongées, le dessous de leur corps reste généralement d'un blanc pâle, rose ou bleuâtre, comme étiolé; mais leurs parties supérieures varient pour les teintes, qui sont le plus souvent brunes ou grises, avec des taches irrégulières marbrées, ponctuées, ou ocellées. Des lignes droites ou sinueuses de couleurs brunes, noires ou jaunes, sont disposées symétriquement à droite et à gauche, principalement sur les parties latérales du cou et sur les pattes.

Il paraît que pendant les nuits et lorsqu'elles se croient à l'abri des dangers, les Potamites viennent s'étendre et se reposer sur les petites îles, sur les roches, sur les troncs d'arbres renversés vers les rives, ou sur ceux que les eaux charrient, d'où elles se précipitent à la vue des hommes et aux moindres bruits qui les alarment.

Elles sont très voraces et fort agiles ; elles poursuivent à la nage les Reptiles et les Poissons. Aussi, pour s'en emparer, leur chair étant estimée, on les pêche à la ligne avec des hameçons que l'on garnit de petits poissons ou d'autres petits animaux vivans, ou auxquels on communique du mouvement, car elles ne s'approchent pas d'une proie morte ou immobile. Quand elles veulent saisir leur nourriture ou se défendre, elles lancent et projettent leur tête et leur long cou, avec la rapidité d'une flèche. Elles mordent vivement avec leur bec tranchant, et elles ne lâchent la proie qu'en emportant la pièce saisie; de sorte qu'on craint beaucoup leur morsure et que les pêcheurs leur coupent le plus souvent la tête au moment où ils les saisissent.

Les mâles semblent être en moindre nombre que les femelles, ou bien ils s'approchent moins des rivages que celles-ci, qui viennent pour y pondre des œufs, qu'elles déposent dans des trous creusés pour en contenir cinquante à soixante. Le nombre varie suivant l'âge des femelles, qui sont d'autant moins fécondes qu'elles sont plus jeunes encore. Les œufs sont de forme sphérique, leur coque est solide, mais membraneuse ou peu calcaire.

Nous avons déja dit que les auteurs qui ont fait connaître le plus grand nombre d'espèces de cette famille des Potamites, étaient MM. Geoffroy et Schweigger, et ensuite Wagler. Nous avons également indiqué à la page 424 du premier volume, les naturalistes qui ont parlé de quelques-unes en particulier, et nous avons eu soin de les citer de nouveau dans la synonymie qui accompagne la description de chaque espèce. Il ne nous reste donc qu'à procéder à la distribution systématique des espèces, et c'est ce que nous allons faire, en présentant d'abord le tableau synoptique de la classification, et ensuite la description successive des genres et des espèces.

TROISIÈME FAMILLE.

TORTUES FLUVIALES OU POTAMITES.

CARACTÈRES. Chéloniens à carapace très déprimée, couverte d'une peau molle; à doigts distincts, mobiles, à trois ongles; mâchoires osseuses, garnies d'une peau libre en forme de lèvres.

A plastron { prolongé devant et derrière pour cacher les pattes.................. 20. CRYPTOPODE. étroit, sans appendices, pattes tout-à-fait libres.................. 19. GYMNOPODE.

XIXᵉ GENRE. GYMNOPODE.—*GYMNOPUS*. Nob.
(*Trionyx*, Geoffroy. *Aspidonectes*, Wagler.)

CARACTÈRES. Carapace à pourtour cartilagineux, fort large, flottant en arrière et dépourvu d'os à l'extérieur; sternum trop étroit en arrière pour que les membres soient complètement cachés, lorsque l'animal les retire sous sa carapace.

Les espèces de Potamites qui composent ce genre ont en général le corps très déprimé. Le pourtour de leur carapace est cartilagineux et fort étendu, et flottant en arrière. Le limbe est soutenu à droite et à gauche par la portion libre des côtes, qu'il renferme dans son épaisseur; mais dans le reste de sa circonférence, il est tout-à-fait dépourvu de pièces osseuses; ce n'est que chez certains individus fort âgés qu'il existe quelques granulations solides et calcaires dans son épaisseur. Tantôt il est parfaitement lisse, tantôt sa surface est surmontée soit en avant, soit en arrière, de petits tubercules. Il arrive aussi quelquefois que son bord terminal est garni d'une rangée d'épines au dessus du cou, comme on l'observe chez l'espèce nommée Spinifère.

Le disque ou le centre, qui est la partie osseuse de la carapace, offre le plus souvent une forme suborbiculaire; mais elle est quelquefois plane, convexe, tectiforme, ou creusée longitudinalement d'une assez large gouttière, ou bien elle est surmontée d'une carène sur la région vertébrale.

Le sternum est toujours plan et varie fort peu de longueur.

La peau unie qui enveloppe tout le corps de l'animal fait que dans les sujets vivans, ainsi que chez ceux qui sont conservés dans l'alcool, on ne découvre pas les os qui entrent dans la composition du disque de la carapace et dans celle du sternum. Mais dans les individus desséchés, on peut fort bien en connaître le nombre et la forme; ceci est important pour la distinction des espèces, puisqu'il est utile de tenir compte de la longueur relative des appendices antérieurs du sternum et du plus ou moins grand écartement qu'ils présentent, de même que du nombre et de la figure des callosités sternales, sans parler des rugosités vermiculiformes qui bossellent leur surface, ainsi que celle de tout le disque de la carapace, la portion libre des côtes exceptée.

Dans toutes les espèces, on compte bien distinctement à l'extérieur les huit pièces osseuses de forme anguleuse qui correspondent aux huit vertèbres. On peut cependant n'en compter que sept; ce qui arrive lorsque les côtes de la dernière paire, et même une partie de celle de l'avant-dernière, ont fait disparaître la huitième de ces pièces vertébrales en se réunissant sur le dos.

L'os impair transversal qui se trouve former le bord antérieur du disque n'est soudé intimement aux premières côtes et à la pièce vertébrale qui est placée entre celles-ci, que lorsque l'animal est tout-à-fait adulte ; autrement cet os en est séparé par un cartilage.

Nous n'appellerons pas, comme M. Gray, os nuchal cette pièce solide qui semble faire le commencement de la série vertébrale ; parce que, comme il n'appartient en aucune sorte au limbe, il ne paraît pas avoir la moindre analogie avec l'os limbaire qui soutient la plaque nuchale chez d'autres Chéloniens.

Il y a certains Gymnopodes chez lesquels les deux dernières côtes de chaque côté sont si intimement soudées par leur portion élargie, qu'on ne voit pas la moindre trace de suture, ce qui fait qu'il n'y a véritablement que sept callosités costales, puisque l'une d'elles recouvre à elle seule les deux dernières côtes : c'est le cas des deux espèces de Gymnopodes américains qui ont été nommés Spinifère et Mutique.

Les neuf pièces qui composent le sternum, les deux antérieures exceptées, varient peu pour la forme. Cependant quand elles présenteront quelques différences notables, nous aurons soin de l'indiquer dans nos descriptions ; nous désignerons alors ces pièces par les noms qu'elles portent dans la planche 3, fig. 2, de notre premier volume, où elles sont représentées.

La surface externe des os sternaux de la première paire, ou épisternaux, et celle de l'os impair, ou entosternal, sont lisses dans toutes les espèces.

Les os des deux paires médianes, les hyosternaux et les hyposternaux, sont rugueux chez la plupart. Il en est de même de ceux de la dernière paire, les xiphosternaux ; quelquefois les deux paires du milieu sont seules rugueuses. Quelquefois les neuf pièces osseuses du sternum sont lisses. Nous appelons callosités sternales ces surfaces rugueuses du sternum.

Les Gymnopodes peuvent, comme la plupart des Cryptodères, retirer complètement leur cou et leur tête sous la carapace. Les membres antérieurs peuvent être cachés en

partie entre la carapace et le cartilage qui continue le sternum à droite et à gauche; mais les postérieurs sont comme
chez les Émysaures : quoique l'animal puisse les mettre à
l'abri sous sa carapace, il ne peut les cacher entièrement,
le sternum étant trop étroit en arrière. C'est ce qui leur a
fait donner le nom de Gymnopode, de γυμνὸς, nu, à découvert, et de ποῦς, ποδὸς, patte.

La tête est en général très déprimée ; mais chez certaines
espèces pourtant, elle l'est un peu moins que chez d'autres.
Le museau et les narines varient aussi pour la longueur ;
parfois le front est convexe, et parfois fort aplati.

Les branches des mâchoires sont aussi plus ou moins écartées, suivant les espèces; la peau de la tête et du cou est
toujours nue, celle des membres l'est presque entièrement
aussi ; car on ne voit quelques écailles transparentes qu'au
dessous des coudes et aux talons.

Il arrive rarement que la queue soit un peu plus longue
que l'extrémité de la carapace qui la recouvre.

Les jeunes Gymnopodes ont leurs côtes libres dans la plus
grande partie de leur longueur, et la première de neuf pièces
osseuses qui composent la rangée vertébrale est séparée des
autres par un cartilage, ainsi que nous l'avons dit plus
haut. La peau qui revêt leur corps forme sur la carapace
des plis longitudinaux en zigzag.

Notre genre Gymnopode est celui que Wagler a nommé
Trionyx, laissant le nom de Trionyx aux espèces que nous
appelons Cryptopodes. Nos Gymnopodes sont les Trionyx de
M. Gray. Nous avons déja dit pourquoi nous n'avons pas
conservé ce nom de Trionyx, puisque les Cryptopodes ou
les espèces du genre suivant n'ont également que trois ongles à chaque patte.

TABLEAU SYNOPTIQUE DU GENRE GYMNOPODE.

Callosités costales :

- sept : bord antérieur du limbe
  - garni d'une rangée d'épines.................... 1. G. SPINIFÈRE.
  - sans aucunes pointes ni épines................ 2. G. MUTIQUE.
- huit : carapace
  - avec quatre ou cinq taches œillées................ 5. G. OCELLÉ.
  - sans taches œillées : sternum à callosités
    - distinctes
      - quatre : cou
        - rayé................ 6. G. RAYÉ.
        - non rayé : carapace
          - vermiculés........ 3. G. D'ÉGYPTE.
          - à renfoncemens ronds ou polygones. 4. G. DE DUVAUCEL.
      - deux........ 7. G. DE JAVA.
    - nulles : carapace
      - verte, marbrée de jaune................ 8. G. APLATI.
      - d'un vert obscur, uniforme................ 9. G. DE L'EUPHRATE.

1. LE GYMNOPODE SPINIFÈRE. *Gymnopus Spiniferus.*

(*Voyez* pl. 22 , fig. 1).

CARACTÈRES. Sept callosités costales; une rangée d'épines sur le bord antérieur du limbe, carapace très déprimée.

SYNONYMIE. *Testudo ferox.* Penn. Philos. Transact., tom. 61, part. 1, pag. 266, tab. 10, fig. 5.

Testudo ferox. Schneid. Schilk., pag. 330.

Testudo ferox. Gmel. Syst. Nat., pag. 1039, spec. 20.

La Molle. Lacépède, Quadr. Ovip., tom. 1, pag. 137, tab. 7.

La Tortue molle. Bonnat. Encyclop. méth., pl. 5, fig. 3.

La grande Tortue à écaille douce. Bartr. *Voy.* Amér. sept. trad. franç., par Benoist., tom. 1, pag. 307, tab. 2.

Testudo ferox. Schœpf. Hist. Test., pag. 88, tab. 19.

Testudo ferox verrucosa? Schœpf., loc. cit., pag. 90.

Testudo ferox. Latr. Hist. Rept., tom. 1, pag. 165, fig. 1.

Testudo ferox. Shaw. Gener. Zool., tom. 3, pag. 64, tab. 17, fig. 1.

La Tortue de Pennant. Daud. Hist. Rept., tom. 2, pag. 69.

Testudo Bartramii. Daud., tom. 2, pag. 74.

Trionyx georgicus. Geoff. Ann. Mus., tom. 14, pag. 7, spec. 7.

Chelys Bartramii. Geoff., loc. cit., pag. 18.

Trionyx ferox. Schweigg. Arch. Kœnigsb., tom. 1, pag. 285, spec. 1.

Trionyx ferox. var. B. Testudo verrucosa. Bartr. Schweigg., loc. cit., 286.

Trionyx ferox. Mer. Amph., pag. 20, spec. 4.

Trionyx ferox. Say, Journ. Acad. Nat. Philad., tom. 11, part. 2, pag. 205.

Trionyx spiniferus. Lesueur, Mem. Mus., tom. 15, pag. 258, tab. 6.

Trionyx ferox. Harlan. Amer. Herp., pag. 82.

Trionyx ferox. Leconte, Ann. Lyc. Nat. Hist. N. Y., tom. 8, pag. 93, spec. 1.

Trionyx Bartramii. Leconte, loc. cit., pag. 96, spec. 3.

Aspidonectes ferox. Wagl. Syst. Amph., pag. 134.

Trionyx ferox. Gray, Synops. Rept., pag. 45, spec. 1.

Trionyx ferox. Schneid. Naturg. Rept., pag.   , tab. 9.

Jeune age. *Trionyx carinatus.* Geoff. Ann. Mus., tom. 14, pag. 14, spec. 4.

Trionyx Brongnartii. Schweigg. Arch. Kœnigsb., tom. 1, pag. 288, spec. 5.

Trionyx carinatus. Merr. Amph., pag. 21, spec. 5.

DESCRIPTION.

Formes. Le corps de ce Gymnopode est très déprimé ; il est deux fois et demie plus long que haut. Sa largeur est moindre d'un sixième que sa longueur. Son contour représente une ellipse courte, un peu rétrécie en avant.

La forme du disque de la carapace est circulaire dans les individus adultes, et ovale chez les jeunes sujets, mais l'extrémité postérieure en est toujours tronquée. Le disque est légèrement convexe et un peu renflé dans sa région moyenne et longitudinale ; ce qui produit tout le long du dos une faiblec arène arrondie, laquelle devient moins sensible à mesure que l'animal grandit.

Cette espèce et la suivante sont les seules du genre Gymnopode où l'on ne compte sur le disque de la carapace que sept callosités costales de chaque côté de l'épine dorsale, encore que ces deux espèces aient réellement huit paires de côtes comme tous les autres Gymnopodes. Cela vient de ce que chez le Gymnopode Spinifère et chez le Gymnopode Mutique il n'existe qu'une seule callosité pour les deux dernières côtes de chaque côté, tandis que dans les autres Gymnopodes les seize prolongemens costaux ont chacun leur callosité. On remarque que les individus adultes du Gymnopode Spinifère ont les côtes de la huitième paire libres dans les deux tiers externes de leur longueur, au lieu que celles des sept autres paires sont soudées ensemble dans les cinq sixièmes de leur longueur.

La surface des callosités costales et des sternales offre des saillies et des enfoncemens vermiculiformes moins prononcés que chez les autres espèces de Gymnopodes, excepté pourtant chez le Gymnopode Mutique.

La partie cartilagineuse de la carapace ou le pourtour présente sur son bord antérieur une rangée de tubercules comprimés et pointus, au nombre de dix-huit ou vingt. Ces tubercules qui, dans les animaux empaillés, ont la consistance de véritables épines, ne sont sans doute que mous, tout comme les bords de la carapace, lorsque l'animal est vivant. En avant et en arrière du disque, ce pourtour cartilagineux offre sur sa surface d'autres tubercules; mais ceux-ci, pour la plupart, sont déprimés et convexes. Quelques uns seulement sont coniques.

Les deux appendices antérieurs du sternum, les os épisternaux, proportionnellement à ceux des autres espèces, sont médiocrement allongés. Ils ne se touchent pas à leur base, et leur extrémité antérieure est quelquefois bifurquée. Les quatre callosités qui correspondent aux trois dernières paires d'os du sternum ne couvrent pas entièrement ces os, à moins que l'animal ne soit adulte. Dans ce cas, celles qui sont sur les hyosternaux et sur les hyposternaux représentent des quadrilatères plus larges que longs, ayant leurs angles arrondis, leurs bords latéraux rectilignes et leur bord antérieur onduleux. Quant à leur pan postérieur, il forme dans sa moitié externe une forte courbure dont la convexité est dirigée en avant, puis dans sa moitié interne il offre un petit angle aigu, et un autre grand angle obtus à sommet arrondi. Chez les individus adultes, les deux callosités xiphisternales offrent chacune trois côtés et par conséquent trois angles. L'un de ces angles, qui est dirigé en arrière, est aigu et arrondi par le sommet; le latéral interne antérieur est obtus, ayant également son sommet arrondi, et le troisième présente une échancrure qui reçoit l'angle aigu du bord postérieur de la callosité hyposternale.

La forme de ces callosités sternales varie suivant l'âge. Ainsi parmi les individus non adultes que nous possédons, il en est un long de cinquante centimètres qui nous offre les callosités sternales antérieures étranglées vers leur partie moyenne, et ayant chacune quatre angles sur un bord latéral interne. Les callosités xiphisternales de ce même individu ont la forme de triangles, ayant leur sommet arrondi. Nous trouvons chez un autre exemplaire, long de quarante centimètres, les quatre callosités sternales semblables à celles du précédent, si ce n'est que leurs angles sont beaucoup moins prononcés. Un petit échantillon de vingt-six centimètres de long a des callosités xiphisternales ovales; les deux autres callosités qui précèdent celles-ci représentent des triangles isocèles à sommet tronqué.

La tête est allongée et de forme conique; la peau qui l'enveloppe est parfaitement lisse; le front est très légèrement arqué.

La distance qui existe entre le bord antérieur de l'œil et l'extrémité de la mâchoire supérieure, est de moitié plus grande que le diamètre de l'orbite. Les narines sont des tubes fort larges dont la longueur est égale à la largeur du crâne entre les yeux. Les mâchoires sont fortes et tranchantes; l'angle à sommet arrondi que forment leurs branches en avant, est subaigu. Les lèvres sont épaisses; le cou et la queue sont lisses; les membres le sont aussi, moins cependant les trois plis transversaux, formés par la peau sur le coude et celui qui se montre sur chaque talon. Les ongles sont extrêmement forts, droits, pointus, convexes en dessus et creux en dessous. Le premier est le plus grand et le troisième le plus petit. La queue est épaisse et dépasse un peu l'extrémité de la carapace.

COLORATION. Empaillés et tels que nous les possédons dans la collection, les Gymnopodes Spinifères ont la partie supérieure du corps d'une teinte olivâtre, tachetée ou marbrée de brun sur le cou et sur les membres; en dessous, ils sont jaunâtres. Voici, d'après M. Lesueur, le système de coloration qu'ils présentent dans l'état de vie.

La couleur générale du dos, de la tête, du dessus du cou et des membres est une teinte de terre d'ombre, tantôt claire, tantôt foncée, un peu jaunâtre et marbrée de taches irrégulières, qu'on peut comparer à des cartes géographiques où l'on verrait de petites îles. Il existe encore d'autres points noirs dispersés sur le corps. Un jaune plus clair se remarque sur le bord du disque, et est séparé de la teinte générale par une bande noire interrompue, qui en suit le contour et vient aboutir à la base des pattes antérieures. Le dessus des membres et de la queue est d'une couleur jaune parsemée de taches et de lignes noires; le cou est aussi couvert de taches noires. Sur les côtés de la tête, derrière les oreilles, il y a une bande jaune cernée de deux bandes noires; ces bandes se continuent jusqu'au bout du museau nonobstant l'œil, mais elles deviennent plus étroites. Le dessus du corps est d'un beau blanc, et le dessous des pattes d'un bleu léger. La membrane natatoire est jaune avec une bordure d'une couleur rosée.

DIMENSIONS. *Longueur totale. Tête.* 6ʹ¹ʹʹ. Long. 9ʹʹ 3ʹʹʹ, haut. 5ʹʹ 4ʹʹʹ; larg. antér. 8ʹʹ; postér. 4ʹʹ. *Cou.* Long. 12ʹʹ 8ʹʹʹ. ǀ*Memb. antér.* Long. 11ʹʹ 9ʹʹʹ. *Memb. postér.* Long. 15ʹʹ. *Carapace.* Long. (en dessus)

32" 4'"; haut. 9" 4'"; larg. (en dessus), au milieu 28". *Sternum.* Long. tot. 25" 4'"; larg. moy. 26". *Os épisternaux.* Long. 3" 4'". *Queue.* Long. 6".

Variétés. M. Lesueur a observé une variété de cette espèce, dont le disque offrait des taches noires et arrondies plus ou moins grandes, mais qui variaient de deux jusqu'à quatre lignes de diamètre.

Très jeune age. Les jeunes sujets ayant au plus quatre pouces de longueur, offrent déja, comme les adultes, le bord antérieur de leur carapace garni de petits tubercules épineux ; leur carène dorsale est plus prononcée. Les uns portent sur la carapace des ocelles noirs; d'autres ont avec ces ocelles des points noirs au centre d'une aréole plus pâle que le fond général. Le dessus des pattes est marqué de taches noires, et le dessous est orné de lignes et de taches également noires.

Patrie et moeurs. Cette espèce est particulière à l'Amérique septentrionale, et vit dans les rivières de la Géorgie et des Florides, de même que dans les lacs situés soit au dessus, soit au dessous de la cataracte du Niagara. Les huit ou neuf exemplaires envoyés au Muséum par M. Lesueur, ont été pêchés dans le Wabash, rivière qui coule entre le territoire de l'Indiana et celui des Illinois, et se jette, un peu avant sa jonction avec le Mississipi, dans l'Ohio.

Le naturaliste que nous venons de nommer rapporte, touchant les mœurs du Gymnopode Spinifère, que c'est vers la fin d'avril et le plus souvent en mai, que les femelles recherchent sur les bords des rivières les endroits sablonneux pour y déposer leurs œufs ; des berges de dix à quinze pieds d'élévation ne les effraient pas, choisissant les lieux exposés au soleil. Leurs œufs sont sphériques, la coque en est plus fragile que celle des œufs des autres espèces d'Élodites, vivant dans les mêmes eaux. Ces œufs sont au nombre de cinquante à soixante. J'en ai compté dans l'ovaire, dit M. Lesueur, vingt tout prêts à être pondus, et une grande quantité d'autres d'une dimension variable, depuis celle d'une tête d'épingle jusqu'à la grosseur beaucoup plus forte qu'ils atteignent, lorsqu'ils se couvrent de leur couche calcaire. Ces Tortues font leurs retraites sur les roches et les troncs d'arbres renversés dans les rivières. On peut les prendre à l'hameçon amorcé d'un petit poisson ; elles sont très voraces et mordent ceux qui les prennent, s'ils n'y prennent garde ; c'est pourquoi il est prudent de leur couper la tête. J'ai eu lieu d'être mordu plusieurs fois de celles que j'ai eues à ma disposition. Elles lancent leur tête en avant comme un trait. Les jeunes commencent à se montrer en juillet.

La chair de cette espèce est très délicate.

Observations. Il est bien évident que le Gymnopode Spinifère est la même espèce que la *Testudo Ferox* de Pennant, qui en a donné une assez bonne description et trois figures passables dans les Transactions philosophiques. C'est là que Lacépède, Latreille, Daudin, Bosc et Schweigger ont puisé, ce dernier, la description de son *Trionyx Ferox*, et les quatre autres, celle de leur *Tortue Molle*. Les trois figures du Gymnopode Spinifère publiées par Pennant, ont toutes été exactement copiées par Schœpf; mais Lacépède n'en a reproduit qu'une seule, et encore a-t-il changé la pose de l'animal qu'elle représente; c'est ce qui a fait écrire à Schœpf lui-même que la figure de la Tortue Molle dans l'ouvrage de Lacépède n'avait pas été faite sur une des figures de la *Testudo Ferox* de Pennant.

Les caractères spécifiques assignés par M. Geoffroy à son *Trionyx Georgicus* ayant été tirés de la description que Pennant a publiée de la *Testudo Ferox*, il faut conséquemment rapporter le Trionyx de Géorgie à notre Gymnopode Spinifère.

Il doit en être de même pour le *Trionyx Carinatus* de Geoffroy, et pour le *Trionyx Brongnartii* de Schweigger, espèces établies toutes deux sur un jeune et même sujet du Gymnopode Spinifère. Cet individu, donné au Muséum d'histoire naturelle par M. Brongniart, figure encore aujourd'hui dans la collection de cet établissement.

Nous regardons comme une figure monstrueuse du Gymnopode Spinifère, celle de la grande Tortue à Écaille douce de Bartram. En effet, il est facile de s'apercevoir que cette figure représente le corps et la tête d'un Gymnopode Spinifère, et que les pattes ainsi que les appendices cutanés garnissant la peau du cou ont été pris d'une Chélyde Matamata.

2. LE GYMNOPODE MUTIQUE. *Trionyx Muticus.* Lesueur.

CARACTÈRES. Sept callosités costales; point d'épines sur le bord antérieur du pourtour; carapace très déprimée.

SYNONYMIE. *Trionyx muticus.* Les. Mém. Mus., tom. 15, pag. 263, tab. 7.

Trionyx muticus. Leconte, Ann. lyc. nat. Hist. N.-Y., tom. 3, pag. 95, spec. 2.

Trionyx muticus. Gray, Synops. Rept., pag. 46, spec. 2.

DESCRIPTION.

Formes. Cette espèce, assez voisine de la précédente, s'en distingue néanmoins au premier aspect par l'absence complète de tubercules épineux sur les parties cartilagineuses de la carapace, lesquelles, par conséquent, sont parfaitement lisses. Le disque de la carapace du Gymnopode Mutique est un tant soit peu plus convexe que celui du Gymnopode Spinifère, et sa ligne moyenne et longitudinale n'est pas renflée en carène.

Les os du sternum ont la même forme que dans le Gymnopode Spinifère, mais ses callosités sont proportionnellement plus fortes et plus dilatées. Le cou est moins long, les mâchoires sont plus étroites et plus pointues. Les lèvres sont aussi plus développées.

La conformation des membres est la même dans les deux espèces, mais la queue du Gymnopode Mutique est plus courte que celle du Gymnopode Spinifère; elle dépasse à peine le bord de la carapace.

Coloration. La couleur générale du dessus de l'animal est de terre d'ombre, semée de nombreuses taches irrégulières qui sont plus foncées. La région inférieure du corps est blanche, à l'exception du dessous des pattes et des parties osseuses du plastron, lesquelles sont bleuâtres. Les membranes natatoires sont bordées de jaune.

Dimensions. Nous ignorons si cette espèce atteint les dimensions de la précédente. Nous ne donnons ici que les dimensions d'un individu qui très certainement était encore jeune, et celles d'une carapace qui devait provenir d'un autre un peu plus âgé. Outre ces deux échantillons qui sont desséchés, nous ne possédons plus qu'un très jeune sujet de cette espèce conservé dans l'alcool : nous les devons tous à M. Lesueur.

Longueur totale. 17". *Tête.* Long. 2"; haut. 9"; larg. antér. 3"; postér. 9". *Cou.* Long. 3". *Memb. antér.* Long. 5" 4'". *Memb. postér.* Long. 4". *Carapace.* Long. (en dessus) 10" 3'"; haut. 2" 6"; larg. (en dessus) au milieu 9" 5'". *Sternum.* Long. 8" 3'"; long. moy. 9". Long. des os épisternaux 1". *Queue.* Long. 2". *Carapace.*

51.

Long. (en dessus) 20"; haut. 4" 5"'; larg. (en dessus) au milieu
17". *Sternum.* Long. 15"; larg. moy. 14" 5"'. Long. des os épisternaux 2".

JEUNE AGE. Suivant M. Lesueur, les jeunes Gymnopodes Muti-
ques ont la carapace d'un gris olivâtre, semé de petits points
noirs et offrant une ligne également noire non loin de son bord.

COLORATION. Le bord du pourtour offre en dessous une teinte
jaunâtre, le reste en est violacé tirant sur le bleu, mais les
teintes en sont très légères. Sur la gorge, sur le plastron, sur la
queue et sur les pattes, la couleur est d'un blanc laiteux, mais on
remarque sur les pattes quelques teintes rosées. Le bout de la
queue et les membranes interdigitales sont d'un jaune roussâtre.
Le cou, le dessus de la tête et celui des pattes sont couverts de
petits points brunâtres; de chaque côté de la tête, à partir de
l'œil, on remarque une bande blanchâtre qui vient se fondre
dans la couleur blanche du cou. Cette bande est bordée de lignes
noires qui, passant par les yeux, vont jusqu'au bout du nez.

PATRIE ET MOEURS. Le Gymnopode Mutique vit dans les mêmes
lieux et a les mêmes habitudes que le Gymnopode Spinifère.

Observations. La découverte de cette espèce est due à M. Lesueur. La description et la figure qu'il en a faites ont été publiées
dans les Mémoires du Muséum.

3. LE GYMNOPODE D'ÉGYPTE. *Gymnopodus Ægyptiacus.* Geoff.

CARACTÈRES. Huit callosités costales; carapace très faiblement
convexe, sa région vertébrale formant quelquefois la gouttière.
Quatre callosités sternales; os épisternaux de longueur moyenne,
très écartés l'un de l'autre et presque parallèles ou formant peu le
V. Partie supérieure du corps verdâtre, tachetée de blanc ou de
jaune.

SYNONYMIE. *Emys seu Amis?* Arist. de. Part. anim. lib. 5, cap. 9.
Testudo triunguis. Forsk. Descript. anim., pag. 9.
Testudo triunguis. Gmel. Syst. nat., pag. 1039, spec. 18.
Trionyx ægyptiacus. Geoff. Descript. de l'Égypte, tom. 1, pag.
116. tab. 1.
Trionyx ægyptiacus. Schweigger. Prodr. arch. Kœnigsb. tom.
1, pag. 286, spec. 1.
Trionyx ægyptiacus. Merr. Amph. pag. 20, spec. 1.
Le Tyrsé ou Tortue Molle du Nil, Cuv. Règ. anim. tom. 2,
pag. 15.

Trionyx ægyptiacus. Guér. Icon. Règn. anim. Cuv. tab. 1, fig. 7.

Trionyx labiatus. Bell, Monog. Test. fig. sans n°.

Aspidonectes Ægyptiacus. Wagl. Syst. Amph. pag. 46, spec. 3.

Trionyx niloticus. Gray, Synops. Rept. pag. 46, spec. 3.

DESCRIPTION.

FORMES. Le corps du Gymnopode d'Égypte, dans son contour, est fortement aplati et suborbiculaire. Le disque de la carapace est très légèrement bombé, et quelquefois la région moyenne et longitudinale forme un peu la gouttière. Sa surface présente des enfoncemens et des saillies vermiculiformes, les uns et les autres très prononcés. Chez certains individus, on remarque sur la partie cartilagineuse de la carapace, à l'avant et à l'arrière du corps, quelques tubercules déprimés et convexes. Chez d'autres, le pourtour est parfaitement uni. Les quatre callosités du sternum du Gymnopode d'Égypte sont fort grandes. Il y en a une sur chacun des deux os xiphisternaux. Les deux autres couvrent, l'un à droite, et l'autre à gauche, les hyosternaux et les hyposternaux. Les deux premières de ces callosités sont moins étendues en long qu'en travers. Elles sont quadrilatérales, ayant leur moitié longitudinale externe plus courte que leur moitié longitudinale interne. Leurs deux angles latéraux externes sont droits. Leur bord latéral interne est arqué ou onduleux ; leur côté antérieur et leur côté postérieur sont cintrés, l'un en arrière, l'autre en avant. Les callosités sternales de la seconde paire représentent des figures à trois côtés qui offrent en arrière un angle aigu à sommet arrondi, et en avant, deux angles obtus également à sommet arrondi, placés, l'un à droite et l'autre à gauche. Chez les individus âgés, ces deux callosités xiphisternales se touchent par leur côté latéral interne ; et en place de leur angle antérieur externe, on remarque une échancrure en V qui correspond à un angle obtus existant alors sur le bord postérieur des callosités sternales de la première paire.

Les saillies vermiculiformes qui surmontent la surface de ces quatre callosités sont fortes et concentriques.

Les deux appendices antérieurs du sternum, ou les os épisternaux, sont courts, fort écartés l'un de l'autre et presque parallèles. Leur longueur n'est pas tout-à-fait le tiers de la largeur de l'une de ces callosités sternales de la première paire. Le bord de la pièce impaire du sternum compris entre les deux appendices antérieurs est curviligne. Nous faisons cette remarque, par la raison qu'on observe dans quelques espèces, et particulièrement dans le Gymnopode de Duvaucel, l'os impair du sternum, ou l'entosternal, formant une pointe obtuse entre les os de la première paire, ou les deux épisternaux.

La tête est longue ; elle est déprimée en avant des yeux, et très peu arquée dans son sens longitudinal ; sa longueur, mesurée du bord antérieur d'une orbite à l'extrémité de la mâchoire supérieure, est double de sa largeur entre les yeux.

Les mâchoires sont extrêmement fortes, et le sommet de l'angle aigu formé par leurs branches est arrondi. Les lèvres sont très développées et fort épaisses.

Les membres seraient parfaitement lisses, si ce n'était deux écailles pellucides placées transversalement au dessous de chaque coude.

Les ongles sont robustes, pointus et légèrement arqués ; le premier est beaucoup plus fort que le second et que le troisième ; il est aussi plus long. La queue est épaisse, conique, pointue et assez courte pour que la moitié de la carapace la dépasse.

COLORATION. Les individus empaillés que nous avons sous les yeux sont d'un brun noirâtre en dessus et d'une teinte grisâtre en dessous. La tête, qui est comme roussâtre, est semée d'un grand nombre de points d'un blanc jaunâtre ; il en est de même du pourtour de la carapace.

Si nous ne nous trompons pas en considérant le *Trionyx Labiatus* de M. Bell comme une espèce établie sur un sujet encore jeune du Gymnopode d'Égypte, cette dernière espèce aurait dans l'état de vie la partie supérieure du corps semée de points jaunes et de quelque taches de la même couleur, le tout sur un fond vert-olive ; le sternum serait blanc et ses callosités costales bleuâtres ; la queue et le dessous des pattes offriraient aussi une couleur blanche ; la paume et la plante des pieds seraient noirâtres, maculées de jaune. Car tel est le système de coloration offert à M. Bell par un Gymnopode vivant qu'il a nommé *Labiatus*, et dont il a publié une très belle figure dans sa Monographie des Tortues.

DIMENSIONS. Les dimensions suivantes sont celles d'un magnifique individu, rapporté d'Égypte et donné au Muséum d'histoire naturelle par MM. Joannis et Jorès, officiers embarqués à bord du Louqsor.

Longueur totale. 115". *Tête.* Long. 15" 4'" ; haut. 3"; larg. antér. 1" 3'"; postér. 9". *Cou.* Long. 19". *Memb. antér.* Long. 28" 5'". *Memb. postér.* Long. 26". *Carapace.* Long. (en dessus), 68"; haut. 26"; larg. (en dessus) au milieu, 54". *Sternum.* Long. totale, 48" 5'"; larg. moy. 51" 5'". Long. des os épisternaux 5" 3'". *Queue.* Long. 6" 5'".

PATRIE. Cette espèce vit dans le Nil, et, à ce qu'il paraît, dans d'autres fleuves d'Afrique, puisque le *Trionyx Labiatus* de M. Bell, qui, pour nous, est de l'espèce du Gymnopode d'Égypte, lui a été envoyé de Sierra-Leone.

Observations. Cette espèce n'est réellement connue des naturalistes que depuis que M. Geoffroy l'a si bien décrite dans le grand ouvrage sur l'Égypte et dans un mémoire particulier sur le genre Trionyx.

Avant lui, elle avait été simplement indiquée par Forskael, sous le nom de *Testudo Triunguis.* Cette espèce est jusqu'ici la seule du genre Gymnopode qui ait été trouvée dans le Nil, tandis que le Gange en a déjà fourni plusieurs.

4. LE GYMNOPODE DE DUVAUCEL. *Gymnopus Duvaucelii.* Nob.

CARACTÈRES. Huit callosités costales; quatre callosités sternales; os épisternaux longs, très peu écartés l'un de l'autre à leur base; tête épaisse; front convexe.

SYNONYMIE. *Trionyx gangeticus.* Cuv. Règn. anim., tom. 2, pag. 16.

Trionyx gangeticus. Cuv. Oss. Foss., tom. 5, part. 2, pag. 222. (Non Guer. Icon. Regn. anim.)

Trionyx Hurum. Gray, Synops. Rept. pag. 47, spec. 5, tab. 10.

DESCRIPTION.

FORMES. Cette espèce est extrêmement voisine de la précédente. Mais en les comparant on s'aperçoit bientôt que le disque de la carapace du Gymnopode de Duvaucel est proportionnellement plus étendu en surface que celui du Gymnopode d'Égypte. Ce disque, de forme ovale et tronqué en arrière, est aussi un peu plus convexe, et ses rugosités ne sont pas produites par des vermiculations longitudinales, mais par des enfoncemens à peu près égaux, soit arrondis, soit polygones; ce qui permet de comparer la surface de ce disque à celle d'un dé à coudre. Il n'existe pas non plus sur la partie molle de la carapace du Gymnopode de Duvaucel, de petits tubercules convexes, comme il en existe sur celle du Gymnopode d'Égypte. Cette partie molle de la carapace est parfaitement lisse, et a trois fois plus d'étendue en arrière du disque qu'elle n'en a en avant et sur les côtés.

On peut aussi distinguer ces deux espèces l'une de l'autre par la longueur relative des os sternaux de la première paire et par celle de la partie antérieure de la tête.

Les os épisternaux du Gymnopode de Duvaucel sont plus longs, plus minces et beaucoup moins écartés l'un de l'autre que ceux du Gymnopode d'Égypte. Ces os, dans le Gymnopode de Duvaucel, donnent la figure d'un V un peu fermé, et la longueur de leur portion libre et non soudée à l'entosternal est égale aux trois huitièmes de la largeur d'une callosité sternale de la première paire. Le bord de l'os entosternal, compris entre les deux appendices antérieurs du plastron, forme une pointe obtuse, tandis que dans le Gymnopode d'Égypte, ce bord est curviligne. Dans tout le reste d'ailleurs, le sternum du Gymnopode de Duvaucel ressemble à celui du Gymnopode d'É-gypte.

La tête de l'individu décrit ici est un peu moins longue que celle de l'espèce précédente, c'est-à-dire que la distance entre le bord antérieur d'une orbite et l'extrémité de la mâchoire antérieure est moins grande. Le front est fortement arqué d'avant en arrière, et l'angle à sommet arrondi formé par les branches des mâchoires est plus aigu que dans le Gymnopode d'Égypte. Ces mâchoires sont fortes et tranchantes ; les narines sont courtes.

Les membres (1) n'ont rien dans leur forme qui les différencie

---

(1) M. Cuvier (*Ossemens fossiles,* tome 8, partie 2ᵉ, page 222) parle d'un trou qui existerait naturellement aux quatre pieds de cette espèce, dans la partie de leur membrane qui se trouve entre le deuxième doigt et le troisième. Ce trou se voit en effet chez les deux exemplaires du Gymnopode de Duvaucel, que nous possédons ; mais bien certainement ils ne sont dûs qu'à un accident ; car il y a dans la collection des individus appartenant à une autre espèce dont les uns ont les membranes natatoires percées de trous à peu près semblables, sans que les autres présentent ce caractère.

de ceux de l'espèce du Nil ; la peau qui les revêt est unie partout, excepté sous les coudes et les talons, où elle forme quelques plis transversaux.

La queue ne dépasse pas l'extrémité du pourtour de la carapace.

Coloration. Un brun clair règne dans l'état de vie sur toutes les parties du corps de ce Gymnopode. La carapace, entièrement piquetée et vermiculée de brun foncé verdâtre, offre ainsi que la tête des marbrures de la même couleur. Les individus empaillés ont le dessus et le dessous du corps d'une teinte brune uniforme. Cette teinte brune cependant est plus foncée sur la tête et sur le pourtour cartilagineux de la carapace que partout ailleurs.

Dimensions. *Longueur totale.* 51" 3'". *Tête.* Long. 9" 3'" ; haut. 4" 5'" ; larg. antér. 5" ; postér. 5" 5'". *Cou.* Long. 5". *Memb. antér.* Long. 18". *Memb. postér.* Long. 11". *Carapace.* Long. (en dessus) 38" ; haut. 12" ; larg. (en dessus) au milieu 33" 5'". *Sternum.* Longueur totale. 30" 5'" ; larg. moy. 30". Long. des os épisternaux 5". *Queue.* Long. 5".

Patrie. Ce Gymnopode vit dans le Gange. Nos exemplaires ont été envoyés au Muséum d'histoire naturelle par feu Duvaucel.

Observations. Cette espèce étant loin d'être la seule que nourrisse le Gange, nous avons préféré lui assigner le nom du naturaliste voyageur qui l'a découverte, que de lui conserver l'épithète de *Gangeticus*, par laquelle Cuvier l'a désignée dans son ouvrage sur les Ossemens fossiles.

Il faut croire aussi que ce naturaliste regardait comme le jeune âge de son Trionyx du Gange l'espèce que nous nommons Ocellée, puisqu'il en a donné lui-même un individu à M. Guérin, pour être figuré dans l'Iconographie du Règne animal sous le nom de *Trionyx Gangeticus*.

Pour nous, ce *Trionyx Gangeticus*, de l'Iconographie du Règne animal, est une espèce distincte du Trionyx du Gange de Cuvier ; c'est notre Gymnopode Ocellé dont la description va suivre.

5. LE GYMNOPODE OCELLÉ. *Gymnopus Ocellatus.* Hardwick.

Caractères. Carapace subcarénée, réticulée de noir sur un fond brun grisâtre, et offrant quatre ou cinq grandes taches œillées ; os épisternaux longs et écartés l'un de l'autre.

Synonymie. *Trionyx ocellatus.* Hardw. Illust. Ind. Zoolog., part. 4 , tab. 7.

Trionyx gangeticus. Guér. Icon. Règn. anim. Cuv., tab. 1, fig. 6, Var. maculis dorsi 5.

Trionyx Hurum. (Pullus). Gray , Synops. Rept., pag. 47, spec. 5.

DESCRIPTION.

Formes. Cette espèce ne nous est pas encore connue dans son état adulte.

Jeune age. La carapace représente dans son contour un ovale élargi et arrondi en arrière. Comme chez tous les jeunes Gymnopodes, sa surface est parcourue longitudinalement par des lignes saillantes formées par de petits tubercules extrêmement rapprochés les uns des autres. La région dorsale est surmontée d'une légère carène.

La partie molle de la carapace au dessus du cou est garnie de tubercules. Ceux qui sont situés sur le bord de cette partie molle sont allongés; il s'en trouve d'autres de forme arrondie et placés en arrière de ceux-là. L'existence de ces tubercules est un des principaux motifs qui nous ont engagés à séparer cette espèce du Gymnopode de Duvaucel, chez lequel nous n'en avons pas aperçu la moindre trace.

Tous les individus du Gymnopode Ocellé que nous avons examinés étant jeunes, aucun d'eux n'a dû nous offrir de callosités; mais nous avons pu observer que les appendices antérieurs du sternum ne différaient point de ceux du Gymnopode de Duvaucel, quant à leur forme, à leur écartement et à leur longueur.

La forme de la tête du Gymnopode Ocellé est aussi à peu près la même que celle de l'espèce que nous venons de nommer. Cependant les branches des mâchoires sont moins écartées l'une de l'autre, et l'angle qu'elles forment en avant est par conséquent plus aigu. On compte sur la face antérieure des avant-bras et au dessous du coude trois écailles placées en travers, et dont deux se trouvent sur la même ligne et au dessous de la troisième. Il en existe à chaque talon une autre beaucoup plus forte.

Les ongles sont médiocres et pointus.

La queue est plus courte que l'extrémité de la carapace.

Coloration. Nos échantillons du Gymnopode Ocellé, conservés dans l'alcool, ont la partie supérieure du corps d'un brun grisâtre qui passe au noir sur les bords de la carapace; les bords, ainsi que le cou et les membres, sont d'ailleurs semés de taches blanchâtres. Le disque de la carapace est réticulé de noir et orné, le plus ordinairement de quatre, mais quelquefois de cinq ou six taches de la même couleur, ayant chacune un anneau jaunâtre.

Le plus grand de nos exemplaires, celui dont nous donnons plus bas les dimensions, a le dessous du corps d'un jaune sale uniforme; les autres l'ont noirâtre, finement tacheté de blanc. Le bord terminal de la carapace est jaunâtre. La même couleur donne une tache arrondie derrière chaque œil; une oblongue sur chaque oreille et sur chaque branche du maxillaire inférieur, et deux de forme triangulaire à la commissure des lèvres. Le front est aussi coloré de jaune. Les ongles et les mâchoires sont orangés.

DIMENSIONS. *Longueur totale*. 21" 4"'. *Tête*. Long. 5"; haut. 1"9"'; Long. antér. 5"'; postér. 2" 5"'. *Cou*. Long. 5". *Memb. antér*. Long. 5" 4"'. *Memb. postér*. Long. 4" 8"'. *Carapace*. Long. (en dessus) 14" 7"'; haut. 4" 4"'; long. (en dessus) au milieu 11" 7"'. *Sternum*. Long. 11"; larg. moy. 10"· Longueur des os épisternaux 1"8"'. *Queue*. Long. 7"'.

PATRIE. La collection renferme cinq individus appartenant à cette espèce. Ils avaient été pêchés dans le Gange et ils ont été envoyés au Muséum d'histoire naturelle par feu A. Duvaucel.

Observations. Il existe entre le système de coloration du Gymnopode de Duvaucel et de ceux que nous venons de décrire, une différence trop grande pour que nous puissions croire que celui-là soit l'adulte de ceux-ci, ainsi que Cuvier a paru le croire, c'est pourquoi nous avons distingué deux espèces, en attendant que l'on puisse s'assurer par de nouvelles observations qu'elles n'en forment réellement qu'une.

6. LE GYMNOPODE A COU RAYÉ. *Gymnopus Lineatus*. Nob.

CARACTÈRES. Huit callosités costales; carapace très déprimée, formant un peu la gouttière sur sa ligne moyenne et longitudinale. Quatre callosités sternales; os épisternaux courts, peu larges, écartés l'un de l'autre. Tête très aplatie; museau fort court; cou rayé longitudinalement.

Synonymie. *Trionyx ægyptiacus.* Var. Ind..? Hardw., Illust. Ind.
Zool., part. 8 ; tab. 9.

Trionyx indicus. Gray, Synops. Rept., pag. 47, spec. 4.

DESCRIPTION.

Formes. Le corps de cette espèce est plus déprimé que celui
de la précédente. Le contour de la carapace offre la figure d'un
ovale arrondi et un peu élargi en arrière, tandis qu'il forme un
angle obtus à sommet arrondi en avant.

Le disque de la carapace est suborbiculaire et tronqué à son
extrémité postérieure ; sa ligne moyenne et longitudinale forme
un peu la gouttière, et il présente à la surface des pièces vertébrales, des rugosités résultant d'enfoncemens polygones. Mais
sur les pièces costales ces rugosités sont l'effet d'enfoncemens
vermiculiformes.

La portion cartilagineuse de la carapace est fort épaisse et
parfaitement unie. Le plastron présente quatre callosités. Les
appendices antérieurs ou les os épisternaux sont courts et aussi
écartés l'un de l'autre que dans le Gymnopode d'Égypte. Ils sont
aussi presque parallèles comme ceux de cette espèce. La longueur de leur portion libre est le quart de la largeur de l'une
des callosités sternales antérieures. Ces callosités sont plus larges
que longues et offrent quatre pans : le bord latéral interne est
onduleux ; le latéral externe est légèrement cintré en dedans,
ainsi que le pan antérieur ; mais le postérieur, dans sa moitié
externe, l'est fortement en dedans. Les callosités sternales postérieures, celles des os xiphisternaux sont triangulaires, et
leur surface, comme celle des callosités antérieures, offre des
rugosités semblables à celles qu'on voit sur la carapace.

La tête de ce Gymnopode est fortement aplatie ; le museau est
très court et arrondi ; le front est un peu convexe ; les lèvres
sont épaisses, et les tubes nasaux fort peu allongés. Les mâchoires sont robustes, tranchantes, et l'angle à sommet arrondi
formé par les deux branches est beaucoup moins fermé que dans
aucune autre espèce de Gymnopode. La distance qui existe entre
le bord antérieur d'un orbite et l'extrémité de la mâchoire supérieure n'est guère plus grande que celle qui existe entre les
yeux sur le crâne.

Le cou est extrêmement long ; il est épais, arrondi et enveloppé d'une peau nue comme celle de la tête. La face antérieure de l'avant-bras est coupée transversalement près du coude par une écaille pellucide. On en voit quatre autres au dessous de celle-ci, trois desquelles se trouvent placées, l'une au dessus de l'autre près du bord antérieur du bras, et la quatrième près du bord postérieur.

Les ongles sont droits, courts, très aplatis et à pointe obtuse.

La queue s'étend tout juste à l'extrême bord de la carapace.

COLORATION. Nous ne possédons de cette espèce qu'un individu conservé dans l'alcool. Or nous trouvons un gris ardoisé sur le disque de sa carapace, et sur les autres parties supérieures de son corps une teinte grisâtre un peu plus claire sur le cou, où l'on voit une dizaine de lignes longitudinales et brunes.

Le dessous du corps est d'un blanc jaunâtre sale. Les ongles sont jaunes bordés de noir.

DIMENSIONS. *Longueur totale.* 36". *Tête.* Long. 6" 4''' ; haut. 2" 3''' ; larg. antér. 5''' ; larg. postér. 5" 4'''. *Cou.* Long. 5" 7'''. *Memb. antér.* Long. 7" 7'''. *Memb. postér.* Long. 8" 4'''. *Carapace.* Long. (en dessus) 22" ; haut. 5" ; larg. (en dessus) au milieu 27" 7'''. *Sternum.* Long. tot. 18" 9''' ; larg. moy. 16" 5''' ; longueur des os épisternaux 2" 5'''. *Queue.* Long. 1" 5'''.

PATRIE. Cette espèce vit dans le Gange. L'exemplaire ici décrit a été donné au Muséum par M. Dussumier de Fombrune.

Observations. Il se pourrait que le Trionyx figuré par le général Hardwick, dans ses Illustrations de la Zoologie indienne, appartînt à la même espèce que celle-ci. Notre Gymnopode à Cou rayé aurait en ce cas, dans l'état de vie, si la figure de M. Hardwick est exacte, la partie supérieure du corps d'un beau vert linéolé de noirâtre.

7. LE GYMNOPODE DE JAVA. *Gymnopus Javanicus.* Nob.

CARACTÈRES. Huit callosités costales ; carapace subtectiforme ; bords antérieur et postérieur du limbe tuberculeux. Deux callosités sternales ; os épisternaux allongés, peu élargis et contigus à leur base. Tête épaisse, museau court, front convexe.

SYNONYMIE. *Trionyx javanicus.* Geoff. Ann. Mus., tom. 14, pag. 15, tab. 3.

Trionyx javanicus. Schweigg. Prod. Arch. Kœnigsb., tom. 1 , pag. 287, spec. 4.

Trionyx javanicus. Gray, Synops. Rept., pag. 48 , spec. 6.

Boulousse. à Java (suivant Leschenault).

JEUNE AGE. *Testudo rostrata.* Thunb. Nov. Act. Suec., tom. 8, pag. 179 , tab. 7, fig. 2 et 3.

Testudo rostrata. Schœpf. Hist. Rept., pag. 95, tab. 20.

Testudo rostrata. Daud. Hist. Rept., tom. 2, pag. 77.

Testudo cartilaginea. Boddaert Schriff. der Berl. Naturf., F. 3, pag. 265, et Lettre au docteur W. Roell. Amst. in-4°; 1770, pag. 21, fig. A et B.

Trionyx Boddœrtii. Schneid. Erst. Beytr. Zur. Naturg. der Schildk., tab. 1-2.

Trionyx stellatus. Geoff. Ann. Mus., tom. 14, pag. 13, spec. 5.

Trionyx stellatus. Merr. Amph., pag. 21, spec. 7.

Aspidonectes javanicus. Wagl. Syst. Amph., pag. 154 , tab. 2, fig. 1 à 20.

DESCRIPTION.

FORMES. Le Gymnopode de Java a le corps proportionnellement plus épais qu'aucun autre de ses congénères. La hauteur
est le quart de sa largeur. Le disque de sa carapace est subtectiforme et surmonté d'une carène dorsale qu'on trouve un peu
moins saillante dans sa moitié antérieure que dans sa moitié
postérieure. Le profil du disque est très légèrement arqué. On
voit sur sa surface de petits enfoncemens polygones, et des arêtes
longitudinales en zigzag.

Il existe sur le bord antérieur de la partie cartilagineuse du
pourtour une rangée de treize ou quatorze tubercules arrondis.
D'autres tubercules de même forme , environ au nombre de
vingt, se trouvent également sur la partie postérieure. Chez
l'individu très probablement adulte que nous avons sous les
yeux, les côtes sont libres dans le sixième de leur longueur.

Les deux appendices antérieurs du sternum sont allongés. Ils se
touchent à leur base ; mais ils sont écartés à leur sommet, de
telle sorte qu'ils offrent la figure d'un V à côtés peu ouverts.

Le Gymnopode de Java n'a que deux callosités sternales, situées, l'une à droite, l'autre à gauche, sur la suture des pièces
latérales du plastron. Ces callosités, qui sont petites, quadrilaté-

rales et à ongles arrondis, ont trois fois plus d'étendue dans le sens transversal du sternum que dans le sens longitudinal. Les os qui les supportent ont trois de leurs côtés, l'antérieur, le postérieur et le latéral externe, fortement arqués en dedans.

Cette espèce a une tête très épaisse, le museau court et le front arqué d'avant en arrière. L'espace compris entre l'extrémité de la mâchoire supérieure et le bord antérieur d'une orbite est de moitié moins grand que celui qui existe entre le crâne et les yeux.

Les narines sont longues, les lèvres épaisses, et les mâchoires fortes et tranchantes.

Les membres antérieurs ont trois écailles pellucides au dessous du coude. Les postérieurs en ont une très forte à chaque talon. Les ongles sont robustes, légèrement arqués et un peu comprimés. La queue est plus courte que l'extrémité de la carapace qui la recouvre.

Coloration. L'exemplaire empaillé que nous avons sous les yeux, et qui est précisément celui sur lequel M. Geoffroy a établi l'espèce, a le dessus du corps et celui du cou et des membres d'un brun tacheté de jaunâtre, mais avec des marbrures brunes. La région inférieure du cou et celle des pattes, le plastron et les ongles sont blanchâtres. Le dessous de la tête est lavé de brun clair et offre quelques teintes jaunâtres.

Dans la courte description qu'il donne de cette espèce, d'après une figure faite aux Indes par le docteur Hamilton, M. Gray avance que la carapace est d'un vert obscur, orné de nombreuses lignes blanches, que la tête est de la même couleur que la carapace, offrant seulement des raies noires disposées en rayons.

Dimensions. *Longueur totale.* 52". *Tête.* Long. 5" 1"'; haut. 3"; larg. antér. 4"; postér. 4". *Cou.* Long. 8". *Memb. antér.* Long. 6" 5"'. *Memb. postér.* Long. 7" 2"'. *Carapace.* Long. (en dessus) 20"; haut. 6"; larg. (en dessus) au milieu 16" 8"'. *Sternum.* Long. tot. 16" 2"'; larg. moy. 16" 4"'. *Os épisternaux.* Long. 3" 3"'. *Queue.* Long. 1".

Jeune age. Suivant M. Gray, cette espèce offrirait, pendant son jeune âge, quatre taches œillées sur la partie supérieure du corps.

Coloration. Voici le système de coloration que présente un jeune Gymnopode de Java de notre collection décrit par M. Geoffroy, sous le nom de Trionyx Étoilé. La carapace est d'une teinte violacée, clair-semée de points blanchâtres. On remarque sur la partie postérieure du limbe cinq taches de couleur marron. Il existe autour de chacune d'elles sept ou huit points blanchâtres, formant un cercle. Une couleur fauve règne sur le dessus de la tète, du cou et des membres. Ces parties sont aussi semées de points d'un blanc pâle, plus nombreux et plus petits sur la tète que sur le cou et les membres. La gorge est lavée de brun, et laisse voir huit ou neuf taches larges et blanchâtres.

Une teinte de cette nuance colore le plastron et le dessous des pattes. Les mâchoires ont une couleur orangée.

Cet exemplaire, décrit et nommé par M. Geoffroy comme une espèce nouvelle, faisait autrefois partie du cabinet du stathouder. Il a douze centimètres et cinq millimètres de longueur. C'est le modèle de la figure que Boddaert a publiée sous le nom de *Testudo cartilaginea*.

Nous pensons de plus que c'est d'après cet individu, vu par Wagler dans notre Musée, que cet auteur a donné l'une des figures de l'Atlas lithographiée dans son Système des Amphibies.

PATRIE. Ce Gymnopode vit dans les fleuves de l'île de Java, où notre exemplaire a été découvert par M. Leschenaut. Il paraît aussi que le docteur Hamilton a retrouvé cette espèce dans le Gange.

Observations. C'est avec doute que nous avons rangé dans la liste des synonymes du Gymnopode de Java, la *Testudo Rostrata* de Thunberg, dont Schœpf a copié la figure ; car cette figure n'est pas assez bien caractérisée pour qu'on puisse assurer qu'elle représente le jeune âge du Gymnopode de Java et non celui d'une autre espèce. Il est en effet certaines espèces de Gymnopodes qui, à une époque peu éloignée de la naissance, se ressemblent tellement par la forme du corps qu'on ne peut les distinguer que par leur système de coloration ; et sous ce rapport, la figure de Thunberg n'est pas traitée avec assez de soin.

8. LE GYMNOPODE APLATI. *Gymnopus Subplanus.*

CARACTÈRES. Carapace très aplatie, presque plane ; pourtour lisse ; pas de callosités sternales. Os épisternaux formant le V, sans être contigus à leur base. Queue dépassant la carapace.

SYNONYMIE. *Trionyx subplanus*. Geoff. Ann. Mus. tom. 14, pag. 11, spec. 1, tab. 5, fig. 2.

Trionyx subplanus. Schweigg. Arch. Kœnigsb. tom. 1, pag. 289, spec. 7.

Trionyx subplanus. Merr. Amph. pag. 21, spec. 5.

Trionyx subplanus. Hardw. Illustr. Ind. Zool. part. 7, tab. 8.

Trionyx subplanus. Gray. Synops. Rept. pag. 48, spec. 7.

DESCRIPTION.

FORMES. Cette espèce est celle des Gymnopodes dont le corps offre la plus grande dépression. Sa carapace est ovale, plus large en arrière, où elle est obtusangle, qu'en avant, où elle est arrondie. Le disque est presque circulaire, et la surface, si ce n'est à l'extrémité libre des côtes, est surmontée de petites arêtes tranchantes et vermiculiformes.

La première des neuf pièces osseuses qui composent la rangée vertébrale est très élargie, et laisse entre elle et la seconde un espace rempli seulement par un cartilage qui, étant enlevé, laisse voir la dernière vertèbre du cou.

Les côtes de la dernière paire sont libres dans la moitié de leur longueur, et les autres dans le sixième environ. La portion postérieure du pourtour est à peu près le tiers de la longueur totale de la carapace. La surface du pourtour est complètement lisse.

Le sternum n'offre point de callosités ; ses appendices antérieurs, les épisternaux, sont longs, grêles, et presque contigus à leur base. Les os des deux paires médianes du sternum s'élargissent dans leur moitié interne et se rétrécissent au contraire dans leur moitié externe. Ici, ils s'écartent l'un de l'autre formant la figure d'un V, tout comme les appendices antérieurs. Les xiphisternaux sont triangulaires. Un de leurs angles est arrondi et dirigé en arrière ; les deux autres le sont en avant ; et l'un d'eux, l'externe, est échancré à son sommet.

La tête est fort allongée. L'espace qui existe entre le bord antérieur d'une orbite et l'extrémité de la mâchoire supérieure est le double de la largeur du crâne entre les yeux.

Les narines sont larges et en même temps assez longues. Chaque mâchoire se présente sous la figure d'un angle aigu à sommet arrondi. Les membres n'ont rien de particulier dans leur forme. Les ongles sont médiocres et sous-courbés.

La queue dépasse la carapace du tiers de sa longueur. Elle est arrondie dans sa forme et pointue à son extrémité.

Coloration. Le dessus de la tête est jaune marbré de rose. Le cou et les membres sont verdâtres, nuancés de jaune. Cette dernière couleur est aussi celle des ongles, et se mêle encore à la teinte verte du limbe de la carapace. Le disque est varié de jaunâtre, avec des vermiculations brunes.

Dimensions. *Longueur totale.* 20". *Tête.* Long. 4' 8'''; larg. antér. 5'''; postér. 2" 3'''. *Carapace.* Long. 13"; larg. moy. 10". *Sternum.* Long. tot. 10"; larg. moy. 9". *Os épistern.* Long. 9" 8'''. *Queue.* Long. 2" 5'''.

Patrie. Cette espèce vit dans le Gange.

Observations. Avant que le général Hardwick n'en eût publié une excellente figure, d'après laquelle nous avons fait la description qui précède, le Gymnopode de Java n'était connu des naturalistes que par la description et la gravure d'une seule carapace donnée par M. Geoffroy dans les Annales du Muséum, et par M. Cuvier dans ses Recherches sur les ossemens fossiles.

9. LE GYMNOPODE DE L'EUPHRATE. *Gymnopus Euphraticus.*

Caractères. Carapace d'un vert obscur; point de callosités sternales; queue dépassant la carapace d'un quart de sa longueur.

Synonymie. *Tortue Rafcht.* Oliv. Voy. en Perse, tom. 3, pag. 453, tab. 41.

Trionyx Euphraticus. Geoff. Ann. Mus., tom. 14, pag. 17, spec. 8.

Tortue de l'Euphrate. Daud. Hist. Rept., tom. 2, pag. 305.

Trionyx Euphraticus. Schweigg. Arch. Kœnigsb. tom. 1, pag. 287, spec. 3.

Trionyx Euphraticus. Merr. Amph., pag. 20, spec. 2.

Trionyx Euphraticus. Gray, Synops. Rept., pag. 48, spec. 8.

DESCRIPTION.

Formes. La carapace est ovale dans son contour, et plus large en arrière qu'en avant ; le disque en est peu convexe, le pourtour en est lisse.; la peau des avant-bras forme en dessus trois ou quatre gros plis transversaux, simulant des écailles. On ne retrouve pas ces plis aux pattes de derrière.

La queue, grosse et conique, dépasse le bord du limbe.

COLORATION. La carapace est d'un vert foncé obscur; les ongles sont blancs.

DIMENSIONS. *Longueur totale.* 97" 5'". *Carapace.* Long. 53" 5'"; larg. 38". *Sternum.* Long. 29". *Memb. antér.* Long. 20" 8'". *Queue.* Long. 17" 5'".

PATRIE. Ce Gymnopode vit dans le Tigre et dans l'Euphrate.

Observations. Personne n'a encore fait mention de cette espèce que d'après Olivier, auquel nous empruntons nous-mêmes la description bien incomplète qu'on vient de lire.

XXᵉ GENRE. CRYPTOPODE. — *CRYPTOPUS.*
Nob. (*Trionyx.* Wagler. *Emyda.* Gray.)

CARACTÈRES. Carapace à bords cartilagineux étroits, supportant au dessus du cou et en arrière des cuisses de petites pièce osseuses; sternum large, formant en avant un battant mobile qui peut clore hermétiquement l'ouverture de la boîte osseuse. La partie postérieure de ce même sternum est garnie, à droite et à gauche, d'un opercule cartilagineux fermant les ouvertures qui donnent passage aux pattes de derrière; elle porte de plus un troisième opercule pour boucher l'issue par où passe la queue.

Les Cryptopodes ont la carapace plus bombée que les Gymnopodes. Ils ont aussi le disque de cette carapace beaucoup plus grand, et le pourtour en est surtout plus étroit. La première pièce osseuse de la ligne moyenne et longitudinale du dos est isolée dans les jeunes sujets, mais soudée à la vertèbre suivante dans les individus plus

32,

âgés, comme cela a lieu chez les Gymnopodes. On remarque aussi que les Cryptopodes ont de même que ces derniers, pendant leur jeune âge, leurs côtes non réunies les unes aux autres dans la plus grande partie de leur longueur.

Le pourtour de la carapace se trouve terminé en quelques endroits de sa circonférence par des pièces osseuses représentant les os limbaires des Chéloniens des trois autres familles. L'un de ces os est situé au dessus du cou ; nous le nommerons nuchal. On en compte sept ou huit de chaque côté en arrière, occupant les régions où, dans les Tortues terrestres, dans les paludines et dans les marines, sont situées les écailles suscaudales, les trois margino-fémorales et les deux ou trois dernières margino-latérales. La surface de ces os limbaires est granuleuse, ainsi que celle des pièces osseuses composant le disque de la carapace.

Le sternum est fort large et surtout en avant, où il est arrondi et où il forme une sorte d'opercule que l'animal relève à volonté contre la carapace, lorsqu'il y fait rentrer son cou et ses bras. Ce plastron porte à l'extrémité de sa partie postérieure un appendice cartilagineux et à bord libre arqué en dehors, servant à clore l'ouverture par où sort la queue. Il offre aussi de chaque côté un autre appendice de même nature et de même forme, mais un peu plus grand, servant à fermer l'ouverture par laquelle sortent les pattes de derrière. En sorte que les Cryptopodes sont parmi les Potamites ce que sont les Cistudes Clausiles parmi les Élodites, des espèces qui peuvent se clore hermétiquement dans la maison qu'elles portent avec elles.

Nous avons vu que quelques Gymnopodes manquaient de callosités sternales, que d'autres n'en avaient que deux, et que la plupart en offraient quatre. Chez les Cryptopodes, on en compte sept, quand celles de la dernière paire ne sont pas soudées entre elles ; ce que l'on rencontre dans les sujets qui ont acquis tout leur développement.

Ces callosités sont ainsi placées : une sur l'os entosternal, une sur chaque épisternal, une à droite, une à gauche, chacune, mi-partie sur l'hyosternal, mi-partie sur l'hyposternal ; les deux autres recouvrent les os xiphisternaux.

La tête des Cryptopodes est épaisse et conique, le dessus en est granuleux ; leur cou est lisse, et leurs membres le seraient aussi, si, comme chez les Gymnopodes, la peau ne formait quelques plis transversaux aux talons et sur les avant-bras. La queue est toujours très courte.

Ce genre ne se compose encore que de deux espèces : l'une est originaire des Indes orientales, l'autre vit dans le Sénégal.

Nos Cryptopodes correspondent aux Trionyx de Wagler et aux Émydes (*Emyda*) de MM. Gray et Bell.

TABLEAU SYNOPTIQUE DU GENRE CRYPTOPODE.

Tête et cou { marqués de larges taches jaunâtres. 1. C. Chagriné.
{ d'un grand nombre de petits points
    blanchâtres............. 2. C. du Sénégal.

---

1. LE CRYPTOPODE CHAGRINÉ. *Cryptopus Granosus*. Nob.

Caractères. Carapace ovale, bombée, granuleuse ; un os nuchal ; sept callosités sternales.

Synonymie. *La Chagrinée*. Lacépède, Quad. Ovip., tom. 1, pag. 171, tab. 2.

La Chagrinée. Bonnat, Encyclop. méth., pl. 6, fig. 2.

Chagrinite Schildkrote. Schneid. Beyt., tom. 2, pag. 22, fig. C.

Testudo granosa. Schœpf, Hist. Test., pag. 127, tab. 30 A et 30 B.

Testudo scabra. Lat. Hist. Rept., tom. 1, pag. 194.

Testudo granulata. Shaw, Gener. Zool., tom. 3, pag. 68, tab. 14, fig. 1 (Cop. Lacép.)

Testudo granulata. Daud. Hist. Rept., tom. 2, pag. 81, tab. 19, fig. 2.

Trionyx coromandelicus. Geoff. Ann. Mus., tom. 14, pag. 16, tab. 5, fig. 1.

Trionyx granosus. Schweigg. Arch. Kœnigsb., tom. 1, pag. 288, spec. 6.

Trionyx coromandelicus. Merr. Amph., pag. 20, spec. 3.

Trionyx coromandelicus. Less. Voy. Ind. Orient. Bell. Zool. Rept., pag. 296.

Emyda punctata. Gray, Synops. Rept., pag. 49, spec. 1.

Emyda punctata. Bell, Monog. Test., fig. sans n°.

Trionyx granosus. Wagl. Syst. Amph., pag. 134, tab. 2, fig. 2-55.

Trionyx coromandelicus. Less. Catal. Rept. collect. Lamarep. Bull. sc. univ., tom. 25, pag. 119.

Trionyx punctata. Hardw. Illust. Ind. Zool., part. 12, tab. 10.

DESCRIPTION.

FORMES. Le corps de cette espèce est une fois moins haut que large. Son contour représente un ovale assez court, mais élargi également à ses deux extrémités. La carapace est fortement bombée et n'offre pas la moindre trace de carène. Le pourtour en est fort étroit, comparativement à celui des Gymnopodes. Il n'est pas non plus complètement cartilagineux en avant et en arrière comme le leur, car au dessus du cou il offre une pièce osseuse, et six autres de même nature de chaque côté de la queue. Ce pourtour semble pris dans l'épaisseur de ces pièces, qui en forment effectivement le bord terminal en arrière du corps, à partir environ des pieds de derrière.

Ces pièces diminuent graduellement de grandeur à mesure qu'elles se rapprochent de la queue. Elles sont quadrilatérales et ont leur bord discoïdal arqué; celle qui est située en avant, et que nous nommons os nuchal, a la forme d'un ovale oblong, et se trouve placée en travers.

La surface osseuse de la carapace est surmontée d'un nombre considérable de tubercules arrondis, si petits et si rapprochés les uns des autres qu'ils ressemblent réellement à du chagrin.

Le sternum est ovale et présente sept callosités à surface granuleuse, comme celle de la carapace. Ces callosités sont ainsi situées: deux en avant, une sur l'os entosternal en arrière de celles-ci, deux au milieu et deux autres tout-à-fait en arrière. Ces dernières sont soudées entre elles lorsque l'animal est vieux. Les deux premières sont ovales; l'impaire est presque circulaire, les médianes sont les plus grandes, et offrent en avant un angle subaigu à sommet arrondi, un angle obtus sur leur côté interne, en arrière une forte échancrure en V, ayant sa branche externe un peu plus longue que l'autre. Les callosités sternales postérieures sont subrhomboïdales; chez les individus, même adultes, il existe un étroit intervalle cartilagineux entre les deux premières callosités sternales, et les deux médianes sont très éloignées l'une de l'autre. Les deux opercules cartilagineux destinés à clore les ouvertures qui donnent passage aux pieds de derrière, et celui beaucoup plus petit qui ferme l'issue par laquelle passe la queue, forment le demi-cercle par leur bord libre.

La tête est forte et de forme subquadrangulaire; le museau est légèrement comprimé et le front un peu convexe.

La distance qui existe entre le bord antérieur d'une orbite et l'extrémité de la mâchoire supérieure est la même que celle qui se trouve sur le vertex entre les yeux. Les mâchoires sont extrêmement robustes, et l'angle à sommet arrondi que forment leurs branches est subaigu. Les tubes nasaux sont larges, mais fort peu allongés; les lèvres sont épaisses; la supérieure est relevée et l'inférieure pendante.

Le dessus du crâne est granuleux; la peau du cou est nue, ainsi que celle des membres : pourtant on compte sur la main cinq écailles pellucides de forme semi-circulaire et à marge inférieure libre. Il en existe une parfaitement semblable à chaque talon.

Les ongles sont convexes en dessus et creux en dessous; le premier est très légèrement arqué; les autres sont presque droits.

La queue est conique et ne dépasse pas l'extrémité du limbe.

COLORATION. Les individus desséchés que nous possédons ont toute la partie supérieure du corps d'un brun fauve clair et la partie inférieure d'un blanc jaunâtre. Ceux qui sont conservés dans l'alcool offrent une teinte grisâtre sur la carapace, sur le crâne, sur le dessus du cou et sur celui des membres. La carapace est largement tachetée de jaunâtre. La tête présente des taches de la même couleur disposées de la manière suivante : une en travers du museau, deux sur le front, une derrière chaque œil, une fort allongée en avant du tympan, enfin deux encore placées l'une à la suite de l'autre au dessus de l'oreille. La plupart de ces taches sont oblongues dans leur forme. Le corps, le cou et les membres sont blancs en dessous; les ongles sont jaunâtres.

DIMENSIONS. *Longueur totale.* 27" 4'''. *Tête.* Long. 5"; haut. 2" 6'''; larg. antér. 6"; postér. 5" 4'''. *Cou.* Long. 6". *Memb. antér.* Long. 7". *Memb. postér.* Long. 7" 8'''. *Carapace.* Long. (en dessus) 19" 6'''; haut. 6" 2"; larg. (en dessus) au milieu 18" 2'''. *Sternum.* Long. tot. 15" 4'''; larg. moy. 12" 6'''. *Os épisternaux.* Long. 3" 8". *Queue.* Long. 1" 5'''.

JEUNE AGE. Les taches jaunes qui ornent le dessus du corps et de la tête de ce Cryptopode, sont mieux marquées chez les jeunes sujets que chez les adultes.

PATRIE. La plupart des échantillons que nous possédons ont été envoyés de Pondichéry par M. Leschenault. Il paraît que l'espèce est assez commune sur la côte de Coromandel; elle vit dans les étangs d'eau douce; on en mange la chair. La collection renferme encore aujourd'hui un exemplaire mutilé, rapporté des Indes par Sonnerat, et qui a servi de modèle pour la figure de la Tortue Chagrinée de Lacépède. C'est ce même exemplaire que Daudin, d'après Lacépède, a décrit dans son ouvrage sous le même nom de Tortue Chagrinée.

Observations. Schœpf est le premier auteur qui ait représenté cette espèce d'une manière reconnaissable. Les deux figures qu'il en donne sont fort exactes. Il les fit exécuter sur deux individus que le docteur John lui avait envoyés de la côte de Coromandel. Aujourd'hui l'ouvrage du général Hardwick sur la Zoologie de l'Inde, et surtout l'ouvrage particulier de M. Bell sur les Chéloniens, renferment d'excellentes figures du Cryptopode Chagriné.

2. LE CRYPTOPODE DU SÉNÉGAL. *Cryptopus Senegalensis.* Nob.

CARACTÈRES. Carapace, tête et cou semés de petits points blanchâtres sur un fond gris; sternum noirâtre, bordé de blanc sale.

DESCRIPTION.

Formes. La collection renferme un Cryptopode qui appartient très probablement à une espèce autre que la précédente. Étant beaucoup trop jeune pour offrir soit dans la forme de sa carapace, soit dans celle de son sternum, des caractères propres à le faire distinguer du Cryptopode Chagriné, nous sommes réduits à nous en tenir aux différences que présente son système de coloration.

Coloration. La carapace est grisâtre, ponctuée de blanc sur les bords; les membres, le dessus de la tête et celui du cou offrent une teinte grise toute semée de petits points blancs; le sternum est noirâtre, moins ses bords qui sont blanchâtres, ainsi que le dessous du pourtour et la région inférieure du cou.

Dimensions. *Longueur totale.* 8" 5"'. *Tête.* Long. 2" 4"'; haut. 1"; larg. antér. 4"; postér. 1" 2"'. *Cou.* long. 1" 6"'. *Memb. antér.* Long. 2" 3"'. *Memb. postér.* Long. 1" 8"'. *Carapace.* Long. (en dessus) 4" 3"'; haut. 1" 4"'; larg. (en dessus) au milieu 3" 7"'. *Sternum.* Long. tot. 4"; larg. moy. 4" 6"'. *Queue.* Long. 3".

Patrie. Ce jeune Cryptopode a été envoyé du Sénégal au Muséum d'histoire naturelle par M. Delcambre.

CHAPITRE VII.

FAMILLE DES THALASSITES OU TORTUES MARINES.

Les Tortues qui vivent dans les mers ont été distinguées de toutes les autres espèces depuis la plus haute antiquité : c'est même d'après Aristote, comme nous l'avons déja dit (1), que nous désignons cette famille des Chéloniens sous le nom de THALASSITES. Linné en avait d'abord fait un sous-genre ; M. Brongniart, le premier, établit le genre Chélonée, dont M. Gray partagea les espèces en deux familles, les *Chéloniadées* et les *Sphargidées*. M. Fitzinger n'en fit qu'une seule qu'il nomma les *Carettoïdes*, laquelle devint pour M. Ritgen la première section de l'ordre des Chéloniens, sous les noms d'*Eretmo* ou *Halychélones*, et dont Wagler enfin constitua sa tribu des *Testudines Oiacopodes*.

Nous osons espérer que les naturalistes nous excuseront d'avoir introduit dans la science les expressions nouvelles sous lesquelles nous désignons les quatre familles de l'ordre des Chéloniens. Ils pourront remarquer que les noms tirés de ceux des genres principaux, altérés par une simple désinence, ne pouvaient être adoptés, puisqu'ils n'auraient point convenu à plusieurs des espèces que nous appelons à faire partie du même groupe, et c'est le cas des dénominations employées par M. Gray. C'est encore le

---

(1) Tome 1 du présent ouvrage, notes aux pages 346, 327, 252.

même motif qui nous a empêchés d'admettre le nom de
Carettoïdes, tiré du terme nouveau employé par Merrem, postérieurement à celui que M. Brongniart avait
introduit dans sa classification des Reptiles, pour désigner ce même genre qu'il appelait Chélonée. On
conçoit que la langue française ne se prêtait pas aisément à la prononciation des mots nouveaux proposés
par Ritgen et Wagler. Nous avions depuis long-temps
établi les mêmes divisions, et nous avons cherché à
conserver une sorte d'harmonie et de rapport entre les mots que nous avons adoptés et que nous
proposons avec confiance, parce qu'ils sont analogues
les uns aux autres et qu'ils expriment brièvement les
principales habitudes qui sont le résultat positif de la
conformation de toutes les espèces distribuées dans
chacune de ces quatre familles.

Ces dénominations auront encore, selon nous, un
grand avantage, c'est qu'elles fourniront tout à la fois
des mots substantifs et des épithètes qualificatives,
de véritables adjectifs qui pourront être prononcés
tantôt seuls et tantôt réunis aux noms de Chéloniens
ou de Tortues, qu'on appellera ainsi indifféremment
Tortues terrestres, paludines, fluviales et marines;
comme Chéloniens, Chersites, Élodites, Potamites
et Thalassites.

On n'a encore inscrit que deux genres dans le
groupe des Thalassites. Le premier est celui des Chélonées, adopté par le plus grand nombre des naturalistes, d'après M. Brongniart, quoique Merrem ait
voulu lui substituer vingt ans plus tard, le nom de
Caretta, emprunté du mot français par lequel on désigne dans les îles l'espèce de Tortues marines dont on
extrait l'écaille pour les arts. Le second genre est celui

des *Sphargis,* d'après Merrem, lequel a reçu depuis et successivement les noms de *Dermo* ou *Dermato-chelys* (1), de *Coriudo* (2) et de *Scytina* (3).

Ces deux genres sont parfaitement distincts, en ce que le premier comprend des espèces dont la carapace, les pattes et les autres parties extérieures du corps sont protégées par des écailles cornées; tandis que dans le second, le tronc est recouvert d'une peau dure, épaisse et coriace. Il y a en outre beaucoup d'autres caractères tirés de la forme du bec et de la longueur respective des pattes.

La conformation particulière des membres dont les extrémités libres sont aplaties, distingue cette famille des trois autres. Ces pattes changées en palettes sont tellement déprimées que les doigts, quoique formés de pièces distinctes, ne peuvent exécuter les uns sur les autres aucune sorte de mouvement volontaire, et que cette nageoire n'est plus propre qu'à faire des efforts pour pousser vivement l'eau dans laquelle elle se meut et sur laquelle elle doit trouver un point d'appui. Il y a bien par le fait une disposition analogue, cependant dans un sens inverse chez les Chersites, par le peu de mobilité de leurs doigts; mais ces Tortues ont les pattes très courtes, presque d'égale longueur et terminées brusquement par un moignon informe, arrondi; de sorte que, par cela même, les habitudes et le genre de vie sont tout-à-fait différens. C'est surtout la grande inégalité et le prolongement

---

(1) Par M. de Blainville, de δέρμα et de χέλυς.

(2) Par le D. Fleming, de *corium* et de *Testudo.*

(5) Par Wagler, σκυτίνη, une cuirasse de peau; *præcinctum coriaceum.*

excessif des pattes antérieures, comparées à celles de derrière, qui caractérisent le groupe des Thalassites.

Par une sorte de transition naturelle, les Potamites semblent se rapprocher des Thalassites par la disposition et les fonctions des pattes, qui sont également en nageoires. Mais ici on distingue, dans la région qui correspond aux mains et aux pieds, des doigts à phalanges très mobiles, dont trois sont constamment munis d'ongles acérés et canelés en dessous, et leur carapace est toujours couverte d'une peau coriace, dont les bords sont libres et flexibles.

Enfin dans les Élodites, qui peuvent quitter les eaux et vivre long-temps sur la terre, les pattes, quoique palmées, ont cependant des doigts entièrement distincts, qui peuvent se mouvoir isolément et dont quatre au moins sont constamment garnis d'ongles.

On voit, par ce simple exposé de la conformation extérieure, qu'il est tout-à-fait impossible de confondre le groupe des Tortues marines avec aucune des espèces des trois autres familles du même ordre des Chéloniens.

Toute la structure des Thalassites correspond à leur mode d'existence essentiellement bornée à la vie aquatique. C'est ce qu'indiquent la forme excessivement aplatie de leur carapace et la disposition de leurs pattes, dont les mains et les pieds ne sont propres qu'à l'action de nager. L'allongement prodigieux des doigts, unis solidement entre eux pour former une véritable palette, ne leur permet pas de se mouvoir séparément. Ces animaux n'ont d'ailleurs aucun moyen de s'accrocher sur les corps solides; mais par cela

même leurs membres sont très propres à s'appuyer
sur l'eau, lorsqu'ils ont le corps immergé, pour s'y
mouvoir avec une grande vitesse : tous les mouvemens généraux de transport étant, pour ainsi dire,
réduits à ceux qu'exige la faculté de nager.

Quoique la conformation du squelette soit à peu
près la même chez tous les Chéloniens, il y a cependant dans la carapace, dans le plastron et dans les os
des pattes, des caractères très propres à faire reconnaître, même dans les débris fossiles, les os des Thalassites d'avec ceux de quelques espèces qui pourraient appartenir à d'autres familles du même ordre.

Ainsi pour la carapace, les huit paires de côtes,
même dans les individus adultes, à moins qu'ils n'aient
atteint une extrême vieillesse, ne sont pas élargies et
soudées entre elles dans toute leur longueur. Elles
laissent vers le limbe des espaces qui, dans l'état
frais, ne sont remplis que par des lames cartilagineuses, flexibles, quelquefois même tout-à-fait membraneuses. Les Potamites seules sont dans le même
cas, avec cette différence notable que dans celles-ci,
les extrémités des côtes n'atteignent pas, du côté du
plastron, les petites pièces osseuses marginales dans
lesquelles elles se trouvent reçues ou emboîtées,
comme des pierres fines taillées seraient retenues dans
leur chaton.

La courbure générale de la carapace, constituée
par les vertèbres et par les côtes, est toujours très
surbaissée et se rapproche encore, sous ce rapport, de
la forme que nous avons indiquée dans les Potamites.
Mais chez celles-ci l'ensemble du bouclier est générale-
lement arrondi, presque circulaire; au lieu que dans

les Thalassites, la carapace est en cœur ; elle s'allonge et se rétrécit sensiblement en arrière, tandis qu'en avant elle présente une large échancrure.

Le plastron diffère de celui des Chersites et des Élodites, qui l'ont toujours complètement ossifié vers la partie moyenne, excepté dans leur premier âge. Les seules Potamites ont, comme les Thalassites, le sternum membraneux dans la région centrale, laquelle se trouve ainsi encadrée de pièces osseuses de formes diverses dans les différentes espèces : voici cependant une particularité assez remarquable, c'est que l'ensemble de ce plastron dans les Tortues marines est beaucoup plus long que large, et que dans les fluviales, chacune des pièces qui le composent, quoique très variables pour la forme, offrent cependant plus de largeur que de longueur.

Quant aux caractères fournis par les extrémités libres des pattes, nous n'avons presque pas besoin d'insister sur les différences essentielles qui se trouvent, pour ainsi dire, inscrites dans la forme des os qui composent la main ou le pied, d'après ce que nous avons dit à la page 383 et suivantes du premier volume du présent ouvrage. Nous répéterons seulement ici que les deux extrêmes en brièveté et en prolongement, s'observent d'une part dans les pattes des Chersites, dont les os du pied ou de la main offrent en totalité le quart ou le tiers au plus de la longueur du tibia ou du radius ; tandis que d'autre part, chez les Thalassites, la main surtout a souvent plus de quatre fois la longueur des os de l'avant-bras, et le pied postérieur au moins la moitié en sus de l'étendue du tibia. Les Potamites et les Élodites n'offrent ensuite sous ce rapport que des proportions intermédiaires.

La forme générale de la tête paraît être la même dans les Thalassites et les Chersites. Elle est presque carrée dans la partie moyenne correspondante aux orbites. C'est-à-dire que la hauteur est à peu près semblable à la largeur, quoique latéralement elle offre des plans déclives ; mais les Potamites et la plupart des Élodites, surtout ceux de la sous-famille des Pleurodères, ont la tête plus déprimée en arrière et quelquefois la largeur du crâne, prise vers les deux tiers postérieurs, excède de quatre fois la hauteur verticale.

Cuvier a parfaitement saisi et exprimé sur la planche XI, fig. 1 à 4, dans la deuxième partie du tome cinquième de ses Recherches sur les ossemens fossiles, le principal caractère de la structure de la tête chez les Thalassites. Ainsi qu'il l'exprime, c'est que les bords de leurs os pariétaux, frontaux, postérieurs, et de leurs mastoïdiens, temporaux et jugaux, s'unissent entre eux et avec la caisse pour couvrir toute la région de la tempe, d'un toit osseux qui n'a point de solution de continuité, et sous lequel les muscles temporaux se trouvent à l'abri et rencontrent un point d'attache très résistant pour agir sur la mâchoire. En outre le museau est plus court que dans les autres Chéloniens ; leurs orbites plus grandes, leur cavité nasale plus petite et plus large que longue. Nous avons indiqué, à la page 403 et suivantes du premier volume, la disposition des mâchoires et leur mode d'articulation (1).

---

(1) On trouve de très bonnes figures de la tête osseuse de plusieurs espèces de Thalassites dans les ouvrages suivans :

Schneider, Naturgeschichte der Schildkroten, 1783, pl. 2.

Ulrich. Dans ses Recherches sur les os de la tête et sur leur

Nous ne pousserons pas plus loin cette comparaison, que nous pourrions faire également porter sur les vertèbres du cou et de la queue, lesquelles donnent à ces parties plus ou moins de longueur et de mobilité. Nous avons indiqué ces particularités, qui contribuent tant à modifier les habitudes, lorsque nous avons exposé les caractères généraux de chacun des ordres. Nous rappelons seulement à cette occasion, que les Thalassites ont, en général, la queue très courte et qu'ils ne s'en servent pas pour aider leurs mouvemens dans l'action du nager.

Les Tortues marines ne paraissent guère sortir de l'eau qu'à l'époque de la ponte : on dit cependant de plusieurs espèces, qu'elles viennent pendant la nuit se traîner sur les rivages de quelques îles désertes, et qu'elles gravissent les bords des rochers isolés en pleine mer pour y paître ou venir brouter certaines plantes marines qu'elles recherchent beaucoup. Dans quelques parages tranquilles, même à sept ou huit cents lieues de toute terre, on aperçoit quelquefois à la surface des flots, des Tortues étalées et dans l'immobilité la plus absolue, comme si elles étaient privées de vie, on croit qu'elles prennent cette position pour se livrer au sommeil, et nous verrons plus tard qu'on sait profiter de cette circonstance pour s'en emparer. Toutes ont la faculté de plonger long-temps, et

---

correspondance dans les divers animaux, en particulier dans la Tortue.

Spix. Dans sa Céphalogénésie, pl. 1 et 2, fig. 5.

Bojanus. Dans le Parergon ou Appendice à son ouvrage sur l'anatomie de la Tortue d'Europe, fig. 192.

cela se conçoit d'après l'étendue de leurs vastes poumons, qui doivent admettre une quantité d'air suffi-
sante pour fournir à leur sang toutes les propriétés
qui résultent de l'hématose; quoique leur circulation
pulmonaire ne soit que partielle, elle est ici très évidemment arbitraire.

Les narines des Thalassites ne sont pas prolongées
comme celles des Potamites; cependant l'orifice externe
de leur canal nasal est surmonté d'une masse charnue
dans l'épaisseur de laquelle on distingue le jeu des
soupapes que l'animal soulève à volonté lorsqu'il est
dans l'air, et qu'il peut fermer exactement quand il
plonge dans la profondeur des eaux. Cet appareil
remarquable, qu'on retrouve aussi dans les Crocodiles, est proportionnellement plus développé dans les
jeunes individus que chez les adultes. Cette particularité a pu même donner lieu, dit-on, à quelques erreurs des naturalistes, qui ont regardé comme des
espèces distinctes de jeunes individus qu'ils caracté-
risaient par la présence de cette sorte de corne sur
l'extrémité du nez.

Quoique les Tortues ne se mettent guère en rapports entre elles par la voix qui, pour les espèces terrestres, n'est en effet qu'une sorte de soufflement,
lorsqu'on cherche à les irriter, en les excitant à la
marche, ou lorsqu'on les saisit; les espèces éminemment aquatiques semblent cependant faire exception:
on a signalé les cris des Potamites et ceux de quelques
Chélonées; mais c'est surtout dans les Sphargis que
cette particularité a été remarquée. La plupart des
individus pris dans des filets, ou blessés griève-
ment, ont poussé des sons très bruyans et des cris

d'après lesquels leur nom même a été emprunté (1).

Les Thalassites se nourrissent principalement de plantes marines. Ce sont en effet ces substances alimentaires dont on trouve leur estomac rempli. Il paraît cependant que quelques unes, surtout parmi celles qui exhalent une odeur de musc, comme le Caret et la Caouane, font entrer dans leur nourriture la chair des Crustacés et de plusieurs espèces de Mollusques, telle que celle des Sèches en particulier. Leurs mâchoires sont en effet robustes, comme le bec des oiseaux de proie, très solidement articulées, et leurs muscles très développés (2). Ce bec de corne, crochu en haut et en bas, est coupant sur ses bords, dont la tranche est mince d'ailleurs et le plus souvent dentelée en scie ; la mâchoire inférieure est reçue dans une rainure de la mandibule, comme la gorge d'une tabatière dans le couvercle qui l'emboîte, et l'autre bord interne de la rainure, celui qui correspond au palais, est en outre saillant, dentelé, de sorte que par le simple mouvement de pression exercé avec beaucoup de force par l'excessif développement et les attaches étendues du muscle crotaphite sous la voûte des os pariétaux et des frontaux postérieurs, la substance saisie se trouve coupée trois fois de l'un et de l'autre côté de l'ouverture de la bouche. La langue, large, très charnue et mobile, quoique courte, sert à recueillir, à reporter de nouveau sous ces coupoirs dentelés la matière alimentaire. Elle la ramasse pour la diriger au dessus de la glotte dans la cavité du pharynx, quoi-

(1) Tome i du présent ouvrage, page 414, note.

(2) Tome i de cet ouvrage, page 404. *Voyez* les détails de cette organisation.

35.

qu'il n'y ait là ni épiglotte, ni voile du palais. On a remarqué dans plusieurs espèces de Chélonées, ainsi que nous avons eu nous-même occasion de l'observer, une structure particulière du canal œsophagien ; c'est qu'il est garni intérieurement de pointes ou de très grosses papilles cartilagineuses, libres, mobiles, cylindriques ou coniques, que Gottwald (1) a fait connaître et figuré d'après la Chélonée Caouane, nous étant procuré son travail depuis l'impression de notre premier volume. Les autres modifications du tube intestinal et des organes de la nutrition en général, ne diffèrent pas essentiellement de l'organisation des Chéloniens, que nous avons fait connaître dans le second chapitre du livre troisième du volume précédent.

Les Tortues de cette famille sont certainement celles dont le corps acquiert les plus grandes dimensions. On a vu des individus du genre Sphargis qui pesaient jusqu'à 15 ou 1,600 livres, et des Chélonées de 8 à 900 livres, dont la carapace seule avait plus de quinze pieds de circonférence et près de sept pieds de longueur. Les seuls Crocodiles, parmi les Reptiles connus, peuvent à peine être comparés pour cet énorme volume : il paraît que ces animaux vivent et croissent pendant très long-temps. Les carapaces des individus qui sont très âgés sont souvent altérées par l'adhérence d'animaux parasites tels que des Frustres, des Serpules, des Balanes, des Coronules (2). Ils sont également attaqués par des Annélides qui se fixent sur

_____

(1) Physikalisch-anatomische Bemerkungen über die Schild-kröten. 1781, Nuremberg, in-4.

(2) *Lepas Testudinarius*, genre *Chelonibia*. (Leach.)

l'origine ou la base des membres, où les mouvemens de la Tortue ne peuvent les atteindre.

Les circonstances qui précèdent ou qui accompagnent l'acte de la reproduction chez les Thalassites ne sont pas encore bien connues. Comme les voyageurs ont rapporté des faits qui ne sont pas absolument les mêmes, il se pourrait qu'ils aient eu à observer des individus appartenant à des espèces différentes. Ce qu'il y a de certain, c'est qu'en général les mâles sont plus petits que les femelles, et que leur organe générateur, situé à la base de la queue, sort alors du cloaque; qu'il est simple ou unique, quoique composé de deux corps caverneux érectiles; mais appliqués l'un contre l'autre dans toute leur longueur, de manière à laisser en dessous un sillon qui vient aboutir vers la pointe de l'organe, qui sert en même temps de moyen d'introduction, de gorgeret dilatateur et de canal destiné à diriger la semence et à la lancer dans la partie femelle, lorsqu'il y est introduit.

L'époque de la fécondation est pour ainsi dire fixée pour chaque espèce; c'est le plus ordinairement au renouvellement de la saison. La conjonction des deux sexes, lorsqu'elle s'est opérée, dure long-temps. Cependant, comme nous l'annoncions, les auteurs ne sont pas d'accord sur les circonstances de cet accouplement, qu'ils nomment le *cavalage*, et que les uns disent être de quatorze ou quinze jours, et que d'autres indiquent comme étant d'une durée double. Ils racontent aussi diversement la manière dont s'opère ce rapprochement intime, qui aurait toujours lieu dans l'eau. Mais tantôt le mâle resterait placé sur la carapace de la femelle pendant tout ce temps; tantôt les deux plastrons auraient été vus en contact et les deux animaux ayant la tête hors de l'eau. Enfin, suivant quelques uns, la conjonction ayant eu lieu, les deux individus se retourneraient et resteraient opposés l'un à l'autre, suivant la manière dont s'opère l'accouplement dans la race des Chiens.

Quoi qu'il en soit, les femelles s'occupent seules de la ponte, quand elles sont fécondées. Pour venir déposer leurs œufs, elles ont souvent à parcourir des espaces de mer de plus de cinquante lieues ; les mâles les suivent ou les accompagnent dans ces sortes de voyages ou d'émigrations. Par une sorte d'instinct, presque toutes les femelles des mêmes parages se rendent de toutes parts et à des époques à peu près fixes, sur le rivage sablonneux de quelques îles désertes. Là, pendant la nuit, elles viennent creuser des fosses de deux pieds de diamètre ; mais comme elles ont certainement l'intention de les établir au dessus de la ligne où s'élèvent les eaux dans les plus hautes marées, elles ont souvent besoin de se traîner péniblement sur les sables et de parcourir un grand espace. Elles sortent de la mer avec beaucoup de précautions et de craintes, après le coucher du soleil, et pendant une seule nuit, elles préparent de suite le nid, où elles pondent jusqu'à cent œufs à la fois. Elles font ainsi successivement jusqu'à trois pontes, à deux ou trois semaines d'intervalle. Ces œufs varient pour la grosseur : ils sont parfaitement sphériques, comme des balles, de deux à trois pouces de diamètre. Après avoir recouvert la nichée de sable léger, l'animal s'en retourne à la mer. Ces œufs restent ainsi exposés à la température élevée que produit l'action des rayons solaires dans ces climats équatoriaux.

Au moment où ces œufs sont pondus, la membrane

qui les enveloppe est un peu flexible, quoique recouverte d'une couche mince de matière calcaire,
peu poreuse, très blanche ou sans aucune tache
colorée. Ces œufs ont à l'intérieur une glaire peu
visqueuse, d'une teinte légèrement verdâtre; qui est
une matière albumineuse inodore, dans le plus grand
nombre des espèces; chez d'autres elle est imprégnée
d'une odeur qui approche de celle du musc, et qui
déplaît à beaucoup de personnes quand on les fait
cuire, car la plupart sont recherchés comme aliment;
cet albumen ne se coagule pas, ou ne peut se solidifier
complètement par l'action du feu. Le *vitellus*, ou le
jaune, varie pour la teinte plus ou moins orangée, suivant les espèces; il est aussi plus ou moins gras ou
huileux.

Ces œufs fécondés éclosent du quinzième au vingt-
unième jour. Les petites Tortues qui en proviennent
n'ont pas encore les écailles formées. Elles sont blanches, comme étiolées, et cependant, par un instinct
naturel, à peine sont-elles sorties de la coque, qu'elles
se dirigent vers les eaux de la mer dans lesquelles elles
ont souvent assez de peine à plonger, ou à se submerger, avant d'en avoir fait une sorte d'étude; aussi sont-
elles alors la proie de certains oiseaux carnassiers,
qui épient dans l'air le moment de leur éclosion; et
quand elles peuvent s'enfoncer dans l'eau, elles deviennent les victimes de Poissons voraces et de légions
de Crocodiles qui affluent également dans le même
but sur ces parages, où ils se placent en embuscade
pour les dévorer.

On rencontre les Thalassites dans toutes les mers
des pays chauds, principalement vers la zone torride,
dans l'océan équinoxial, sur les rivages des Antilles

de Cuba, de la Jamaïque, aux îles des Caïmans, de Saint-Domingue ; dans l'océan Atlantique, aux îles du cap Vert et de l'Ascension ; dans l'océan indien, aux îles de France, de Madagascar, Séchelles, et Rodrigues ; à la Vera-Crux, dans le golfe du Mexique ; aux îles Sandwich et de Galapagos dans l'océan Pacifique. Celles qu'on trouve dans la Méditerranée et dans le grand océan Atlantique, semblent s'être égarées et ne se rencontrent que très isolément.

Les Tortues marines sont peut-être, parmi les Reptiles, les espèces qui fournissent à l'homme le plus d'avantages et qui lui soient réellement très utiles. Aussi dans les climats où les Thalassites sont abondans, leur capture devient très importante. On les recherche principalement pour en obtenir les carapaces, la chair ou la viande, la graisse, les œufs et les écailles.

Dans les pays où ces grandes Tortues sont communes, et atteignent d'énormes dimensions, on sait que les indigènes se servent des CARAPACES comme de pirogues ou de nacelles pour côtoyer les rivages ; qu'ils en couvrent leurs huttes, qu'ils en font des bacs, pour y faire désaltérer les animaux domestiques et des baignoires pour laver les enfans. Ces circonstances étaient connues dans l'antiquité. On trouve dans Pline et dans Strabon, des passages qui prouvent que certains habitans des bords de la mer Rouge, qu'on nommait les *Chélonophages*, en tiraient en effet ce parti (1).

---

(1) PLINE, Hist. Anim. lib. vi, cap. xxv. Tantæ enim magnitudinis apud eos proveniunt Testudines, ut singulæ, singulis casis tegendis sufficiant et navigantibus Chelonophagis scapharum usum præbeant.

La CHAIR de plusieurs espèces, principalement celle du genre Chélonée, qu'on nomme la Franche, a été d'abord fort recherchée par les navigateurs, auxquels elle a fourni dans beaucoup de parages une nourriture saine, agréable et succulente, qui était surtout appréciée comme une viande fraîche après de longs voyages sur mer; mais ensuite on l'a servie sur les meilleures tables. Maintenant elle est considérée comme une nourriture de luxe : elle est devenue l'objet d'un commerce spécial dans la Grande-Bretagne, d'où l'on expédie exprès des vaisseaux dans la mer des Indes. Les Anglais ont même établi sur certaines côtes des parcs ou viviers dans lesquels on recueille ces animaux pour en faire des chargemens, et l'on voit vendre leur viande dans les marchés.

La GRAISSE de plusieurs espèces, lorsqu'elle est fraîchement recueillie, remplace le beurre et l'huile dans les apprêts des alimens culinaires ; et quant aux espèces dont la chair est imprégnée d'une odeur musquée, comme dans la Caouane et le Caret, on recueille la substance huileuse, dont on se sert dans toutes les circonstances où l'on a besoin d'adoucir certains frottemens, pour préparer les cuirs auxquels on veut donner de la souplesse, ou pour l'éclairage, par la combustion dans les lampes. Cette matière grasse, fluide et véritablement huileuse, d'une couleur verte assez foncée, est, dit-on, si abondante qu'il n'est pas rare d'en extraire jusqu'à trente pintes d'un seul et même individu.

Les OEUFS de la plupart des espèces sont recherchés pour leur saveur, quoique leur albumen ne se coagule pas par l'effet de la cuisson, ainsi que nous l'avons dit plus haut, et qu'il ait une teinte verdâtre. Le jaune est surtout très estimé : lorsqu'il est trop durci, il devient huileux et translucide ; mais en général ces œufs ont une excellente saveur, même dans les espèces dont la chair est musquée, comme dans la Tuilée et la Caouane.

La carapace et le plastron de la plupart des Chéloniens sont protégés par des lames d'une substance cornée qui peuvent en être facilement détachées, comme des plaques. Quoiqu'elles soient courbes et d'inégale épaisseur, il est facile de les redresser et de les faire solidement adhérer ou se coller intimement les unes aux autres. Chez le plus grand nombre des espèces elles sont trop minces pour être employées avec avantage. On recueille principalement cette matière, qu'on nomme l'ÉCAILLE par excellence, sur les espèces de la race des Thalassites qu'on appelle les Carets ou les Tuilées, parce que ces lames sont placées en recouvrement les unes sur les autres, comme les tuiles d'un toit, et surtout parce qu'elles ont beaucoup plus d'épaisseur. C'est une substance précieuse, employée dans les arts de luxe, à cause de sa dureté et du beau poli qu'elle peut recevoir et conserver. C'est ce qui la fait estimer beaucoup et par cela même rechercher dans le commerce. Cette matière semble différer essentiellement de la corne, parce qu'elle n'est pas formée de fibres ou de lames parallèles ; qu'elle paraît plutôt une exsudation de matière muqueuse et albumineuse solidifiée, dont le tissu est homogène et qui peut être coupé et poli dans tous les sens comme la corne ; au reste, elle est susceptible d'être ramollie par l'action de la chaleur, et on peut alors lui donner les formes les plus variées, qu'elle conserve après qu'elle a été refroidie.

L'industrie a tiré de ces propriétés de l'écaille de la Tortue le parti le plus avantageux, en l'employant pour les arts par des procédés divers que nous ferons connaître avec plus de détails à la fin de ce chapitre, cette matière première étant un des produits les plus remarquables que fournit la classe des Reptiles et ayant donné, par cela même, occasion de faire plus de recherches sur cette portion de leurs tégumens.

On emploie différens procédés afin de se procurer les Tortues marines. Dans certains parages on profite de l'époque où les femelles ont l'habitude immémoriale de se rendre sur la terre vers quelques rivages d'îles à peu près désertes, pour y déposer leurs œufs pendant la nuit ; les matelots, qui se sont transportés exprès sur les lieux, attendent en silence qu'elles soient sorties de l'eau. Pour couper la retraite à celles qu'ils trouvent sur leur chemin, ils se contentent de les renverser sur le dos soit directement, soit avec des leviers dont ils se sont munis à cet effet. Ces animaux, ainsi retournés sur un sable mobile, ont beau faire agir leurs nageoires, ils ne rencontrent aucun point d'appui et ne peuvent se redresser. On les retrouve le lendemain à la place où on les avait renversés : on les transporte alors avec des civières sur les navires ; on les laisse là sur le pont dans la même position pendant une vingtaine de jours, en ayant seulement le soin de les arroser d'eau de mer plusieurs fois dans la journée ; on les dépose ensuite dans des parcs pour les retrouver au besoin.

En pleine mer, et lorsque les Chélonées viennent à la surface de l'eau, soit pour y respirer, soit pour y dormir, on fait en sorte de s'en emparer en se servant du harpon. C'est une sorte de javelot à pointe acérée, tranchante et triangulaire en forme de flèche, portant un anneau auquel une corde est attachée. L'animal blessé plonge et entraîne avec lui le trait et la corde qui le suit, et à l'aide de laquelle on parvient à l'attirer sur les bords du navire dont l'équipage se livre à cette sorte de pêche. Dans les mers du Sud, des plongeurs habiles et exercés profitent du moment où ils trouvent ces Chélonées endormies et établies à la surface des eaux, pour arriver sous l'animal qu'ils parviennent ainsi à saisir. Vers les parages de la Chine et des mers des Indes, ainsi que sur la côte de Mosambique, on s'empare des Tortues à l'aide de certains poissons vivans qu'on dresse pour ainsi dire à cette manœuvre, comme nos chiens à la chasse, et qu'on nomme à cause de cela les Poissons pêcheurs. Ce fait était connu de CHRISTOPHE COLOMB (1), mais il a été depuis vérifié par COMMERSON (2) et cité par MIDLETON (3), et par SALT, consul anglais en Egypte (4).

Ce poisson est une espèce du genre Échénéide ou Rémora, qu'on nomme Naucrate ou Sucet, dont le sommet de la tête est recouvert d'une plaque ovale, molle et charnue à son pourtour. Au milieu de cette plaque on distingue un appareil très compliqué de pièces osseuses, disposées en travers sur deux rangs réguliers, comme les planchettes de ces sortes de jalousies que nous nommons des persiennes. Ces plaques, dont le nombre varie de quinze à trente-six,

---

(1) GESNER Conrad. De Guaicano seu Reverso Pisce indico.

(2) Manuscrits déposés au Muséum d'histoire naturelle.

(3) MIDLETON. Nouveau Système de Géographie, à l'article Cafrerie.

(4) SALT. Voyage en Abyssinie.

suivant les espèces, peuvent être mues sur leur axe au moyen de muscles particuliers, et leurs bords libres sont garnis de petits crochets qui se redressent tous à la fois comme les pointes d'une carde. C'est cet instrument mal décrit qui a donné lieu à des figures tout-à-fait bizarres où ces animaux sont représentés jetant une sorte de sac ou de nasse sur le corps des autres poissons pour s'en saisir, et qui les a fait décrire sous le nom de *Reversus*.

Voici, dit-on, comment les insulaires procèdent à cette pêche singulière. Ils ont dans une nacelle des baquets qui contiennent plusieurs de ces poissons dont la queue est garnie d'un anneau, auquel on peut attacher une corde mince, longue et solide. Quand ils aperçoivent de loin quelques Tortues endormies à la surface des flots, mais que le moindre bruit pourrait réveiller, ils jettent à la mer l'un de ces poissons retenu par la longue ficelle, qu'ils laissent filer jusqu'à la distance convenable afin qu'elle puisse parcourir, comme un rayon, l'étendue de la circonférence dans laquelle repose la Tortue. Aussitôt que le poisson aperçoit le reptile flottant, il s'en approche, s'y cramponne, et y adhère à l'instant avec tant de force, qu'en retirant la corde, les pêcheurs amènent vers leur barque et la Tortue et le poisson, que l'on détache très facilement, en imprimant au crâne un mouvement inverse de derrière en devant, qui fait renverser à l'instant tous les crochets.

Pour terminer les détails qui peuvent nous intéresser dans l'histoire des Tortues Marines, il nous reste à parler de l'ÉCAILLE qu'elles fournissent aux arts, et de quelques uns des procédés que l'on met en usage pour obtenir les lames et pour les rendre propres aux divers usages auxquels on les destine.

Quoique la plupart des espèces de Tortues aient la carapace, le plastron et le dessus de la tête recouverts de ces plaques écailleuses, elles n'ont pas en général assez d'épaisseur, et l'on recherche presque uniquement les lames qui proviennent de l'espèce de Chélonée qu'on nomme vulgairement le *Caret*, mais que les naturalistes appellent la Tuilée (*C. imbricata*). Dans cette espèce, en effet, les treize plaques vertébrales et costales qui recouvrent la carapace, au lieu de se joindre par leurs bords en se pénétrant réciproquement, sont placées en recouvrement les unes sur les autres, de sorte qu'elles se superposent et se dépassent réciproquement sur un grand tiers de leur étendue. Il arrive de là que leur bord libre est généralement plus mince que celui par lequel il a adhéré à la carapace. Pour obtenir ces écailles, qui sont dans ce cas les parties les plus recherchées de l'animal, il suffit de présenter à l'action d'un brasier ardent la partie convexe de la carapace, aussitôt les écailles se dressent, et elles se détachent avec la plus grande facilité.

Ces lames ainsi détachées, et dans l'état brut, varient pour la couleur : il en est de transparentes qu'on dit blondes ou sans taches ; il s'en trouve qui sont marquées de brun rougeâtre, plus ou moins foncé, disposé par taches arrondies, irrégulières ou par stries qu'on nomme vergetées ; enfin il y en a qui sont tout-à-fait brunes ou noires. Ces lames ou feuilles sont livrées brutes aux ouvriers, suivant le poids et à des prix qui varient d'après les qualités diverses qui sont plus ou moins recherchées.

La substance de l'écaille, considérée comme une matière brute, est malheureusement fragile et cassante; par contre, elle est douée de qualités très précieuses. La finesse de son tissu, sa compacité, l'admirable poli et les incrustations qu'elle peut recevoir, sa ductilité, la facilité avec laquelle on peut la mouler, en souder les fragmens, les fondre, les amalgamer à l'aide de la même matière réduite en poudre, procurent ces grands avantages. Mais pour les obtenir il a fallu trouver des procédés particuliers que nous allons essayer de faire connaître.

D'abord ces lames, au moment où on les détache de la carapace, présentent différentes courbures; puis elles sont d'épaisseur inégale, et malheureusement elles sont souvent trop minces, au moins dans une grande partie de leur étendue. Pour les redresser il suffit de les laisser plonger dans de l'eau très chaude; après quelques minutes de cette immersion, on peut les retirer et les placer entre des lames de métal, ou entre des planchettes d'un bois compact, solide et bien dressées, au milieu desquelles, au moyen d'une pression constante, on les laisse refroidir : dans cet état, elles conservent la forme plate que l'on désire. Après les avoir ainsi étalées, on les gratte, on les aplanit avec soin, à l'aide de petits rabots, dont les lames dentelées sont disposées de manière à obtenir par leur action bien ménagée, des surfaces nettes avec la moindre perte de substance qu'il est possible d'obtenir.

Quand ces plaques sont amenées à une épaisseur et à une étendue suffisantes, elles peuvent être employées chacune séparément, mais cependant le plus souvent on les soumet encore à une préparation que nous allons faire connaître : par exemple quand elles sont

trop minces, ou quand elles n'ont pas la longueur ou
la largeur désirables, on emploie des procédés à l'aide
desquels, tantôt pour obtenir de plus grandes lames
on en soude deux entre elles, de manière que les parties minces de l'une correspondent aux plus épaisses
de l'autre et réciproquement; tantôt en taillant les
bords de deux ou trois pièces en biseaux réguliers de
deux à trois lignes de largeur, on place ces bords avi-
vés les uns sur les autres. Dans cet état on dispose les
plaques entre des lames métalliques légèrement rapprochées à l'aide d'une petite presse, dont on augmente
l'action, quand le tout est plongé dans l'eau bouillante, et par ce procédé on les fait se confondre ou se
joindre entre elles, de manière à ce qu'il devient impossible de distinguer la trace de cette soudure.

C'est presque constamment au moyen de la chaleur
de l'eau, en état d'ébullition, qu'on obtient ces effets.
La matière de l'écaille se ramollit tellement par l'action
du calorique, qu'on peut agir sur elle comme sur
une masse molle, sur une pâte flexible et ductile à laquelle on imprime par la pression, dans des moules
métalliques, toutes les formes désirables; des goujons
ou repères, reçus dans des trous correspondans, main-
tiennent les pièces en rapport. Quand elles sont arrivées au point convenable, on retire l'appareil et on le
plonge dans de l'eau dont la température est très basse
et où il reste assez long-temps, pour que la matière
conserve par le refroidissement la forme qu'elle a
reçue.

L'opération de la soudure s'obtient par un procédé
qui dépend de la même propriété dont jouit l'écaille
de se ramollir par l'action de la chaleur. L'ouvrier
taille en biseau régulier ou en chanfrein, les deux

bords qui doivent se joindre. Il a soin de les tenir très vifs et très propres, en évitant d'y poser les mains et même de les exposer à l'action de l'haleine ou de la vapeur de sa respiration, car le moindre corps gras pourrait nuire à l'opération. Il affronte les surfaces, il les maintient à l'aide de papiers légèrement humectés et dont les feuillets, posés à plat, ne sont retenus que par des fils très déliés. Les choses ainsi disposées, il soumet le tout à l'action d'une sorte de pinces métalliques à mors plats, serrées par des leviers vers leur partie moyenne. Ces pinces sont chauffées à la manière des fers à presser les cheveux dans les papillotes ; leur température est assez élevée pour faire roussir légèrement le papier. Pendant cette action de la chaleur l'écaille se ramollit, se fond et se soude sans médiaire.

Enfin aucune portion de cette écaille ne reste perdue dans les arts : les rognures et la poudre qui résulte de l'action de la lime, sont réunies avec des fragmens plus ou moins étendus, et le tout est placé dans des moules en bronze, formés de deux pièces entrant l'une dans l'autre, comme les fractions qui constituent la masse d'un poids de marc. On remplit ces moules de la matière, de manière à ce qu'elle soit en excès ; on l'expose à l'action de l'eau bouillante, après l'avoir serrée légèrement. Peu à peu et à mesure que l'écaille se ramollit, on agit sur la vis de pression qui rapproche les deux parties du moule, jusqu'à ce que les points de repère indiquent que l'épaisseur de la pièce est telle qu'on la désire.

Tels sont, d'une manière générale, les procédés de l'industrie qui s'exerce sur la matière de l'écaille dans laquelle on incruste des lamelles d'or alliées et di-

versement colorées, pour former de petites mosaïques
que l'on polit ensuite à l'aide de moyens appropriés et
pour tous les autres usages.

Après avoir exposé ces considérations générales sur
la famille des Thalassites, nous allons présenter l'histoire des deux genres qui la composent et des diverses
espèces qui s'y rapportent, et nous la ferons précéder
du tableau suivant, qui rappelle d'un coup-d'œil, les
caractères essentiels de ces deux genres de Tortues
Marines.

QUATRIÈME FAMILLE.

TORTUES MARINES OU THALASSITES.

Caractères. Chéloniens à carapace large, déprimée, en cœur ;
pattes inégales, déprimées à doigts réunis, confondus en une sorte
de rame ou nageoire.

à carapace couverte
{ de lames cornées ou écailleuses. 21. Chélonée.
{ d'une peau coriace. . . . . 22. Sphargis.

XXIe GENRE. CHÉLONÉE. — *CHELONIA.*
Brongniart.
(*Caretta.* Merrem.)

Caractères. Corps recouvert d'écailles cornées.
Un ou deux ongles à chaque patte.

Les Chélonées ont le corps recouvert d'écailles cornées,
comme les Chéloniens des deux premières familles, les
Chersites et les Élodites. C'est là pour ainsi dire le seul
caractère générique qui les distingue des Sphargis avec lesquelles elles composent la famille des Thalassites. Ces écailles que nous avons vues constamment être au nombre de

treize sur le disque des espèces terrestres et des paludines, se trouvent quelquefois être de quinze dans le genre Chélonée.

En général, le pourtour est garni de vingt-cinq plaques qui sont : une nuchale, toujours fort élargie ; deux suscaudales et onze paires latérales. Cependant il se rencontre une espèce qui au lieu de onze paires, en a douze. Un caractère constant du sternum est d'être un peu rétréci et arrondi à ses deux extrémités. Il n'est jamais échancré en avant, ni en arrière. Sa partie moyenne, ou le corps du plastron, est, comme chez les Élodites Pleurodères, garnie de treize plaques formant deux rangées longitudinales, ayant la treizième ou l'intergulaire, enclavée entre les plaques de la première paire. Les prolongemens latéraux ne sont pas, comme chez les Chersites et les Élodites, recouverts par une portion des plaques pectorales et des abdominales; mais par des écailles particulières, que nous nommons sterno-costales. Ces écailles forment de chaque côté une rangée longitudinale où l'on en compte quelquefois quatre, quelquefois cinq, d'autre fois six. Elles sont à peu près de la même grandeur et de la même forme chez toutes les espèces, c'est-à-dire carrées ou pentagones. Quelques Chélonées sont pourvues d'écailles axillaires et inguinales. On ne connaît encore qu'une seule espèce qui ait les écailles du corps imbriquées; mais toutes les ont lisses, et l'on aperçoit que très rarement, même dans les jeunes sujets, quelques lignes concentriques sur les bords de ces écailles.

La tête est de forme pyramidale, quadrangulaire ; elle est recouverte de plaques anguleuses sur la face supérieure et sur ses deux faces latérales. Ces plaques varient un peu pour le nombre et pour la forme selon les espèces.

Le museau est plus ou moins comprimé et en général fort court. Les mâchoires sont très fortes : tantôt leurs bords sont presque droits, comme dans l'espèce à écailles imbriquées ; tantôt la supérieure offre une faible échancrure en avant, en même temps que l'inférieure se relève

34.

vers elle, en formant une pointe anguleuse. C'est ce qu'on observe chez la Chélonée imbriquée et chez plusieurs autres. D'autres fois, comme chez les Caouanes, les mâchoires se recourbent l'une vers l'autre, à leur extrémité.

Il arrive le plus souvent que les bords maxillaires sont fortement dentelés, ce qui a lieu surtout pour ceux d'en bas.

L'étui de corne dans lequel est emboîtée la mâchoire supérieure esi ici d'une seule pièce, comme chez la plupart des autres Chéloniens ; mais, chez plusieurs, l'étui inférieur est composé de trois pièces, l'une médiane et de forme triangulaire, couvrant tout le menton ; les deux autres, latérales et oblongues. Les paupières sont très épaisses ; celle d'en haut est garnie ; soit de petits tubercules, soit de petites écailles quadrilatérales oblongues, au nombre de sept ou huit, et placées en travers.

Le cou est court ; la peau en est ridée longitudinalement et transversalement.

Les membres postérieurs des Chélonées sont une fois plus courts que les antérieurs, mais ils sont proportionnellement un peu plus larges.

La peau qui enveloppe les cinq doigts dans ces derniers, les tient toujours serrés l'un contre l'autre, en sorte que l'animal ne peut les mouvoir séparément. Il en est de même pour les trois premiers des pattes de derrière ; mais le quatrième et le cinquième ont une certaine mobilité indépendante de la nageoire ; attendu que la portion de peau qui les recouvre est mince et un peu élastique. On ne trouve, le plus souvent, que le premier doigt de chaque patte armé d'ongle, mais quelquefois le second en est aussi muni.

Les épaules, les aisselles et le haut des cuisses sont les seules parties dans les membres, où la peau soit nue. Partout ailleurs, il existe des écailles inégales et la plupart anguleuses. Les plus fortes sont celles qui garnissent les tranchans des bras et des pieds.

Toutes les espèces ont la queue conique et très courte,

On ne voit pas sur les plaques des jeunes Chélonées de ces larges aréoles granuleuses qui existent sur celles des autres Chéloniens à écailles. Leurs plaques sont au contraire parfaitement lisses.

Il est des espèces, comme les Caouanes, qui offrent dans leur jeune âge, de fortes carènes sur les plaques de leur disque, tandis que dans leur état adulte, ces plaques sont tout-à-fait unies.

Bien que les Chélonées forment un genre fort naturel et peu nombreux en espèces, nous avons pensé qu'il serait avantageux pour l'étude de le diviser en trois sous-genres, prenant principalement en considération pour cela le nombre des plaques du disque et la manière dont elles sont disposées.

Ces sous-genres pourraient emprunter leur nom de la principale espèce que chacun d'eux renferme, et être caractérisés comme il suit :

1º *Les Chélonées Franches.* Plaques du disque non imbriquées et au nombre de treize. Un ongle au premier doigt de chaque patte.

2º *Les Chélonées Imbriquées.* Plaques du disque imbriquées et au nombre de treize. Un ongle au premier et au second doigts de chaque patte.

3º *Les Chélonées Caouanes.* Plaques du disque non imbriquées, au nombre de quinze au moins.

Nous avons cherché dans le tableau synoptique suivant à indiquer les principales différences que présentent entre elles les sept espèces de Chélonées composant ces trois sous genres.

TABLEAU DES ESPÈCES DU GENRE CHÉLONÉE.

Écailles du disque

treize
- imbriquées ou disposées comme les tuiles d'un toit................ 5. C. IMBRIQUÉE.
- non imbriquées :
  - vertébrales aussi longues que larges
    - rayonnées de noir sur un fond marron jaunâtre.... 2. C. VERGETÉE.
    - salies de taches maron sur un fond jaunâtre...... 1. C. FRANCHE.
  - plus longues que larges
    - taches noires sur un fond brun ou marron....... 3. C. TACHETÉE.
    - marbrures jaunâtres en rayons sur un fond brun.. 4. C. MARBRÉE.

plus de treize : les marginales au nombre de
- vingt-cinq..... 6. C. CAOUANE.
- vingt-six..... 7. C. DE DUSSUMIER.

Ier SOUS-GENRE. CHÉLONÉES FRANCHES.

CARACTÈRES. Plaques discoïdales au nombre de
treize, et non imbriquées. Museau court, arrondi.
Mâchoire supérieure offrant une légère échancrure en
avant et de faibles dentelures sur les côtés ; l'étui de
corne de la mâchoire inférieure, formé de trois pièces
et ayant ses côtés profondément dentelés en scie. Un
ongle au premier doigt de chaque patte.

La forme de la boîte osseuse et celle de la plupart des
écailles qui la recouvrent, étant à très peu de chose près
semblables chez les quatre espèces qui composent ce groupe
il devient extrêmement difficile de les distinguer les unes
des autres. Cependant, nous pouvons y parvenir au moyen
des différences que présentent et les plaques vertébrales et
le système de coloration qui, dans chaque espèce, paraît
en effet particulier.

Les Chélonées proprement dites ont le museau court,
peu comprimé et arrondi. Leur mâchoire inférieure a son
étui de corne composé de trois pièces et ses bords fortement
dentelés en scie. Son extrémité se termine par une dent
plus grande que les autres. La mâchoire supérieure offre
en avant une faible échancrure ; elle a sur les côtés des
dentelures moins profondes que celles de la mâchoire inférieure. Il existe sous chacune des deux branches de cette
dernière une très longue écaille ovale.

Chez les quatre espèces, les plaques céphaliques sont en
nombre égal et exactement de même forme. On en compte
douze sur la surface du crâne, et environ quatorze de chaque
côté de la tête. Parmi les Suscrâniennes, il y en a deux impaires
situées l'une à la suite de l'autre sur le milieu de la tête.
Les dix autres sont placées, cinq à gauche, cinq à droite.

Ces douze plaques sont : une frontale et une syncipitale ;
deux fronto-nasales, deux sus-orbitaires, deux pariétales,
deux occipitales et deux occipito-latérales. Chez quelques
individus il existe de plus une inter-occipitale.

Les deux fronto-nasales et les deux occipitales sont placées l'une à côté de l'autre, se tenant par leur bord latéral
interne. Les fronto-nasales sont hexagones, une fois plus
longues que larges, et offrent un angle obtus en avant et un
autre en arrière. C'est par le côté interne de ce dernier que
chacune s'articule avec la frontale, et c'est par son côté
externe qu'elle s'articule avec la sus-orbitaire. Les occipitales sont pentagones inéquilatérales.

La plaque frontale est toujours au moins de moitié plus
petite que la syncipitale. Elle a cinq pans qui forment un
angle aigu en avant, enclavé entre les deux fronto-nasales ;
deux angles obtus sur les côtés et deux angles droits en
arrière.

Les sus-orbitraires sont hexagones et tiennent le milieu,
pour la grandeur, entre la frontale et la syncipitale. De
leurs six bords, le premier forme une partie du cercle de
l'orbite, le second touche à la fronto-nasale, le troisième
est soudé à la frontale, le quatrième s'unit avec la syncipitale, le cinquième avec la pariétale, et le sixième avec une
post-orbitaire.

La plaque syncipitale est heptagone et a ses angles obtus,
à l'exception du postérieur qui se trouve enchâssé entre les
occipitales. Les plaques suscrâniennes, autres que les fronto-nasales, forment un cercle autour de cette plaque
syncipitale. Les pariétales sont hexagones, et les occipito-latérales quadrangulaires. Ces dernières sont toujours
placées sur les côtés externes des occipitales. Celles-ci sont
pentagones oblongues avec un angle aigu en avant.

Parmi les plaques céphaliques latérales, on remarque à
droite et à gauche quatre post-orbitaires, ordinairement
quadrilatérales, placées l'une au dessus de l'autre et bordant une portion du cadre de l'œil. Les huit autres plaques

céphaliques se trouvent en arrière de celles-ci et peuvent être appelées tympanales. Elles sont tantôt quadrangulaires, tantôt pentagones.

De petites écailles minces et adhérentes à la peau par toute leur surface, sont semées çà et là sur la nuque. Chez aucune espèce de ce groupe les plaques de la boîte osseuse ne sont imbriquées. Il n'en existe jamais plus de treize sur le disque; et le pourtour en offre constamment vingt-cinq.

Les écailles qui garnissent le tranchant antérieur et le tranchant postérieur des bras sont pliées en deux, de telle sorte qu'elles s'appliquent, moitié sur la face supérieure de la nageoire, moitié sur sa face inférieure.

On compte environ douze de ces écailles qui bordent le bras en dehors, depuis l'épaule jusqu'à l'extrémité du premier doigt. Les quatre dernières sont plus larges que les huit premières. Il n'y a que six écailles sur le tranchant postérieur, et elles offrent, avec celles du bord antérieur, cette différence qu'elles sont ovales ou circulaires, au lieu d'être polygones. Les écailles qui revêtent la surface supérieure des bras entre les deux rangées marginales sont de moyenne grandeur et anguleuses ou ovales. Les écailles correspondantes sur la face inférieure des bras sont beaucoup plus petites, à l'exception d'une vingtaine qui sont très grandes et forment une rangée bordant la rangée marginale antérieure. Il existe sur cette même face inférieure du bras, au dessous du coude et vers le bord interne, une large écaille circulaire isolée.

Le second doigt porte trois écailles dont une est plus longue à elle seule que les deux autres ensemble. Le troisième doigt en porte sept ou huit, et le quatrième un pareil nombre.

On remarque aussi sur les côtés des pattes de derrière des écailles pliées en deux. Il y en a environ huit sur le bord externe depuis le genou jusqu'à l'extrémité du premier doigt; et quatre ou cinq sur le bord interne, à partir du jarret jusqu'au bout du petit doigt. Le second doigt en offre trois sur sa longueur, le troisième cinq, et le quatrième quatre.

La peau de la queue est revêtue de petites écailles disposées longitudinalement par rangées.

Tous ces caractères étant communs aux quatre espèces de Chélonées Franches, nous avons cru devoir les indiquer ici une fois pour toutes, afin de n'y plus revenir dans nos descriptions d'espèces. Là, nous nous bornerons à faire connaître la carapace, le système de coloration et les dimensions de l'animal.

Les Chélonées Franches sont celles dont la chair est la plus estimée ; mais leur écaille est moins recherchée que celle de la Chélonée Imbriquée.

1. LA CHÉLONÉE FRANCHE. *Chelonia Midas.* Schweigger.

CARACTÈRES. Carapace subcordiforme, peu allongée, fauve avec un grand nombre de taches marron; mais dans l'état de vie, glacée de verdâtre; dos arrondi; écailles vertébrales hexagones, subéquilatérales.

SYNONYMIE. *La Tortue franche.* Dutert. Hist. des Antilles, tom. 2, pag 227.

Testudo viridis. Schneid. Schildk., pag. 309, tab. 2.

La Tortue franche. Lacép. Quad. Ovip., tom. 1, pag. 54, fig. 1.

La Tortue à écailles vertes. Lacép. loc. cit., pag. 92.

La Tortue franche. Bonnat. Encycl. méth., pl. 5, fig. 2.

Chelonia midas. Latr. Hist. Rept., tom. 1, pag. 22, tab. 1, fig. 1.

Chelonia midas. Daud. Hist. Rept., tom. 2, pag. 10, tab. 16, fig.

Chelonia midas. Schweigg., Prodr. Arch. Königsb., tom. 1, pag. 291 et 412, spec. 4.

La Tortue franche. Bosc. Nouv. Dict. d'Hist. Nat., tom. 34, pag. 252.

Caretta esculenta. Merr. Amph., pag. 18.

La Tortue franche ou *Tortue verte.* Cuv. Règ. anim., tom. 2, pag. 13.

Chelonia midas Gray, Synops. Rept., pag. 52, spec. 2. Exclus.
synon. var. B et var G. (Chelonia maculosa) var D. (Chelonia
virgata) var E₄ (Chelonia caouana.)

Chelonia viridis. Temm. et Schleg. Faun. Japon. Chelon., pag.
18, tab. 4, fig. 4, 5 et 6, et tab. 6, fig. 1 èt 2.

· Très jeune âge. *Testudinis marinœ Pullus.* Séba, tom. 1, pag.
127, tab. 79, fig. 5 et 6.

Tortue de mer. Edw. Hist. Nat. Ois., part. 4, pl.   tab.

Testudo midas. Schœpf. Hist. Test., pag. 73, tab. 17, fig. 2.

DESCRIPTION.

Formes. La largeur du corps, prise au milieu, est d'un quart
moindre que la longueur. La carapace offre en avant trois bords
arqués en dedans, un au dessus du cou, les deux autres à droite
et à gauche au dessus de chaque bras. Elle forme un angle obtus en arrière, et ses côtés sont légèrement cintrés. La région
dorsale est presque plane ou très peu courbée en travers. Ses
écailles costales s'abaissent fortement de dehors en dedans. Le
bord terminal du pourtour n'est pas dentelé; la plaque nuchale
est trois fois plus large que longue, et a quatre côtés qui forment
deux angles obtus en avant et deux très aigus en arrière; les
margino-collaires sont petites, triangulaires et à bord externe
tant soit peu arqué; les premières margino-brachiales sont grandes et oblongues, et se rétrécissent du côté où elles s'articulent
avec les secondes margino-brachiales; elles ont cinq pans donnant
un angle aigu à sommet dirigé vers la nuchale, et du côté opposé deux angles droits, un autre angle obtus en dehors, et un
cinquième excessivement ouvert et touchant au disque.

Les suscaudales sont trapézoïdes dans leur forme; toutes les
autres écailles limbaires ressemblent à des quadrilatères rectangles. La première lame dorsale est arquée en travers, inclinée en
avant et un peu plus étendue dans son diamètre transversal que
dans le longitudinal. Elle offre un angle aigu de chaque côté,
deux angles obtus en avant et deux autres en arrière. Son bord
postérieur est un peu moins large que son bord antérieur. La
seconde plaque vertébrale, la troisième et la quatrième ont six
pans dont les deux costaux forment de chaque côté un angle subaigu; la largeur de ces plaques, prise du sommet d'un angle laté-

ral à l'autre, est à peu près égale à leur longueur; le bord antérieur et le bord postérieur de la seconde sont presque de même
étendue. La quatrième est plus rétrécie en arrière qu'en avant;
la dernière est heptagone subtriangulaire.

Les écailles costales de la première paire ont quatre côtés,
deux sont très grands et se voient l'un en avant, l'autre en arrière, formant tous les deux un angle aigu. Les deux autres sont
moindres de moitié, et forment aussi un angle aigu enclavé entre la première écaille vertébrale et la seconde. Les plaques costales des deux paires du milieu sont deux fois plus hautes que
larges, et donnent deux angles droits du côté du pourtour, et
trois obtus du côté du dos. Celles de la dernière paire sont tétragones et un peu plus hautes que larges.

La partie antérieure du plastron est moins rétrécie que la
partie postérieure, toutes deux sont arrondies. La plaque gulaire a trois côtés à peu près égaux. Les gulaires ressemblent
à des triangles isocèles obliquement coupés à leur sommet.
Les écailles brachiales sont très élargies et ont cinq pans :
un antérieur, un postérieur, un latéral interne et deux latéraux externes formant entre eux un angle obtus. Les pectorales
sont un peu plus grandes et ont un bord latéral externe de plus.
Les abdominales paraissent carrées malgré leurs six côtés; les
fémorales sont pentagones et les anales triangulaires, ayant leur
bord externe curviligne.

Il existe cinq plaques sterno-costales sur chaque côté, la première, la troisième et la cinquième sont pentagones, et les deux
autres carrées.

COLORATION. La carapace offre, sur un fond fauve, un grand
nombre de taches de couleur marron qui paraissent se confondre. Ces deux couleurs, fauve et marron, disparaissaient sous
une teinte verdâtre, chez les individus vivans que nous avons
été dans le cas d'observer. La tète est d'un brun marron en dessus. Les plaques latérales et les écailles qui revêtent la face supérieure des nageoires sont brunes et bordées de jaune pâle; le
cou et les membres sont verdâtres en dessous; le sternum est
jaune.

DIMENSIONS. *Longueur totale.* 73". *Tête.* Long. 11" 5'"; haut. 8"
5'"; larg. antér. 1" 5'"; postér. 8" 4'". *Cou.* Long. 6" 5'". *Membr.*
antér. Long. 31" 3'". *Membr. postér.* Long. 15" 2'". *Carapace.* Long.
(en dessus) 58" 6"; larg. (en dessus) au milieu 50" 4'"; haut. 15".

Sternum. Long. antér. 16"; moy. 16" 7"'; postér. 9" 5"'; larg. antér. 15"; moy. 37" 4"'; postér. 10". *Queue.* Long. 3" 7"'.

PATRIE. Cette espèce se trouve dans l'Océan Atlantique. Nous en avons plusieurs carapaces, mais nous n'en possédons de complet qu'un seul exemplaire, envoyé de New-Yorck par M. Milbert. Cet hiver nous en avons vu deux individus vivants, chez un marchand de comestibles du Palais-Royal.

Observations. Cette espèce et les trois suivantes sont si voisines l'une de l'autre, qu'il se pourrait fort bien qu'elles n'en forment qu'une seule. Cette question ne pourra être décidée que par ceux qui auront la facilité de comparer un très grand nombre de ces Chélonées dans l'état de vie. En attendant, nous considérerons nos Chélonées vergetées, tachetées et marbrées comme des espèces distinctes de la Chélonée Franche, par la raison que chacune nous a offert un système de coloration qui paraît lui être particulier.

Si dans la liste des synonymes que nous avons donnés de la Tortue Franche, on ne trouve pas citée la *Testudo Midas* de Linné, c'est que nous ne sommes pas assez certains que ce soit l'espèce que nous venons de décrire qu'il ait désignée sous ce nom. D'un côté, sa phrase caractéristique est trop concise, et il se trouve d'une autre part, que quelques unes des figures qu'il cite appartiennent à la Chélonée Imbriquée et à la Chélonée Caouane.

2. LA CHÉLONÉE VERGETÉE. *Chelonia Virgata.* Nob.

CARACTÈRES. Carapace rayonnée de brun sur un fond marron mêlé de jaunâtre, courte, subtectiforme; à côtés fortement arqués, écailles vertébrales aussi larges que longues, à angles latéraux aigus, quelquefois très longs.

SYNONYMIE. *La Tortue de la mer Rouge.* Bruce, Voy. aux sources du Nil, pl. 42.

Chelonia Virgata. Schweigg. Prodr. Arch. Konisgb., tom. 1, pag. 291 et 411, spec. 4.

Chelonia virgata. Cuv. Règ. anim., tom. 2, pag. 14.

Chelonia virgata. Icon. Règ. anim. Cuv., tab. 1, fig. 4.

Chelonia midas. Var. D. Gray, Synops. Rept., pag. 52.

DESCRIPTION.

Formes. La longueur du corps de cette Chélonée ne dépasse que d'un sixième sa largeur prise au milieu, et sa hauteur est environ le tiers de sa longueur. Parmi les espèces du genre auquel elle appartient, la Chélonée Vergetée est celle dont la carapace est proportionnellement la plus courte. Cette carapace est comme tronquée en avant; elle forme un angle obtus en arrière et est très arquée sur les côtés; elle est tectiforme, sa coupe transversale présentant la figure d'un angle fort ouvert.

A partir de la première plaque margino-latérale jusqu'à la suscaudale, le limbe a son bord terminal festonné à droite et à gauche. Il est horizontal sur les côtés du corps et en arrière, mais en avant il est incliné en dehors. La plaque de la nuque a trois fois plus d'étendue dans le sens transversal que dans le longitudinal. Elle offre deux angles obtus en avant et deux angles aigus en arrière; les margino-collaires sont courtes et ont cinq pans. Comme ces dernières, les margino-brachiales ont cinq côtés, mais elles sont très longues. Toutes les autres écailles limbaires sont des quadrilatères oblongs, excepté les suscaudales qui ressemblent à des trapèzes.

La première écaille vertébrale est presque une fois plus large que longue; elle a six côtés qui forment deux angles aigus, l'un à droite, l'autre à gauche; et quatre obtus, deux en avant et deux en arrière. Ses bords costaux n'ont pas tout-à-fait en étendue le double de ceux qui l'unissent au pourtour, et son côté vertébral n'offre en largeur que les deux tiers de sa face nuchale. Les trois écailles médianes du dos diminuent successivement de grandeur, elles sont hexagones et offrent à peu près la même étendue en long qu'en travers. On remarque que toutes trois ont un angle aigu de chaque côté; que la seconde de la rangée a le bord postérieur tant soit peu plus large que l'antérieur, et que c'est le contraire pour la troisième; enfin que la quatrième est de moitié plus étroite en arrière qu'en avant. La cinquième lame vertébrale est hexagone ainsi que les quatre qui la précèdent, et ses côtés costaux, qui sont les deux plus grands, sont un peu curvilignes. L'antérieur est presque deux fois moins étendu que le postérieur qui est soudé aux deux plaques suscaudales; les deux autres bords sont de moitié moins larges que le bord postérieur, et tiennent, l'un à droite, l'autre à gauche, à la dernière margino-fémorale; sinon dans toute leur étendue, du moins dans la plus grande partie.

Les plaques costales de la première paire ont quatre côtés dont l'antérieur et le postérieur forment un angle aigu; les deux autres, de moitié plus petits, se joignent à angle droit. Celles de la seconde et de la troisième ont cinq pans, avec deux angles droits du côté du pourtour et trois angles obtus du côté du dos; celles de la quatrième paire sont subrhomboïdales.

Le sternum est un peu moins étroit à sa partie antérieure qu'à sa partie postérieure, mais dans ces deux sens il est arrondi.

La plaque intergulaire est un triangle équilatéral à bord externe curviligne; les gulaires offrent quatre angles dont les deux externes sont droits, l'interne antérieur, obtus; et l'interne postérieur, aigu. Les écailles brachiales sont très élargies et pentagones; l'un de leurs deux bords latéraux externes est libre, l'autre, qui est le plus petit de tous, est articulé sur la première lame sterno-costale. On compte six pans à chacune des pectorales et des abdominales: par trois de leurs côtés ces plaques se trouvent en rapport avec les sterno-costales. Les fémorales sont pentagones, ayant un de leurs bords arqué en dedans, le latéral externe postérieur. Il existe de chaque côté cinq écailles sterno-costales: la première est de moitié plus petite que les autres et quadrangulaire; la pénultième est aussi quadrangulaire, tandis que les trois autres ont cinq bords, par deux desquels chacune est soudée aux plaques du sternum correspondantes. On ne trouve ni plaques axillaires ni inguinales, au moins chez les exemplaires que nous avons sous les yeux.

Coloration. Nous avons plus de douze échantillons de cette espèce, qui ont depuis trente-trois jusqu'à soixante-neuf centimètres de longueur; chez tous la carapace est rayonnée de brun ou de noir sur fond marron, en outre elle est quelquefois nuancée de jaune. Tout le dessous de l'animal est de cette dernière couleur, ainsi que le bord terminal du pourtour; les écailles qui revêtent le dessus des membres et les plaques de la tête sont d'un brun marron et elles ont leurs sutures jaunes.

Variétés. On rencontre des individus chez lesquels les écailles vertébrales sont tellement étirées dans leur sens transversal, qu'elles présentent deux fois plus de largeur que de longueur.

Cela est dû au grand allongement de leurs angles latéraux qui en sont d'autant plus aigus.

DIMENSIONS. *Longueur totale.* 69" 6"'. *Tête.* Long. 11"5"', haut. 7"; larg. antér. 1" 2"'; postér. 6". *Cou.* Long. 7". *Memb. antér.* Long. 31". *Memb. postér.* Long. 15" 5"'. *Carapace.* Long. 51" 7"'; larg. (en dessus), au milieu 47" 8"', haut. 16" 5"'. *Sternum.* Long. antér. 15" 6"'; moy. 15" 6"'; postér. 8" 7"'; larg. antér. 14"; moy. 39", postér. 10". *Queue.* Long. tot. 2".

PATRIE. La Tortue Vergettée a été envoyée an Muséum d'histoire naturelle, de Ténériffe et de Rio-Janéro par M. Delalande; du cap de Bonne-Espérance par ce même M. Delalande; de New-Yorck par M. Milbert, et des mers de l'Inde par M. Reynaud. Elle habite aussi la mer Rouge, car c'est bien évidemment celle que Bruce a représentée sous le nom de Tortue de la mer Rouge, dans la relation de son voyage aux sources du Nil.

Observations. La Chélonée dont Wagler a donné la figure, sous le nom de *Chelonia Virgata*, dans ses *Icones et descriptiones* n'appartient pas à cette espèce. C'est une jeune Caouane, ainsi qu'il est aisé de s'en apercevoir aux quinze plaques qui recouvrent son disque, et aux carènes qui surmontent celles de ces plaques qui composent la rangée vertébrale.

5. LA CHÉLONÉE TACHETÉE. *Chelonia maculosa.* Cuvier.

CARACTÈRES. Carapace subcordiforme, marquée de jaunâtre sur un fond brun; plaques vertébrales plus longues que larges.

SYNONYMIE. *Chelonia maculosa.* Cuv. Règ. anim., tom. 2, pag. 13.
Chelonia lacrymata. Cuv., loc. cit.
Chelonia midas. Var. B. Gray, Synops. Rept., pag. 52.
Chelonia midas. Var. Y. Gray, loc. cit., pag. 53.

DESCRIPTION.

FORMES. La carapace de cette espèce est un peu allongée. Elle offre au dessus du cou un bord fortement arqué en dedans, et au dessus de chaque bras; elle en a un autre cintré aussi en dedans, mais faiblement. Le pourtour est fort étroit, et complètement dépourvu de dentelures.

La première écaille vertébrale est un peu inclinée en avant; les deux dernières le sont très faiblement en arrière, et la seconde et la troisième forment un plan horizontal. Celles-ci sont d'ailleurs planes, tandis que la première, la quatrième et la cinquième sont un peu arquées en travers. Ce caractère ne se voit que dans les adultes; les sujets qui n'ont pas encore atteint tout leur accroissement ayant le dos anguleux ou tectiforme.

Les plaques costales sont fortement penchées de dehors en dedans, et très légèrement cintrées dans le sens de leur hauteur. Ces plaques, ainsi que les limbaires, la première vertébrale et la dernière ont absolument la même forme que leurs analogues dans les deux espèces précédentes. Les trois écailles dorsales du milieu sont les seules qui diffèrent; elles sont hexagones et plus longues environ d'un tiers que larges, en mesurant cette largeur du sommet d'un angle latéral à l'autre.

Elles sont aussi un peu plus étroites en arrière de leurs angles latéraux qu'en avant. Ces angles latéraux sont petits et aigus, tandis que les deux qu'elles offrent en avant et les deux qu'elles présentent en arrière sont droits.

Le plastron ne diffère point par sa forme, ni par celle de ses écailles, de celui des deux espèces précédemment décrites.

COLORATION. Le fond de la carapace est ou brun ou fauve, semé d'un grand nombre de taches noires. Ces taches sont quelquefois fort rapprochées les unes des autres; d'autres fois elles sont fort espacées. Il est des individus chez lesquels elles sont très élargies, au lieu que chez d'autres elles ont l'apparence de simples gouttelettes, mais alors elles sont nombreuses.

Le dessous du corps offre un jaune verdâtre. Les membres sont bruns en dessus, ainsi que le cou et la tête dont les plaques latérales sont jaunes sur les bords.

DIMENSIONS. *Longueur totale.* 45". *Tête.* Long. 1' 5" 2'". *Tête.* Long. 20"; larg. antér. 3" 2'"; postér. 13"; haut. 15" 5'". *Cou.* Long. 15". *Membr. antér.* Long. 55". *Membr. postér.* Long. 38". *Carapace.* Long. (en dessus) 1" 6'"; larg. (en dessus) au milieu, 1' 5" 6'"; haut. 52". *Sternum.* Long. antér. 19", moy. 55", postér. 21'"; larg. antér. 57", moy. 64", postér. 26" 5'". *Queue.* Long. 15" 5'".

PATRIE. Nous possédons cinq carapaces appartenant à cette espèce, et deux individus complets qui ont été rapportés de la côte de Malabar par M. Dussumier. L'un est celui dont nous avons donné plus haut les dimensions; l'autre n'a que quatre-vingt-quatorze centimètres de longueur totale.

Observations. La *Chelonia Lachrymata* de Cuvier doit être rapportée à cette espèce, puisqu'elle a été établie par lui sur une carapace de Chélonée Tachetée qui ne se distingue des autres qu'en ce que ses taches sont plus foncées , moins arrondies et en moins grand nombre.

4. LA CHÉLONÉE MARBRÉE. *Chelonia Marmorata.* Nob.
(*Voyez* pl. 23 , fig. 1).

Caractères. Carapace subcordiforme, allongée, haute , brune et marbrée de jaunâtre ; dos plat ; écailles vertébrales beaucoup plus longues que larges , d'ailleurs rétrécies en arrière.

Synonymie. *Chelonia Midas.* Shaw. Gener. Zool., tom. 3 , pag. 5 , tab. 22.

DESCRIPTION.

Formes. Sous le rapport de la forme , cette espèce ne diffère pas de la précédente ; elle s'en distingue seulement par son système de coloration.

Coloration. Les plaques de la carapace sont brunes ou noirâtres , et offrent de larges marbrures jaunâtres. La tête , le cou et les membres sont bruns en dessus, et verdâtres en dessous. Le bord externe des pattes de derrière est coloré en jaune, ainsi que le dessous du corps.

Dimensions. *Longueur totale.* 1" 50'". *Tête.* Long. 21", haut. 12"; larg. antér. 5"; postér. 14". *Cou.* Long. 15". *Membr. antér.* Long. 61" 6'". *Membr. postér.* Long. 57". *Carapace.* Long. (en dessus) 1" 15'"; haut. 57"; larg. (en dessus) au milieu 1" 11'". *Sternum.* Long. antér. 22"; moy. 49"; postér. 23" 4'"; larg. antér. 31"; moy. 71"; postér. 25". *Queue.* Long. 12".

Patrie. La collection renferme deux individus de la Chélonée Marbrée : l'un a été rapporté de l'île de l'Ascension par MM. Lesson et Garnot; c'est celui dont les dimensions précèdent; l'autre, qui n'a que quatre-vingt-treize centimètres du bout du museau à l'extrémité de la queue, est sans origine connue.

Observations. Nous avons des raisons de croire que la gravure publiée sous le nom de la Tortue Franche dans la Zoologie générale de Shaw, a été faite sur un individu appartenant à la Chélonée Marbrée.

IIᵉ SOUS-GENRE. LES CHÉLONÉES IMBRIQUÉES.

CARACTÈRES. Plaques du disque imbriquées et au nombre de treize. Museau long et comprimé. Mâchoires à bords droits sans dentelures, recourbées légèrement l'une vers l'autre à leur extrémité. Deux ongles à chaque nageoire.

L'espèce qu'on va décrire est la seule de ce groupe subgénérique que l'on connaisse ; car c'est à tort que dans son Règne animal M. Cuvier a dit qu'il fallait rapprocher de la Chélonée Imbriquée la Chélonée dont Bruce a donné la figure dans son voyage, sous le nom de Tortue de la mer Rouge, ainsi que celle de la gravure de la planche 16 B de Schœpf. Ni l'une ni l'autre n'ont les écailles imbriquées ; puisque la première, celle de Bruce, est une Chélonée vergetée, et la seconde une Chélonée Caouane offrant une plaque supplémentaire parmi celles de la rangée du dos.

5. LA CHÉLONÉE IMBRIQUÉE. *Chelonia Imbricata.* Schweigger.
(*Voyez* pl. 25, fig. 2).

CARACTÈRES. Carapace subcordiforme, marbrée de brun sur un fond fauve ou jaune ; dos en toit ; fortes dentelures sur le bord postérieur du limbe.

SYNONYMIE. La *Tortue caret.* Dutertre, Hist. genér. des Antilles, tom. 2, pag. 229.

Scaled Tortoise. Grew. Mus., pag. 38, tab. 3, fig. 4.

Caret. Labat, Voy. aux îles de l'Amér., tom. 1, pag. 182 et 311.

Testudo marina americana. Séba, tom. 1, tab. 80, fig. 9.

Caret. Ferm. Hist. Holl. Équinox., pag. 50.

The hawk's bill Turtle. Brown Jam., pag. 465.

Testudo imbricata. Linn. Syst. Nat., pag. 350, spec. 2.

Testudo caretta. Knorr. Delic. nat., tom. 2, pag. 124, tab. 50.

The hawk's bill Turtle. Catesb. Nat. Hist. of Carol., tom. 2, pag. 39, tab. 59.

Testudo imbricata. Schneid. Schildk., pag. 509.

35.

Testudo imbricata. Gmel. Syst. nat. Linn., pag.

Le Caret. Lacép. Quad. Ovip., tom. 1, pag. 105, tab. 2.

La Tuilée. Daub. Dict. Encyclop.

Testudo imbricata. Penn. Faun. Ind., pag. 87.

Testudo imbricata. Donnd. Zool. Beytr., tom. 3, pag. 3.

Testudo imbricata. Schœpf. Hist. Test., pag. 85, tab. 18, A, et 18 B.

Testudo imbricata. Latr. Hist. Rept., tom. 1, pag. 50.

Testudo imbricata. Shaw, Gener. Zool., tom. 5, pag. 89, tab. 26 et 27.

Testudo imbricata. Daud. Hist. Rept., tom. 2, pag. 39.

Chelonia imbricata. Schweigg. Prodr. Arch. Kœnigsb., tom. 1, pag. 291 et 408, spec. 5.

Le Caret. Bosc. Nouv. Dict. Hist. nat., tom. 54, pag. 257.

Caretta imbricata. Merr. Amph., pag. 19.

Chelonia multiscutata. Kuhl? Beyt. zur. Vergleich. Anat., pag. 78.

Chelonia imbricata. Prince Maxim. Neuw. Beytr. Naturg. Braz., tom. 1, pag. 24.

Le Caret. Cuv. Reg. anim., tom. 2, pag. 15.

Chélonée faux Caret. Less. Voyag. Bel Zool. Rept., pag. 302.

Chelonia imbricata. Gray, Synops. Rept, pag. 52, spec. 1.

Chelonia caretta. Temm. et Schleg. Faun. Japon. Chelon. pag. 15, tab. 5, fig. 1 et 2.

DESCRIPTION.

FORMES. La carapace de cette espèce est basse et allongée. Elle est subcordiforme dans son contour, qui offre en avant trois bords légèrement arqués en dedans ; un au dessus du cou et les deux autres à droite et à gauche de celui-ci, au dessus de chaque bras. La coupe transversale de la carapace donnerait un angle fort ouvert. La largeur de celle-ci, prise au milieu, est les quatre cinquièmes de sa longueur totale, et sa hauteur le quart de sa longueur. Le bord terminal du limbe laisse voir autant de dentelures de chaque côté du corps qu'il existe de plaques marginales après celles de la cinquième paire. Ces dentelures sont d'autant plus profondes qu'elles se rapprochent plus de la queue. La partie du pourtour qui couvre le cou et les membres antérieurs est inclinée obliquement en dehors, tandis que les deux régions latérales et la postérieure en sont horizontales.

La plaque de la nuque est trois fois plus large que longue ; elle est quadrilatérale. Deux de ses angles sont fort obtus et situés en avant; les deux autres sont très aigus et situés en arrière. Les écailles margino-collaires ont trois côtés, dont un, l'externe, est toujours arqué. Celui des deux autres qui touche au disque est quelquefois tronqué. Les lames margino-brachiales sont des quadrilatères rectangles; les margino-fémorales sont rhomboïdales, et les sus-caudales ressemblent à des losanges. Une carène longitudinale coupe les écailles vertébrales par leur milieu. La première de ces écailles est triangulaire, les quatre autres sont des losanges.

Les costales de la première paire ont quatre côtés : elles forment avec leur côté latéral postérieur, et celui par lequel elles touchent au pourtour, un grand angle aigu; avec les deux autres, c'est un angle plus petit et obtus. Les secondes et les troisièmes lames costales sont pentagones et une fois plus hautes que larges, ayant deux angles droits du côté du pourtour, et trois angles obtus du côté du dos. Les quatrièmes ont également cinq côtés; mais elles sont moins étendues en surface que celles qui les précèdent, et leur bord postérieur est plus court que leur bord antérieur.

Les écailles de la carapace sont toutes imbriquées, à l'exception de la nuchale, des margino-collaires et des margino-brachiales. Celles du disque sont parfaitement lisses, à moins que les individus ne soient encore fort jeunes. Alors elles laissent voir quelques lignes concentriques coupées par d'autres lignes disposées en rayons. Le bord libre de ces plaques est toujours déchiqueté.

Le sternum offre deux carènes longitudinales qui finissent par s'altérer avec l'âge.

La plaque intergulaire a trois côtés, par deux desquels elle tient aux gulaires. Celles-ci sont quadrilatérales et ont en avant deux angles obtus, et en arrière deux angles aigus dont l'externe est plus long que l'interne. Les brachiales et les six écailles qui les suivent ont moitié moins d'étendue en long qu'en travers; elles sont pentagones quand leur bord latéral externe forme deux côtés, et hexagones quand il en offre trois : cela varie suivant les individus. Les plaques anales sont quadrilatérales oblongues, avec leur angle postéro-externe arrondi. Les lames sterno-costales, au nombre de cinq de chaque côté, sont tantôt pentagones, tantôt carrées.

La tête est longue, plane en dessus, et fortement comprimée en avant des yeux; le front est ici beaucoup moins arqué que dans toutes les espèces qui composent les deux autres sous-genres. Les plaques suscrâniennes sont : deux nasales, deux fronto-nasales, une frontale, une syncipitale, deux sous-orbitaires, deux pariétales, deux occipitales et deux occipito-latérales. Quelquefois il existe de plus une inter-occipitale.

Les plaques nasales sont moins grandes que les fronto-nasales; les premières sont plus larges que longues, tandis que les secondes sont au contraire plus longues que larges; toutes quatre d'ailleurs sont à cinq pans. La frontale est hexagone articulée en avant aux deux fronto-nasales, et sur les côtés aux susorbitaires; elles tiennent en arrière par deux bords à la syncipitale. Celle-ci a le même nombre de côtés que la frontale, mais elle est beaucoup plus grande; elle est en rapport avec la frontale en avant, avec les occipitales en arrière, et avec les sus-orbitaires et les pariétales sur les côtés. Les sus-orbitaires sont hexagones oblongues, ainsi que les pariétales; les occipitales latérales sont des tétragones inéquilatéraux, et les occipitales latérales des triangles à sommet tronqué; l'inter-occipitale, quand elle existe, est triangulaire. Les sept plaques qui garnissent les parties latérales de la tête sont trois post-orbitaires, et quatre autres plaques qui forment une rangée oblique en arrière de celles-ci; toutes sont anguleuses et varient beaucoup dans leur forme.

Les mâchoires sont extrêmement robustes, allongées et comprimées; leurs bords sont droits et non dentelés. Elles forment chacune à son extrémité un bec crochu dont la pointe est dirigée en sens inverse de l'autre. Le bec de la supérieure est sensiblement plus long que l'autre. On voit une grande écaille ovale oblongue sur chaque branche du maxillaire inférieur.

Les membres ne diffèrent de ceux des Chélonées Franches, qu'en ce qu'ils ont les deux premiers doigts armés d'ongles; le premier est ordinairement long et sous-courbé; le second, au contraire, fort court et droit.

La queue, dont la forme est conique, ne dépasse pas l'extrémité postérieure de la carapace.

COLORATION. La partie supérieure du corps est jaune, marbrée ou jaspée de brun; les plaques de la tête sont de cette dernière couleur, à l'exception de leurs bords, qui sont jaunes comme toute la région inférieure de l'animal. Chez les jeunes sujets, le bord postérieur des plaques sternales est noirâtre.

Notre Musée renferme une carapace de Chélonée Imbriquée, dont les écailles sont jaunes et offrent des raies d'un marron clair, disposées longitudinalement sur les vertébrales et en rayons sur les costales. Nous croyons que c'est à cette variété qu'il faut rapporter la Chélonée faux Caret de M. Lesson.

Dimensions. Il paraît que la Chélonée Imbriquée n'atteint guère que le tiers de la taille des Chélonées Franches. Voici d'ailleurs les principales proportions de l'un des plus grands individus que nous ayons vus.

Longueur totale. 73". *Tête*. Long. 12"; haut. 14" 5"'; larg. antér. 1" 3"', postér. 7". *Cou*. Long. 8" 6"'. *Membr. antér*. Long. 28". *Membr. postér*. Long. 18". *Carapace*. Long. (en dessus) 55" 5"'; haut. 15" 7"'; larg. (en dessus) au milieu 46". *Sternum*. Long. antér. 8" 6"'; moy. 20"; postér. 12" 9"'. *Queue*. Long. 4".

Patrie. Cette espèce vit dans l'Océan Indien et dans l'Océan Américain. Le Muséum d'histoire naturelle l'a reçue de l'île Bourbon par les soins de M. Milius; des îles Seychelles par ceux de M. Dussumier; MM. Quoy et Gaimard l'ont rapportée d'Amboine et du Hâvre-Dorey en la nouvelle Guinée; et feu Choris nous l'a envoyée de la Havane. L'écaille de cette Chélonée est la plus estimée dans le commerce. La chair en est mauvaise, mais les œufs sont, dit-on, fort délicats.

Observations. Nous pensons avec M. Gray que la *Chelonia Multiscutata*, ainsi nommée par Kuhl, par ce qu'elle lui offrit neuf plaques vertébrales et seize plaques costales, doit être regardée comme établie sur un individu de l'espèce que nous venons de décrire, mais dont les treize plaques discoïdales auraient été divisées accidentellement.

IIIe SOUS-GENRE. LES CHÉLONÉES CAOUANES.

Caractères. Plaques de la carapace non imbriquées. Quinze plaques sur le disque. Mâchoires légèrement recourbées l'une vers l'autre à leur extrémité.

Les deux espèces qui composent ce petit groupe se font remarquer par leur tête proportionnellement plus grosse et garnie d'un plus grand nombre de plaques que celle des

Chélonées des deux autres sous genres. Les écailles de leur carapace sont juxta-posées, comme chez les Chélonées Franches; mais ces écailles sont au nombre de quinze sur le disque, au lieu de treize. Les membres, sous le rapport de la forme et du nombre des écailles, ne diffèrent ni de ceux des Chélonées proprement dites, ni de ceux de l'espèce dite Imbriquée. Leur queue est aussi très courte.

6. LA CHÉLONÉE CAOUANE. *Chelonia Caouana.* Schweigger.

CARACTÈRES. Carapace un peu allongée, subcordiforme, unie dans l'âge adulte, tricarénée et à bord terminal dentelé dans le jeune âge; vingt-cinq plaques marginales; deux ongles à chaque patte.

SYNONYMIE. *Testudo corticata.* Rondel., Pisc. Mar., lib. 16, cap. 3.

Testudo marina. Conr. Gesn. de Aquat., lib. 3, pag. 1131.

Testudo marina. Conr. Gesn. Hist. anim. Quad. Ovip., pag. 114.

Testudo marina. Aldrov. Quad. Ovip., pag. 712, tab. 714.

Tortue Kahouane. Dutert. Hist. nat. des Antil., tom. 2, pag. 228.

Testudo marina. Olear. Mus., pag. 27, tab. 17, fig. 1.

Testudo marina Caouanna. Ray, Quadrup., pag. 257.

Testudo marina. Mus. Besl., pag. 60, tab. 15.

La Caouane. Labat. Voy. aux îles de l'Amér., tom. 1, pag. 182 et 311.

Testudo pedibus pinniformibus, etc. Gronov. Zoophyl., pag. 71.

Meer-Schildkrœte. Meyer, Zeit.-vertr., tom. 1, tab. 30 et 31.

The loggheread Turlte. Brown. Jam., pag. 465, n° 3.

Testudo caretta. Linn., pag. 351, spec. 4.

The loggheread Turlte. Catesb. Nat. Hist., tom. 2, pag. 40, tab. 40.

The mediteranean Tortoise. Brown. New Illustrat. Zoolog., pag. 116, tab. 48, fig. 5.

Testuggine di mare. Celti, Storia di Sardegna, tom. 5, pag. 12.

Testudo marina. Goltwald, Schildk., fig. 1, 2, 3 et 4.

Testudo caretta. Walb. Chélon., pag. 4 et 95.

Testudo cephalo. Schneid. Schildk., pag. 303.

Caguana. Parra, Descripc. de diver. pieç. de Hist. nat., tab. 45.

Testudo caretta. Gmel. Syst. Nat., pag. 1038, spec. 4.

La Caouane. Lacép. Quad. Ovip., tom. 1, pag. 96.

Testudo caretta. Donnd. Beytr., tom. 5, pag. 9.

Testudo caretta. Schœpf, Hist. Test., pag. 67, tab. 16 et 16 B.

Testudo caouana. Bechst. Uebers. der Naturg. Lacép., tom. 1, pag. 110.

Testudo caretta. Lat. Hist. Rept., tom. 1, pag. 33.

Testudo caretta. Shaw, Gener. Zool., tom. 3, pag. 85, tab. 23, 24 et 25.

Testudo caouana. Daud. Hist. Rept., tom. 2, pag. 54, tab. 16, fig. 2.

Chelonia caouana. Schweigg. Prod. arch. Kœnigsb., tom. 1, pag. 292 et 418, spec. 6.

La Tortue caouane. Bosc, Nouv. Dict. d'Hist. nat., tom. 34, pag. 256.

Caretta cephalo. Merr. Amph. pag. 18, spec.

Caretta cephalo. Princ. Maxim. Beytr. zur Naturg. Braz., tom. 1, pag. 25.

Chelonia caouana. Riss. Hist. Nat., Eur. mérid.

La caouane. Cuv. Reg. Anim., tom. 2, pag. 14.

Chelonia caouana. Wagl. Syst. Amph., pag. 133, tab. 1, fig. 1-23.

Chelonia virgata. Wagl. Icon. et Descript. Amph., tab. 29.

Chelonia caouana. Gray, Synops. Rept., pag. 53, spec. 3.

Chelonia pelagorum. Val. Rept. Mor., tab. 10.

Chelonia cephalo. Temm. et Schleg. Faun. Japon, Chelon. pag. 25, tab. 4, fig. 1, 2 et 5.

Très jeune age. *Testudo caretta.* Schœpf, loc. cit., pag. 74, tab. 17, fig. 3.

DESCRIPTION.

Formes. La carapace de cette espèce dépasse d'un tiers en longueur sa largeur prise au milieu. Elle offre au dessus du cou un large bord très infléchi en dedans, et à droite et à gauche de celui-ci, un autre de même forme. Son bord terminal est échancré entre les deux écailles suscaudales ; mais dans le reste de sa circonférence il est uni, à moins que l'animal ne soit encore jeune. Le limbe est penché en dehors, et plus sous les plaques suscaudales que dans le reste de son étendue. La seconde lame vertébrale, la troisième et la moitié postérieure de la première forment un plan à peu près horizontal ; mais l'autre moitié de la première est inclinée en avant, et les deux dernières le sont en arrière.

Les plaques costales s'abaissent fortement de dehors en dedans, et la seconde et la troisième seulement sont de plus très légèrement cintrées dans le sens de leur hauteur.

La première lame cornée de la rangée du dos est hexagone, et à peu près aussi large que longue. Son bord postérieur est légèrement arqué en arrière; tous les autres sont rectilignes, et l'un des deux latéraux, qui forment un angle obtus, est de moitié moins étendu que l'autre. La seconde écaille dorsale et la troisième sont deux fois plus longues que larges; elles formeraient des quadrilatères rectangles, si ce n'était un très petit angle obtus qu'elles présentent de chaque côté vers le milieu de leur longueur. La quatrième, qui est approchant de la même étendue en longueur et en largeur que les deux d'auparavant, est fort rétrécie à son extrémité postérieure. La cinquième est arquée en travers, et beaucoup plus étendue dans son sens transversal que dans son sens longitudinal. Elle a six côtés rectilignes dont le plus petit est celui par lequel elle s'articule sur la quatrième plaque, et le plus grand celui qui est soudé aux deux suscaudales. Les deux bords qui l'unissent à droite et à gauche à une partie de la dernière margino-fémorale sont de moitié moins grands que ses bords costaux.

Il existe de chaque côté cinq lames costales dont la première est très petite en comparaison des autres. On y compte cinq pans inégaux, donnant deux angles droits en arrière et trois angles obtus en avant. La seconde ressemble à la première, si ce n'est qu'elle est près de deux fois plus grande, et que son bord marginal est curviligne. La troisième et la quatrième sont tétragones et du double plus hautes que larges. La cinquième est d'une surface moindre que les deux qui la précèdent et de forme trapézoïde, ayant son angle postéro-inférieur tronqué.

La plaque de la nuque est trois fois plus longue que large. Elle offre deux angles obtus en arrière et un subaigu de chaque côté. Les margino-collaires ont cinq côtés, dont deux externes qui forment un angle obtus. Les margino-brachiales postérieures, les premières et les secondes margino-latérales sont trapézoïdes. Les troisièmes margino-latérales, les cinquièmes et les avant-dernières margino-fémorales sont quadrilatérales oblongues. Les premières margino-brachiales et les quatrièmes margino-latérales seraient comme ces dernières si leur bord supérieur n'était anguleux. Les dernières margino-fémorales et les suscaudales sont les plus grandes de toutes les plaques limbaires : les unes sont pentagones subquadrangulaires; les autres ressemblent à des trapèzes.

La partie antérieure du plastron est plus élargie que la partie postérieure; mais elles ont l'une et l'autre leur bord arrondi.

La plaque intergulaire est très petite et à trois pans. Les gulaires sont au contraire fort grandes, et forment des triangles à sommet tronqué. Les brachiales sont à peu près carrées; les pectorales forment des pentagones plus larges que longs, ainsi que les abdominales. Les fémorales sont trapézoïdes, et les anales ressemblent à des triangles isocèles à bord externe curviligne.

Il y a de chaque côté trois ou quatre plaques sterno-costales; ces plaques sont ou pentagones ou carrées suivant les individus.

La tête est pyramidale subquadrangulaire et très légèrement convexe en dessus. Le museau est obtus et arrondi.

Les mâchoires sont extrêmement fortes et sans dentelures sur les bords.

Les plaques qui recouvrent le crâne sont au nombre de vingt. Il y en a quatre sur la ligne moyenne et longitudinale qui sont : une inter-nasale, une frontale, une syncipitale et une inter-occipitale. Les seize autres sont disposées par paires formant deux rangées latérales, l'une à droite et l'autre à gauche. Nous les nommons les nasales, les fronto-nasales, les sus-orbitaires antérieures, les sus-orbitaires postérieures, les pariétales antérieures, les pariétales postérieures, les occipitales et les occipito-latérales.

La plaque inter-nasale est rhomboïdale : elle est située entre les quatre plaques des deux paires nasale et fronto-nasale; les nasales sont hexagones, et les fronto-nasales pentagones. La frontale aussi, a cinq côtés, mais elle est assez étroite. La syncipitale est la plus grande des plaques céphaliques, qui toutes, à l'exception des deux premières paires et de l'inter-nasale, sont en rapport avec cette syncipitale par un de leurs bords. Les sus-orbitaires antérieures et les sus-orbitaires postérieures sont pentagones subtriangulaires, offrant entre elles cette différence que le sommet de celles-là est tourné du côté de l'œil, tandis que celui de celle-ci est soudé à la plaque syncipitale. Les pariétales antérieures sont pentagones subquadrangulaires; mais les pariétales postérieures sont très variables dans leur forme ainsi que les occipitales et l'inter-occipitale. Cette dernière n'existe pas toujours.

On remarque de chaque côté de la tête trois plaques post-orbitaires dont la figure anguleuse varie suivant les individus. Il en est de même des sept ou huit autres qui occupent la région tympanale.

Les paupières sont tuberculeuses.

Les deux premiers doigts de chaque patte sont armés d'un ongle. Celui du premier est toujours le plus fort : il est aussi un peu crochu.

COLORATION. La carapace est toute d'un brun marron foncé. Les membres offrent à peu près la même couleur, et sont bordés de jaunâtre. Une teinte marron quelquefois très claire règne sur la tête, et un jaune plus ou moins foncé colore le dessous du corps.

DIMENSIONS. *Longueur totale.* 126" 5'". *Tête.* Long. 21" 5'"; larg. antér. 4" 3'", larg. postér. 7" 2'"; haut. 18". *Cou.* Long. 16". *Memb. antér.* Long. 51". *Memb. postér.* Long. 31". *Carapace.* Long. (en dessus) 94"; haut. 38"; larg. (en dessus) au milieu 87". *Sternum.* Long. antér. 22"; moy. 15"; postér. 22"; larg. antér. 33" 1'"; moy. 64"; larg. postér. 17". *Queue.* Long. 17".

JEUNE AGE. Les Caouanes naissent avec trois faibles carènes sur la carapace, l'une sur la ligne moyenne du dos, les deux autres à droite et à gauche de celle-ci sur les plaques costales. A l'époque de la naissance, leurs écailles vertébrales, au lieu d'être de moitié plus longues que larges, et presque rectangulaires, sont au contraire très élargies et de forme hexagone rhomboïdale. A mesure que les Caouanes prennent de l'âge, ces mêmes écailles se rétrécissent en s'allongeant, et leur carène vertébrale augmente de hauteur, de telle sorte que ces Chélonées, arrivées au tiers de leur grosseur, ont leurs plaques vertébrales à peu près de même étendue dans le sens longitudinal que dans le transversal, et que leur carène dorsale offre en hauteur le quart de la largeur des plaques.

Plus l'animal grandit, plus la forme des plaques vertébrales du milieu se rapproche de la rectangulaire, et plus la carène dorsale

diminue, à tel point que chez les individus adultes, le dos est parfaitement uni, n'offrant pas la moindre trace de carène. On remarque aussi que dans l'état adulte, la coupe transversale de la
carapace donne une ligne courbe surbaissée, tandis que dans le
jeune âge c'est la figure d'un angle obtus qu'elle présente. Le dos
est alors tectiforme, comme nous l'appelons.

COLORATION. Les jeunes Chélonées Caouanes présentent encore
avec les adultes cette différence que la couleur marron de leur
carapace est ordinairement rayonnée de brun. C'est un individu
dans cet état que Wagler a figuré sous le nom de *Chelonia virgata*
dans la planche 29 de ses *Icones*.

PATRIE. Cette espèce est très commune dans la Méditerranée,
et vit aussi dans l'Océan Atlantique. L'exemplaire sur lequel ont
été prises les dimensions données plus haut a été rapporté de
Rio-Janeiro par feu Delalande.

7. LA CHÉLONÉE DE DUSSUMIER. *Chelonia Dussumierii*. Nob.

CARACTÈRES. Carapace élargie, subcordiforme, carénée dans
le jeune âge, unie dans l'âge adulte. Vingt-sept écailles limbaires.
Un seul ongle à chaque patte. Ses plaques costales de la première
paire et la quatrième vertébrale sont souvent chacune partagée
en deux.

SYNONYMIE. *Chelonia olivacea*. Eschscholtz. Zoolog. Atl., tab. 3.
Chelonia caouana. Var. B. Gray, Synops. Rept., pag. 54.

DESCRIPTION.

FORMES. La carapace de la Chélonée de Dussumier est plus
courte et plus élargie que celle de la Chélonée Caouane. En
effet, son diamètre transversal pris au milieu n'est guère que
d'un neuvième moindre que son diamètre longitudinal. Le limbe
est fort peu incliné en dehors sur les côtés du corps et en arrière,
où son bord terminal offre de fortes dentelures. Si ce n'était que
le bord postérieur de la pénultième vertébrale est un peu arqué
en dedans, les plaques du disque auraient exactement la même
forme que dans l'espèce précédente. Il arrive souvent que les
écailles costales de la quatrième paire et de la cinquième s'offrent
divisées verticalement en deux portions à peu près égales, et que
l'avant-dernière vertébrale présente une suture qui la coupe
transversalement vers le dernier tiers de sa longueur.

La Chélonée de Dussumier se distingue encore de la **Chélonée Caouane** en ce qu'elle a une paire de plaques limbaires de plus. On lui en compte par conséquent vingt-sept. Le pourtour est de moitié moins étroit sur les côtés, et en arrière du corps qu'en avant et au dessus des bras.

La lame nuchale est deux fois plus large que longue, et a un angle aigu de chaque côté, deux obtus en avant, et deux autres également obtus en arrière. Les margino-collaires ont quatre pans qui forment en dehors deux angles aigus et deux angles obtus du côté du disque. Les plaques de la paire suivante, qui sont celles que nous regardons comme surnuméraires sur le pourtour, sont rhomboïdales. Les premières margino-brachiales sont de la même forme, mais extrêmement longues ; les secondes, qui sont aussi fort allongées, ont quatre pans et sont très rétrécies en avant. Les premières margino-latérales sont trapézoïdes, et toutes les plaques qui les suivent jusqu'aux pénultièmes margino-fémorales inclusivement sont quadrilatérales oblongues. Les dernières margino-fémorales sont pentagones subquadrangulaires, et les suscaudales des triangles à sommet tronqué. Les individus adultes ont, de même que chez la Caouane, le dos dépourvu de carène ; mais chez ceux même qui sont de moyenne taille, il en existe une fort étroite sur chacune des cinq plaques vertébrales.

Le sternum ressemble entièrement à celui de l'espèce précédente.

La tête a aussi la même forme.

La Chélonée de Dussumier ne différerait pas non plus de la Chélonée Caouane sous le rapport des plaques céphaliques, si elle ne manquait d'inter-nasale. On n'observe qu'un ongle à chaque patte dans cette espèce, c'est celui du premier doigt ; cet ongle est plus fort aux pattes postérieures qu'aux pattes antérieures, et se recourbe en avant.

COLORATION. En dessus, l'animal est d'un brun olivâtre, plus clair sur la tête qu'ailleurs. Le dessous du corps, les mâchoires et les ongles offrent une teinte jaunâtre.

DIMENSIONS. *Longueur totale.* 80" 3'". *Tête.* Long. 13" 7'" ; haut. 9" ; larg. antér. 2" 5'" ; postér. 9" 8'". *Cou.* long. 10" . *Membr. antér.* Long. 38". *Membr. postér.* Long. 24". *Carapace.* Long. (en dessus) 58" 2'" ; haut. 24" ; larg. (en dessus) au milieu 59". *Sternum.* Long. antér. 15" 4" ; moy. 16" ; postér. 16" ; larg. antér. 15" 5'" ; moy. 43" ; postér. 12" . *Queue.* Long. 4".

Patrie. Cette espèce se trouve dans les mers de la Chine et sur la côte de Malabar. Le Muséum en possède de ce dernier endroit trois beaux échantillons qui lui ont été donnés par M. Dussumier de Fombrune.

XXIIe GENRE. SPHARGIS. — *SPHARGIS.*
Merrem.

(*Coriudo*. Fleming ; *Dermatochelys*. Blainville.)

Caractères. Corps enveloppé d'une peau coriace, tuberculeuse chez les jeunes sujets, complètement lisse chez les adultes. Pattes sans ongles.

Ce qui distingue principalement les Sphargis des Chélonées, c'est qu'elles n'ont pas, comme celles-ci, le corps recouvert de lames cornées. Il est enveloppé d'une peau fort épaisse qui cache entièrement les os de la carapace et ceux du sternum. Cette peau, complètement nue chez les individus adultes, est revêtue, pendant le jeune âge, d'écailles tuberculeuses, les unes convexes et circulaires, les autres aplaties et polygones.

Il n'y a non plus que les jeunes sujets qui aient les membres squammeux et la tête garnie de plaques ; car dans les individus adultes, ces parties sont nues comme la carapace ; au travers de la peau de laquelle on ne distingue pas le disque d'avec le pourtour.

Les mâchoires des Sphargis sont très fortes. La supérieure offre trois échancrures triangulaires à la médiane desquelles correspond la pointe anguleuse que forme en se recourbant l'extrémité antérieure de la mâchoire.

On ne voit pas d'ongles aux doigts ; mais, suivant plusieurs erpétologistes, de fortes écailles en tiendraient lieu. Pour nous, nous avouons n'avoir rien observé de semblable chez les deux sujets, jeune et adulte, que renferme notre collection.

Ce genre a été nommé *Coriudo* par M. Flemming et *Der-*

matochelys par M. de Blainville. Nous l'appelons Sphargis, parce que ce nom, donné par Merrem, est celui qui est le plus généralement adopté.

Nous ne connaissons encore qu'une seule espèce de Sphargis, la Sphargis Luth ; car il est bien évident que c'est sur un jeune sujet appartenant à celle-ci que M. Gravenhorst a établi sa *Sphargis Tuberculata*. La *Dermochelys Atlantica* de Lesueur, citée par Cuvier, doit être aussi rappor-à cette espèce.

1. LA SPHARGIS LUTH. *Sphargis Coriacea.*
(*Voyez* pl. 24, fig. 2.)

CARACTÈRES. Carapace subcordiforme, surmontée de sept carènes longitudinales.

SYNONYMIE. *Testudo coriacea. S. Mercurii.* Rondel, Pisc. Marin., lib. 16, cap. 4, pag. 450.

Testudo coriacea. S. Mercurii. Gessn. Aquat., tom. 2, pag. 1134.

Tortue. Delafont, Mém. acad. Sc. ann. 1729, pag. 8.

Turtle. Borlase, Hist. nat. Cornw., pag. 287, tab. 27.

Testudo coriacea. Vandelli ad Linn. Patav. 1761.

Tortue à cuir. Boddaert. Gaz. de Santé, ann. 1761. n° 6.

Tortue. Fougeroux, Hist. acad. Sc., ann. 1765, pag. 44.

Tortue Luth. Daubenton, Encycl. méth.

Testudo coriaceous. Penn. Brit. Zool., tom. 3, pag. 7, tab.

Testudo coriacea. Linn. Syst. Nat., pag. 350, spec. 1.

Tortue. Amoreux, Journ. Phys., ann. 1778, pag. 65.

Testudo coriacea. Schneid. Schildk. pag. 512.

Testudo coriacea. Gmel. Syst. Nat., tom. 3, pag. 1056, spec. 1.

La Tortue Luth. Lacép. Quad. Ovip., tom. 1, pag. 111, tab. 5.

La Tortue Luth. Bonnat. Encycl. Méth., pl. 4, fig. 2.

Testudo Lyra. Donnd. Zool. Beytr. tom. 3, pag. 2.

Testudo Lyra. Bechst. Uebers. Naturg., pag. 135.

Testudo coriacea. Latr. Hist. Rept., tom. 1, pag. 58, tab. 2, fig. 1.

Testudo coriacea. Shaw. Gener. Zool. tom. 3, pag. 77, tab. 21.

Testudo coriacea. Daud. Hist. Rept., tom. 2, pag. 62, tab. 18, fig. 1.

Testudo coriacea. Schweig. Prodr. Arch. Kœnigsb., tom. 1, pag. 290 et 406, spec. 1.

La Tortue Luth. Bosc, Nouv. Dict. d'Hist. Nat., tom. 34, pag. 257.

Sphargis mercurialis. Merr. Amph., pag. 19.

Sphargis mercurialis. Prince Maximil. Beytr. Naturg. Braz., tom. 1, pag. 26.

Sphargis mercurialis. Riss. Hist. Nat. Eur. mérid., tom. 3, pag. 85.

Coriudo coriacea. Harl. Amer. Herpet., pag. 85.

La Tortue Luth. Cuv. Règ. anim., tom. 2, pag. 14.

Dermochelys atlantica de Lesueur. Cuv. loc. cit. pag. 14.

Sphargis coriacea. Gray, Synops. Rept., pag. 51.

Sphargis mercurialis. Temm. et Schleg. Faun. Japon. Chelon. pag. 6, tab. 1, 2 et 3.

Très jeune age. *Testudo tuberculata.* Penn. Act. Angl. 61, pag. 275, tab. 10, fig. 4 et 5.

Testudo coriacea. Jun. Schœpf, Hist. Test., pag. 123, tab. 29.

Sphargis tuberculata. Gravenh. Delic. Mus. Vratislav. Fascic. Prim.

Dermatochelys porcata. Wagl. Syst. Amph., pag. 133, tab. 1, fig. 1-23.

DESCRIPTION.

Formes. La carapace de la Sphargis Luth est en forme de cœur. Son extrémité postérieure est très pointue, et l'antérieure offre trois bords fortement infléchis en dedans, l'un au dessus du cou et les deux autres à droite et à gauche de celui-ci, au dessus des bras; sa largeur, immédiatement en arrière de ceux-ci, est les deux tiers de sa longueur. Le profil du dos suit une ligne excessivement peu cintrée, et la coupe transversale du bouclier supérieur donnerait une courbe légèrement surbaissée.

Il règne sur la carapace sept carènes longitudinales faiblement dentelées en scie; l'une de ces sept carènes surmonte l'épine dorsale, s'étendant depuis le bord antérieur de la carapace jusqu'au dessus de la base de la queue; les six autres lui sont parallèles situées trois à la droite et trois à la gauche, à égal intervalle les unes des autres. Les deux externes se trouvent placées sur le bord terminal de la carapace, qu'elles suivent jusqu'à son extrémité postérieure. Cette extrémité forme une pointe convexe en dessus et creuse en dessous. La surface de la carapace est parfaitement lisse entre les carènes.

L'extrémité antérieure du sternum est coupée carrément, et la postérieure forme un angle obtus, Il est tout-à-fait plat, n'of-

frant sur sa surface ni lignes saillantes ni protubérances. Tel est
ce que nous observons sur l'exemplaire adulte que possède notre
Musée.

La largeur de la tête en arrière égale sa longueur totale ; le
dessus en est légèrement convexe et la partie antérieure un
peu comprimée. Cette tête est tout entière dépourvue de plaques
ou d'écailles. Les mâchoires sont extrêmement fortes. La supérieure présente en avant trois profondes échancrures triangulaires, et l'inférieure, à son extrémité, se recourbe en pointe anguleuse. Cette pointe est reçue dans l'échancrure médiane de la
mâchoire supérieure, lorsque la bouche est fermée ; le dessus du
cou est garni de tubercules déprimés.

Les pattes antérieures sont plus longues du double que les
postérieures, mais celles-ci sont proportionnellement plus larges. La peau des membres est complètement nue et tout-à-fait
lisse. Elle est assez mince et assez élastique entre les deux derniers
doigts des nageoires postérieures, pour que ces doigts puissent
être remués séparément, ce qui se voit d'ailleurs chez les espèces
du genre Chélonée. On ne remarque aucune trace d'ongles aux
pattes antérieures ni aux pattes postérieures ; nous n'avons même
pas vu qu'il y eût à l'extrémité de chaque doigt une écaille qui
en tînt lieu, ainsi que l'ont prétendu plusieurs erpétologistes.

La queue est légèrement aplatie sur les côtés, et présente la
même longueur que la pointe qui forme l'extrémité postérieure
de la carapace.

Coloration. L'individu empaillé que nous possédons, seul
sujet adulte que nous ayons encore observé, offre sur sa carapace
un brun marron, semé d'un grand nombre de taches jaunâtres
très pâles. La région inférieure du corps est brune, ainsi que le
cou et la tête. Les membres et la queue sont noirs.

Dimensions. La Sphargis Luth est l'une des Thalassites qui
atteignent les plus grandes dimensions. On en a vu de plus de
deux mètres de longueur. Les mesures suivantes ont été prises
sur le plus grand des deux exemplaires qui font partie de la collection du Muséum.

Longueur totale. 1" 96'". *Tête.* Long. 28" ; haut. 18" 7'" ; larg.
antér. 4" ; postér. 23". *Cou.* Long. 8". *Membr. antér.* Long. 85"
8'". *Membr. postér.* Long. 44". *Carapace.* Long. (en dessus), 1'
55" ; haut. 49" ; larg. (en dessus) au milieu, 1' 11". *Sternum.* Long.
tot. 1' 8" ; larg. moy. 98". *Queue.* Long. 12".

TRÈS JEUNE AGE. La carapace des jeunes Sphargis Luth offre, comme celle des adultes, sept carènes longitudinales; mais ces carènes, au lieu d'être des arètes tranchantes légèrement dentelées en scie, se composent de tubercules arrondis, placés les uns à la suite des autres. On en compte vingt-neuf ou trente à chacune des trois carènes du milieu et des deux externes; les deux autres n'en offrent que vingt-quatre.

Le ventre porte aussi des carènes tuberculeuses; on en trouve cinq : une médiane qui s'étend d'un bout du sternum à l'autre, et quatre latérales situées deux à droite, deux à gauche sur les prolongemens costaux. La carène du milieu est formée dans la plus grande partie de sa longueur, par deux rangées de tubercules moins gros que ceux qui forment les carènes latérales. Les intervalles qui existent entre les carènes de la carapace et celles du plastron étant eux-mêmes garnis de petits tubercules aplatis, les uns polygones, les autres circulaires, il s'ensuit que toute la surface du corps est tuberculeuse.

Outre les deux échancrures triangulaires que la mâchoire supérieure offre en avant, elle présente deux ou trois petites dents sur chacun de ses bords.

Les paupières sont fendues presque verticalement, en sorte que l'une est antérieure et l'autre postérieure, et elles offrent de plus cette particularité, lorsqu'elles sont fermées, que le bord de la postérieure recouvre tout-à-fait celui de l'antérieure.

On remarque sur le dessus de la tète des plaques, qui par le nombre et par la forme se rapprochent plus des plaques des Chélonées Caouanes, que de celles des Chélonées Franches et des Chélonées Imbriquées. Ces plaques sont deux nasales, deux fronto-nasales, une très petite frontale, une grande syncipitale située fort en arrière, deux susorbitaires, deux sus-orbitaires postérieures, deux pariétales et deux occipitales. Les huit dernières plaques sont fort étroites et placées un peu obliquement en travers, quatre de chaque côté et l'une après l'autre.

De petites écailles anguleuses garnissent les joues. La peau du cou est granuleuse, ainsi que celle des cuisses et du haut des bras. Les nageoires antérieures sont une fois et demie plus longues que les postérieures; mais toutes quatre sont entièrement revêtues sur leurs deux faces de petites écailles plates, juxta-posées et de forme polygone. On en voit deux plus fortes, et qui sont imbriquées sur le tranchant externe des bras et des pieds.

56.

COLORATION. Un brun clair colore le corps, à l'exception des carènes qui sont fauves. La tête est brune, et offre sur le front deux points roussâtres. Les membres sont noirâtres, bordés de jaune, qui est aussi la couleur des mâchoires et de la gorge.

PATRIE. Cette espèce est fort rare ; elle se trouve dans la Méditerranée et dans l'Océan Atlantique. Rondelet parle d'une Sphargis Luth longue de cinq coudées, qui avait été pêchée à Frontignan ; Amoreux en a décrit une autre qui avait été prise dans le port de Cette, et, en 1729, on en pêcha une troisième à l'embouchure de la Loire, qui fut décrite par Delafont dans les Mémoires de l'Académie des Sciences. Borlase a donné une mauvaise figure d'une Sphargis Luth, qui avait été pêchée en 1756 sur les côtes de Cornouailles en Angleterre.

CHAPITRE VIII.

DES CHÉLONIENS OU TORTUES FOSSILES.

On a trouvé des restes de diverses espèces de Tortues fossiles dans des gisemens de nature variée, en Europe et en Amérique. Le plus souvent ils sont unis à des débris de Crocodiles, et ils paraissent avoir été ainsi enfouis par de grandes catastrophes qui ont précédé celles où tant d'animaux mammifères ont péri, et dont les corps, déposés sur les lieux mêmes, y ont laissé leurs os et sont devenus fossiles, après avoir été entourés de matières liquides, tenant en suspension des substances silicéo-calcaires qui les ont enveloppés de manière à les protéger par leurs couches plus ou moins solidifiées.

C'est à Cuvier qu'on est principalement redevable des détails les plus étendus sur ce sujet; c'est même à l'occasion des recherches auxquelles il s'est vu dans la nécessité de se livrer à cet égard, que l'on doit les beaux résultats des études ostéologiques sur les Tortues, qu'il a consignés vers ces dernières années, dans son grand et immortel ouvrage sur les ossemens fossiles. Voulant en effet déterminer d'une manière précise la nature des pièces ostéologiques que possédait la géologie, il a dû faire précéder cet examen des différens squelettes de Chéloniens, actuellement existans sur ce globe, dans les principales familles; il les a ensuite fait dessiner et graver (1) pour les comparer,

---

(1) CUVIER. Ossemens fossiles, 1824, tome v, 2ᵉ partie avec cinq

de sorte que non seulement ce travail est de la plus grande importance pour les géologistes, mais qu'il est devenu du plus haut intérêt pour l'ostéologie comparée.

Cette portion curieuse de ce grand ouvrage a été complètement analysée et présentée d'une manière systématique dans un livre allemand qui a paru à Francfort-sur-le-Mein, en 1832, sous le titre de *Palæologica* (1). Nous allons profiter de ces deux ouvrages dans l'article que nous rédigeons.

On trouve en effet dans l'état fossile des portions d'os de Chéloniens qui ont été reconnues comme provenant d'espèces très différentes; mais qu'on peut rapporter sans aucun doute à l'une des quatre grandes familles des Chersites ou Tortues terrestres, des Élodites ou à celles des marais, des Potamites ou fluviales, et enfin des Thalassites ou marines.

Voici l'indication, par ordre alphabétique, des principaux auteurs qui, avant ou après l'ouvrage de Cuvier, ont fait connaître des débris de Tortues pétrifiées et des terrains dans lesquels ils ont été rencontrés.

Bourdet, naturaliste, a fait connaître en 1821, dans le n° de juillet du Bulletin de la Société philomatique, les Tortues fossiles dont il avait eu occasion d'observer des parties osseuses dans plusieurs cabinets de France et de Suisse.

Burtin, dans son Oryctographie de Bruxelles, a

_____

grandes planches du n° xi à xv; et tome iii, page 329, pl. 66, des Annales du Muséum, etc.

(1) Hermann von Meyer. Geschichte der Erde und ihrer Geschöpse, 8°.

donné des détails sur des parties d'Émydes et de Chélonées trouvées dans des blocs de pierre provenant
des carrières du village de Melsbroeck près de
Bruxelles.

CAMPER (Pierre), dans les Transactions philosophiques pour 1786, a fait connaître des carapaces de Thalassites contenues dans la craie, mêlée de sable, qui
constitue la montagne de Saint-Pierre de Maestreicht.

FAUJAS SAINT-FONDS, dans les Annales du Musée
de Paris, tome 2, en 1803, a donné la description
et la figure coloriée de la carapace d'une Tortue. Dans ses essais de géologie et dans l'histoire
naturelle de la montagne de Saint-Pierre de Maestreicht, qu'il avait publiée sous le format in-4, en 1799,
il avait fait l'histoire de plusieurs morceaux de Chélonées dont malheureusement il n'avait pas bien connu
la nature, ne possédant pas des notions exactes d'anatomie comparée.

LAMANON est un des premiers naturalistes qui, en
1779, ait décrit des fossiles de Chéloniens, ou plutôt
qui ait reconnu pour telles des empreintes ou des
moules intérieurs de carapace de Chersites, dans une
pierre gypseuse des environs d'Aix près de Marseille.
Ses observations sont insérées dans le tome XVI du
Journal de physique; il en a donné des figures grossiè-
res : mais cependant assez reconnaissables pour que
Cuvier les ait fait copier tome V, partie 2, pl. XIII,
fig. 9, 10 et 11.

MANTELL (Gédéon), a publié à Londres, dans ses *Illustrations of the geologica of Sussex*, de 1822 à 1827,
des recherches sur des os fossiles qui ont appartenu à
des Chéloniens Potamites.

Morren, naturaliste belge, à inséré en 1828 dans le journal savant intitulé Messager des Sciences et des Arts, des observations sur des os provenant d'une espèce d'Elodite.

Parkinson (James), dans l'ouvrage anglais qu'il a publié en 1811, a fait connaître des débris fossiles d'une sorte d'Émyde. *The organic remains of a former World.* Transactions of the geological Society of London, 8°, 1811, 4° 1822.

Il est absolument impossible de déterminer si les Tortues trouvées fossiles, appartiennent réellement aux mêmes espèces que celles qui ont été observées vivantes ou qui sont aujourd'hui renfermées dans nos collections. La science était trop peu avancée, et la géologie surtout n'avait pas été cultivée par des personnes même assez instruites en anatomie ou en zoologie, pour décider à quel genre une carapace vue dans son entier pouvait appartenir.

Parmi les Chersites on a trouvé dans les carrières à plâtre de Montmartre, des environs d'Aix, le long du chemin d'Avignon, des empreintes ou des noyaux qui indiquaient seulement les pièces d'une carapace très convexe de nos petites espèces de Tortues terrestres : et à l'Ile de France en particulier, des portions de carapace et de plastron qui par leur étendue, unie à leur peu d'épaisseur, à leur forme et à leur légèreté ou défaut de poids, paraissent avoir la plus grande analogie avec les grandes Tortues des Indes, et en particulier avec celle que Perrault a fait connaître, après l'avoir vue vivante à Paris pendant plus d'un an, vers la fin du dix-septième siècle.

Les divers lieux principaux qui ont fourni des parties de Tortues terrestres sont, d'abord en France, les environs d'Aix, dans un rocher calcaréo-gypseux, dans les plâtrières de Montmartre, à l'Ile de France, tantôt dans un banc crayeux situé sous de la lave, tantôt dans une marne blanche et très humide, d'après les indications de M. Julien Desjardins, lesquelles ont été publiées dans la Revue bibliographique des Annales d'Histoire naturelle, tom. xxi, décembre 1830, pag. 141.

Les Potamites ont laissé un grand nombre de débris fossiles parmi lesquelles il est aisé de reconnaître des portions de carapace, surtout aux vermiculations qui s'observent sur les plaques vertébrales et costales en dessus, à la forme particulière de leurs côtes, de leurs épaules et à la disposition des doigts, principalement des trois dernières phalanges internes, les seules qui portent des ongles.

C'est Cuvier qui les a le premier reconnus dans les plâtrières de Montmartre. M. Bourdet en a vu aussi qui provenaient des environs d'Aix en Provence, des mollasses de la Gironde, commune de Bousac, et des graviers de Lot-et-Garonne, près du village de Hautevigne, de Castelnaudary, des couches sableuses d'Avaray, département de Loir-et-Cher, des sables marneux d'Asti en Sardaigne.

Dans la famille des Élodites, on a trouvé des os de plusieurs espèces d'Émydes, à Paris, dans les plâtrières; dans les terrains crayeux du Jura; des environs de Soleure, du Puy-de-Dôme; dans la mollasse argileuse de l'île Sheppey en Angleterre, à l'embouchure de la Tamise; dans les sables ferrugineux du comté de Sussex; dans la forêt de Tilgate; dans le val d'Arno, près de Monte-Varchi.

Enfin parmi les Thalassites, dont les dimensions

énormes et surtout la forme des pattes ne laissent aucun doute sur la détermination de la famille, on doit
citer d'abord celle de la montagne Saint-Pierre de
Maestreicht qui a donné lieu à de si fausses conjectures
et à des explications si bizarres, comme nous allons le
dire après avoir cité celle de Mont près de Lunéville et
celles des ardoises de Glaris en Suisse. Cette erreur a été
commise par Faujas, qui, ne connaissant pas la singulière disposition des os du sternum et de l'épaule, re-
garda les premiers, qui sont très larges et dentelés sur
leurs bords, comme des empaumures de bois d'élan,
et les seconds comme des merrains, et qui en inféra
que puisque ces animaux étaient herbivores, le terrain devait avoir été primitivement couvert d'arbres,
tandis que son origine paraît être tout-à-fait sous-
marine.

LIVRE QUATRIÈME.

DE L'ORDRE DES LÉZARDS OU DES SAURIENS.

———◦◦◦———

CHAPITRE PREMIER.

DE LA DISTRIBUTION MÉTHODIQUE DES SAURIENS EN FAMILLES NATURELLES.

Nous allons exprimer d'une manière générale les caractères les plus évidens qui distinguent les animaux du second ordre de la classe des Reptiles, que l'on désigne le plus ordinairement sous le nom commun de LÉZARDS, ou mieux de SAURIENS. Cependant nous sommes obligés de prévenir d'avance que cet ordre a été établi d'après l'ensemble des parties qui concourent à leur organisation, et non d'après quelques unes des particularités que nous allons indiquer comme une sorte de signalement abrégé des espèces qu'il renferme.

Voici ces caractères essentiels que nous présentons d'abord succinctement. Nous les développerons ensuite avec tous les détails qu'ils exigent, afin qu'ils soient plus facilement appréciés.

1° *Corps allongé, arrondi, écailleux ou chagriné, et sans carapace.*

2° *Le plus souvent quatre pattes, à doigts garnis d'ongles.*

3° *Une queue allongée, ayant à la base un cloaque, le plus souvent transversal.*

4° *Des paupières, et le plus souvent un tympan visible.*

5° *Un sternum et des côtes très distinctes et mobiles.*

6° *Mâchoires dentées, à branches soudées.*

7° *OEufs à coque dure, crétacée; petits ne subissant pas de transformation.*

En reprenant successivement, et dans l'ordre de leur énumération, ces notes essentielles, qui n'offrent pour ainsi dire qu'un procédé artificiel, à l'aide duquel on peut distinguer ces Reptiles de tous ceux qui doivent être rangés dans chacun des trois autres ordres, nous trouverons les bases d'une disposition naturelle. Cependant nous avons besoin d'exprimer la valeur des expressions dont nous nous sommes servis et du sens que nous désirons voir donner à chacun des termes dont nous avons fait usage. De même que nous aurons à expliquer par la suite les restrictions que nous avons apportées, en employant les mots, *le plus souvent*, que nous avons été forcés d'y introduire.

1° Le corps allongé, arrondi des Sauriens ne permet de les rapprocher que des Ophidiens et de ceux des Batraciens qui ont une queue. En effet, tous les Anoures ont, comme les Chéloniens, le corps aplati, et généralement il a moins de hauteur que de largeur. Enfin les écailles, ou les petites granulations régulières dont leur peau est garnie, suffisent pour les faire éloigner de tous les Batraciens, comme l'absence de la carapace les isole de tous les Chéloniens.

2° Les pattes, le plus souvent au nombre de quatre, les éloignent des Serpens, qui en offrent très rarement les rudimens; et les doigts, dont les extrémités sont garnies d'ongles, peuvent servir à les séparer des Batraciens qui ont une queue.

3° Ce même prolongement de l'échine sert à les faire distinguer de suite de la famille des Batraciens Anoures; et la fente transversale de leur cloaque les sépare de tous les Batraciens, ainsi que de tous les Chéloniens: car chez les Batraciens qui ont une queue, l'orifice qui termine le tube intestinal est longitudinal; tandis qu'il est arrondi chez les espèces privées de la queue, ainsi qu'on le voit dans les Chéloniens qui ont toujours ce prolongement de l'échine.

4° La présence des paupières est surtout nécessaire à constater; car tous les Ophidiens en sont privés, et il n'y a qu'un très petit nombre de Sauriens qui n'en soient pas pourvus, et quoique quelques genres de Sauriens, très peu, il est vrai, n'offrent pas de conduit auditif apparent, la plupart ont un tympan visible, tandis que les Ophidiens n'en ont jamais.

5° La présence du sternum est un caractère essentiel et distinctif d'avec les Serpens, comme l'existence des côtes séparées et mobiles peut servir à les éloigner des Chéloniens, qui ont les côtes soudées et fixées, faisant partie de la carapace; enfin de tous les Batraciens qui n'ont pas de côtes, ou chez lesquels ces os sont très courts et ne se joignent jamais au sternum.

6° Puisque les Chéloniens n'ont jamais de dents, la présence de ces petits os, fixés au sommet ou dans l'épaisseur des mâchoires, peut caractériser les Sauriens, et ensuite, comme chez eux les branches de la mâchoire supérieure sont soudées ou réunies par une symphyse solide, c'est une différence notable d'avec la plupart des Serpens dont les mâchoires, tant supérieure qu'inférieure, ne sont pas jointes solidement dans la ligne médiane, où souvent elles peuvent s'écarter l'une de l'autre et dilater ainsi l'entrée de la bouche.

7° Il n'y a guère que les Reptiles Batraciens qui proviennent d'œufs à coque molle ; ceux des Serpens à la vérité ne sont pas à coque très solide ; mais en outre, il n'y a aussi que les Batraciens dont les petits, à la sortie de l'œuf, n'aient pas la forme qu'ils devront conserver par la suite, et par conséquent ces œufs à coque calcaire et solide, ainsi que le défaut de métamorphose , deviennent encore des caractères essentiels.

Les Sauriens semblent se lier aux trois autres classes des animaux vertébrés par quelques analogies de formes, de structure ou d'habitudes, observées de part et d'autre entre plusieurs espèces. C'est ainsi que des Mammifères, comme les Phoques et les Lamantins, ont les pattes très courtes, unies sous un angle droit à un tronc allongé, que ces membres ne peuvent complètement soulever ou supporter. Aussi, comme les Crocodiles, vivent-ils dans l'eau, d'où ils ont quelque difficulté à sortir pour se traîner péniblement sur les bords des rivages. Telles étaient aussi très probablement construites les espèces perdues de Sauriens dont on ne connaît plus que les restes fossiles, débris qu'on a rapportés aux genres Plésiosaure et Téléosaure.

Si l'on a pu comparer quelques Sauriens aux Chauve-souris et surtout aux Oiseaux, c'est seulement par la faculté de se soutenir dans l'atmosphère à l'aide d'une sorte de vol qu'exercent quelques espèces de Sauriens, comme les Dragons, et que paraissaient posséder mieux encore les Ptérodactyles et les Ornithocéphales, dont on a découvert quelques restes pétrifiés.

En effet il y avait dans ces sortes d'ailes soutenues par des os et des membranes, quelque analogie de structure avec celles des Chéiroptères et des Oiseaux.

Quant aux rapports des Sauriens avec les Poissons, on n'en a guère rencontré que dans les ossemens, également fossiles, des Ichthyosaures, qui rappellent leurs formes générales ; puis dans les rayons osseux qui soutiennent les nageoires du dos et du dessus de la queue dans les Basilics et les Istiures ; enfin dans les écailles placées en recouvrement, les unes sur les autres , dont quelques genres , comme ceux des Scincoïdes, semblent avoir de l'analogie par leurs tégumens écailleux avec plusieurs Poissons, tels que les Cyprins et les Brochets.

S'il y a, comme nous venons de l'indiquer, quelques rapports de formes et de structure entre certains Sauriens et plusieurs autres animaux vertébrés de classes différentes, on en trouve de bien plus évidens si on les rapproche de ceux qui appartiennent aux trois autres ordres de la classe que nous allons citer , comme formant, pour ainsi dire, des anneaux de la chaîne commune qui les unit: 1°Les Chéloniens , comme les Émysaures ou Chélydes, ressemblent aux Crocodiles par la forme et les usages de la queue et des pattes qui servent à nager, et par la conformation des organes sexuels chez les mâles. 2° Les Ophidiens ont, comme les Ophisaures et les Orvets, le corps allongé, cylindrique et sans pattes , qui est en un mot tout-à-fait semblable à celui des Rouleaux et des Éryx. 3° Les Batraciens, comme les Salamandres et les autres Urodèles, dont le cou est à peine distinct des épaules, et qui ont la peau nue, présentent par cela même une grande analogie de conformation avec les genres des Sauriens qu'on a nommés Geckos et Phrynocéphales.

D'après ces diverses considérations, il est facile de présenter en peu de mots les caractères différentiels ou ceux qui sont uniquement destinés à faire distinguer les Sauriens d'avec les Reptiles de chacun des trois autres ordres.

En effet, ils diffèrent des Chéloniens par le défaut d'une carapace, puisque leurs vertèbres dorsales ne sont pas soudées entre elles, et que leurs côtes sont mobiles; parce qu'ils ont des dents et non un bec de corne; parce que leurs épaules et leur bassin ne sont pas recouverts par les vertèbres, et enfin parce que leur cloaque présente une fente transversale au lieu d'un orifice allongé et arrondi.

Les notes essentielles qui peuvent ensuite les faire séparer des Ophidiens, sont les considérations suivantes : le mode d'articulation du corps de leurs vertèbres, qui n'offre pas antérieurement de portion sphérique ; l'existence constante d'un [sternum et des os de l'épaule, et le plus souvent du bassin et des pattes ; la présence de deux poumons également développés ; celle des paupières et le plus ordinairement du conduit auditif externe, ainsi que la soudure ou l'immobilité des pièces qui constituent l'une et l'autre mâchoire chez ces Reptiles.

En troisième lieu, les Sauriens peuvent être distingués des Batraciens, parce que leur tête est unie à l'échine par un seul condyle ; que leurs côtes se joignent constamment à un sternum ; que leurs pattes sont munies d'ongles cornés ; que leur corps est le plus souvent protégé par des tégumens écailleux ; que les mâles ont des organes génitaux destinés au rapprochement des sexes ; que leurs œufs ont une écale calcaire, et que les petits en sortent avec les formes qu'ils doivent conserver pendant le reste de leur existence.

Lorsque dans le premier volume de cet ouvrage (page 232) nous avons exposé l'histoire littéraire de l'Erpétologie, nous avons eu occasion de faire connaître comment les auteurs avaient systématiquement distribué par genres les Reptiles de l'ordre des Sauriens. Nous n'aurons donc qu'à rappeler ici les résultats principaux de cette classification.

Linné n'avait établi parmi les Amphibies que les deux genres Dragon et Lézard ; Laurenti les partagea en onze autres qu'il caractérisa assez bien et qu'il désigna sous des noms particuliers. Ce fut M. Alexandre Brongniart qui, en 1799, forma l'ordre qu'il désigna sous le nom de SAURIENS.

La plupart des naturalistes allemands ont préféré réunir dans un même ordre les Reptiles écailleux, Lézards et Serpens, qu'ils ont désignés sous les noms de PHOLIDOTES ou SQUAMMEUX. Cette division fut employée d'abord par Oppel, puis par Merrem, qui en sépara les Crocodiles pour en former un ordre distinct sous le nom de CUIRASSÉS (*Loricata*). Fitzinger adopta la même division, ainsi que M. de Blainville, qui les désigna sous d'autres noms, savoir : les EMYDO-SAURIENS pour les Cuirassés, et les SAUROPHIENS ou BIPÉNIENS pour les Pholidotes.

Wagler n'a pas été aussi heureux, quant à la classification qu'il a proposée dans cette partie de son travail, que pour celle qui concerne les Chéloniens. D'abord les ordres qu'il a établis ne sont pas rangés dans une série naturelle, car il place les Orvets (*Angues*) après les Serpens, et ceux-ci après l'ordre qui comprend les Lézards, lequel est lui-même précédé de celui des Crocodiles. En outre, ainsi que nous aurons occasion de le prouver par la suite, quoiqu'il ait fondé quelques genres d'après des caractères très naturels, il a changé sans motifs les noms qui avaient été donnés à quelques uns ; il en a tellement multiplié le nombre, et il les a si arbitrairement distribués, qu'il nous a été impossible d'adopter son arrangement, quoique ses recherches, comme nous aimons à l'avouer, nous aient été très profitables.

Nous avions nous-mêmes, il y a plus de trente ans, adopté dans nos ouvrages (1) et dans nos cours une classification que nous avons depuis abandonnée. Cependant, comme elle présentait quelques vues utiles et un arrangement assez naturel, nous croyons devoir, pour l'histoire de la science, en rappeler ici les bases principales au moyen des quatre petits tableaux synoptiques qui vont suivre.

SECOND ORDRE DES REPTILES.

LES SAURIENS.

Familles.

A queue — comprimée ou déprimée............ 1. URONECTES.

ronde, conique — distincte du tronc..... 2. EUMÉRODES.

non distincte........ 3. UROBÈNES.

---

(1) Zoologie analytique, 1805. Dictionnaire des Sciences Naturelles, 1819, tome 15, page 238.

PREMIÈRE FAMILLE DES SAURIENS.

LES URONECTES.

Genres.

Dos à
- écussons osseux ou cornés : pattes postérieures
  - palmées.......... 1. CROCODILE.
  - à doigts libres...... 2. DRAGONNE.
- écailles égales et
  - à crête,
    - sans rayons osseux.... 5. LOPHYRE.
    - à rayons osseux....... 4. BASILIC.
  - sans crête : à doigts
    - ronds, étroits. 3. TUPINAMBIS.
    - plats, larges.. 6. UROPLATE.

SECONDE FAMILLE DES SAURIENS.

LES EUMÉRODES.

Genres.

A doigts
- réunis en deux paquets opposables : queue prenante..... 8. CAMÉLÉON.
- libres
  - ronds : flancs
    - ronds : queue
      - épineuse ou à écailles carénées... 6. STELLION.
      - sans épines, lisse : goître
        - distinct, dentelé.... 2. IGUANE.
        - nul : tête à
          - plaques . 1. LÉZARD.
          - écailles.. 5. AGAME.
    - garnis d'une membrane en forme d'ailes.. 3. DRAGON.
  - aplatis en dessous
    - à l'extrémité seulement...... 4. ANOLIS.
    - dans toute leur longueur ..... 7. GECKO.

37.

TROISIÈME FAMILLE DES SAURIENS.

LES UROBÈNES.

Genres.

A membres
- distincts : corps à
  - écailles
    - entuilées : pattes
      - quatre.... 5. SCINQUE.
      - deux..... 3. HYSTÉROPE.
    - verticillées ou par anneaux... 1. TACHYDROME.
    - plaques ou tubercules : pattes
      - quatre.. 2. CHALCIDE.
      - deux... 4. CHIROTE.
- nuls : oreilles
  - distinctes par un conduit externe... 6. OPHISAURE.
  - non distinctes, sans méat......... 7. ORVET.

Cette classification pouvait suffire à une époque où l'on ne connaissait encore que très peu d'espèces rapportées toutes aux genres dont nous venons d'indiquer les noms ; mais comme la science a fait, dans ces dernières années, beaucoup de découvertes, et par suite des progrès très rapides, en raison du nombre et de la diversité des Reptiles dont on ne soupçonnait pas l'existence , et qui sont cependant entrés dans son domaine, il a fallu admettre d'autres genres et par conséquent séparer ce qui avait été réuni. Nous avons reconnu nous-mêmes qu'il était devenu nécessaire de les distribuer autrement pour les ranger dans un ordre plus naturel. Il est à regretter que dans l'état actuel des connaissances acquises, ce ne soit pas une série continue que l'on puisse obtenir dans l'arrangement des Sauriens. Ces points de jonction entre certains genres semblent tout-à-fait nous manquer ;

ils échappent même à une disposition systématique arbitraire. Nous l'avons tenté de toutes les manières , en rapprochant , sous les divers rapports de conformation, le grand nombre d'espèces de Sauriens que renferment nos collections. Nous avons essayé d'en former des groupes naturels sous divers aspects différens, et l'analyse nous a presque toujours conduit à placer ces espèces à peu près de la même manière que Cuvier les avait en effet rapprochées dans la dernière édition de son Règne animal. Il a fallu malheureusement faire porter nos caractères sur des considérations peu importantes en apparence dans l'organisation et les facultés de ces animaux.

Il était facile en effet, à la simple inspection, de réunir ou de grouper, comme par instinct, les espèces de Sauriens voisines des Caméléons, des Geckos, des Crocodiles, des Tupinambis ou Varans ; puis ensuite celles qui se rapprochent des Lézards, des Iguanes et des Agames , enfin celles qui ont quelques affinités avec les Scinques, les Chalcides ou les Orvets.

Les CAMÉLÉONS ont tant de caractères essentiels et différentiels dans la forme de leurs pattes, dont les doigts sont réunis en deux paquets opposables ; dans leurs tégumens chagrinés ; dans leur queue prenante ; enfin dans leur langue vermiforme !

Les GECKOS diffèrent aussi de tous les autres Sauriens par l'aplatissement de leur corps, la brièveté de leurs pattes, la nature de leurs tégumens nus ou tuberculés, leurs doigts élargis, plats en dessous, à ongles pointus, leur langue courte et charnue.

Les CROCODILES offrent encore des caractères évidens par leur peau à écussons osseux sur le dos et à plaques carrées sous le ventre ; leur queue compri-

mée et carénée ; l'excessive longueur de leur mâchoire inférieure, qui dépasse le crâne en arrière ;
l'absence apparente de la langue; la longueur de leurs
fosses nasales ; la réunion par une membrane de
leurs doigts postérieurs, etc.

Mais déja les TUPINAMBIS ou VARANS commencent
à se confondre avec les Lézards, et ceux-ci avec les
Iguanes et les Agames. Cependant ils en sont distincts.
Mais il fallait exprimer ces caractères, et ils ne se
sont trouvés que dans l'ensemble de leur organisation,
dans quelques parties intérieures, ou bien dans des remarques fort peu importantes, fournies par leurs tégumens. C'est ainsi qu'on a pu dire que chez les TUPINAM-
BIS la queue était généralement comprimée et propre
à une vie aquatique ; que leur tête n'était pas protégée par de larges plaques polygones ; que leur langue
étant longue, très fourchue, peut rentrer dans un fourreau comme celle des Serpens ; que le plus souvent
toute la périphérie de leur corps est recouverte de tubercules écailleux qui sont semblables sur le dos , le
ventre et la queue.

Les LÉZARDS ont au contraire le sommet de la tête
garni de grandes plaques, collées immédiatement aux
os ; leur langue, quoique protractile, est plus courte
que celle des Varans, et simplement échancrée à la
pointe, couverte le plus souvent de papilles comme
écailleuses ; le dessus du corps est garni de petites
écailles sur le dos et les flancs ; leur queue est conique,
arrondie, pointue, formée d'anneaux verticillés, et le
dessous du ventre est protégé par de grandes plaques
carrées, entuilées et mobiles.

Les IGUANES et les AGAMES ressemblent tout-à-fait
aux Lézards par les formes ; mais ils en diffèrent

parce que leur abdomen n'est pas recouvert de grandes plaques carrées; que la plupart ont la gorge renflée et des crêtes sur le dos ou sur la queue.

Les Scinques ont tout le corps recouvert d'écailles entuilées ; des pattes courtes, à doigts libres, garnis d'ongles ; le plus souvent le cou et la queue sont à peine distincts du tronc.

Les Chalcides ont les écailles distribuées par bandes transversales ; leurs pattes sont encore plus courtes et leurs doigts varient par le nombre et le développement.

Enfin les Orvets n'ont plus de pattes, ils ressemblent aux Serpens ; mais ils ont des paupières, un sternum, deux poumons, souvent des conduits auditifs, des mâchoires à branches soudées, et ils portent encore des vestiges d'épaule et de bassin.

Tels sont en effet les groupes que nous avons adoptés. Nous en avons formé autant de petites familles distinctes auxquelles nous avons rapporté tous les genres qui paraissent s'en rapprocher davantage ; mais il nous a été difficile de rallier ces groupes entre eux. Ce sont principalement les Caméléons et les différens genres du groupe des Geckos que nous n'avons pu rattacher aux autres familles.

Au reste, voici comment les auteurs systématiques ont essayé de distribuer successivement en familles naturelles cet ordre des Sauriens, en suivant dans cet exposé l'ordre chronologique de la publication qui en a été faite.

Oppel, en 1811, les partagea en six familles qu'il désigna et caractérisa de la manière suivante : 1° Les *Crocodilins*, à langue adhérente, entière, non protractile ; à doigts arrondis de même longueur, cinq de-

vant, quatre derrière, dont trois seulement sont garnis d'ongles. 2 Les *Geckoïdes*, à langue charnue,
épaisse, adhérente à la mâchoire inférieure, non protractile, corps toujours déprimé ; les écailles supérieures de la tête rarement plus grandes que les autres ;
tempes gonflées, arrondissant le cou. 3° Les *Iguanoïdes,* à langue charnue, épaisse, non fourchue, à corps
arrondi ou comprimé ; gorge dilatable ; les écailles du
dessus de la tête un peu plus grandes que celles du
dos ; tête quadrangulaire. 4° Les *Lézardins,* à langue
grêle, fourchue, protractile ; plaques abdominales et
caudales, plus grandes que les latérales, et toutes verticillées ; gorge non dilatable. 5° Les *Scincoïdes,* à
langue fourchue, protractile ; écailles de tout le corps
et le plus souvent de la queue, égales entre elles,
rhomboïdales et entuilées. 6° Les *Chalcidiens,* à langue peu fendue, protractile ; à écailles de tout le
corps et même de la queue, verticillées, carrées et
égales entre elles.

Telles ont été les tentatives d'une première distribution méthodique des Reptiles pour l'ordre des Sauriens, dans cet essai d'un arrangement naturel. Les
objections qui s'élèvent contre ces rapprochemens résultent de ce que l'auteur, désirant comprendre sous
des caractères communs de familles tous les genres
qu'il y réunissait, n'a pas assez comparé leur structure, leur conformation, et surtout les habitudes des
espèces, comme nous allons l'indiquer.

Ainsi, quant à la première famille, il n'y a rien à
objecter. Elle correspond au genre Crocodile, subdivisé déjà par les auteurs en trois sections. Elle réunit en effet un si grand nombre de particularités que
quelques naturalistes ont été portés à la considérer

comme devant même former un ordre à part propre à
établir une transition naturelle des Tortues aux Lézards.

Oppel n'a pu assigner aux *Geckoïdes* des caractères positifs, parce qu'il a voulu y comprendre les
Stellions et les Agames, dont les tégumens, les pattes
et surtout les mœurs n'ont aucun rapport. Il en est
de même des *Iguanoïdes*, famille qui serait d'ailleurs
très distincte, si Oppel n'avait voulu y faire entrer les
Caméléons, qui ne peuvent être réunis aux autres
genres, dont ils diffèrent essentiellement par les tégumens, les pattes, la langue, enfin par toutes leurs
habitudes générales. Les *Lézardins*, avec lesquels
l'auteur a placé les Tupinambis et les Varans, pè-
chent encore par cette circonstance même, ce dernier
genre offrant d'autres dispositions dans les tubercules
des tégumens, dans la forme de la queue, dans la disposition de la langue. Enfin les *Scincoïdes* et les *Chalcidiens* ne diffèrent réellement entre eux que par la
disposition des écailles, qui sont entuilées chez les
uns, et verticillées chez les autres.

MERREM, en 1820, n'a pas positivement établi de
familles dans son essai d'un système de classification
des Amphibies. On voit cependant qu'il a désiré suivre une sorte d'arrangement naturel. Après avoir divisé, comme Oppel, les Reptiles en deux grandes sections qu'il nomme *classes*, il les partage en PHOLI-
DOTES et en BATRACIENS. Dans la première classe il
établit trois ordres : les Testudinés ou Tortues ; les
Cuirassés (*Loricata*), qui ne comprennent que le genre
Crocodile ; et les Écailleux (*Squammata*). Ce deuxième
ordre est très nombreux, car l'auteur y range tous les
Sauriens et tous les Ophidiens. Il distribue cet ordre

en cinq tribus, dont voici les noms : 1 *Gradientia*, les Marcheurs ; 2 *Repentia*, les Rampeurs ; 3 *Serpentia*, les Serpens ; 4 *Incedentia*, les Posans , et 5 *Prendentia*, les Prenans.

La première tribu se subdivise en trois : A. Les *Ascalabotes*, auxquels il assigne pour caractères une langue entière ou peu échancrée, peu mobile, non extensible. Parmi les genres qu'il y place, les plus connus sont les Geckos, les Anolis, les Basilics, les Dragons, les Iguanes, les Polychres, les Agames , les Cordyles, etc. B. Les *Sauræ*, caractérisés par une langue fourchue, très extensible, et par un tympan apparent. C'est là que se trouvent placés les Varans ou Tupinambis , les Améivas ou Téjus , les Lézards et les Tachydromes. C. Les *Chalcidiens* dont le caractère essentiel est dans la présence d'un tympan caché avec un méat auditif court ; c'est dans cette troisième soustribu que se trouvent rangés les genres Scinque , Chalcide, et beaucoup d'autres petits genres, au nombre de dix, qui ne comprennent chacun qu'une seule espèce.

La seconde tribu, celle des *Repentia*, caractérisée par la présence des paupières et le défaut de pattes, comprend le genre *Hyalinus* ou Ophisaure , celui des Orvets, *Anguis* ; les Acontias de Cuvier. Vient ensuite la troisième tribu, celle des Serpens, *Serpentia*.

La quatrième, celle des *Incedentia*, ne renferme que le genre Chirote, qui arrive immédiatement après les Amphisbènes de la tribu précédente.

Enfin les Caméléons forment seuls la cinquième et dernière tribu, celle des *Prendentia*. On conçoit que ces trois dernières tribus n'ont pour caractères que ceux déjà assignés aux genres qui s'y trouvent inscrits.

Nous ne croyons pas devoir détailler les conséquences fautives de cet arrangement systématique, dans lequel il est évident que l'auteur a négligé volontairement et, à ce qu'il nous semble, bien injustement, de faire connaître la distribution méthodique que les auteurs ses contemporains avaient déja essayé d'introduire dans la science des Reptiles, et qu'il connaissait bien, puisqu'il les a cités par la suite.

M. de Blainville, en 1822, a placé les Sauriens dans le sous-règne des *Artiozoaires*, type des *Ostéozoaires*, sous-type des Ovipares à peau écailleuse ou de la classe des *Squammifères*, qu'il distingue des *Nudipellifères* ou Amphibiens, dont il a fait une classe distincte pour y placer les Batraciens. Dans cette classe des Squammifères ou Reptiles, nos Sauriens sont rapportés à deux sous-classes : les *Émydo-Sauriens*, comme les Crocodiles, et les *Saurophiens* ou Bipéniens. Ces derniers, il les partage en Ophidiens ou Serpens, et en Sauriens, lesquels forment le premier sous-ordre qu'il a divisé en cinq familles ainsi qu'il suit : les *Geckoïdes*, les *Agamoïdes* anormaux, tels que les Agames et les Basilics, et les Anormaux, comme les Caméléons et les Dragons. Viennent ensuite les *Iguanoïdes*, les *Tupinambis* et les *Lacertoïdes*, qu'il partage en Tétrapodes, en Dipodes et en Apodes.

Latreille, en 1825, dans ses familles naturelles du règne animal, a partagé l'ordre des Sauriens à peu près comme quelques uns des auteurs qui l'avaient précédé. D'abord et d'après M. de Blainville, il fait deux classes distinctes des Reptiles et des Amphibiens. La classe des Reptiles se partage en deux sections. Dans la première il range, comme Merrem, sous le nom de Cuirassés, les Tortues et les Crocodiles, dont il fait deux ordres; le dernier en particulier porte le nom d'Émydo-Sauriens. Les autres Reptiles, qu'il nomme Écailleux, comprennent les Lézards et les Serpens. Les premiers sont ceux qui font dans ce moment l'objet de notre étude. Ils forment deux ordres, les *Lacertiformes* et les *Anguiformes*. Il range quatre familles dans le premier sous les noms de *Lacertiens, Iguaniens, Geckotiens* et *Caméléoniens*, et trois dans le second ordre; celles-ci sont distinguées en *Tétrapodes, Dipodes* et *Apodes*. On voit que ce système a été formé avec les livres, et qu'il ne présente que des réminiscences.

M. Gray, en 1825, a publié un arrangement des animaux qui nous occupent, dans son Aperçu des genres des Reptiles de l'Amérique du Nord, inséré dans les Annales philosophiques de Philadelphie, n° 57. Il a depuis apporté quelques modifications à la classification qu'il avait proposée, en ajoutant un Synopsis à la traduction anglaise du Règne animal de Cuvier, 3ᵉ édition publiée par Griffith. Au reste, on verra encore dans cette distribution des idées analogues à celles qui avaient été proposées par la plupart des erpétologistes. M. Gray partage aussi les Reptiles en deux classes, dans l'une desquelles il range les Batraciens sous le nom d'Amphibies. Les trois premiers ordres correspondent à nos Sauriens; les deux autres ordres comprennent les Ophidiens et les Chéloniens. M. Gray, empruntant le nom de Cuirassés (*Loricata*) à Merrem, n'y laisse cependant que la seule famille des Crocodiles, qu'il partage 1° en Emydo-Sauriens, en Ichthyo-Sauriens et en Plésio-Sauriens. Ces deux dernières sous-familles renferment des genres dont les espèces n'ont été observées que dans leurs débris fossiles, et que l'on suppose avoir vécu dans les mers. Les Sauriens proprement dits comprennent cinq familles, partagées en deux sections : 1° celles dont la langue n'est pas extensible, telles que les *Stellionidées* et les *Geckoïdées;* 2° celles qui ont la langue extensible, comme les *Tupinambidées*, les *Lacertinidées* et les *Caméléonidées.* Le troisième ordre, que M. Gray nomme *Saurophidiens,* se divise en trois sections. Dans la première sont placées les *Scincoïdées* et les *Anguidées*, dans la seconde les *Typhlopidées;* dans la troisième, les *Amphisbénées* et les *Chalcidinées.* Ces sections ont été formées d'après la disposition des écailles, la situation du cloaque, et la forme de la langue.

M. Fitzinger, en 1826, en publiant le catalogue des Reptiles du cabinet de Vienne en Autriche, a proposé une classification dans laquelle on retrouve la plupart des divisions adoptées par Merrem ou plutôt par Oppel, par nous-mêmes et par Cuvier. Ainsi il fait une tribu à part des Cuirassés, qui comprennent deux familles, les *Ichthyosauroïdes* et les *Crocodiloïdes.* Sa seconde tribu comprend tous les Lézards et les Serpens, sous le nom d'Écailleux (*Squammata*); il les distingue seulement par la manière dont sont réunies les branches des mâchoires, tantôt solidement et tantôt par des ligamens qui permettent leur mobilité indépendante. Voici les noms des familles introduites dans ce projet de classification : les Geckos ou *Ascalabotoïdes*, les *Caméléonides*, les *Pneustoïdes*, les *Dragonoïdes*, les *Agamoïdes*, les *Améivoïdes*, les *Lacertoïdes*, les *Scincoïdes* et enfin les *Anguinoïdes.*

Cuvier, en 1829, dans le deuxième volume de la

seconde édition du Règne animal, a proposé une distribution de l'ordre des Sauriens en six familles : comme
nous en avons présenté un aperçu synoptique à la
page 255 du premier volume de cet ouvrage, il nous
suffira de rappeler ici que déja dans la première édition, en 1817, ou douze années avant, il avait proposé
les mêmes noms de familles et la même distribution;
nous le répétons parce qu'il y a là par le fait une
sorte d'antériorité sur tous les auteurs que nous venons
de citer, à l'exception d'Oppel, qui, comme nous l'a-
vons dit, se plaît à rappeler constamment dans ses ouvrages qu'il a adopté lui-même la plupart des idées
que nous avions émises dans nos cours d'erpétologie,
qu'il avait suivis pendant deux années consécutives.
Au reste nous allons répéter ici les noms sous lesquels
Cuvier a désigné les six familles de l'ordre des Sauriens. Ce sont les Crocodiliens, les Lacertiens, les
Iguaniens, les Geckotiens, les Caméléoniens et les
Scincoïdiens; nous devons y ajouter les Anguis ou
Orvets, qu'il continue de placer parmi les Ophidiens,
quoiqu'il leur ait reconnu des paupières, des vestiges
de membres, de sternum et de bassin, et plusieurs
autres caractères qui les éloignent réellement de l'ordre des Serpens.

Enfin WAGLER, en 1830, dans son Système naturel
des Amphibies, a donné, comme nous l'avons vu dans
l'analyse que nous avons présentée à la page 286 et
suivantes du premier volume de cette Erpétologie,
une nouvelle classification dont nous croyons devoir
rappeler ici les bases.

Nous dirons d'abord que cet auteur a proposé d'établir une classe intermédiaire des Mammifères aux Oiseaux, qu'il nomme MONOTRÈMES OU GRYPHI. Là, sous

le nom d'ordre d'Ornithorhynques, il établit deux familles particulières pour les Échidnés et les Ornithorhynques proprement dits, et une troisième sous le nom caractéristique, bien hasardé, d'*Hédréoglosses*, pour y placer plusieurs animaux dont on n'a jamais vu la langue et qui ont paru, à tous les auteurs, plus voisins des Crocodiles, autant qu'on a pu en juger par leurs débris fossiles, tels que les Ichthyosaures, qu'il désigne sous le nom générique de *Gryphus;* des Plésiosaures, qu'il appelle *Halidracon,* et des Ptérodactyles, qu'il nomme *Ornithocephalus.*

Pour Wagler, les AMPHIBIES forment une quatrième classe parmi les animaux à vertèbres. Il les partage en huit ordres. Dans la série numérique, le deuxième ordre est celui des Crocodiles; le troisième, celui des Lézards, et le cinquième celui des Orvets : car les Serpens forment le quatrième, et se trouvent ainsi placés intermédiairement.

Nous avons vu (tome 1er, pag. 288 et suiv.) que l'auteur s'est pour ainsi dire subordonné, dans l'établissement et la série indicative des genres qui sont au nombre de quatre-vingt-dix, d'abord à la forme ou à la disposition de la langue; qu'il ne reconnaît par exemple que quatre familles parmi les Lézards, savoir, les *Platyglosses*, les *Pachyglosses*, les *Autarchoglosses* et les *Thécoglosses;* puis, qu'il y établit des tribus d'après la forme du corps : les *Platycormes* et les *Sténocormes*, et des sous-tribus, suivant la manière dont les dents sont implantées sur les os des mâchoires ; ce qui lui fournit une division tertiaire plus générale, ou dont il use le plus souvent en désignant les genres sous le type d'*Acrodontes* quand les dents ont leurs racines comme naissant du sommet du bord alvéolaire,

et en *Pleurodontes*, c'est-à-dire lorsque les dents
sont comme collées au bord ou sur le côté interne des
os qui les supportent.

Nous n'avons pas dû parler ici de nouveau de l'arrangement proposé par Ritgen, quoiqu'il y ait certainement de très bonnes vues pour une méthode naturelle dans la classification qu'il a adoptée; mais les
noms qu'il a assignés à son troisième ordre des Camp-
sichrotes sont tellement compliqués et si difficiles à
prononcer qu'ils ne seront certainement adoptés par
aucun auteur. Nous avons d'ailleurs indiqué à la page
285 du premier volume du présent ouvrage, les bases
de cet arrangement.

Wiegmann, qui vient de publier un prodrome de
l'arrangement systématique des Sauriens (1), a divisé
cet ordre en trois, sous les noms de Cuirassés, d'É-
cailleux et d'Annelés. Le premier, comme dans Oppel et Merrem, correspond à la famille des Crocodiles
(*Loricati*) ; le second sous-ordre (*Squammati*) est le
plus nombreux : il est partagé en trois séries, d'après
la forme et les usages de la langue, à peu près comme
dans Wagler : 1° ceux qui l'ont étroite (*Leptoglossi*),
2° ceux qui l'ont protractile(*Rhipthoglossi*), et 3° ceux
qui l'ont épaisse (*Pachyglossi*).

Deux sections réunissent les familles de la première
série, celles qui ont la langue fendue (*Fissilingues*),
laquelle comprend les trois familles des Moniteurs,
des Trachydermes et des Améivas. Celles qui ont la
langue courte (*Brevilingues*), subdivisées en cinq

---

(1) Herpetologia Mexicana seu Descriptio Amphibiorum Novæ Hispaniæ adjecto systematis Saurorum prodromo. Berolini, 1 vol. in-f°, cum
tabulis 10 lithographicis, 1834.

autres familles. Les Lézards, les Plis-de-côté (*Pty-chopleuri*), les Chamæsaures, les Scinques et les Gymnophthalmes.

Il n'y a parmi les langues protractiles ou *Vermilingues*, que la famille des Caméléons. Les langues épaisses sont partagées en deux sections : les *Crassilingues* qui forment deux familles, l'une qui vit sur les arbres (*Dendrobates*), l'autre qui reste sur la terre (*Humivagues*). Les *Latilingues* réunissent tous les Geckoïdes sous le nom d'*Ascalabotæ*.

Enfin dans le troisième sous-ordre, sous le nom d'Annelés (*Annulati*), sont rangés tous les genres voisins des Amphisbènes, tels que les Chirotes, les Lépidosernons.

Il ne nous reste plus qu'à faire connaître la méthode que nous nous proposons de suivre dans les chapitres qui composent ce quatrième livre de l'histoire des Reptiles.

Voici la classification que nous avons adoptée et dont la distribution, dans l'état actuel de nos connaissances, nous a paru s'accorder le mieux avec les modifications les plus importantes que l'on peut observer dans la structure, les mœurs et les habitudes des Sauriens. Nous aurions pu employer d'autres moyens pour conduire à l'aide du système aux huit familles naturelles auxquelles nous rapportons tous les genres; mais nous avons cru devoir nous borner à les exposer, d'après les deux considérations principales qui nous ont dirigés. La première, en ne nous attachant qu'à la forme et à l'organisation de la langue; l'autre d'après la simple observation de la nature des tégumens et de la disposition des doigts, mais ce n'est qu'un moyen artificiel ou systématique, pour arriver réellement à un ordre méthodique et naturel.

La plupart de ces familles ont déja été établies par les auteurs, spécialement par Oppel, Fitzinger, Cuvier et Wagler, ainsi que nous aurons le soin de le faire connaître par la suite; mais comme nous n'y rangeons pas tout-à-fait les mêmes genres, nous avons dû faire quelques changemens dans la nomenclature, puisque nous employons d'autres caractères. Ainsi, tout en rappelant par un nom analogue, mais dont les désinences sont changées, celui du genre principal que chaque famille renferme, nous avons ajouté une expression synonyme, tirée du grec, qui tend à désigner quelque particularité caractéristique.

Quant à l'ordre que nous avons suivi, nous avouons qu'il nous a été impossible d'en adopter un qui présentât pour ainsi dire une série continue. Les moyens de transition nous ont manqué pour quelques unes des familles qui semblent en effet être tout-à-fait isolées. Les Crocodiles, par exemple, établissent bien un passage naturel avec les Chéloniens ; mais les Caméléons et les Geckos forment deux groupes absolument anormaux. Les Varans ont plus de rapports avec les Iguanes et les Lézards, ceux-ci avec les Scinques, qui mènent insensiblement, ainsi que les Chalcides, à l'ordre des Ophidiens.

Nous ne présentons pas l'indication des genres qui doivent entrer dans chacune des familles pour ne pas faire un double emploi, comme nous y avons été exposés, lorsque, dans le tableau général de l'ordre des Chéloniens, nous avons indiqué la série de ceux des genres qui pouvaient être rapportés à chacune des quatre grandes familles, puisque nous avons été dans l'obligation de faire des corrections et d'offrir une autre distribution, quand ensuite nous avons traité de chacune d'elles en particulier.

Avant de présenter les deux tableaux synoptiques des Sauriens, nous croyons devoir indiquer les étymologies des noms nouveaux que nous leur avons assignés ainsi qu'il suit :

1° Les Crocodiliens ou Aspidiotes ; de ἀσπιδιώτης, qui porte une cuirasse légère, un écusson protecteur.

2° Les Caméléoniens ou Chélopodes ; de χηλὴ, pince à pointes, et de ποῦς-ποδὸς, patte.

3° Les Geckotiens ou Ascalabotes ; de ἀσκαλαβώτης, nom déja donné par Aristote.

4° Les Varaniens ou Platynotes ; de πλατὺς, aplani, élargi, et de νῶτον, dos.

5° Les Iguaniens ou Eunotes ; de εὖ, bien, remarquable par sa grace, et νῶτον, dos.

6° Les Lacertiens ou Autosaures ; de αὐτὸς, même ou tout-à-fait, et de σαῦρος, lézard.

7° Les Chalcidiens ou Cyclosaures ; de κύκλος, arrondi, et de σαῦρος, lézard.

8° Les Scincoïdiens ou Lépidosomes ; de λεπίς-ίδος, écailles, et de σῶμα, corps.

58.

SECOND ORDRE DE LA CLASSE DES REPTILES : LES SAURIENS.

CARACTÈRES. Corps allongé, écailleux ou à peau chagrinée, sans carapace; le plus souvent des pattes à doigts onguiculés; une queue allongée; à cloaque vers sa base et en travers; le plus souvent des paupières et un tympan apparens; des côtes; un sternum; des mâchoires dentelées, à branches soudées; pas de métamorphose; œufs à coque dure.

Tête

à plaques cornées : corps à écailles

entuilées : celles du ventre
- semblables partout............... 8. LÉPIDOSOMES ou SCINCOÏDIENS.
- carrées, plus grandes............ 6. AUTOSAURES ou LACERTIENS.

verticillées ou en anneaux : souvent pli en long........ 7. CYCLOSAURES ou CHALCIDIENS.

sans plaques : peau

presque lisse ou à tubercules isolés : à doigts
- réunis en deux paquets : corps comprimé... 2. CHÉLOPODES ou CAMÉLÉONIENS.
- libres, le plus souvent plats : corps déprimé.. 3. ASCALABOTES ou GECKOTIENS.

à lames ou écailles cornées : doigts postérieurs
- demi-palmés : dos à écussons : queue crêtée... 1. ASPIDIOTES ou CROCODILIENS.
- libres à la base :
  - à tubercules enchâssés..... 4. PLATYNOTES ou VARANIENS.
  - écailles du corps libres, au moins en partie.. 5. EUNOTES ou IGUANIENS.

SECOND ORDRE DE LA CLASSE DES REPTILES. — LES SAURIENS.

A langue

rentrant dans un fourreau, très longue
- cylindrique, tuberculeuse à son extrémité libre............ 2. CAMÉLÉONIENS.
- aplatie, profondément fendue à son extrémité libre......... 4. VARANIENS.

libre, sans fourreau :

dans toute sa longueur, mince, échancrée à la pointe, très souvent couverte d'écailles : flancs
- sans pli : écailles
  - très différentes de celles du dos, grandes, polygones... 6. LACERTIENS.
  - semblables à celles du dos : imbriquées, arrondies.... 8. SCINCOÏDIENS.
- le plus souvent avec un pli formé par la peau..... 7. CHALCIDIENS.

à son extrémité seulement, épaisse, fongueuse : les yeux
- très grands : paupières extrêmement courtes. 3. GECKOTIENS.
- ordinaires : à paupières très développées.... 5. IGUANIENS.

attachée de toutes parts dans la concavité de la mâchoire inférieure.......... 1. CROCODILIENS.

CHAPITRE II.

DE L'ORGANISATION ET DES MŒURS DES SAURIENS EN GÉNÉRAL.

AFIN d'atteindre le but que nous nous étions proposé dans le précédent chapitre, nous avons dû nous borner à la simple énonciation des caractères essentiels qui pouvaient faire distinguer les Sauriens de tous les animaux vertébrés, et par suite des autres Reptiles du même ordre. Maintenant que nous avons l'intention de développer tout ce que l'on connaît de leur organisation et de leurs mœurs, nous allons faire précéder cette étude d'une sorte d'analyse de leur ensemble ou de ces considérations générales que les naturalistes désignent, d'après Linné, comme des CARACTÈRES NATURELS.

Les Sauriens ont généralement le *corps* fort allongé par rapport à leurs autres dimensions. Cette étendue, qui est à peu près semblable à celle que présentent les Serpens, provient de la même circonstance qui s'observe dans la composition de leur échine, dont la charpente est constituée par un très grand nombre de vertèbres fort mobiles les unes sur les autres, quoique le mode de leurs articulations réciproques soit assez différent.

La plupart ayant des pattes antérieures, l'espace compris entre la tête et les épaules a permis d'y reconnaître une sorte de *cou*; mais cette région n'est jamais rétrécie, ni allongée, comme dans les Tortues. Elle se confond avec le reste du tronc, qui est en général plus large et plus épais dans sa partie moyenne ou dans l'espace compris entre les membres antérieurs et les postérieurs.

Tous les Sauriens ont une *poitrine* et un abdomen, ou plutôt une cavité commune qui renferme les organes de la circulation, de la respiration, de la digestion et de la reproduction, dont la portion antérieure est latéralement protégée par des côtes mobiles, qui se joignent en dessous à un sternum intermédiaire.

La *queue*, toujours constante, mais plus ou moins prolongée, prend son origine après le bassin, qui supporte, le plus souvent, les membres postérieurs, et elle vient en dessous après l'orifice du cloaque, qui est toujours fendu en travers, avec des lèvres mobiles. Le plus souvent, cette queue est ronde et conique, très pointue, comprimée chez la plupart des espèces qui peuvent nager, rarement déprimée ou aplatie de haut en bas, c'est-à-dire dans le sens vertical.

Les *membres*, ou les appendices latéraux, manquent dans une seule famille, chez laquelle on en retrouve cependant les rudimens ; mais ils ne servent plus à la progression : rarement on n'en observe qu'une paire soit vers la tête, soit vers la queue. Chez la plupart, il y a quatre pattes courtes, articulées à angle droit sur le tronc, trop espacées entre elles pour pouvoir supporter dans le repos le poids du ventre et de la queue qui, dans la marche, traîne le plus souvent sur le sol ; et quoique les doigts soient distincts, ils ne sont jamais enveloppés de sabots, mais ils se terminent par des ongles pointus et recourbés en dessous.

Les *tégumens* des Sauriens sont à peu près les mêmes que ceux des Ophidiens : leur peau est généralement écailleuse ou recouverte de petites lames cornées, diversement distribuées, soit en plaques minces et libres sur une grande portion de leurs bords, soit sous la forme de tubercules enchâssés dans l'épaisseur du derme, et quelquefois, mais plus rarement, comme quadrillés et chagrinés. Ils diffèrent par conséquent des Chéloniens, qui ont une carapace osseuse, et des Batraciens, qui ont la peau nue et sans écailles.

La *tête* est toujours confondue avec le cou : car il n'y a pas de rétrécissement marqué entre ces régions. Les branches des mâchoires sont soudées entre elles sur la ligne moyenne ; l'inférieure s'articule sur un os carré, libre et indépendant du crâne, excepté chez les Crocodiles. La bouche, sans lèvres mobiles, largement fendue, est toujours munie de dents enchâssées ou soudées aux parties osseuses ; le plus souvent elles sont pointues, rarement tranchantes. La langue est charnue ; mais elle varie pour la forme, la longueur et la mobilité ; les yeux sont presque toujours protégés par des paupières, et quelques genres seulement manquent d'un méat ou trou auditif externe.

Tous respirent l'air en nature, et ils ont toujours deux *poumons*, le plus souvent égaux en développement. Les organes de la circulation sont semblables à ceux des Serpens, à l'exception du mode de la distribution des vaisseaux, déterminée par l'absence des membres chez ces derniers Reptiles.

Les mâles, sans y comprendre ceux du groupe des Crocodiles, ont les *organes génitaux* externes doubles, spécialement dans les parties qui font saillie au dehors. Très peu d'espèces sont ovipares : les œufs pondus par la plupart sont protégés par une coque calcaire ;

ils sont toujours distincts les uns des autres, et les petits qui en sortent ont déja les formes générales et l'organisation qu'ils doivent conserver.

Les Sauriens sont donc absolument distincts de tous les animaux vertébrés et même des autres Reptiles, tant par leur conformation apparente que par leur structure intérieure ; mais ces formes et cette organisation déterminent des particularités dans les mœurs, dans les habitudes et dans la manière dont ils exercent quelques unes de leurs facultés. Ce sont ces modifications que nous nous proposons de faire connaître, en exposant les variétés que présentent leurs organes et les changemens divers qu'ils entraînent dans l'exercice de leurs fonctions.

§ I. DES ORGANES DU MOUVEMENT.

La plupart des Sauriens ont le corps tellement arrondi et allongé, qu'ils ressemblent, ainsi que l'avait déja fait remarquer Aristote, à des Serpens auxquels on aurait ajouté des pattes (1). Parmi tous les Reptiles, ce sont ceux qui, sans contredit, se rapprochent le plus des Mammifères, par la variété et la rapidité de leurs mouvemens divers, surtout si on compare ce mode de progression à celui des Chéloniens et de ceux des Batraciens qui ont une queue. Il y a en effet parmi les Sauriens des genres entiers, ou quelques espèces, qui jouissent de plusieurs modes de progression ; car ils peuvent ramper, marcher, courir, grimper, nager, plonger et voler.

---

(1) Aristote. Histoire des Animaux, livre 2, chap. 17. *Voyez* au reste le texte grec, que nous avons cité tome 1 du présent ouvrage, page 227, 2ᵉ alinéa de la note 1.

Cependant leur tronc allongé et pesant peut à peine être supporté par les membres ; ils ne marchent qu'avec gêne, lenteur et difficulté. En général leurs bras et leurs cuisses, courts et grêles, sont peu musculeux et articulés trop en dehors ; leurs coudes et leurs genoux sont trop anguleux et ne peuvent pas s'étendre complètement, pour leur donner la force de soutenir long-temps le poids de leur corps qui leur est transmis par l'axe de l'échine. Cependant, malgré cette conformation, si vicieuse en apparence, ils peuvent exécuter des mouvemens très variés et subordonnés à l'action qu'ils doivent produire pour opérer tous les modes de transport du corps. D'ailleurs la forme de la queue, le prolongement de certaines parties du dos et des flancs, la conformation et les proportions des doigts, la disposition des ongles et beaucoup d'autres particularités dénotent, pour ainsi dire, les modifications de ces facultés, tantôt pour se mouvoir au milieu des eaux ou à leur surface, comme chez les *Uronectes* ; tantôt pour serpenter et se glisser à l'aide des sinuosités qu'ils sont obligés d'imprimer à leur longue échine, à cause de la brièveté et du grand espacement de leurs membres, comme dans les *Urobènes* ; tantôt enfin pour marcher ou courir sur des terrains plus ou moins solides, pour grimper ou s'accrocher sur les branches, s'y percher et y rester très long-temps immobiles ; pour adhérer et s'agriffer sur les corps les plus lisses, afin de s'y soutenir dans une position renversée et contre leur propre poids ; tantôt enfin pour s'élancer dans l'atmosphère et s'y balancer en protégeant leur chute, comme les *Eumérodes* nous en offrent deux exemples variés suivant les genres.

Les organes du mouvement sont toujours parfaitement en rapport avec les habitudes et les séjours divers de chacun des genres de Sauriens. Ainsi, les pattes palmées, ou dont les doigts sont unis entre eux par des membranes, indiquent que l'animal pourra nager, surtout si cette circonstance se trouve liée avec une queue comprimée latéralement, le plus souvent garnie de crêtes qui servent en même temps de rames et de gouvernail, comme dans les Crocodiles. Les doigts grêles et très développés, une queue conique, fort prolongée et pointue, dénoteront un genre de vie et un séjour au milieu des sables ou des rochers arides, comme on les voit dans les Lézards et les Basilics. Des doigts aplatis en dessous, des pattes et une queue trapue, un ventre plat, annoncent que le Reptile pourra, pour ainsi dire, rester appliqué sur les plans où il s'accrochera et qu'il y adhérera fortement dans une sorte d'immobilité prolongée : c'est le cas des Geckos. Des productions membraneuses provenant des flancs, étalées en éventail entre les membres, ainsi que cela a lieu dans les Dragons, donneront à ces Sauriens la faculté de s'élancer dans les airs et de s'y soutenir, comme à l'aide d'un parachute. Les pattes grêles, allongées, les doigts opposables et en forme de tenailles des Caméléons, ainsi que leur queue, qui se recourbe en dessous et qui devient préhensile, sont des indices de leur vie habituelle et de la faculté qu'ils ont de se percher sur les arbres et sur leurs branches. Enfin l'absence presque absolue des pattes, ou leur excessive brièveté, en même temps que l'allongement extrême de leur tronc, fera connaître d'avance que certains Sauriens, comme les Orvets et les Ophisaures, vivront sur des terrains herbeux, où ils ramperont à la manière des Serpens, dont ils ont tout-à-fait l'apparence.

La température élevée de l'atmosphère paraît d'ailleurs être une sorte de nécessité pour l'exercice de la faculté locomotrice des Sauriens; aussi la plupart des genres ont-ils été observés dans les climats les plus voisins des tropiques. C'est dans les régions les plus chaudes de l'Amérique, en Afrique, dans les îles des archipels Moluques et des Antilles, dans les plaines arrosées et vivifiées par les eaux des savanes noyées, sur les bords et les rivages des fleuves, des rivières et des lacs, dans les contrées les plus brûlantes du globe, que ces Reptiles habitent de préférence; tandis que sous notre zône tempérée on n'en observe qu'un très petit nombre, et seulement dans nos climats les plus doux; encore ces espèces semblent-elles perdre l'énergie et l'agilité de leurs mouvemens par l'abaissement de la chaleur que les saisons d'hiver nous amènent périodiquement, comme on l'observe chez les Lézards, les Geckos et les Orvets, qui sont presque les seuls genres de Sauriens qui se trouvent naturellement dans notre Europe.

Au reste, toutes les modifications que les Sauriens présentent dans leurs mouvemens divers sont, pour ainsi dire, dénotées par la forme, le nombre et la nature des articulations, quand on étudie les pièces solides qui constituent leur charpente osseuse. Nous devons rappeler que leur colonne vertébrale ressemble beaucoup plus à celle des Ophidiens qu'à l'échine des Chéloniens et des Batraciens. Car chez toutes les espèces de ces deux derniers ordres, les côtes sont tantôt soudées entre elles et aux vertèbres, tantôt, au contraire, ou elles n'existent pas, ou bien elles sont si courtes qu'elles ne peuvent plus protéger en aucune manière les viscères contenus dans l'abdomen.

Le nombre des *vertèbres* diffère considérablement, surtout dans la région caudale; on en a trouvé plus de cent quarante en totalité dans certaines espèces de Varans et d'Iguanes; soixante dix-huit à quatre-vingt dans les Crocodiles. Même dans les espèces qui ont la queue très courte, il en existe encore beaucoup, car on en compte souvent au delà de quarante dans des Scinques ou des Phrynocéphales.

Ces vertèbres varient en outre dans les diverses autres régions pour le nombre et pour le mode de leurs articulations réciproques. C'est surtout sous ce dernier rapport qu'elles sont le plus remarquables. Leur corps, ou la portion la plus solide, n'a pas constamment la même forme, comme celle des Ophidiens, chez lesquels la troncature antérieure ou la face crânienne de ces os est toujours concave, et la postérieure ou caudale est constamment convexe. On retrouve à la vérité quelque disposition analogue, surtout dans les vertèbres du cou, chez les Crocodiles, les Varans, les Iguanes, les Lézards, les Agames, les Stellions et même dans les Caméléons; mais dans les Geckos et dans quelques autres genres, tantôt le corps de la vertèbre semble être comme plane en devant, marqué de lignes concentriques, qui indiquent les insertions des lames du tissu fibro-cartilagineux, comme dans les Mammifères, et tantôt au contraire un enfoncement conique dans les deux sens antéro-postérieurs, appliqués base à base et retenus solidement entre eux par des fibres ligamenteuses, successivement plus longues et plus molles, à mesure qu'elles correspondent au centre de la concavité.

Les vertèbres de la queue sont, relativement, plus longues que celles des autres régions. Cuvier a fait remarquer que chez les Lézards, les Iguanes et les Anolis, la portion moyenne de chacune des vertèbres de la queue peut se rompre plus facilement dans cet endroit que dans l'articulation naturelle, où elle se trouve fortifiée par des fibres ligamenteuses ; ce qui explique pourquoi la queue des Lézards, et surtout celle des Orvets, se rompt si facilement, particularité qui donne lieu à la reproduction quelquefois bizarre et monstrueuse d'une queue nouvelle dans laquelle un tissu cartilagineux semble remplacer les vertèbres.

En général la portion annulaire de chacune des pièces de l'échine est très développée et fort solide, surtout les apophyses impaires qui forment la proéminence longitudinale du dos. Elles sont surtout très remarquables dans ceux des genres qui ont une crête ou une arête saillante, comme les Crocodiles, les Basilics, les Agames, les Lophyres, les Polychres. Cependant chez les Dragons et les Crocodiles, elles sont plus courtes, et dans les Lézards, les apophyses épineuses sont inclinées les unes sur les autres, comme entaillées. Quelquefois on aperçoit une autre apophyse impaire sous le corps des vertèbres dans certaines régions, surtout sous celle de la queue, où souvent elles sont articulées et laissent à la base un espace par lequel l'artère caudale, prolongement de la pelvienne, s'insinue à peu près comme la moelle épinière dans la partie supérieure, de sorte que ces apophyses sont réellement en chevrons. Cette disposition est d'abord remarquable pour la région du dos chez les Dragons, dont l'échine ne devrait pas se recourber en dessus pendant qu'ils sont suspendus dans l'air, où ils sont soutenus à l'aide d'un parachute, et ensuite chez les Caméléons et les autres espèces à queue préhensile, lorsque cette région recourbée en dessous presse sur les branches et les corps solides qu'elle enveloppe. On conçoit que dans les espèces de Sauriens à queue comprimée, comme dans la plupart des Uronectes, le corps des vertèbres correspondantes ait beaucoup plus d'étendue dans le sens vertical que dans le transversal, où les apophyses sont à peine indiquées par les petits tubercules qui livrent une insertion plus marquée aux tendons des muscles destinés à faire mouvoir la queue latéralement dans le cas du nager, comme chez les Poissons.

Les apophyses transverses des vertèbres sont surtout remarquables par la facette articulaire destinée à recevoir les côtes dans la région qui correspond au tronc et même dans celle du cou, car les vertèbres plus voisines de la poitrine portent des fausses côtes qui vont en augmentant successivement de longueur. On en compte jusqu'à huit, mais le plus souvent de quatre à six paires dans les Lézards, les Geckos et les Agames. Au reste, ces sortes d'appendices des vertèbres cervicales diffèrent des véritables côtes en ce qu'ils n'ont pas une double articulation ou une sorte de tête fourchue. Les apophyses transverses de la queue sont en général peu développées dans les Uronectes, et dans les Eumérodes elles varient beaucoup suivant les genres : c'est ainsi qu'elles sont très développées dans les vertèbres de la base de la queue chez les Lézards et les Dragons (voyez planche 5, fig. 1 et 2 du présent ouvrage), et qu'elles le sont très peu dans les Caméléons et les Orvets (pl. 6 et 7).

Quoique le nombre des vertèbres varie suivant les
genres, dans chaque région de l'échine, principalement dans celles de la queue, du dos et même du cou,
il n'y en a le plus ordinairement pour le bassin que
deux qui sont dites pelviales ou sacrées, et une ou
deux pour les lombes. La plupart des Sauriens en ont
huit au cou. Cependant on n'en compte que cinq dans
les Caméléons. Quelques espèces, comme celles des Varans et des Orvets, en ont jusqu'à trente dans la région
dorsale, et dans les Chirotes, on en compte au delà
de cent. Enfin pour la queue, le nombre varie de
vingt, comme dans certains Scinques et quelques Anguiformes à queue très courte; et même de cent vingt
chez quelques espèces d'Iguanes, de Varans et de
Tachydromes.

La tête, ou plutôt le crâne, que nous n'indiquons
ici que comme une partie mobile de l'échine, est
constamment articulée par un seul condyle sur la
partie postérieure et inférieure de l'os occipital, en
avant, ou pour mieux dire, au dessous du trou qui
livre passage à la moelle épinière. Les mouvemens en
sont généralement très bornés, et quoiqu'il y ait une
sorte d'atlas qui se meut sur une éminence épistro-
phée de l'axis, les mouvemens de torsion ou de
rotation de la tête sur la colonne cervicale sont à
peine notables.

Nous n'étudierons pas ici la composition des mâchoires, ni la manière dont elles se meuvent : cet
examen devra se présenter plus naturellement quand
nous traiterons des organes digestifs des Sauriens. Il
nous suffira de faire remarquer que le seul genre des

Crocodiles se rapproche des Chéloniens et des Batraciens, par la soudure intime sur le temporal de l'os
carré, ou intra-articulaire.

Toutes les espèces de Sauriens, sans exception,
ont des *côtes* distinctes les unes des autres, et chez
tous elles sont destinées à l'acte mécanique de la
respiration et aux mouvemens généraux du tronc
dont elles sont comme des prolongemens, quant à la
série de leviers que forment chacune des vertèbres.
En général ces côtes sont arrondies et à peu près
égales dans toute leur étendue. En arrière ou en
dessus, elles sont articulées avec les vertèbres par
une et rarement par deux facettes, pratiquées, l'une
sur le corps de l'os, et l'autre le plus souvent sur son
apophyse transverse. Il y a là des fibres ligamenteuses
et des incrustations de cartilages qui facilitent leurs
mouvemens. En devant ou en bas, presque toutes ces
côtes se prolongent en un cartilage flexible qui, tantôt se joint à un sternum, ou os pectoral moyen,
lequel reçoit en même temps l'os coracoïdien et la
clavicule; tantôt, au contraire, ces côtes sont libres :
quelquefois, comme dans les Caméléons, elles se
réunissent entre elles par leur prolongement cartilagineux sur une ligne médiane régulière. Il est même
quelques espèces, comme les Crocodiles, qui ont sous
les viscères abdominaux une sorte de sternum moyen,
lequel reçoit d'autres cartilages latéraux, simulant des
côtes qui ne vont pas rejoindre les vertèbres; et c'est
ainsi que nous l'avons fait représenter sur la planche 4 de cet ouvrage. Dans les Caméléons, les Polychres et les Anolis, les côtes qui protégent l'abdomen
sur les flancs, se joignent entre elles vers la ligne médiane inférieure du ventre. Dans les Dragons, ainsi

REPTILES, II,   39

que nous l'avons indiqué sur la planche 5, les côtes moyennes se prolongent considérablement pour soutenir la membrane ou la peau des flancs qui sert de parachute à ces petits Sauriens.

C'est un caractère anatomique pour les Sauriens d'avoir un *sternum*; c'est même par sa présence qu'ils diffèrent essentiellement des Ophidiens, qui en sont constamment dépourvus. Mais cet os pectoral moyen varie considérablement pour le nombre des pièces qui le constituent et pour l'étendue qu'il acquiert en largeur et en longueur. Destiné à recevoir les côtes et leurs cartilages, cet os pectoral moyen sert aussi de centre de résistance aux os inférieurs de l'épaule, de sorte que plus les membres antérieurs sont développés et mis en action, plus le sternum est large et solide; et au contraire il n'existe, pour ainsi dire, qu'en rudiment dans les espèces qui, comme les Urobènes, ont seulement des traces de pattes antérieures, tels que les Orvets, les Ophisaures, les Chirotes : c'est ce que nous avons fait représenter sur les figures de la planche VII du présent ouvrage. Dans les Tupinambis, au contraire, et dans les Iguanes, l'os pectoral a beaucoup de largeur, et les pièces qui le composent sont bien mieux développées, ainsi que l'ont fait représenter MM. Cuvier et Geoffroy Saint-Hilaire (1). Dans les Crocodiles il n'y a guère que

(1) Cuvier, deuxième partie du tome 5 des Ossemens fossiles, a donné les figures du sternum de quelques Sauriens: pl. 5, fig. 5, celui du Crocodile; pl. 18, fig. 53, du Tupinambis; fig. 54, de l'Iguane; fig. 55, du Lézard de Fontainebleau; fig. 57, du Scinque; fig. 38, du Caméléon. M. Geoffroy, dans sa Philosophie Anatomique, 1818, pl. 2, sous les nos 20 et 23, a fait aussi figurer les sternums des Tupinambis et du Lézard vert.

la portion moyenne inférieure qui soit véritablement osseuse.

Comme l'os hyoïde sert moins aux mouvemens généraux qu'à l'acte de la déglutition et de la respiration, nous indiquerons ailleurs les variations nombreuses que cet os présente dans les espèces les plus remarquables de l'ordre des Sauriens.

Les membres antérieurs ou pectoraux, quand ils existent, comme cela a lieu le plus souvent, sont composés d'une épaule, d'un os unique pour le bras, de deux pour l'avant-bras, d'un carpe ou poignet, d'un métacarpe et de doigts divisés en phalanges, dont la dernière porte le plus souvent un ongle toujours conique et pointu.

L'*épaule* est formée de trois os, réunis en ceinture, pour envelopper la partie antérieure de la poitrine. Deux de ces os, qui sont la *clavicule* et le *coracoïdien*, s'articulent sur la partie antérieure et latérale du sternum et concourent avec le troisième, qui correspond à l'*omoplate*, pour former une cavité commune dans laquelle l'extrémité supérieure de l'os du bras vient s'articuler. Dans les Crocodiles, il n'y a pas de véritable clavicule : l'épaule n'est réellement formée que de deux os; une omoplate longue et étroite, aplatie en haut, du côté du dos, arrondie vers le cou pour recevoir l'os coracoïdien qui ressemble davantage à une omoplate, quoiqu'il s'unisse au sternum. Une petite portion de la fosse humérale est complétée par un osselet qui paraît être l'unique rudiment de la clavicule, de sorte que Schneider (1)

_____

(1) Omoplatarum duplicium pars altera anterior cum sterno conjuncta

59.

a cru qu'il y avait dans ces Reptiles deux omoplates,
dont l'une venait se joindre au sternum. Chez les
autres Sauriens il y a beaucoup de modifications :
c'est ainsi que Cuvier a reconnu que dans les Iguanes,
le cartilage du bord spinal de l'omoplate est dentelé;
que dans les Varans l'omoplate est divisée et comme
rompue par une suture médiane ; que l'os coracoïdien
se joint au sternum par deux ou trois apophyses qui,
laissant entre elles des espaces libres, en constituent
autant de trous latéraux ; et enfin que dans les Caméléons, il n'y a, ainsi que l'avait remarqué Schneider,
que deux os à l'épaule, dont le coracoïdien est très
court, la clavicule manquant tout-à-fait.

L'os du bras ou l'*humérus* des Sauriens s'articule
avec l'épaule, comme chez les Oiseaux, dans une
cavité commune produite par la réunion de l'omoplate, du coracoïdien et quelquefois de la clavicule.
Il offre là une tête un peu aplatie qui s'oppose, jusqu'à un certain point, au mouvement en fronde. On
y retrouve, indiquées faiblement, les deux tubérosités
destinées à fournir des insertions aux muscles, mais
la crête sur laquelle s'insère le tendon du deltoïde
est beaucoup plus prononcée. Jamais les Sauriens
n'ont à l'os du bras cette ouverture destinée à laisser
pénétrer l'air dans la cavité médullaire, comme dans
les Oiseaux. En bas, l'humérus se termine par deux
éminences ou condyles et par une double tubérosité
enduite de cartilages d'incrustation, faisant l'office
d'une poulie sur laquelle se meuvent les deux os de
l'avant-bras.

---

clavicularum vices gerit, ut in Chamæleonte, etc, Schneider, Hist.
Amphib. fasc. 11, pag. 69.

Les os de l'avant-bras n'offrent pas de particularités remarquables; en général le *cubitus* est plus long et plus solide que le *radius*. Il n'y a pas de véritable cavité sigmoïde, et l'olécrane, quand il existe en rudiment, n'est pas soudé au coude : il représente une sorte de rotule; il n'y en a même pas du tout dans les Crocodiles. Les deux os sont très rapprochés, et le radius chevauche le plus souvent sur le cubitus en haut; mais du côté du carpe les deux pièces sont plus écartées. Meckel dit même avoir observé chez le Monitor un petit os enclavé dans l'intervalle qui les sépare.

La patte antérieure proprement dite, ou *la main*, qui est une des quatre parties principales du membre, atteint en totalité plus de longueur que l'avant-bras, quoique dans quelques espèces elle offre à peu près la même étendue. Le *carpe* ou poignet varie pour le nombre des os, qui forment ordinairement deux rangées ou deux séries, l'une du côté de l'avant-bras et l'autre vers les doigts. Les premiers sont généralement en moindre nombre. Dans les Crocodiles, par exemple, il semble qu'il n'y ait que quatre os. Les deux premiers correspondent chacun à l'os de l'avant-bras; ils ressemblent à des phalanges : les cinq autres sont très petits et l'un, celui du côté du cubitus, est hors de rang. Dans plusieurs autres Sauriens, en particulier dans les Lézards, on compte jusqu'à neuf petits osselets dans le carpe; les deux premiers sont également assez allongés, et il y a une sorte de petit sésamoïde correspondant au cubitus; il y en a six autres au second rang pour s'articuler avec les os métacarpiens. Dans le Caméléon, ainsi que l'a fait connaître

Cuvier (1), le carpe est très singulièrement disposé ;
les deux os du carpe qui suivent ceux de l'avant-bras
sont articulés sur une plus grosse pièce centrale,
laquelle reçoit elle-même les cinq os qui correspondent aux métacarpiens : trois pour les doigts externes,
et deux pour les internes formant ainsi deux faisceaux
opposables.

On conçoit que la figure et les proportions des *os
métacarpiens* et des *phalanges* doivent varier autant
que la patte antérieure, dont quelques espèces n'ont
qu'un doigt, quelquefois trois ; tandis que le plus grand
nombre en ont cinq, et souvent tellement allongés
qu'ils surpassent, dans cette proportion, l'étendue
totale de l'os du bras et de ceux de l'avant-bras réunis. Le nombre des phalanges varie également. En
général c'est au doigt du milieu, qui est le plus long,
que l'on rencontre le plus de phalanges ; fort souvent, il n'y en a que deux au pouce, trois au second et au cinquième doigts ; le troisième en a quatre
et le quatrième cinq, quoiqu'il soit plus court que le
précédent. Il y a quelques différences à cet égard ;
cependant cette disposition est la plus générale.
Quant aux dernières phalanges, ou *os onguéaux*, ils
sont, comme nous l'avons dit, coniques et moulés
pour la partie osseuse d'après l'étui corné et pointu
que leur présente l'ongle, qui est souvent tranchant
sur les bords et arqué sur sa longueur.

Les membres postérieurs ou pelviens n'existent plus
dans les derniers genres de l'ordre des Sauriens : on
en retrouve cependant des traces, même dans les

(1) Ossemens fossiles, tome 5, 2e partie, pag. 298 ; pl. 18, n° 51.

espèces Urobènes qui n'en offrent au dehors aucune apparence, comme les Orvets, les Ophisaures et les Chirotes. Cependant chez les Eumérodes et les Uronectes, on distingue toutes les pièces osseuses qui correspondent au bassin, à la cuisse, à la jambe, au tarse, au métatarse et aux doigts.

Le *bassin* est formé par les trois os pelviaux. L'iléon qui s'articule en haut sur les deux pièces du sacrum, le pubis et l'ischion placés au dessous de l'articulation fémorale, l'un en avant, l'autre en arrière. Le plus souvent, ces trois os se réunissent, comme ceux de l'épaule, pour former la cavité articulaire qui reçoit la tête du fémur. Dans le Crocodile, l'iléon ne s'articule réellement qu'avec l'ischion, qui est très développé et qui forme seul le bassin en arrière, en supportant le pubis grêle qui se porte en avant sous l'abdomen pour se joindre à l'aponévrose et aux cartilages du sternum ventral. De sorte que tout cet appareil osseux a la plus grande analogie avec la ceinture formée par les os de l'épaule. Dans le Caméléon, le bassin présente une forme plus particulière, car les os des îles sont longs et grêles ; ils se portent vers le sacrum avec lequel ils s'unissent en partie, mais en se prolongeant par un cartilage au dessus de l'échine. Les os ischions sont très courts, intimement joints aux pubis, qui sont également peu développés et qui se portent en avant sous la ligne médiane du ventre. En général, dans tous les Sauriens les trois os du bassin restent séparés les uns des autres et indiqués par une suture dans leur point de réunion centrale, qui correspond à la cavité fémorale.

L'*os de la cuisse* est toujours unique. Par sa forme et par son mode d'articulation, il ressemble en général à celui du bras. Son extrémité supérieure, ou sa tête, qui est reçue dans la cavité cotyloïde des os du bassin, n'est pas tout-à-fait ronde, de sorte que son mouvement ne s'opère pas circulairement, comme dans le véritable genou des Mécaniciens. Chez les Crocodiles, le fémur est plus courbé que l'humérus. Cette courbure en *S* italique est telle que son extrémité supérieure est interne et les condyles en dehors; car la position naturelle de l'os est horizontale, lorsque l'animal est en repos. Dans la plupart des autres Sauriens, comme le péroné s'unit au fémur, on trouve sur le condyle externe une petite rainure dans laquelle s'engage l'os de la jambe pour y faire l'office d'un ressort, à peu près comme dans les Oiseaux.

La jambe est composée de deux os, le *tibia* du côté interne et le *péroné* extérieurement. Il y a de plus une *rotule* ou un petit os sésamoïde développé dans l'épaisseur du tendon des muscles extenseurs. Généralement le tibia est plus gros que le péroné ; cependant celui-ci est assez volumineux vers son extrémité tarsienne.

Le *tarse* varie comme le carpe, suivant le nombre et la longueur des doigts qu'il est obligé de supporter ; presque toujours les os qui le composent sont disposés sur deux rangs, et à la première série il n'y en a que deux dont chacun supporte l'un des os de la jambe ; mais le nombre de ceux de la seconde rangée varie suivant celui des os du métatarse qu'ils doivent recevoir.

Le reste de la patte postérieure présente, quant aux os qui la forment, la plus grande analogie avec la main. C'est le cas de reconnaître plus particulièrement que dans les Sauriens ces deux parties sont semblables (*pes altera manus.*)

Tels sont les organes passifs du mouvement chez les Sauriens. Nous ne les aurions pas fait connaître avec autant de détails, si en étudiant leurs modes d'articulations, l'on ne pouvait réellement acquérir la connaissance des actions que les diverses parties de leur corps peuvent exécuter. En effet on trouve, pour ainsi dire, inscrits dans la présence ou dans la forme de leurs os, certains caractères propres à en faire distinguer même quelques débris isolés, et en particulier à reconnaître de suite les ossemens fossiles qui auraient appartenu à des Sauriens, quand même ils seraient confondus avec ceux des autres animaux vertébrés.

Voici d'ailleurs quelques unes de ces annotations ostéologiques sur lesquelles nous croyons devoir insister et revenir plus particulièrement.

Ainsi, comparés avec les os des Mammifères, on reconnaîtra dans les Sauriens un condyle unique à l'occipital, au lieu de deux ; une fosse glénoïde pour l'articulation avec le crâne au lieu d'une éminence condylienne ; une cavité humérale formée par deux ou par les trois os de l'épaule, au lieu d'être uniquement pratiquée dans l'omoplate.

Pour distinguer les os des Sauriens de ceux des Oiseaux, on se rappellera que les vertèbres du dos sont séparément mobiles, ou non soudées entre elles ; que celles de leur queue sont très nombreuses, et qu'elles vont successivement en diminuant de grosseur, tandis qu'il y en a très peu dans les Oiseaux, et que la dernière est toujours la plus grosse ; que l'os du bras n'offre jamais de canaux ou d'orifices aérifères.

Quant aux Poissons, il suffira de remarquer que chez les Sauriens les corps des vertèbres ne sont pas

joints les uns aux autres par des cavités coniques ;
que leur condyle occipital n'est jamais creusé au centre en fosse conique ; qu'ils n'ont pas d'os pharyngiens
à la base de la langue.

Il est également fort aisé de distinguer, par les
parties du squelette, les Sauriens des trois autres
ordres de Reptiles. En effet ils n'ont pas, comme les
Chéloniens, les vertèbres du dos et les côtes soudées
entre elles pour former une carapace, et ils ont des
dents implantées dans les mâchoires ; en outre ils ont
moins de vertèbres au cou, les os de leurs épaules
et de leur bassin s'unissent tout autrement à l'échine.
Quant aux Ophidiens, on saura qu'ils s'en éloignent
par la soudure des deux branches de leurs mâchoires,
par la présence d'un sternum, des épaules et d'un
bassin, et de plus, par le mode de l'articulation du
corps de leurs vertèbres.

Enfin, pour les Batraciens, la brièveté ou l'absence
des côtes qui jamais chez ceux-ci ne vont rejoindre le
sternum et le mode d'articulation de leur tête sur l'é-
chine par deux condyles, au lieu d'un seul, et surtout
la grande différence que présente la jonction réciproque des corps des vertèbres : voilà autant de caractères différentiels fournis par l'examen des pièces du
squelette ; on voit donc combien il devenait important
pour les zoologistes de connaître les particularités de
la structure des Sauriens, s'ils avaient à déterminer
la nature de quelques débris fossiles ou de pièces osseuses fournies par la géologie.

Nous ne donnerons pas de détails sur la myologie.
On trouvera tous les renseignemens désirables sur
les muscles des Sauriens dans les ouvrages descriptifs
d'anatomie comparée, spécialement dans le premier

volume des leçons de notre ami Cuvier que nous avons rédigées, et dans le traité de Meckel (1). D'une manière générale nous dirons qu'on doit les distinguer en ceux qui sont destinés à mouvoir le tronc et les membres; qu'ils varient considérablement pour le nombre et le développement, suivant les modifications subies par le squelette dans les différens genres; que leur fibre est blanche et peu colorée; que celle de divers espèces est recherchée pour les tables dans divers pays, et qu'il s'y développe peu de tissu graisseux.

On a attribué à la chair de quelques espèces des vertus médicamenteuses. C'est ainsi qu'en Amérique, la Dragonne et l'Iguane sont regardés comme présentant aux friands un mets délicieux qui a fait donner à cette dernière espèce le nom de *Délicatissime;* que celle de certains Lézards Améivas est employée comme anti-syphilitique; et qu'en Asie, les vieillards qui cherchent à se procurer encore certaines jouissances, se procurent à grand prix des Scinques, qui sont regardés comme aphsrodisiaques, ou propres à exciter des feux qui s'éteignent.

§ II. DES ORGANES DE LA SENSIBILITÉ.

Sous le rapport de la disposition générale du système nerveux, les Sauriens ne diffèrent pas beaucoup des autres Reptiles, comme nous l'avons indiqué dans le second chapitre du premier livre de cet ouvrage, page 54, où nous avons décrit comme types les os qui, chez le Crocodile, constituent la boîte osseuse du

---

(1) Traité général d'Anatomie comparée, traduit en français par Riester et A. Sanson, 1829; Paris, tome 5, 2e section, pag. 215 et suiv.

crâne. CUVIER (1) a donné beaucoup plus de détails à ce sujet, et il deviendra important de consulter son ouvrage, ainsi que ceux de MM. SERRES et DESMOULINS (2).

Nous rappelons seulement que chez la plupart des Sauriens, la cavité du crâne, surtout en arrière, est à peu près remplie par la masse cérébrale qui est, pour ainsi dire, moulée dans cet espace; que la ménynge fibreuse, véritable périoste interne, n'offre pas de replis membraneux transverse ou longitudinal, pour séparer l'encéphale en région postérieure et en latérale; que la surface de la masse cérébrale ne présente pas de saillies sinueuses, qu'on puisse considérer comme des circonvolutions de la matière pulpeuse. Cependant il y a des lobes disposés par paires : ainsi ce sont d'abord les tubercules olfactifs, puis les lobes optiques placés en arrière de la masse moyenne, qui forment la plus grande partie du cerveau; car chez tous les Sauriens, le cervelet est constamment la portion la moins développée. Toutes ces parties médullaires sont enveloppées par un tissu vasculaire qui correspond à la membrane pie-mère; mais elle est d'une minceur extrême, et la présence seule des vaisseaux qui la parcourent indique son existence.

_____

(1) CUVIER (G.) a consacré la planche 56e de la 2e partie du 5e volume de ses Recherches sur les ossemens fossiles à la représentation des têtes osseuses des différentes espèces de Sauriens, telles que celles des Varans, fig. 1 à 7; du Sauve-Garde d'Amérique, fig. 10; de la Dragonne, fig. 12; du Lézard, fig. 14; des Uromastix, fig. 17 et 18; de l'Iguane, fig. 23 et 26; des Agames, fig. 20; des Geckos, fig. 27; des Caméléons, fig. 30 et 33; des Scinques, fig. 55 et 56.

(2) Voyez tome 1er, à l'article de l'histoire littéraire, les titres de ces deux ouvrages.

Nous avons déja fait remarquer (tome 1, page 62) que les nerfs qui proviennent de l'encéphale et qui sortent par la base du crâne sont beaucoup plus grêles que ceux qui sont produits par la moelle épinière ; ce qui semble en rapport avec la grande irritabilité musculaire et la moindre énergie de leurs organes des sensations. Certainement il existe de très grandes différences chez les diverses espèces ; cependant nous verrons qu'en général il y a peu de développement dans les facultés sensitives, considérées chacune en particulier.

Différentes causes peut-être influent sur la sensibilité des Sauriens ; mais les deux principales sont très probablement celles qu'exercent d'une part la température de l'atmosphère dans laquelle ils sont plongés, et de l'autre l'effet consécutif de la lenteur ou de l'accélération qu'éprouve leur sang, dans son mouvement subordonné à l'acte modifié de la respiration pulmonaire. On sait en effet que par les temps froids, ces animaux tombent dans un état de torpeur que l'on a pu prolonger pendant des années entières, et qu'alors à peine donnent-ils quelques signes de vie, quand on incise leur corps, ou qu'on les lacère de diverses manières ; que l'influence des causes externes, et principalement celle de la chaleur, excitent toutes leurs fonctions et leur activité locomotrice, sensitive, digestive et générative.

Toutes les facultés animales sont donc chez les Sauriens, comme chez la plupart des autres Reptiles, subordonnées essentiellement à la température du milieu dans lequel ils vivent. Elles se trouvent excitées ou ralenties par son élévation ou son abaissement dans des degrés limités ; car il paraît, d'après les observa-

tions de MM. de Humboldt et Bonpland, que chez les
Caïmans la chaleur atmosphérique, portée à un haut
degré, détermine l'engourdissement et une sorte de
torpeur, analogue à celle que le froid produit dans nos
climats sur la plupart des Reptiles.

C'est peut-être aussi au peu d'énergie de leurs organes des sens, et par suite au petit nombre d'idées
qu'ils acquièrent par leurs sensations, que la plupart
des Sauriens montrent peu d'instinct de sociabilité.
Quelques uns à la vérité réunissent leurs efforts et
leurs mouvemens pour chasser ensemble; mais ils ne
s'attroupent pas pour se défendre, ou pour combattre
un ennemi commun. Le seul besoin de la nourriture
ou de la propagation de l'espèce les porte à se réunir;
mais ils ne savent point se construire des demeures
communes. Comme leurs petits, en sortant de l'œuf,
peuvent subvenir à leur propre conservation, les pa-
rens ne s'en occupent pas, et rarement les mâles con-
courent-ils à la construction du nid, c'est-à-dire à la
réunion de quelques feuilles sèches ou de substances
molles que les femelles recherchent pour couvrir les
œufs, qu'elles déposent dans quelque lieu abrité et qui
est rarement prédisposé par elles-mêmes.

Nous allons maintenant faire connaître les modifications principales et les particularités que présentent
les Sauriens, sous le rapport de leurs perceptions, en
étudiant les formes et la structure de leurs organes
des sens.

1° LE TOUCHER. Comme nous avons traité de ce
sens avec assez de détails dans l'étude que nous avons
faite de l'organisation des Reptiles (1), nous n'aurons

_____

(1) Tome 1er, pages 66 et 75.

à donner ici que de simples développemens aux faits principaux qui nous sont offerts par les divers genres des Sauriens.

Nous avons déja dit que la sensation du toucher dépendait du contact matériel des corps plus ou moins résistans qui étaient mis en rapport avec la surface de l'animal, qui pouvait ainsi apprécier quelques unes de leurs qualités. Si la taction est indépendante de la volonté de l'animal, cette sensation est éprouvée d'une manière passive : elle est active au contraire, si l'être animé, par suite de sa volition, touche, tâte, palpe, explore la surface des corps pour acquérir la connaissance de leurs qualités dites tactiles. De sorte qu'en recherchant comment cette double faculté de recevoir une sensation, en touchant et en étant touché, s'exerce chez les Sauriens, nous aurons d'abord à rappeler les différentes modifications de leurs tégumens, et ensuite celles des diverses parties de leur corps, qu'ils peuvent employer activement pour apprécier les qualités des objets dont ils veulent acquérir une connaissance plus intime, en explorant leur volume, leur solidité, le repos ou le mouvement, la chaleur ou le froid, etc.

La peau des Sauriens est en général composée des trois couches principales superposées, que l'on retrouve anatomiquement dans les tégumens des autres animaux vertébrés. Le derme, constitué par un tissu fibro-gélatineux, dense et serré, peu poreux, mais fort élastique, est intimement adhérent aux organes qu'il recouvre ; soit aux os de la tête en particulier par leur périoste, soit aux muscles par les lames cellulaires, les vaisseaux et les nerfs. Puis une couche très mince de matière muqueuse et colorée très diversement suivant les espèces. Enfin une sorte de croûte ou de lame

cornée extérieure et continue, qui prend le nom d'épiderme. Son épaisseur varie ; elle suit au dehors toutes
les saillies et les enfoncemens qui se remarquent à la
surface. On leur donne en général le nom d'écailles ;
mais ses formes, sa structure et ses dimensions présentent la plus grande diversité.

Le derme est véritablement la portion la plus solide
de la peau : c'est lui qui forme et qui semble déterminer toutes les apparences diverses et les modifications
que sa surface présente. Les deux autres couches
extérieures suivent les creux et les reliefs qui ont
fait donner à la surface des tégumens les noms sous
lesquels on les désigne, quand on dit que le corps
est lisse, ridé, strié, cannelé, sillonné, quadrillé, .ver-
ticillé ; ou quand on l'indique comme étant rude,
rugueux, tuberculeux, verruqueux, épineux, écailleux, caréné, bordé, frangé ou crêté.

Le corps muqueux est la couche vasculaire réticulée dans les mailles de laquelle se dépose la matière colorante ; celle-ci présente, pour les teintes et
les nuances de la substance qu'on appelle *pigmentum*,
d'innombrables modifications, qui varient tellement
qu'outre les couleurs primitives, à partir du noir et
du blanc, on y retrouve toutes les mutations que peut
éprouver la lumière dans ses trois teintes premières,
du bleu, du rouge et du jaune ; mais qui, mêlées diversement, produisent l'indigo, le violet, l'orangé,
et surtout la couleur verte dans toutes ses dégrada-
tions et ses mélanges plus ou moins purs ou ternes,
couleur qui est la livrée la plus commune dans la race
des Sauriens.

L'épiderme des Lézards se renouvelle plusieurs fois
dans l'année, au moins chez les espèces de notre cli-

mat, principalement au premier printemps : aussi à
cette époque les couleurs de la peau sont-elles en général beaucoup plus vives dans les deux sexes, mais
surtout chez les mâles. Dans ces sortes de mâles, l'é-
piderme se détache ordinairement par lambeaux ou
en lames, qui présentent sur leur surface cutanée des
saillies et des enfoncemens disposés en sens inverse
des parties sur lesquelles elles étaient appliquées. On
voit ainsi évidemment que les diverses sortes d'é-
cailles ou de tubercules étaient véritablement formés,
soit par le prolongement du derme, soit par les tissus
cornés ou osseux qui se sont développés dans son
épaisseur.

On a donné des noms divers à ces apparences, à
cette disposition de la peau et par suite aux plaques
cornées qui la recouvrent, suivant les diverses régions
où elles sont très sujettes à varier dans les différens
genres et même dans les espèces, mais d'une manière
constante ; de sorte qu'on les a distinguées les unes des
autres d'après ces nombreuses variations. Il devient
donc important d'en présenter ici l'énumération.

Quelle que soit la forme des petits compartimens
que l'épiderme emprunte de la peau, en se moulant
pour ainsi dire sur ses saillies, ou en s'enfonçant dans
ses plis divers, et soit qu'on les nomme plaques, tubercules, épines, écussons ou écailles ; on les désigne
d'après leur situation sur le crâne, le museau, les narines, les sourcils, les tempes, les mâchoires, les
lèvres, le cou, le gosier, la nuque, le dos, la poitrine, le ventre, les flancs, la queue, etc., par des
épithètes qui se répètent souvent dans la description
des individus. Voilà pourquoi nous allons les faire
connaître ici dans l'ordre de l'énumération qui pré-

cède. Ces écailles ou ces plaques sont donc dites crâ-
niennes ou syncipitales, rostrales, nasales, surcilières ou orbitaires, temporales, maxillaires, la-
biales, collaires, gutturales, nuchales, dorsales, pectorales, ventrales, latérales, caudales, anales, fémorales, tibiales, digitales, etc.

C'est surtout aux formes diverses que prennent les
saillies de la peau que les naturalistes ont attribué
des noms plus importans à connaître. Il est rare que
toute la superficie soit recouverte d'écailles ou de tubercules semblables ou homogènes; encore souvent
sont-ils autrement disposés. C'est le cas, en particulier, des Varans; c'est aussi celui des Geckos, dont le
corps est tout-à-fait lisse ou simplement chagriné,
comme dans les Caméléons. Le plus ordinairement
les saillies sont diversement distribuées, et elles diffèrent pour la solidité et la conformation. C'est ainsi
qu'on distingue des écussons osseux dans les Crocodiles, cornés dans la Dragonne; des tubercules osseux
dans l'Héloderme de Wiegmann, et granuleux dans les
Varans. Tantôt ce sont des épines aiguës, au cou dans
les Agames et les Phrynocéphales, à la queue chez
les Cordyles et les Stellions, aux cuisses et aux jambes
dans le Fouette-queue d'Égypte. Chez d'autres ce sont
des lames cornées qui ont l'apparence de crêtes, de
carènes; ou des écailles qui varient à l'infini pour la
forme, la disposition réciproque et la superficie. Il
en est qui sont carrées, en rondache, ovales, lunu-
lées, planes, larges, étroites, convexes; sur d'autres
Sauriens elles sont placées régulièrement à la suite les
unes des autres, ou parsemées irrégulièrement; tantôt disposées en anneaux ou par bandes verticillées et
transversales, ou bien en recouvrement et entuilées,

imbriquées, en quinconce comme celles des Poissons, et tantôt enfin elles sont lisses ou striées, cannelées, rayonnées, carénées, etc.

Il est encore utile de rappeler que chez quelques Sauriens la peau offre des replis auxquels on a donné des noms particuliers. Ainsi il en est qui ont sous la gorge une sorte de fanon dentelé, comme les Iguanes et les Caméléons; ou un sac dilatable soutenu par les branches osseuses de l'hyoïde plus ou moins développées. C'est une simple poche, comme dans les Agames et les Sitanes, ou double comme dans les Dragons. Tantôt ce sont des replis particuliers de l'occiput ou de la nuque, comme dans le Basilic à capuchon, dans plusieurs espèces de Caméléons, et dans le Chlamydosaure de King, décrit par Gray, qui a des feuillets si bizarres dans la région du cou; tantôt c'est un simple pli, tel que celui qu'on voit sous le collier ou la série d'écailles en chapelet des Lézards. D'autres, comme les Basilics, les Lophyres, les Porte-Crêtes, ont des lames verticales sur la nuque, sur le dos ou sur la queue, qui sont quelquefois soutenues par des épines osseuses; enfin il en est, comme les Dragons, chez lesquels la peau des flancs, étalée sur les côtes prolongées dans ce but, semble remplir l'office des ailes pour soutenir ces petits animaux dans l'atmosphère en les protégeant dans leurs chutes volontaires.

La surface de la peau présente encore quelques particularités, soit dans les pores dont elle est percée, soit dans la forme des papilles distribuées sur les régions de la queue ou des doigts; saillies molles, qui sont bien certainement destinées à opérer un contact plus intime, et probablement une sorte de perception tactile.

40.

On observe ces pores cutanés d'une manière fort
distincte sur le bord de la plupart des écailles des
Crocodiles, soit sur leurs flancs, soit sous la gorge;
mais il en est de très particuliers sous leur mâchoire.
C'est par ces trous que suinte une sorte d'humeur
grasse d'une odeur très pénétrante et musquée; quelques espèces en ont de fort distincts également, soit
sur l'écaille qui recouvre le cloaque, comme dans les
Chirotes, soit sur les parties latérales de cet orifice. Ces
pores sont la terminaison des cryptes ou des glandes
anales. Ce sont surtout les pores fémoraux, s'ouvrant
sur des rangées longitudinales d'écailles, souvent plus
grandes et plus colorées, qu'on voit sur le bord interne
des cuisses; c'est ce qu'on observe dans quelques
Geckos et surtout dans les genres des Iguanes et des
Lézards.

Les papilles s'observent quelquefois sous la queue
des espèces qui l'ont préhensile, comme les Caméléons et quelques Polychres; d'autres en ont sous les
doigts, comme les Anolis, dans la partie dilatée qui
correspond à la pénultième phalange, ou sous la longueur des doigts comme dans les Geckoïdes, où elles
sont disposées en lamelles entuilées, et dans les
Caméléons, où elles ont la forme granulée.

En traitant des organes du mouvement, nous avons
déja eu occasion de faire connaître comment les pattes
sont divisées en doigts, et ceux-ci en articulations
plus ou moins étendues en longueur; mais comme ces
parties sont en général couvertes d'écailles, elles servent moins à la sensation du toucher qu'aux différens
modes de station ou de progression. Il en est de
même des ongles qui manquent quelquefois aux
pouces ou aux deux doigts externes, comme dans les

Crocodiles ; qui sont longs ou courts, droits ou courbés, mousses ou pointus, toujours dressés et rarement
rétractiles. Mais jamais ces animaux ne paraissent
mettre leurs doigts en action pour juger par le tact ;
leur langue remplit peut-être seule cet office pour
leur donner la connaissance des qualités tangibles des
corps.

2°. L'ODORAT (1). Comme les Sauriens se nourrissent
tous d'animaux dont ils s'emparent brusquement, au
moment même où ils les aperçoivent, on conçoit que
chez eux l'organe de l'odorat ait été peu développé,
puisqu'il n'était pas destiné à faire connaître instan-
tanément l'existence, même éloignée, de la proie
qu'ils auraient à saisir. En outre, comme nous savons
que l'air est le seul véhicule des odeurs dont la sensation a constamment son siége vers l'orifice des
organes respiratoires, nous devons présumer que dans
ces espèces, dont les poumons sont soumis à une
action arbitraire, l'inspiration s'opérant souvent à de
longs intervalles, la perception des odeurs n'aurait
lieu, pour ainsi dire, que par suite de la volonté et
avec des intermissions ou dans des espaces de temps
trop éloignés. C'est en effet ce résultat de l'organisation qui est resté inscrit dans l'appareil olfactif de
la plupart des Sauriens, chez lesquels on n'en trouve,
pour ainsi dire, que les premiers rudimens.

Sans revenir sur les détails dans lesquels nous
sommes entrés dans l'article que nous venons d'indiquer en note, nous rappellerons que les Crocodiles
sont les seuls Sauriens chez lesquels les fosses nasales,
pratiquées dans toute la longueur des os de la face et

(1) Voyez tome 1er du présent ouvrage, pages 82 et 86.

la base du crâne, aient à parcourir un si grand espace. Dans toute cette étendue, ce canal est tapissé d'une membrane muqueuse qui se replie sur des lames osseuses et dans des ˙anfractuosités qui rappellent celles qui existent chez la plupart des Mammifères. En effet, on a constaté que les ramifications du nerf olfactif se distribuent et se terminent dans l'épaisseur de ces parties. Cependant nous avons déja dit, d'une manière générale, mais nous l'exposerons par la suite beaucoup plus amplement dans l'article où nous traiterons des Crocodiles et des Gavials, que cette structure des narines, qui constituent un long tuyau aérifère s'ouvrant dans la gorge, derrière le voile du palais, dépend de l'obligation où se trouve l'animal de saisir sa nourriture dans un liquide, et de conserver très long-temps les mâchoires écartées et la bouche ouverte, même au fond des eaux, pour pouvoir submerger et asphyxier sa proie. C'est encore dans le même but que l'orifice commun ou rapproché de ces narines se trouve placé à l'extrémité du museau vers la ligne médiane et supérieure, et qu'il est muni de soupapes et d'un appareil musculaire pour empêcher l'eau de pénétrer dans les fosses nasales, lorsque l'animal est obligé de plonger. C'est ce que M. le professeur Geoffroy a très bien indiqué (1), comme nous le ferons mieux connaître, quand nous exposerons l'organisation particulière des animaux de cette famille, et en particulier des Gavials.

Dans la plupart des autres Sauriens les fosses nasales sont très peu développées : elles n'ont ni sinus,

---

(1) Mémoires du Muséum d'histoire naturelle de Paris, vol. 12, page 97.

ni cornets; elles sont encore moins anfractueuses que chez les Oiseaux. On sait que chez un grand nombre de ceux-ci, elles sont en communication avec le diploé ou les cellules creusées dans l'épaisseur des os de la tête. Ces conduits nasaux ont très peu d'étendue en largeur et en longueur, car ils s'ouvrent en une fente au milieu ou vers le tiers postérieur de la voûte palatine. La membrane olfactive qui les tapisse est peu humide et colorée le plus souvent en brun noirâtre. Les orifices externes des narines, qui souvent sont munis de petits cartilages et de bords mobiles, sont en général distincts et séparés. C'est dans les espèces des genres Stellion, Varan et Caméléon, qu'ils sont plus latéraux et par conséquent plus écartés.

3°. LE GOUT. Puisque les saveurs ne se font percevoir dans la bouche qu'autant que les matières qui en renferment les principes sont actuellement liquides, ou qu'elles peuvent le devenir, on conçoit que les Sauriens, qui ne mâchent guère leurs alimens, et dont les dents sont le plus souvent destinées uniquement à saisir et à retenir la proie, ou tout au plus à l'entamer à la surface, ne laissent pas long-temps en contact avec la langue la substance alimentaire qu'ils avalent goulument. En outre, comme ces animaux ont peu de salive, et que celle qu'ils secrètent est plutôt destinée à lubréfier, à envisquer la surface de l'aliment, qu'à le liquéfier, tout porte d'avance à croire que dans cet ordre de Reptiles, l'organe du goût sera peu développé. Cependant tous les Sauriens ont la langue, ou les parties qui en tiennent lieu, dans un état de mollesse et de nudité, tel qu'elle doit au moins leur fournir les moyens de juger par le contact, la nature des

corps qui doivent être avalés, et d'apprécier quelques
unes de leurs qualités.

La langue des Sauriens, sur la surface de laquelle on
peut supposer que réside l'organe du goût, est en
général humide et enduite d'une humeur muqueuse ;
car ces animaux respirant lentement, avec la bouche
close, on conçoit qu'il s'y opère peu de dessèchement.
Dans quelques espèces, et surtout chez celles qui,
comme les Caméléons, peuvent, à l'aide des mouvemens imprimés par l'os hyoïde, porter cette langue
au dehors, c'est un instrument que l'animal lance sur
sa proie, pour l'y faire coller et pour l'entraîner dans
la gorge. Chez d'autres, comme les Varans, cette
langue est encore très protractile, engaînée dans une
sorte de fourreau qui la cache et se change en tubercule, lorsqu'elle est rentrée dans la bouche. Chez les
Lézards, les Ophisaures, les Orvets et les Scinques,
elle est plate, charnue, très mobile, échancrée à la
pointe ; elle peut avancer au delà des mâchoires pour
se porter sur les lèvres. Dans les Agames, les Basilics et les Anolis, elle est plus grosse et ne peut sortir
de la bouche. Elle devient encore plus épaisse dans
les Geckoïdes. Enfin dans les Crocodiles, elle semble
tout-à-fait confondue dans la couche membraneuse
qui forme le plancher de la gorge entre les branches
soudées de leur très longue mâchoire inférieure (1).

---

(1) C'est ici l'occasion de rappeler que l'étude de la conformation de la
langue a fourni à Wagler un moyen de classification des Reptiles, dont il
s'est servi principalement pour l'ordre des Sauriens. Voici les noms qu'il
leur a donnés et les exemples qui s'y rapportent.

1°. Les *Hédréoglosses*, de ἑδραῖος, sessile, stable, sédentaire, adhé-

4°. L'AUDITION. Nous n'avons rien à ajouter aux réflexions générales que nous avons présentées, à la page 88 du volume précédent, sur l'organe de l'ouïe dans les Reptiles, et en particulier pour les Sauriens. Nous avons noté là les modifications diverses que peuvent nous présenter ces organes. Nous soumettrons cependant cette idée aux réflexions des naturalistes, que c'est probablement par la moindre nécessité de l'emploi de cet organe qu'il est aussi peu développé; car la plupart des espèces, ou sont privées de la voix, ou ne la produisent que dans des cas très rares. Il est évident cependant qu'ils entendent, et que le moindre bruit éveille leur attention et le plus souvent leur inspire une crainte salutaire qui les fait fuir. Ils ont évidemment ces instrumens répétiteurs et percepteurs des sons, situés absolument de même que chez les autres animaux vertébrés qui respirent l'air.

C'est une cavité intérieure, peu développée dans les os des parties latérales du crâne, laquelle communique largement avec la gorge et se trouve fermée au dehors soit par les tégumens communs, comme dans les Caméléons et les Chirotes, soit par des écailles analogues à celles du reste du corps, comme dans les

---

rente de toutes parts, et de γλῶσση, langue; comme dans les Crocodiles.

2°. Les *Platyglosses*, de πλατὺς, plane, large, mais libre à la pointe; telle que celle des Geckos.

3°. Les *Pachyglosses*, de παχὺς, épaisse, grosse, presque aussi large que haute; comme celle des Agames, des Basilics, des Iguanes.

4°. Les *Autarchoglosses*, de αὐτάρκης, se suffisant à elle-même, libre dans ses mouvemens au dehors; comme dans les Lézards.

5°. Les *Thécoglosses*, de θήκη, gaîne, étui, boîte, exertile; rentrant dans un fourreau; comme dans les Varans, les Caméléons.

Orvets et les Hystéropes ; tandis qu'il existe un véritable tympan situé tantôt à fleur de tête, tantôt dans un conduit auditif très court dans les Ophisaures et dans le plus grand nombre des autres genres.

Les Crocodiles présentent une particularité dans l'existence d'un repli de la peau formant une sorte de valvule ou de soupape qui peut s'abaisser et s'appliquer sur le rebord du méat auditif pour cacher le tympan, circonstance d'organisation dont le but paraît être de protéger cette membrane lorsque l'animal vient à plonger à de grandes profondeurs.

Quant à la structure interne de l'organe de l'ouïe, elle varie considérablement pour les détails ; mais en général elle ne diffère guère de la conformation qui appartient à l'ordre entier.

5°. La vue. Les yeux ou les organes destinés à la vision chez les Sauriens ne diffèrent pas assez, sous le rapport de la structure, de ceux des autres Reptiles, pour que nous ayons beaucoup à ajouter aux détails que nous avons présentés dans l'article général qui est relatif à ce sens, aux pages 94 à 104 du volume précédent, que nous prions le lecteur de consulter.

Ce sera donc pour rapprocher et indiquer les modifications les plus notables que nous les relaterons ici. Très peu d'espèces connues dans l'ordre des Sauriens sont privées de la vue. Cependant quelques unes de celles qui semblent se rapprocher le plus des Ophidiens, et qui probablement vivent sous terre ou dans des lieux très obscurs, les ont si petits ou tellement cachés, qu'ils paraissent en être dépourvus. Tels sont entre autres quelques Orvets (Anguis Oxyrhincus de Schneider, genre *Rhinophis* de Hemprick).

Parmi les espèces rangées d'abord avec les Typhlops, ces rudimens des yeux semblent être couverts par des écailles du museau.

Il paraîtrait qu'il n'y a pas de paupières dans quelques espèces de Scinques (genres *Ablepharus* de Fitzinger; *Gymnophthalmus* de Merrem). D'autres sembleraient n'avoir que la paupière inférieure (genre *Lepidosoma* de Spix). Elles sont très courtes dans la plupart des Geckos. Il n'y en a qu'une seule tout-à-fait particulière, faisant l'office d'une pupille externe dans les Caméléons. Les Crocodiles en ont trois; l'inférieure est la plus mobile, et la transversale est demi-transparente.

Chez toutes les espèces qui ont des paupières, et c'est le plus grand nombre, la conjonctive est toujours humide, et l'humeur des larmes qui la mouille se rend dans les fosses nasales.

Le globe de l'œil est protégé en avant, dans la plupart des espèces, par des lames cornées ou osseuses, placées dans l'épaisseur de la membrane sclérotique. On ne les a cependant pas rencontrées chez les Crocodiles.

Dans les dernières espèces, comme chez les Geckos, et probablement dans tous les Sauriens qui marchent la nuit, l'ouverture de la pupille se présente sous la forme d'une fente linéaire, lorsque l'animal est exposé au grand jour.

§ III. DES ORGANES DE LA NUTRITION.

Parmi les instrumens de la vie, ceux qui sont généralement destinés chez les animaux à saisir, à retenir, à préparer et à distribuer dans leur écono-

mie les matériaux nécessaires à la conservation de
leur existence, n'offrent pas chez les Sauriens des
différences très notables, si on les compare à celles
qu'on a observées dans les autres Reptiles. Cependant
en étudiant les modifications qu'ont éprouvées leurs
organes digestifs, circulatoires et respiratoires, nous
aurons encore à indiquer et à expliquer les causes de
quelques unes des particularités qui doivent être connues de tous les naturalistes.

1°. *Des organes de la digestion.*

Ainsi, sous le rapport des organes de la digestion,
nous ferons remarquer que tous se nourrissent de
substances animales, et principalement de la chair
encore vivante de la proie qu'ils peuvent saisir, blesser ou entamer; mais qu'ils ne la coupent pas en fragmens. Les Crocodiles recherchent les petits quadrupèdes, les Oiseaux aquatiques, les Poissons. Les Iguanes
et les Tupinambis attaquent les petits animaux vertébrés terrestres ainsi que leur progéniture, même lorsqu'elle est encore contenue dans la coquille de leurs
œufs. D'autres, comme les Lézards et les Geckos, recherchent les vers, les insectes et leurs larves. Les Caméléons épient les insectes ailés et les chenilles; la
plupart boivent très peu, et quand ils éprouvent le besoin des liquides, ils les lèchent ou les lappent, ne
pouvant sucer par l'absence des lèvres et la disposition
toute particulière de leurs arrière-narines et de leur
glotte, qui s'ouvrent dans la bouche. Comme ils digè-
rent très lentement, qu'ils tirent le plus grand parti de
leur nourriture, ils mangent rarement, sont très sobres et peuvent supporter le jeûne pendant très long-

temps, parce qu'ils perdent peu par la transpiration, qui semble n'avoir lieu chez eux que par la perspiration pulmonaire. Au reste, la température de l'atmosphère dans laquelle ils sont plongés influe beaucoup sur l'accélération ou la lenteur de leur digestion et sur le besoin qu'ils éprouvent de satisfaire aux autres actes de la vie : car ces animaux s'engourdissent par le froid, et souvent, pendant les saisons plus ou moins prolongées de l'hiver, ils passent cinq à six mois sans prendre aucune nourriture.

La bouche des Sauriens n'est pas munie de lèvres charnues ; les bords externes de leurs mâchoires osseuses sont même le plus souvent revêtus de lames cornées qui rendent probablement ces parties peu sensibles au contact des matières qu'elles ont saisies. Chez tous elle est fendue en travers, dans une direction à peu près horizontale ; son ouverture n'est jamais au dessus, rarement en dessous du museau ; le plus souvent elle se prolonge au delà des yeux et quelquefois même en deçà des oreilles, comme dans les Crocodiles et quelques Geckos. Cependant cet orifice est, pour ainsi dire, calibré pour n'admettre, dans quelques cas, que de très petits animaux, comme on le voit dans les Typhlops, les Ophisaures et les Orvets.

Nous avons déjà fait connaître (1) la disposition des mâchoires et des os qui les constituent, ainsi que leurs modes d'articulation. Nous devons seulement rappeler ici que la cavité glénoïde, qui tient lieu du condyle, est rejetée en arrière et même au dessous de l'axe des branches de la mâchoire inférieure dans les

(1) Tome 1er, pages 112 et 119 et suivantes.

Crocodiles; que dans les Iguanes et les Caméléons elle est portée sur un court pédicule au devant duquel on remarque même dans les Chirotes, une petite apophyse coronoïde pour l'attache du masséter et du temporal, surtout dans le genre Physignathe, chez lequel le dernier de ces genres présente cette disposition tellement remarquable, qu'elle a fait suggérer le nom qui sert à le distinguer. Nous avons annoncé que nous ferions le sujet particulier de notre étude, dans chacun des ordres, des modifications nombreuses que subissent les dents dont les mâchoires sont armées. Nous allons remplir d'abord cet engagement, ensuite nous parlerons de la cavité de la bouche, des formes et des usages divers de la langue, de l'appareil hyoïdien, des glandes salivaires, enfin de tout ce qui tient à l'acte de la déglutition.

Des dents des Sauriens. Il est évident que chez les animaux qui doivent mâcher leurs alimens, la nature de ces substances et la manière dont elles doivent être saisies, arrachées, déchirées, coupées ou broyées, doivent être pour ainsi dire indiquées par la forme extérieure et la structure des dents; aussi l'étude de ces instrumens a-t-elle fourni aux zoologistes un moyen assuré de reconnaître d'avance et de préjuger, jusqu'à un certain point, la conformation des membres et l'organisation des instrumens destinés aux sensations, et surtout la disposition et la longueur du tube digestif, et par conséquent de prédire quels devaient être les mouvemens, les habitudes et les mœurs d'un animal appartenant à la classe des Mammifères particulier.

Il n'en est pas tout-à-fait de même de la configuration et de la structure des dents chez les autres animaux vertébrés. Les Reptiles et les Poissons, par exemple, auxquels on voudrait appliquer cette méthode de procéder, ne fourniraient pas des résultats aussi avantageux sous ce point de vue. Il suffit seulement de réfléchir sur le rôle que remplissent les dents de ces animaux dans le premier acte de la digestion, pour reconnaître qu'elles ne sont pas destinées à opérer une véritable mastication. Chez la plupart, en effet, les dents ont d'abord pour usage de saisir, de retenir la proie, de l'inciser, de la blesser quelquefois mortellement, d'en altérer la superficie; mais peu d'espèces peuvent la broyer de manière à en former une sorte de pâte ou de bol destiné à être avalé par portions calibrées. En outre dans cet ordre des Sauriens en particulier, on ne connaît pas d'espèces qui se nourrissent uniquement, soit de végétaux entiers, soit de quelques unes de leurs parties, comme des racines, des tiges, des feuilles, des fruits ou des semences; car toutes celles que l'on a observées jusqu'ici s'alimentent essentiellement de substances animales.

Cependant quelques auteurs, et Wagler en particulier, ont cru devoir appliquer à l'étude des Sauriens l'investigation qui avait été si utile aux mastologistes pour la classification des Mammifères. Nous allons voir que les nombreuses modifications, observées dans l'insertion ou dans l'implantation des dents, sur les diverses parties de la cavité de la bouche, ne sont pas dans un rapport évident avec la nature des alimens, ni avec les habitudes et les mœurs de ces animaux, quoiqu'il y ait certainement une sorte de relation, qui nous a échappé jusqu'ici, entre la forme de ces dents et les usages auxquels ces petits os sont destinés.

Les dents des Sauriens ont reçu des noms divers, d'après la place qu'elles occupent dans la bouche et suivant les os qui les supportent. On les distingue généralement en celles de la mâchoire supérieure, de l'inférieure et du palais; et le plus souvent d'après leur forme ou la manière dont elles sont attachées à ces diverses régions.

Jamais ces dents ne sont composées; c'est-à-dire qu'on n'y voit pas des bandes de cément, entremêlées avec la matière éburnée : c'est un rapport qu'elles ont avec la plupart de celles des Poissons. La portion osseuse est toujours recouverte de l'émail, de sorte qu'on peut énoncer qu'elles sont toujours simples, quelle que soit la forme conique, ou aplatie, ou comprimée de la portion visible.

La seule famille des Crocodiles offre des dents coniques, inégales, isolées, implantées comme par gomphose dans des alvéoles creusées isolément dans l'une et l'autre mâchoires. Ces dents ont leurs racines creusées en cône, de sorte qu'elles portent sur une base circulaire, mince; c'est dans leur cavité qu'est reçu le germe de la dent qui doit succéder à celle qui la protége, ou celle qui est destinée à remplacer la première.

Chez la plupart des autres Sauriens, les dents n'ont pas de véritables racines : leur couronne semble se coller, se souder sur le sommet du bord supérieur d'une rainure creusée dans les os maxillaires; elles se lient à leur portion osseuse et souvent entre elles, de sorte qu'elles paraissent être une portion émaillée et denticulée du tranchant de l'os, ainsi qu'on le remarque dans les Caméléons. Dans ce cas, les germes des dents qui sont destinées à remplacer les premières, naissent sur le bord interne de chaque rangée et un peu en dessous.

Les dents qu'on nomme palatales ou palatines, parce qu'elles occupent en effet la voûte du palais, ne sont pas toujours solidement fixées sur les branches des os ptérygoïdes. Quelquefois elles sont simplement implantées dans la membrane, et elles se détachent avec celle-ci par la macération ; jamais elles ne servent à la mastication. Elles semblent plutôt destinées à remplir l'office d'une herse, qui retiendrait la proie et qui l'empêcherait de rétrograder, car leurs pointes acérées, quelquefois à peine sensibles, sont toutes dirigées en arrière. C'est ce qu'on voit dans les Iguanes, les Polychres et les Anolis.

Comme on a étudié beaucoup les formes et les dispositions de ces dents, on a cru nécessaire de désigner toutes leurs modifications par des dénominations particulières, dont nous allons faire connaître quelques unes.

Quoiqu'on ait donné le nom d'incisives et de laniaires aux dents de la partie antérieure, surtout à celles de la mâchoire supérieure, ce n'est pas la forme qu'on a voulu ainsi indiquer, mais bien les os dans lesquels elles sont implantées, savoir : les premières, dans les os inter-maxillaires antérieurs, et les autres dans les branches osseuses des sus-maxillaires. Au reste celles-ci ont quelquefois pour usage de retenir fortement la proie. Elles sont plus longues, plus pointues, comme dans les Mammifères carnassiers tels que les Chauve-Souris : c'est en particulier le cas des Dragons.

D'après leur quantité, on les a dites rares ou nombreuses, et on les a distinguées en discrètes ou isolées,

en connivantes ou contiguës.D'après leur situation respective, on les a nommées alternantes ou opposées, égales entre elles (*pares*), ou inégales (*impares*), comme
dans les Crocodiles. Leur désignation a été également
empruntée de leurs formes et de leur direction : coniques, mousses, aiguës, fusiformes, comprimées,
tranchantes, dentelées, canaliculées, striées, avan-
cées, droites, inclinées, courbées. Enfin d'après leur
grosseur on les a appelées grêles, grosses, longues,
courtes, larges, étroites, etc.

Nous ne poursuivrons pas davantage l'énoncé de loin
ces diverses dénominations, dont au reste nous serons
très sobres dans les descriptions que nous ferons des
espèces, aimant mieux indiquer par des comparaisons
la forme en scie, en alène, en peigne, etc., que par les
adjectifs qui ont été le plus souvent employés pour
indiquer les mêmes circonstances.

La *bouche* des Sauriens, considérée comme une cavité, est constamment privée de lèvres; mais les deux
mâchoires la closent exactement en s'appliquant de manière que la supérieure emboîte le bord libre de l'inférieure. Les muscles ptérygoïdiens et le masséter servent surtout à tenir les mâchoires serrées et rapprochées avec une force extrême, à tel point que nous
avons transporté un très gros Lézard, pendant une lieue
entière, à l'extrémité d'un bâton que l'animal avait
saisi, et sur lequel nous trouvâmes l'empreinte de
presque toutes ses dents. La cavité de la bouche est
bornée en dessus par un plafond assez plat, peu
charnu, formé par les lames palatines des os incisifs,
des sus-maxillaires, du sphénoïde, et par les branches
ptérygoïdes. On y voit les orifices des arrière-narines
qui s'ouvrent vers le tiers postérieur de cette région,

et les fentes qu'elles forment sont quelquefois séparées par la simple cloison du vomer. Il y a peu de distance comprise entre le plafond et le plancher, qui est mobile, plus ou moins élargi, suivant l'écartement des branches de l'os de la mâchoire inférieure. Tout cet espace est occupé par la langue, le tubercule de la glotte et tous les muscles qui sont destinés à agir sur ces parties, principalement ceux qui proviennent de l'hyoïde et de l'os sous-maxillaire.

La *langue*, dont les formes ainsi que les usages varient dans les diverses familles, comme nous l'avons dit précédemment en traitant de l'organe du goût (1), n'est pas distincte dans les Crocodiles. Elle est excessivement développée, cylindrique et vermiforme dans les Caméléons; dans les Lézards elle est protractile, mais surtout dans les Varans; beaucoup moins dans les Basilics, et très peu chez les Geckos. Sa surface, dont les papilles varient pour la forme et la disposition, est généralement humide, et quand elle peut sortir de la bouche, l'animal s'en sert pour lécher et pour laper. Dans les Caméléons, elle semble destinée à former plutôt un instrument de préhension pour les alimens qu'à servir à la déglutition, excepté par la portion élargie de son extrémité, qui ne rentre pas dans son fourreau.

L'os *hyoïde* varie considérablement pour la forme et quelquefois par son développement, dans les espèces d'un même genre. Il est très simple dans les Crocodiles. Son corps ou sa portion moyenne est très large; c'est en arrière que se trouve placé le larynx, dont il semble former une partie, tandis que son

(1) Voyez plus haut, page 634.

41.

bord antérieur, situé à la base de la langue, se relève pour former un pli saillant au devant de la glotte. Dans les autres familles, l'hyoïde est beaucoup plus compliqué dans sa composition, et il se rapproche de celui des Oiseaux ; d'abord sa portion moyenne se prolonge dans la base de la langue et devient un os lingual. M. Cuvier ayant décrit avec soin et fait figurer toutes ces parties, nous devons renvoyer à son ouvrage le lecteur qui mettrait quelque intérêt à cet examen anatomique (1). On verra quelles diversités offrent à cet égard les Varans, les Sauve-Gardes, les Iguanes, les Dragons, les Geckos, les Lézards, les Scinques, et surtout les Caméléons, par le nombre des cornes ou des appendices qui servent à donner attache aux muscles ou à soutenir les parois de la gorge pour former des goîtres, des fanons ou des replis divers (2).

Les organes glanduleux destinés à sécréter la *salive,* comme humeur envisquante, ne sont pas très développés chez les Sauriens. Ils forment plutôt des cryptes ou des follicules qui s'ouvrent sur les bords extérieurs des gencives et sur le pourtour des attaches de la langue, que de véritables glandes sécrétoires munies d'un conduit. M. Dugès les a décrites dans les Serpens (3), et M. Bojanus chez les Tortues (4), et elles ont ici de grands rapports. Cependant dans plusieurs espèces du genre Varan on a observé de vérita-

---

(1) Voyez Cuvier. Ossemens fossiles ; tome 5, 2ᵉ partie, page 280, et pl. 1, fig. 1 à 8.

(2) Bell, sur le goître des Anolis, Annales des Scienc. natur., tome 7, pag. 131.

(3) Dugès. Annales des Sciences naturelles, 1827 ; tome 12, page 337.

(3) Bojanus. Anatome Testudinis, 1821 ; pl. 26, nᵒˢ 140 et 141.

bles glandes salivaires très développées ; elles sont situées sous la mâchoire inférieure, en dehors des deux branches. Les petits grains qui les constituent fournissent des canaux grêles qui viennent aboutir dans la bouche près des gencives.

Le canal *digestif* est généralement peu étendu en longueur ; il commence dans la bouche, là où finit le palais. Car, à l'exception des Crocodiles, il n'y a dans les Sauriens ni épiglotte, ni rien qui ressemble au voile du palais : il n'y a même pas de véritable pharynx. L'œsophage se confond presque toujours avec l'estomac, sans qu'on puisse distinguer une sorte de cardia. Cependant chez les Iguanes, le premier tube éprouve une dilatation brusque ; tandis qu'il n'y a presque plus de différences entre l'estomac et l'œsophage chez les Caméléons, les Geckos, les Polychres, et une à peine sensible dans le Monitor ou Sauve-Garde d'Amérique. L'estomac est en général retenu sur la colonne vertébrale par un repli membraneux, qu'on regarde comme un mésentère. Chez les Crocodiles cette membrane séreuse est soutenue par des fibres plus fortes ; elle fait l'office d'une sorte de diaphragme qu'on ne retrouve plus chez les autres Sauriens. Dans les mêmes Crocodiles, l'estomac, dont les tuniques sont fort épaisses, forme une poche arrondie; dans les Dragons c'est une sorte de poire dont le sommet de la partie conique est opposé à l'œsophage ; chez les Caméléons, l'estomac est petit et recourbé sur lui-même.

Chez les Geckos, les Caméléons et les Polychres, il n'y a pas de véritable pylore, cependant il existe un rétrécissement dans les membranes qui prennent là une plus grande épaisseur.

Dans le point de jonction des intestins grêles avec
le gros, on remarque une sorte de valvule cœcale chez
les Iguanes ; mais il n'y en a pas dans les Scinques, ni
chez les Stellions.

Le gros intestin se termine presque constamment par
une partie dilatée, dans la cavité de laquelle aboutissent les voies urinaires, les canaux de la génération
des deux sexes et les résidus des alimens. C'est un
véritable cloaque qui se rend à un orifice externe dont
l'ouverture est transversale et garnie de pores ou de
tuyaux, par lesquels suinte une humeur grasse et
odorante chez la plupart des espèces. On a particulièrement reconnu des glandes destinées à cette sécrétion
dans les Crocodiles.

On trouve une glande ou un amas de follicules analogues à ceux qui sécrètent la salive dans l'épaisseur
de cette portion de la membrane séreuse qui semble
retenir l'estomac et le foie à la colonne vertébrale. La
forme et l'étendue de cet organe varie beaucoup ; il
paraît que c'est un véritable pancréas. Cette glande
se retrouve comme une masse de granulations à la
droite de l'estomac vers le pylore : sa configuration
varie dans les diverses espèces ; mais on a reconnu
dans le Crocodile du Nil que ce pancréas fournit le
plus souvent deux conduits distincts qui aboutissent
dans le premier intestin près du canal cholédoque.

Nous avons déja dit qu'il y a un foie et une rate
chez tous les Reptiles (tome 1er, page 141), et nous
avons fait connaître sa structure et sa conformation.
Nous répéterons seulement que cet organe n'offre
qu'une seule masse allongée dans la plupart des Sauriens ; quoiqu'il y ait deux lobes bien larges dans les
Crocodiles et les Caméléons, le foie chez les premiers

est situé plutôt dans la ligne moyenne que du côté droit. Chez tous il occupe la région intermédiaire au cœur qu'il supporte et au cardia, c'est-à-dire au point où l'œsophage aboutit à l'estomac. Il y a une vésicule du fiel; mais sa situation varie ainsi que les conduits cystique et cholédoque, qui le plus souvent se confondent et se terminent par un prolongement qui s'insinue dans l'épaisseur du premier intestin.

On retrouve une *rate* dans les Sauriens. Quoique le plus souvent située à gauche dans la cavité de l'abdomen chez quelques espèces, elle occupe quelquefois la région moyenne, à quelque distance du foie, dans l'épaisseur d'un prolongement du mésentère. Sa couleur rouge foncée, ainsi que sa forme arrondie, fait distinguer de suite la rate de tous les autres viscères.

2° *Des organes de la circulation.*

Nous avons déja donné une idée générale des modifications que présente la circulation dans l'ordre des Reptiles et en particulier chez les Sauriens (1); mais voici une description que nous emprunterons en partie à M. Martin Saint-Ange, qui a représenté les différens modes de la circulation du sang dans un tableau figuré, pour la comparer à la disposition dans les quatre classes des animaux vertébrés; cependant nous avons cru devoir suivre ici un autre ordre dans cette exposition.

Chez le Crocodile, le cœur est renfermé dans une poche fibreuse, recouverte, ainsi que cet organe, par

(1) Voyez tome 1er du présent ouvrage, page 154 et suivantes, et plus pa͏᷈ ͏ ͏ulière͏᷈ ͏ ͏ encore page 165.

une membrane séreuse qui représente un véritable péricarde. Cette poche est située au dessus des deux lobes du foie et entre les racines des poumons. Ce cœur a deux oreillettes à parois évidemment épaissies par des colonnes musculaires : elles occupent la région supérieure du ventricule, qui cependant à l'extérieur paraît être unique, quoique à l'intérieur il y ait des loges ; mais les cloisons qui les séparent, n'étant pas complètes, permettent ou favorisent certaines communications que nous ferons connaître.

L'oreillette qui est située à droite, et qui est la plus développée, reçoit en effet les deux veines-caves supérieures et en outre la grosse veine-cave inférieure, ainsi que les veines coronaires. Cette première cavité laisse passer le sang qu'elle contient dans la poche droite du ventricule. On voit là une sorte de bouche garnie de deux lèvres ou membranes, qui peuvent, en s'écartant ou en se rapprochant, faire l'office d'une valvule mitrale. Parvenu dans le ventricule droit, le sang veineux ne peut en sortir que par deux orifices ; l'un, présentant une fente en croissant, est l'origine d'une artère particulière destinée à porter le sang noir qu'elle contient dans un sinus commun, qui est comme une sorte de canal intermédiaire, où il se mélange au sang artériel contenu dans l'aorte descendante ; le second orifice, qui livre sortie au sang veineux de l'oreillette droite, est garni de deux valvules sigmoïdes. C'est l'origine de l'artère veineuse pulmonaire qui forme deux troncs destinés à porter le sang dans ces organes aériens pour l'artérialiser, pour le changer en sang rouge ou essentiellement nutritif et excitant.

L'oreillette gauche, moins volumineuse que la droite, reçoit le sang artériel qui lui est transmis par les veines pulmonaires. Cette poche, par sa contraction, force ce sang rouge à passer dans la seconde cavité du ventricule, lequel le dirige en grande partie dans une sorte de sac aortique d'où proviennent les deux carotides qui vont à la tête et à toutes les parties supérieures ou antérieures du tronc, et de plus l'aorte qui, ainsi que nous venons de le dire, reçoit, avant de se porter dans les régions inférieures, le sang veineux qui n'a pas été admis dans les artères destinées à le porter aux poumons.

On voit donc qu'il y a ici une circulation semi-pulmonaire, puisqu'il n'y a guère que la moitié du sang qui puisse être admise à l'acte de l'artérialisation ou de l'hématose pulmonaire.

Dans les autres Sauriens, et en particulier dans le Lézard, le sang veineux arrive par un tronc commun dans l'oreillette droite, à peu près comme dans les Chéloniens, tandis que le sang artériel se rend directement dans l'oreillette gauche. Le ventricule qui reçoit ce sang est partagé en deux régions communiquant entre elles à l'aide d'une cloison membraneuse et fibreuse flottante, mais retenue par des cordons tendineux qui lui permettent cependant de venir s'appliquer sur les orifices auriculo-ventriculaires. Il résulte de cette disposition que le sang artériel et le veineux se mêlent dans cette cavité du ventricule, dont ils sortent ainsi combinés pour former, 1° une sorte d'aorte ascendante qui fournit les artères carotides et brachiales, ainsi que la crosse aortique droite ; 2° une branche principale, ou tronc, qui est l'aorte gauche ; 3° un tronc qui fournit les deux artères pulmonaires. C'est encore, comme on le conçoit, une sorte de circulation pulmonaire particlle, et qui ne peut être interrompue par la lenteur ou la suspension de l'acte respiratoire. Quand le sang n'est pas admis dans les vaisseaux pulmonaires, ou quand il n'en revient pas modifié comme il doit l'être pour servir à la nutrition et à l'exercice des fonctions, il prend alors une autre route, et la vie ne fait que se ralentir dans ses phénomènes.

En dernière analyse, et pour le physiologiste, ce mode de circulation rappelle et retrace réellement par ses effets ce qui a lieu chez les fœtus des Mammifères, au moment où ils sont assez développés pour respirer par eux-mêmes dans l'air atmosphérique. On retrouve en effet chez ces jeunes animaux une double communication du sang pour les deux systèmes veineux et artériel. D'une part, au moyen du canal dit artériel, le sang veineux qui avait été poussé par la contraction du ventricule droit dans les artères pulmonaires qui se trouvent obstruées, est obligé de passer dans l'aorte. On sait que les poumons ne peuvent admettre ce sang que lorsque l'air atmosphérique y a déja pénétré pour développer leurs cellules, et par conséquent étendre les canaux de distribution. Jusque là la respiration n'a pas lieu et le sang ne peut se vivifier que par l'emprunt qui est fait à la mère d'une petite quantité de celui qui a été puisé dans le tissu du placenta. On sait en outre que cette portion de sang ainsi vivifié est apportée par la veine-cave inférieure qui, au lieu de se terminer uniquement dans l'oreillette droite, permet à ce fluide vivifiant de passer dans l'oreillette gauche par le trou pratiqué provisoirement à cet effet dans la cloison qui sépare les deux oreillettes adossées, et que l'on nomme le trou de botal.

Ainsi dans les Sauriens la structure du cœur, la disposition des vaisseaux et de tous les agens de la circulation, présentent d'une manière permanente un arrangement tel que la respiration peut être suspendue, arrêtée même pendant un assez long temps, sans que le cours du sang soit interrompu dans les canaux qui sont destinés à le diriger vers tous les organes; et le résultat de ce mode de circulation est analogue à celui qui n'est que primitif et transitoire chez les fœtus des Mammifères; ceux-ci se trouvent en effet dans le sein de leur mère, momentanément privés de la faculté de respirer, et leur sang doit extraire ailleurs que dans l'air, le principal excitateur de la vie, que l'on suppose être le gaz oxygène.

Le système des vaisseaux veineux et lymphatiques est très développé dans les Sauriens : il présente même des particularités que nous ne pouvons passer sous silence. Ainsi les veines des membres postérieurs, celles de la queue, et généralement toutes celles de l'abdomen, telles que les rénales, qui en particulier sont excessivement nombreuses, celles des organes générateurs dans les deux sexes, enfin celles des muscles et de la peau aboutissent toutes à deux ou à plusieurs troncs principaux qui se dirigent vers le foie et s'y terminent comme le fait la veine-porte dans les Mammifères. Ceci est un fait anatomique très important pour la physiologie. M. Jacobson de Copenhague, qui l'a observé le premier dans les Reptiles (1), a décrit en même temps un organe particulier auquel il attribue une fonction accessoire à

---

(1) Nouveau Bulletin de la Société Philomatique; tome 5, 1815, page 256.

l'acte de la nutrition. Ce sont deux sacs membraneux et vasculaires situés à la partie inférieure de l'abdomen, entre les muscles et le péritoine. L'aorte, ou la principale artère du corps, y envoie beaucoup de ramifications, et c'est de leurs extrémités que semblent naître les nombreuses veines qui se rendent dans le foie, comme toutes les autres. L'auteur suppose que ces sortes de sacs sont des dépôts, des réservoirs dans lesquels il se fait une sécrétion de sucs nutritifs, ultérieurement destinés à être résorbés, pendant l'époque souvent prolongée où ces animaux sont forcés de vivre dans l'abstinence ou le jeûne le plus complet; puisque par l'effet du refroidissement de l'atmosphère, ou par l'action inverse en apparence d'une trop grande chaleur, ils tombent dans l'engourdissement, dans une véritable léthargie. Il y a en effet dans nos climats quelques circonstances analogues chez les animaux qui sont sujets à l'hibernation, comme les Loirs, les Chauve-Souris, et même dans les larves des Lépidoptères, pour le temps qu'elles doivent demeurer sous la forme de chrysalides.

Les vaisseaux lymphatiques et chylifères des Sauriens n'offrent pas de différences bien notables d'avec ceux des Chéloniens que Bojanus a fait si bien connaître; au reste, l'ouvrage de Panizza (1) présente à cet égard, pour le Caïman et le Lézard vert, tous les détails que l'on pourrait désirer.

Sous le rapport des sécrétions, il nous resterait encore beaucoup de circonstances à étudier; quoique

_____

(1) PANIZZA. Voyez tome 1er, page 554, du présent ouvrage.

nous ayons indiqué déja plusieurs des organes qui
sont destinés à l'élaboration des larmes, de la salive,
du suc pancréatique, de la bile, ainsi que les glandes
qui sécrètent l'humeur musquée des Crocodiles au
dessous de la mâchoire inférieure, les pores fémoraux ou glanduleux des cuisses dans plusieurs genres,
les glandes anales ou du cloaque, et enfin la sécrétion,
opérée par les reins, d'une sorte d'extrait mou, blanchâtre, analogue à l'urine des oiseaux, laquelle se
rend directement dans le cloaque, et non dans un
réservoir particulier ou vessie urinaire, qu'on n'a
observée dans aucune espèce de Sauriens. Mais nous
avons exposé le peu qu'on sait à ce sujet, dans les
généralités relatives à l'organisation que contient
le premier volume, et nous aurions peu à y ajouter.

3°. *Des organes de la respiration.*

Après les détails dans lesquels nous avons dû entrer, quand nous avons traité de cette fonction dans
les Reptiles en général (1), nous n'aurons à rappeler
ici que les faits principaux qui sont relatifs aux Sauriens. Déjà l'on doit savoir que la cage osseuse de leur
poitrine est complète et mobile dans toutes ses parties ; les vertèbres en dessus, les côtes latéralement,
et en dessous constamment un sternum : cette dernière
particularité servant même à les distinguer d'avec les
Ophidiens, qui n'en ont jamais. Ils ont donc cette
sorte de soufflet pneumatique que l'on retrouve dans
les Mammifères, avec cette différence que leurs poumons ne sont pas enclos dans la cavité du thorax,

---

(1) Tome 1er du présent ouvrage, pages 160, 172 et 176.

parce qu'il n'y a pas chez eux de diaphragme ou de membrane musculaire destinée à séparer l'abdomen de la poitrine et à mouvoir celle-ci en particulier. Cette circonstance rapprocherait l'ordre des Sauriens de la classe des Oiseaux si, chez ces derniers, les côtes n'étaient pas en même temps solidement soudées aux vertèbres, et si leurs cartilages de prolongement ne s'ossifiaient pas constamment avant de s'articuler sur les bords de leur large sternum.

Dans les Sauriens en général, ainsi que nous avons eu le soin de le faire remarquer plus haut en parlant des organes du mouvement, page 609, les côtes et le sternum sont mobiles et cartilagineux dans leurs points de jonction, quoique leur poitrine présente les différences les plus notables dans sa forme et sa capacité. Il y a constamment deux poumons à peu près symétriques plus ou moins prolongés dans la cavité abdominale, souvent même, dans quelques genres, l'air qu'ils admettent peut de là s'insinuer dans des cavités accessoires, sortes d'appendices, de sacs ou de réservoirs qui se prolongent et communiquent avec des loges où l'air est ensuite destiné à divers usages, et en particulier employé à la production ou à la modification de la voix.

La trachée, ou le conduit unique et principal qui permet à l'air de se porter de la bouche dans les poumons, se divise bientôt en deux troncs principaux qu'on nomme des bronches, et qui aboutissent directement et brusquement dans les sacs pulmonaires sans s'y subdiviser. L'air pénètre là dans deux sortes de cavernes garnies de cellules membraneuses, lâches, dont l'orifice devient béant et ne s'élargit qu'autant que le sac lui-même prend de l'expansion; de sorte que ces poumons, desséchés artificiellement après avoir été gonflés par le souffle, offrent, dans leur intérieur, des mailles plus ou moins lâches ou des réseaux dont la disposition varie suivant les espèces, mais dans l'épaisseur desquels on voit des vaisseaux sanguins assez rares se ramifier dans l'épaisseur des cloisons membraneuses.

Chez les animaux vertébrés à poumons, c'est évidemment à l'acte de la respiration que doit être attribuée la faculté qu'ils ont d'émettre à volonté des sons aériens appréciables et propres à chaque espèce; c'est ce qu'on nomme la voix. Ces bruits sont produits et modifiés par la structure des canaux que l'air traverse ou qui le transmettent. Il paraît aussi que chez ceux de ces animaux qui ont une circulation pulmonaire complète, ou dont le cœur pousse dans les poumons autant de sang qu'il en envoie dans les autres parties du corps, la chaleur produite intérieurement est constamment la même.

Or, ces deux circonstances sont évidemment modifiées chez les Sauriens. D'abord peu de genres ont un véritable larynx supérieur, comme les Mammifères, et autant que l'on sache, aucun n'a jusqu'ici offert de larynx inférieur; ils n'ont pas d'épiglotte. Chez tous il y a une glotte offrant une fente longitudinale qui s'ouvre dans la bouche en arrière de la langue. Il y a des muscles qui servent à la distendre et à la clore, à l'élever ou à l'abaisser, et qui par leur présence constituent une sorte de tubercule ou de promontoire qui couvre quelquefois la partie large et postérieure de la langue pour remplacer l'épiglotte, car ce cartilage manque constamment. C'est certainement là que se forme la **voix**, ou les sons **qui se trouvent** ensuite modifiés, soit dans la bouche par la langue et le palais, comme dans quelques Geckos, soit dans les sacs aériens soutenus par les cornes de l'hyoïde, comme dans les Anolis, les Iguanes, les Dragons et quelques autres genres qui produisent des sons plus ou moins distincts. Il faut cependant remarquer encore qu'aucune espèce de Sauriens n'a de lèvres charnues et mobiles qui puissent modifier les sons au moment où ils sortent de la cavité de la bouche. C'est surtout d'après les observations anatomiques faites sur les Crocodiles qu'on peut expliquer le mécanisme de la production de la voix ; car ils ont un voile du palais et un large repli membraneux flottant à la base de la langue, et de plus un larynx cartilagineux à pièces mobiles et nombreuses.

Quant à la production de la chaleur, ou au dégagement du calorique, nous savons qu'en apparence elle est nulle, puisque la température des Reptiles est toujours variable, qu'elle s'élève ou qu'elle s'abaisse jusqu'à certaines limites, suivant les degrés de chaleur ou de froid auxquels ces animaux se trouvent exposés. Nous avons saisi en Espagne, au moment où elles étaient placées à la plus grande ardeur du soleil, diverses espèces de Lézards dont le simple contact nous faisait réellement éprouver une sensation de chaleur assez vive. On sait cependant qu'en général, dans nos climats tempérés, la peau de ces animaux n'est jamais élevée au dessus de notre propre température, de sorte même qu'on les a désignés long-temps sous le nom d'animaux à sang froid. Comment donc peuvent-ils résister activement aux effets d'une trop grande chaleur? nous l'ignorons. La plupart ne peuvent transpirer : il ne peut donc y avoir d'abaissement de

température que par l'exhalation et le peu d'évapora-
tion qui s'opèrent par les voies pulmonaires et par la
surface de leur langue. Nous avons dit ailleurs
(tome I, pag. 190 et suiv.) ce qu'ont appris à cet
égard les observations et quelques expériences physiologiques ; nous rapporterons à l'article des Caïmans
les recherches faites sur ce sujet par MM. de Humboldt et Bonpland.

§ IV. DES ORGANES DE LA GÉNÉRATION.

Nous avons peu de particularités à faire connaître
relativement aux modifications que les Sauriens présentent dans leur fonction reproductrice ; tout ce que
nous savons de général sur la propagation chez les
Reptiles (tome I, pag. 211 et suiv.), pouvant en
entier se rapporter aux Sauriens.

Nous rappellerons cependant que les mâles, dans
la première famille, celle des Crocodiles, sont orga-
nisés comme les Oiseaux et les Chéloniens. A l'extérieur, ils n'ont qu'un seul organe générateur ; tandis
que dans toutes les autres familles, cette partie est
double ou fourchue, et le plus souvent hérissée d'é-
pines disposées d'une manière régulière. Jamais les
organes sexuels n'apparaissent au dehors que quand
il devient nécessaire d'accomplir ou de préparer l'acte
de la copulation, qui se répète à plusieurs reprises, et
dont la durée est le plus souvent instantanée. Le cloaque les renferme chez les mâles et les reçoit chez les
femelles. Les premiers individus sont en général plus
petits, plus sveltes, plus agiles et mieux colorés que
ceux de l'autre sexe. Ces mâles ont en outre quelquefois des crêtes sur le dos, sur le cou, sur la queue ;

des goîtres, des fanons sous la gorge, ou quelques taches particulières qui peuvent servir à les faire reconnaître, surtout à l'époque de l'année où s'opère la fécondation ; car dans tout autre temps les mâles, les femelles et les jeunes individus sont difficiles à distinguer pour le sexe.

La plupart des Sauriens femelles pondent des œufs un peu allongés, à coque calcaire, rarement colorés ou tachetés ; la surface en est poreuse, non polie, et les deux extrémités de l'œuf, au moins dans ceux que nous avons vus, étaient à peu près de même grosseur ; le plus souvent les femelles pondent tous leurs œufs à la fois et dans une sorte de fosse qu'elles se donnent rarement la peine de préparer d'avance comme une sorte de nid. Cependant elles ont le soin de les déposer dans des lieux où ils seront à l'abri des animaux voraces. Chez quelques femelles, comme chez les Orvets Fragiles et chez quelques Lézards, les petits éclosent dans l'intérieur des oviductes, de sorte que ces mères paraissent vivipares. Telles sont en particulier les espèces du genre que Wagler a désigné, à cause de cette particularité, sous le nom de *Zootoca*. On reconnaît les très jeunes individus à la marque ou à la cicatrice de l'ombilic ou du nombril dont la peau n'est point encore bien resserrée.

CHAPITRE III.

DES AUTEURS QUI ONT ÉCRIT SUR LES SAURIENS.

NOTRE intention est de faire connaître dans ce chapitre les auteurs spéciaux qui nous ont laissé des notions importantes sur les Reptiles de l'ordre des Sauriens. On conçoit que nous n'avons pas mentionné de nouveau ceux des Naturalistes qui ont dû nécessairement s'en occuper dans leurs ouvrages généraux, puisque nous les avions déja indiqués dans l'histoire littéraire qui fait le sujet du second livre du premier volume de cette Erpétologie.

Nous ne parlerons pas ici non plus des Zoogéologistes, parce que nous nous proposons de leur consacrer un chapitre séparé à la fin de l'étude de l'ordre des Sauriens, comme nous l'avons fait pour les Tortues. Cela nous donnera occasion de parler des espèces et des genres fossiles, et comme il est intéressant de connaître les auteurs qui se sont livrés à ces recherches, nous présenterons une notice abrégée des écrits par lesquels ils ont éclairé cette partie de la science, si importante pour l'histoire du globe que nous habitons.

Comme nous aurons à nommer plus de cent naturalistes qui se sont occupés spécialement de l'étude des Sauriens que l'on retrouve encore vivans aujourd'hui dans les diverses parties du monde ; ce nombre est trop considérable pour suivre l'ordre des dates ou des époques auxquelles ils ont écrit. C'est donc pour la commodité des recherches et des citations, qu'il

42.

sera nécessaire de faire par la suite, que nous allons les ranger suivant la série alphabétique des noms des auteurs. Cependant dans une simple énumération indicative, nous en présenterons une sorte de classification incomplète, en les partageant en trois sections différentes. Savoir :

1° Les Saurographes généraux, ou les auteurs qui ont fait des traités spéciaux sur les Reptiles de cet ordre, ou sur ceux de certains pays, soit comme voyageurs, faunistes ou iconographes; soit comme ayant décrit des espèces réunies dans quelques collections. C'est dans cette série que nous placerons SPIX pour les Lézards du Brésil; SCHINZ pour les genres des Sauriens; HAST pour le cabinet de Gyllenborg; SÉBA pour les espèces de son musée; STURM pour les Lézards d'Allemagne; EVERSMANN pour ceux des environs de Moscou; MILNE EDWARDS pour ceux des environs de Paris; FITZINGER pour les Sauriens du cabinet de Vienne; Charles BONAPARTE pour les Sauriens d'Italie; BOIÉ pour ceux de Java; SAVIGNY et MM. GEOFFROY SAINT-HILAIRE, père et fils, pour ceux de l'Égypte.

2° Les Saurographes spéciaux, soit qu'ils aient donné des histoires monographiques de certains genres de Sauriens, soit même qu'ils n'aient fait connaître que quelques espèces, comme naturalistes ou comme voyageurs. Nous ne citerons les noms que des principaux : BLAINVILLE, BLOCH, BODDAERT, BOSC, BRADLEY, CREVELD, COCTEAU pour les Scincoïdes; CUVIER, SCHNEIDER, OPPEL pour les Crocodiles; FISCHER, FRENTZEL, GRAVENHORST, GRAY, HARLAN, HASSELT (Van), HOTTOUYN, HORNSTEDT, IMPERATI, JACQUIN, KAÜP, KUHL, LACÉPÈDE, LICHTENSTEIN, MERREM,

NEUWIED (prince de), PALLAS, PEALE et GREEN, REUSS, SCHLEGEL, SCHLOSSER, VOSMAER, WOLF, WHITE.

3° Parmi les Saurotomistes, ou au nombre des auteurs qui se sont occupés soit de l'anatomie, soit de la physiologie des Sauriens, nous citerons principalement :

Pour l'anatomie des Crocodiles, PERRAULT, DUVERNEY, DESCOURTILS, HAMMEN, HARLAN, HENTZ, DE HUMBOLDT pour leur squelette ; SCHNEIDER, JACOBSON, CUVIER, GEOFFROY père, WROLICK sur l'anatomie des Gavials ; pour leur ostéologie, FAUJAS, MERCK ; pour leurs bourses nasales, GEOFFROY père ; BELL pour les glandes musquées ou odoriférantes, CARUS pour le système nerveux, PANIZZA pour leur système lymphatique, NICOLAÏ pour les vaisseaux veineux, Isidore GEOFFROY et MARTIN SAINT-ANGE pour les canaux péritonéaux.

Pour l'anatomie des Caméléons, PERRAULT, VALLISNIERI, TIEDEMANN ; sur les causes de leur coloration, VANDER HOEVEN, MILNE EDWARDS.

Sur l'anatomie de l'Iguane, GAUTIER.

Sur le crâne des Sauriens, PALLAS et OKEN.

Sur l'ostéologie de quelques Urobènes, MULLER.

Sur l'articulation des mâchoires chez les Sauriens, NITZSCH.

Sur leur bassin, LORENZ.

Sur la déglutition des Lézards, DUGÈS.

Sur les pores fémoraux, MEISNER.

Sur les lames digitales des Geckos, HOME.

Sur le développement des œufs et la ponte des Lézards, HOCHSTETTER et HEMMER.

Sur l'accouplement des Lézards, DUGÈS.

ABEL (DR.-CL.) a fait connaître , dans le Journal des Sciences d'Édimbourg , pour le mois d'avril 1828 , quelques observations anatomiques sur un énorme Gavial ou Crocodile du Gange, que les indigènes nomment *Cummaer*, dont les doigts internes étaient libres ;deux aux pattes antérieures , un aux postérieures.

ARENDES (CHRIST.-LOUIS) a publié à Holberstadt , en 1670, une dissertation latine in-4 sous ce titre : *De Dracone et Basilisco.*

BAER (NICOLAS), en 1702, donna une compilation sur la voix du Crocodile : elle a été imprimée à Brème , sous le format in-4 et sous le titre de *Crocodilophonia.*

BARTRAM (WILLIAM), dans son Voyage au sud de l'Amérique du nord, *Travels Trough Caroline*, tome 1, a donné beaucoup de détails sur les Caïmans, comme on peut le voir dans la traduction française publiée à Paris, en 1779 , 2 vol. in-8 , par M. BE-NOIST.

BELL (THOMAS) a publié beaucoup de Mémoires particuliers sur des espèces et sur l'anatomie des Sauriens. Les principaux sont Zool. Journal, 1825, page457, pl. 17, sur *l'Uromastix Acanthinurus.* — Transact. of the Linn. societ , tome 16, page 105 , pl. 10 , il a décrit , sous le nom d'*Agama Douglasii* , une espèce de genre *Phrynosoma.* — Dans les mêmes Transactions pour 1827, page 132 , un Mémoire sur les glandes odoriférantes de l'Alligator. — On trouve aussi traduit dans les Annales des sciences naturelles, tome 7, page 191, pl. 6 , fig. 14 , 15 et 16 , un très beau mémoire sur la structure du goître dans le genre Anolis. — Ce même auteur a établi un genre sous le nom de *Lerista lineata* dans le Magasin philosoph., London and Edimburg, n° 17 , page 375. — Et dans le Zoological Journal, 1815 , pl. 12, supp. *Iguana Cristata*, dont il a formé le genre *Amblyrhincus.*

BLAINVILLE (DUCROTAY DE) a fait connaître en 1824 , dans le Journal de physique pour le mois de mai, page 262 , une espèce de Crocodile qu'il avait vue vivante, juillet 1825. Cette note se retrouve aussi dans le tome 2 du Journal des Sciences naturelles, page 83, n° 170.

BLOCH (MARC-ÉLIÉZER) a décrit le *Lacerta Serpens,* genre *Lygosoma* de Gray, dans le Beschaft der Berl. Gesellich naturf. Fr. 2, page 28 , pl. 2.

BODDAERT (PIERRE), de Flessingue, a décrit un Scinque géant d'Amboine dans les *Nova Acta curiosor. naturæ*, vol. 7 , page 5.

BOJANUS (LOUIS-HENRI) a donné une très bonne description

anatomique de la tête des Lézards dans le 12ᵉ cahier de l'Isis pour 1821.

BOSC (louis), dans les Actes de la Société d'histoire naturelle de Paris, tome 1, pet. in-fol., a fait la description du *Lacerta Exanthematica.*

BRADLEY (richard) a fait une Dissertation sur le Dragon, *Lacerta Volans*, en 1729 : c'est une édition in-4, imprimée : A philosophical Account of the Works of nature, pl. 9, fig. 5,

BRUYN (corneille de), dans son Voyage au levant, publié en français et en hollandais, en 1700, format in-fol., a décrit et figuré le Caméléon, à la planche 54.

CARUS (charles-gustave) de Dresde a fait connaître le système nerveux du Crocodile dans une Dissertation in-4 de 186 pages, avec trois planches, publiée à Leipsick.

CREVELDT a décrit un Geckoïde, le *Lacerta Homalocephala*, genre Ptycozoon, dans le Magasin der naturfor. Fr. zu Berlin, tome 3, 1809, page 266, pl. 8.

CUVIER (georges). Son premier Mémoire sur les Crocodiles a été publié en 1810, dans les Archives de Zoologie de Wiedmann, B. 2, st. 2, page 168 ; puis en 1824, dans la 2ᵉ partie du tome 5, in-4, de son ouvrage sur les Ossemens fossiles. — Les genres de Sauriens qu'il a établis dans le 2ᵉ volume du Règne animal, sont en grand nombre ; voici leur énumération dans l'ordre alphabétique : Acontias, Anolis, Brachylophus, Calotes, Doryphorus, Hemidactylus, Leiolepis, Monitor, Oplurus, Physignathus, Platydactylus, Polychrus, Pyodactylus, Sphærodactylus; Stenodactylus, Thecodactylus, Trapelus.

DE LA COUDRENIÈRE. a publié en 1782, des Observations sur le Crocodile de la Louisiane, dans le tome 20 du Journal de Physique, page 333.

DAUDIN, dans son Histoire naturelle des Reptiles, a établi parmi les Sauriens les genres Basiliscus, Ophiosaurus, Stellio, Tachydromus.

DESCOURTILS a donné l'anatomie du Caïman, dans le tome 3 de son Voyage d'un naturaliste, 1809, in-8, pl. 2.

DOLAEUS (johan.), *de Lacerta alata* (Dragon). Miscell. Curios. naturæ. Dec. 1, an 9 et 10, en 1678, page 307, obs. 132.

DUGÈS (aug.) a publié dans les Annales des Sciences naturelles, plusieurs Mémoires sur les Sauriens. — 1827, tome 12, page 257, Recherches anatomiques et physiologiques sur la déglutition des Lézards. — 1828, tome 17 sur les espèces du genre Lézard. — 1829, tome 17, page 389, pl. 14, sous le nom de *Lacerta Edwartiana,* le genre *Aspistis* de Wagler.

DUMÉRIL.

Nous avons établi dans nos cours et sur les étiquettes du Muséum, ainsi que dans la Zoologie analytique, les genres Chirote et Lophyre.

DUVERNEY, a fait en 1693 la description anatomique de trois Crocodiles, dans les Mémoires de l'Académie royale des Sciences.

EDWARDS (GEORGE) a présenté quelques détails sur un jeune Gavial : An account of Lacerta, *faucibus merganseris rostrum œmulantibus.* Philosophic. Transact. 1756; vol. 49, pl. 19, page 659.

EDWARDS (MILNE), professeur d'Histoire naturelle, à Paris. Recherches zoologiques pour servir à l'histoire des Lézards. Annales des Sciences naturelles; tome 16, in-8, page 50. — Du même : Notes sur les changemens de couleur du Caméléon, Annales des Sciences naturelles; in-8, 1854, tome 1, page 42.

EVERSMANN (E.); notice sur les Reptiles des environs de Moscou. Nouv. mém. de l'Acad. de Moscou, tom. 3, 1834, in-4, page 337.

FAUJAS SAINT-FONDS, professeur de géologie à Paris, en 1799, a fait figurer le squelette d'un grand Gavial, dans son ouvrage in-4, sur l'Histoire de la montagne Saint-Pierre de Mastreicht, pl. 46.

FISCHER (GOTLOB). Observations zoologiques sur le Jeltopousik. *Proctopus* Pallas, Mém. de la Soc. impér. de Moscou, tome 4, page 241.

FITZINGER (L. J.), à Vienne en Autriche, a établi seize genres nouveaux dans le Prodrome de la nouvelle classification des Reptiles : Ablepharus, Acanthodactylus, Chamæsaura; Érémias, Psammodromus, Psammosaurus, Pygodactylus, Rhamphostoma, Spondylurus, Otophis, Saurophis, Scapteira, Scelotes, Scincus, Seps, Zygnis. Verh. der Gesellesh. naturf. frin. Berlin, 1834, page 797, pl. 14.

FRICKER (ANT.) a publié, à Tubingue, une Dissertation in-4 de 17 pages, *de Oculo Reptilium.*.

FRENTZEL (SIMON FRÉDÉRIC), une Thèse pour la candidature d'Ulrich. *Dissertatio de Chamœleonte.* Iena, 1669.

GAUTIER (JEAN ANTOINE), dans sa Collection des planches d'Histoire naturelle imprimées en couleur en 1757, in-4 et in-fol., a présenté à la planche 14, la figure d'un Iguane et son anatomie; et aux planches 29, 30 et 31, l'anatomie du Crocodile.

GEOFFROY (ISIDORE) et MARTIN SAINT-ANGE. Mémoire sur les canaux péritonéaux du Crocodile. Annales des Sciences naturelles, tome 13, pl. 6, fig. 4. Il a donné seul, dans le grand ouvrage in-fol. sur l'Égypte, partie zoologique, la description de plusieurs Sauriens qui sont figurés d'après nature, surtout parmi les Geckoïdes.

GEOFFROY SAINT-HILAIRE, professeur au Muséum d'Histoire naturelle de Paris; dans le grand ouvrage sur l'Égypte, cité dans l'article précédent, a publié une description très détaillée des Crocodiles d'Égypte, principalement sur l'histoire littéraire, les mœurs et l'organisation; il en distingue cinq espèces.—Dans les Annales du Muséum d'histoire naturelle, tome 10, in-4, page 249, et dans le tome 3 des Annales des Sciences naturelles, in-8, page 245, il a présenté des Recherches sur les os du crâne des Crocodiles. — Dans les mémoires du Muséum, tome 12, page 97, 111, des Recherches sur l'organisation des bourses nasales chez les Gavials mâles.

GODDARD (JONATHAN); quelques observations sur le Caméléon. Philosoph. Transact. Angl., vol. 12, page 930, n° 137.

GRAVENHORST (JEAN LOUIS CHARLES), a décrit plusieurs Sauriens nouveaux des genres *Corytophanes*, *Phrynosoma* et *Chamœleopsis*, et les a parfaitement fait figurer dans les Nova Acta academ. Car. Leopold. Carol., vol. 16; 2.

GRAY (JOHN EDWARDS), dont nous avons fait connaître les principaux travaux sur les Reptiles, tome 1, page 267, a publié en outre beaucoup de dissertations particulières : ainsi dans le Zoological Journal, 1827, page 222, un Pteropleura Horsfieldii, qui est un Ptycozoon. — Dans le Philosophical Magasin, 1827, page 56, et Zoolog. Journal, page 223, sur une espèce de Gecko, Eublepharis Hardwickii. — Dans l'appendice du voyage de l'Anglais Phil. King, un Chlamydosaure. Dans le même volume, Phil. Kings narrat of a Survey of the coast of Austral, il a décrit, page 430, le genre Trachysaurus, qui était notre Scinque de Péron. — Enfin dans les Annales of philosoph. 1825, n. 57, voyez aussi Bulletin des Sciences naturelles, tome 13, page 127, n. 78, et dans le Zoolog. Journal, n. 10, 1827, page 213, il a fait connaître les Sauriens recueillis dans l'Inde par le major Hardwick.

GREW (NEHEMIAS), dans l'ouvrage cité tome 1, page 519, a décrit et figuré les vertèbres du Crocodile du Nil.

GRIMM (HERMANN-NICOLAS), qui avait pratiqué la médecine aux Indes Orientales, a présenté dans les Éphémérides des Curieux de la nature, an XII, quelques observations sur les Dragons.

GRONOVIUS a fait connaître, par une courte description, l'espèce de Crocodile nommée Gavial sous le n° 40 de son *Zoophylacium*, page 10.

HAMMEN (VON LOUIS), dans une lettre publiée en 1681, in-12, a donné la description abrégée de l'anatomie faite à Dantzig sur un Crocodile : *De Crocodilo Gedani dissecto*.

HARDWICK (le major général). On trouve dans le dixième n° du Zoological Journal, 1827, page 215, un Aperçu des Reptiles Sauriens recueillis dans l'Inde. Parmi les espèces données comme nouvelles, il y a trois Agames, deux Dragons, un Fouette-Queue (*Uromastix*); les genres *Cyrto-Dactylus*, *Lygosoma*; ces espèces ont été décrites par M. Gray. On trouve une analyse de ce travail dans le tome 17 du Bulletin des Sciences naturelles, n° 87, page 124.

HARLAN (RICHARD), a établi le genre *Cyclura* pour y placer certains Iguanes qui ont la queue arrondie, dont Wiegmann a fait ensuite le genre *Ctenosaura*. Journal of Acad. of natur. s. c. of Philadelphie, tome 4, in-8, page 242, pl. 15. — Une lettre sur la Physiologie des Crocodiles, adressée à M Hentz. Transact. of the American Society, 1825, page 22, analysée dans le tome 9 du Bulletin des Sciences naturelles, page 349, n° 304.

HASSELT (J. C. VAN), naturaliste hollandais, a décrit le *Stellio Platyurus*, genre *Hemidactylus* (Cuvier). Bulletin des Sciences pour l'an 1824, page 572.

HEMMER. Voyez HOCHSTETTER.

HENTZ. C'est à lui qu'est adressée la lettre de M. Harlan en réponse à son mémoire sur l'anatomie et la physiologie de l'Alligator. Transact. of the American Philos. Society, 1825, tome 2, page 216; analysée, comme nous l'avons dit, dans le Bulletin des Sciences naturelles, tome 9.

HERMANN (JEAN), a donné quelques détails sur les Sauriens dans un ouvrage que nous n'avons pas cité, tome 1, page 521; *Dissertatio de Amphibiorum virtutibus*, 1789, Strasbourg.

HAST (BARTHOLOMÉE-RUDOLPH). C'est cet auteur qui, sous la présidence de Linné, a soutenu à Upsal, en 1745, une thèse in-4, réimprimée ensuite in-8 dans le tome 4 des Amœnitates acade-micæ de Linné, sous le titre d'Amphibia-Gyllenborgiana. Le chapitre 2 est consacré au genre Lézard, mais il y décrit sous ce nom neuf espèces qui appartiennent à des genres différens : Crocodile, Iguane, Dragon, Améiva, Cordyle, Uromastix, Gecko.

HOCHSTETTER et HEMMER ont consigné des observations fort curieuses sur le développement des œufs des Lézards dans Reils Archiv. fur Physiologie, tome 10, 1811.

HOEVEN. (Voyez VANDER-HOEVEN.)

HOME (sir éverard), de la Société royale de Londres, a fait connaître la disposition et la structure des lames digitales des Geckos. — Lectures of comparativ. anatomy, pl. 99, in-4, 1822.

HOPFER (benoit), a donné une dissertation, imprimée à Tu-bingue, en 1681, in-4, sous ce titre De victu aereo, seu mirabili potius inœdia Chamœleontis.

HORNSTEDT (clas freder), dans les Actes de Stockholm, tome 6, la description d'un nouveau Lézard de l'île de Java. Ve-tensk. Acad. Handling, 1785, page 130.

HOUTHUYN (martin), a décrit plusieurs espèces de Geckos en hollandais, dans les Actes de Flessingue et dans ceux de l'Académie de Harlem. 9 Deel. page 305.

HUMBOLDT (alexandre de) et BONPLAND, ont donné beaucoup de détails, et fait connaître des faits curieux sur l'organisation des Crocodiles, dans leur recueil d'observations cité tome 1, page 322, 284, en 1811.

HUSSEM (d.), a inséré dans les Actes de la Société de Harlem, en 1755, 2 vol. in-8, une dissertation en hollandais sur les changemens de couleurs qu'éprouve le Caméléon, page 226.

IMPÉRATI (ferrante), a présenté la description d'un Scinque et d'un Chalcide, et les a figurés dans son Histoire naturelle, imprimée en italien à Naples, en 1599, et à Venise, en 1672, in-fol, page 917.

JACOBSON (matthias) a soutenu sous la présidence de Retzius, en 1797, une dissertation sous le titre suivant : Animadversiones circà Crocodilum ejusque historiam. Schneider ne partage pas ses opinions sur plusieurs points ; Histor. Amphib. fascic. 2, page 33 et 152, article Crocodile.

JACQUIN (nicolas-joseph) a fait connaître dans les Nova Acta

Helvetiæ, vol. 1 , page 33, pl. 1, le Lacerta Vivipara, dont Wagler a fait le genre Zootoca.

KAALUND (JACOB); Dissertation de Chamæleonte. Havniæ , 1707. C'est une petite dissertation in-4 de 11 pages.

KAUP a publié dans le journal allemand, l'Isis, en 1825, page 590, le genre *Gonyocephalus*, qui était un Agame de Merrem et un Iguane de Laurenti.—En 1826, page 591, le genre *Phrynoce-phalus*, qui était le *Lacerta aurita* de Pallas et son *Helioscopa*. — En 1827, page 612, le genre *Urocentron*, d'après le *Lacerta azurea* de Linné, et le genre *Pneustes*. — Page 619, tome 8, le Calotes Tiedemanni. — En 1828, page 1147, le genre Hydrosaurus, dont Gray avait fait un Lophura, et Cuvier le genre Istiurus. Depuis, Wagler, en 1830, a fait un autre genre sous ce même nom d'*Hydrosaurus*, avec quelques Varans ou Tupinambis.

KIRCHER (ATHANASE) a décrit le Caméléon conservé dans le Muséum des jésuites de Rome, dont la description a été imprimée en latin à Amsterdam en 1678 , in-fol. , à la page 658.

KRAHE (CHRISTOPHE) a publié à Leipsick, en 1662, in-4; un petit volume sur le Crocodile; c'est une dissertation latine qu'il a fait soutenir par Pfanzius, sur les prétendues larmes de ces Reptiles. Il y a trois planches.

KUHL (HENRY), dont nous avons parlé à la page 323 du tome 1, a fait connaître plusieurs Sauriens nouveaux : ainsi dans l'Isis , 1822, page 475, le genre *Ptycozoon*. — 1827, page 290, le genre *Gonyodactylus*, c'étaient des Geckos. Beytrage, etc. ; Matériaux pour la Zoologie, page 106, sur l'Agama Gihantea, dont Kaup a fait le *Gonyocephalus*. *Ibid.* page 111 , le *Draco Fimbriatus* ; le Scincus multifasciatus, dont Wagler a fait le genre Euprepis.

LACÉPÈDE (comte de), outre les ouvrages dont nous avons parlé tome 1 , page 243, a donné plusieurs Mémoires dans les Annales du Muséum d'histoire naturelle de Paris. Annales du Muséum d'histoire naturelle, tome 2, page 334, pl. 59, fig. 1 et 2. Lézards Monodactyle et Tétradactyle, ibid, tome 4, page 184. Description de plusieurs Sauriens de la Nouvelle-Hollande, Aga-mes et Scinques ; entre autres la figure du Bipède Lépidopode, pl. 55, nᵒ 1.

LESSON (RENÉ-PRIMEVÈRE), voyez tome 1, pag. 521, dans le Voyage aux Indes orientales par Bélanger, partie zoologique, a donné la description de trois Crocodiles, de trois Monitors et de deux Geckos.

LEUCK, dans une Dissertation publiée en 1828, à Heidelberg, Brevis animalium quarumdam descriptio, page 11, a fait connaître le *Seps*, que nous avions nommé *Lineatus*.

LICHTENSTEIN (HENRY), dans l'ouvrage indiqué tome 1, page 321, a décrit, page 102, l'*Ascalabotes Stenodactylus*, en l'établissant comme genre; et page 101, n° 28, l'*Agama deserti*, qui est une espèce de *Trapelus* et plusieurs Agames, qu'on a depuis rangés dans le genre *Tropidurus*.

LORENZ. Observationes de Pelvi Reptilium, in-8, Halle, 1807.

MAJOR (DANIEL) a donné des détails sur l'œil du Caméléon dans un programme latin pour le Collége anatomique. Kiliæ, 1690, in-4; *de Oculo humano.*

MEISNER. De Amphibiorum quorumdam papillis glandulisque femoralibus. Basileæ, 1832, in-4.

MERCK (JEAN-HENRY), sur l'ostéologie du Gavial. Von dem Krocodile mit dem Langen Schnabel Hessiche Beytrage, 2 band, page 73. Francofurti ad Mœnum. 1785, fasc. pag. 73.

MERREM, déja cité pour son grand ouvrage, tome 1, pages 262 et 328 a décrit dans les Annales de Vétéravie, 1, le Lézard Strié de Daudin, dont Wagler a fait le genre *Trachygaster*. Et dans ses matériaux pour l'histoire naturelle des Amphibies, en allemand, pl. 10, le *Bipes Anguineus*, que Linné avait appelé Anguis Bipes, et dont Wagler a fait le genre *Zygnis*.

MEYER (JEAN-DANIEL) de Stettin, dans un ouvrage allemand, imprimé à Nuremberg en 1748, format in-fol., avec des planches enluminées, a donné la description et la figure de quelques Lézards; les squelettes du Crocodile, du Caméléon copiés de l'Ostéographie de Cheselden.

MOREAU DE JONNÈS a publié, en 1821, un Mémoire in-8 de 16 pages, sur le Mabouya des Antilles. Monographie.

MULLER (JEAN) a donné une excellente dissertation en allemand avec de très bonnes planches pour l'ostéologie, sur les Amphisbènes et autres genres voisins, tels que les Lépidosternon et Chirotes. Dans le Recueil périodique de MM. Tiedemann et Tréviranus, Zeitschrift fur Physiologie 4, fasc. 11, page 257, fig.

NEEDHAM (THÉODORE) a publié à Leyde, en 1747, in-8, dans ses Nouvelles découvertes faites par le microscope, à la page 132, des observations sur la langue du Lézard. Mais cette langue. était desséchée, et les remarques n'ont aucune importance.

NEUWIED (LE PRINCE DE), (voir tome 1, page 529, dans ses Descriptions des Animaux du Brésil) a fait connaître l'*Anolis Gracilis*, genre *Dactyloa* de Wagler, et l'*Agama Catenata*, qui est un *Enyalius* du même auteur.

NICOLAI (A. H.) a donné un Mémoire en allemand dans le 4ᵉ cahier de l'Isis pour 1826, page 404. Il a pour titre : Recherches sur la marche et la distribution des veines dans quelques Oiseaux, Amphibies et Poissons. Ce Mémoire est analysé dans le tome 10 du Bulletin des Sciences naturelles, page 278, nº 190; pour les Sauriens, il ne traite que des Crocodiles.

NITZSCH (CHRÉTIEN-LOUIS), dans les Archives de Physiologie de Meckel, tome 7, a donné un Mémoire curieux sur l'articulation mobile de la mâchoire chez les Lézards. Il a fait figurer des têtes d'Agame, de Geckos, du Scinque des boutiques.

OKEN d'Iéna, a donné dans l'Isis, dont il est rédacteur, plusieurs Mémoires sur les Sauriens, particulièrement un sur le crâne; Isis, 1818, 2ᵉ cahier, il a expliqué la composition des os; et en 1819, 11ᵉ cah., pl. 20, fig. 3, une tête de Caméléon.

OPPEL. Voyez TIEDEMANN.

PALLAS (PIERRE-SIMON), cité tome 1, page 330, a fait connaître le premier le Seltopusick, *Lacerta Apoda*, dans la Nova acta Comment. Petropol. tome 19, page 435, pl. 9. Il y a là une très belle dissertation sur les différences anatomiques du crâne entre les Sauriens et les Ophidiens, avec des figures. Dans son voyage en Russie il a décrit plusieurs *Phrynocephalus* (Kaup), sous les noms de Lacerta Caudivolvula, Aurita, Helioscopa.

PARSONS a fait connaître une espèce particulière de Caméléon, dans les Philosoph. Transact. vol. 58, page 162, pl. 8, fig. 12. Ce Mémoire a été extrait dans l'introduction du Journal de Physique, tome 1, page 148.

PEALE et GREEN ont décrit un Gerrhonotus, sous le nom de Scincus Ventralis, dans le Journal de l'Académie des Sciences naturelles de Philadelphie, tome 7, 1830.

PERRAULT (CLAUDE) a donné, dans le premier volume de l'Académie des sciences de Paris, en 1669, in-4, les descriptions anatomiques du Caméléon, qu'on a depuis nommé, à cause de cela, *Parisiensium*; et celle d'un Crocodile, ornée de figures gravées avec soin.

REUSS, a décrit plusieurs Sauriens dans l'ouvrage allemand qui a pour titre Zoologischen Miscellan, in-4, 1854, page 27;

tels sont le Lacerta Longicaudata de Ruppel, les espèces suivantes du genre Agama : *Inermis*, *Gularis*, *Pallida*, *Loricata*,
Nigrofasciata; deux Euprepis de Wagler, le *Fasciatus* et le
Tœniatus, le *Sphœnops Sepsoides*. Reptiles d'Égypte, supplément,
pl. 2, fig. 9 et 10.

RITGEN. Outre le grand mémoire dont nous avons donné l'analyse, tome 1, page 283, cet auteur a publié dans les mêmes
Nouveaux Actes de l'Académie des Curieux de la nature, tome
12. a. 1. 329, un Mémoire sur le bassin des Reptiles perdus,
comparé à celui des espèces vivantes. On en trouve un extrait
dans le tome 10 du Bulletin des Sciences naturelles, page 163,
n° 123.

SCHINZ, dans l'ouvrage cité, tome 1, page 337, a consacré les
cahiers de 3 à 8 aux descriptions et aux figures lithographiées et
coloriées des Sauriens, depuis la planche 15 jusques et y compris
la 45e. C'est un ouvrage de compilation, dont toutes les figures
sont des copies; mais comme il donne les espèces de chacun des
genres, il peut être fort utile aux naturalistes; car il est peu
coûteux.

SCHLEGEL (H.) a fait connaître les espèces de Cordyles du
genre Zonurus de Merrem, dans l'ouvrage suivant : Monographie
van haet Geslacht Zonurus Tij'dschrift voor natuurlijke Jes-
chiodenis nitgegeven door J. van der Haven en WH. de Vriasc.
Amsterdam, in-8, 1834.

SCHLOSSER (JEAN-ALBERT), a publié une Lettre en latin et en
hollandais à Amsterdam, en 1768, in-4, avec une très belle
planche gravée. *De lacerta Amboinensi*, c'est le genre *Lophura* de
Cuvier, *Hydrosaurus* de Kaup, *Basiliscus* de Daudin.

SCHNEIDER, déja cité, tome 1, page 337, a donné beaucoup
de détails sur l'anatomie des Crocodiles, ils sont tirés de Plumier,
de Feuillée et de plusieurs autres auteurs, avec des planches
sur leur ostéologie; il les a insérés dans le 2e cahier de son Histoire
naturelle et littéraire des Amphibies. Dans les Actes de l'Académie de Munich, pour 1811, il a donné la description et la
figure du *Stellio Platyurus*, qui est *l'Hemidactylus Marginata* de Cuvier. Dans le même ouvrage, en 1821, page 137, pl. 8, de la Dragonne, *Lacerta-Dracœna* dont Wagler a fait le genre *Thorictis* et Gray
le genre *Ada*. Enfin dans le tome 8, page 125, un très bon mémoire
sur les lames digitales des Geckos, dont on trouve un extrait
dans le Bulletin des Sciences naturelles, tome 14, page 120, n°

118. — Il a en outre établi les genres Chamæsaura et Typhlops.

SPARMAN (ANDRÉ), dans son voyage au Cap, cité tome 1, page 340, a décrit un Gecko, et dans les Nouveaux Actes de Stockholm, vol. 3, n° 1, un Cordyle, figuré pl. 4.

SPIX (JEAN), dans ses *Species novæ Lacertarum Brasiliæ,* a fait connaître et figuré de nouveaux genres de Sauriens; mais son travail a été critiqué par Boie en 1826, Isis, n° 1. Il a répondu dans le n° 6 du même journal, et en 1827, tome 20, page 741, M. Fitzinger a pris fait et cause pour Boie. — Dans sa Céphalogénésie, citée tome 1, page 435; il a fait connaître la tête du Crocodile, en distinguant assez bien tous les os qui la composent. — Il a établi les genres Centropyx, Crocodilurus, Gymnodactylus, Heterodactylus, Lepidosoma et Pygopus.

STURM (JACQUES) a donné les figures et les descriptions des Lézards de l'Allemagne dans son Deutschland Fauna, imprimé à Nuremberg, en 1809.

THUNBERG (CHARLES PIERRE) a décrit et figuré un Seps. — *Novi commentarii Societ. Stockholm,* vol. 8, p. 119.

TIEDEMANN (FRÉDÉRIC) a donné en allemand une Dissertation imprimée à Nuremberg, in-4°, en 1811. — Anatomie und naturgeschichte des Drachen. De anatomia Draconis ejusque historiâ naturali. — Et avec MM. Oppel et Liboschitz, une histoire des Crocodiles, en allemand; un petit vol. in-fol. Heidelberg, 1817, avec 15 planches coloriées, Naturgeschichte der Amphibien.

VALLISNIERI (ANTON.) a donné une Histoire très détaillée du Caméléon. Opere diverse cioè istoria del Cameleone Affricano, in-4, Veneziæ, 1715, fig.

VAEDER-HOEVEN (de Leyde) Icones ad illustrandas coloris Mutationes in Chamæleonte; un petit in-4, avec 5 fig. coloriées.

VESLING a fourni quelques détails sur l'anatomie du Crocodile, on les retrouve dans l'édition qu'a donnée Thom. Bartholin. *Observationes anatomicæ,* cap. 15, pag. 42.

VOIGT (M. GODOFREDUS), Curiositates Physicæ, Lipsiæ 1698, in-12, de *Chamæleontis victu,* page 143 à 184.

VOSMÆR (ARNOLD), Description de deux Lézards. C'est une monographie d'un Chalcide et d'un Seps. — Beschryving van de Slang Hagedis, Worm Hagedis. Amsterdam, in-4, 1744; et en français, 8 pag. et une planche.

WESTPHAL (C. G. H.) de Organis circulationis et respirationis Reptilium specimen, 1806, in-8°. Hale.

WHITE (JEAN). Dans la partie zoologique de son voyage cité tome 1, page 642, cet auteur a fait connaître le *Lacerta Platyura*, qui est l'*Agama Discosura* de Merrem et le *Gymnodactylus* de Spix et de Wagler.

WIEGMANN (D. AREND FRÉDÉRIC-AUGUSTE), outre l'ouvrage cité tome 1, page 344, a publié dans l'Isis un grand nombre de Mémoires, dont nous citerons quelques uns. — En 1828, page 37, il a établi le genre *Gerrhosaurus*. — *Ibid*, page 369, le genre *Sceloporus*, que le prince de Neuwied avait déja indiqué sous le nom de *Tropidurus*. — *Ibid*, page 371, le genre *Ctenosaura*, qui avait été appelé *Cyclura*, par Harlan. — En 1829, page 627, le genre *Heloderma*. — En 1831, page 296, sur le Caméléon du Mexique, un Mémoire analysé dans le Bulletin des Sciences naturelles, tome 17, n° 255. (Voyez dans ce présent volume, chapitre 1, des Sauriens, page 344.) — En 1834, dans les Actes des curieux de la nature, de Bonn, il a décrit les Reptiles recueillis par Meyen dans son voyage autour du monde; il a établi les genres *Dracunculus, Phyllodactylus*.

Cet auteur a établi les genres suivans :

Chamœleopsis, Chiroperus, Cricochalcis, Dracunculus, Gerrhonotus, Gerrhosaurus, Heloderma, Lœmanctus, Otocryptis; Pachydactylus, Peromeles, Podophis, Scleroporus, Strobilurus.

WINDISCHMAN (C.) a publié à Leipzick en 1851, une Dissertation en latin, sur la structure intime de l'oreille dans les Reptiles, c'est un petit in-4°, avec 3 planches, dont nous avons cité le titre tome I, page 344.

WOLFF (JEAN-FRÉDÉR.) a décrit le Gecko Trièdre, dont Cuvier a fait le genre *Sphœrodactylus*, dans l'ouvrage cité tome 1, page 344. Abild. und Beschr. merkw. naturg. gegenstende, pl. 20, fig. 2.

WROLIK (W.) a donné des Observations anatomiques sur le Caïman dans le recueil qui a pour titre, Bijdragen tot de natuurk. Wet en schapp, tome 1, n° 2, page 153. On en trouve l'analyse dans le Bulletin des Sciences naturelles, tome 14 page 121, n° 119.

FIN DU TOME SECOND.

REPTILES, II. 43

TABLE MÉTHODIQUE

DES MATIÈRES

CONTENUES DANS CE SECOND VOLUME.

SUITE DU LIVRE TROISIÈME.

DE L'ORDRE DES TORTUES OU DES CHÉLONIENS.

CHAPITRE IV.

FAMILLE DES CHERSITES OU DES TORTUES TERRESTRES.

CHAPITRE V.

FAMILLE DES ÉLODITES OU TORTUES PALUDINES.

CHAPITRE VI.

FAMILLE DES POTAMITES OU TORTUES FLUVIALES.

CHAPITRE VII.

FAMILLES DES THALASSITES OU TORTUES MARINES.

CHAPITRE VIII.

DES CHÉLONIENS FOSSILES OU TORTUES PÉTRIFIÉES.

LIVRE QUATRIÈME.

DE L'ORDRE DES LÉZARDS OU DES SAURIENS.

CHAPITRE I.

DE LA DISTRIBUTION MÉTHODIQUE DES SAURIENS EN FAMILLES NATURELLES.

CHAPITRE II.

DE L'ORGANISATION ET DES MŒURS DES SAURIENS.

CHAPITRE III.

FIN DE LA TABLE.